José Abrantes
Rosa Maria Rodriguez Nielsen

567 Exercícios Resolvidos de Cálculo I

Funções, Curvas, Limites, Derivadas e Cálculo Integral Aplicado

645 imagens geométricas, facilitando o raciocínio lógico matemático algébrico

EDITORA CIÊNCIA MODERNA

567 Exercícios Resolvidos de Cálculo I - Funções, Curvas, Limites, Derivadas e o Cálculo Integral Aplicado - 645 imagens geométricas, facilitando o raciocínio lógico matemático algébrico

Editor: Paulo André P. Marques
Produção Editorial: Dilene Sandes Pessanha
Capa: Daniel Jara
Diagramação: Daniel Jara
Copidesque: Equipe Ciência Moderna

FICHA CATALOGRÁFICA

ABRANTES, José e NIELSEN, Rosa Maria Rodriguez.

567 Exercícios Resolvidos de Cálculo I - Funções, Curvas, Limites, Derivadas e o Cálculo Integral Aplicado - 645 imagens geométricas, facilitando o raciocínio lógico matemático algébrico

Rio de Janeiro: Editora Ciência Moderna Ltda., 2025.

1. Matemática 2. Cálculo I
I — Título

ISBN: 978-65-5842-449-9

CDD 510
515

Editora Ciência Moderna Ltda.
R. Alice Figueiredo, 46 – Riachuelo
Rio de Janeiro, RJ – Brasil CEP: 20.950-150
Tel: (21) 2201-6662/ Fax: (21) 2201-6896
E-MAIL: LCM@LCM.COM.BR

04/25

Sobre os autores

José Abrantes é carioca, nascido no bairro do Catete em 07 de fevereiro de 1951. Engenheiro mecânico (UERJ), licenciado em Desenho (UCAM/AVM), licenciado em Matemática (UCAM/AVM), especialista (*lato sensu*) em docência do Ensino Fundamental e Médio (UCAM/AVM), especialista (*lato sensu*) em docência do Ensino Superior (FABES/ISEP), mestre, M.Sc. em tecnologia (CEFET/RJ) e doutor, D.Sc., em Engenharia de Produção (COPPE/UFRJ). Possui pós-doutorado na área de Educação, pela Faculdade de Engenharia Agrícola da Universidade Estadual de Campinas (FEAGRI/UNICAMP), pesquisando a interdisciplinaridade e pós-doutorado na Faculdade de Engenharia Civil da Universidade Federal Fluminense (UFF), pesquisando a pedagogia/antropologia empresarial. Apresenta sete anos de experiência como desenhista projetista de instalações industriais (1970 a 1976) e 22 anos (1977 a 1998) como engenheiro mecânico em cálculos, projetos, montagens e manutenção de fábricas. Atuou como auxiliar de ensino, entre 1974 e 1975, em cursos técnicos, no atual CEFET/RJ. Atua continuamente como professor/educador desde 1998. Lecionou, entre 1999 e 2002, em cursos Técnicos de nível médio, na FAETEC. Entre 1998 e 2015, lecionou em cursos superiores de Engenharia e Administração, nas seguintes instituições: UniverCidade, UBM, USS, MSB, UNISUAM, FRASCE, UNIABEU e FTESM. É professor associado aposentado do Colégio de Aplicação - Cap/Uerj, onde foi lotado (entre 2002 e 2015) no Departamento de Matemática e Desenho - DMD. É professor titular aposentado, desde março de 2023, do Instituto de Matemática e Estatística da Universidade do Estado do Rio de Janeiro - IME/UERJ, tendo sido lotado no Departamento de Geometria e Representação Gráfica, onde, após concurso público realizado em setembro de 1999, foi empossado em 19/01/2000.

Rosa Maria Rodriguez Nielsen é carioca, nascida em 25 de julho de 1951. Engenheira Metalúrgica, graduada pela PUC/RJ em 1974 e Mestre, M. Sc. em Engenharia Metalúrgica (PUC/RJ - 1979). Atuou como auxiliar de ensino e pesquisa, entre 1974 e 1979, no curso de graduação em Engenharia Metalúrgica, na PUC/RJ e entre 1979 e 1997 como professora do Departamento de Ciência dos Materiais e Metalurgia, na mesma instituição. Entre 1975 e 1979 atuou como professora conferencista no Instituto Militar de Engenharia - IME nos cursos de Engenharia Mecânica e Engenharia Metalúrgica e de Materiais; entre 1979 e 1983 foi professora em regime parcial nos cursos de graduação em Engenharia Mecânica e Metalúrgica e pesquisadora responsável pelo Laboratório de Materiais Conjugados (Compósitos). Lecionou em cursos de graduação de diferentes Engenharias em instituições tais como: UGF, USU, UNIRJ e SUESC. Desde 2004, leciona no curso de Engenharia Mecânica da Fundação Técnico Educacional-Souza Marques - FTESM.

Sumário

Capítulo 1
Funções, curvas e seus gráficos. Aplicações práticas gerais

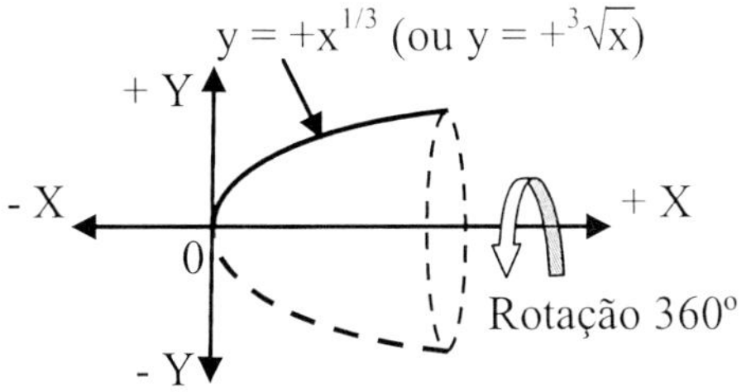

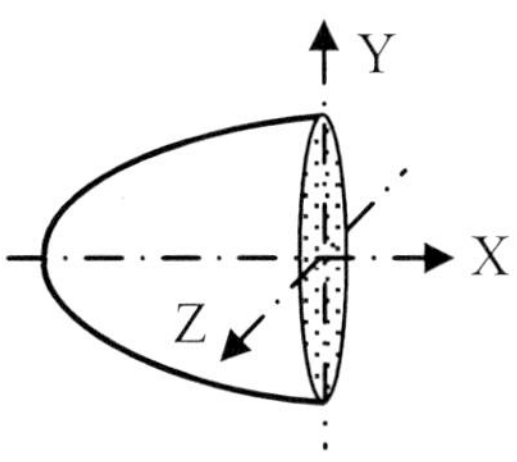

A função $y = +x^{1/3}$ ao ser girada em torno do eixo X origina esse tipo de superfície, que pode ter aplicações práticas. O cálculo integral permite determinar a área lateral e o volume da superfície.

***Funções não lineares, em geral, e curvas cônicas, em particular**, são muito utilizadas na prática, principalmente na Engenharia, para as mais diversas finalidades. Um cilindro parabólico, para captação de luz solar, para a produção de energia elétrica, uma concha acústica elipsoidal, uma esfera de armazenamento de gases, um suporte metálico no formato de um hiperboloide circular e um bloco de concreto composto de duas faces no formato exponencial, são exemplos de casos reais que, para serem projetados e construídos ou fabricados, necessitam de cálculos matemáticos, dentre os quais o importante Cálculo Integral. O grande objetivo desse capítulo é dar uma visão geral de funções e curvas, estudadas em Cálculo I, com alguns exemplos gráficos de aplicações práticas.*

1.1 Funções lineares e afins

No espaço bidimensional ou R^2 ou X, Y, por dois pontos quaisquer, definidos por suas coordenadas cartesianas, passa uma e somente uma reta, sendo que estes dois pontos definem um segmento de reta.

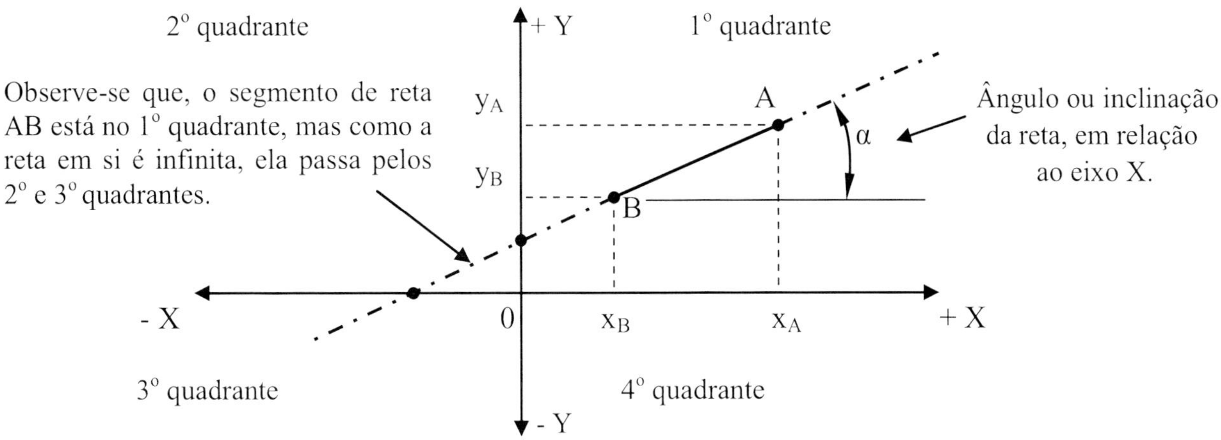

O coeficiente angular "m" de uma reta é igual à tangente do seu ângulo de inclinação (ou declividade) α. A seguir estuda-se a reta S, que passa pelos pontos AB.

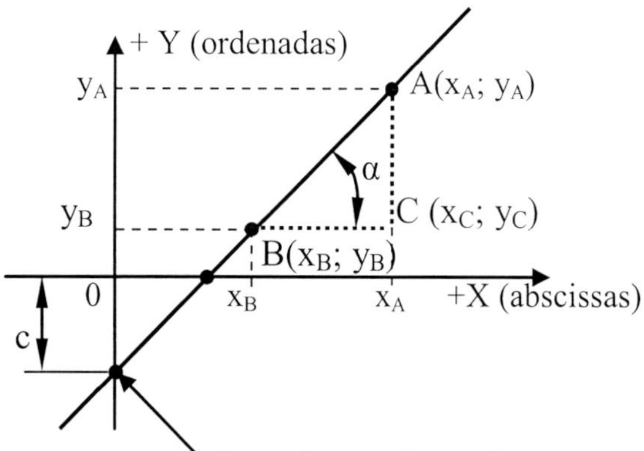

Considerando o triângulo ABC, tem-se que: tg α = AC/BC.

$AC = y_A - y_B \quad BC = x_A - x_B$

$\text{tg } \alpha = m = (y_A - y_B)/(x_A - x_B)$

$y_A - y_B = \Delta y$ e $x_A - x_B = \Delta x$

$m = \Delta y/\Delta x$ (coeficiente angular)

O coeficiente linear "c" é o valor numérico (constante), por onde a reta intercepta o eixo das ordenadas (Y), ou seja, onde a abscissa é nula (x = 0).

$$m = \frac{y_A - y_B}{x_A - x_B}$$ isto significa que: $$\boxed{y_A - y_B = m\,(x_A - x_B)}$$ Esta é a equação fundamental da reta.

Analisando a fórmula, conclui-se que, se pode definir uma reta quando se conhece o seu coeficiente angular m e as coordenadas cartesianas de um ponto qualquer, pertencente à reta. Também se define uma reta, quando são conhecidos dois pontos pertencentes à mesma.
Quando uma reta passa pela origem (0; 0) é chamada de função linear, quando não, se chama função afim. Existem muitas aplicações práticas reais tanto com funções lineares, quanto com funções afins. A seguir mostra-se um exemplo, de uma função linear. Na disciplina "Cálculo I", por exemplo, equações de retas são utilizadas quando se estudam as derivadas de funções. Aliás, a própria definição de derivada, se relaciona à uma reta tangente à função, no ponto estudado.

1.2 Função exponencial

Existem materiais, como por exemplo, o urânio 235, que emitem radiações, tanto do ponto de vista natural, quanto artificialmente. Ao longo do tempo esta emissão vai diminuindo, caracterizando um fenômeno chamado "decaimento radioativo". Através de uma série de análises e cálculos, que extrapolam os objetivos deste livro, demonstra-se que este decaimento ocorre segundo uma curva exponencial decrescente, com o eixo Y sofrendo translação para a esquerda. A literatura cita a função $N_0 = N^{(-\lambda t)}$, onde: N_0 = número de átomos radioativos no estado inicial; N = número de átomos radioativos no estado atual (tempo t); λ = constante de decaimento radioativo e t = tempo considerado. A figura a seguir mostra esta função.

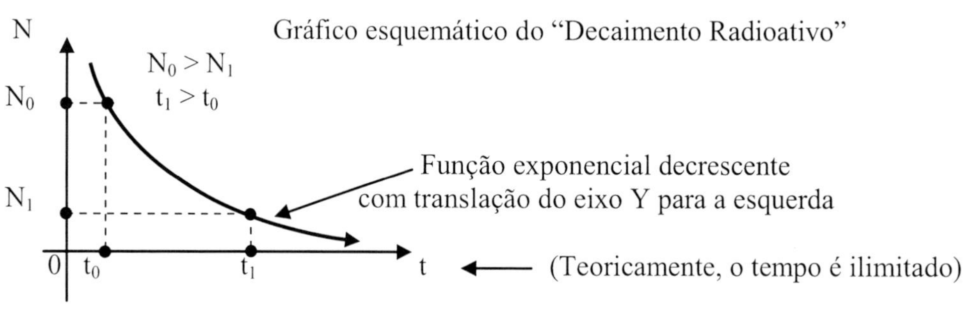

Gráfico esquemático do "Decaimento Radioativo"

A seguir é mostrada uma função exponencial e sua aplicação prática

*Nesse ponto x = 0, as funções ficam: $y = 2^0$ e $y = (1/2)^0$. Como todo número elevado a zero é igual a um, neste ponto y = +1

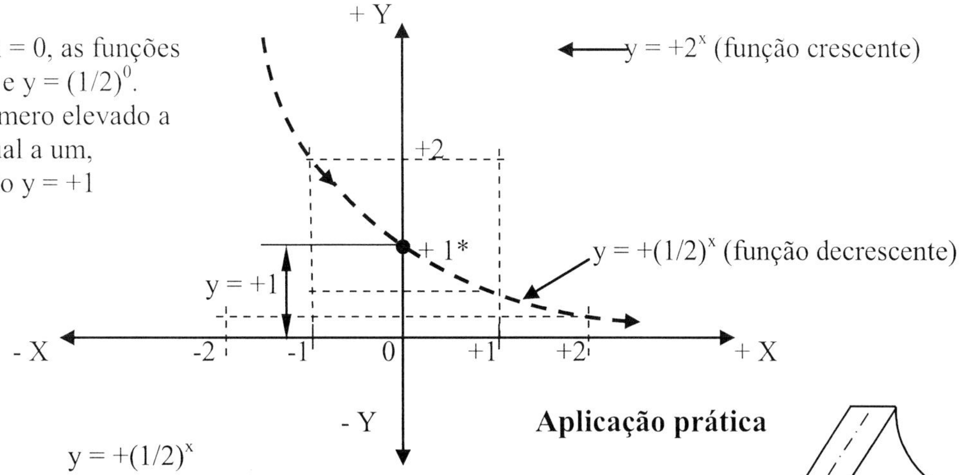

$y = +2^x$

x	y
-2	+0,25
-1	+0,5
0	+1
+1	+2
+2	+4

$y = +(1/2)^x$

x	y
-2	+4
-1	+2
0	+1
+1	+0,5
+2	+0,25

Aplicação prática

Sem maiores detalhes matemáticos, pode-se imaginar um tipo de elemento arquitetônico, composto por curvas exponenciais transladadas, a partir dessas duas.

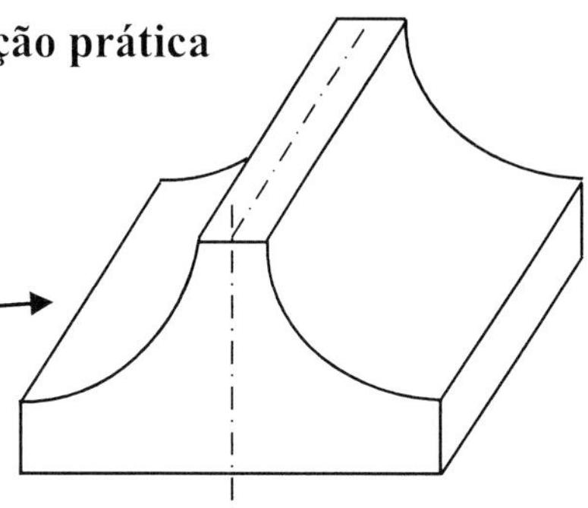

1.3 Função logarítmica

Se $a^x = b$, então $\log_a b = x$ ⟶ Desde que: $a > 0$; $a \neq 0$ e $b > 0$.

A expressão: $\log_a b = x$ significa que: o logaritmo de "b" na base "a" é igual a "x", onde o número "b" é chamado de logaritmando.

Como $2^5 = 32$, então: $\log_2 32 = 5$; ou seja: o logaritmo de 32 na base 2 é 5.

Como $7^3 = 343$, então: $\log_7 343 = 3$; ou seja: o logaritmo de 343 na base 7 é 3.

Como $2^0 = 1$, então: $\log_2 1 = 0$; ou seja: o logaritmo de 1* na base 2 é zero.
Como $5^0 = 1$, então: $\log_5 1 = 0$; ou seja: o logaritmo de 1* na base 5 é zero.

* Em qualquer base, o logaritmo de 1 é igual a zero, pois qualquer número elevado a zero é igual a um.

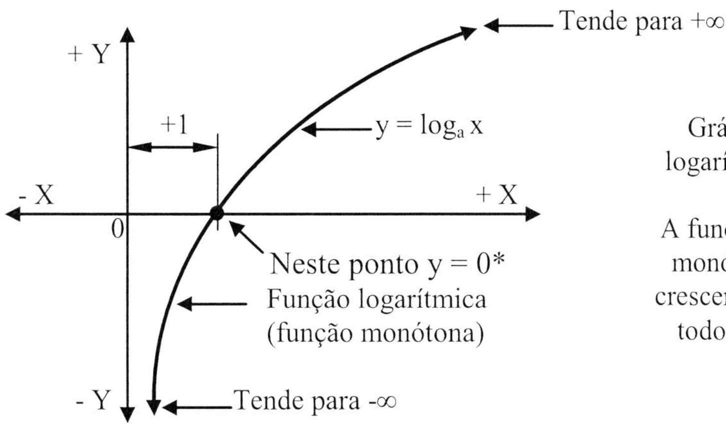

Gráfico da função logarítmica: $y = \log_a x$

A função logarítmica é monótona, pois pode crescer ou decrescer em todo o seu domínio.

1.4 Função: $y = +1/x^2$

Observa-se que esta função só existe na parte positiva das ordenadas, ou seja, eixo Y, sendo que nas abscissas, eixo X, existe de -∞ a +∞. A seguir são apresentados alguns valores calculados (veja tabela e o respectivo gráfico da função).

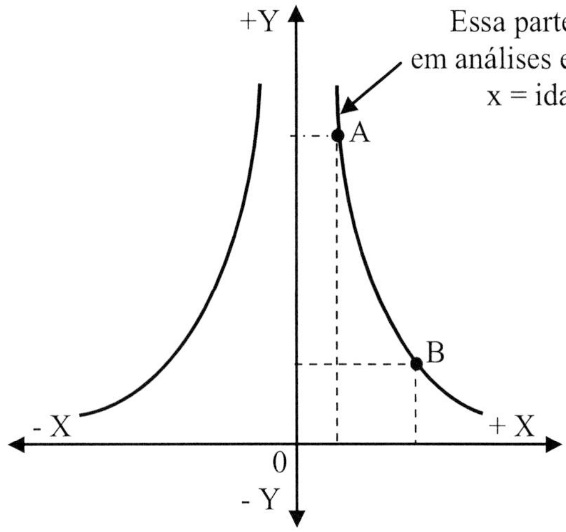

Essa parte positiva de x pode ser usada em análises estatísticas, por exemplo fazendo: x = idade e y = vigor físico.

x	y
-3	+0,111
-2	+0,250
-1	+1
0	+∞
+1	+1
+2	+0,25
+3	+0,111

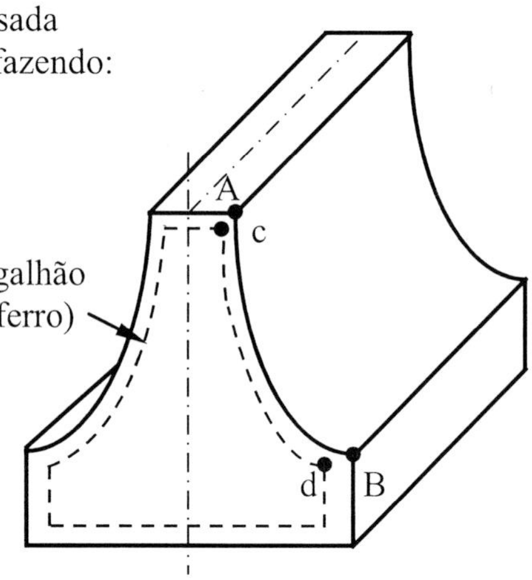

Aplicação prática: Bloco de concreto

A partir do trecho AB da linha da função, obtém-se um sólido, por exemplo, o bloco de concreto armado, como mostrado. O cálculo do peso de um bloco desse tipo, exige o cálculo do volume total que, multiplicado pelo peso específico do concreto armado (2.850 kg/m^3, incluindo os vergalhões) indica o peso total. O volume é dado pela área transversal total do bloco, multiplicada pelo comprimento. O cálculo da área é obtido pelo cálculo integral, bem como o comprimento dos vergalhões curvos (trecho cd).

1.5 Função: $y = +1/x$

Esta função existe, tanto nas partes positivas, quanto nas negativas de x e y. Aqui também se pode utilizar as partes positivas de x e y, tal e qual na função $y = +1/x^2$.

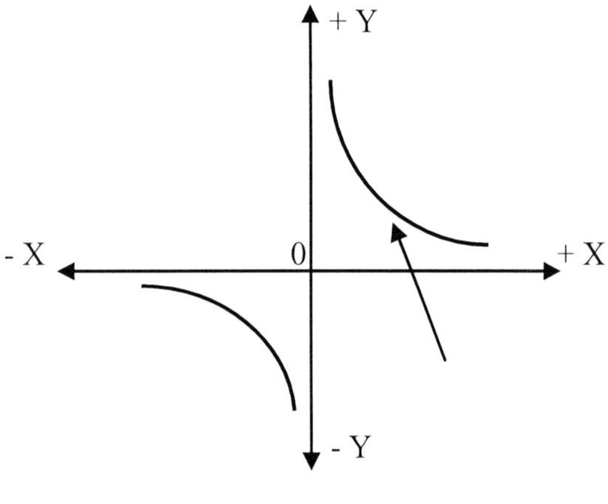

x	y
-3	-0,333
-2	-0,5
-1	-1
0	±∞
+1	+1
+2	+0,5
+3	+0,333

Aplicação prática: este tipo de função, na parte positiva de x e y, pode ter aplicações em análises estatísticas, bem como pode ser utilizado para se obter um bloco de concreto, como mostrado no parágrafo 1.4.

1.6 Função: y = +1/(x - 1)

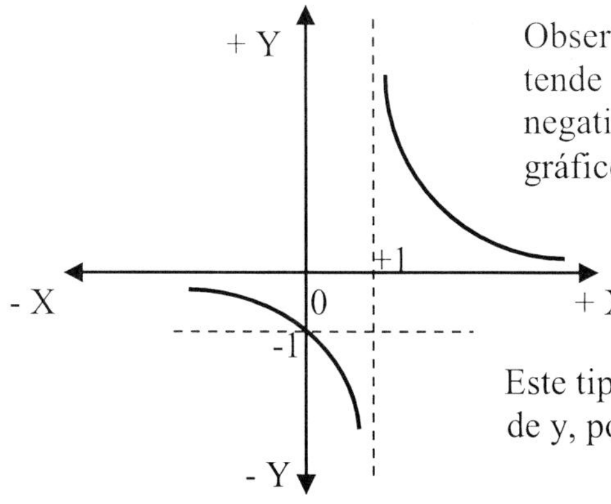

Observa-se que para x = +1, y tende ao infinito positivo ou negativo, como mostrado no gráfico.

x	y
-3	-0,25
-2	-0,333
-1	-0,5
0	-1
+1	±∞
+2	+1
+3	+0,5

Este tipo de função, na parte positiva de y, pode ter aplicações práticas em análises estatísticas.

1.7 Função raiz ($y = \sqrt[n]{x}$)

Toda função do tipo $y = x^{1/n}$, onde "n" é um número natural (ou seja, um número inteiro não negativo), é chamada função raiz. São exemplos de funções raízes:

$y = +x^{1/2}$, significa $y = +\sqrt{x}$ ou raiz quadrada de x. $y = +x^{1/3}$, significa $y = +\sqrt[3]{x}$ ou raiz cúbica de x.

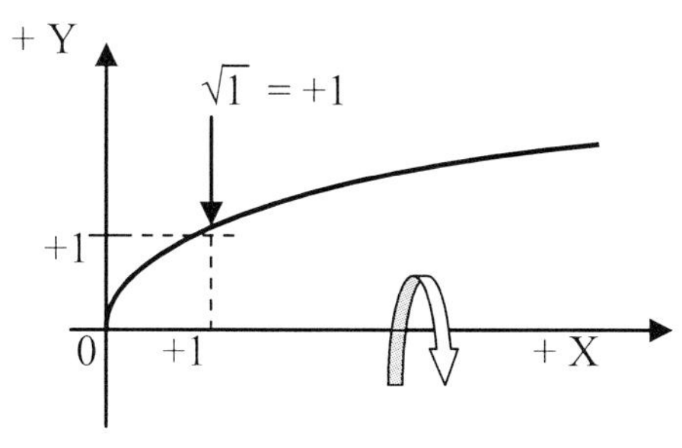

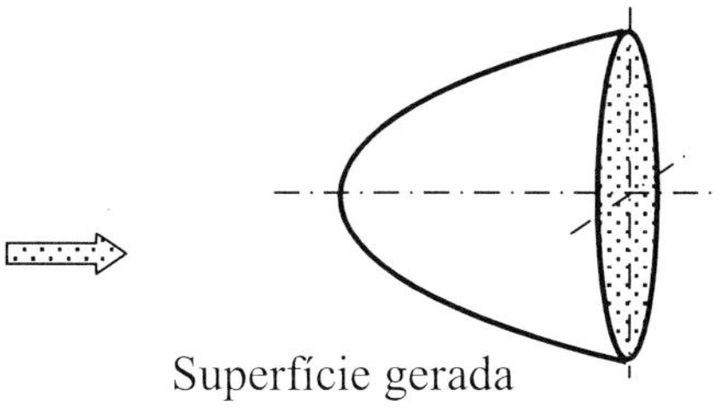

Superfície gerada

Como será visto no livro, o cálculo integral permite tanto a determinação da área lateral, quando do volume da superfície gerada.

Trechos dessas funções, quando giradas ao redor do eixo X, geram superfícies com aplicações, por exemplo, na Arquitetura.

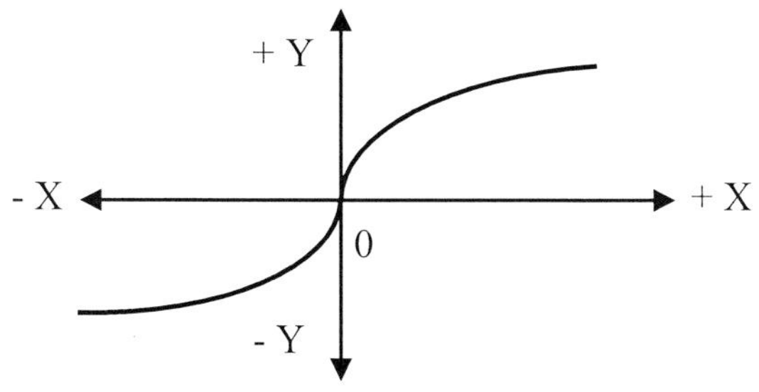

Gráfico da função $y = +x^{1/3}$ (raiz cúbica de x)

Observa-se que essas duas funções podem ter aplicações, na área de Estatística. Por exemplo, a função $y = +x^{1/3}$ pode ser utilizada para expressar o crescimento de uma árvore ao longo dos anos, onde o eixo Y expressa o crescimento em metros e o eixo X a idade em anos.

1.8 Função: $y = +(1 + 1/x)^x$

Observa-se que o domínio dessa função é dado por: $(1 + 1/x) > 0$, com x diferente de zero, ou seja: $x > -1$ ou $x > 0$, com y não existindo no intervalo de x entre -1 e zero.

*O número "e", que vale 2,7182818, é uma constante matemática, sendo a base dos logaritmos naturais. Por vezes é chamado número de Euler, em homenagem ao matemático suíço Leonhard Paul Euler (1707-1783), mas também número de Napier, em homenagem ao matemático escocês John Napier (1550-1617). A primeira referência à constante "e" foi publicada em 1618 na tabela de um apêndice de um trabalho sobre logaritmos de John Napier.

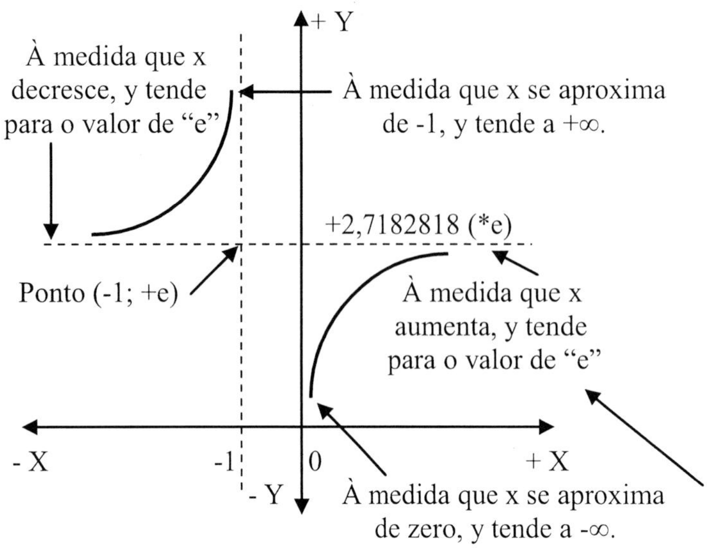

x	y
-5	+3,052
-4	+3,16
-3	+3,377
-2	+4
-1	Não existe
0	-∞
+1	+2
+2	+2,25
+3	+2,369
+4	+2,441
+5	+2,488

Esse tipo de função, na parte positiva de x, pode ter aplicações em análises estatísticas.

1.9 Função $y = +x^3$ e função irracional $y = +x^{1/3}$

Essas funções são inversas e bem apropriadas para a conceituação da derivada de uma curva em determinado ponto, como detalhada no capítulo 3. Como mostrado a seguir, também podem ter utilizações práticas reais.

Essas funções, sofrendo uma rotação, em relação a X ou Y, geram uma superfície, ou seja, espaço R^3, que pode ter aplicação prática, por exemplo, como objeto de decoração ou arquitetônico ou de Arte Geométrica. A rotação pode ser segundo uma circunferência ou segundo uma elipse.

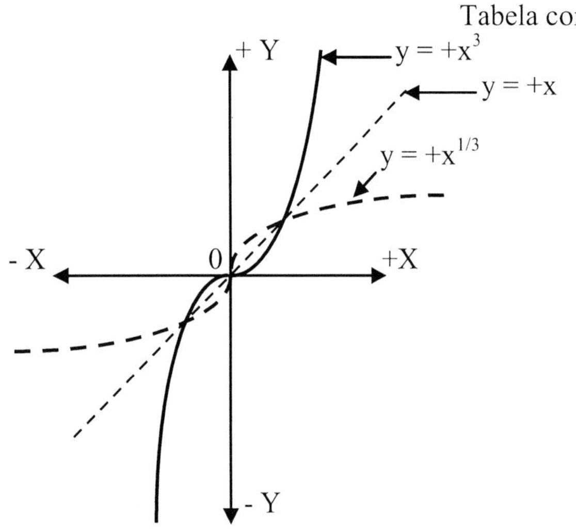

Tabela com valores para $y = +x^3$

x	y
-3	-27
-2	-8
-1	-1
0	0
+1	+1
+2	+8
+3	+27

Tabela com valores para $y = +x^{1/3}$ (ou $y = +\sqrt[3]{x}$)

x	y
-3	-1,442
-2	-1,26
-1	-1
0	0
+1	+1
+2	+1,26
+3	+1,442

Função irracional é toda função que tem variáveis sob radical, como $y = +\sqrt[3]{x}$. Outros exemplos são: $\sqrt{x + 2}$; $\sqrt[4]{3x - 6}$ e $\sqrt[3]{3x^2 - 6x + 3}$.

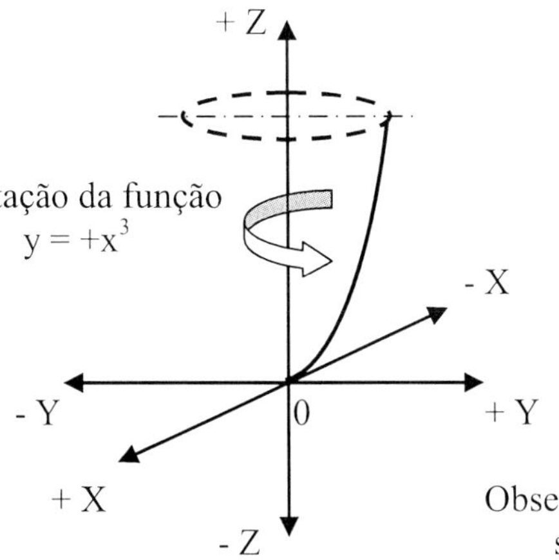

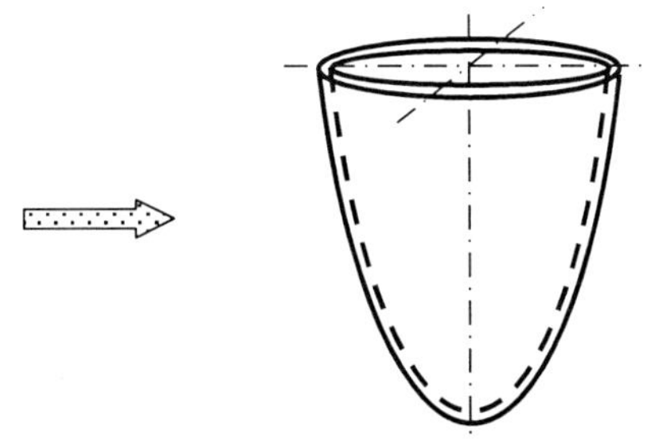

Superfície gerada

Observa-se que, caso haja necessidade de se calcular o volume de uma superfície desse tipo, a solução é através do cálculo integral.

1.10 Função $y = +x^3 - x$

Tabela para: $y = +x^3 - x$

x	Y
-3	-24
-2	-6
-1	0
-0,5	+0,375
0	0
+0,5	-0,375
+1	0
+2	+6
+3	+24

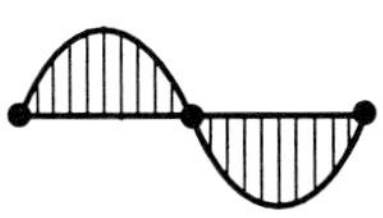

A área no intervalo [-1,+1] pode ter aplicações arquitetônicas

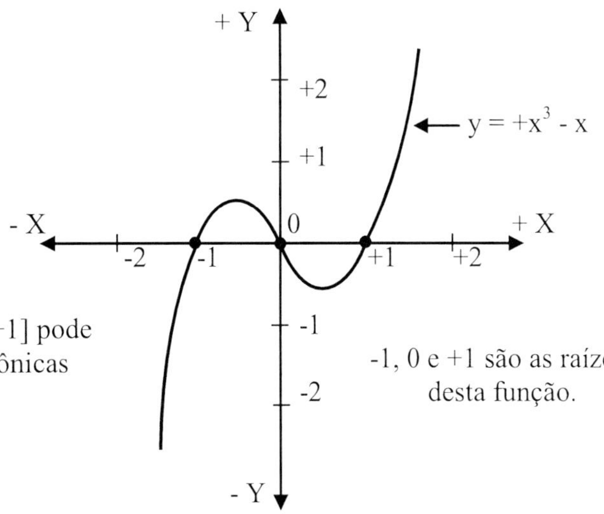

-1, 0 e +1 são as raízes desta função.

1.11 Função $y = (2x^2)/(1 + x^2)$

x	y	x	y
-3	+1,8	+3	+1,8
-2	+1,6	-4	+1,88
-1	+1,0	-5	+1,92
0	0	-10	+1,98
+1	+1	-20	+1,995
+2	+1,6	-30	+1,998

Observa-se que essa função em y só existe na parte positiva de y, a partir de y = 0 e tem como limite y = +2.

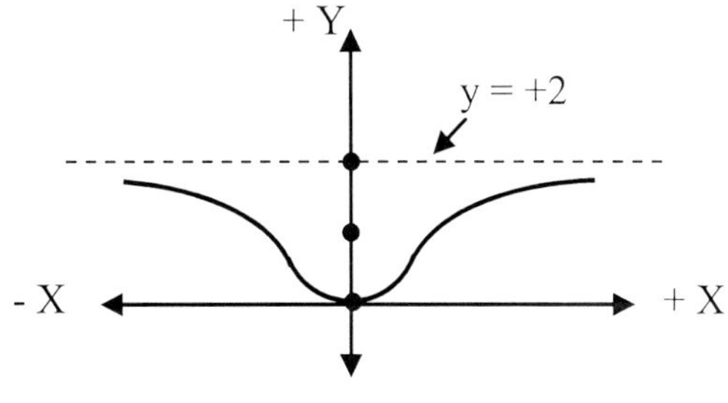

As duas imagens a seguir mostram duas possíveis aplicações da função $y = (2x^2)/(1 + x^2)$, tanto na Arquitetura, quanto no projeto de um produto (Desenho Industrial ou *Design*). Quando a função é girada, por exemplo, de forma circular, segundo o eixo Y, uma superfície tridimensional é obtida. A junção de um trecho de um cilindro circular completa a superfície. O uso pode ser em qualquer posição, já que as relações matemáticas (medidas) continuam válidas. Ou seja, matematicamente a função pode sofrer rotação e translação.

Produto industrial

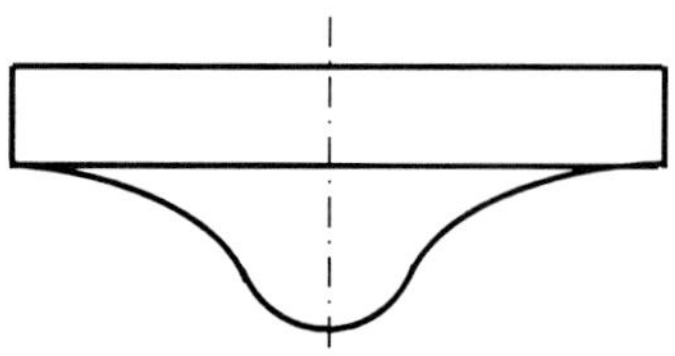

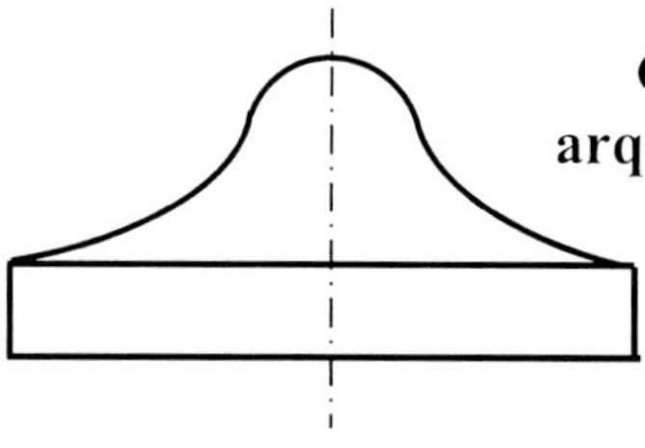

Cúpula arquitetônica

1.12 Função $y = +e^x$

Baseando-se na função exponencial $y = +e^x$, pode-se pensar numa rotação, segundo uma circunferência ou uma elipse, gerando uma superfície tridimensional, que pode ser usada, por exemplo, como um produto industrial, ou seja, da área do *Design* ou Desenho Industrial.

Gráfico da função $y = +e^x$

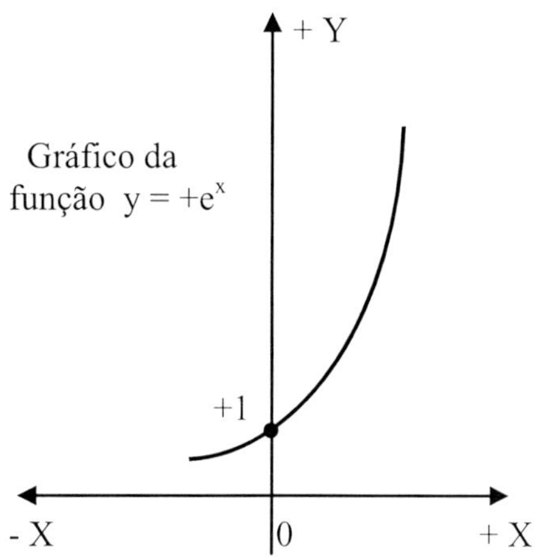

x	y
-3	+0,049
-2	+0,135
-1	+0,368
0	+1
+1	+2,72
+2	+7,39
+3	+20,09

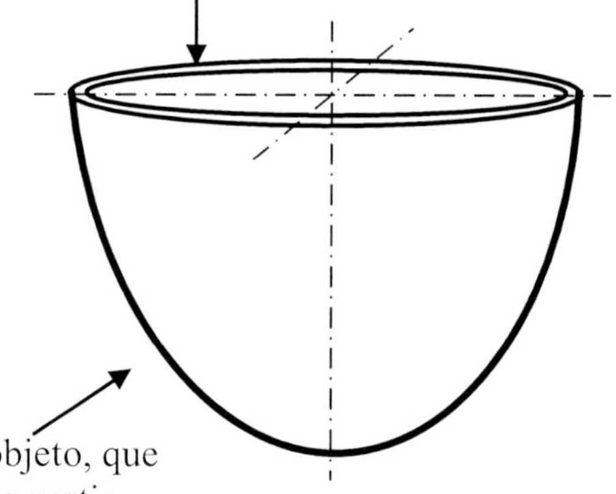

Exemplo de um objeto, que pode ser gerado a partir da função $y = +e^x$.

Aplicação prática da função $y = +e^x$, quando girada em relação ao eixo X.

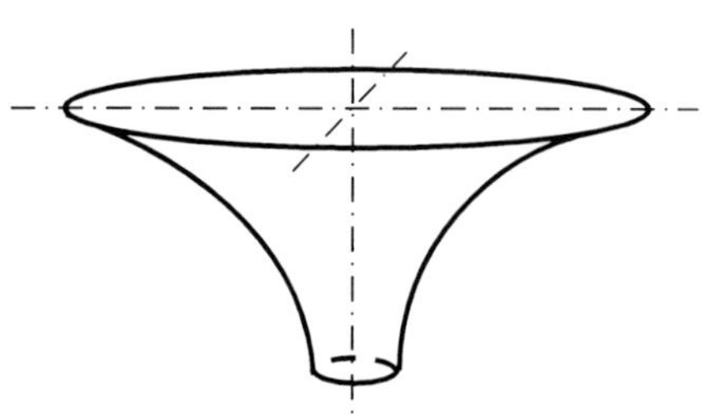

A função também pode ser girada em relação ao eixo Y, também gerando superfícies com aplicações práticas, em especial na Arquitetura.

1.13 As curvas cônicas: equações, gráficos e aplicações práticas

São quatro as curvas cônicas, com muitas aplicações práticas e estudadas no Cálculo I: circunferência, elipse, parábola e hipérbole. Observa-se que as equações das curvas cônicas, são deduzidas a partir do conceito da distância entre dois pontos, no sistema cartesiano no espaço R^2.

1.13.1 Circunferência

São duas equações, em função da posição do centro da circunferência.

$+x^2 + y^2 = +36$, é a equação da circunferência de raio 6 e centro coincidente com a origem.

$$\mathbf{r^2 = +(x - h)^2 + (y - k)^2}$$

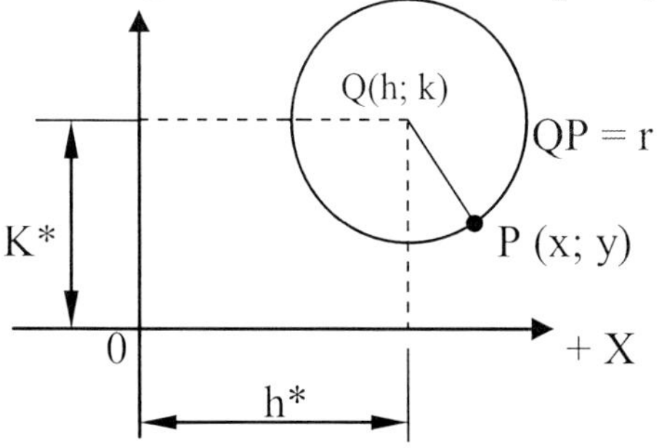

*Dependendo da posição do centro, h e k pode ser positivo ou negativo.

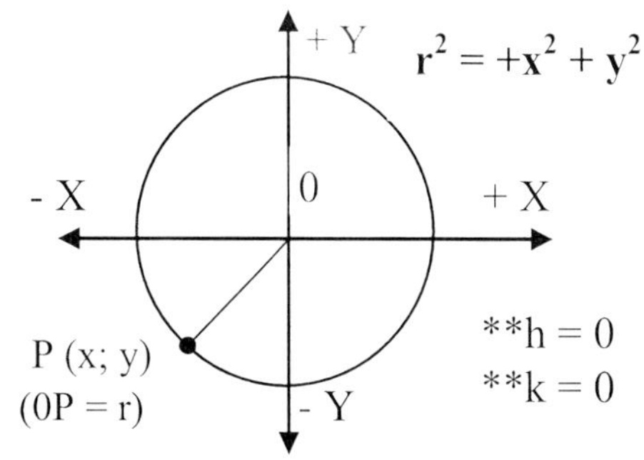

Centro não coincide com a origem 0(0; 0)

Centro coincide com a origem 0(0; 0)*

$+x^2 + y^2 - 2x - 6y + 6 = 0$, é a equação geral da circunferência de raio 2 e centro C(+1; +3).
A equação: $+x^2 + y^2 = +36$, representa uma circunferência com centro coincidente com a origem (0; 0) e raio 6. Escrita como y = f(x), fica na seguinte forma: $y = \sqrt{(36 - x^2)}$, ou seja, para cada valor de x, se tem dois de y, com x variando de -6 a +6.

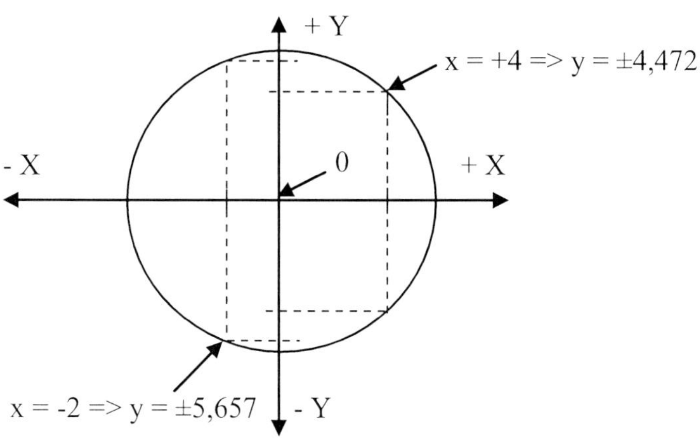

x	y
-6	0
-5	±3,317
-4	±4,472
-3	±5,196
-2	±5,657
-1	±5,916
0	±6
+1	±5,916
+2	±5,657
+3	±5,196
+4	±4,472
+5	±3,317
+6	0

Esta tabela mostra que, para cada valor de x existem dois de y.

Entrada circular de um túnel

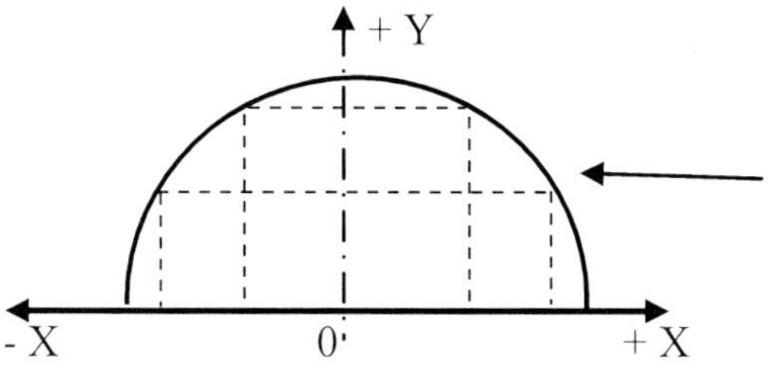

Um exemplo prático, de uso da circunferência, é quando se precisa fazer os desenhos técnicos para a construção de um túnel no formato semi circular, como mostrado, à esquerda. Para marcar o túnel semi circular, e fazer sua escavação, é necessário ter desenhos com várias marcações, relacionando x e y.

1.13.2 Elipse

Elipse é o lugar geométrico dos pontos P (x_P; y_P) de um plano cujas distâncias a dois pontos fixos do plano, chamados focos (F_1 e F_2), têm soma constante, igual ao eixo maior "2a" ($PF_1 + PF_2 = 2a$). O segmento de reta que passa pelos dois focos (F_1 e F_2) chama-se eixo maior ($A_1A_2 = 2a$), e o segmento de reta que passa pelo ponto médio do eixo maior, e perpendicular a ele, cortando a elipse, chama-se eixo menor ($B_1B_2 = 2b$).

As medidas da elipse são dadas pela metade dos eixos maior e menor. Essas metades são chamadas, respectivamente, de semi eixo maior (a) e semi eixo menor (b), sendo as outras medidas e características relacionadas a essas.

A elipse e seus elementos

A_1A_2 = eixo maior
B_1B_2 = eixo menor
2a = eixo maior
2b = eixo menor
F_1 e F_2 = focos
$F_1F_2 = 2c$ = distância focal
e = excentricidade = c/a
$DF = 2b^2/a$ (corda focal)
C = centro
A_1, A_2, B_1, B_2 = vértices

DF = corda focal ou *latus rectum*

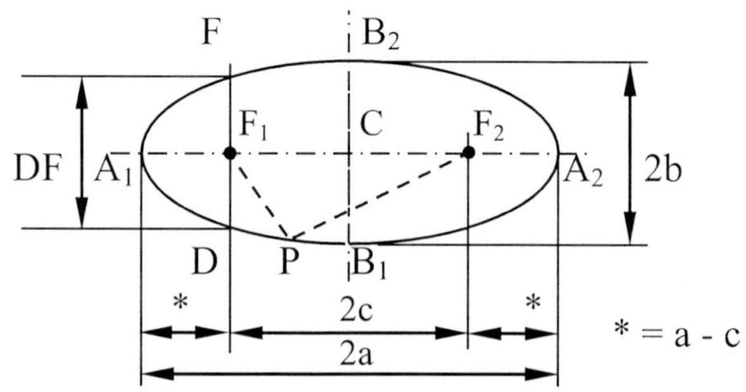

Pela definição de elipse: $|PF_1| + |PF_2| = 2a$

(De fato: $|A_1F_1| + |A_1F_2| = 2a$, pois: $*|A_1F_1| = |A_2F_2|$)

Existem quatro equações da elipse, tanto em função da posição do seu centro C, quanto do eixo maior 2a, estar paralelo ao eixo X ou Y.

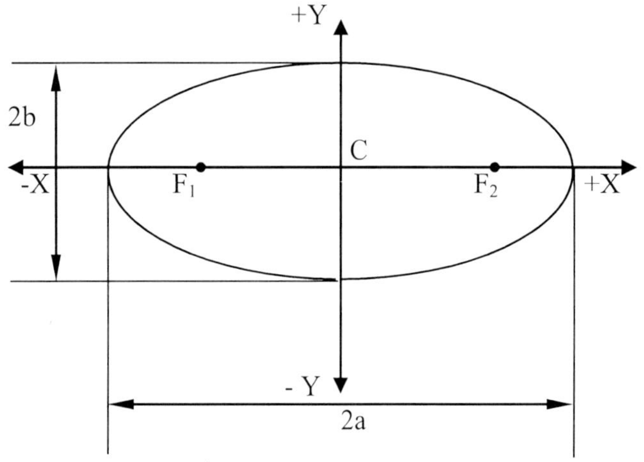

Centro da elipse C ≡ Origem 0(0; 0).
Eixo maior paralelo ao eixo X.

Equação: $\dfrac{\mathbf{+x^2}}{\mathbf{a^2}} + \dfrac{\mathbf{y^2}}{\mathbf{b^2}} = \mathbf{+1}$.

$+x^2/16 + y^2/4 = +1$

É uma elipse com eixo maior 2a = 8 e eixo menor, 2b, igual a 4.

Como y = f(x), tem-se: $y = \pm\sqrt{4 - x^2/4}$.

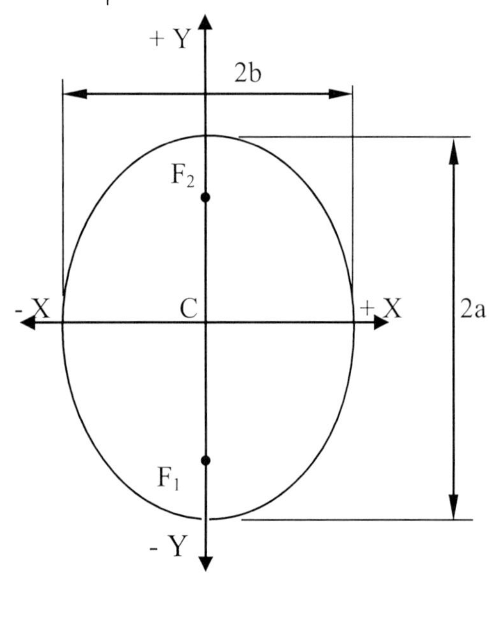

Centro da elipse C ≡ Origem 0(0; 0).
Eixo maior paralelo ao eixo Y.

Equação: $\dfrac{\mathbf{+x^2}}{\mathbf{b^2}} + \dfrac{\mathbf{y^2}}{\mathbf{a^2}} = \mathbf{+1}$.

$+x^2/4 + y^2/16 = +1$

É uma elipse com eixo maior 2a = 8 e eixo menor igual a 4.

Como y = f(x), tem-se: $y = \pm 2\sqrt{4 - x^2}$.

Supondo elipses como mostradas a seguir, com centro C'(h; k), suas equações ficam modificadas, das seguintes formas:

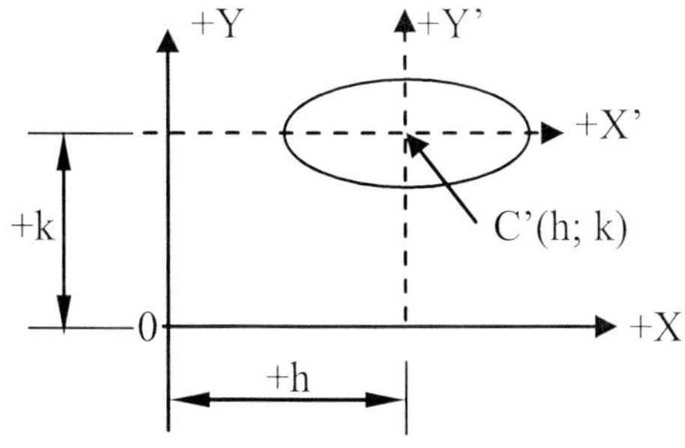

Equação: $+\frac{(x-h)^2}{a^2} + \frac{(y-k)^2}{b^2} = +1.$

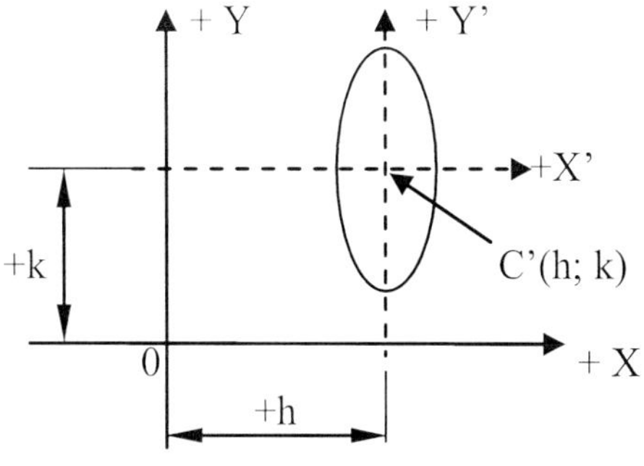

Equação: $+\frac{(x-h)^2}{b^2} + \frac{(y-k)^2}{a^2} = +1.$

Dependendo do quadrante, onde se situa o centro C' da elipse, h e k podem ter valores positivos e/ou negativos.

A equação $+x^2/20{,}25 + y^2/5{,}0625 = +1$, representa uma elipse de centro coincidente com a origem (0; 0), eixo maior 2a igual a 9 e eixo menor 2b igual a 4,5, como mostrada a seguir:

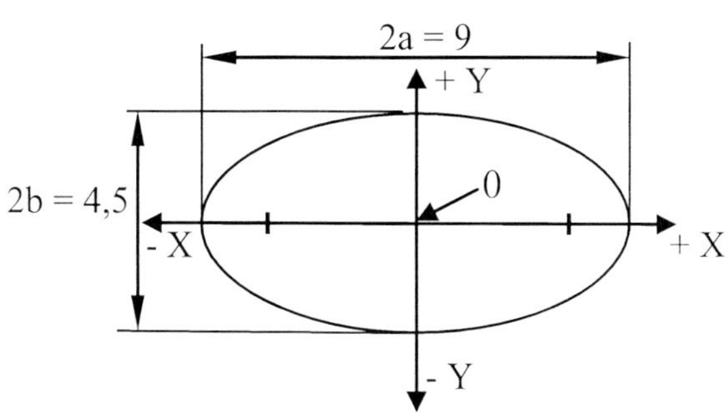

Essa é uma elipse do tipo: $+x^2/a^2 + y^2/b^2 = +1$, onde: $a^2 = 20{,}25$ e $b^2 = 5{,}0625$ ou $a = 4{,}5$ e $b = 2{,}25$.

Essa elipse pode ser a curva origem de um elipsoide circular utilizado como tampo de um vaso de pressão. É comum ter-se vasos de pressão, como o mostrado a seguir, onde são soldados bocais, para a entrada e saída de fluidos.

Aplicação prática: tampo semi elíptico de um vaso de pressão

Vasos de pressão são recipientes metálicos, normalmente com corpo cilíndrico e tampos no formato de um elipsoide, muito utilizados em indústrias químicas, petroquímicas e petrolíferas. No seu interior são colocados gases ou líquidos sob pressão.
O exemplo a seguir mostra um vaso de pressão cilíndrico vertical, com tampos semi elipsoidais. O diâmetro do cilindro (chamado costado) vale 9.000 mm (9 m) e a altura do tampo, que é o semi eixo menor da elipse vale 2.250 mm (2,25 m); um bocal de entrada de fluido soldado no tampo superior e a uma distância de 3.000 mm (3 m) do eixo do vaso (que coincide com o eixo cartesiano Y).

Com esses dados, pode-se calcular o valor da distância Y**, já que os projetistas precisam saber com exatidão esta medida, para fazer o projeto das tubulações.

Essa medida Y ** é calculada a partir da resolução da equação da elipse dada.

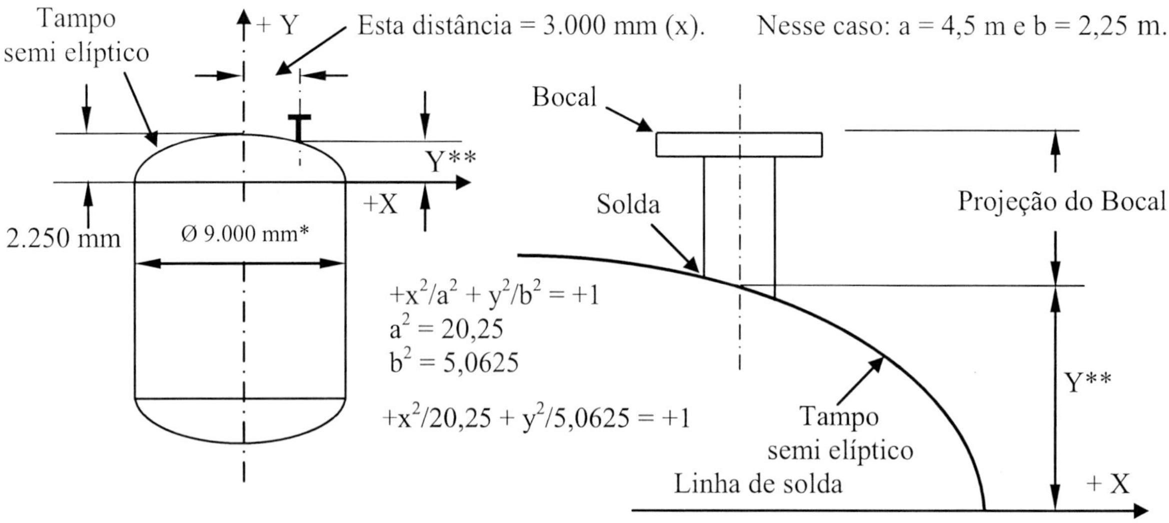

Na equação da elipse, fazendo x = 3, tem-se: $9/20,25 + y^2/5,0625 = +1$, com Y** = 1,677 m.

Resposta: a medida Y** pedida vale 1.677 mm ou 1,677 m.

1.13.3 Parábola

Analiticamente, parábola é a curva plana aberta definida como o conjunto dos pontos (ou lugar geométrico) que são equidistantes, ao mesmo tempo, de um ponto fixo (chamado de foco F) e de uma reta também fixa, chamada diretriz "d", que é perpendicular ao eixo da parábola. Segundo a figura a seguir: FP = PP' e FP1 = P1P1'.

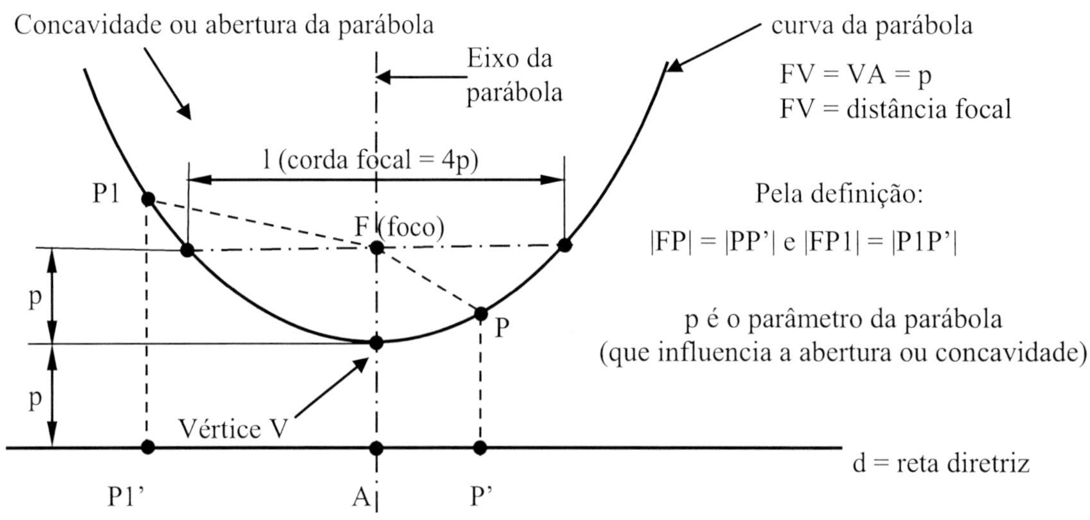

Parábolas com vértices coincidentes com a origem 0(0; 0), podem ser consideradas com as seguintes quatro imagens e suas equações:

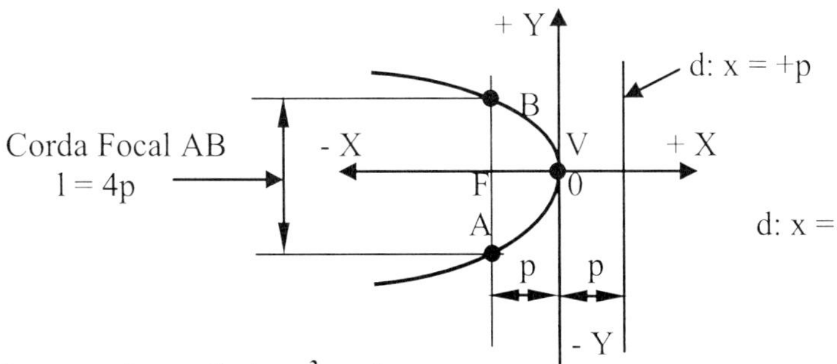

Imagem da parábola: $y^2 = -4px$, com foco à esquerda do vértice.

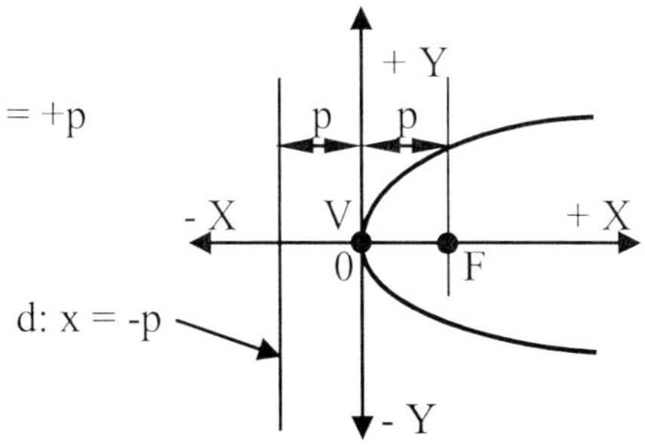

Imagem da parábola: $y^2 = +4px$, com foco à direita do vértice.

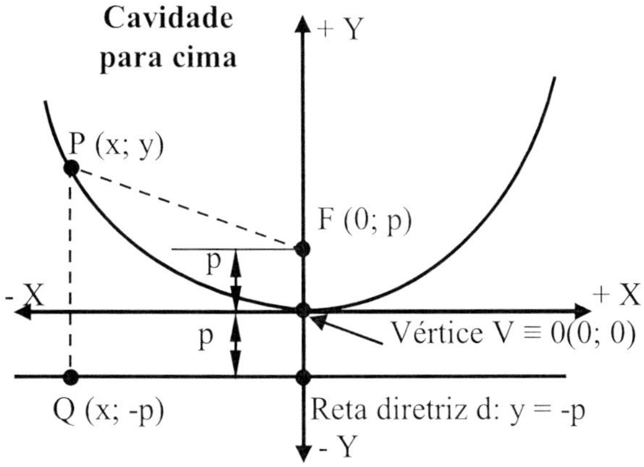

Parábola: $x^2 = +4py$

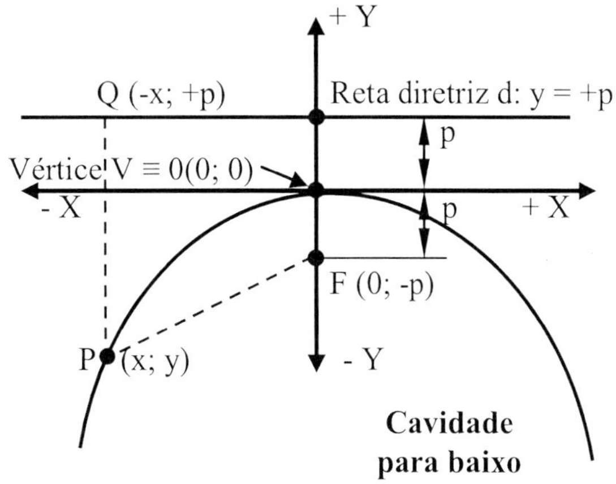

Parábola: $x^2 = -4py$

Equações de parábolas com vértices não coincidentes com a origem (0; 0)

Serão analisadas as parábolas com eixos paralelos a X e Y, embora por teoria uma parábola possa assumir qualquer posição dentro do espaço R^2, ou seja, nos quatro quadrantes.

$$+(x - h)^2 = +4p\ (y - k)$$

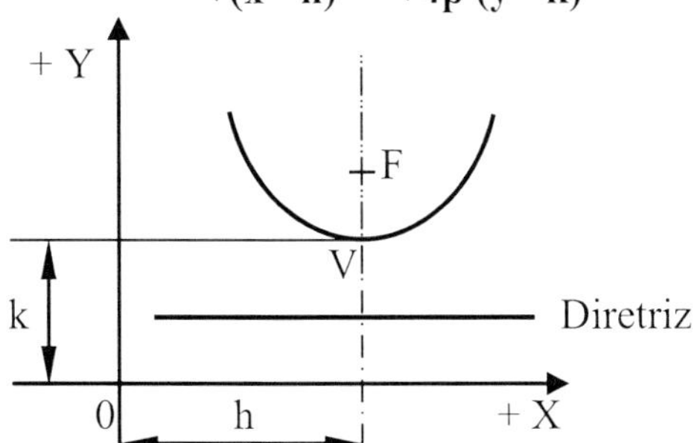

Parábola "A" com eixo paralelo a Y e no primeiro quadrante

$$+(y - k)^2 = +4p\ (x - h)$$

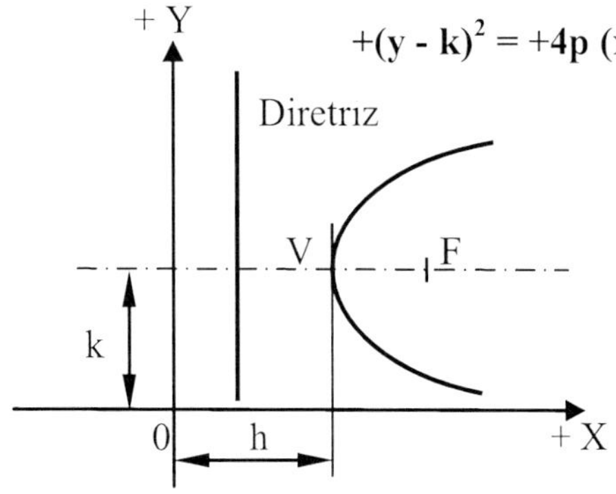

Parábola "B" com eixo paralelo a X e no primeiro quadrante

Os termos h e k, acrescidos às equações das parábolas com vértices coincidentes com a origem (0; 0), são as distâncias cartesianas, positivas ou negativas, do vértice à origem (0; 0).
Em verdade são usadas as mesmas considerações algébricas e geométricas, das deduções para as parábolas com eixos coincidentes a X ou Y, mas considerando uma translação dos eixos cartesianos.

$$\begin{cases} \textbf{Parábola A: } +(x - h)^2 = +4p\,(y - k). \\ \textbf{Parábola B: } +(y - k)^2 = +4p\,(x - k). \end{cases} \longleftarrow$$

Estas são as equações a serem utilizadas. Observa-se que, dependendo do quadrante onde se situa o Vértice, h e k podem ser positivo e ou negativo.

A equação: $+(x + 3)^2 = +8(y - 2)$, igual a: $+x^2 + 6x - 8y + 25 = 0$ é um exemplo desse tipo de parábola.

A equação $x^2 = +4py$, expressa uma parábola, com vértice na origem (0; 0), cavidade voltada para cima e que só existe para valores positivos de y, pois: $x = \sqrt{+4py}$. Para cada valor positivo de y existem dois valores de x, como mostrado a seguir.

Considerando *p = 1, se tem a tabela:

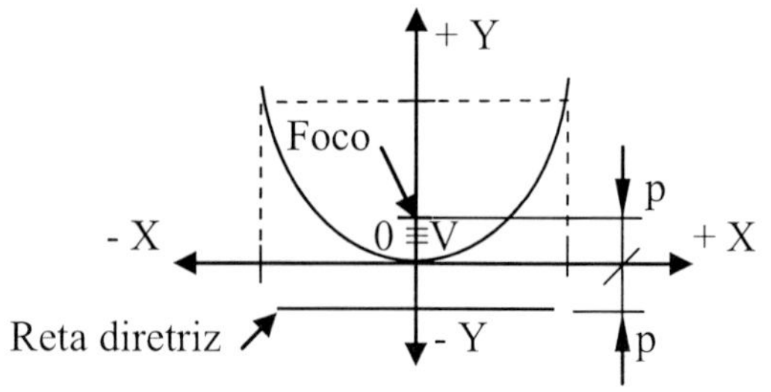

y	x
0	0
+1	±2
+2	±2,828
+3	±3,464
+4	±4

*p é o parâmetro de uma parábola e representa a distância entre o vértice e a reta diretriz, bem como entre o vértice e o foco.

Aplicação prática: o fogão solar parabólico

A literatura especializada, da área de energias alternativas, cita que, nesses tipos de fogões solares, a temperatura no foco pode variar entre 150 °C e 700 °C, dependendo do tipo de material usado no revestimento da superfície parabólica. Como exemplo de revestimento se tem: espelhos, chapas de alumínio e cerâmicas. Várias referências na WEB, mencionam que fogões desses tipos são utilizados em regiões pobres, sem acesso a energia elétrica ou gás. Também existem citações de estudos acadêmicos, sobre o aproveitamento de antenas parabólicas descartadas, revestidas com placas de vidro coladas ou de folhas de alumínio, para a produção desse tipo de fogão solar popular, permitindo o cozimento de alimentos, sem o consumo de eletricidade, combustíveis ou lenha. A seguir é detalhado um modelo desse tipo de fogão.

*Todas as alturas indicadas estão em relação ao ângulo mínimo de 30°.

Medidas em metros.

Pela propriedade refletora, todo raio que incide sobre a superfície da parábola, é refletido para o foco da mesma.

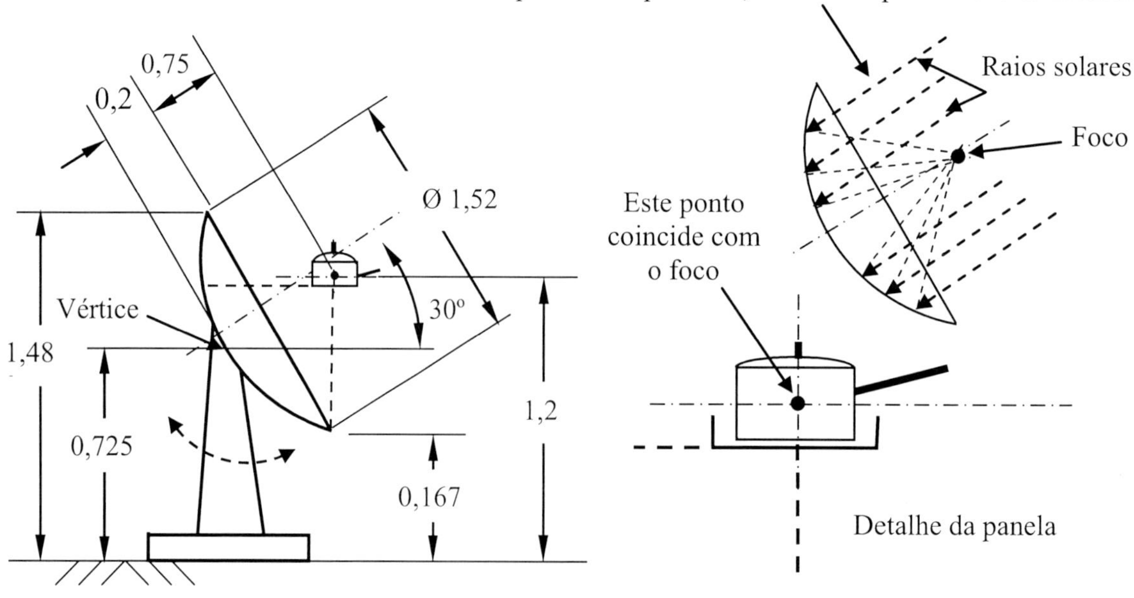

1.13.4 Hipérbole

Considerando os focos F_1 e F_2, com distância igual a "2c", os vértices V_1 e V_2, com distância igual a "2a", e o ponto P(x; y), define-se hipérbole como o conjunto dos pontos do plano, ou seja, o lugar geométrico, cuja diferença (em módulo) das distâncias aos focos F_1 e F_2 é a constante "2a" ($|V_1V_2|$). Ou seja: $|PF_1| - |PF_2| = 2a$. Observa-se que: $0 < 2a < 2c$. A figura a seguir detalha uma hipérbole, com eixo real coincidente com o eixo cartesiano X e centro C coincidente com a origem (0; 0).

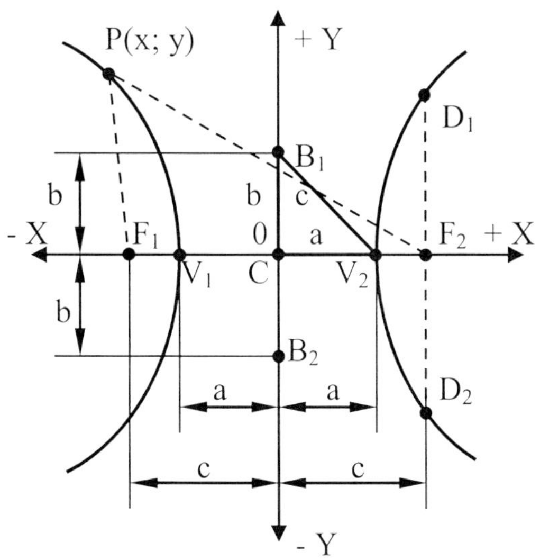

Elementos de uma hipérbole

C = Centro (nesta figura C ≡ 0)
F_1 e F_2 = Focos
V_1 e V_2 = Vértices
F_1, V_1, C, V_2, F_2 = Eixo real ou transverso
B_1, C, B_2 = Eixo imaginário ou reverso
$|D_1D_2| = l$ = Corda focal ou corda principal
CB_1V_2 = Triângulo fundamental (lados a, b, c)
e = Excentricidade
a = distância do centro ao vértice V_1 ou V_2
b = distância do centro C ao ponto B_1 ou B_2

Hipérboles são curvas com dois eixos de simetria um real e um imaginário.

Equações da hipérbole com centro na origem e em função da posição do eixo real

$$+x^2/a^2 - y^2/b^2 = +1$$

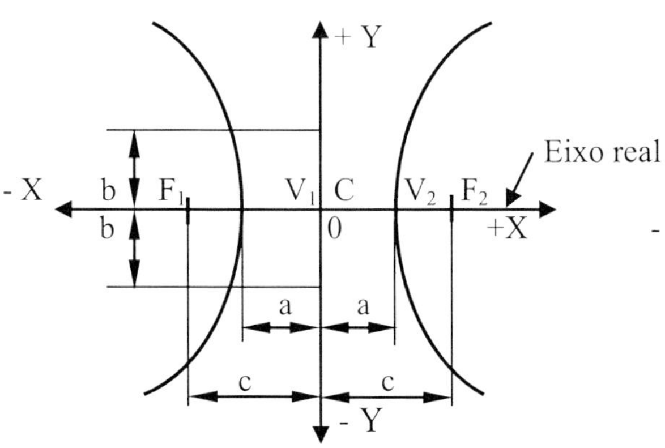

$$+y^2/a^2 - x^2/b^2 = +1$$

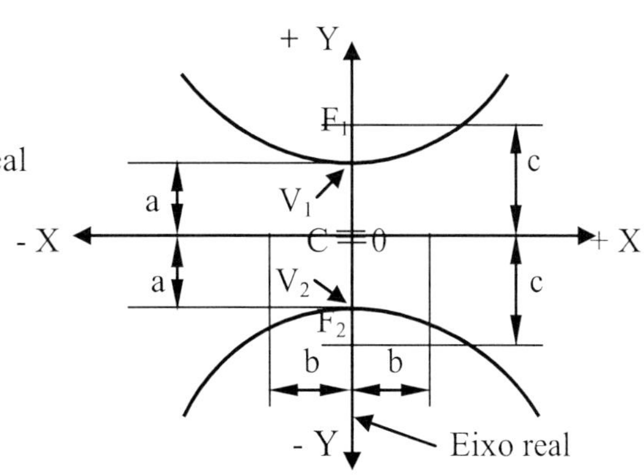

Equações da hipérbole com focos em eixos paralelos aos eixos cartesianos X ou Y, e centro não coincidente com a origem

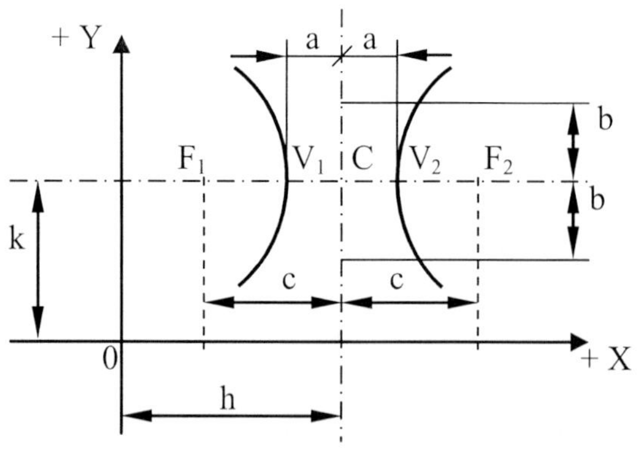

O eixo real é paralelo ao eixo X:

$$\frac{+(x-h)^2}{a^2} - \frac{(y-k)^2}{b^2} = +1$$

O eixo real é paralelo ao eixo Y:

$$\frac{+(y-k)^2}{a^2} - \frac{(x-h)^2}{b^2} = +1$$

Observa-se que, dependendo da posição do centro da hipérbole, as distâncias h e k, podem ser negativas ou positivas. Ou seja, o centro pode estar localizado em qualquer um dos quatro quadrantes.

A hipérbole é muito utilizada, tanto por engenheiros, quanto por arquitetos. Os exemplos a seguir mostram a cobertura de um pavilhão de exposições e um pontilhão sobre um rio.

Pontilhão sobre um rio, com arco hiperbólico

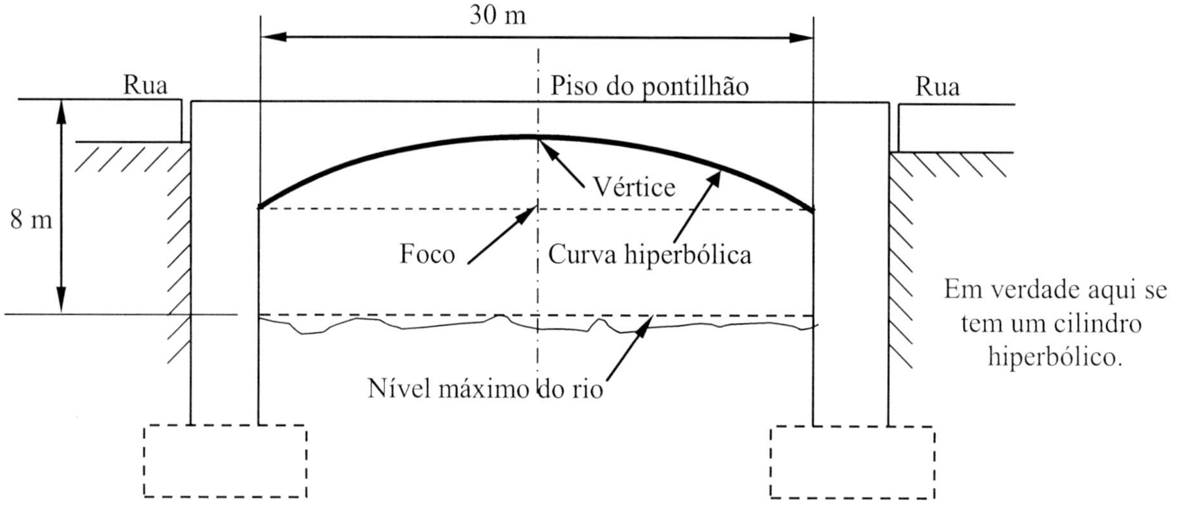

Existem pontes e pontilhões que utilizam uma curva hiperbólica, como elemento estrutural para vencer vãos entre margens de rios.

1.14 Curvas especiais

1.14.1 Curva de Agnesi

Foi citada pela matemática italiana Maria Gaetana Agnesi (1718-1799), em 1748, no seu livro *Instituzioni analitiche ad uso della gioventù italiana*. Cita-se que Fermat e Luigi Guido Grandi (1671-1742) já haviam estudado essa curva em 1703. A obra *Instituizioni* é composta por dois volumes e quatro livros, perfazendo um total de mais de mil páginas. Esse material é extenso em inúmeros conteúdos matemáticos. O primeiro volume traz uma abordagem da álgebra e o segundo do cálculo diferencial e integral e análise matemática, conceitos considerados relativamente novos em meados dos anos 1700. Agnesi utilizava os métodos de

Newton e Leibniz em sua abordagem, lembrando-se que, quando Agnesi nasceu em 1718, Newton ainda era vivo e o cálculo integral e diferencial era pesquisado por um grande número de estudiosos.

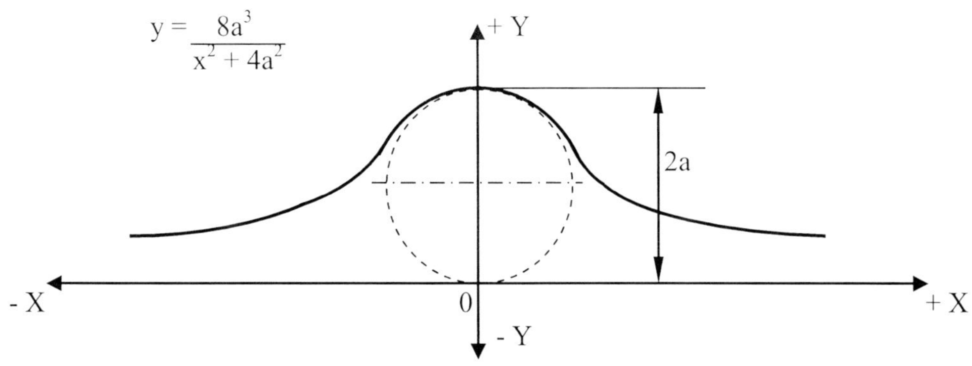

1.14.2 *Folium* de Descartes

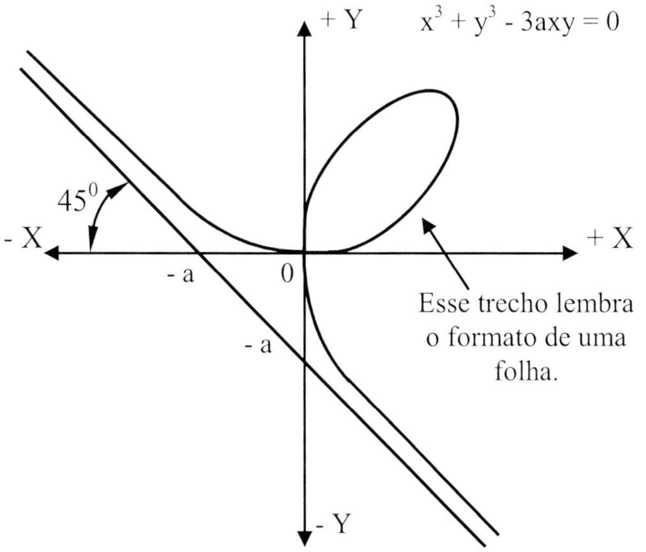

O *folium* (folha em latim) foi proposto pela primeira vez por René Descartes (1596-1650) em 1638. Descartes acreditava, inicialmente, que o formato da folha se repetia nos quatro quadrantes. A curva tornou-se famosa através de um incidente ocorrido durante o desenvolvimento do cálculo diferencial e integral, quando Descartes desafiou Pierre de Fermat (1607-1665) a encontrar a reta tangente à referida curva em um ponto arbitrário, uma vez que Fermat acabara de descobrir um método para encontrar retas tangentes. Fermat resolveu o problema facilmente. Desde que o Cálculo diferencial foi criado, a inclinação de uma reta tangente pode ser facilmente encontrada através da diferenciação implícita, como estudado na disciplina "Cálculo I"..

Além dessas duas curvas, aqui chamadas especiais, existem dezenas de outras, com aplicações e pesquisas matemáticas, normalmente estudadas em disciplinas mais avançadas, como por exemplo, no "Cálculo III". Apenas como informação, podem ser citadas:

Astroide ($x^{2/3} + y^{2/3} = a^{2/3}$);
Cardioide [$(x^2 + y^2 - 2ax) = 4a^2(x^2 + y^2)$];
Espiral de Fermat ($r^2 = a^2\theta$);
Espiral de Arquimedes ($r = a + b\theta$);
Limniniscata de Bernoulli [$(x^2 + y^2)^2 = a^2(x^2 - y^2)$];
Limaçon ou caracol de Pascal [$(x^2 + y^2 - 2ax)^2 = b^2(x^2 + y^2)$];
Parábola semi cúbica ($y^3 = ax^2$);
Serpentina de Newton ($x^2y + aby - a^2x = 0$) e
Espiral hiperbólica ($r = a/\theta$).

1.15 Funções trigonométricas no círculo

Trigonometria é uma das partes da Geometria, que relaciona ângulos e medidas, podendo ser estudada no triângulo retângulo, no círculo, na esfera (a trigonometria esférica) e também em um tipo de hipérbole equilátera, a chamada trigonometria hiperbólica. A trigonometria estuda diversas relações chamadas: seno (sen), cosseno (cos), tangente (tg), cotangente (cotg), secante (sec) e cossecante (cossec).

Origem das funções trigonométricas no círculo

O círculo a seguir mostra a imagem geométrica das seis funções trigonométricas, referindo-se a um ângulo no 1^0 quadrante.

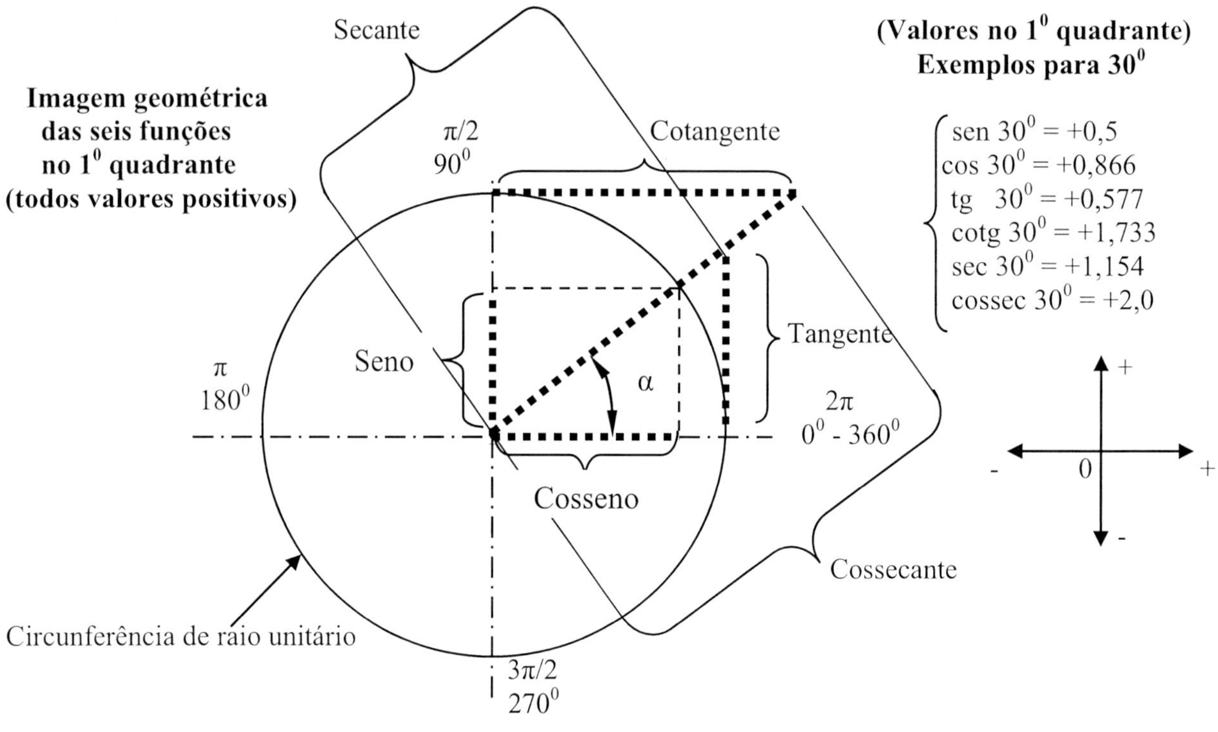

1.15.1 Gráfico com a variação da função seno (a senoide): y = sen x (varia de -1 a +1)

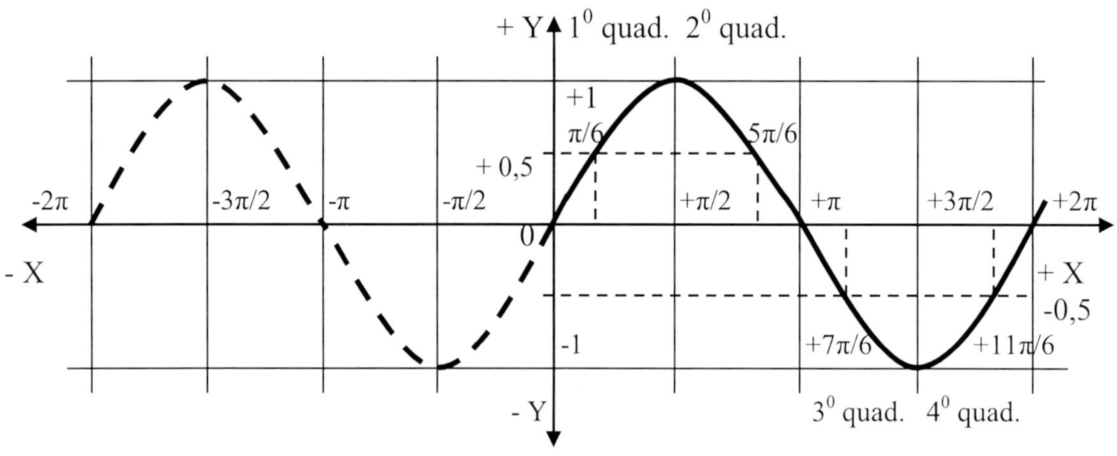

1.15.2 Gráfico com a variação da função cosseno (a cossenoide): y = cos x (varia de -1 a +1)

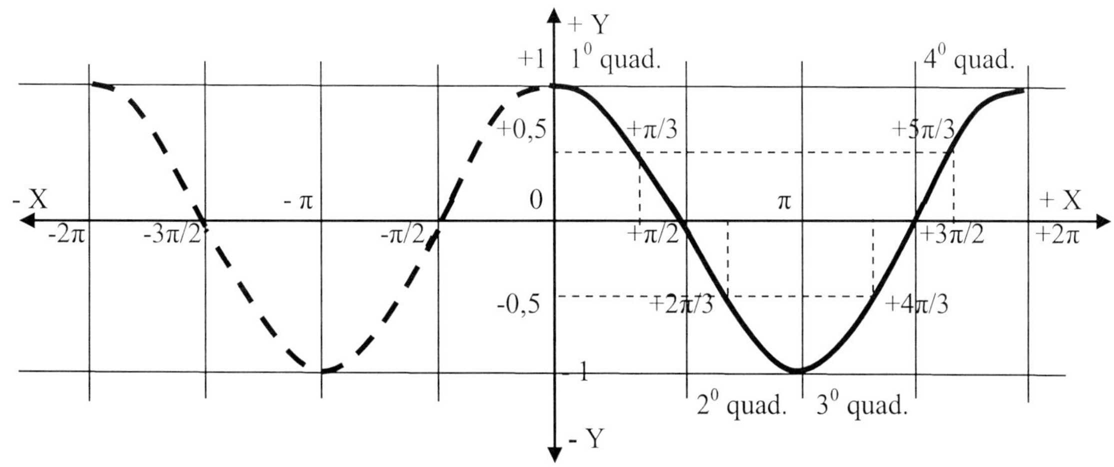

1.15.3 Gráfico com a variação da função tangente: y = tg x (varia de -∞ até +∞)

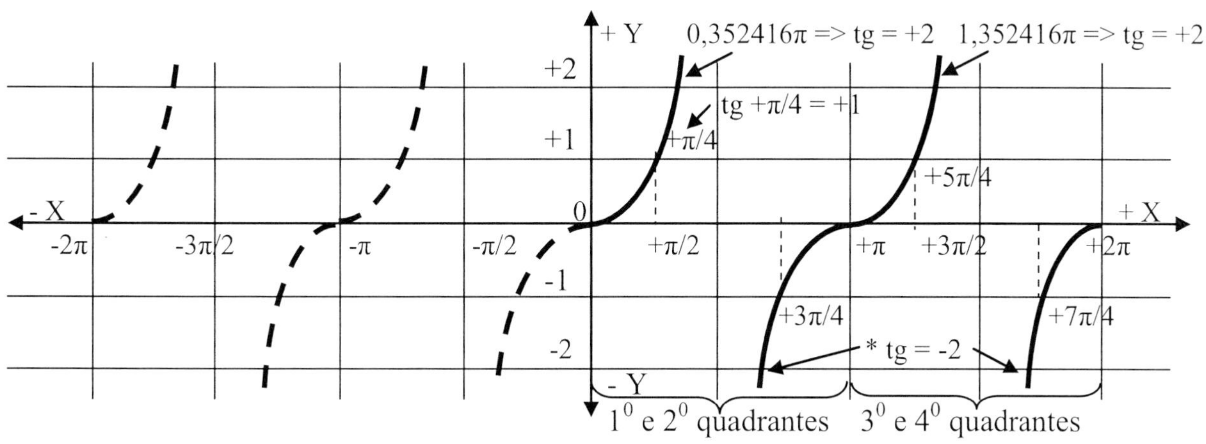

1.15.4 Gráfico com a variação da função cossecante: y = cossec x

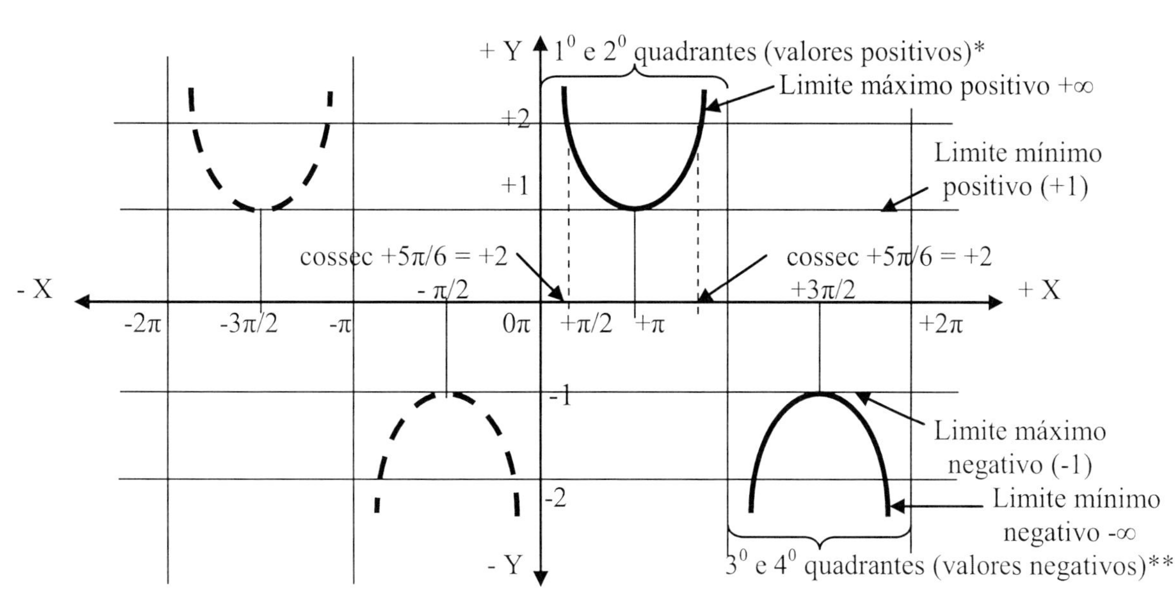

1.15.5 Gráfico com a variação da função secante: y = sec x

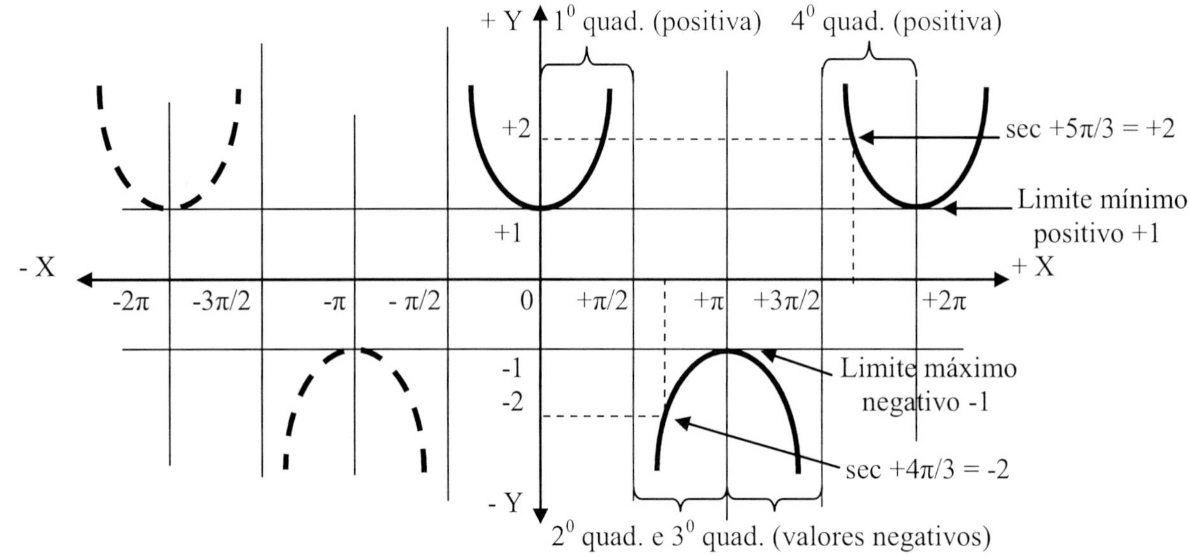

1.15.6 Gráfico com a variação da função cotangente: y = cotg x (varia de -∞ até +∞)

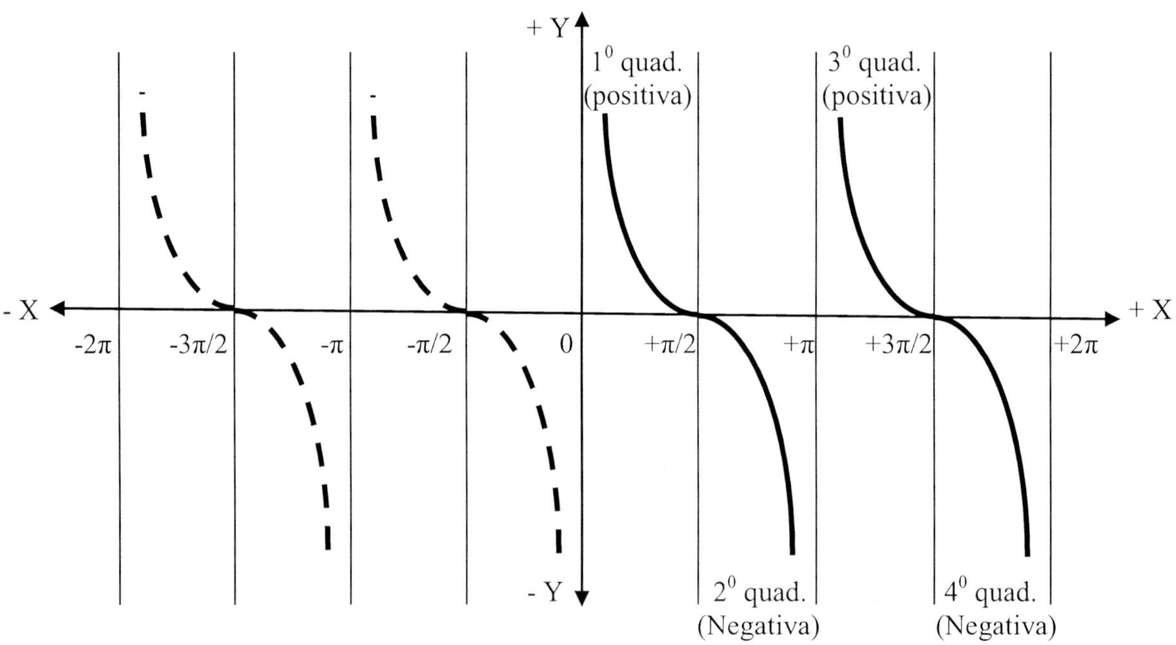

A seguir, serão mostrados os seis gráficos das funções trigonométricas inversas: arco seno, arco cosseno, arco tangente, arco cossecante, arco secante e arco cotangente. Simbolicamente, a função inversa pode ser grafada da seguinte forma: se f(x) = +0,5, sua inversa é $f^{-1}(x) = +2$. Observa-se que, $f^{-1}(x)$ não significa 1/f(x).

1.15.7 Gráfico da função: y = arcsen x

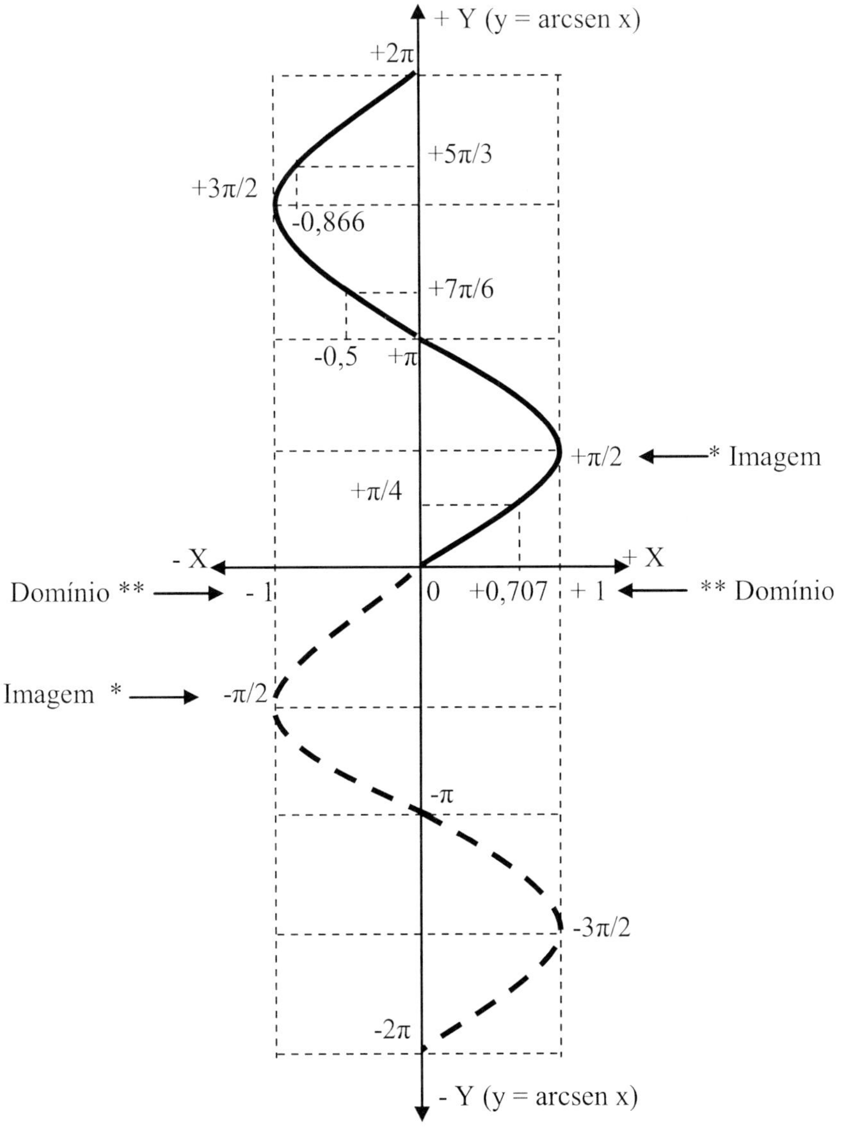

1.15.8 Gráfico da função: y = arccos x

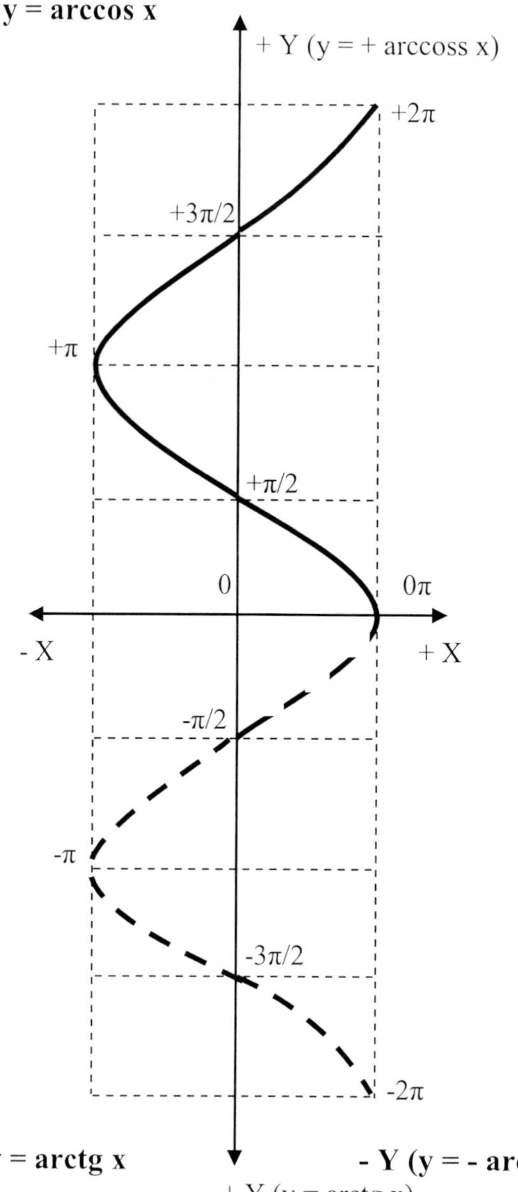

1.15.9 Gráfico da função y = arctg x

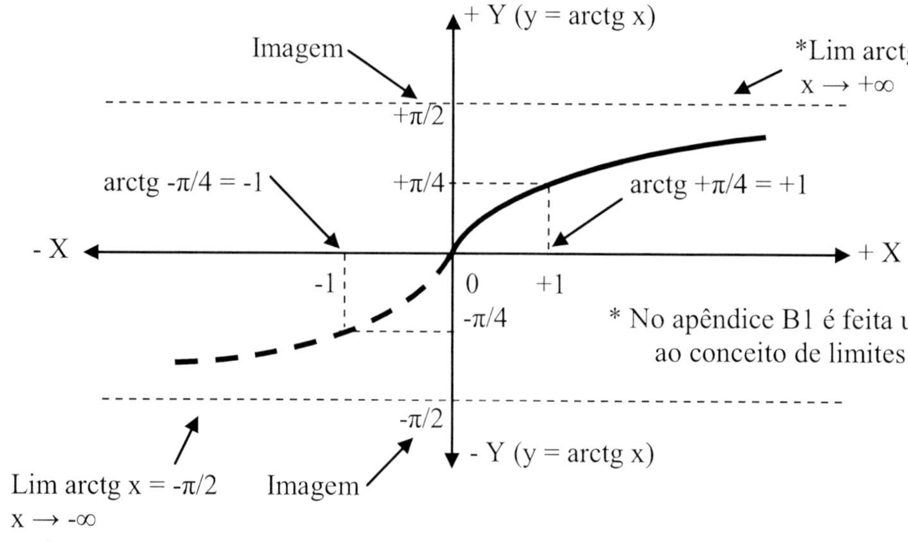

* No apêndice B1 é feita uma introdução ao conceito de limites de funções.

1.15.10 Gráfico da função y = arcsec x

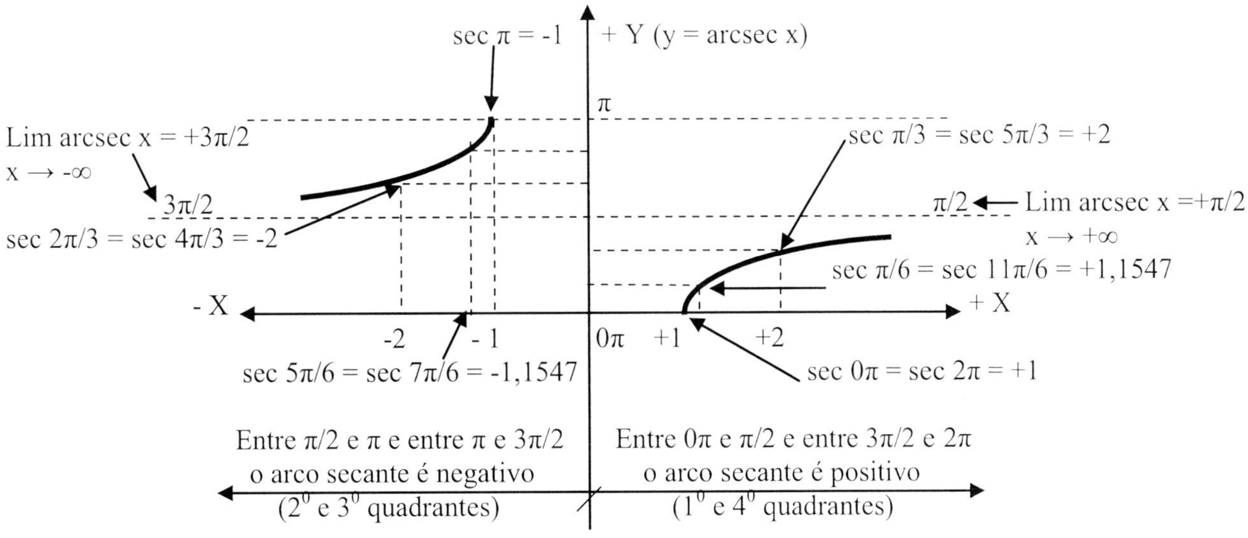

1.15.11 Gráfico da função y = arcossec x

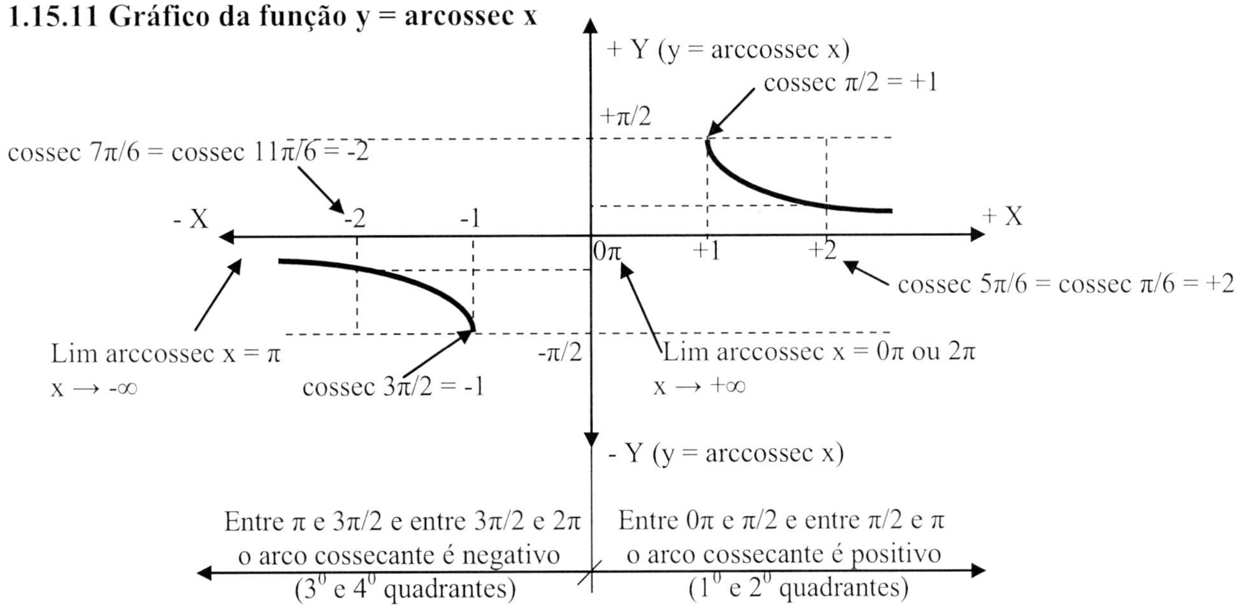

1.15.12 Gráfico da função y = arcotg x

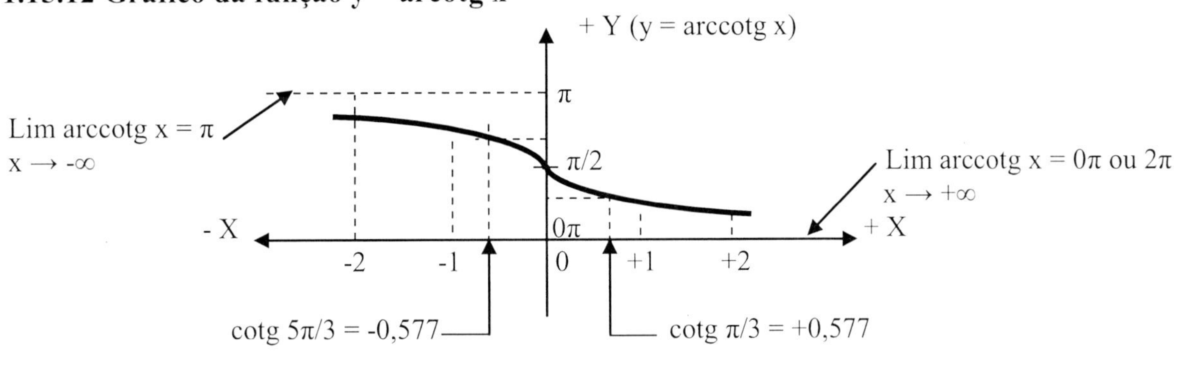

1.16 Funções trigonométricas hiperbólicas

As funções trigonométricas hiperbólicas, são originárias de uma hipérbole equilátera ($+x^2 - y^2 = +1$), com centro C, coincidente com a origem (0; 0) dos eixos cartesianos (C ≡ 0), eixo real (2a) sobre o eixo cartesiano X, o semi eixo real igual à unidade (a = 1) e, obviamente, eixo imaginário sobre o eixo cartesiano Y e com semi eixo imaginário também igual à unidade (b = 1).
A partir desse tipo de hipérbole equilátera, considerando uma rotação de 45^0 ou $\pi/4$, no sentido anti-horário, através de uma série de análises geométricas e cálculos algébricos, chega-se à definição das funções: senh Θ (seno hiperbólico), cosh Θ (cosseno hiperbólico), tgh Θ (tangente hiperbólica) e, consequentemente, às inversas: cossech Θ (cossecante hiperbólica), sech Θ (secante hiperbólica) e cotgh Θ (cotangente hiperbólica), sendo que as inversas têm suas equações exponenciais relacionadas ao Logaritimo Neperiano (base e), já que, para a mesma base, exponenciais e logaritmos são inversos.
Diferentemente do ângulo na trigonometria circular, que varia de 0^0 (0π) a 360^0 (2π), um ângulo hiperbólico é o dobro do valor numérico da área do setor hiperbólico, representado na figura abaixo pela área compreendida pelos pontos 0AM. Ou seja, em teoria um ângulo hiperbólico não é expresso em radianos, mas em unidades de área (VASCONCELOS, 2013, p. 20 a 24).

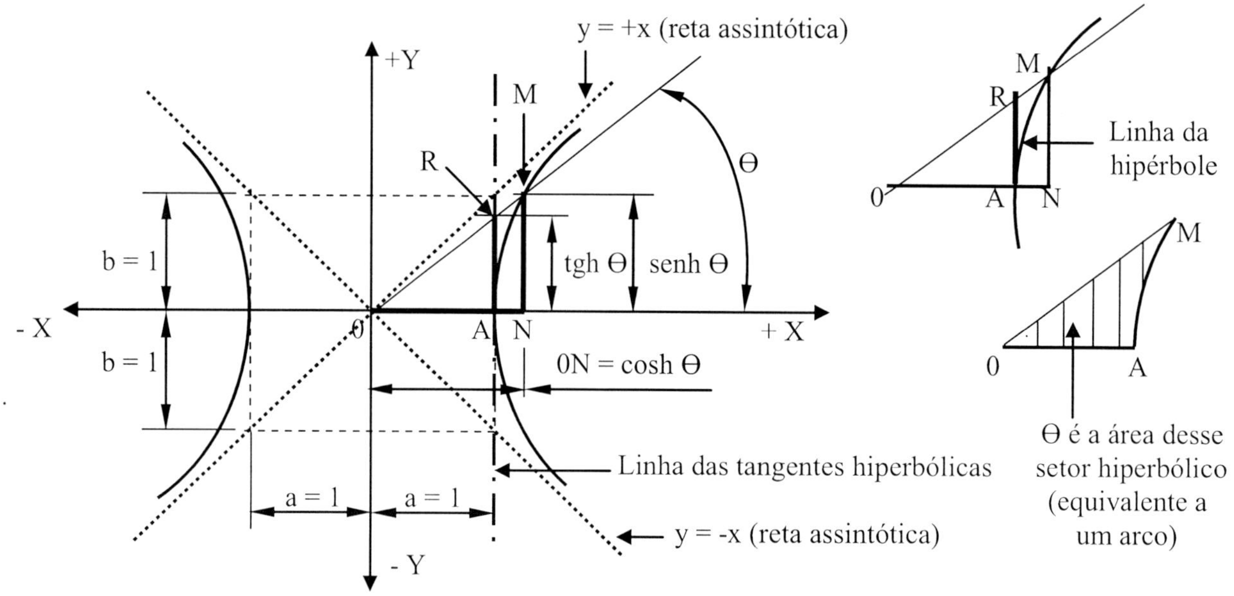

0N = cosseno hiperbólico, MN = seno hiperbólico e AR = tangente hiperbólica.

1.16.1 Gráfico das funções: y = senh x e y = arcsenh x

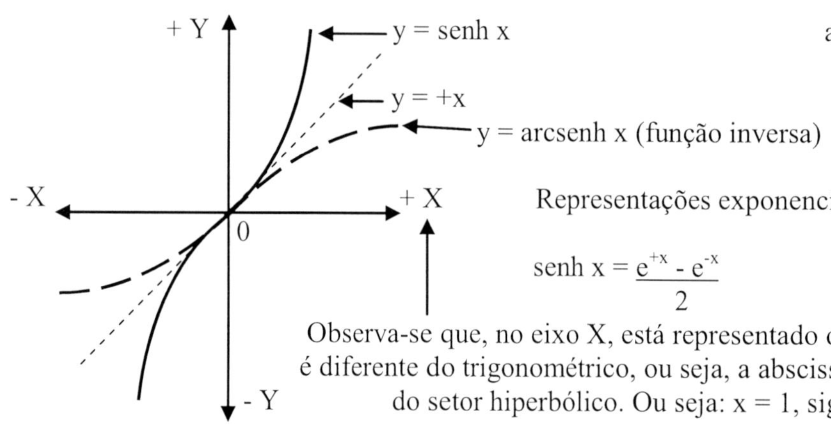

arcsenh x ou senh^{-1} x

Representações exponenciais e logarítmicas das funções:

$$\text{senh}\, x = \frac{e^{+x} - e^{-x}}{2} \qquad \text{senh}^{-1}\, x = \ln\left(x + \sqrt{x^2 + 1}\right)$$

Observa-se que, no eixo X, está representado o valor do ângulo hiperbólico, que é diferente do trigonométrico, ou seja, a abscissa x, em verdade, refere-se à área do setor hiperbólico. Ou seja: x = 1, significa uma unidade de área.

1.16.2 Gráfico das funções: y = cosh x e y = arccosh x

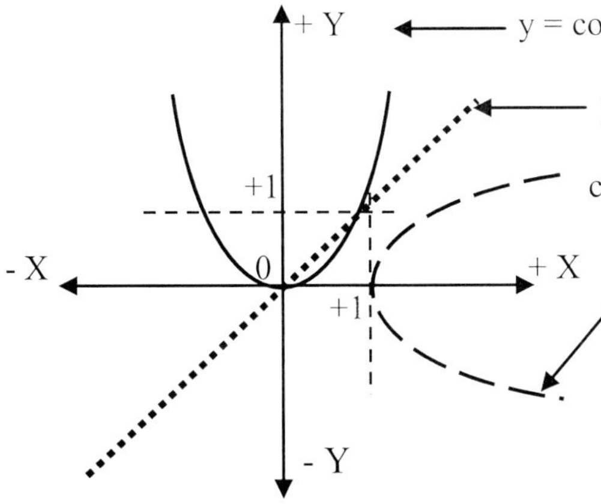

arccosh x ou $\cosh^{-1}$ x

Representações exponenciais e logarítmicas das funções:

$$\cosh x = \frac{e^{+x} + e^{-x}}{2} \qquad \cosh^{-1} x = \ln\left(x + \sqrt{x^2 - 1}\right)$$

1.16.3 Gráfico das funções: y = tgh x e y = arctgh x

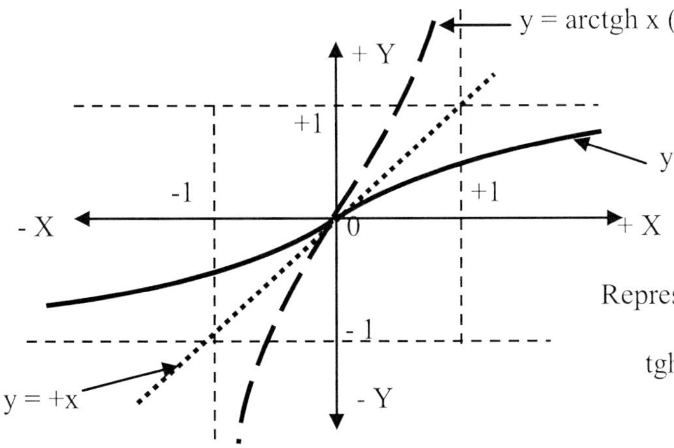

arctgh x ou tgh^{-1} x

Representações exponenciais e logarítmicas das funções:

$$\text{tgh}\, x = \frac{e^{+x} - e^{-x}}{e^{+x} + e^{-x}} \qquad \text{tgh}^{-1} x = \frac{1}{2} \ln\left(\frac{1 + x}{1 - x}\right)$$

1.16.4 Gráfico das funções: y = cotgh x e y = arccotgh x

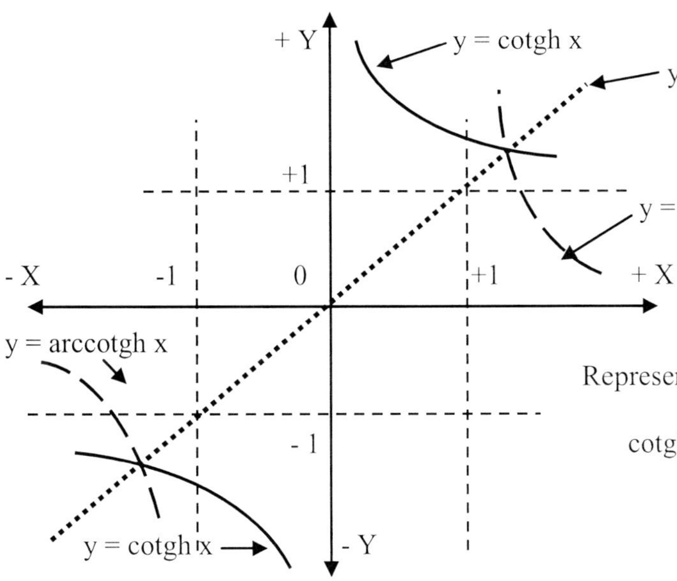

arccotgh x ou cotgh^{-1} x

Representações exponenciais e logarítmicas das funções:

$$\text{cotgh}\, x = \frac{e^{+x} + e^{-x}}{e^{+x} - e^{-x}} \qquad \text{cotgh}^{-1} x = 1 \ln\left(\frac{x + 1}{x - 1}\right)$$

1.16.5 Gráfico das funções: y = sech x e y = arcsech x

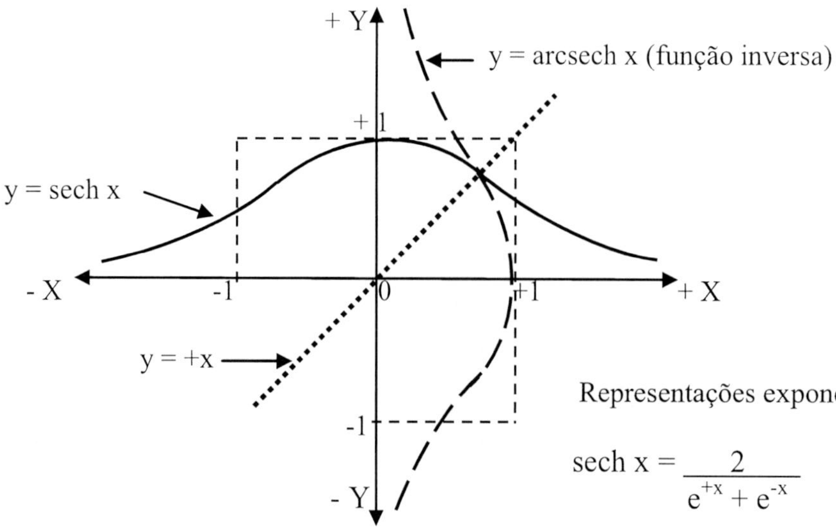

arcsech x ou sech^{-1} x

Representações exponenciais e logarítmicas das funções:

$$\text{sech } x = \frac{2}{e^{+x} + e^{-x}} \qquad \text{sech}^{-1} x = \ln\left(\frac{1 + \sqrt{1 - x^2}}{x}\right)$$

1.16.6 Gráfico das funções: y = cossech x e y = arccossech x

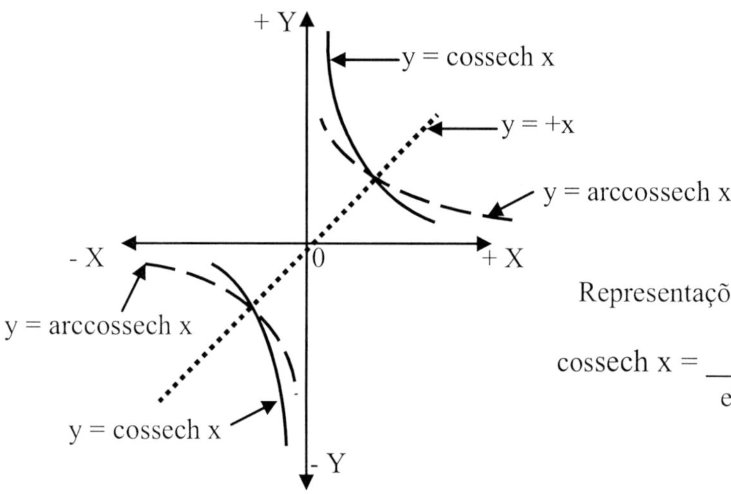

arccossech x ou cossech^{-1} x

Representações exponenciais e logarítmicas das funções:

$$\text{cossech } x = \frac{2}{e^{+x} - e^{-x}} \qquad \text{cossech}^{-1} x = \ln\left(\frac{1 + \sqrt{1 + x^2}}{x}\right)$$

1.17 Como desenhar gráficos, funções e curvas matemáticas, utilizadas em Cálculo I

Embora na prática atual, e cada vez mais, os desenhos de gráficos, funções e curvas matemáticas sejam executados usando programas de computador ou *softwares*, é importante citar os seguintes principais instrumentos clássicos e analógicos que podem ser utilizados: par de esquadros, compasso, escalímetro (escala triangular), transferidor, borracha plástica, lápis ou lapiseiras e folhas de papel. Especialmente para desenhos de curvas, não circulares, faz-se necessário o uso de "curvas francesas". Também são úteis gabaritos de circunferências e elipses, como a seguir mostrados:

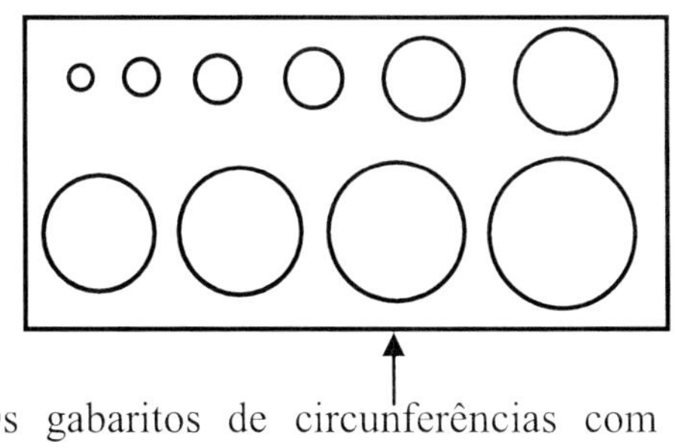

Este é um exemplo de uma "curva francesa", também feita em plástico. Assim como os gabaritos de circunferências, e até de elipses, existem vários tipos, com as mais variadas curvas. Observa-seque as partes internas são vazadas.

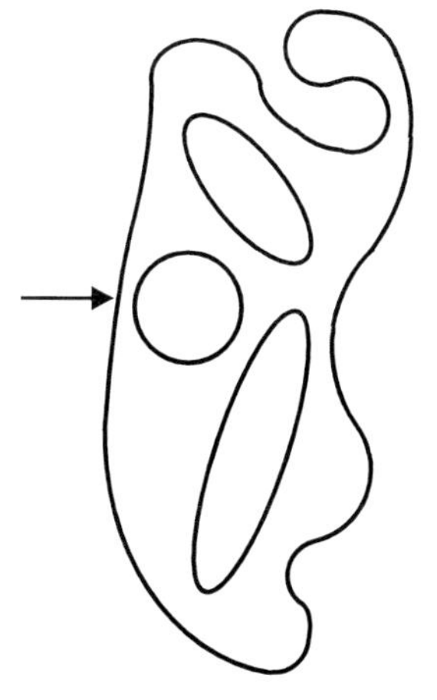

Os gabaritos de circunferências com vários valores de diâmetros, são retângulos de plásticos, com vários furos circulares. Esses gabaritos são particularmente úteis quando se deve desenhar circunferências e arcos circulares de pequenos valores, por exemplo, com raio menor que 5 mm.

1.17.1 Como desenhar usando programas de geometria dinâmica e outros

O termo geometria dinâmica é utilizado para definir programas interativos que possibilitam a criação e manipulação de figuras geométricas a partir de suas propriedades. Esses programas também são utilizados nas geometrias analítica e descritiva, bem como em pesquisas.
Na geometria dinâmica há diversos recursos disponíveis como, por exemplo, uso de cores nos desenhos, sistemas de coordenadas cartesianas e polares, calculadora interna, medição de ângulos, distâncias e áreas. Com programas de geometria dinâmica é possível clicar em um ponto do desenho construído e arrastá-lo pela tela, com o *mouse*, mudando sua configuração. É dessa possibilidade de movimentação que vem o termo geometria dinâmica.
Outra característica da geometria dinâmica é permitir rapidez na execução dos desenhos, pois figuras que demorariam muito tempo para serem construídas no papel, com régua, compasso e gabaritos, são criadas no computador em segundos.
Dentre os principais programas de geometria dinâmica os seguintes se destacam: Tabulae, Geogebra, Régua e Compasso, Cabri Géomètre e Cabri 3D. Embora não sejam de geometria dinâmica, os programas AutoCad e Word podem ser utilizados nos desenhos de gráficos, funções e curvas matemáticas. A seguir é feita uma breve descrição desses programas.

O Tabulae é um *software* de Geometria Dinâmica plana que foi desenvolvido no "Projeto Enibam" do Instituto de Matemática da Universidade Federal do Rio de Janeiro - IM/UFRJ. Esse programa é gratuito.

Geogebra: "Geometria + Álgebra", é um programa austríaco gratuito que reúne Geometria, Àlgebra e Cálculo. De forma geral, podem ser construídos pontos, segmentos de reta, polígonos, circunferências, vetores, gráficos de funções, curvas cônicas (circunferências, elipses, parábolas e hipérboles), que podem ser dinamicamente modificados com um simples movimento do *mouse*. Uma vantagem do Geogebra é a de apresentar duas representações diferentes de um mesmo objeto: a representação geométrica e a algébrica. Esse programa pode ser utilizado em vários idiomas, inclusive português.
Régua e Compasso (CaR) é um programa de Geometria Dinâmica que pode ser baixado gratuitamente, possibilitando construções dinâmicas e interativas. Após algumas construções, os objetos geométricos podem ser deslocados na tela sem modificação das relações geométricas.

O Cabri-Géomètre II é um *software* educativo específico para o aprendizado da geometria. Foi desenvolvido por Jean-Marie Laborde e Franck Bellemain, no Institut D'Informatique et Mathématiques Appliquées de Grenoble, França. O Cabri possui muitos recursos na construção das figuras geométricas possibilitando movê-las e deformá-las, Permite criar e explorar figuras geométricas de forma interativa através da construção de pontos, retas, triângulos, polígonos, círculos e outros objetos.

Cabri 3D é um *software* de matemática dinâmica tridimensional. Ele foi desenvolvido pela empresa francesa Cabrilog, permitindo a construção em três dimensões e, ao mesmo tempo, tem os benefícios da geometria interativa. Ele oferece uma interface lúdica e intuitiva com ferramentas de visualização 3D, que muito facilitam o ensino/aprendizado da geometria.

Observação: No presente livro de Cálculo I Aplicado, existem 645 imagens, sendo que apenas 10 foram desenhadas usando diretamente o AutoCad, sendo todas as demais desenhadas com o programa Word. Especialmente em funções mais complexas utilizou-se inicialmente o Geogebra, sendo posteriormente feito um decalque sobre o desenho, utilizando o Word. Para os objetivos desse livro, não existe o menor problema caso um gráfico ou o desenho de uma função ou curva não esteja com as dimensões exatas, como geradas, por exemplo, pelo Geogebra.

1.18 Utilizando instrumentos clássicos ou qualquer programa de desenho, fazer as imagens das funções ou curvas a seguir. (Fazendo os desenhos com instrumentos clássicos é imperioso definir uma tabela com valores de x e y, por exemplo, no intervalo de x = -3 a +3).

1.18.1) $y = 1 + \sqrt{(x + 4)^3}$.

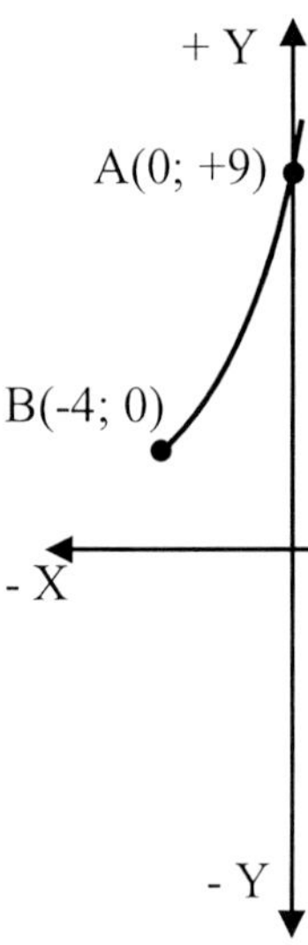

Gráfico da função: $(y - 1)^2 = (x + 4)^3$

1.13.2) $y = +3x^{2/3} - 2$. É uma função.

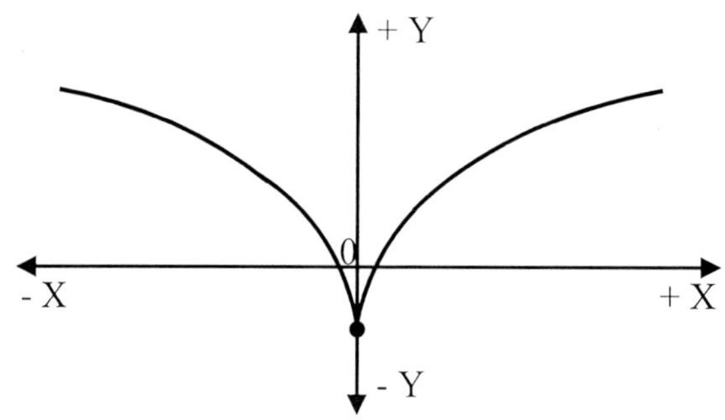

Gráfico da função: $y = +3x^{2/3} - 2$.

$y = +3x^{2/3} - 2$.

x	y
-3	+4,24
-2	+2,762
-1	+1
0	-2
+1	+1
+2	+2,762
+3	+4,24

1.13.3) $y = +x^{3/2}$. $y = +x^{3/2} \Rightarrow \sqrt{+x^3}$. Como se tem a raiz quadrada de um número (x) elevado ao cubo (x^3), essa função só existe para valores positivos de x, pois não existe raiz quadrada de número negativo. A tabela a seguir permite o traçado do gráfico, com instrumentos analógicos.

P	x	x^3	$\sqrt{x^3}$
A	0	0	0
B	+1	+1	±1,000
C	+2	+8	±2,828
D	+3	+27	±5,196
E	+4	+64	±8,000
F	+5	+125	±11,180

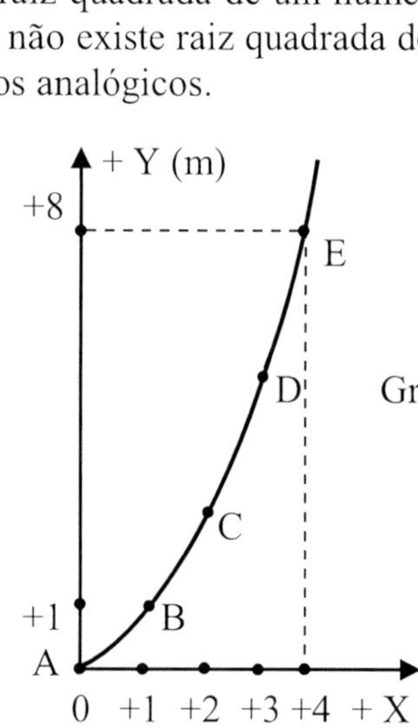

Gráfico da função $y = +x^{3/2}$

1.13.4) $y = +2x - 1$. ⟵ É uma função afim (pois, a reta não passa pela origem).

x	-3	-2	-1	0	+1	+2	+3
y	-7	-5	-3	-1	+1	+3	+5

↑ A ↑ B ↑ C

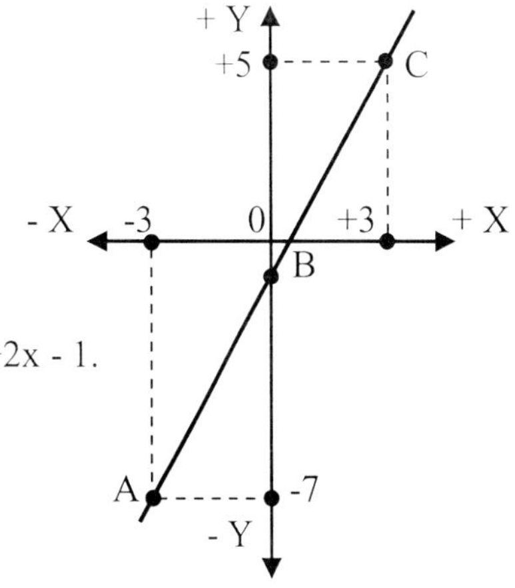

Gráfico da função: $y = +2x - 1$.

1.13.5) $y = +x^3 - 3x + 4$.

x	y
-3	-14
-2	+2
-1	+6
0	+4 ⟵ A
+1	+2
+2	+6
+3	+22

Gráfico da função:
$y = +x^3 - 3x + 4$. (*)

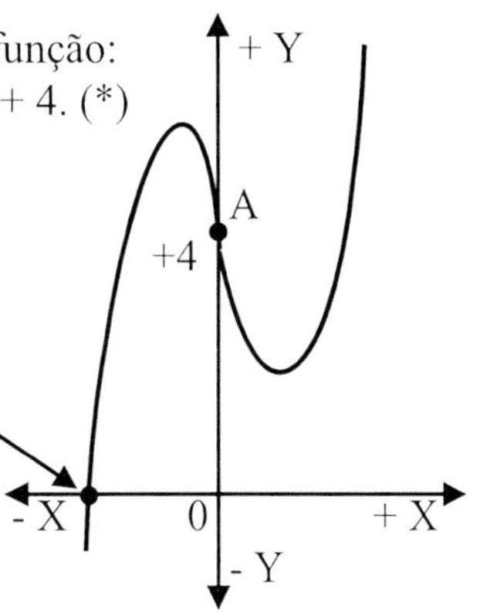

(*) $+x^3 - 3x + 4 = 0$, representa uma equação do terceiro grau, portanto com três raízes, ou seja, a função intercepta o eixo X em três pontos diferentes, onde $y = 0$.

1.13.6) $y = +x^2 - 2x - 3$.

e

Valores de x e y:

x	y	
-3	+12	
-2	+5	
-1	0	⟵ Raiz x_1
0	-3	
+1	-4	
+2	-3	
+3	0	⟵ Raiz x_2
+4	+5	

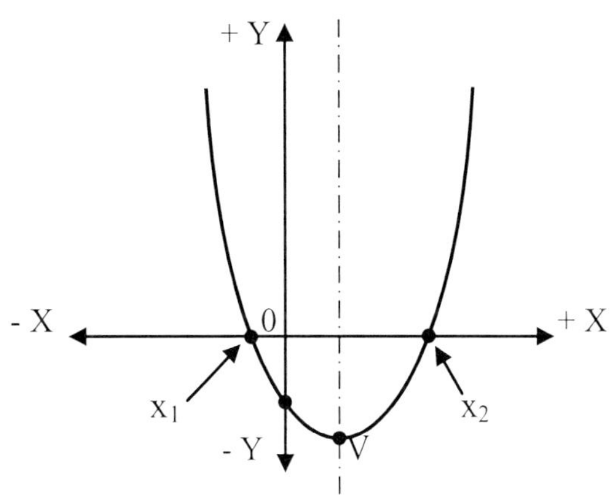

1.13.7) Determinar a função inversa de $\log_2 x = y$, fazendo o gráfico das duas funções.

A inversa de $\log_2 x = y$ é a exponencial $y = 2^x$. As tabelas a seguir, permitem o desenho dos gráficos.

$\log_2 x = y$

P	x	y
A	+0,125	-3
B	+0,25	-2
C	+0,5	-1
D	+1	0
E	+2	+1
F	+4	+2
G	+8	+3

$y = 2^x$

P	x	y
A'	-3	+0,125
B'	-2	+0,25
C'	-1	+0,5
D'	0	+1
E'	+1	+2
F'	+2	+4
G'	+3	+8

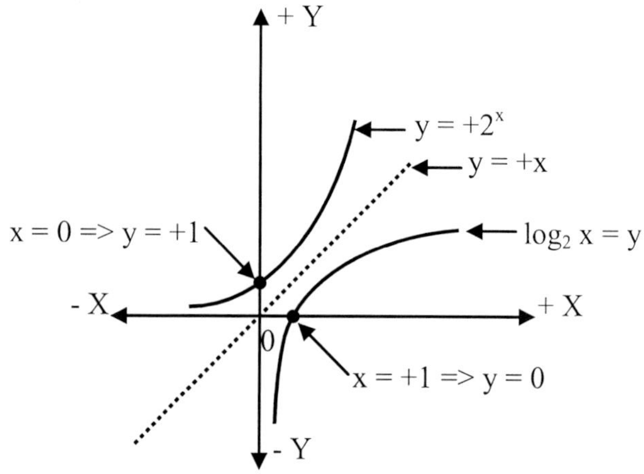

Observe-se como os valores de x e y estão invertidos nessas duas tabelas

A (+0,125; -3) e A' (-3; +0,125)

xA = yA' e xA' = yA

1.13.8) Fazer gráfico da função $y = +(1 + 1/x)^x$

A tabela a seguir possibilita esboçar o gráfico da função citada.

x	1 + 1/x	$(1 + 1/x)^x$
-1	0	+∞
-2	+0,5	+4
0	+1	+1
+1	+2	+2,000000
+10	+1,1	+2,593742
+100	+1,01	+2,704814
+1.000	+1,001	+2,716924
+10.000	+1,0001	+2,718146
+100.000	+1,00001	+2,718268
+1.000.000	+1,000001	**+2,718280**

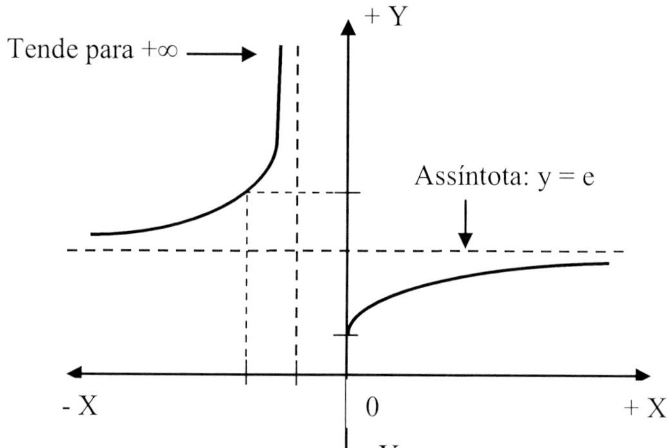

Este valor se aproxima de "e" ou número de Euler, que é a base dos logaritmos neperianos ou naturais.

Capítulo 2

Os limites

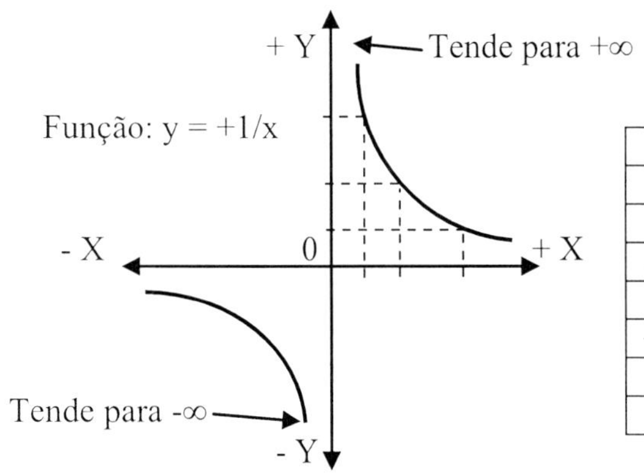

x	y
-2	-0,5
-1	-1
-0,5	-2
0	±∞
+0,5	+2
+1	+1
+2	+0,5

y = +1/x => quando x tende a zero, y tende a ±∞.
(Trata-se de uma função descontínua)

As definições de derivada e integrais definidas envolvem o conceito de limite. *Na prática, como será visto em capítulos posteriores, existem formas mais rápidas de se calcular derivadas e integrais, sem a análise dos limites, que são processos longos. O Cálculo Diferencial envolve as análises de limites e derivadas de funções matemáticas. Existe toda uma sequência lógica até se chegar ao Cálculo Integral, que também é conhecido como antiderivada. Ou seja, uma antiderivada necessita do cálculo da derivada, que por sua vez utiliza o conceito de limite.*

2.1 Conceito intuitivo de limite

O conceito de limite descreve o comportamento de uma função y = f(x), à medida que o seu argumento (valor de x) se aproxima de um determinado valor. Por exemplo, na função y = (+5x – 2), quando x tende a +2, y tende a +8. Nesse caso a notação matemática fica: $\lim_{x \to +2} (+5x - 2) = +8$.

De fato, quando x = +2 => [+5(+2) - 2] = +8. (O valor de x é chamado de argumento).

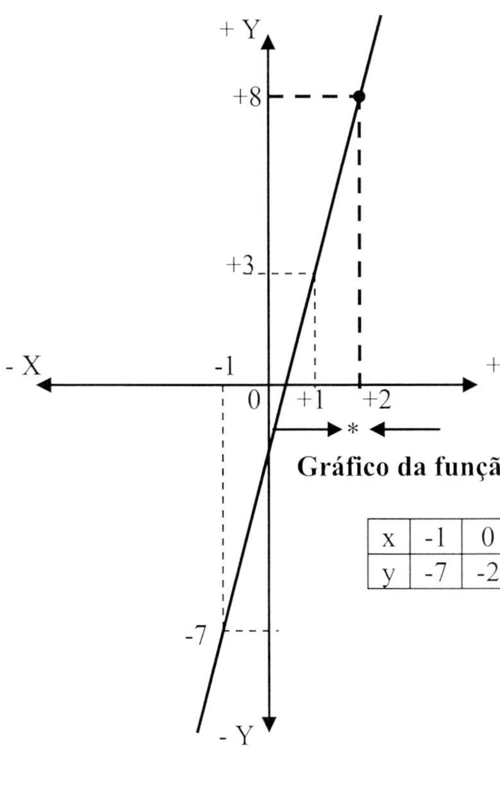

Gráfico da função: y = +5x - 2

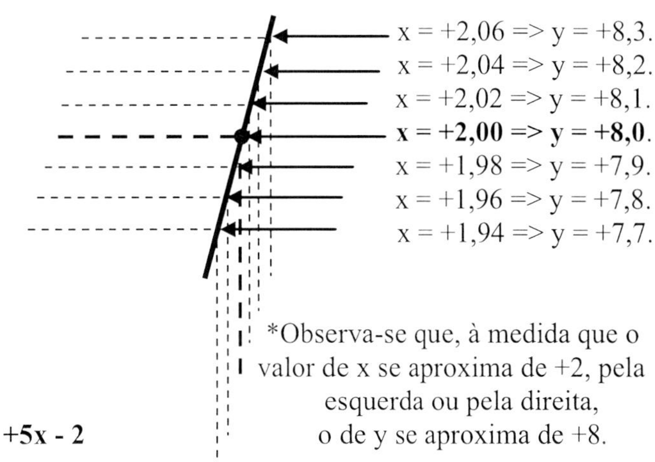

*Observa-se que, à medida que o valor de x se aproxima de +2, pela esquerda ou pela direita, o de y se aproxima de +8.

x	-1	0	+1	+1,94	+1,96	+1,98	**+2**	+2,02	+2,04	+2,06
y	-7	-2	+3	+7,70	+7,80	+7,90	**+8**	+8,10	+8,20	+8,30

$\lim_{x \to +2} (+5x - 2) = +8$

2.2 Conceito matemático de limite

Em uma função f(y) = x, quando a variável x tende à constante y, os sucessivos valores de x resultam na diferença x - l, com valor numérico tão pequeno, logo próximo de y. Analisando a seguinte sequência infinita, conceitua-se, matematicamente, limite:

$3 + 1; 3 + 1/2; 3 + 1/4; 3 + 1/8; ...; 3 + 1/2^n$, que resulta em: 4; 3,5; 3,25; 3,125; ...; 3,000000000... que resulta:

$\lim_{n \to +\infty} (3 + 1/2^n) = +3.$

2.3 Propriedades dos limites

1ª) O limite da soma é a soma dos limites e o limite da diferença é a diferença dos limites.

$\lim_{x \to a} [f(x) \pm g(x)] = \lim_{x \to a} f(x) \pm \lim_{x \to a} g(x).$

$\lim_{x \to -2} [(x^2 + 5x - 1) + (x^3 - 2)] = \lim_{x \to -2} (x^2 + 5x - 1) + \lim_{x \to -2} (x^3 - 2) = (+4 - 10 - 1) + (-8 - 2) = -17.$

2ª) O limite do produto é o produto dos limites.

$\lim_{x \to a} [f(x) . g(x)] = \lim_{x \to a} f(x) . \lim_{x \to a} g(x).$

$\lim_{x \to \pi/4} (2x^2 . \text{sen } x) = \lim_{x \to \pi/4} (2x^2) . \lim_{x \to \pi/4} (\text{sen } x) = 2(\pi/4)^2 . (\text{sen } \pi/4) = [(2\pi^2)/16] . 0{,}707 = +0{,}8722$*.

*Na prática, especialmente da Engenharia, os resultados de quaisquer cálculos são indicados já com as contas feitas, não se deixando na forma de frações ou radicais. Por exemplo: $3\pi = 9{,}4245$; $\sqrt{2}/2 = 0{,}707$.

3ª) O limite do quociente é o quociente dos limites, desde que o denominador não seja zero.

$\lim_{x \to a} [f(x)/g(x)] = \lim_{x \to a} [f(x)/\lim_{x \to a} g(x)]$

$\lim_{x \to 0} [(\cos x)/(x^2 + 1)] = \lim_{x \to 0} [(\cos x)/\lim_{x \to 0} (x^2 + 1)] = \cos 0/(0^2 + 1) = +1/+1 = +1.$

4ª) Limite de funções contendo expoentes

$\lim_{x \to a} f(x)^n = [\lim_{x \to a} f(x)]^n$

$\lim_{x \to -1} (+x^2 - 1)^3 = [\lim_{x \to -1} (+x^2 + 1)]^3 = +8.$

5ª) Limite de funções contendo radicais

$\lim_{x \to a} \sqrt[n]{f(x)} = \sqrt[n]{\lim_{x \to a} f(x)}$; com f(x) > 0. Para f(x) ≤ 0, n é ímpar.

$\lim_{x \to +3} \sqrt[3]{(x^2 + 1)} = \sqrt[3]{\lim_{x \to +3} (x^2 + 1)} = \sqrt[3]{(+3^2 + 1)} = \sqrt[3]{+10} = +2{,}1544.$

6ª) Limite envolvendo logaritmos de quaisquer bases (b) e logaritmos neperianos (e)

$\lim_{x \to a} [\log_b f(x)] = \log_b [\lim_{x \to a} f(x)]$, desde que: $\lim_{x \to a} f(x) > 0$.

$\lim_{x \to a} [\ln f(x)] = \ln [\lim_{x \to a} f(x)]$, desde que: $\lim_{x \to a} f(x) > 0$.

$\lim_{x \to e} (\ln x^2) = \ln [(\lim_{x \to e} (x^2)] = \ln e^2 = 2 \ln e = 2.1 = +2$.

$\lim_{x \to a} e^{f(x)} = e^a$.

$\lim_{x \to +1} e^{(x^2 + 4x)} = e^5$.

7ª) Limite envolvendo função trigonométrica

$\lim_{x \to a} [\text{sen } f(x)] = \text{sen } [\lim_{x \to a} f(x)]$.

$\lim_{x \to \pi/6} [\text{sen } (x + 1)] = \text{sen } [\lim_{x \to \pi/6} (x + 1)] = \text{sen } \dfrac{(\pi + 6)}{6}$.

2.4 Operações envolvendo zero e infinito (∞), limites particulares e limites indeterminados

$(+\infty) + (+\infty) = +\infty$. $(-\infty) + (-\infty) = -\infty$. $(+\infty)^n = +\infty$. $(+\infty) . (-\infty) = -\infty$.

$(-\infty)^n = +\infty$, se n é par. $(-\infty)^n = -\infty$, se n é ímpar. $+\infty + c = +\infty$. $-\infty + c = -\infty$.

Se $c > 1 \Rightarrow c^{+\infty} = +\infty$. Se $c < 1 \Rightarrow c^{-\infty} = 0$.

$0 < c < 1 \Rightarrow c^{+\infty} = 0$. $0 < c < 1 \Rightarrow c^{-\infty} = +\infty$. $c / \pm\infty = 0$.

Os limites a seguir descritos, onde "c" é uma constante, em muito ajudam a resolver problemas, especialmente de funções polinomiais.

$\lim_{x \to 0} c/x = c/0 = +\infty$. Por exemplo: $\lim_{x \to 0} +2/x = +\infty$.

$\lim_{x \to +\infty} c.x = c. +\infty = +\infty$. Por exemplo: $\lim_{x \to +\infty} +5x = +\infty$.

$\lim_{x \to +\infty} x/c = +\infty/c = +\infty$. Por exemplo: $\lim_{x \to +\infty} x/-7 = +\infty$.

$\lim_{x \to +\infty} c/x = c/+\infty = 0$. Por exemplo: $\lim_{x \to +\infty} -7/x = 0$.

Limites indeterminados

É comum, quando ao resolver um limite, se deparar com indeterminações matemáticas, impossibilitando a resolução. Em geral, as indeterminações são levantadas recorrendo-se a fatorações algébricas ou reduções polinomiais. Outra forma é usando a Regra de L'Hôpital, como será visto no capítulo 6, A seguir são citados os casos clássicos de indeterminações de limites.

0/0	0^0	$1^{\pm\infty}$	$\pm\infty^0$
$\pm\infty/\pm\infty$	$(+\infty) - (+\infty)$	$(-\infty) + (+\infty)$	$0 . (\pm\infty)$

2.5 Exercícios resolvidos

Exercício 2.5.1) Determinar o limite da função $(+x^2 - 1)/(+x - 1)$, quando x tende a +1, e analisar seu gráfico.

Matematicamente pede-se: $\lim_{x \to +1} y = (+x^2 - 1)/(+x - 1)$. Fazendo x = 1, tem-se 0/0, que é indefinido.

Como: $(+x^2 - 1) = (+x + 1)(+x - 1)$, tem-se: $y = (+x^2 - 1)/(+x - 1) \Rightarrow y = \frac{(+x + 1)(+x - 1)}{(x - 1)} \Rightarrow y = +x + 1 \Rightarrow$

$\lim_{x \to +1} y = (+x^2 - 1)/(+x - 1) = \lim_{x \to +1} y = (+x + 1) = +2.$

y = (+x + 1)

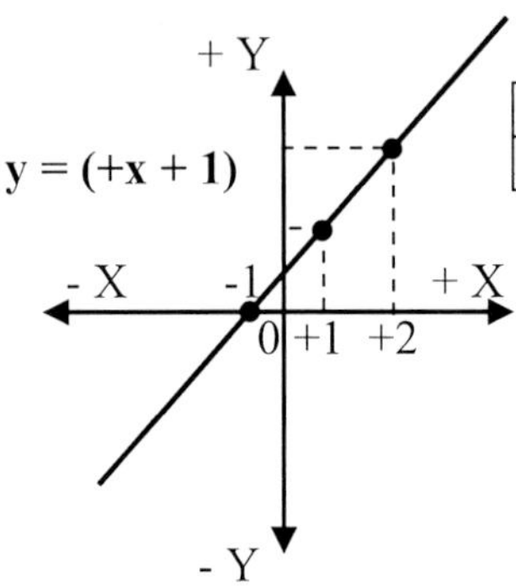

x	-3	-2	-1	0	+0,25	+0,5	+0,75	+0,8	+0,9	+0,99	+1	+1,1	+1,2
y	-2	-1	0	+1	+1,25	+1,5	+1,75	+1,8	+1,9	+1,99	+2	+2,1	+2,2

Observa-se que, à medida que x se aproxima de +1, y se aproxima de +2.
Ou seja: $\lim_{x \to +1} (+x + 1) = +2.$

Como será visto no parágrafo 2.8, essa é uma função chamada racional.

Exercício 2.5.2) Determinar o limite da função $y = +1/x^2$, quando x tende a -2 e analisar seu gráfico.

Matematicamente pede-se: $\lim_{x \to -2} +1/x^2$. Ou seja: $\lim_{x \to -2} +1/x^2 = +1/-2^2 = +1/+4 = +0,25.$

Observa-se que essa função em y só existe na parte positiva de y, a partir de y = 0.

Observa-se que, à medida que x tende a zero, pela direita ou pela esquerda, y tende a $+\infty$

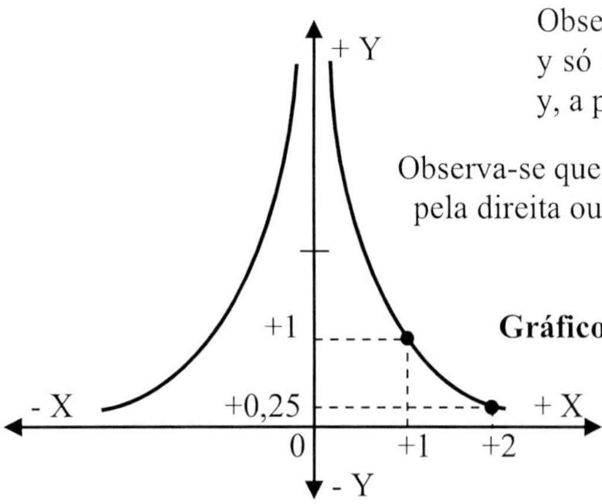

Gráfico da função: $y = +1/x^2$

x	y
-3	+0,111
-2	**+0,250**
-1	+1
-0,001	+1.000.000
0	$+\infty$
+0,001	+1.000.000
+1	+1
+2	+0,25
+3	+0,111

Exercício 2.5.3) Determinar o limite da função $y = (2x^2)/(1 + x^2)$, quando x tende a -3 e analisar seu gráfico.

x	-30	-20	-10	-5	**-3**	-2	-1	0	+1	+2	+3	+10	+20	+30
y	+1,998	+1,995	+1,98	+1,9231	**+1,8**	+1,6	+1	0	+1	+1,6	+1,8	+1,98	+1,995	+1,998

$\lim_{x \to -3} (2x^2)/(1 + x^2) = +1,8.$

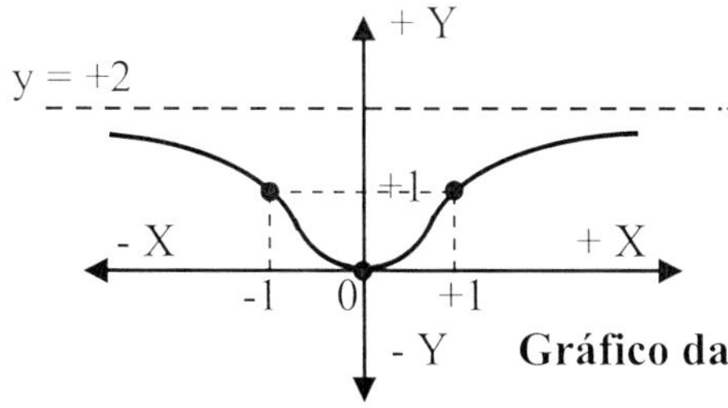

Observa-se que, o valor máximo de y tende a +2, ou seja, existe uma reta assintótica y = +2, a essa função.

Gráfico da função: y = (2x²)/(1 + x²).

Exercício 2.5.4) Determinar o limite da função $y = (x^2 - 1)/(x^2 + 1)$, quando x tende a ±∞ e analisar seu gráfico.

$$\lim_{x \to +\infty} (x^2 - 1)/(x^2 + 1) = \lim_{x \to +\infty} (x^2/x^2 - 1/x^2)/(x^2/x^2 + 1/x^2) = \lim_{x \to +\infty} (+1 - 1/x^2)/(+1 + 1/x^2) =$$

= [+1 - (1/+∞)]/[(+1 + (1/+∞)] = +1 - 0/+1 + 0 = +1. Quando x → -∞, também y = +1.

Ou seja, existe uma reta assintótica de equação y = +1. A tabela a seguir permite fazer o gráfico da função.

x	-1.000	-10	-3	-1	0	+1	+3	+10	+1.000
y	+0,999998	+0,980198	+0,8	0	-1	0	+0,8	+0,980198	+0,999998
				(A)	(B)	(C)			

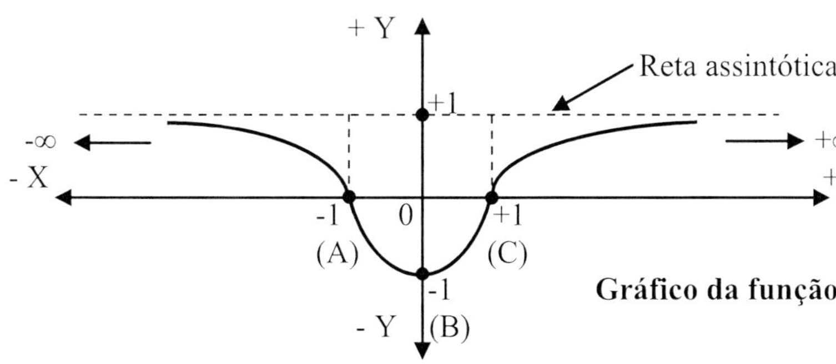

Gráfico da função: y = (x² - 1)/(x² + 1)

Exercício 2.5.5) Determinar o limite da função $y = -1/x^2$, quando x tende a zero e analisar seu gráfico.

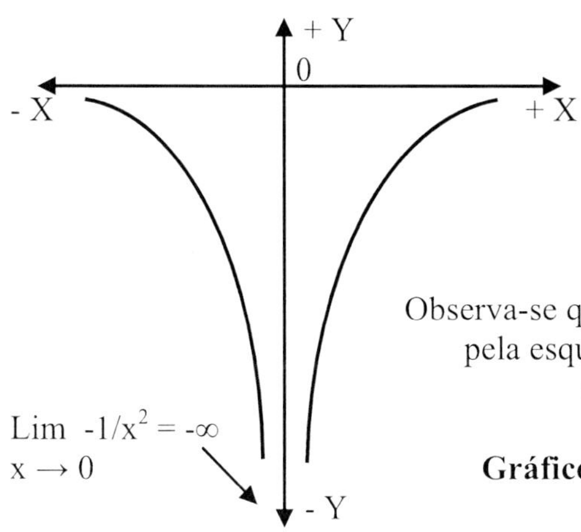

$\lim_{x \to 0} -1/x^2 = -\infty$

Observa-se que essa função em y só existe na parte negativa de y, a partir de y = 0.

Observa-se que, à medida que x se aproxima de zero, pela esquerda ou pela direita, y tende a -∞. (Ver parágrafo a seguir)

Gráfico da função: y = -1/x²

x	y
-3	-0,111
-2	-0,250
-1	-1
-0,001	-1.000.000
0	-∞
+0,001	-1.000.000
+1	-1
+2	-0,25
+3	-0,111

2.6 Limites laterais de uma função

Considerando uma determinada função y = b, se x se aproxima de um ponto "a", através de valores maiores que "a", ou seja, pela sua direita, escreve-se: $\lim_{x \to a+} y = b$.

Esse limite é chamado de limite lateral à direita de "a".

Quando x se aproxima de "a" através de valores menores que "a", ou seja, pela sua esquerda, escreve-se: $\lim_{x \to a-} y = b$. Esse limite é chamado de limite lateral à esquerda de "a".

Exercício 2.6.1) Analisar todos os limites da função y = 1/(x - 1).

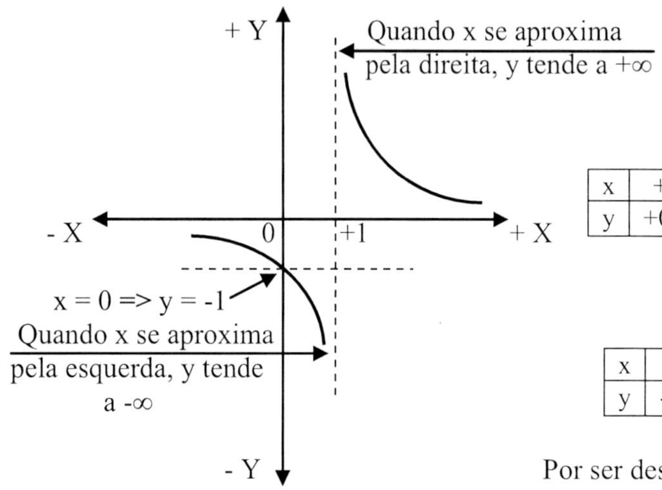

Resumindo: $\lim_{x \to +1} 1/(x - 1)$**: não existe.**

Aproximação pela direita:

x	+3	+2	+1,5	+1,2	+1,1	+1,0009	**+1**
y	+0,5	+1	+2	+5	+10	+1.111,11	+∞

Aproximação pela esquerda:

x	-3	-2	0	+0,5	+0,8	+0,999	**+1**
y	-0,25	-0,33	-1	-2	-5	-1.000	-∞

Por ser descontínua, essa função não tem limite, para x→ +1.

Exercício 2.6.2) Analisar se existe limite da função y = +1/x, quando x → 0.

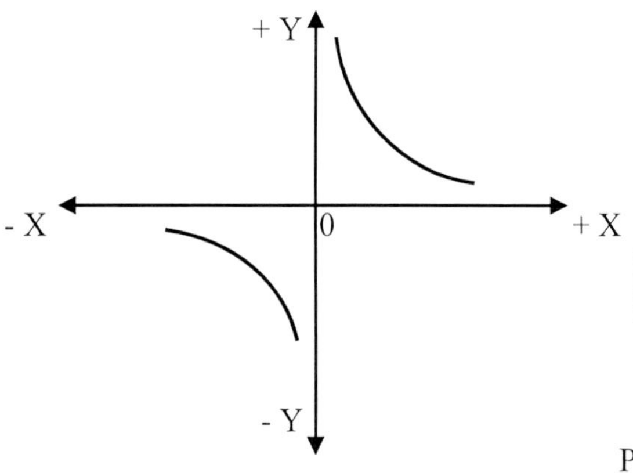

Quando x tende a zero pela esquerda (0-), y tende a -∞.
Quando x tende a zero pela direita (0+), y tende a +∞.

x	-1.000	-100	-10	-1	0	+1	+10	+100	+1.000
y	-0,001	-0,01	-0,1	-1	±∞	+1	+0,1	+0,01	+0,001

Aqui se tem uma descontinuidade infinita.

Por ser descontínua, essa função não tem limite quando x→ 0.

Exercício 2.6.3) Analisar a função $y = 1 + \sqrt{(x - 3)}$, fazendo seu gráfico e determinado os limites.

Observa-se que, quando x = +3, y = +1, porque $\sqrt{0} = 0$. Também se observa que x não pode ter valor negativo, porque se teria raiz de número negativo. Com o gráfico, a seguir, analisam-se os limites.

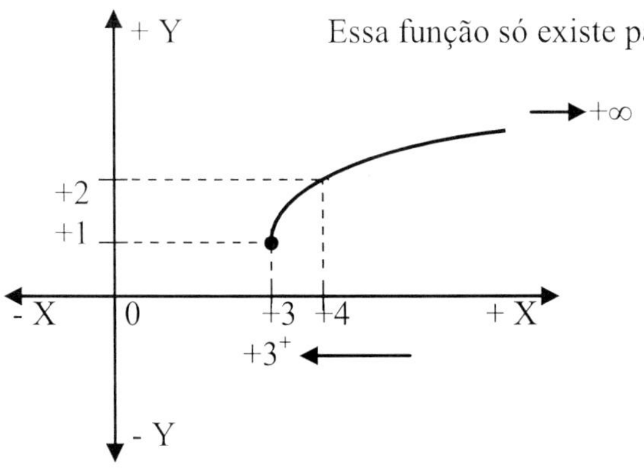

Essa função só existe para $x \geq +3$. (aplica-se o conceito de limite lateral, pela direita).

$$\lim_{x \to +3^+} [1 + \sqrt{(x - 3)}] = +1.$$

$$\lim_{x \to +\infty} [1 + \sqrt{(x - 3)}] = +\infty.$$

2.7 Limites de funções racionais

Uma função é chamada racional quando é expressa por uma razão (quociente) de dois polinômios, ou seja, duas funções polinomiais. Toda função polinomial é contínua, bem como toda função racional. Observa-se que, funções racionais não têm aplicação prática, por exemplo, em problemas de Engenharia, mas seu estudo ajuda a desenvolver o raciocínio lógico e operações algébricas.

Exercício 2.7.1) Determinar o $\lim_{x \to +3} (\sqrt{x} - \sqrt{3})/(x - 3)$.

Substituindo x por +3, chega-se à indefinição: 0/0. Algebricamente: $(x - 3) = (\sqrt{x} - \sqrt{3})(\sqrt{x} + \sqrt{3})$, portanto:

$$\frac{(\sqrt{x} - \sqrt{3})}{(x - 3)} = \frac{(\sqrt{x} - \sqrt{3})}{(\sqrt{x} - \sqrt{3})(\sqrt{x} + \sqrt{3})} = \frac{1}{(\sqrt{x} + \sqrt{3})}$$; fazendo x = +3, tem-se: $\frac{1}{(\sqrt{3} + \sqrt{3})} = \frac{1}{2\sqrt{3}}$; finalmente:

$$\lim_{x \to +3} (\sqrt{x} - \sqrt{3})/(x - 3) = \frac{1}{2\sqrt{3}} = +0{,}289.$$

Exercício 2.7.2) Determinar o $\lim_{x \to +1} \frac{(x^4 - 2x + 1)}{(x^3 + 3x^2 + 1)}$.

Observa-se que: $\lim_{x \to +1} (x^4 - 2x + 1) = 0$ e $\lim_{x \to +1} x^3 + 3x^2 + 1 = +5$; logo: $\lim_{x \to +1} \frac{(x^4 - 2x + 1)}{(x^3 + 3x^2 + 1)} = 0/{+5} = 0$.

Exercício 2.7.3) Determinar o $\lim_{x \to -1} \frac{(x^3 + 1)}{(x^2 + 4x + 3)}$.

Como $\lim_{x \to -1} (x^2 + 4x + 3) = 0$, deve-se recorrer à substituições algébricas.

Observa-se que os dois polinômios (numerador e denominador) são divisíveis por x +1, portanto:

$+x^3 + 1 = (x + 1)(x^2 - x + 1)$ e $+x^2 + 4x + 3 = (x + 1)(x + 3)$, substituindo na função pedida:

$$\lim_{x \to -1} \frac{(x^3 + 1)}{(x^2 + 4x + 3)} = \lim_{x \to -1} \frac{(x + 1)(x^2 - x + 1)}{(x + 1)(x + 3)} = \lim_{x \to -1} \frac{(x^2 - x + 1)}{(x + 3)} = 3/2;$$ finalmente:

$$\lim_{x \to -1} \frac{(x^3 + 1)}{(x^2 + 4x + 3)} = +3/2 = +1{,}5.$$

Exercício 2.7.4) Determinar o $\lim\limits_{x \to 0} \dfrac{(x^2 + 3x - 1)}{(x^2 + 2)}$. Substituindo: $\dfrac{0^2 + 3 \cdot 0 - 1}{0^2 + 2} = -1/2$.

$$\lim_{x \to 0} \frac{(x^2 + 3x - 1)}{(x^2 + 2)} = -1/2 = -0{,}5.$$

Exercício 2.7.5) Determinar o $\lim\limits_{x \to +1/2} \dfrac{(4x^2 - 1)}{(2x - 1)}$.

Observa-se que: $(4x^2 - 1) = (2x - 1)(2x + 1)$; logo: $\dfrac{(4x^2 - 1)}{(2x - 1)} = \dfrac{(2x - 1)(2x + 1)}{(2x - 1)} = (2x + 1)$.

Desse modo: $\lim\limits_{x \to +1/2} \dfrac{(4x^2 - 1)}{(2x - 1)} = \lim\limits_{x \to +1/2} (2x + 1) = +2$.

Exercício 2.7.6) Determinar o $\lim\limits_{x \to +\infty} \dfrac{(+2x^3 - 3x^2 + 4)}{(-7x^3 - x^2 + 5x)}$. Inicialmente, reduz-se o grau de cada polinômio, dividindo numerador e denominador por $+x^3$,

obtendo-se: $\lim\limits_{x \to +\infty} \dfrac{(2 - 3/x + 4/x^3)}{(-7 - 1/x + 5/x^2)}$. Como $\lim\limits_{x \to +\infty} c/+\infty = 0$, se tem: $\text{Lim} = \dfrac{+2 - 0 + 0}{-7 - 0 + 0} = -2/7$. Portanto:

$$\lim_{x \to +\infty} \frac{(+2x^3 - 3x^2 + 4)}{(-7x^3 - x^2 + 5x)} = -2/7 = -0{,}286.$$

Exercício 2.7.7) Uma empresa é especializada na fabricação de mesas para executivos. Para determinado modelo de mesa, a empresa, após vários levantamentos estatísticos, constatou que o custo total (CT) de x mesas, é dado pela equação: CT = 100x + 1.000.000 (R$ por ano). Com esses dados, pede-se analisar a produção *versus* custo, através do conceito de limite. (Este exemplo é baseado em Tan, p. 104).

Considerando a equação, o custo de x mesas é: $CT = \dfrac{100x}{x} + \text{R\$ } \dfrac{1.000.000{,}00}{x}$, que fica:

Esta parcela representa os custos variáveis.

$CT = 100 + \dfrac{1.000.000}{x}$. Considerando um número infinito de mesas fabricadas tem-se:

Esta parcela é chamada de custo fixo.

Um número dividido por infinito tende a zero.

$$\lim_{x \to +\infty} 100 + \lim_{x \to +\infty} \frac{1.000.000}{x} = 100 + \frac{1.000.000}{+\infty} = 100 + 0 = 100.$$

O limite de uma constante é a própria constante.

Isso significa que, à medida que cresce a quantidade produzida, diminui o custo unitário. No limite, o preço mínimo é de R$ 100,00.

Observa-se que a função: $y = 100 + \dfrac{1.000.000}{x}$ não é uma exponencial.

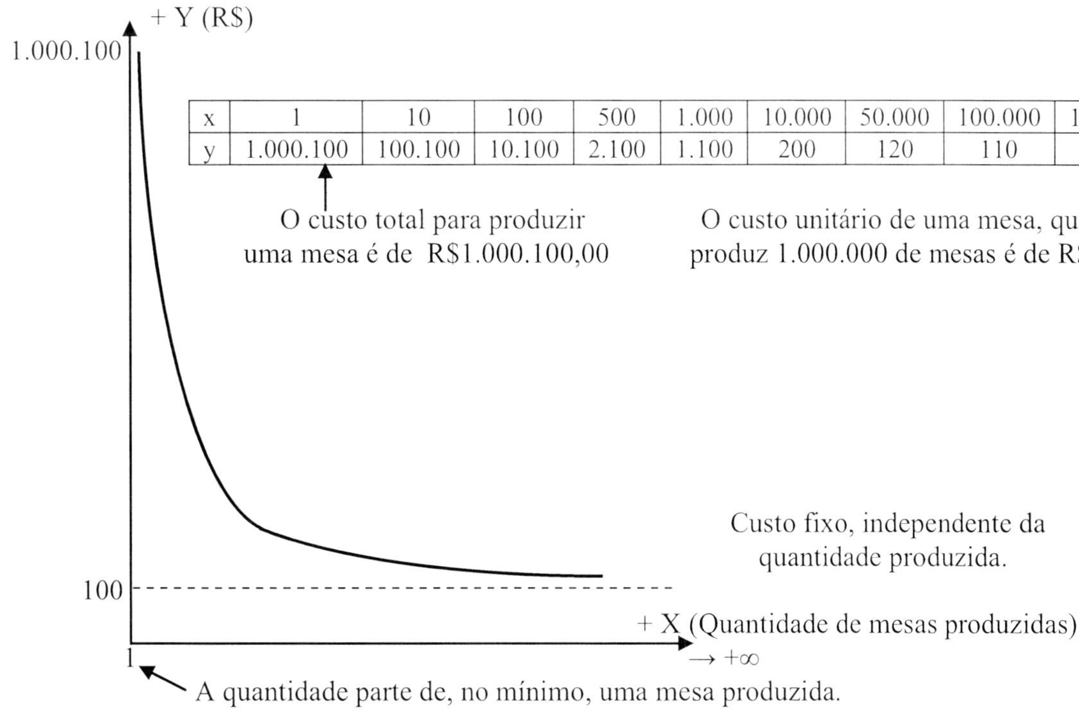

x	1	10	100	500	1.000	10.000	50.000	100.000	1.000.000
y	1.000.100	100.100	10.100	2.100	1.100	200	120	110	101

2.8 Os principais limites fundamentais

$\lim\limits_{x \to 0} \dfrac{\text{sen } x}{x} = +1.$ $\lim\limits_{x \to 0} \dfrac{\cos x - 1}{x} = 0.$

$\lim\limits_{x \to \pm\infty} \left(1 + \dfrac{1}{x}\right)^x = e.$ $\lim\limits_{x \to 0} \dfrac{a^x - 1}{x} = \ln a \ (0 < a \neq 1)$

2.9 Aplicações práticas do conceito de limites (considerando intervalos) a problemas reais, envolvendo funções, nas áreas de Arquitetura e Engenharia

Especialmente em problemas de Engenharia, é comum a utilização de funções matemáticas limitadas a certos valores, ou seja, utilizadas em certo intervalo. Os exemplos a seguir mostram alguns casos.

Exercício 2.9.1) Aplicação da função $y = +1/x^2$ como bloco de concreto.

Uma análise matemática dessa função mostra que, quando x tende a zero, tanto pela esquerda, quanto pela direita, y tende a $+\infty$. Ou seja: $\lim\limits_{x \to -0} +1/x^2 = +\infty$ e $\lim\limits_{x \to +0} +1/x^2 = +\infty$. Aqui ocorre a bilateralidade de limites.

Nessa mesma função, por exemplo, também podem ser analisados os limites quando x tende a 0,5 e a 2,0, tanto pela esquerda, quanto pela direita, resultando em:

$\lim\limits_{x \to -0,5} +1/x^2 = +4$; $\lim\limits_{x \to +0,5} +1/x^2 = +4$; $\lim\limits_{x \to -2,0} 1/x^2 = +0,25$ e $\lim\limits_{x \to +2,0} +1/x^2 = +0,25$. Observa-se a tabela a seguir.

x	-1.000	-10	**-2**	-1	**-0,5**	-0,001	0	+0,001	**+0,5**	+1	**+2**	+10	+1.000
y	+0,000001	+0,01	**+0,25**	+1	**+4**	+1.000.000	+∞	+1.000.000	**+4**	+1	**+0,25**	+0,01	+0,000001
			C		A				B		D		

Considerando os valores de $x = \pm 2$ e $x = \pm 0{,}5$ e as medidas em metros, é possível o projeto de um bloco de concreto armado, como mostrado a seguir, podendo ser usado como elemento arquitetônico, em obras de construção civil.

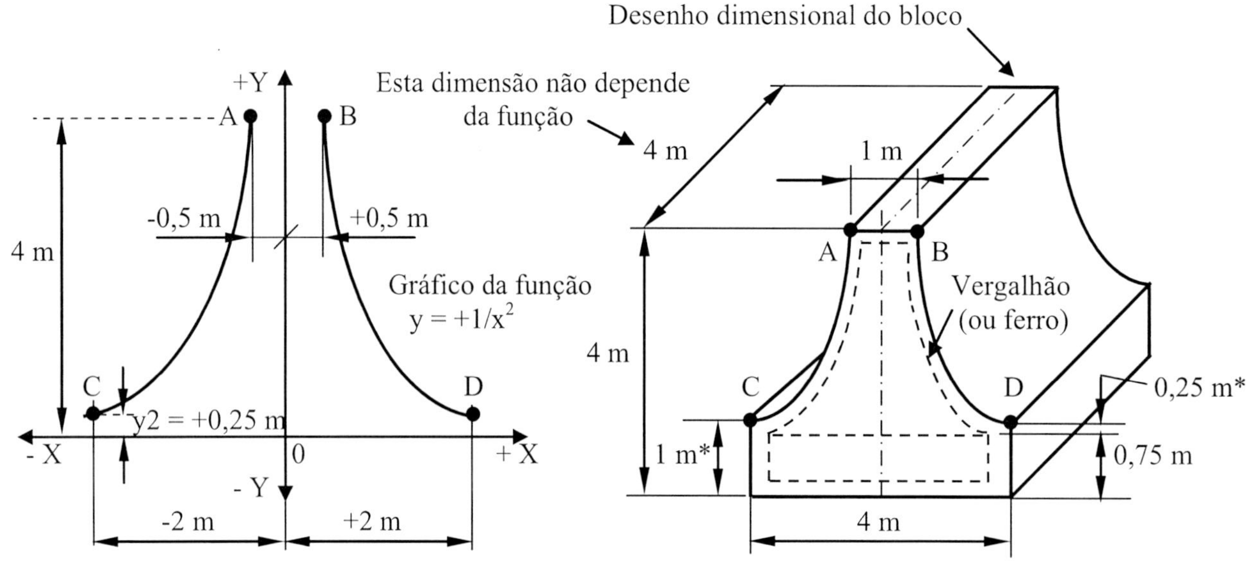

*Observa-se que, nessa altura de 1 metro foram acrescidos 0,75 m (75 centímetros) ao valor de $y = +0{,}25$, quando $x = \pm 2$. Isso foi feito para que se tenha a mesma espessura de 1 metro do bloco, tanto na horizontal, quanto na vertical.

Feito o projeto e definidas as dimensões, utilizando o conceito de limite a partir da função $y = +1/x^2$, um engenheiro civil faz o cálculo estrutural, para definir o tipo de concreto que será utilizado, bem como as dimensões e geometria dos vergalhões ou ferros.

Exercício 2.9.2) Uma análise matemática da função $y = \log_2 x$ mostra que, quando x tende a zero, y tende a $-\infty$. Ou seja: $\lim_{x \to 0} \log_2 x = -\infty$. Uma análise dos valores de x entre +0,0625 e +16, mostra os seguintes limites:

$\lim_{x \to +0{,}0625} \log_2 x = -4$; $\lim_{x \to +0{,}125} \log_2 x = -3$; $\lim_{x \to +0{,}5} \log_2 x = -1$; $\lim_{x \to +1} \log_2 x = 0$; $\lim_{x \to +2} \log_2 x = +1$ e $\lim_{x \to +4} \log_2 x = +2$.

$\lim_{x \to +8} \log_2 x = +3$ e $\lim_{x \to +16} \log_2 x = +4$

x	+0,0625	**+0,125**	+0,5	+1	+2	+4	**+8**	+16
y	-4	**-3**	-1	0	+1	+2	**+3**	+4
		A				C	B	

Essa tabela é apenas para as análises matemáticas iniciais. Após o projeto da estrutura, é gerada uma tabela, com espaços menores de valores de x, para permitir a construção das formas e posterior concretagem.

Considerando os valores de $x = +0{,}125$ a $x = +8$ e as medidas em metros, é possível o projeto de uma estrutura em concreto armado, podendo ser usado como elemento arquitetônico, em obras de construção civil, como por exemplo, arquibancada em um ginásio esportivo. No ponto equivalente a $x = +0{,}125$, faz-se concordar uma parte reta vertical, por exemplo de 4 metros. O gráfico a seguir mostra o modelo matemático, utilizado para determinar as dimensões da estrutura, e na sequência mostra-se o desenho dimensional da estrutura no formato logarítmico.

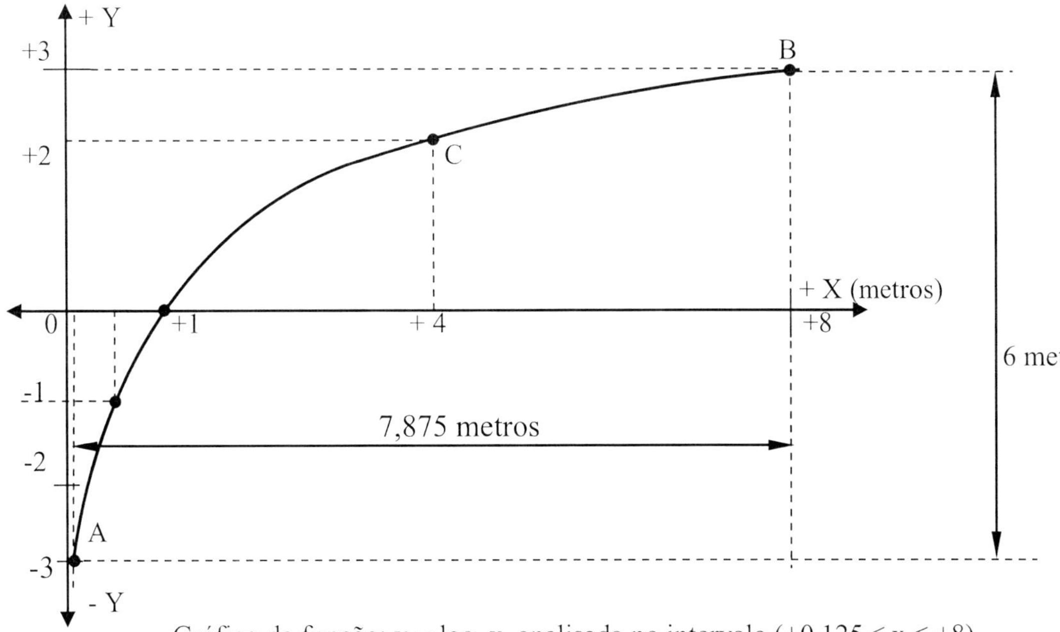

Gráfico da função: $y = \log_2 x$, analisada no intervalo $(+0{,}125 \leq x \leq +8)$.

O desenho a seguir mostra uma aplicação prática da função logarítmica na arquitetura, no caso como cobertura de uma arquibancada de praça de esportes, muito comum em escolas, universidades e unidades militares. Em geral são arquibancadas de pequenas dimensões, comportando no máximo poucas centenas de pessoas. Grandes estádios utilizam outros projetos arquitetônicos.

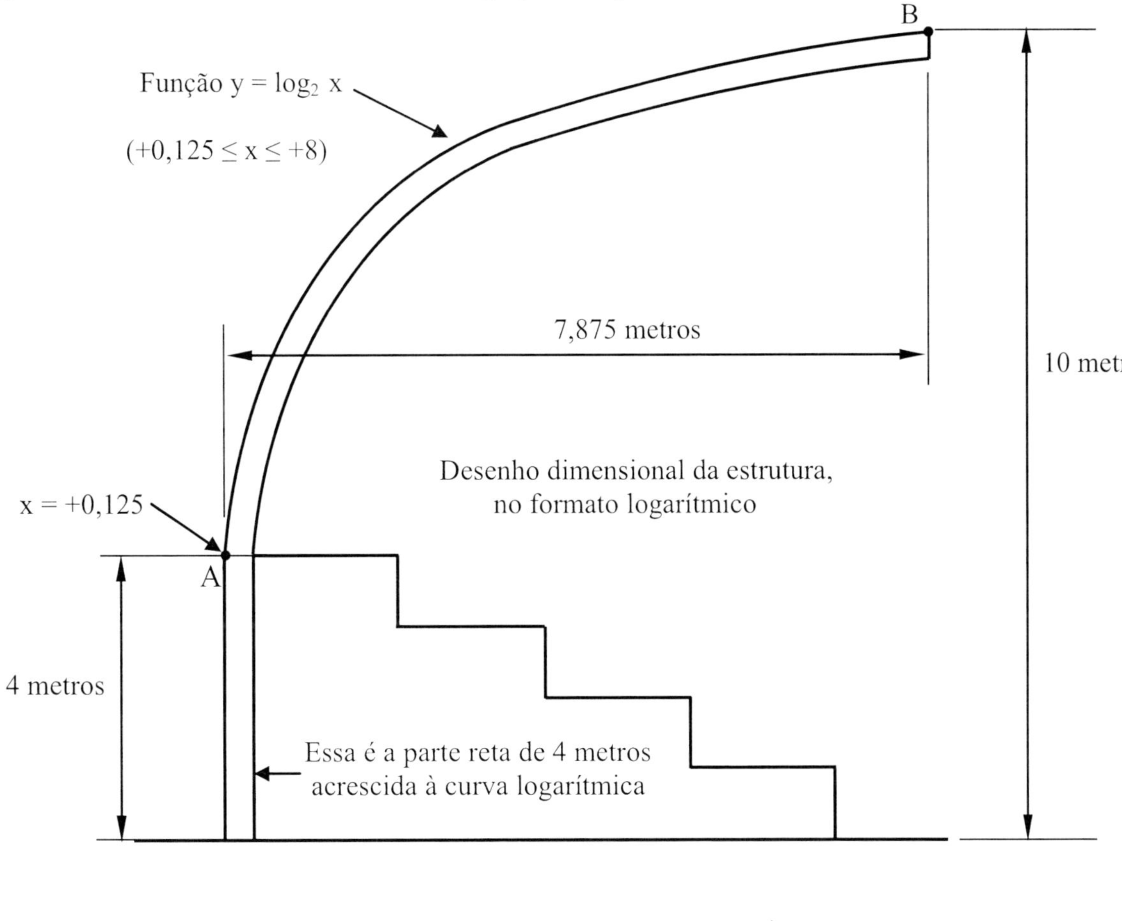

2.10 Exercícios complementares resolvidos

2.10.1) Determinar o $\lim_{x \to 0} \frac{tg(4x)}{x}$.

Multiplicando-se numerador e denominador por 4 e aplicando a propriedade da multiplicação de limites:

$$\lim_{x \to 0} \frac{tg(4x)}{x} = \lim_{x \to 0} \frac{sen(4x)}{cos(4x)x} = \frac{sen(4x)(4)}{cos(4x)(4x)} = \underbrace{\left[\lim_{x \to 0} \frac{4}{cos(4x)}\right]}_{A} . \underbrace{\left[\lim_{x \to 0} \frac{sen(4x)}{4x}\right]}_{B}:$$

$$A: \lim_{x \to 0} \frac{+4}{cos(4x)} = \frac{+4}{cos(0)} = \frac{+4}{1} = +4.$$

B: $\lim_{x \to 0} \frac{sen(4x)}{4x}$; fazendo u = 4x => B: $\lim_{u \to 0} \frac{sen(u)}{u} = 1$ (como o limite fundamental visto em 2.8).

Resposta: $\lim_{x \to 0} \frac{tg(4x)}{x} = +4$.

2.10.2) Determinar o $\lim_{x \to +\infty} \left(\frac{x+1}{x}\right)^{(x+1)}$. Faz-se: $\lim_{x \to +\infty} \left[\left(\frac{x+1}{x}\right)^{x} . \left(\frac{x+1}{x}\right)^{1}\right] =$

$$\underbrace{\left[\lim_{x \to +\infty} \left(\frac{x+1}{x}\right)^{x}\right]}_{A} . \underbrace{\left[\lim_{x \to +\infty} \left(\frac{x+1}{x}\right)^{1}\right]}_{B} \Rightarrow A = \lim_{x \to +\infty} \left(\frac{1+x}{x}\right)^{x} = e, \text{ conforme limite fundamental 2.8.}$$

$$B = \lim_{x \to +\infty} \left(\frac{1+x}{x}\right) = \lim_{x \to +\infty} \left(1 + \frac{1}{x}\right) = \lim_{x \to +\infty} 1 + \lim_{x \to +\infty} \frac{1}{x} = 1 + 0.$$

Como visto em 2.4. (referente a $\lim_{x \to +\infty} \frac{1}{x} = 0$)

Limite de uma constante é a constante. (referente a $\lim_{x \to +\infty} 1 = 1$)

A . B = e . 1 = e. Portanto: $\lim_{x \to +\infty} \left(\frac{x+1}{x}\right)^{(x+1)} = e$.

2.10.3) Determinar o $\lim_{x \to +3} \frac{(x^3 - 27)}{(x - 3)}$. Substituindo x = +3, se tem $\frac{0}{0}$, que é uma indeterminação.

Fatorando o polinômio do numerador: $\lim_{x \to +3} \frac{(x^2 + 3x + 9)\cancel{(x - 3)}}{\cancel{(x - 3)}} = \lim_{x \to +3} (x^2 + 3x + 9) = +45.$ (São iguais.)

$$\lim_{x \to +3} \frac{(x^3 - 27)}{(x - 3)} = +45.$$

2.10.4) Determinar o $\lim_{x \to 0} \frac{(\sqrt{x+4}) - 2)}{2x}$. Substituindo x = 0, se tem $\frac{0}{0}$, que é uma indeterminação.

Multiplicando numerador e denominador por $\sqrt{x+4} + 2$:

$$\lim_{x \to 0} \frac{(\sqrt{x+4} - 2)(\sqrt{x+4} + 2)}{2x(\sqrt{x+4} + 2)} = \lim_{x \to 0} \frac{(x + 4 - 4)}{2x(\sqrt{x+4} + 2)} = \lim_{x \to 0} \frac{\cancel{x}}{2\cancel{x}(\sqrt{x+4} + 2)} = \lim_{x \to 0} \frac{1}{2(\sqrt{x+4} + 2)} \Rightarrow$$

$$\lim_{x \to 0} \frac{\sqrt{x+4} - 2}{2x} = +\frac{1}{8} = +0,125.$$

2.10.5) Determinar o $\lim_{x \to 0} \frac{(x^2 - sen\, x)}{x}$. Substituindo x = 0, se tem $\frac{0}{0}$, que é uma indeterminação.

Aplicando a 1ª propriedade da subtração de limites (parágrafo 2.3):

$$\lim_{x\to 0}\frac{(x^2 - \text{sen } x)}{x} = \lim_{x\to 0}\frac{x^2}{x} - \lim_{x\to 0}\frac{\text{sen } x}{x} = \lim_{x\to 0} x - \lim_{x\to 0}\frac{\text{sen } x}{x} = 0 - 1.$$

← Limite fundamental, visto no parágrafo 2.8.

$$\mathbf{\lim_{x\to 0}\frac{(x^2 - \text{sen } x)}{x} = -1.}$$

2.10.6) $\lim_{x\to +\infty}\dfrac{(x^3 - x^2 + 7)}{(2x^4 - 3x^2 + 5)} = \dfrac{x^3\left(1 - \frac{1}{x} + \frac{7}{x^3}\right)}{x^3\left(2x - \frac{3}{x} + \frac{5}{x^3}\right)} = \dfrac{\left(1 - \frac{1}{x} + \frac{7}{x^3}\right)}{\left(2x - \frac{3}{x} + \frac{5}{x^3}\right)} = \left(1 - \frac{1}{\cancel{x}} + \frac{7}{\cancel{x^3}}\right)\left(\frac{1}{2x} - \frac{\cancel{x}}{3} + \frac{\cancel{x^3}}{5}\right) = (+7)\left(\frac{1}{2x} - \frac{1}{3} + \frac{1}{5}\right) =>$

$(+7)\left[\dfrac{1}{2(+\infty)}\right] - \dfrac{1}{3} + \dfrac{1}{5} = 0.$ (Conforme parágrafo 2.4, qualquer número dividido por ∞ é igual a zero).

$$\mathbf{\lim_{x\to +\infty}\frac{(x^3 - x^2 + 7)}{(2x^4 - 3x^2 + 5)} = 0.}$$

2.10.7) $\lim_{x\to -1}\dfrac{(x^3 + 1)}{(x^2 - 1)} = \lim_{x\to -1}\dfrac{(x^2 - x + 1)\cancel{(x+1)}}{(x - 1)\cancel{(x+1)}} = \lim_{x\to -1}\dfrac{(x^2 - x + 1)}{(x - 1)} = \dfrac{(+1 + 1 + 1)}{(-1 - 1)} = \dfrac{+3}{-2} = -1{,}5^*.$

$\mathbf{\lim_{x\to -1}\dfrac{(x^3 + 1)}{(x^2 - 1)} = -1{,}5}$. (*Nas práticas profissionais, não se deixa resultado sob fração).

2.10.8) $\lim_{x\to \sqrt{2}}\dfrac{(x^2 + 3)}{(x - 4)} = \lim_{x\to \sqrt{2}}\dfrac{(x^2 + 3)}{(x - 4)} = \dfrac{(\sqrt{2})^2 + 3}{(\sqrt{2} - 4)} = \dfrac{+2 + 3}{-2{,}586} = -1{,}933.$

$$\mathbf{\lim_{x\to \sqrt{2}}\frac{(x^2 + 3)}{(x - 4)} = -1{,}933.}$$

2.10.9) $\lim_{x\to +1}\dfrac{+x - 1}{+x^2 - 4x + 3} = \dfrac{+1 - 1}{+1 - 4 + 3} = \dfrac{0}{0}.$ Como resulta numa indeterminação e como o denominador é uma equação do 2º grau, calculam-se as raízes.

$+x^2 - 4x + 3 = 0 => x = \dfrac{-(-4) \pm\sqrt{(-4)^2 - (4)(+1)(+3)}}{(2)(+1)} = \dfrac{+4 \pm \sqrt{+16 - 12}}{+2} => x_1 = +3$ e $x_2 = +1.$

Ou seja, $+x^2 - 4x + 3 = 0$ pode ser escrito como: $(x - 1)(x - 3)$. Voltando ao limite original:

$$\lim_{x\to +1}\frac{+x - 1}{+x^2 - 4x + 3} = \frac{+x - 1}{(x - 1)(x - 3)} = \frac{+1}{(x - 3)} = \frac{+1}{+1 - 3} = \frac{+1}{-2} = -0{,}5.$$

$$\mathbf{\lim_{x\to +1}\frac{+x - 1}{+x^2 - 4x + 3} = -0{,}5.}$$

2.10.10) $\lim_{x\to +\infty}\dfrac{(5x^3 - 2)}{7x} = \dfrac{(5)(+\infty)^3 - 2}{7(+\infty)} = \dfrac{+\infty}{+\infty} = +\infty.$ (veja parágrafo 2.4).

$$\mathbf{\lim_{x\to +\infty}\frac{(5x^3 - 2)}{7x} = +\infty.}$$

2.10.11) $\lim_{x\to +2}\dfrac{-3}{(x - 5)^2} = \dfrac{-3}{-9} = -0{,}333.$

$$\lim_{x \to +2} \frac{-3}{(x-5)^2} = -0{,}333.$$

2.10.12) $\lim_{y \to +\pi/3} (\text{sen } y) = \text{sen } +\pi/3 = \text{sen } +60^o = +\sqrt{3}/2 = +0{,}866.$

$$\lim_{y \to +\pi/3} (\text{sen } y) = +0{,}866.$$

2.10.13) $\lim_{x \to +1} \frac{(x-1)}{(\sqrt{x}-1)} = \frac{0}{0}$. Como é uma indeterminação faz-se: $\lim_{x \to +1} \frac{(\sqrt{x}-1)(\sqrt{x}+1)}{(\sqrt{x}-1)} = \sqrt{x}+1 = +2.$

$$\lim_{x \to +1} \frac{(x-1)}{(\sqrt{x}-1)} = +2.$$

2.10.14) $\lim_{x \to +\infty} \left(+2 + \frac{1}{x}\right) = +2 + \frac{1}{+\infty} = +2 + 0 = +2.$

$$\lim_{x \to +\infty} \left(+2 + \frac{1}{x}\right) = +2.$$

2.10.15) $\lim_{x \to +3} \frac{x^2 - 4x + 3}{\sqrt{+3x-6} - \sqrt{x}} = \frac{+3^2 - (4)(+3) + 3}{\sqrt{(+3)(+3) - 6} - \sqrt{3}} = \frac{+9 - 12 + 3}{+\sqrt{3} - \sqrt{3}} = \frac{0}{0}$. Ou seja, uma indeterminação.

Exercício 2.10.10.

Multiplicando numerador e denominador por $\sqrt{+3x-6} + \sqrt{x}$ e considerando $x^2 - 4x + 3 = (x-1)(x-3)$:

$$\lim_{x \to +3} \frac{(x^2 - 4x + 3)(\sqrt{+3x-6} + \sqrt{x})}{(\sqrt{+3x-6} - \sqrt{x})(\sqrt{+3x-6} + \sqrt{x})} = \frac{(x-1)(x-3)(\sqrt{+3x-6} + \sqrt{x})}{+3x - 6 - x} = \frac{(x-1)\cancel{(x-3)}(\sqrt{+3x-6} + \sqrt{x})}{+2\cancel{(x-3)}} =$$

$$= \frac{(x-1)(\sqrt{+3x-6} + \sqrt{x})}{+2} = \frac{(+3-1)(\sqrt{+3(+3)-6} + \sqrt{+3})}{+2} = \frac{(\cancel{+2})(\sqrt{+3} + \sqrt{+3})}{\cancel{+2}} = +2\sqrt{+3} = +3{,}464.$$

2.10.16) $\lim_{x \to +\infty} \frac{5 - x^3}{8x - 2} = \frac{-\infty}{+\infty}$. Ou seja, uma indeterminação. Dividindo numerado e denominador por x:

$$\lim_{x \to +\infty} \frac{5 - x^3}{8x - 2} = \frac{5/x - x^2}{8 - 2/x} = \frac{0 - (+\infty)}{8 - 0} = -\infty.$$

$$\lim_{x \to +\infty} \frac{5 - x^3}{8x - 2} = -\infty.$$

2.10.17) $\lim_{x \to +\infty} \sqrt{+x+3} - \sqrt{+x} = \sqrt{+\infty + 3} - \sqrt{+\infty} = +\infty - \infty$. Ou seja, uma indeterminação.

Nesse caso numerador e denominador serão multiplicados pelo conjugado $\sqrt{+x+3} + \sqrt{+x}$.

$$\lim_{x \to +\infty} \sqrt{+x+3} - \sqrt{+x} = \left(\frac{\sqrt{+x+3} - \sqrt{+x}}{+1}\right)\left(\frac{\sqrt{+x+3} + \sqrt{+x}}{\sqrt{+x+3} + \sqrt{+x}}\right) = \frac{+x + 3 - x}{\sqrt{+x+3} + \sqrt{+x}} = \frac{+\infty + 3 - \infty}{\sqrt{+\infty + 3} + \sqrt{+\infty}} = \frac{+3}{+\infty} = 0.$$

$$\lim_{x \to +\infty} \sqrt{+x+3} - \sqrt{+x} = 0.$$

2.10.18) $\lim\limits_{x \to +4} \dfrac{+x^2 - 16}{\sqrt{x} - 2} = \dfrac{+16 - 16}{+2 - 2} = \dfrac{0}{0}$. Ou seja, uma indeterminação. $+x^2 - 16 = (x - 4)(x + 4)$.

Multiplicando numerador e denominador por $\sqrt{x} + 2$: $\lim\limits_{x \to +4} \left(\dfrac{+x^2 - 16}{\sqrt{x} - 2}\right)\left(\dfrac{\sqrt{x} + 2}{\sqrt{x} + 2}\right) = \dfrac{(+x^2 - 16)(\sqrt{x} + 2)}{x - 4} =$

$= \dfrac{\cancel{(x - 4)}(x + 4)(\sqrt{x} + 2)}{\cancel{x - 4}} = (x + 4)(\sqrt{x} + 2) = (+4 + 4)(\sqrt{+4} + 2) = (+8)(+4) = +32.$

$$\mathbf{\lim\limits_{x \to +4} \dfrac{+x^2 - 16}{\sqrt{x} - 2} = +32.}$$

2.10.19) $\lim\limits_{x \to +25} \dfrac{5 - \sqrt{x}}{25 - x} = \dfrac{5 - 5}{25 - 25} = \dfrac{0}{0}$. Ou seja, uma indeterminação.

Multiplicando numerador e denominador pelo conjugado do numerador: $5 + \sqrt{x}$, tem-se:

$\lim\limits_{x \to +25} \left(\dfrac{5 - \sqrt{x}}{25 - x}\right)\left(\dfrac{5 + \sqrt{x}}{5 + \sqrt{x}}\right) = \dfrac{\cancel{25 - x}}{\cancel{(25 - x)}(5 + \sqrt{x})} = \dfrac{1}{5 + \sqrt{x}} = \dfrac{1}{5 + \sqrt{25}} = \dfrac{1}{10} = +0{,}1.$

2.10.20) $\lim\limits_{x \to +2} \dfrac{+x^2 - 7x + 10}{+x^2 - 4} = \dfrac{+4 - 14 + 10}{+4 - 4} = \dfrac{0}{0}$. Ou seja, uma indeterminação.

Observa-se que o numerador é uma equação do 2º grau, com duas raízes e o denominador é igual ao produto: $(x - 2)(x + 2)$. Calculam-se as raízes do numerador:

$x = \dfrac{+7 \pm \sqrt{(-7)^2 - (4)(+1)(+10)}}{2(+1)} = \dfrac{+7 \pm \sqrt{+9}}{+2} \Rightarrow x_1 = +5$ e $x_2 = +2$. Logo numerador igual: $(x - 2)(x - 5)$.

$\lim\limits_{x \to +2} \dfrac{+x^2 - 7x + 10}{x^2 - 4} = \dfrac{\cancel{(x - 2)}(x - 5)}{\cancel{(x - 2)}(x + 2)} = \dfrac{+2 - 5}{+2 + 2} = \dfrac{-3}{+4} = -0{,}75.$

$$\mathbf{\lim\limits_{x \to +2} \dfrac{+x^2 - 7x + 10}{x^2 - 4} = -0{,}75.}$$

2.10.21) $\lim\limits_{x \to 0} \dfrac{3}{x}\left(\dfrac{+1}{5 + x} - \dfrac{1}{5 - x}\right) = \dfrac{3}{0}\left(\dfrac{+1}{5} - \dfrac{1}{5}\right) = \dfrac{3}{0}(0) = +\infty(0)$. Ou seja, uma indeterminação.

Multiplicando, respectivamente, numerador e denominador por seus conjugados tem-se:

$\lim\limits_{x \to 0} \dfrac{3}{x}\left(\dfrac{+1}{5 + x} - \dfrac{1}{5 - x}\right) = \dfrac{3}{x}\left(\dfrac{(5 - x) - (5 + x)}{(5 + x)(5 - x)}\right) = \dfrac{3}{x}\left(\dfrac{-2x}{25 - x^2}\right) = \dfrac{-6}{25} = -0{,}24.$

$$\mathbf{\lim\limits_{x \to 0} \dfrac{3}{x}\left(\dfrac{+1}{5 + x} - \dfrac{1}{5 - x}\right) = -0{,}24.}$$

2.10.22) Estudar o limite a seguir, fazendo sua imagem geométrica, para uma melhor visualização.

$\lim\limits_{x \to -3} \dfrac{+2}{|x + 3|}$. Inicialmente faz-se uma tabela de valores x/y, para visualizar o gráfico.

Observa-se que: devido módulo no denominador, só existem valores positivos para y.

x	-6	-5	-4	-3	-2	-1	0	+1	+2	+3
y	+0,667	+1	+2	+∞	+2	+1	+0,667	+0,5	+0,4	+0,33

Observa-se que, tanto pela direita quanto pela esquerda, quando x se aproxima de -3, o limite é $+\infty$, logo:

$$\lim_{x \to -3} \frac{+2}{|x+3|} = +\infty.$$

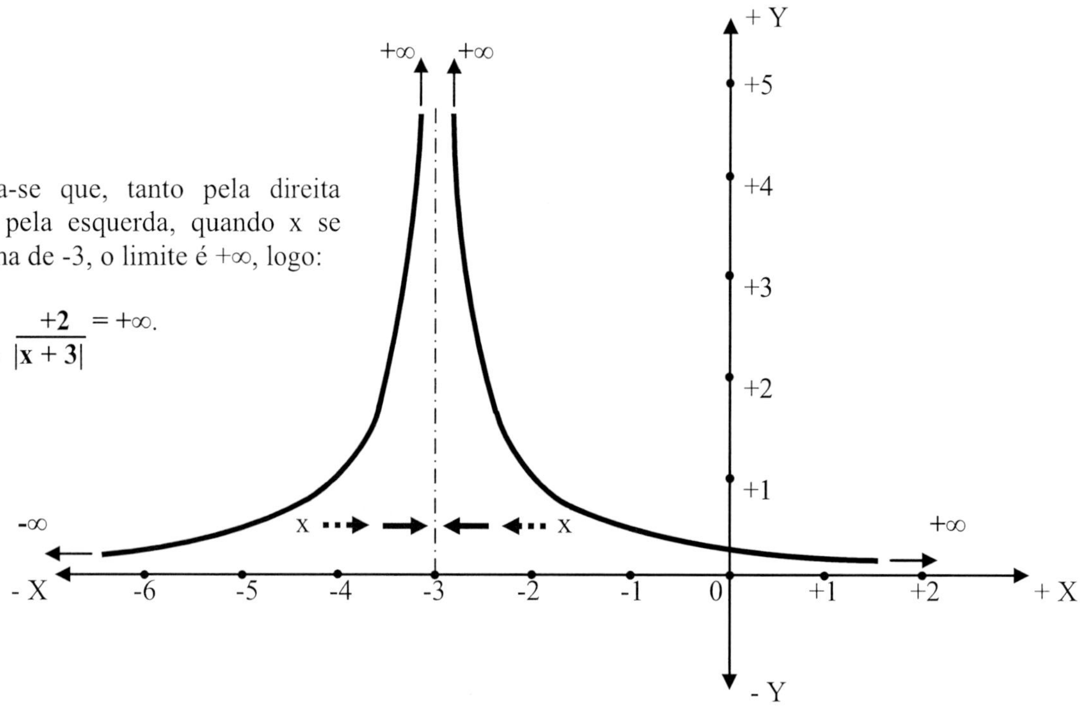

2.10.23) $\lim_{x \to 0} \left(\frac{\sqrt{1+x}-1}{-x}\right) = \frac{+1-1}{0} = \frac{0}{0}$. Ou seja, uma indeterminação.

Multiplicando numerador e denominador pelo conjugado do numerador: $\sqrt{1+x}+1$, tem-se:

$$\lim_{x \to 0} \left(\frac{\sqrt{1+x}-1}{-x}\right)\left(\frac{\sqrt{1+x}+1}{\sqrt{1+x}+1}\right) = \lim_{x \to 0} = \frac{+1+x-1}{-x(\sqrt{1+x}+1)} = \lim_{x \to 0} \frac{+x}{-x(\sqrt{1+x}+1)} = \frac{+1}{-1(1+1)} = \frac{+1}{-2} = -0{,}5.$$

$$\mathbf{\lim_{x \to 0} \left(\frac{\sqrt{1+x}-1}{-x}\right) = -0{,}5.}$$

2.10.24) $\lim_{x \to -1} \frac{(x^3+1)}{(x^2-1)} = \frac{-1+1}{+1-1} = \frac{0}{0}$. Ou seja, uma indeterminação.

Como $(x^3 + 1) = (x^2 - x + 1)(x + 1)$ e $(x^2 - 1) = (x - 1)(x + 1)$, faz-se:

$$\lim_{x \to -1} \frac{(x^3+1)}{(x^2-1)} = \lim_{x \to -1} \frac{(x^2-x+1)\cancel{(x+1)}}{(x-1)\cancel{(x+1)}} = \lim_{x \to -1} \frac{(x^2-x+1)}{(x-1)} = \frac{+1+1+1}{-2} = \frac{-3}{2} = -1{,}5.$$

$$\mathbf{\lim_{x \to -1} \frac{(x^3+1)}{(x^2-1)} = -1{,}5.}$$

2.10.25) $\lim_{t \to -2} \frac{(t^3+4t^2+4t)}{(t+2)(t-3)} = \lim_{t \to -2} \frac{t(t^2+4t+4)}{(t+2)(t-3)} = \lim_{t \to -2} \frac{t(t+2)^2}{(t+2)(t-3)} = \lim_{t \to -2} \frac{t(t+2)}{(t-3)} = \frac{0}{-5} = 0.$

$$\mathbf{\lim_{t \to -2} \frac{(t^3+4t^2+4t)}{(t+2)(t-3)} = 0}.$$

Capítulo 3
Derivadas de funções matemáticas e curvas cônicas. Retas tangentes às curvas

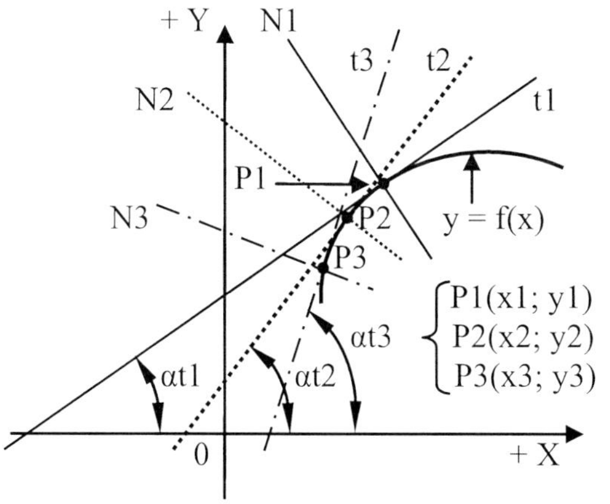

Retas tangentes t1, t2 e t3, e retas normais N1, N2 e N3 à função y = f(x), passando pelos pontos P1, P2 e P3.

A derivada de uma função y = f(x) num ponto P *é igual ao valor da tangente trigonométrica do ângulo* αt *formado pela tangente geométrica à curva representativa de y = f(x), no ponto P considerado. Ou seja, a derivada é o coeficiente angular da reta tangente ao gráfico da função no ponto P. A derivada de uma função y = f(x), também pode ser representada pelos símbolos: y', dy/dx ou f '(x). O Cálculo Integral, também conhecido como anti derivada necessita do conceito da derivada, que por sua vez utiliza o conceito de limite. Na prática, por exemplo, como já visto, em uma estrutura no formato logarítmico, existem limitações de altura e largura. Tanto o cálculo da área da espessura da estrutura, quanto o comprimento dos vergalhões, no concreto da estrutura, utilizam o cálculo integral ou anti derivada.*

3.1 Definição e imagem geométrica da função derivada f '(x). Exercícios conceituais

A derivada de uma função y = f(x) num ponto x = x_0, é igual ao valor da tangente trigonométrica do ângulo formado pela tangente geométrica à curva representativa de y = f(x), no ponto x = x_0, ou seja, a derivada é o coeficiente angular da reta tangente ao gráfico da função no ponto x_0. A derivada de uma função y = f(x), ou seja: $df(x_0)/dx$, também pode ser representada pelos símbolos: y', dy/dx ou f '(x). A derivada de uma função f(x) no ponto x_0 é dada pela expressão a seguir, conforme figura ilustrativa, a seguir:

$$\frac{df(x_0)}{dx} = f'(x_0) = \lim_{x \to x_0} \frac{f(x) - f(x_0)}{x - x_0} = \lim_{x \to x_0} \frac{f(x_0 + h) - f(x_0)}{h}$$ ← Aqui se tem o quociente de uma diferença.

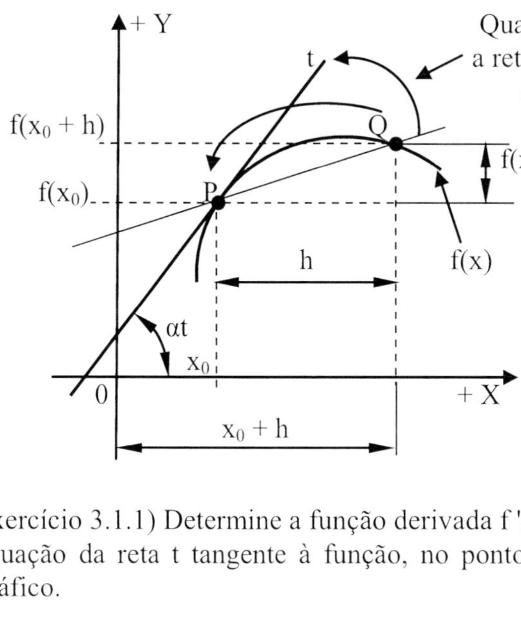

Quando o ponto Q tende para o ponto P, a reta PQ se transforma na reta tangente t, de coeficiente angular igual a αt.

Usa-se o termo "derivada", porque a função f ' deriva da função f, por meio de um limite.

A derivada da função y = f(x) no ponto x = x_0, é igual ao valor da tangente trigonométrica do ângulo αt.
y' ou dy/dx ou f '(x) = |tg αt|.

O símbolo f ' significa "f linha".

Exercício 3.1.1) Determine a função derivada f ', em relação a x, da função f(x) = $+x^2$, bem como determine a equação da reta t tangente à função, no ponto x = +1. Após determinação da equação da reta, faça seu gráfico.

A função f(x) ou $y = +x^2$, representa uma parábola com vértice coincidente com a origem (0; 0) e cavidade para cima, como mostrada a seguir.

Tabela de valores para: $y = +x^2$.

x	-3	-2	-1	0	+1	+2	+3
y	+9	+4	+1	0	+1	+4	+9

$$f'(x) = \lim_{h \to 0} \frac{f(x+h) - f(x)}{h} = \lim_{h \to 0} \frac{(x+h)^2 - x^2}{h} =$$

$$= \lim_{h \to 0} \frac{+x^2 + 2xh + h^2 - x^2}{h} = \lim_{h \to 0} \frac{2xh + h^2}{h} =$$

$$= \lim_{h \to 0} 2x + h = 2x.$$ **Ou seja: f '(x) = +2x.**

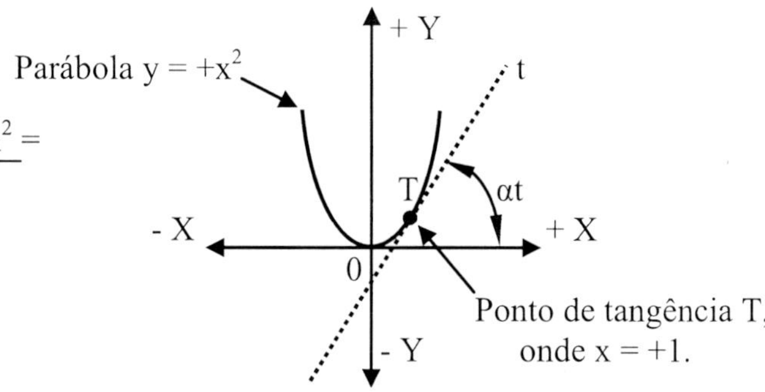

A inclinação da reta t tangente à $y = +x^2$, no ponto x = +1 é 2x = 2 . (+1) = +2, é o valor da tangente no ponto x = +1, ou seja, o coeficiente angular mt da reta t que passa pelo ponto (+1; +1).

A equação da reta é: mt(x - 1) = y - 1 ou +2(x - 1) = y - 1 ou +2x - 2 + 1 = y ou y = +2x -1.

Tabela de valores para: y = +2x -1.

x	-3	-2	-1	0	+1	+2	+3
y	-7	-5	-3	-1	+1	+3	+5

Quando x = 0 => y = -1.
Quando y = 0 => x = +0,5.

Resposta: a função derivada é f '(x) = +2x
e a equação da reta no ponto x = +1 é: y = +2x - 1

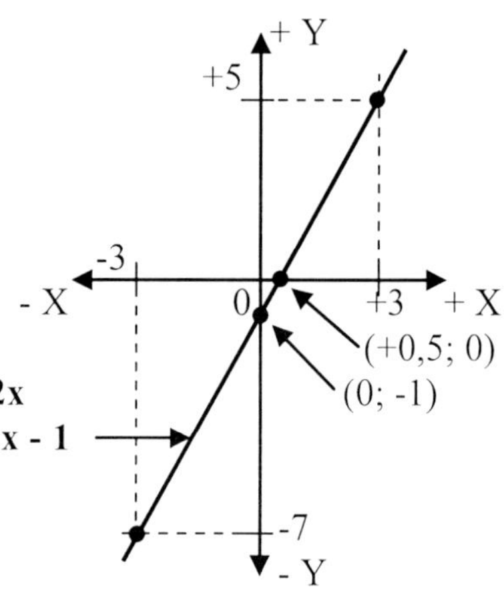

Geometricamente, o cálculo da derivada determina a inclinação da reta tangente à função, no ponto x considerado. Ou seja, o valor numérico da derivada é o coeficiente angular da reta tangente à função ou curva no ponto x. Isso também significa que, o valor numérico da derivada é igual ao valor numérico da tangente do ângulo que a reta faz com o eixo X.

O estudo da disciplina Cálculo I tem dois objetivos: 1º determinar a derivada de uma função, em determinado ponto x, do domínio da função e 2º considerando o conceito de antiderivada (integral), determinar a área compreendida sob a curva de uma função, para um determinado intervalo do domínio da função.

Exercício 3.1.2) Determine a função derivada f ', em relação a x, da função $f(x) = +x^3 + x$ e comente o resultado.

Inicialmente faz-se o gráfico da função, a partir de uma tabulação de valores.

x	y
-3	-30
-2	-10
-1	-2
-0,5	-0,625
0	0
+0,5	+0,625
+1	+2
+2	+10
+3	+30

Tabela para: $f(x) = y = +x^3 + x$

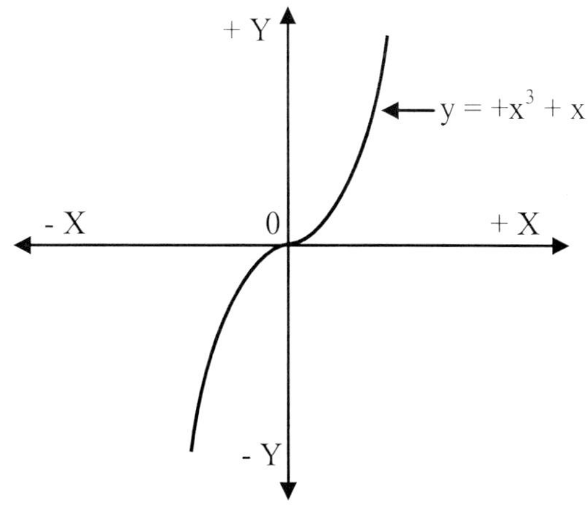

$$f'(x) = \lim_{h \to 0} \frac{f(x+h) - f(x)}{h} = \lim_{h \to 0} \frac{[*(x+h)^3 + (x+h)] - (x^3 + x)}{h} = \lim_{h \to 0} \frac{(\cancel{+x^3} + 3x^2h + 3xh^2 + h^3 \cancel{+x} + h \cancel{-x^3} \cancel{-x})}{h} =$$

$$= \lim_{h \to 0} \frac{(+3x^2h + 3xh^2 + h^3 + h)}{h} = \lim_{h \to 0} (+3x^2 + 3xh + h^2 + 1) = +3x^2 + 1.$$

$$*(x+h)^3 \Rightarrow \begin{array}{r} x + h \\ \times \quad x + h \\ \hline +xh + h^2 \\ +x^2 + xh \\ \hline x^2 + 2xh + h^2 \\ \times \quad x + h \\ \hline +x^3 + 3x^2h + 3xh^2 + h^3 \end{array}$$

$f(x) = +x^3 + x \Rightarrow f'(x) = +3x^2 + 1$.

$f'(x) = +3x^2 + 1$ é uma parábola, com as seguintes características:

$+3x^2 + 0x + 1 = 0 \Rightarrow a = +3$; $b = 0$ e $c = +1$. $x = \frac{(-b) \pm \sqrt{b^2 - (4)(a)(c)}}{2a} \Rightarrow x = \frac{(-0) \pm \sqrt{0^2 - (4)(+3)(+1)}}{2(+3)} \Rightarrow$

$x = \frac{\pm\sqrt{-12}}{+6} \Rightarrow$ Significa que a parábola não corta o eixo x, ou seja: não tem raiz.

Parábola sem raízes, com cavidade para cima e interceptando Y no ponto (0; +1), como mostrada a seguir.

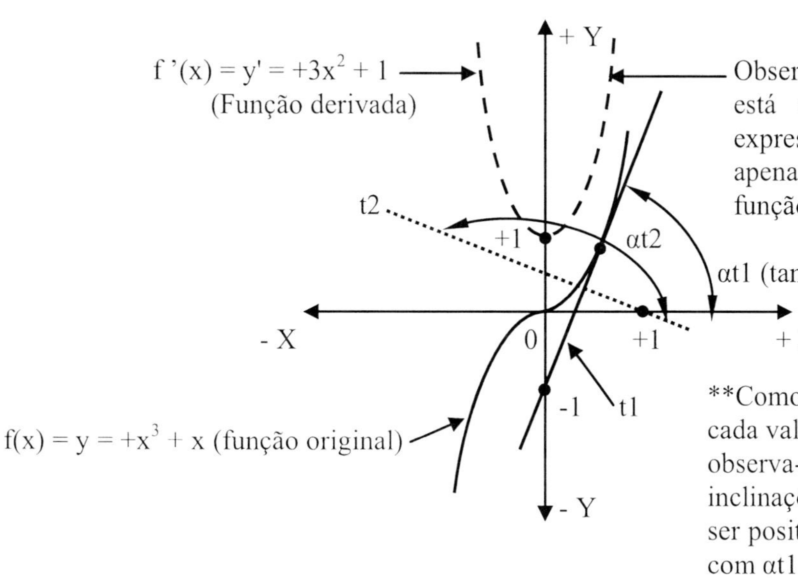

Observa-se que a parábola $y' = +3x^2 + 1$ está aqui representada, apenas como expressão visual, já que é utilizada apenas para determinar as tangentes à função original: $y = +x^3 + x$.

**Como $f'(x) = +3x^2 + 1$, significa para cada valor de x o valor da tangente à curva, observa-se que, nessa função, as inclinações, ou melhor, as tangentes podem ser positivas ou negativas, como mostradas com αt1 e αt2.

A derivada e o conceito de cálculo diferencial

Na definição de derivada, observa-se o quociente de uma diferença, ou seja, de uma diferencial.

$$\frac{df(x_0)}{dx} = f'(x_0): \lim_{x \to x_0} \frac{f(x) - f(x_0)}{x - x_0} = \lim_{x \to x_0} \frac{f(x_0 + h) - f(x_0)}{h}$$

Símbolo da diferencial de uma função. Quociente da diferença.

Exercício 3.1.3) Determine a função derivada f ', em relação a x, da função $f(x) = +x^3 - 3x + 4$ e comente o resultado.

Inicialmente faz-se o gráfico da função, a partir de uma tabulação de valores. Uma análise do gráfico dessa função mostra alguma similaridade com a função do exercício 3.1.2.

Tabela para: $f(x) = y = +x^3 - 3x + 4$

x	y
-3	-14
-2	+2
-1	+6
0	+4 ← A
+1	+2
+2	+6
+3	+22

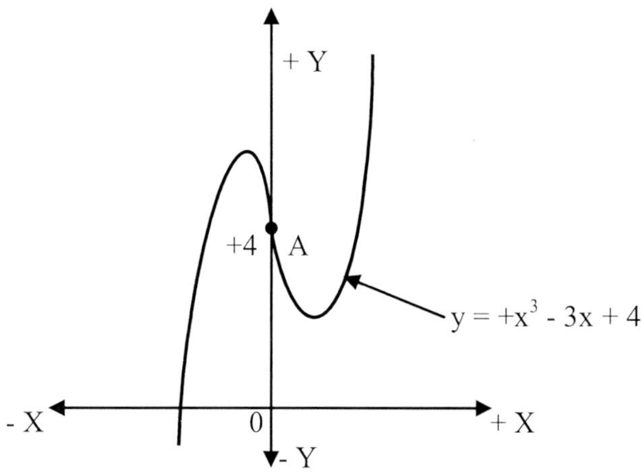

$$f'(x) = \lim_{h \to 0} \frac{f(x + h) - f(x)}{h} = \lim_{h \to 0} \frac{[(x + h)^3 - 3(x + h) + 4] - (x^3 - 3x + 4)}{h} =$$

$$\lim_{h \to 0} \frac{(+x^3 + 3x^2h + 3xh^2 + h^3) - 3x - 3h + 4 - x^3 + 3x - 4}{h} = \lim_{h \to 0} \frac{3x^2h + 3xh^2 + h^3 - 3h}{h} = \lim_{h \to 0} 3x^2 + 3xh + h^2 - 3.$$

$\lim_{h \to 0} 3x^2 + 3xh + h^2 - 3 = +3x^2 - 3$ **ou seja,** $\mathbf{f(x) = +x^3 - 3x + 4 \Rightarrow f'(x) = +3x^2 - 3}$.

Observa-se que a derivada de uma constante (no caso +4) é igual a zero. Esse é um teorema aplicado à derivação de funções algébricas (LEITHOLD, 1994, p. 156). O termo teorema foi introduzido por Euclides de Alexandria, na sua obra "Elementos", publicada em 300 a.C. Teorema significa "afirmação que pode ser provada".

$+3x^2 - 3$ é uma parábola, com as seguintes características: $+ax^2 + bx + c = 0$. Com: a = +3; b = 0 e c = -3, com as seguintes raízes:

Como: $x = \frac{(-b) \pm\sqrt{b^2 - (4)(a)(c)}}{2a} \Rightarrow x = \frac{(-0) \pm\sqrt{0^2 - (4)(+3)(-3)}}{2(+3)} \Rightarrow x = \frac{\pm\sqrt{+36}}{+6} \Rightarrow x_1 = +1$ e $x_2 = -1$.

$y' = +3x^2 - 3$ é uma parábola com cavidade para cima, com raízes x1 = +1, x2 = -1 e vértice (0; -3).

Com y' = +3x² - 3, para x = +0,5 => y' = -2,25, ou seja, o valor da tangente à função original y = +x³ - 3x + 4, é -2,25, quando x = +0,5. Tangente -2,25 significa ângulo igual a *113,9625°, como pode ser visto no gráfico, com a linha pontilhada inclinada à esquerda.

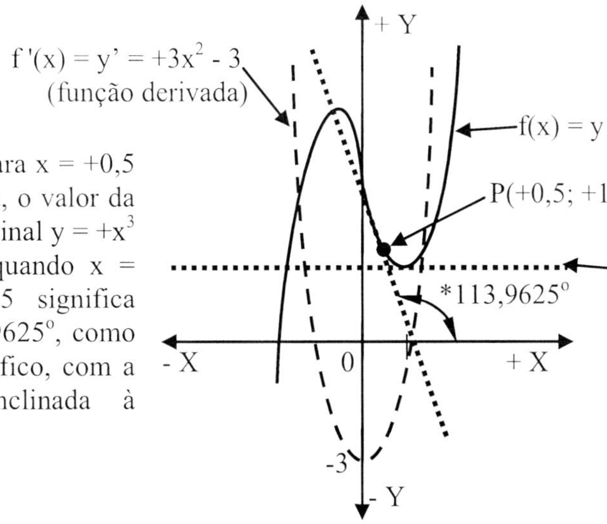

Com y' = +3x² - 3, para x = +1 => y' = 0, ou seja, o valor da tangente à função original y = +x³ - 3x + 4, é igual a zero, quando x = +1. Tangente igual a zero significa ângulo igual a zero grau ou 180°, como pode ser visto no gráfico, com a linha pontilhada na horizontal.

3.2 Derivação de funções matemáticas

A determinação da derivada de uma função matemática, a partir da definição, envolvendo o limite do quociente de uma diferença, como visto no parágrafo 3.1, é um processo trabalhoso, mas que pode ser simplificado a partir da aplicação de teoremas ou regras específicas, adiante descritas e exemplificadas. Observa-se que, embora um teorema signifique uma afirmação que pode ser comprovada, nesse livro, devido a seus objetivos (Cálculo I Aplicado), não serão feitas todas essas comprovações, que podem ser estudadas, por exemplo, em Leithold (1994, p.156 a 162).

Regras gerais de derivação

3.2.1 Derivada de função constante é igual a zero. Se c é constante e se f(x) = c => f '(x) = 0

Exemplos: f(x) = +8 => f '(x) = 0. f(x) = -3 => f '(x) = 0. A função f(x) = +8, representa uma reta paralela ao eixo X e com ordenada +8; portanto não tem sentido falar em reta tangente à uma outra reta. Uma interpretação geométrica para a derivada de uma constante ser igual a zero é o fato da "tangente" formar um ângulo de zero graus com o eixo X (o que seria o coeficiente angular) e, portanto, a tangente de zero grau é igual a zero. O mesmo raciocínio se aplica a f(x) = -3, que é uma reta paralela ao eixo X e com ordenada -3.

Exercício 3.2.1.1)

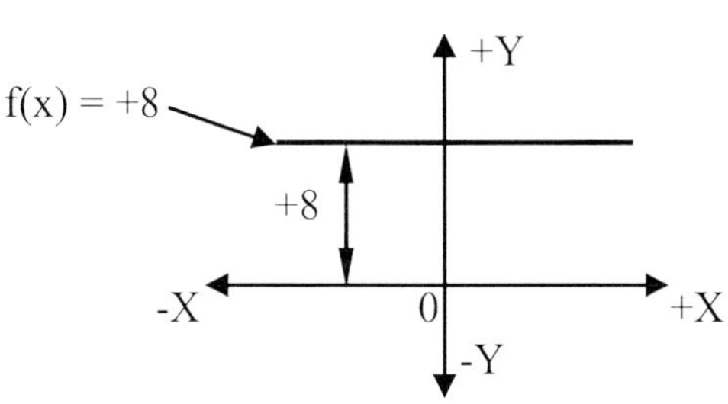

Exercício 3.2.1.2)

Funções constantes têm derivada igual a zero.

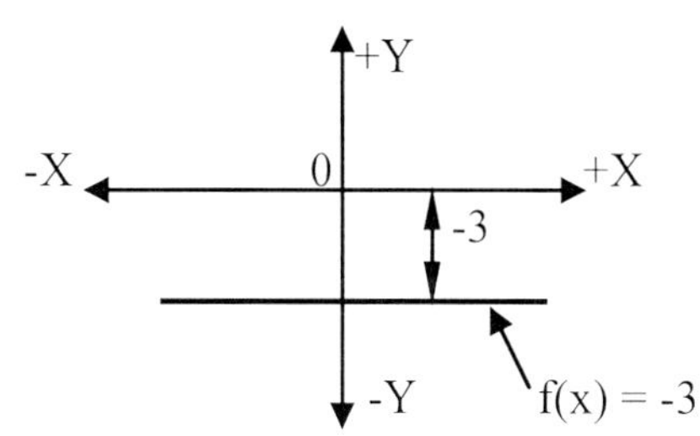

3.2.2 Derivada de função com expoente: $f(x) = x^n \Rightarrow f'(x) = nx^{n-1}$

Exercício 3.2.2.3) $f(x) = -x^3 + x - 7 \Rightarrow f'(x) = -(3)x^{(3-1)} + (1)x^{(1-1)} - 0 = -(3)x^{(2)} + (1)x^{(0)} \Rightarrow$ **$f'(x) = -3x^2 + 1$**.

Exercício 3.2.2.2) $f(x) = +x^5 + x^3 - x^2 + 3 \Rightarrow f'(x) = +(5)x^{(5-1)} + (3)x^{(3-1)} - (2)x^{(2-1)} + 0 \Rightarrow$
$f'(x) = +5x^4 + 3x^2 - 2x$.

Observa-se que essa regra também se aplica, quando “n” for um número inteiro negativo ou racional e x diferente de zero.

$f(x) = x^{-n} \Rightarrow f'(x) = -nx^{-n-1}$.

Exercício 3.2.2.4) Determinar a derivada da função $f(x) = x^{-1}$ ou $f(x) = +1/x$, fazendo análise das imagens geométricas.

Derivada: $f'(x) = (-1)x^{(-1-1)} = -x^{-2} = -1/x^2 \Rightarrow$ **$f'(x^{-1}) = -1/x^2$**.

As funções $f(x) = +1/x$ e $f'(x) = -1/x^2$, têm os seguintes gráficos e análises:

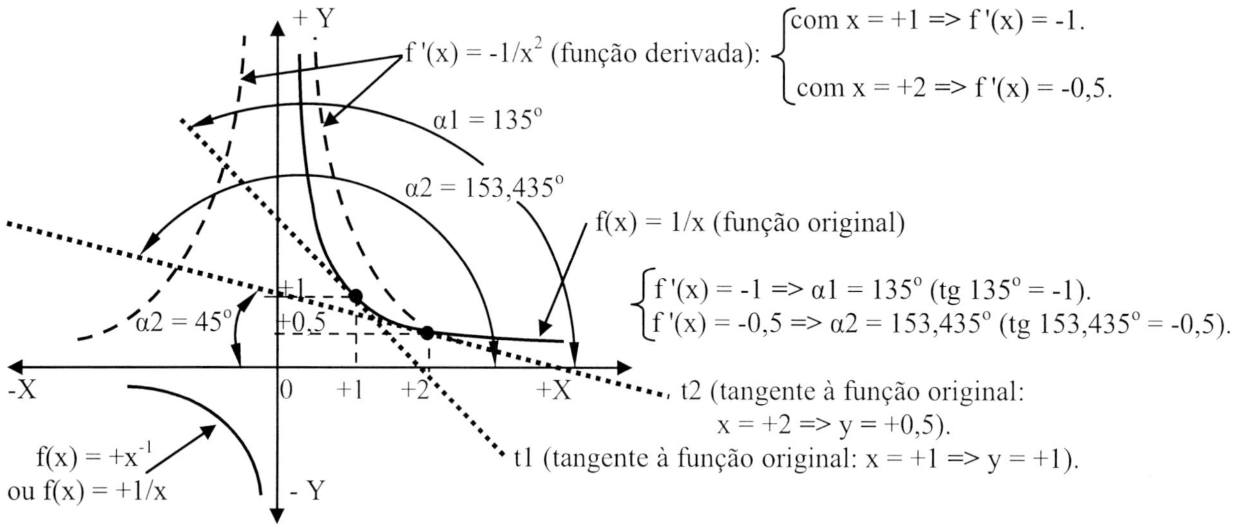

Exercício 3.2.2.5) Determinar a derivada da função $f(x) = +\sqrt{x}$ ou $f(x) = +x^{1/2}$, fazendo análise das imagens geométricas.

Derivada: $f(x) = +\sqrt{x} \Rightarrow f(x) = +x^{1/2} \Rightarrow f'(x) = +(1/2)(x)^{(1/2-1)} = +(1/2)(x)^{(-1/2)} = +(1/2)(1/\sqrt{x}) = +1/2\sqrt{x} \Rightarrow$

$f'(+\sqrt{x}) = +1/2(\sqrt{x})$

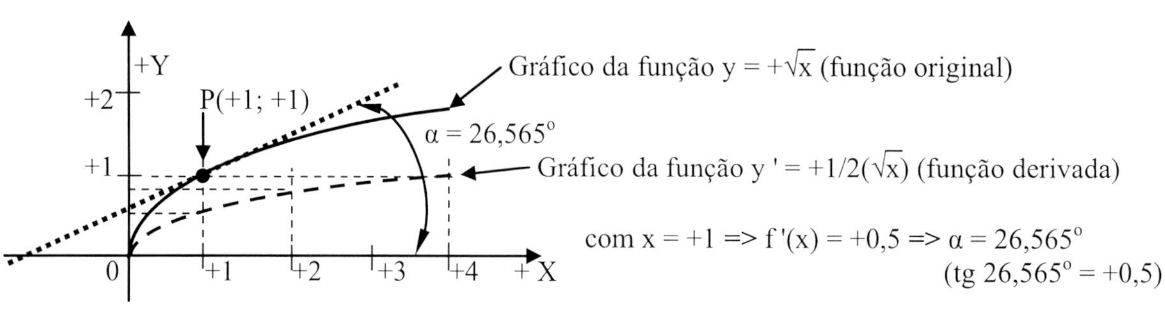

3.2.3 Derivada de função irracional ($^m\sqrt{x^n}$)

Funções irracionais são as do tipo: f(x) = $^m\sqrt{x^n}$, ou seja que têm variáveis sob radical. A demonstração dessa derivação é complexa, porém parecida com a derivada de uma função com expoente, vista em 3.2.2

$f(x) = {}^m\sqrt{x^n} \Rightarrow f'(x) = (n/m)\ {}^m\sqrt{x^{n-m}}$.

Exercício 3.2.3.1) $f(x) = {}^3\sqrt{x^5} \Rightarrow n = 5$ e $m = 3$; portanto: $f'(x) = (5/3)^3\sqrt{x^{5-3}} \Rightarrow$ **$f'(x) = (5/3)^3\sqrt{x^2}$.**

Exercício 3.2.3.2) $f(x) = {}^5\sqrt{x^3} \Rightarrow n = 3$ e $m = 5$; portanto: $f'(x) = (3/5)^5\sqrt{x^{3-5}} \Rightarrow f'(x) = (3/5)^3\sqrt{x^{-2}} = 3/5^3\sqrt{x^2}$.

3.2.4 Derivada de função multiplicada por uma constante

Se f(x) é uma função, "c" uma constante (positiva ou negativa) e g a função existente definida pela multiplicação de "c" por f(x), ou seja: g(x) = c . f(x), então:

$g'(x) = c \cdot f'(x)$.

Exercício 3.2.4.1) $g(x) = +3x^2 \Rightarrow g'(x) = (+3).(2.x^{2-1}) \Rightarrow g'(x) = (+3)(2)(x) \Rightarrow$ **$g'(x) = +6x$.**

Exercício 3.2.4.2) $g(x) = -5 . (4x^3) \Rightarrow g'(x) = (-5).(3).(4).(x^{3-1}) = (-5).(12x^2) = -60x^2 \Rightarrow$ **$g'(x) = -60x^2$.**

3.2.5 Derivada da soma ou subtração de duas ou mais funções

É a soma ou subtração de suas derivadas.

Exercício 3.2.5.1) $f(x) = +4x^3 - 7x^2 + 4 \Rightarrow f'(x) = (+4)(+3)x^{(3-1)} - (+7)(+2)x^{(2-1)} + 0$.
Conclusão: **$f'(x) = +12x^2 - 14x$.**

Exercício 3.2.5.2) $f(x) = -5x^4 + 6x^{-3} - 4x^2 - 8 \Rightarrow f'(x) = (-5)(+4)x^{(4-1)} + (6)(-3)x^{(-3-1)} - (4)2(x^{+2-1}) = -20x^3 - 18x^{-4} - 8x$.
Conclusão: **$f'(x) = -20x^3 - 18x^{-4} - 8x$.**

3.2.6 Derivada da multiplicação de funções (regra do produto)

A derivada do produto de duas funções é a primeira função vezes a derivada da segunda função, mais a segunda função vezes a derivada da primeira função.

Se $h(x) = f(x) . g(x)$, então: $h'(x) = f(x) . g'(x) + g(x) . f'(x)$.

Exercício 3.2.6.1) Determinar a derivada de $h(x) = (-4x^5 + 7x^3 - 6x + 5)(+3x^4 - 6x^2 - 4)$.

$f(x) = (-4x^5 + 7x^3 - 6x + 5)$ e $g(x) = (+3x^4 - 6x^2 - 4)$.

$f'(x) = (-4)5x^{5-1} + (7)3x^{3-1} - 6 + 0) \Rightarrow$ **$f'(x) = -20x^4 + 21x^2 - 6$.**

$g'(x) = (+3)4x^{4-1} - (6)2x^{2-1} - 0) \Rightarrow$ **$g'(x) = +12x^3 - 12x$.**

Como: $h'(x) = f(x) . g'(x) + g(x) . f'(x)$, tem-se:

$h'(x) = (-4x^5 + 7x^3 - 6x + 5) . (+12x^3 - 12x) + (+3x^4 - 6x^2 - 4) . (-20x^4 + 21x^2 - 6) \Rightarrow$

h '(x) = $-48x^8 + 132x^6 - 156x^4 + 60x^3 + 72x^2 - 60x - 60x^8 + 183x^6 - 64x^4 - 48x^2 + 24$ => finalmente:

h '(x) = $-108x^8 + 315x^6 - 220x^4 + 60x^3 + 24x^2 - 60x + 24$. ⟵ Nesta função derivada, quando se faz x = +1, obtém-se h '(x) = +35, ou seja, esse é o valor da tangente à curva da função original h(x). Esse valor de tangente significa um ângulo de 88,3634°, que a reta tangente forma com o eixo X. Observa-se que, fazendo x = 0, h '(x) = +24, onde o ângulo é de 87,6142°.

Observa-se que a derivada da multiplicação de polinômios similares a esses, servem para a prática matemática, já que não existem exemplos reais de aplicação.

Exercício 3.2.6.2) Analisar a derivada de h(x) = f(x) . g(x), sabendo que: *f(x) = +x - 2 e *g(x) = +x + 2, fazendo os gráficos e análises das funções envolvidas e resultantes.

Inicialmente, observa-se que as funções f(x) = +x - 2 e g(x) = +x + 2 são retas que não passam pela origem, ou melhor, funções afins, como citadas no capítulo 1.

$$\begin{array}{r} +x + 2 \\ \times \quad +x - 2 \\ \hline -2x - 4 \\ +x^2 + 2x \quad \\ \hline h(x) = +x^2 - 4 \end{array}$$

*Observa-se que, a multiplicação de funções afins é apenas para exercitar uma regra da derivação, pois não existe a menor aplicação prática real. Aqui nesse caso, duas retas multiplicadas geram uma parábola. (Qual o sentido prático disso?).

h(x) = f(x) . g(x), resulta em: h(x) = $+x^2 - 4$. Ou seja, uma parábola:

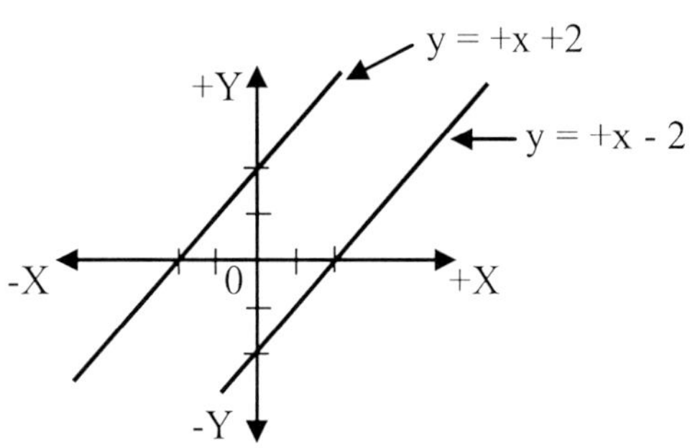

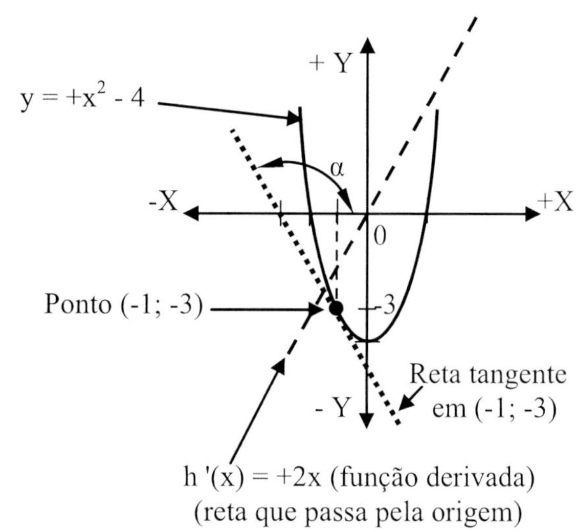

h '(x) = f(x) . g '(x) + g(x) . f '(x) $\begin{cases} f'(x) = +1 \\ g'(x) = +1 \end{cases}$

h '(x) = (+x - 2) . (+1) + (+x + 2) . (+1) => **h '(x) = +2x**. (Uma reta que passa pela origem).

Observação: f ' ($+x^2 - 4$) = +2x. Quando x = -1 => f ' ($+x^2 - 4$) = -2, ou seja, esse é o valor da tangente do ângulo α da reta à função $+x^2 - 4$. O ângulo cuja tangente é -2 é α = 116,565°.

3.2.7 Derivada da divisão de funções

Derivada do quociente de duas funções é a fração onde o denominador é o quadrado da função denominador, e o numerador é a função denominador multiplicada pela derivada do numerador, menos a função numerador multiplicada pela derivada da função denominador.

Se $h(x) = \frac{f(x)}{g(x)}$**, então:** $h'(x) = \frac{g(x) \cdot f'(x) - f(x) \cdot g'(x)}{[g(x)]^2}$.

Exercício 3.2.7.1) Determinar a derivada de $h(x) = \frac{(+3x^2 - 5)}{(-x^3 + 4x - 2)}$

$f(x) = +3x^2 - 5 \Rightarrow f'(x) = +6x$. $g(x) = -x^3 + 4x - 2 \Rightarrow g'(x) = -3x^2 + 4$.

$h'(x) = \frac{(-x^3 + 4x - 2) \cdot (+6x) - (+3x^2 - 5) \cdot (-3x^2 + 4)}{(-x^3 + 4x - 2)^2} \Rightarrow h'(x) = \frac{(-6x^4 + 24x^2 - 12x) - (-9x^4 + 27x^2 - 20)}{(+x^6 - 8x^4 + 4x^3 + 16x^2 - 16x + 4)} \Rightarrow$

$$\mathbf{h'(x) = \frac{(+3x^4 - 3x^2 - 12x + 20)}{(+x^6 - 8x^4 + 4x^3 + 16x^2 - 16x + 4)}}$$

Exercício 3.2.7.2) Determinar a derivada de: $h(x) = \frac{(+x^2 - 3x + 4)}{(-x - 5)}$

$f(x) = +x^2 - 3x + 4 \Rightarrow f'(x) = +2x - 3$. $g(x) = -x - 5 \Rightarrow g'(x) = -1$. $[g(x)]^2 = +x^2 + 10x + 25$.

$h'(x) = \frac{(-x - 5) \cdot (+2x - 3) - (+x^2 - 3x + 4) \cdot (-1)}{+x^2 + 10x + 25} \Rightarrow h'(x) = \frac{-x^2 - 10x + 19}{+x^2 + 10x + 25}$

3.3 A regra da cadeia

No cálculo de derivadas, a regra da cadeia possibilita derivar quaisquer funções mais complexas, em especial as com potências elevadas, a partir de funções mais simples, cujas derivadas têm regras já vistas. O termo "regra da cadeia", refere-se ao fato da derivação ou diferenciação ser realizada numa sequência lógica, com as derivadas parciais resolvidas uma após a outra, ou seja, em cadeia.

No início desse capítulo, parágrafo 3.1, foi visto que a derivada pode ser representada pelos símbolos: y', dy/dx ou f '(x). Aqui no desenvolvimento da regra da cadeia, será utilizado o símbolo ou notação dy/dx, para representar a derivada, como originalmente descrito por Leibniz. (Gottfried Wilhelm Leibniz: 1646 - 1716).

Conceitualmente, a regra da cadeia pode ser expressa como: $\frac{dy}{dx} = \frac{dy}{du} \cdot \frac{du}{dx}$, onde u é uma nova função, significando que: y depende de u, e u depende de x.

Exercício 3.3.1) Derivar a função $y = (x^4 - 5)^{50}$.

Não considerando a regra da cadeia, desenvolve-se $(x^4 - 5)$ elevada a 50ª potência, por exemplo, utilizando o binômio de Newton e depois usam-se as regras de derivação já vistas. O desenvolvimento do binômio de Newton, nesse caso, é extremamente trabalhoso e demorado.

Utilizando a regra da cadeia faz-se: $u = x^4 - 5$ ou $y = u^{50}$ e $\left\{ \begin{array}{l} dy/du = +50u^{49} \\ du/dx = +4x^3 \end{array} \right\}$ Aqui são feitas as derivadas de funções simples, com regras próprias, já estudadas.

$u = x^4 - 5$

$\frac{dy}{dx} = \frac{dy}{du} \cdot \frac{du}{dx} \Rightarrow \frac{dy}{dx} = (+50u^{49})(+4x^3) = 200x^3(x^4 - 5)^{49}$ ⟶ **Conclusão**: $y = (x^4 - 5)^{50} \Rightarrow \frac{dy}{dx} = 200x^3(x^4 - 5)^{49}$.

A regra da cadeia pode ser assim enunciada: se y é uma função diferenciável (ou derivável) de "u" e se "u" é uma função diferenciável de x, então y é uma função diferenciável de x, da seguinte forma:

$\frac{dy}{dx} = \frac{dy}{du} \cdot \frac{du}{dx}$.   Exercício 3.3.2) Derivar a função: $y = (+x^2 + 5x)^3$.

Exercício 3.3.2) Derivar a função: $y = (+x^2 + 5x)^3$.

$u = +x^2 + 5x \Rightarrow du/dx = +2x + 5$. $y = u^3 \Rightarrow dy/du = +3u^2 \Rightarrow dy/dx = (dy/du)(du/dx) = +3u^2(+2x + 5)$.

$u^2 = (+x^2 + 5x)^2 = +x^4 + 10x^3 + 25x^2 \Rightarrow 3u^2 = +3x^4 + 30x^3 + 75x^2$.

$3u^2 \cdot (+2x + 5) = +6x^5 + 75x^4 + 300x^3 + 375x^2$.

Conclusão: $\mathbf{y = (+x^2 + 5x)^3 \Rightarrow dy/dx = +6x^5 + 75x^4 + 300x^3 + 375x^2}$.

Observação: elevando a função $y = +x^2 + 5x$ ao cubo, obtém-se: $+x^6 + 15x^5 + 75x^4 + 125x^3$, que uma vez derivada, elemento por elemento, obtém-se o mesmo resultado da regra da cadeia.

Para funções com potências, como $y = u^n$, é possível escrever a seguinte regra da cadeia:

Se $y = u^n$, então: $\frac{d\,(u)^n}{dx} = n(u)^{n-1}\frac{du}{dx}$

Exercício 3.3.3) Derivar: $y = (+3x^5 - 2)^9$.

$\left\{\begin{array}{l} u = +3x^5 - 2 \Rightarrow du/dx = +15x^4 \\ y = u^9 \Rightarrow dy/du = 9u^8 \\ n = 9 \end{array}\right\}$ $\frac{d\,(u)^n}{dx} = n(u)^{n-1}\frac{du}{dx} \Rightarrow dy/dx = 9(+3x^5 - 2)^8(+15x^4)$:

Conclusão: $\mathbf{y = (+3x^5 - 2)^9 \Rightarrow dy/dx = +135\,x^4(+3x^5 - 2)^8}$.

Exercício 3.3.4) Derivar: $y = \frac{1}{(12 - x^2)^2}$ [ou $y = (12 - x^2)^{-2}$] $\left\{\begin{array}{l} n = -2 \\ u = 12 - x^2 \Rightarrow du/dx = -2x. \\ y = u^{-2} \Rightarrow dy/du = -2u^{-3}. \end{array}\right.$

$\frac{d\,(u)^n}{dx} = n(u)^{n-1}\frac{du}{dx} \Rightarrow dy/dx = -2(12 - x^2)^{-3}(-2x) = +4x(12 - x^2)^{-3}$

Conclusão: $y = \frac{1}{(12 - x^2)^2}$ [ou $y = (12 - x^2)^{-2}$] $\Rightarrow dy/dx = +4x(12 - x^2)^{-3}$ ou $dy/dx = \frac{1}{+4x(12 - x^2)^3}$

Exercício 3.3.5) Derivar: $y = [(+3x^4 + 1)^7 + 1]^5$.

Se $u = (+3x^4 + 1)^7 + 1$, $y = u^5$, $n = 5$, $du/dx = 7(+3x^4 + 1)^6(12x^3) = (+21x^4 + 7)^6(12x^3)$ e $dy/du = 5u^4$.

$\frac{dy}{dx} = \frac{dy}{du} \cdot \frac{du}{dx} \Rightarrow dy/dx = (5u^4) \cdot (+21x^4 + 7)^6(12x^3) = 420x^3[(+3x^4 + 1)^7 + 1]^4 \cdot (+3x^4 + 1)^6 = 4x/(12 - x^2)^3$.

3.4 Regras de derivações de funções transcendentes

Uma função é dita transcendente quando não satisfaz uma equação polinomial. A seguir serão estudadas as derivadas das funções transcendentes: exponenciais e logarítmicas. As funções trigonométricas no círculo e as hiperbólicas são estudadas no capítulo 4.

3.4.1 Derivadas de funções exponenciais e logarítmicas

3.4.1.1 Funções exponenciais: se $y = b^x$, onde $b > 0$ e $b \neq 1$, então: $dy/dx = b^x . \ln b$.

Exercício 3.4.1.1.1) Determinar a derivada da função $y = +e^x - 3$, mostrando sua interpretação geométrica.

Quando: $y = b^x \Rightarrow dy/dx = b^x . \ln b$: Para $y = +e^x - 3$, tem-se: $dy/dx = +e^x . \ln e$. Como $\ln e = +1$, tem-se:

Resposta: $y = +e^x - 3 \Rightarrow dy/dx = +e^x$. A derivada da constante 3 é zero.

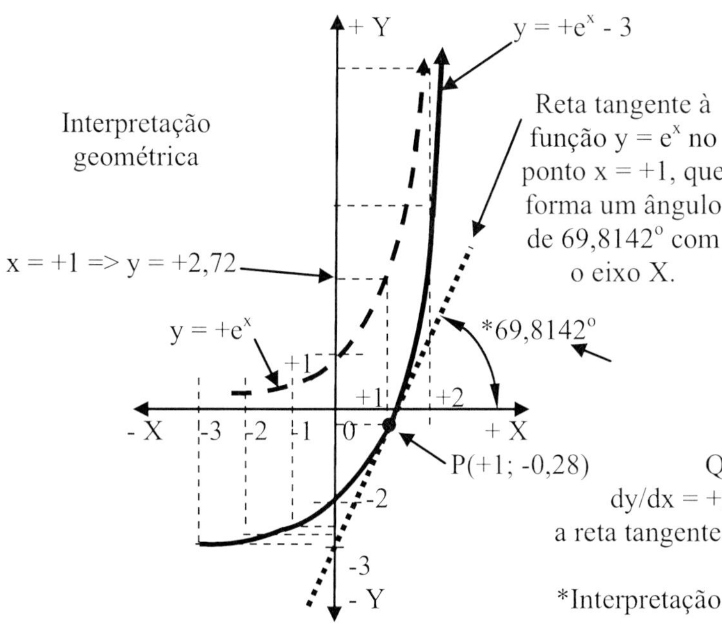

$y = +e^x$

x	y
-3	+0,049
-2	+0,135
-1	+0,368
0	+1
+1	+2,72
+2	+7,39
+3	+20,09

$y = +e^x - 3$

x	y
-3	-2,95
-2	-2,87
-1	-2,63
0	-2,00
+1	-0,28
+2	+4,39
+3	+17,09

$y = +e^x - 3 \Rightarrow dy/dx = +e^x$.
Quando $x = +1$, $dy/dx = e = +2,72$.
$dy/dx = +2,72$, significa que, na função $y = +e^x - 3$,
a reta tangente à curva forma um ângulo de 69,8142° pois,
arc tg (+2,72) = 69,8142°.
*Interpretação analítica da derivada no ponto onde $x = +1$.

3.4.1.2 Funções logarítmicas: se $y = \log_a x$, então: $dy/dx = x'/(x \ln a)$

Observa-se que, ln é a notação de logaritmo natural de base "e".

Quando a base "a" é a dos logaritmos neperianos "e", então: se $\log_e x \Rightarrow$ **$dy/dx = +1/x$.**

Quando a derivada se refere ao logaritmo de um polinômio como $y = \log_a u(x)$ resulta em:

$$\text{Se } y = \log_a u(x) \Rightarrow \mathbf{dy/dx} = \frac{1}{\ln a \, . \, u(x)} . \frac{du}{dx} .$$

Exercício 3.4.1.2.1) Determinar a derivada da função $y = \log_2 (x) + 2$, mostrando sua interpretação geométrica.

Quando: $y = \log_a (x)$, então: $dy/dx = \dfrac{1}{x \cdot \ln a}$. Para $y = \log_2 (x) + 2 \Rightarrow dy/dx = \dfrac{1}{x \cdot \ln 2} = \dfrac{1}{x \cdot (0{,}69315)} \Rightarrow$

$dy/dx = 1/0{,}69316x = 1{,}443/x$. $\ln 2 = 0{,}69315$.

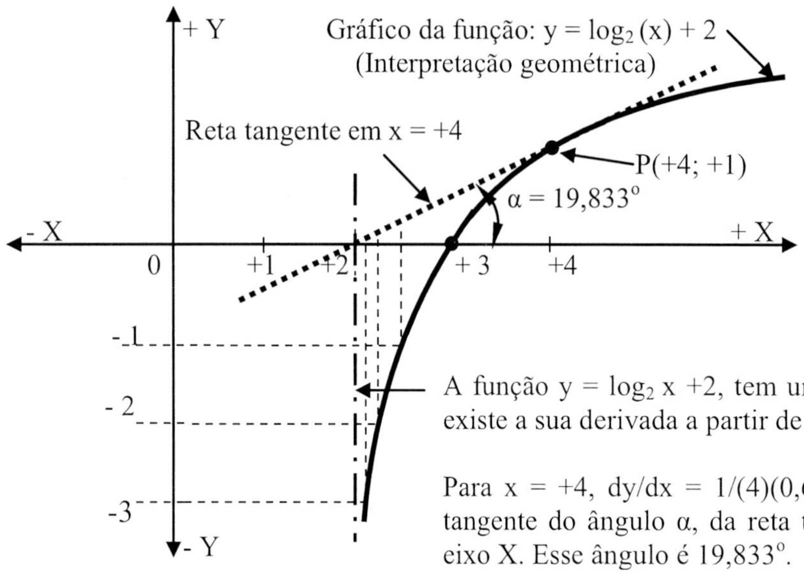

$y = \log_2 (x) + 2$

y	x
-3	+2,125
-2	+2,25
-1	+2,5
0	+3
+1	+4
+2	+6
+3	+10

A função $y = \log_2 x + 2$, tem uma assíntota em $x = +2$, ou seja, só existe a sua derivada a partir de valores positivos de $x > 2$.

Para $x = +4$, $dy/dx = 1/(4)(0{,}69315) = +0{,}36067$. Esse valor é a tangente do ângulo α, da reta tangente à função $\log_2 x + 2$, com o eixo X. Esse ângulo é $19{,}833^\circ$.

3.5 Derivação implícita: conceito

As equações podem ser escritas de forma explícita, ou seja, a variável dependente y está isolada, como por exemplo, na equação da parábola: $y = +8x^2 - 4$ (onde $dy/dx = +16x$), ou de forma implícita, onde a variável dependente y não está isolada, como por exemplo, na equação da elipse: $+x^2/25 + y^2/16 = +1$. A derivação ou diferenciação de funções ou curvas implícitas pode ser feita, usando o conceito da regra da cadeia e as regras de derivações estudadas.

Exercício 3.5.1) Para calcular a derivada da equação: $+x^2 + y^2 + xy = -5$, inicialmente faz-se a derivação em relação a x em ambos os membros da equação, ou seja:

$\dfrac{d}{dx}(+x^2 + y^2 + xy) = \dfrac{d}{dx}(-5)$. Pela propriedade da soma, tem-se a soma das quatro derivadas, ou seja:

$$\underset{(1)}{\dfrac{d}{dx}(+x^2)} + \underset{(2)}{\dfrac{d}{dx}(y^2)} + \underset{(3)}{\dfrac{d}{dx}(xy)} = \underset{(4)}{\dfrac{d}{dx}(-5)} \text{ (A)} \begin{cases} \dfrac{d}{dx}(+x^2) = +2x. \quad \dfrac{d}{dx}(-5) = 0. \\ \dfrac{d}{dx}(+y^2) \text{ ou aplicando a regra da cadeia} = \dfrac{d}{dx}(+y^2) \cdot \dfrac{dy}{dx} = +2y \cdot \dfrac{dy}{dx}. \end{cases}$$

$\dfrac{d}{dx}(xy)$: aplicando a propriedade da derivada do produto $= x\dfrac{d}{dx}(y) + y\dfrac{d}{dx}(x)$: aplicando a regra da cadeia =

$x\dfrac{d}{dx}(y) \cdot \dfrac{dy}{dx} + y = x\dfrac{dy}{dx} + y$. Com todas as derivadas calculadas (1, 2, 3 e 4), retorna-se a A:

A => $+2x + 2y \cdot \frac{dy}{dx} + x\frac{dy}{dx} + y = 0 \Rightarrow +2x + (2y + x)\frac{dy}{dx} + y = 0 \Rightarrow (2y + x)\frac{dy}{dx} = -2x - y \Rightarrow \frac{dy}{dx} = -\frac{(2x + y)}{(2y + x)}$.

Conclusão: $\frac{d}{dx}(+x^2 + y^2 + xy + 5) = -\frac{(2x + y)}{(2y + x)}$.

Exercício 3.5.2) Calcular a derivada da equação: $+5y^2 + \text{sen } y = +x^2$.

Aqui se tem a derivação em ambos os membros, envolvendo duas derivadas em y e uma em x.

$\frac{d}{dx}(5y^2 + \text{sen } y) = \frac{d}{dx}(+x^2) \Rightarrow$

$(5)\frac{d}{dx}(y^2) + \frac{d}{dx}(\text{sen } y) = +2x \Rightarrow$

$(5)\left(2y\frac{dy}{dx}\right) + (\cos y)\frac{dy}{dx} = +2x \Rightarrow$ (foi usada a regra da cadeia, pois y é uma função de x).

$10y\left(\frac{dy}{dx}\right) + (\cos y)\left(\frac{dy}{dx}\right) = +2x.$ **Conclusão:** $\frac{dy}{dx} = \frac{2x}{10y + \cos y}$ (Desde que: $10y + \cos y \neq 0$).

No próximo parágrafo são desenvolvidas análises e exercícios de várias derivadas implícitas.

3.6 Derivação implícita aplicada às retas tangentes nas curvas cônicas: circunferência, elipse, parábola e hipérbole

3.6.1 Retas tangentes à circunferência

Exercício 3.6.1.1) Determinar as retas tangentes à circunferência: $+x^2 + y^2 = 16$, no ponto de abscissa +2.

A equação: $+x^2 + y^2 = 16$, representa uma circunferência de centro coincidente com a origem e raio 4. Isolando y em função de x:

$+x^2 + y^2 = 16 \Rightarrow y^2 = 16 - x^2 \Rightarrow y = \pm\sqrt{16 - x^2}$, ou seja, para cada valor de x, se tem dois de y. Vejamos graficamente:

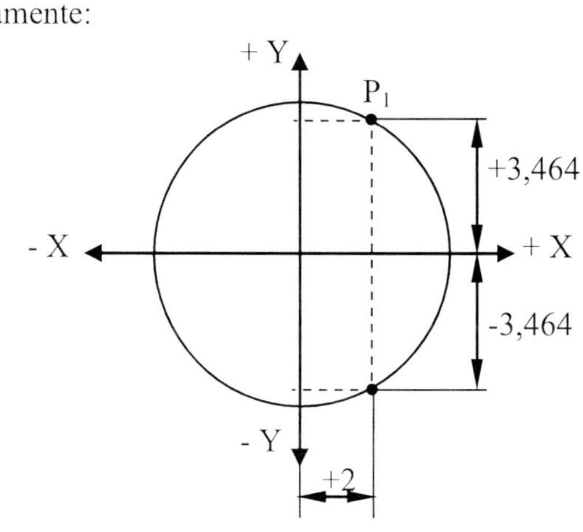

$y = \pm\sqrt{16 - x^2}$; para x = +2 => y = ±3,464.
(para x = -2, também y = ±3,464)

A derivada da equação: $+x^2 + y^2 = 16$, é obtida considerando-se como uma função implícita, ou seja:

$\frac{d}{dx}(+x^2) + \frac{d}{dx}(+y^2) = \frac{d}{dx}(16)$, que resulta em:

$+2x + 2y\left(\frac{dy}{dx}\right) = 0.$

dy/dx representa a tangente do ângulo, em relação ao eixo X, da reta tangente à circunferência, ou seja, dy/dx é o coeficiente angular "m" da reta tangente à circunferência. Isso significa que, conhecendo-se as coordenadas x e y de pontos pertencentes à linha da circunferência, pode-se determinar as equações das retas tangentes à circunferência, nos diversos pontos.

Ou seja: $+2x + 2ym = 0 \Rightarrow m = -(x/y)$.

Por exemplo, considerando a circunferência $+x^2 + y^2 = 16$ e o ponto P1(+2; +3,464), determinar a equação da reta tangente à circunferência nesse ponto.
$m = -(2/3{,}464) \Rightarrow m = -0{,}5773672$. O arco cuja tangente é -0,5773672 é o de 150°.

A reta que passa por P_1(+2; +3,464) e coeficiente angular m é: $m(x - 2) = y - 3{,}464$.

$-0{,}577(x - 2) = y - 3{,}464 \Rightarrow y = -0{,}577x + 4{,}618$.

Equação da reta que passa pelo ponto P_1: $y = -0{,}577x + 4{,}618$.

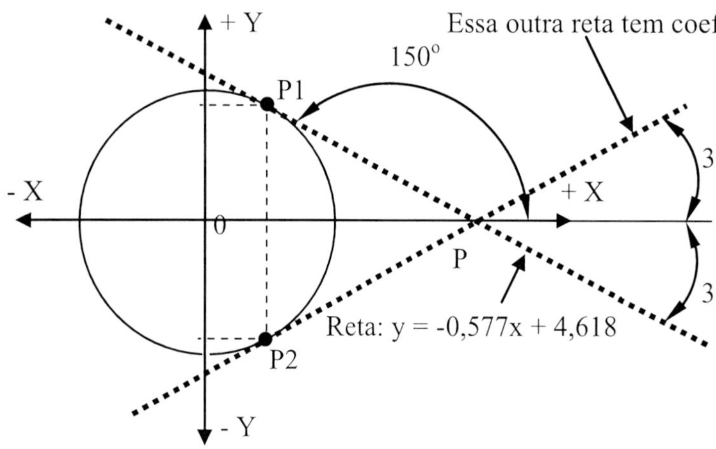

Observa-se que, as retas se cruzam no prolongamento da linha de centro horizontal (eixo X) da circunferência, no ponto $P(x_P; y_P)$. As coordenadas cartesianas do ponto P são determinadas resolvendo-se o sistema linear, com as equações das duas retas tangentes. Nesse caso: P(+8; 0).

Exercício 3.6.1.2) Estudar as equações das retas tangentes à circunferência de raio 3 e centro C (+4; +2), no ponto de abscissa x = +5.

Inicialmente faz-se a imagem geométrica da circunferência e determinam-se as coordenadas cartesianas dos pontos por onde passam as retas.

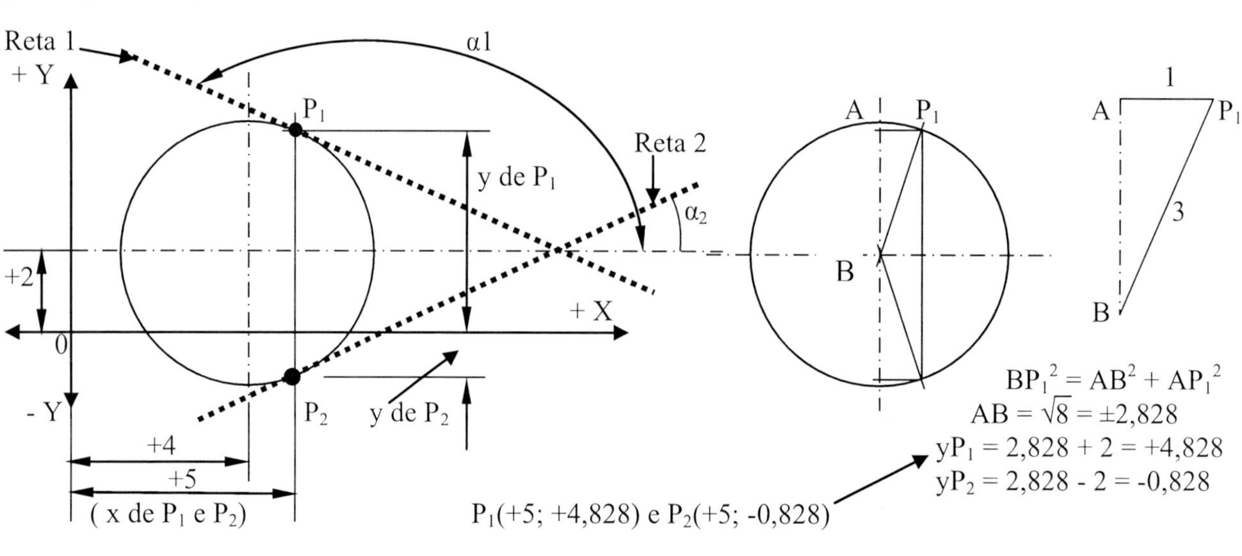

Determinação da equação da circunferência: $+(x - h)^2 + (y - k)^2 = r^2$. $h = +4$; $k = +2$ e $r = 3$, portanto: $+(x - 4)^2 + (y - 2)^2 = 9 \Rightarrow +x^2 + y^2 - 8x - 4y + 11 = 0$. Fazendo a derivação implícita dessa equação se tem:

$$\frac{d}{dx}(x^2) + \frac{d}{dx}(y^2) - \frac{d}{dx}(8x) - \frac{d}{dx}(4y) + \frac{d}{dx}(11) = 0 \Rightarrow +2x + 2y\left(\frac{dy}{dx}\right) - 8 - 4\left(\frac{dy}{dx}\right) + 0 = 0.$$

$$+2y\left(\frac{dy}{dx}\right) - 4\left(\frac{dy}{dx}\right) = -2x + 8 \Rightarrow \frac{dy}{dx}(+2y - 4) = -2x + 8 \Rightarrow \frac{dy}{dx} = \frac{-2x + 8}{+2y - 4}.$$

Essa derivada é o coeficiente angular "m" das retas que passam por P_1 e P_2

$$mP_1 = \frac{(-2)(+5) + 8}{(+2)(+4{,}828) - 4} \Rightarrow mP_1 = \frac{-2}{+5{,}656} \Rightarrow mP_1 = -0{,}354.$$ Corresponde a um ângulo α_1 de 160,506°.

$$mP_2 = \frac{(-2)(+5) + 8}{(+2)(-0{,}828) - 4} \Rightarrow mP_2 = \frac{-2}{-5{,}656} \Rightarrow mP_2 = +0{,}354.$$ Corresponde a um ângulo α_2 de 19,494°.

Equação da reta 1: $-0{,}354(x - 5) = y - 4{,}828 \Rightarrow$ **R1: $y = -0{,}354x + 6{,}598$.**

Equação da reta 2: $+0{,}354(x - 5) = y - (-0{,}828) \Rightarrow$ **R2: $y = +0{,}354x - 2{,}598$.**

} **Equações das retas tangentes.**

3.6.2 Retas tangentes à elipse

Segue o mesmo raciocínio lógico aplicado à circunferência, obviamente considerando a equação da elipse.

Exercício 3.6.2.1) Estudar as equações das retas tangentes à elipse de centro C(+4; +2), eixo maior 2a igual a 10 e coincidente com o eixo X, eixo menor 2b igual a seis, nos pontos P_1 e P_2 de ordenadas, por onde passa a abscissa positiva de um dos focos.

Inicialmente faz-se a imagem geométrica da elipse, com a localização dos pontos, por onde passam as tangentes.

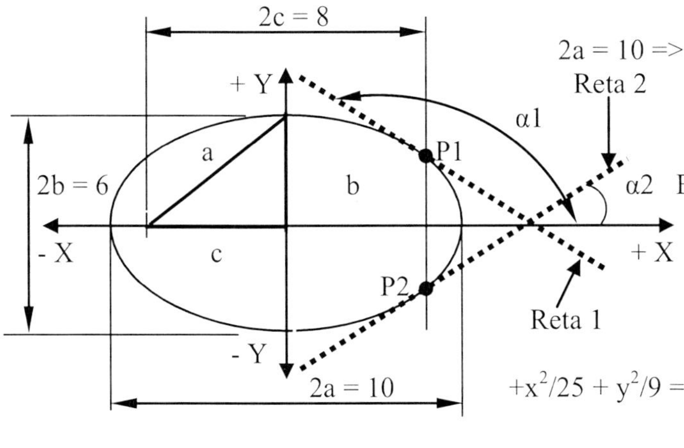

$2a = 10 \Rightarrow a = 5 \Rightarrow a^2 = 25$. $2b = 6 \Rightarrow b = 3 \Rightarrow b^2 = 9$.

Equação básica da elipse: $+x^2/a^2 + y^2/b^2 = +1$.

Equação da elipse estudada: $+x^2/25 + y^2/9 = +1$.

Pelo triângulo fundamental: $a^2 = b^2 + c^2$

$c = \sqrt{a^2 - b^2} \Rightarrow c = \pm 4$.

$+x^2/25 + y^2/9 = +1$, quando $x = +4$ (foco de abscissa positiva) $y = \pm 1{,}8 \Rightarrow P_1(+4; +1{,}8)$ e $P_2(+4; -1{,}8)$.

$+x^2/25 + y^2/9 = +1 \Rightarrow +0{,}04x^2 + 0{,}111y^2 = +1$. Fazendo a derivação implícita da equação da elipse se tem:

$$\frac{d}{dx}(0{,}04x^2) + \frac{d}{dx}(0{,}111y^2) = \frac{d}{dx}(1) \Rightarrow (0{,}04)(2)x + (0{,}111)2y\left(\frac{dy}{dx}\right) = 0 \Rightarrow 0{,}08x + 0{,}222y\left(\frac{dy}{dx}\right) = 0 \Rightarrow \frac{dy}{dx} = \frac{-0{,}08x}{0{,}222y}$$

$$\mathbf{\frac{dy}{dx} = \frac{-0{,}08x}{0{,}222y}}$$ ⟵ Esta derivada é o coeficiente angular "m" das retas que passam por P_1 e P_2.

$mP_1 = \frac{(-0,08)(+4)}{(0,222)(1,8)} = \frac{-0,32}{0,4} \Rightarrow mP_1 = -0,8$. Corresponde a um ângulo α_1 de 141,34°.

$mP_2 = \frac{(-0,08)(+4)}{(0,222)(-1,8)} = \frac{-0,32}{-0,4} \Rightarrow mP_2 = +0,8$. Corresponde a um ângulo α_2 de 38,66°.

Equação da reta 1: $-0,8(x - 4) = y - 1,8 \Rightarrow$ **R1: $y = -0,8x + 5$.**

Equação da reta 2: $+0,8(x - 4) = y - (-1,8) \Rightarrow$ **R2: $y = +0,8x - 5$.**

Equações das retas tangentes.

3.6.3 Retas tangentes à parábola

Dependendo da posição a equação de uma parábola pode ser considerada como uma função, ou seja, quando seu eixo coincide ou é paralelo ao eixo cartesiano Y. Nesse caso sua derivação não é implícita. Quando a parábola tem eixo coincidente ou paralelo ao eixo X, então não configura uma função e sua derivação é implícita, como a seguir mostrado.

Exercício 3.6.3.1) Estudar as equações das retas tangentes à parábola de vértice V(+2; -2), foco F(+5; -2), com as tangentes passando pelas ordenadas da linha da abscissa do foco.

Inicialmente, faz-se a imagem geométrica da parábola, define-se sua equação e as coordenadas cartesianas dos pontos por onde passam as tangentes.

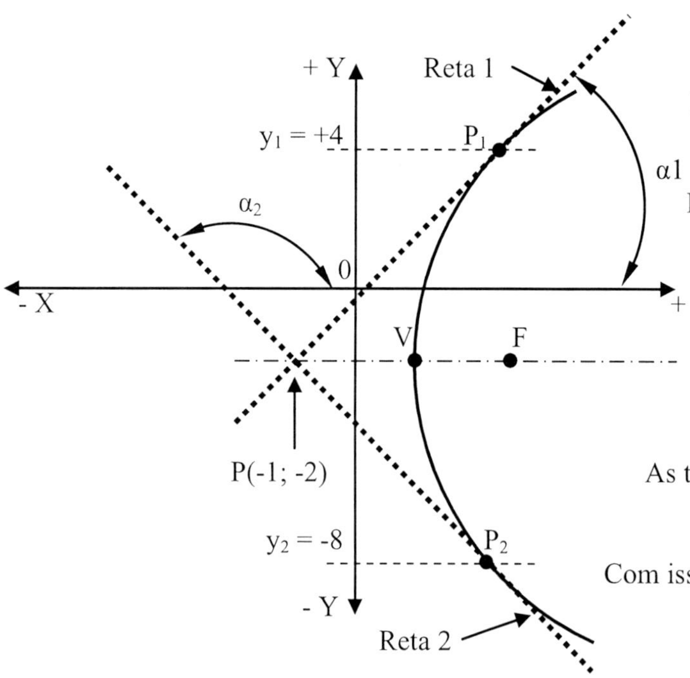

Essa parábola é do tipo: $+(y - k)^2 = +4p(x - h)$,
onde: $h = +2$; $k = -2$ e $p = 3$.
Logo: $+(y + 2)^2 = +12(x - 2)$
Equação da parábola: $+y^2 + 4y - 12x + 28 = 0$.

As tangentes passam por $P_1(+5, +y1)$ e $P_2(+5; -y2)$.
Na equação, fazendo-se $x = +5$, se tem:
$+y^2 + 4y - 32 = 0$; onde $y_1 = +4$ e $y_2 = -8$.
Com isso, as coordenadas cartesianas dos pontos ficam:
$P_1(+5; +4)$ e $P_2(+5; -8)$.

Fazendo a derivação implícita da equação da parábola se tem:

$$\frac{d}{dx}(y^2) + \frac{d}{dx}(4y) - \frac{d}{dx}(12x) + \frac{d}{dx}(28) = 0 \Rightarrow 2y\left(\frac{dy}{dx}\right) + 4\left(\frac{dy}{dx}\right) - 12 + 0 = 0 \Rightarrow 2y\left(\frac{dy}{dx}\right) + 4\left(\frac{dy}{dx}\right) = 12 \Rightarrow \left(\frac{dy}{dx}\right) = \frac{12}{2y + 4}$$

$$\left(\frac{\mathbf{dy}}{\mathbf{dx}}\right) = \frac{\mathbf{12}}{\mathbf{2y + 4}}$$ ← Esta derivada é o coeficiente angular "m" das retas que passam por P_1 e P_2.

$m\,P_1 = \dfrac{12}{(2)(+4)+4} = +1 \Rightarrow mP_1 = +1$. Corresponde a um ângulo α_1 de 45°.

$m\,P_2 = \dfrac{12}{(2)(-8)+4} = -1 \Rightarrow mP_2 = -1$. Corresponde a um ângulo α_2 de 135°.

} Retas formam 90^0 entre si.

Equação da reta 1: $+1(x - 5) = y - (+4) \Rightarrow$ **R1: y = +x - 1**.

Equação da reta 2: $-1(x - 5) = y - (-8) \Rightarrow$ **R2: y = -x - 3**.

} **Equações das retas tangentes**.

3.6.4 Retas tangentes à hipérbole

Uma das aplicações de retas tangentes a uma hipérbole, ocorre, por exemplo, quando são utilizados cabos de aço ou cordas especiais para tracionar coberturas ou cúpulas de estruturas no formato de hiperboloides de revolução*. O desenho a seguir mostra o conceito desse tipo de cabo tangente a uma hipérbole.

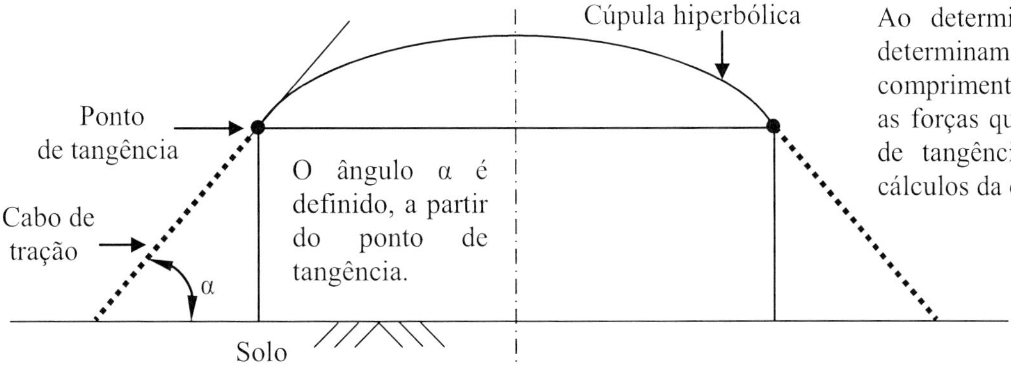

Ao determinar o ângulo α, determinam-se tanto o comprimento do cabo, quanto as forças que atuam no ponto de tangência, permitindo os cálculos da estrutura.

*No capítulo 1, parágrafo 1.9.4, tem um pavilhão de exposições com a cúpula em hiperboloide circular.

Exercício 3.6.4.1) Estudar as equações das retas tangentes à hipérbole $+y^2/16 - x^2/25 = +1$, com as tangentes passando pelos pontos de ordenada $y = -5$.

Trata-se de uma hipérbole de centro coincidente com a origem (0; 0) e eixo real 2a coincidente com o eixo cartesiano Y, e outras dimensões mostradas a seguir.

*As retas assíntotas não são tangentes à hipérbole.

$+y^2/16 - x^2/25 = +1 \Rightarrow a^2 = 16$ e $a = \pm 4$; $b^2 = 25$ e $b = \pm 5$.

$c^2 = a^2 + b^2 \Rightarrow c = \pm 6{,}403$.

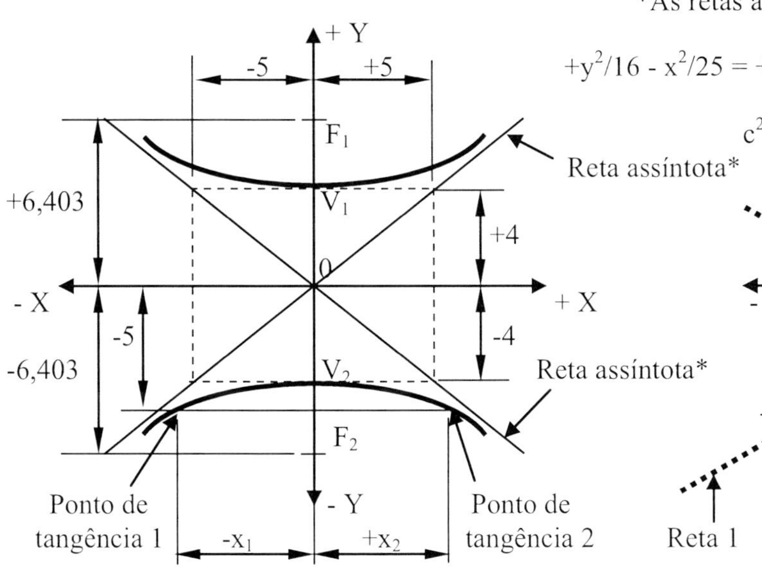

Imagem da hipérbole, como um todo

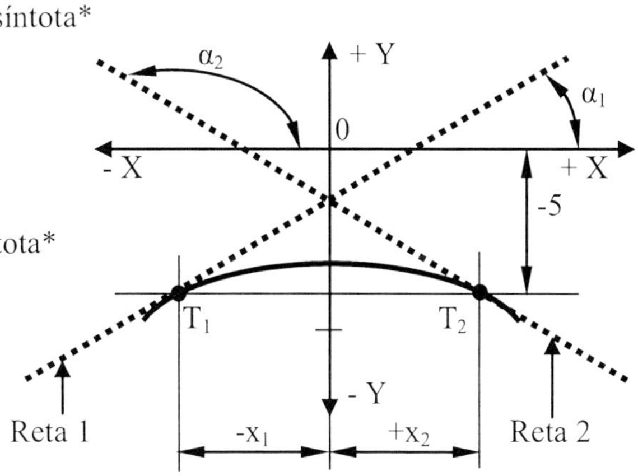

Trecho a ser estudado

Na equação, fazendo y = -5, tem-se: x = ±3,75, portanto: T_1 (-3,75; -5) e T_2 (+3,75; -5).

$+y^2/16 - x^2/25 = 1 \Rightarrow 0{,}0625y^2 - 0{,}04x^2 = 1$. Derivando implicitamente essa equação, tem-se:

$$(0{,}0625)\left(\frac{d}{dx}\right)(y^2) - (0{,}04)\left(\frac{d}{dx}\right)(x^2) = \frac{d}{dx}(1) \Rightarrow 0{,}125y\left(\frac{dy}{dx}\right) - 0{,}08x = 0 \Rightarrow \mathbf{\frac{dy}{dx} = \frac{+0{,}08x}{0{,}125y}}$$

{ Esta derivada é o coeficiente angular "m" das retas 1 e 2.

$$mT_1 = \frac{(+0{,}08)(-3{,}75)}{(+0{,}125)(-5)} = +0{,}48$$ => Corresponde a um ângulo α_1 de 25,641°.

$$mT_2 = \frac{(+0{,}08)(+3{,}75)}{(+0{,}125)(-5)} = -0{,}48$$ => Corresponde a um ângulo α_2 de 154,359°.

Equação da reta 1: +0,48[x - (-3,75)] = y - (-5) => **R1: y = +0,48x - 3,2.**

Equação da reta 2: -0,48(x - 3,75) = y - (-5) => **R2: y = -0,48x - 3,2.**

{ **Equações das retas tangentes.**

3.7 Teorema de Lagrange ou do valor médio, aplicado às derivadas

O matemático Joseph Louis Lagrange (1736-1813), enunciou um teorema que cita: considerando uma função contínua f(x), no intervalo fechado [A, B] e diferenciável no intervalo aberto (A, B), existe um ponto "C" no intervalo aberto (A, B), de forma que:

$$\mathbf{F'(C) = \frac{f(B) - f(A)}{B - A}}.$$

A interpretação gráfica desse teorema é que, a tangente à função no ponto "C" é paralela à reta secante que passa pelos pontos A e B.

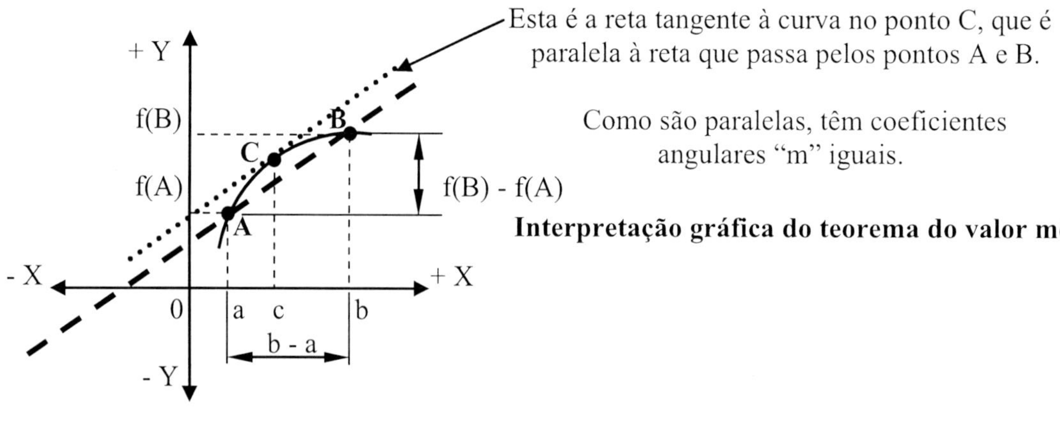

Interpretação gráfica do teorema do valor médio

Exercício 3.7.1) Dada a função: $y = +2x^2 - 3x$ e o intervalo (-1, +2): a) Determine o valor médio da função e b) Analise as retas que passam pelas ordenadas do intervalo e pela ordenada do ponto médio.

x = -1 => y = +5 = f(a). x = +2 => y = +2 = f(b). Ou seja: A (-1; +5) e B (+2; +2).

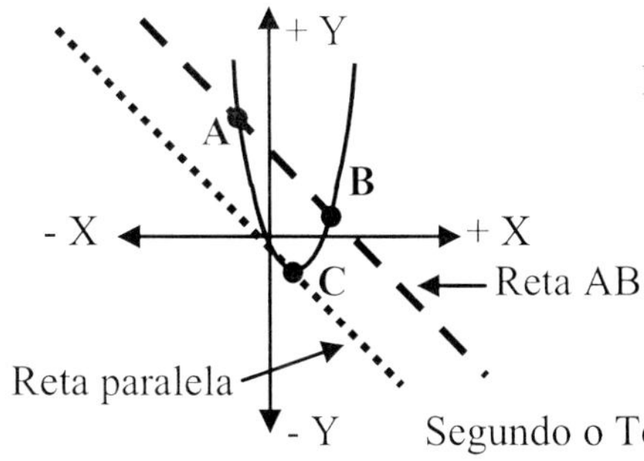

$F'(c) = \frac{f(b) - f(a)}{b - a} \Rightarrow \frac{+2 - 5}{+2 - (-1)} = -1.$ Na função: c = +0,5 => y = -1.

$f'(x) = +4x - 3 \Rightarrow f'(c) = -1 \Rightarrow 4c - 3 = -1 \Rightarrow 4c = +2 \Rightarrow c = +0{,}5.$

a) O ponto médio é C(+0,5; -1).

Segundo o Teorema as retas são paralelas, logo têm o mesmo coeficiente angular.

Reta AB: $m_{AB} = (y_B - y_A)/(x_B - x_A) \Rightarrow m_{AB} = -1.$ ⟵ Coeficiente angular das retas.

-1(x - 2) = y -2 => **y = -x + 4.** ⟵ Equação da reta AB.

Reta que passa por C: -1(x - 0,5) = y - (-1) => -x + 0,5 = y + 1 => **y = -x - 0,5.** ⟵ Reta que passa por C.

3.8 Teorema de Cauchy, aplicado às derivadas

O matemático Augustin Louis Cauchy (1789-1857), cerca de 50 anos depois de Lagrange, aprofundou o Teorema do valor médio de uma função, estudando funções paralelas, ou seja, funções que sofrem translações verticais, onde uma função f(x) tem o acréscimo de uma constante k, gerando a função g(x). Ou seja: f(x) = g(x) + k. O Teorema de Cauchy aplicado às derivadas pode ser expresso como:

$$\mathbf{\frac{[f(b) - f(a)]}{[g(b) - g(a)]} = \frac{f'(c)}{g'(c)}.}$$

Lembra-se que funções paralelas têm a mesma derivada, para a mesma abscissa x. O exercício a seguir mostra uma aplicação do Teorema de Cauchy, inclusive com a interpretação geométrica.

Exercício 3.8.1) Estudar os teoremas de Lagrange e Cauchy aplicados às derivadas, considerando as funções: $f(x) = +x^2$ e $g(x) = +x^2 + 4$. Fazer o estudo considerando o intervalo: a = +2 e b = +3.

Inicialmente, determina-se o valor médio c, de cada função, pois, segundo Cauchy: $\frac{[f(b) - f(a)]}{[g(b) - g(a)]} = \frac{f'(c)}{g'(c)}.$

Valor médio da função $f(x) = +x^2$, no intervalo a, b: $f'(c) = \frac{f(b) - f(a)}{b - a} = \frac{f(+3) - f(+2)}{3 - 2} = \frac{+5}{+1} = +5.$

x = +2 => y = +4 e x = +3 => y = +9, ou seja: A(+2; +4) e B(+3; +9).

f \`(x) = +2x = +5 => 2x = +5 => x = +2,5 => y = +6,25. Portanto, ponto médio C'(+2,5; +6,25).

Valor médio da função $f(x) = +x^2 + 4$, no intervalo a, b: $g'(c) = \frac{g(b) - g(a)}{b - a} = \frac{g(+3) - g(+2)}{3 - 2} = \frac{+5}{+1} = +5.$

x = +2 => y = +8 e x = +3 => y = +13, ou seja: A(+2; +8) e B(+3; +13).

g \`(x) = +2x = +5 => 2x = +5 => x = +2,5. Portanto, ponto médio C(+2,5; +10,25).

Como as derivadas são iguais, os coeficientes angulares das retas numa mesma abscissa também são iguais, ou seja, as retas que passam em cada função, para uma mesma abscissa são paralelas e, consequentemente, as duas funções são paralelas, confirmando-se o teorema de Cauchy.

$f(x) = +x^2$ => Representa uma parábola com vértice na origem, cavidade para cima e y apenas na parte positiva.
$g(x) = +x^2 + 4$ => Representa uma parábola com vértice em y = +4 e x = 0, cavidade para cima e y apenas na parte positiva.

A seguir são calculadas e mostradas as imagens geométricas com as retas tangentes t_1 e t_2, às funções nos pontos médios C e C', bem como as retas r_1 e r_2, que passam pelos pontos A e B:

Reta t_1: $+5(x - 2{,}5) = y - 10{,}25 \Rightarrow +5x - 12{,}5 + 10{,}25 = y \Rightarrow y = +5x - 2{,}25$.
Reta t_2: $+5(x - 2{,}5) = y - 6{,}25 \Rightarrow +5x - 12{,}5 + 6{,}25 = y \Rightarrow y = +5x - 6{,}25$.

Reta r_1: $+5(x - 2) = y - 8 \Rightarrow +5x - 10 + 8 = y \Rightarrow y = +5x - 2$.
Reta r_2: $+5(x - 2) = y - 4 \Rightarrow +5x - 10 + 4 = y \Rightarrow y = +5x - 6$.

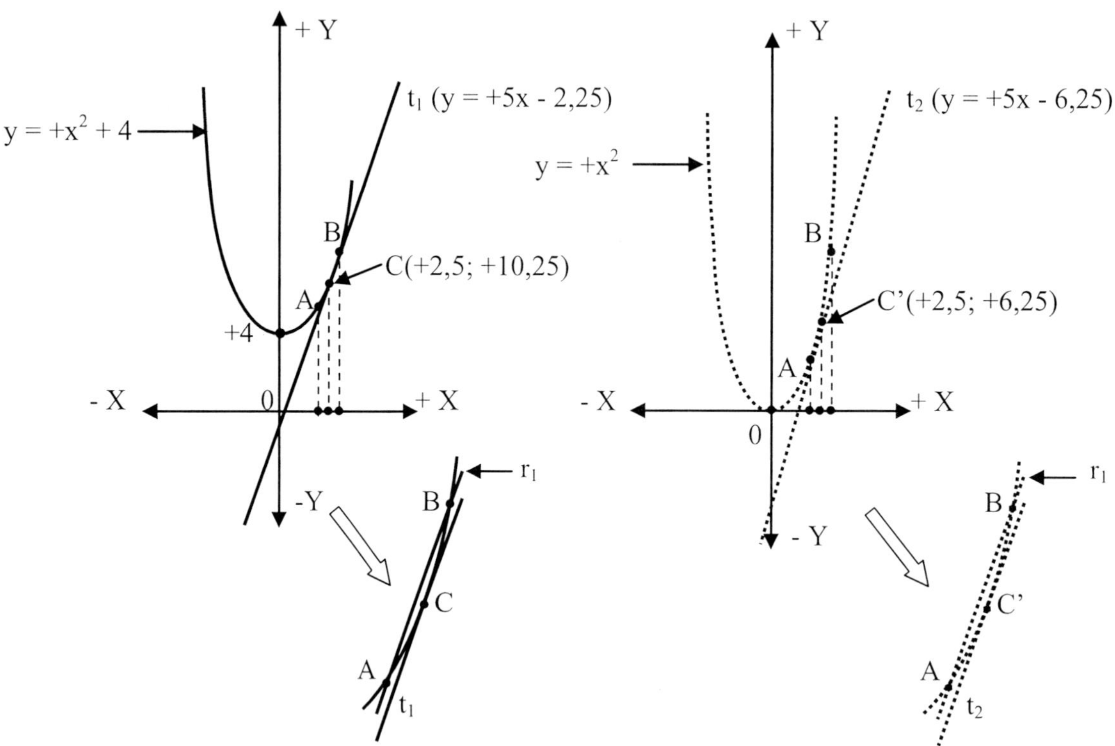

3.9 Exercícios resolvidos

Exercício 3.9.1) Usando a regra da cadeia, derivar a função: $y = [(2x^2 - 1)^5 + 2]^3$.

Fazendo: $y = z^3$, $w = 2x^2 - 1$ e $z = w^5 + 2$, se tem: $dy/dx = dy/dz \,.\, dz/dw \,.\, dw/dx$.

$dy/dz = 3z^2$; $dz/dw = 5w^4$ e $dw/dx = 4x$, logo: $dy/dx = 3z^2 \,.\, 5w^4 \,.\, 4x = 3[(2x^2 - 1)^5 + 2] \,.\, 5(2x^2 - 1) \,.\, 4x$.

Portanto: $dy/dx\ [(3x^4 + 1)^7 + 1]^5 = 60x\ [(2x^2 - 1)^5 + 2] \,.\, (2x^2 - 1)^4$.

Exercício 3.9.2) Determinar a equação da reta tangente à curva de *Agnesi $y = +8/(x^2 + 4)$, onde $x = -2$.

$y = \dfrac{8a^3}{x^2 + 4a^2}$ se $y = \dfrac{8}{x^2 + 4}$ $\Rightarrow a = +1$

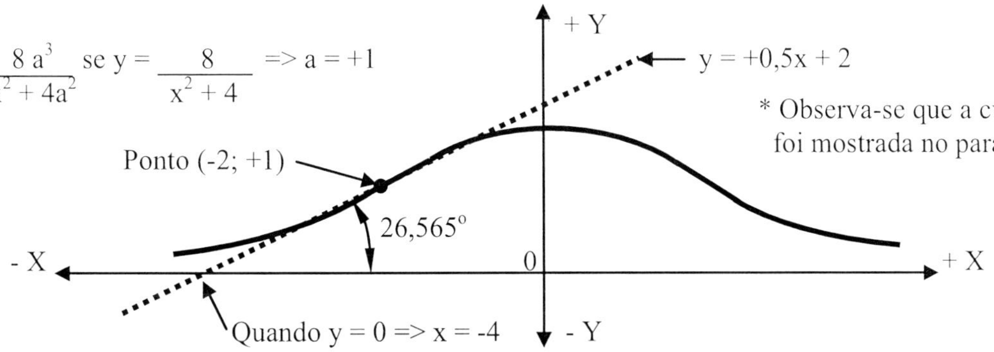

* Observa-se que a curva de Agnesi foi mostrada no parágrafo 1.10.1.

Quando $x = -2 \Rightarrow y = +1$, a reta tangente passa pelo ponto (-2; +1).

Segundo o parágrafo 2.2.7: Se $h(x) = \dfrac{f(x)}{g(x)}$, então: $h'(x) = \dfrac{g(x)\,.\,f'(x) - f(x)\,.\,g'(x)}{[g(x)]^2}$.

$y = \dfrac{8}{x^2 + 4}$: $f(x) = 8$ e $g(x) = (x^2 + 4) \Rightarrow \dfrac{dy}{dx} = \dfrac{(x^2 + 4)\,.\,(8)' - (8)\,.\,(x^2 + 4)'}{(x^2 + 4)^2} = \dfrac{-(8)\,.\,(2x)}{x^4 + 8x^2 + 16} = \dfrac{-16x}{x^4 + 8x^2 + 16}$

Para $x = -2$, tem-se: $\dfrac{dy}{dx} = \dfrac{(-16)(-2)}{(-2)^4 + (8)(-2)^2 + 16} = \dfrac{+32}{+64} = +0,5$. { O ângulo cuja tangente é +0,5 é o de 26,565°.

A reta tangente tem coeficiente angular $m = +0,5$ e passa pelo ponto (-2; +1), portanto sua equação fica:

$+0,5[x - (-2)] = y - 1 \Rightarrow +0,5x + 1 + 1 = y$, logo: **$y = +0,5x + 2$ é a equação da reta tangente**.

Exercício 3.9.3) Derivar a função $y = (4x^2 + 1)^3$.

$y = u^m \Rightarrow \dfrac{dy}{dx} = um^{m-1}u'$. $y = (4x^2 + 1)^3 \Rightarrow \dfrac{dy}{dx} = 3(4x^2 + 1)^2(4x^2 + 1)' \Rightarrow \dfrac{dy}{dx} = 3(4x^2 + 1)^2(8x) \Rightarrow$

$\dfrac{dy}{dx} = 24x(4x^2 + 1)^2$. Ou finalmente: $\mathbf{\dfrac{dy}{dx} = 384x^5 + 192x^3 + 24x}$.

Exercício 3.9.4) Considerando que $y = f(x)$, estudar a derivada da equação: $+y^4 + 3y - 4x^3 = +5x + 1$.

Utilizando o conceito da derivação implícita: $\left(\dfrac{d}{dx}\right)(y^4) + \left(\dfrac{d}{dx}\right)(3y) - \left(\dfrac{d}{dx}\right)(4x^3) = \left(\dfrac{d}{dx}\right)(5x) + \left(\dfrac{d}{dx}\right)(1) \Rightarrow$

$4y^3\dfrac{dy}{dx} + 3\dfrac{dy}{dx} - 12x^2 = 5 + 0 \Rightarrow \dfrac{dy}{dx}(4y^3 + 3) = 12x^2 + 5$, ou seja: $\mathbf{\dfrac{dy}{dx} = \dfrac{12x^2 + 5}{4y^3 + 3}}$ **(desde que $4y^3 + 3 \neq 0$)**.

Exercício 3.9.5) Estudar a derivada do *folium* de Descartes, segundo a equação: $+x^3 + y^3 = 6xy$, para o ponto (+3; +3). Observa-se que o *folium* de Descartes foi mostrado no parágrafo 1.10.2.

Como a equação do *folium* é: $+x^3 + y^3 - 3axy = 0 \Rightarrow +x^3 + y^3 = 3axy$, ou seja: $6xy = 3axy$ ou $3a = 6$ ou $a = 2$.

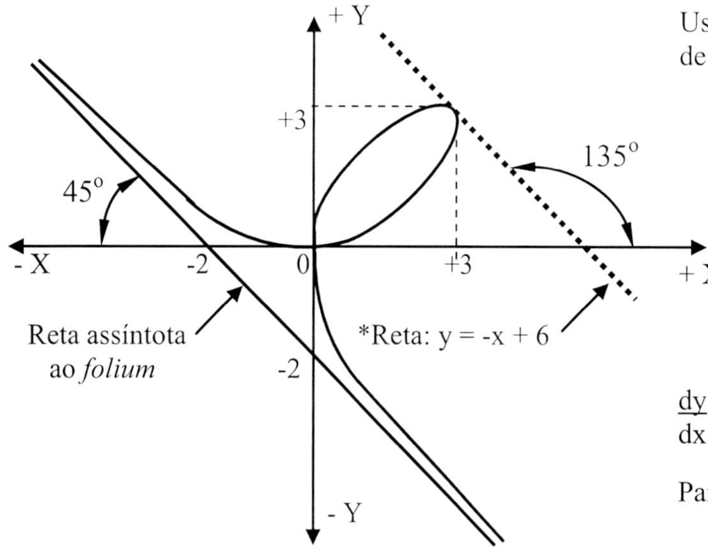

Usando a derivação implícita e as regras gerais de derivação, para $+x^3 + y^3 = 6xy$, tem-se:

$$\frac{dy}{dx}(x^3) + \left(\frac{d}{dx}\right)(y^3) = 6\left(\frac{d}{dx}\right)(xy) \Rightarrow$$

$$3x^2 + 3y^2\frac{dy}{dx} = 6x\frac{dy}{dx} + 6y \Rightarrow$$

$$3y^2\frac{dy}{dx} - 6x\frac{dy}{dx} = 6y - 3x^2 \Rightarrow$$

$$\frac{dy}{dx}(3y^2 - 6x) = 6y - 3x^2 \Rightarrow \mathbf{\frac{dy}{dx} = \frac{2y - x^2}{y^2 - 2x}}$$

Para o ponto (+3; +3): $\frac{dy}{dx} = -1$.

dy/dx = -1, significa que a reta tangente ao ponto (+3; +3), forma um ângulo de 135°, com o eixo X.

A equação dessa reta é: $-1(x - 3) = y - 3 \Rightarrow \mathbf{y = -x + 6}$. (*Essa reta é paralela à reta assíntota ao *folium*).

Exercício 3.9.6) Determine a derivada de $y = \text{arcsen } x^2$.

Fazendo $u = x^2 \Rightarrow y = \text{arcsen } u \Rightarrow \frac{dy}{dx} = \frac{d}{du}(\text{arcsen } u) \cdot \frac{du}{dx}$.

$$\begin{cases} \frac{d}{du}(\text{arcsen } u) = \frac{1}{\sqrt{1 - u^2}} & \text{(Segundo quadro 2.4).} \longrightarrow (u^2 = x^4). \\ \frac{du}{dx} = 2x \end{cases}$$

$$\frac{dy}{dx} = \frac{1}{\sqrt{1 - u^2}} \cdot 2x \Rightarrow \mathbf{\frac{dy}{dx} = \frac{2x}{\sqrt{1 - x^4}}}$$

Exercício 3.9.7) Estudar o gráfico, os limites e as derivadas de $y = +1/(x - 1)$.

Inicialmente faz-se o gráfico da função, lembrando que a mesma foi mostrada no parágrafo 1.8.6.

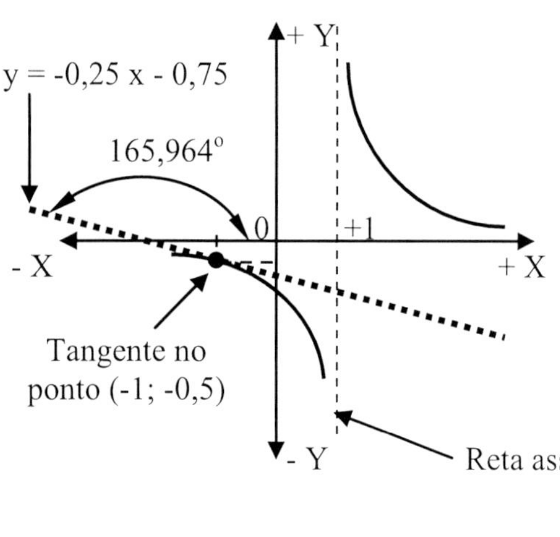

Essa função tem quatro limites:

$\lim_{x \to +1^+} [+1/(x - 1)] = +\infty$.

$\lim_{x \to +\infty} [+1/(x - 1)] = 0$.

$\lim_{x \to +1^-} [1/(x - 1)] = -\infty$.

$\lim_{x \to -\infty} [+1/(x - 1)] = 0$.

x	y
-∞	0
-3	-0,25
-2	-0,333
-1	-0,5
0	-1
+1	±∞
+2	+1
+3	+0,5
+∞	0

$y = \frac{+1}{(x - 1)}$ => $h(x) = \frac{f(x)}{g(x)}$, então: $\frac{dy}{dx} = \frac{g(x)\,.\,f'(x) - f(x)\,.\,g'(x)}{[g(x)]^2} = \frac{(x - 1)(0) - (1)(1)}{x^2 - 2x + 1} = \frac{-1}{+x^2 - 2x + 1}$

$\mathbf{\frac{dy}{dx} = \frac{-1}{+x^2 - 2x + 1}}$. Como existe uma descontinuidade em x = +1, a derivada sempre dará valor negativo. Isso significa que todas as retas tangentes à função, formam ângulos maiores do que 90° com o eixo X, ou seja, todos os coeficientes angulares são negativos.

Por exemplo, a equação da reta tangente à função, quando x = -1, é calculada da seguinte forma:

$\frac{dy}{dx} = \frac{-1}{(-1)^2 - 2(-1) + 1}$ => $\frac{dy}{dx} = -0{,}25$. Ou seja, a reta tangente forma um ângulo de 165,964°, com o eixo X, pois a tangente de 165,964° é igual a -0,25.

Quando x = -1 => y = -0,5 e a equação da reta tangente fica: -0,25[x - (-1)] = y - (-0,5), ou seja:

A equação da reta tangente à função no ponto (-1; -0,5) é: **y = -0,25x - 0,75**.

Exercício 3.9.8) Determinar e interpretar a derivada da função $y = \log_3(x + 2)$, para x = -1,5.

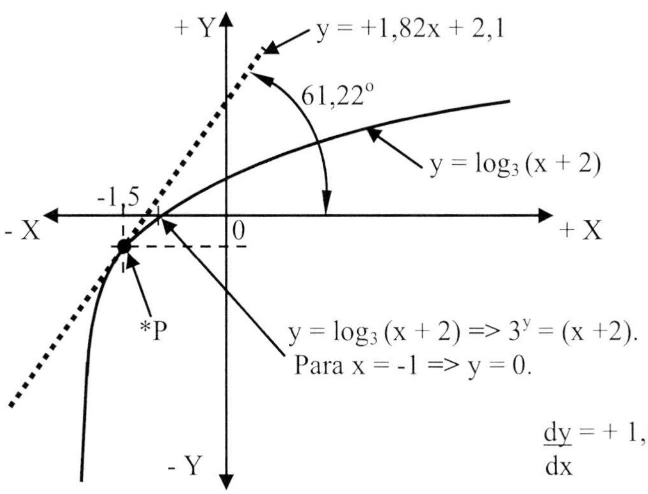

$y = \log_3(x + 2)$, se $u = x + 2$ => $y = \log_3 u$.

$\frac{d}{dx}(\log_3 u) = \frac{1}{(u)\,.\,(\ln 3)}\,.\,\frac{du}{dx} = \frac{1\,.\,(1)}{(x + 2)\,.\,(\ln 3)}$

$\frac{dy}{dx}[\log_3(x + 2)] = \frac{1}{(x + 2)\,.\,(1{,}0986)}$

Para x = -1,5: $\frac{dy}{dx} = +1{,}8204988$.

$\frac{dy}{dx} = +\,1{,}8204988$ => $\text{tg}\,\alpha = +1{,}8204988$ => $\alpha = 61{,}22°$.

Quando x = -1,5, $y = \log_3(0{,}5)$: fazendo mudança de base: $\log_3(0{,}5) = \log_{10}(0{,}5)/\log_{10}(3)$ => y = -0,63093.

Ou seja, a reta é tangente à função no ponto *P(-1,5; -0,63093) e tem coeficiente angular m = +1,8204988.

Equação da reta: $m(x - x_P) = y - y_p$ => +1,8204988[x - (-1,5)] = y - (-0,63093) => +1,82x + 2,73 = y + 0,631

Equação da reta: y = +1,82x + 2,1.

Exercício 3.9.9) Determinar a derivada da função $y = e^{\sqrt{x}}$.

$\frac{dy}{dx}(e^{\sqrt{x}}) = e^{\sqrt{x}}\,.\,\frac{d}{dx}(\sqrt{x}) = \frac{1}{2\sqrt{x}}\,.\,e^{\sqrt{x}} = \frac{e^{\sqrt{x}}}{2\sqrt{x}} = \mathbf{\frac{e^{\sqrt{x}}\,.\,\sqrt{x}}{2x}}$

Exercício 3.9.10) Usando o conceito de derivação implícita, determinar a derivada de: $xe^x + 2ye^x = 0$.

$\frac{dy}{dx}(xe^x + 2ye^x = 0)$ => $x\,.\,\frac{d}{dx}(e^x) + e^x\,.\,\frac{d}{dx}(x) + 2y\,.\,\frac{d}{dx}(e^x) + 2\,.\,\frac{dy}{dx}\,.\,e^x = 0$ =>

$x \cdot e^x + e^x + 2y\,e^x + 2 \cdot \frac{dy}{dx} \cdot e^x = 0 \Rightarrow 2 \cdot \frac{dy}{dx} \cdot e^x = -x \cdot e^x - e^x - 2y\,e^x \Rightarrow 2 \cdot \frac{dy}{dx} \cdot e^x = -e^x\,(x + 1 + 2y)$, ou seja:

$\frac{dy}{dx}(xe^x + 2ye^x = 0) = \mathbf{\frac{-(x + 1 + 2y)}{2}}$

Exercício 3.9.11) a) Ache os pontos da curva $y = +x^3 - x^2$, em que a reta tangente tem coeficiente angular igual a 1 e b) determine as equações das retas tangentes.
O coeficiente angular "m" é dado pela derivada da curva, ou seja: $dy/dx = m = +3x^2 - 2x$.

Igualando "m" a 1 tem-se: $+3x^2 - 2x = 1 \Rightarrow +3x^2 - 2x - 1 = 0 \Rightarrow x_1 = +1$ e $x_2 = -0{,}333$.

Quando $x_1 = +1 \Rightarrow y_1 = 0$ e $x_2 = -0{,}333 \Rightarrow y_2 = -0{,}148$. **Os pontos são: $P_1(+1;\ 0)$ e $P_2(-0{,}333;\ -0{,}148)$**.

Reta 1: $+1(x - 1) = y - 0 \Rightarrow$ **Reta 1: $y = +x - 1$**. Reta 2: $+1(x + 0{,}333) = y + 0{,}148 \Rightarrow$ **Reta 2: $y = +x + 0{,}185$**.

Exercício 3.9.12) Desenvolver a derivada de: $y = \ln|\text{cossec } x^2 - \text{cotg } x^2|$.

Se $y = \ln x \Rightarrow \mathbf{\frac{dy}{dx} = \frac{1}{x}}$. Se $y = \ln u$ (sendo u função de x) $\Rightarrow \mathbf{\frac{dy}{dx} = \left(\frac{1}{u}\right) \cdot \left(\frac{d}{dx}\right)(u)}$.

Considerando $u = \text{cossec } x^2 - \text{cotg } x^2$, tem-se:

$$\frac{du}{dx} = \frac{1}{\text{cossec } x^2 - \text{cotg } x^2} \cdot \frac{d}{dx}(\text{cossec } x^2 - \text{cotg } x^2) = \frac{1}{\text{cossec } x^2 - \text{cotg } x^2} \cdot [(-\text{cossec } x^2 . \text{cotg } x^2 . 2x) - (-\text{cossec}^2 x^2).2x]$$

$$\frac{du}{dx} = \frac{1}{\text{cossec } x^2 - \text{cotg } x^2} \cdot [(-\text{cossec } x^2 . \text{cotg } x^2 . 2x) + (\text{cossec}^2 x^2).2x] =$$

$$\frac{du}{dx} = \frac{1}{\text{cossec } x^2 - \text{cotg } x^2} \cdot [(2x\,\text{cossec } x^2\,(\text{cossec } x^2 - \text{cotg } x^2)]\text{: portanto: } \mathbf{\frac{du}{dx} = 2x \cdot \text{cossec} x^2}.$$

São iguais

Exercício 3.9.13) Determinar a derivada de: $y = (x^3 + 2x)^2$.

Fazendo $u = x^3 + 2x \Rightarrow y = (u)^2$, $u' = 3x^2 + 2$ e $y' = 2u$.

$dy/dx = (u')(2u) \Rightarrow dy/dx = (3x^2 + 2)(2)(x^3 + 2x) = (2x^3 + 4x)(3x^2 + 2)$.

Portanto: $y' = (2x^3 + 4x)(3x^2 + 2)$.

Exercício 3.9.14) Determinar a derivada de: $y = \frac{2}{(2 + \ln x)^2}$.

$y = \frac{2}{(2 + \ln x)^2} \Rightarrow y = 2(2 + \ln x)^{-2}$. Fazendo $u = 2 + \ln x \Rightarrow y = 2u^{-2}$.

Veja parágrafo A2 do anexo A (derivada de $\ln x = 1/x$).

$u = 2 + \ln x \Rightarrow u' = \frac{1}{x}$. $y = 2u^{-2} \Rightarrow y' = (-2)(2u^{-3}) \Rightarrow y' = -4u^{-3}$.

$dy/dx = (-4u^{-3})(u') \Rightarrow dy/dx = \dfrac{(-4)(2 + \ln x)^{-3}(1)}{x} = \dfrac{-4}{x(2 + \ln x)^3}$

Portanto: $y' = \dfrac{-4}{x(2 + \ln x)^3}$.

Exercício 3.9.15) Determine a derivada da função: $y = \dfrac{+1}{5x} - \dfrac{x}{5}$. Temos: $y = f(x) - g(x) \Rightarrow y' = f'(x) - g'(x)$.

$f(x) = +1/5x = +(5x^{-1}) \Rightarrow f'(x) = \dfrac{-5}{25x^{-2}} = \dfrac{-1}{5x^{-2}}$.

$g(x) = +x/5 \Rightarrow g'(x) = 1/5$.

$y' = \dfrac{-5}{25x^2} - \dfrac{1}{5} = \dfrac{-1}{5x^2} - \dfrac{1}{5} = -\dfrac{(x^2 + 1)}{5x^2} \Rightarrow \mathbf{y' = -\dfrac{1}{5x^2} - 0,2}$.

Exercício 3.9.16) Sabendo que as circunferências $+x^2 + y^2 = 16$ e $+(x - 3)^2 + (y - 5,196)^2 = 4$ são tangentes, pede-se: a) Determinar as coordenadas cartesianas do ponto T de tangência, b) Utilizando o conceito de derivação implícita, determinar a equação da reta que passa pelo ponto de tangência e c) Determinar a área do triângulo formado pela interseção da reta tangente com os eixos cartesianos X e Y. (Recomenda-se primeiro entender a imagem geométrica das circunferências).

Segundo o parágrafo 1.13.1, $+x^2 + y^2 = 16$, representa uma circunferência com centro C_1 na origem e raio 4. $+(x - 3)^2 + (y - 5,196)^2 = 4$, representa uma circunferência de centro C_2 (+3; +5,196) e raio 2.

A imagem geométrica do problema é representada a seguir:

Observa-se que, a imagem geométrica do problema, facilita sua compreensão e resolução.

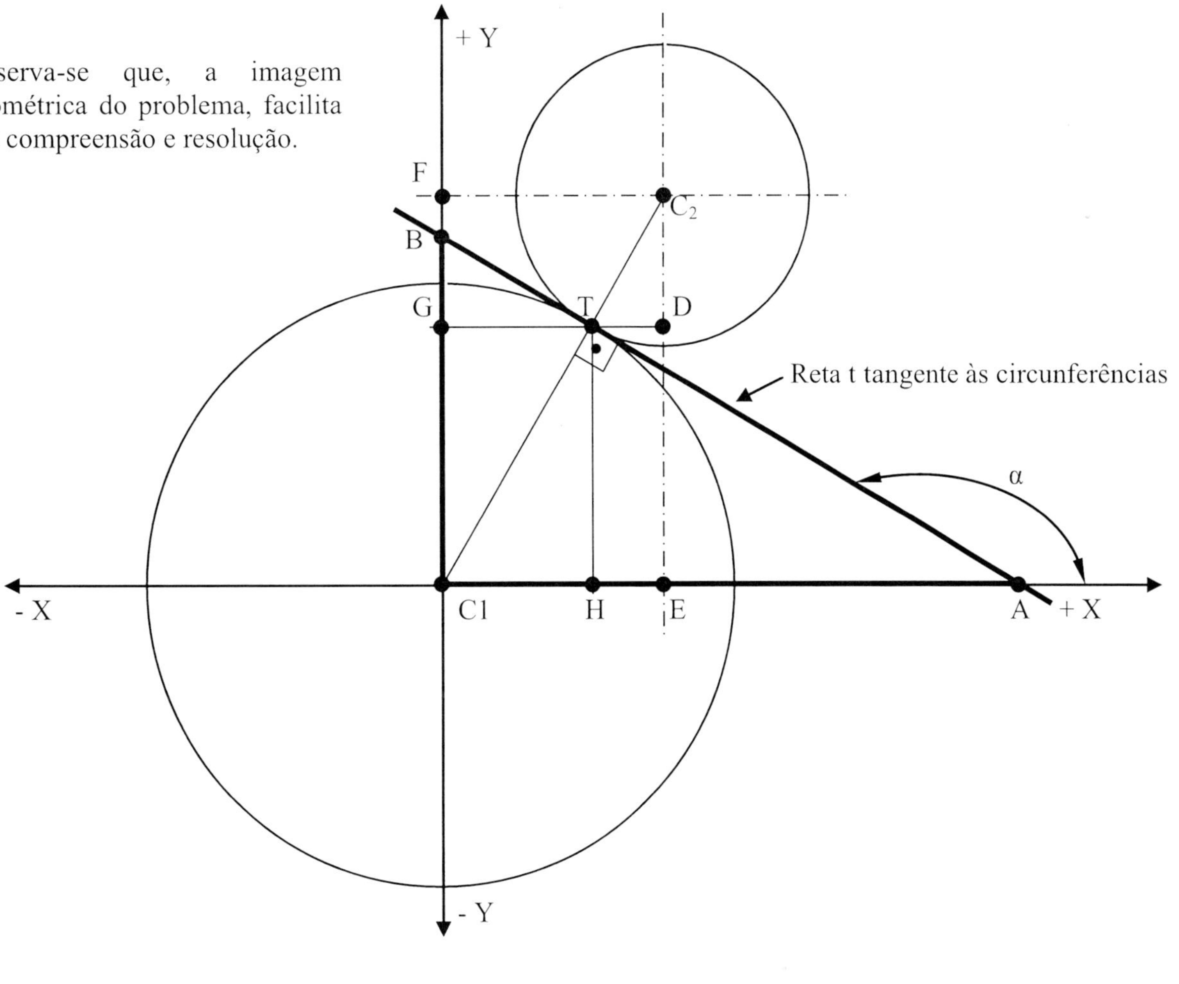

a) Coordenadas cartesianas do ponto T:

Como os triângulos C_2C_1E e C_2TD são semelhantes: $\frac{C_2C_1}{C_2T} = \frac{C_2E}{C_2D} \Rightarrow C_2D = \frac{C_2T \times C_2E}{C_2C_1} = \frac{2 \times 5{,}196}{6} = 1{,}732$.

Ordenada de T = TH = $C_2E - C_2D = 5{,}196 - 1{,}732 = +3{,}464$.

Usando a mesma razão de semelhança: $\frac{C_2E}{C_2D} = \frac{EC_1}{DT} \Rightarrow DT = \frac{C_2D \times EC_1}{C_2E} = \frac{1{,}732 \times 3}{5{,}196} = 1$.

Abscissa de T = $C_1H = EC_1 - DT = 3 - 1 = +2$. **Portanto: T(+2; +3,464).**

b) Equação da reta que passa pelo ponto T(+2; +3,464):

Segundo o parágrafo 3.6.1, e considerando a circunferência $+x^2 + y^2 = 16$, a derivada dy/dx representa a tangente do ângulo α, em relação ao eixo X, da reta t tangente à circunferência, ou seja, dy/dx é o coeficiente angular "m" (dy/dx = m) da reta tangente à circunferência. Isso significa que, como são conhecidas as coordenadas x = +2 e y = +3,464, do ponto de tangência T, pode-se determinar a equação da reta t tangente à circunferência, no ponto T, através da derivação implícita da equação $+x^2 + y^2 = 16$.

$\frac{d}{dx}(+x^2) + \frac{d}{dx}(+y^2) = \frac{d}{dx}(16)$, que resulta em: $+2x + 3{,}464y\left(\frac{dy}{dx}\right) = 0$.

Ou seja: $+2 + 3{,}464m = 0 \Rightarrow m = -(2/3{,}464) \Rightarrow m = -0{,}577$. (O arco cuja tangente é -0,5773672 é o de 150°).

Segundo parágrafo 1.1, a equação da reta que passa por T(+2; +3,464) e coeficiente angular m é: $m(x - 2) = y - 3{,}464$.

$-0{,}577(x - 2) = y - 3{,}464 \Rightarrow y = -0{,}577x + 4{,}618$.

Equação da reta que passa pelo ponto de tangência T: y = -0,577x + 4,618.

c) Determinação da área do triângulo ABC_1, considerando a equação da reta t:

Quando $x = 0 \Rightarrow y = +4{,}618$. Quando $y = 0 \Rightarrow x = +4{,}618/+0{,}577 = +8{,}003$.

O triângulo retângulo ABC_1, tem lados: C_1B = altura = 4,618 e lado $C_1A = 8$.

Área do triângulo = $\frac{4{,}618 \times 8{,}003}{2}$ = **18,479 unidades de área**.

Exercício 3.9.17) Sabendo que uma parábola tem vértice V(-5; +2) e Foco F(-7; +2), pede-se: a) As equações das retas tangentes à parábola e que passam pela linha da abscissa do Foco, ou seja, x = -7, b) A área do triângulo IAB, determinado pela interseção I das retas tangentes e interseção das retas com o eixo cartesiano Y (pontos A e B) e c) O gráfico com a solução do problema, mostrando todos os detalhes geométricos e equações.

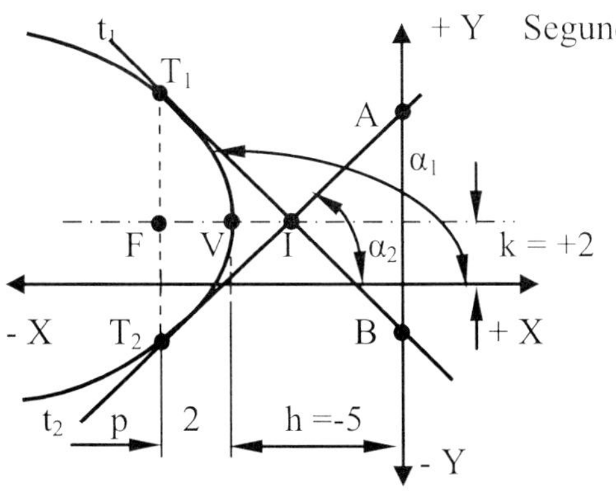

Segundo parágrafo 1.13.3, essa parábola é do tipo: $+(y - k)^2 = -4p(x - h)$, onde h = -5, k = +2 e p = 2. Portanto sua equação é:

$$+(y - 2)^2 = -4.2(x + 5) = +y^2 - 4y + 4 = -8x - 40 \Rightarrow$$

Equação da parábola: $+y^2 - 4y + 8x + 44 = 0$.

As retas tangentes t_1 e t_2 passam pelos pontos T_1 e T_2. $T_1(-7; y_1)$ e $T_2(-7; y_2)$.

Na equação da parábola fazendo x = -7 resulta: $+y^2 - 4y + 8(-7) + 44 = 0 \Rightarrow +y^2 - 4y - 12 = 0. \begin{cases} y_1 = +6. \\ y_2 = -2. \end{cases}$

Portanto: $T_1(-7; +6)$ e $T_2(-7; -2)$.

Fazendo a derivação implícita da equação da parábola se tem:

$$\frac{d}{dx}(y^2) - \frac{d}{dx}(4y) + \frac{d}{dx}(8x) + \frac{d}{dx}(44) = 0 \Rightarrow 2y\left(\frac{dy}{dx}\right) - 4\left(\frac{dy}{dx}\right) + 8 + 0 = 0 \Rightarrow 2y\left(\frac{dy}{dx}\right) - 4\left(\frac{dy}{dx}\right) + 8 \Rightarrow \frac{dy}{dx} = \frac{-8}{(2y-4)}.$$

$$\boldsymbol{\left(\frac{dy}{dx}\right) = \frac{-8}{(2y - 4)}} \longleftarrow$$ Esta derivada é o coeficiente angular "m" das retas que passam por T_1 e T_2.

$mT_1 = \dfrac{-8}{(2)(+6) - 4} = -1 \Rightarrow mT_1 = -1$. Corresponde a um ângulo α_1 de 135°.

$mT_2 = \dfrac{-8}{(2)(-2) - 4} = +1 \Rightarrow mT_2 = -1$. Corresponde a um ângulo α_2 de 45°.

Retas formam 90^0 entre si.

Segundo parágrafo 1.1, a equação da reta que passa por $T_1(-7; +6)$ e coeficiente angular m é:

$-1(x + 7) = y - 6 \Rightarrow$ **Equação da reta t_1: y = -x - 1**.

Segundo parágrafo 1.1, a equação da reta que passa por $T_2(-7; -2)$ e coeficiente angular m é:

$+1(x + 7) = y + 2 \Rightarrow$ **Equação da reta t_2: y = +x + 5**.

Cálculo da área do triângulo IAB:

Coordenadas cartesianas do ponto I, como interseção das retas t_1 e t_2:

$-x - 1 = +x + 5 \Rightarrow 2x = -6 \Rightarrow x = -3$. Onde $y = +x + 5$, substituindo $x = -3 \Rightarrow y = +2$. Portanto: **I(-3; +2)**.

Coordenadas cartesianas dos pontos A e B:

t_2: y = +x + 5, quando x = 0 => y = +5, portanto: A(0; +5).

t_1: y = -x - 1, quando x = 0 => y = -1, portanto: B(0; -1).

Área do triângulo IAB = 9 unidades de área.

Área do triângulo IAB:

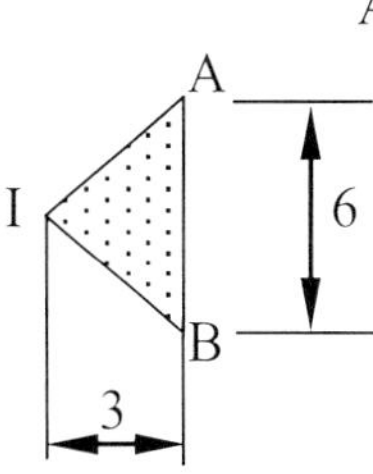

$$S = \frac{6 \times 3}{2} = 9.$$

Exercício 3.9.18) Sabendo que $y = x\,[\ln(x)]$, determine a equação da reta tangente à função no ponto (+1; 0), fazendo um esboço do gráfico das funções.

Para determinar a equação da reta, inicialmente achamos a derivada: $y = x \ln x \Rightarrow y' = \ln x + 1$, que representa a tangente do ângulo da reta tangente à função, no ponto considerado. Observa-se que é a derivada de um produto.

No ponto (+1; 0) => $y' = \ln(+1) + 1 = +1$, pois $\ln(+1) = 0$. +1 é o valor do coeficiente angular da reta tangente à função $y = x \ln x$, no ponto (+1; 0). O ângulo cuja tangente é +1 é o de 45º.

Segundo parágrafo 1.1, a equação da reta que passa por (+1; 0) e coeficiente angular m = +1 é: $+1(x - 1) = y - 0 \Rightarrow \mathbf{y = +x - 1}$.

Gráfico da função e da reta tangente

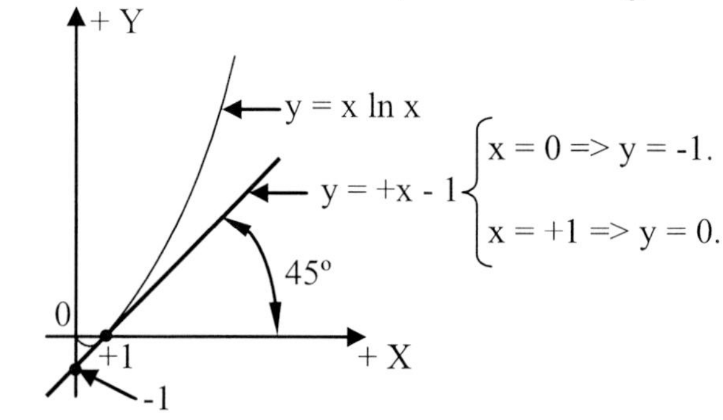

Exercício 3.9.19) Determinar a derivada da função: $y = +x^3 + (\ln x)$. (Observa-se que é a derivada de uma soma).

$$y = +x^3 + (\ln x) \Rightarrow y' = (+x^3)' + (\ln x)' \Rightarrow \mathbf{y' = +3x^2 + \frac{1}{x}}.$$

Exercício 3.9.20) Determinar a derivada da função $y = \ln \sqrt{(x^4 - 4)} \Rightarrow y = \ln u \Rightarrow y' = (1/u)u'$.

$$y = \ln \sqrt{(x^4 - 4)} \Rightarrow y = \ln (x^4 - 4)^{1/2} \Rightarrow y' = 1\,(x^4 - 4)^{-1/2}(4x^3) \Rightarrow$$

$$y' = \left(\frac{1}{(x^4 - 4)^{-1/2}}\right)\left(\frac{1}{2}\right)\left(\frac{1}{(x^4 - 4)^{1/2}}\right)(4x^3) = \left(\frac{1}{2}\right)\left(\frac{4x^3}{(x^4 - 4)}\right)$$

$$y = \ln \sqrt{(x^4 - 4)} \Rightarrow \mathbf{y' = \frac{+2x^3}{+x^4 - 4}}.$$

Exercício 3.9.21) Em que pontos da curva $y = +x^3 - x^2 + x$, existem retas tangentes paralela à reta r: $y = +2x - 7$? Determinar as equações das retas e esboçar os gráficos da curva e retas, mostrando os principais pontos, com suas coordenadas cartesianas.

A reta $y = +2x - 7$, tem coeficiente angular $m_r = +2$, pois: $y = m_r x + c$.

Como a derivada y' da função $y = +x^3 - x^2 + x$ é igual ao valor da tangente trigonométrica do ângulo que a tangente à função faz com o eixo cartesiano X, basta igualar: y' = +2.

$y' = +3x^2 - 2x + 1$. $+3x^2 - 2x + 1 = +2 \Rightarrow +3x^2 - 2x - 1 = 0 \Rightarrow x_1 = +1$ e $x_2 = -1/3$ ou $x_2 = -0{,}333$.

$f(x_1) = y_1 = +(+1)^3 - (+1)^2 + 1 = +1$.

$f(x_2) = y_2 = +(-1/3)^3 - (-1/3)^2 + (-1/3) = -1/27 - 1/9 - 1/3 = -1/27 - 3/27 - 9/27 = -13/27 = -0{,}481$.

As retas paralelas à $y = +2x - 7$, passam pelos pontos: $P_1(+1; +1)$ e $P_2(-0{,}333; -0{,}481)$.

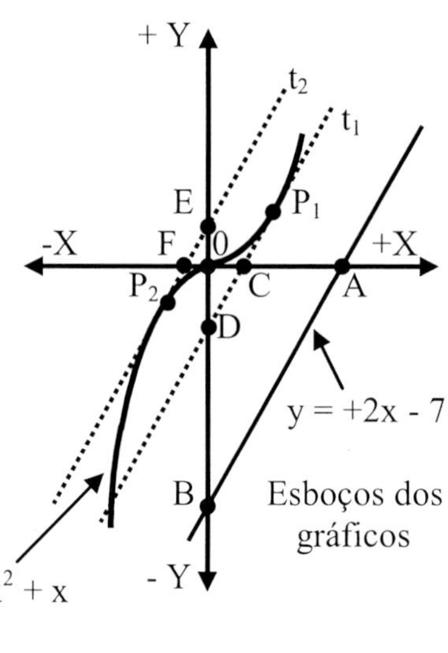

Como as três retas são paralelas têm o mesmo coeficiente angular ou seja: $m_r = mt_1 = mt_2 = +2$.

Uma reta que passa pelo ponto P tem como equação: $y - y_P = m_r(x - x_P)$.

Reta t_1 passa por $P_1(+1; +1) \Rightarrow y - 1 = +2(x - 1) \Rightarrow y = +2x - 2 + 1 \Rightarrow y = +2x - 1$.

$y = +2x - 1$: quando $x = 0 \Rightarrow y = -1$. Quando $y = 0 \Rightarrow x = +1/2 = +0{,}5$. Portanto: C(+0,5; 0) e D(0; -1).

Reta t_2 passa por $P_2(-0{,}333; -0{,}481) \Rightarrow y - (-0{,}481) = +2[(x - (-0{,}333)] \Rightarrow y + 0{,}481 = +2x + 0{,}666 \Rightarrow$
$y = +2x + 0{,}666 - 0{,}481 \Rightarrow y = +2x + 0{,}185$.

$y = +2x + 0{,}185$, quando: $x = 0 \Rightarrow y = +0{,}185$. Quando: $y = 0 \Rightarrow x = +1/2 = +0{,}5$.
Portanto: E(0; +0,185) e F(+0,5; 0).

Reta t_1: $y = +2x - 1$. $P_1(+1; +1)$; C(+0,5; 0) e D(0; -1).

Reta t_2: $y = +2x + 0{,}185$. $P_2(-0{,}333; -0{,}481)$; E(0; +0,185) e F(+0,5; 0).

A(+3,5; 0) e B(0; -7).

Exercício 3.9.22) Esboçar os gráficos e determinar em que ponto da função $y = \dfrac{+x^2 - 4x + 4}{12}$, passa a reta tangente $y = +0{,}333x - 1$? Determinar os principais pontos das funções.

Esta função também pode ser escrita como: $y = +0{,}083x^2 - 0{,}333x + 0{,}333$.

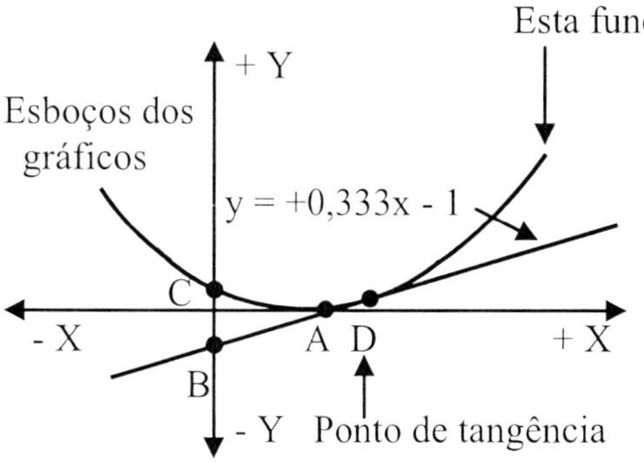

$y = \dfrac{+x^2 - 4x + 4}{12} \Rightarrow y' = \dfrac{2x - 4}{12} = \dfrac{x - 2}{6} \Rightarrow$ reta tangente à curva.

Igualando as retas: $\dfrac{x - 2}{6} = +0{,}333x - 1 \Rightarrow x - 2 = +1{,}998x - 6 \Rightarrow$

$x - 1{,}998x = +2 - 6 \Rightarrow -0{,}998x = -4 \Rightarrow x = +4$. Substituindo x:

$y = \dfrac{+x^2 - 4x + 4}{12} \Rightarrow y = \dfrac{+16 - 16 + 4}{12} = 4/12 \Rightarrow y = +0{,}333$.

A reta tangente: $y = +0{,}333x - 1$ passa no ponto **D(+4; +0,333)**.

Reta: $y = +0{,}333x - 1$, quando $x = 0 \Rightarrow y = -1$ e quando $y = 0 \Rightarrow x = +3$. Portanto: **A(+3; 0) e B(0; -1)**.

Curva: $y = +0{,}083x^2 - 0{,}333x + 0{,}333$, quando $x = 0 \Rightarrow y = +0{,}333$. Portanto: **C(0; +0,333)**.

Exercício 3.9.23) Determinar o valor médio da função $f(x) = +x^3 - 5x^2 - 3x$, no intervalo aberto (+1, +3). Fazer um esboço do gráfico da função, mostrando a reta tangente à função no ponto de abscissa igual ao valor médio. Determinar a equação da reta t tangente à função, no ponto do valor médio.

Pelo parágrafo 3.7: Teorema do valor médio: $f'(c) = \dfrac{f(B) - f(A)}{B - A}$. Intervalo (A, B) => A = +1 e B = +3.

$f(+1) = +1^3 - 5(+1)^2 - 3(+1) = -7$. $f(+3) = +3^3 - 5(+3)^2 - 3(+3) = -27$.

$f'(c) = \dfrac{f(+3) - f(+1)}{+3 - 1} = \dfrac{-27 - (-7)}{+2} = -10$.

$f(c) = +c^3 - 5c^2 - 3c \Rightarrow f'(c) = +3c^2 - 10c - 3 = -10$.

$+3c^2 - 10c - 3 = -10 \Rightarrow +3c^2 - 10c + 7 = 0 \Rightarrow c_1 = +1$ e $c_2 = +2{,}33$.

Esta raiz não se aplica. (referente a c_1)

Como é no intervalo (+1; +3), o valor médio da função é x = +2,33.

Interpretação gráfica teórica do valor médio

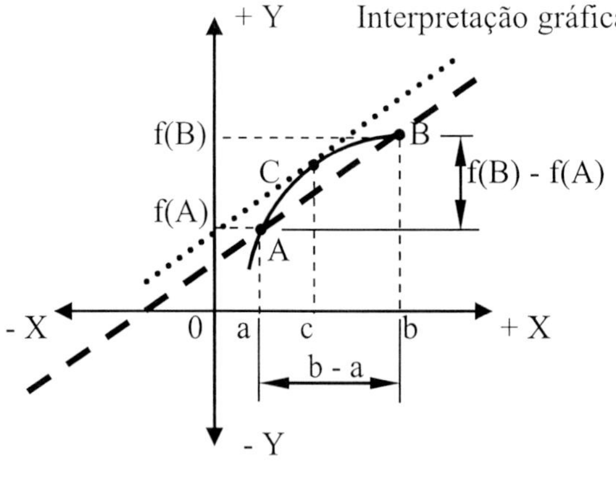

A interpretação gráfica desse teorema é que, a tangente à função no ponto "C" é paralela à reta secante que passa pelos pontos A e B.

A seguir é mostrado o esboço do gráfico da função com a reta tangente.

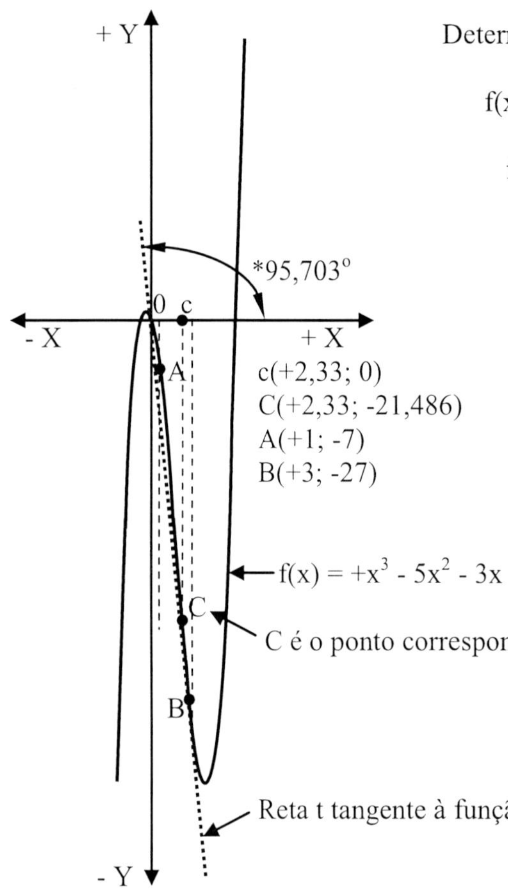

Determinação da reta tangente à função, no ponto C:

$$f(x) = +x^3 - 5x^2 - 3x \Rightarrow f'(x) = +3x^2 - 10x - 3.$$

$$f'(+2,33) = +16,287 - 23,3 - 3 = -10,013.$$

Coeficiente angular $m_t = -10,013$*.

Reta tangente t: $m_t(y - y_C) = x - x_C \Rightarrow$

$$-10,013[y - (21,486)] = x - 2,33 \Rightarrow$$

Reta tangente t: $y = \dfrac{-(+x - 212,809)}{10,013}$.

*arc tg (-10,013) = 95,703°.

Exercício 3.9.24) Determinar a derivada da função: $y = \ln(x^2 + 1)$, no ponto A de abscissa igual a +2, esboçando um gráfico de sua interpretação geométrica, bem como a equação da reta t tangente à curva que passa pelo ponto A.

$x = +2 \Rightarrow \ln(x^2 + 1) = \ln 5 = +1,61.$

Gráfico com a interpretação geométrica

$y = \ln(x^2 + 1) \Rightarrow y = \ln u \Rightarrow y' = \left(\frac{1}{u}\right)u'.$

$u = x^2 + 1 \Rightarrow u' = +2x \Rightarrow \mathbf{y' = \frac{+2x}{x^2 + 1}}.$

A(+2; +1,61).

No ponto $x = +2 \Rightarrow y' = +4/+5 = +0,8.$

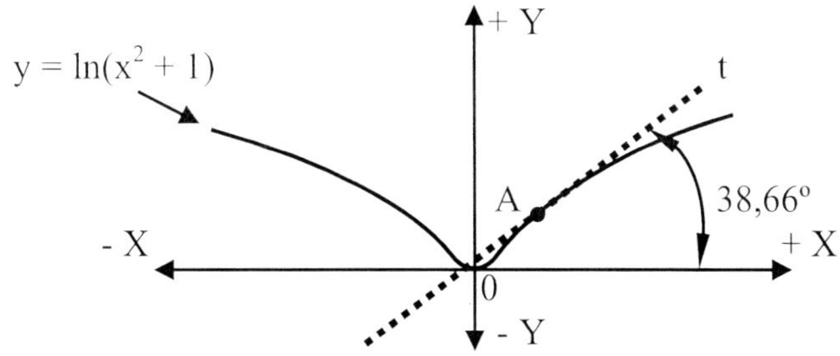

A reta t tem coeficiente angular $m_t = +0,8.$ $y' = +0,8$, significa $\alpha = 38,66^o$.

Equação da reta que passa pelo ponto A(+2; +1,61) e tem coeficiente angular $m_t = +0,8$ é dada por:

$y - y_A = m_r(x - x_A) \Rightarrow (y - 1,61) = +0,8(x - 2) \Rightarrow y = +0,8x - 1,6 + 1,61 \Rightarrow \mathbf{y = +0,8x + 0,01}.$

$y = +0,8x + 0,01$, quando $x = 0 \Rightarrow y = +0,01$ e quando $y = 0 \Rightarrow x = -0,0125.$

Exercício 3.9.25) Determinar a derivada de: $y = \left(\frac{x}{1 - 3x}\right).$

$y = \frac{u}{v} \Rightarrow y' = \frac{u'v - uv'}{v^2}. \quad \begin{cases} u(x) = x \Rightarrow x' = +1. \\ v(x) = 1 - 3x \Rightarrow v' = -3. \end{cases}$

$y' = \frac{+1(1 - 3x) - (-3)x}{(1 - 3x)^2} = \frac{+1 - 3x + 3x}{+1 - 6x + x^2} = \frac{+1}{+1 - 6x + x^2} = (+1 - 6x + x^2)^{-1}.$ **Conclusão**: $\mathbf{y' = (+1 - 6x + x^2)^{-1}}.$

Exercício 3.9.26) Determinar a derivada de: $y = 6\,e^{\sqrt{x}}.$

$y = 6e^{\sqrt{x}} \Rightarrow y = 6e^u \Rightarrow y' = 6e^u.u'.$ $\quad u = \sqrt{x} \Rightarrow u = x^{1/2} \Rightarrow u' = \frac{1}{2}\left(\frac{1}{\sqrt{x}}\right) = \frac{1}{2\sqrt{x}}.$

$y' = 6e^u.u' \Rightarrow y' = 6e^{\sqrt{x}}\left(\frac{1}{2\sqrt{x}}\right) \Rightarrow \mathbf{y' = 3e^{\sqrt{x}}\sqrt{x}}.$

Exercício 3.9.27) Determinar a derivada de: $y = \frac{+x^2 + 7}{+2x^2 - 1}$ e a equação da reta t tangente à curva no ponto P de abscissa -3.

$\begin{cases} u(x) = +x^2 + 7 \Rightarrow u' = +2x. \\ v(x) = +2x^2 - 1 \Rightarrow v' = +4x. \end{cases}$

$y' = \frac{u'v - uv'}{v^2} = \frac{+2x(+2x^2 - 1) - (+4x)(+x^2 + 7)}{(+2x^2 - 1)^2} \Rightarrow$

$y' = \frac{+4x^3 - 2x - 4x^3 - 28x}{+4x^4 - 4x^2 + 1} \Rightarrow \mathbf{y' = \frac{-30x}{+4x^4 - 4x^2 + 1}}.$

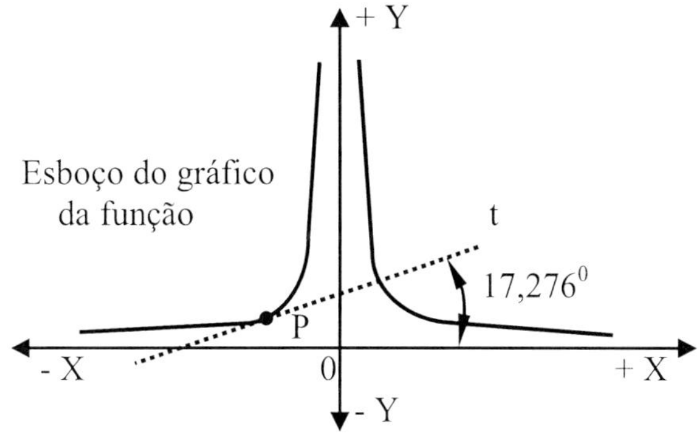

$y'(x = -3) = \frac{(-30)(-3)}{(+4)(-3^4) - (4)(-3^2) + 1} = \frac{+90}{+324 - 36 + 1} = \frac{+90}{+325} = +0,311 = m_P \Rightarrow P(-3; +0,311).$

Reta tangente à curva e que passa por P: $m_P(y - y_P) = x - x_P \Rightarrow +0,311(y - 0,311) = x + 3 \Rightarrow$

$+0,311y = +x +0,097 + 3 \Rightarrow$ Reta t: $y = \dfrac{+x + 3,097}{+0,311}$. $m_P = +0,311 \Rightarrow \alpha = 17,276^0$.

Exercício 3.9.28) Determinar a derivada da função: $y = \sqrt{(x + 1)}$.

$y = \sqrt{(x + 1)} \Rightarrow \ln (x + 1)^{1/2}$. $\quad y = \ln (u) \Rightarrow y' = \dfrac{1}{u} . u'$.

$$y' = \frac{1}{(x + 1)^{1/2}} . [(x + 1)^{1/2}]' \Rightarrow y' = \frac{1}{(x + 1)^{1/2}} . [\frac{1}{2}(x + 1)^{1 - 1/2}] \Rightarrow y' = \frac{1}{(x + 1)^{1/2}} . [\frac{1}{2}(x + 1)^{-1/2}] \Rightarrow$$

$$y' = \frac{1}{[(x + 1)^{1/2}] . [2(x + 1)]^{1/2}} = \frac{1}{2(x + 1)} \Rightarrow$$

Conclusão: $\mathbf{y = \sqrt{(x + 1)} \Rightarrow y' = \dfrac{+1}{+2x + 1}}$ **.**

Exercício 3.9.29) Um engenheiro civil recebeu uma proposta para projetar uma cúpula ou domo, construído em chapas de aço, a ser colocado no centro de um templo religioso e pendurado no teto da construção, sendo sustentado por quatro cabos de aço. Quando vista de baixo, o domo tem que ter o formato de uma circunferência, com os quatro cabos de sustentação espaçados a 90° ao longo da circunferência. Fixo na parte interna do domo, serão colocados dezenas de holofotes, para propiciar um belo efeito de iluminação. A figura a seguir indica as informações recebidas pelo engenheiro.

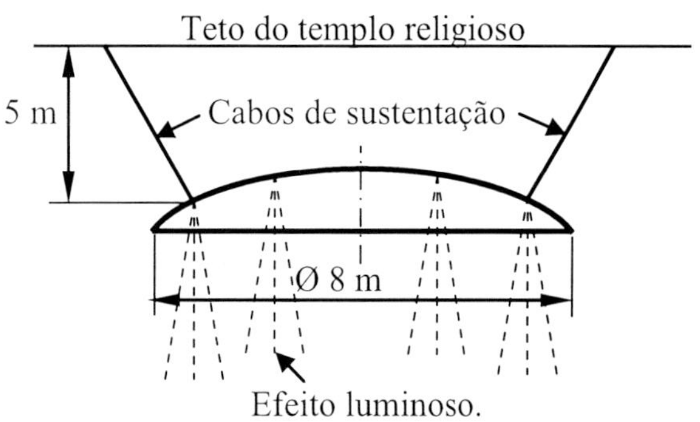

Raciocínio lógico

Após uma análise técnica, e baseado em um projeto anterior, o engenheiro idealizou que o domo terá o formato de um hiperboloide circular. Para fixar os cabos de sustentação na parte externa do domo em aço, especialmente devido ao cálculo estrutural, ele definiu que os cabos ficarão perpendicularmente às retas tangentes à curva, de forma a ter uma melhor distribuição de forças, já que o domo pesará algumas toneladas.
De forma semelhante ao projeto anterior, inicialmente, o engenheiro irá desenvolver os cálculos considerando o domo a partir de uma hipérbole com centro na origem dos eixos cartesianos e equação: $+y^2/16 - x^2/25 = +1$

O projeto envolve duas etapas 1ª: Análise matemática da curva, definindo todas as medidas, tanto para o cálculo estrutural, quanto para a fabricação e montagem do domo e 2ª: O cálculo estrutural em si, que será desenvolvido por um profissional especializado, utilizando um programa específico para esses casos.

A análise matemática é desenvolvida a seguir, observando-se que, para os cabos de sustentação ficarem perpendiculares às retas tangentes à curva, serão calculadas as equações das retas tangentes, usando o conceito da derivada implícita aplicada a uma hipérbole e depois o conceito de reta perpendicular (às tangentes). Os cabos de sustentação serão analisados como essas retas perpendiculares.

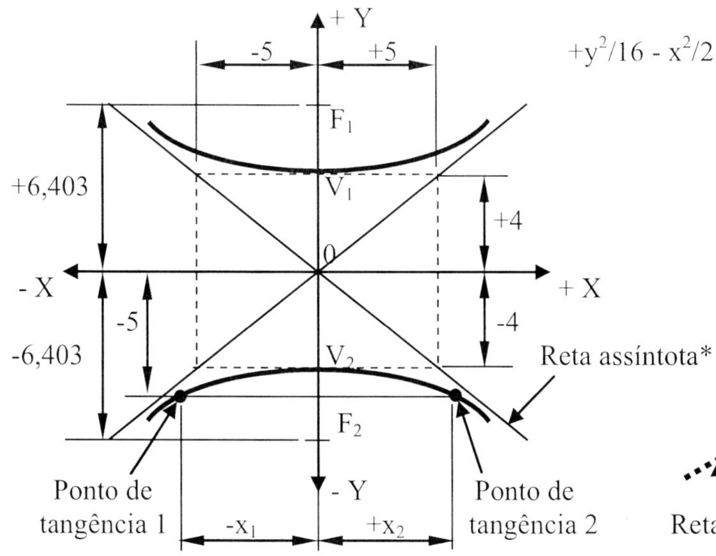

$+y^2/16 - x^2/25 = +1 \Rightarrow a^2 = 16$ e $a = \pm 4$; $b^2 = 25$ e $b = \pm 5$.

$c^2 = a^2 + b^2 \Rightarrow c = \pm 6{,}403$.

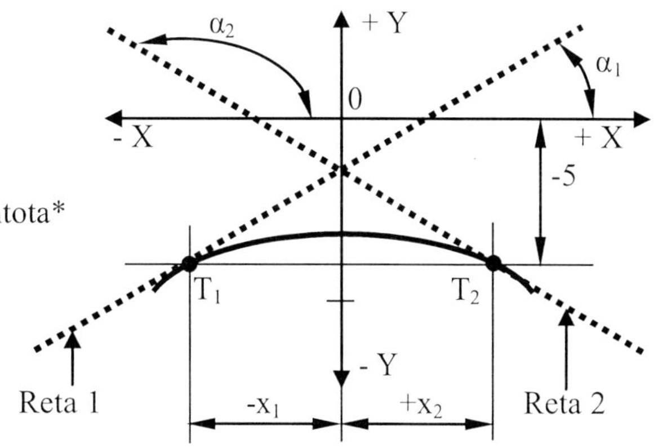

Imagem teórica da hipérbole definida

Obviamente só será utilizado o trecho inferior

Na equação, fazendo $y = -5$, tem-se: $x = \pm 3{,}75$, portanto: $T_1\,(-3{,}75; -5)$ e $T_2\,(+3{,}75; -5)$.

$+y^2/16 - x^2/25 = 1 \Rightarrow 0{,}0625y^2 - 0{,}04x^2 = 1$. Derivando implicitamente essa equação, tem-se:

$$(0{,}0625)\left(\frac{d}{dx}\right)(y^2) - (0{,}04)\left(\frac{d}{dx}\right)(x^2) = \frac{d}{dx}(1) \Rightarrow 0{,}125y\left(\frac{dy}{dx}\right) - 0{,}08x = 0 \Rightarrow \frac{dy}{dx} = \frac{+0{,}08x}{0{,}125y}$$

Esta derivada é o coeficiente angular "m" das retas 1 e 2.

$m_{T1} = \dfrac{(+0{,}08)(-3{,}75)}{(+0{,}125)(-5)} = +0{,}48 \Rightarrow$ Corresponde a um ângulo α_1 de $25{,}641^\circ$.

$m_{T2} = \dfrac{(+0{,}08)(+3{,}75)}{(+0{,}125)(-5)} = -0{,}48 \Rightarrow$ Corresponde a um ângulo α_2 de $154{,}359^\circ$.

Equação fundamental de uma reta, que passa pelo ponto $P(x; y)$: $m(x - x_P) = y - y_P$.

Equação da reta 1: $m_{T1}(x - x_{T1}) = y - y_{T1} \Rightarrow +0{,}48[x - (-3{,}75)] = y - (-5) \Rightarrow +0{,}48x + 1{,}8 = y + 5 \Rightarrow$
$y_1 = +0{,}48x - 3{,}2$.

Equação da reta 2: $m_{T2}(x - x_{T2}) = y - y_{T2} \Rightarrow -0{,}48[x - (+3{,}75)] = y - (-5) \Rightarrow -0{,}48x - 1{,}8 = y + 5 \Rightarrow$
$y_2 = -0{,}48x - 6{,}8$.

Após os cálculos já efetuados, o domo a ser calculado apresenta as seguintes dimensões e características:

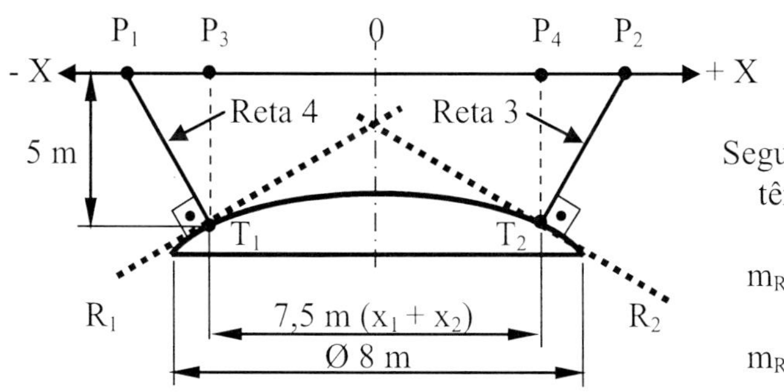

A reta 3 (m_{R3}) é perpendicular à reta 2.
A reta 4 (m_{R4}) é perpendicular à reta 1.

Segundo a Geometria Analítica, retas perpendiculares têm a seguinte relação de coeficientes angulares:

$m_{R3} = -1/\,m_{R2} \Rightarrow m_{R3} = -1/-0{,}48 \Rightarrow m_{R3} = +2{,}083$.

$m_{R4} = -1/\,m_{R1} \Rightarrow m_{R4} = -1/+0{,}48 \Rightarrow m_{R4} = -2{,}083$

Equação da reta 3: $m_{R3}(x - x_{T2}) = y - y_{T2}$ => $+2{,}083[x - (+3{,}75)] = y - (-5)$ => $+2{,}083x - 7{,}811 = y + 5$ => $y_3 = +2{,}083x - 12{,}811$.

Equação da reta 4: $m_{R4}(x - x_{T1}) = y - y_{T1}$ => $-2{,}083[x - (-3{,}75)] = y - (-5)$ => $-2{,}083x + 7{,}811 = y + 5$ => $y_4 = -2{,}083x + 2{,}811$.

As coordenadas x dos pontos P1 e P2 podem ser obtidas pelos triângulos $T_1P_3P_1$ ou $T_2P_4P_2$, que são iguais:

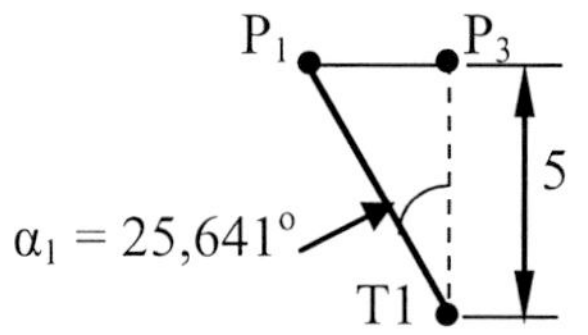

$\text{tg } 25{,}641^\circ = P_1P_3/5$ => $P_1P_3 = (5)(\text{ tg } 25{,}641^\circ)$ => $P_1P_3 = (5)(0{,}48)$ => $P_1P_3 = 2{,}4$.

$P_1P_3 = P_4P_2 = 2{,}4$.

$|x_{P1}| = |x_1| + |P_1P_3| = 3{,}75 + 2{,}4 = 6{,}15$ => $x_{P1} = -6{,}15$ e $x_{P2} = +6{,}15$.

$P_1T1^2 = P_1P_3{}^2 + T1P_3^2$ => $P_1T1 = \sqrt{2{,}4^2 + 5^2}$ => $P_1T1 = P_2T2 = 5{,}546$.

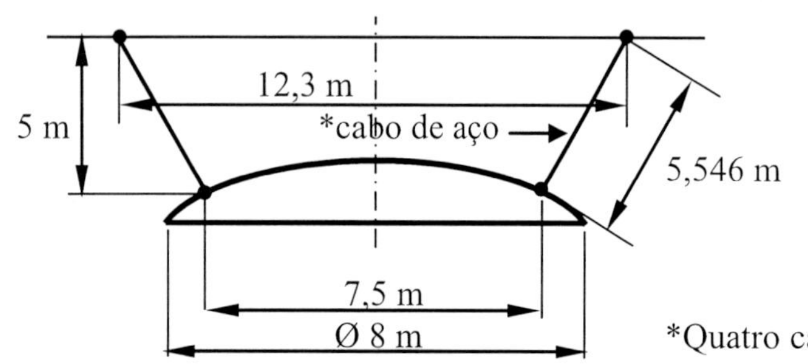

Dimensões finais do domo

Este desenho e mais a equação da hipérbole são enviados ao profissional que fará todo o cálculo estrutural, incluindo o cálculo da espessura do domo.

*Quatro cabos de aço, espaçados a 90° na circunferência.

3.9.30) Considerando a função $y = +1/x^2$ e o ângulo de 30°, conforme figura a seguir, determinar a área do triângulo ABC, considerando que as retas AD e AE são tangentes à função nos pontos B e C.

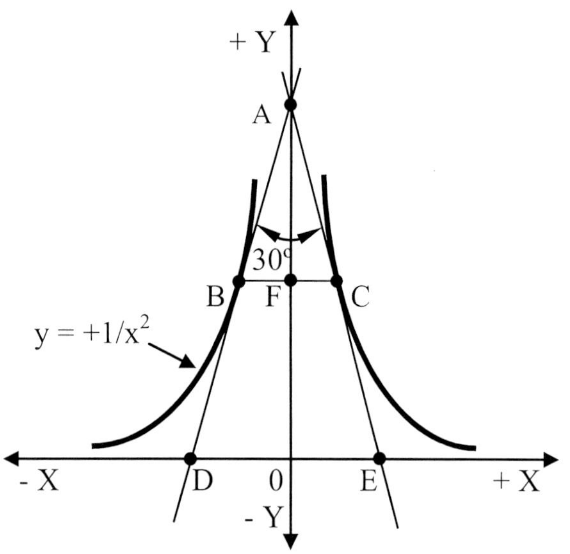

Raciocínio lógico espacial geométrico:

Como as retas são tangentes à função, significa que a derivada da função expressa o coeficiente angular m das retas. Como o coeficiente angular m é a tangente do ângulo formado entre a reta e o eixo X, no caso igual a 75°, basta calcular a derivada e igualar ao valor da tangente do ângulo de 75° e na sequência determinam-se os valores das coordenadas cartesianas x e y do ponto B. Com essas coordenadas e o coeficiente angular m, determina-se a equação da reta AD. Nessa equação quando x = 0, obtém-se o valor da ordenada A_y do ponto A. Com esses dados, encontra-se o valor da altura AF, permitindo o cálculo da área do triângulo ABC.

$y = +1/x^2$ => $y' = -2/x^3$, como $\text{tg } 75^\circ = m = +3{,}732$ => $-2/x^3 = +3{,}732$ => $x = \sqrt[3]{-2/+3{,}732}$ => $x_B = -0{,}812$.

$x_B = -0{,}812$ => $y_B = 1/(-0{,}812)^2$ => $y_B = +1{,}517$. Substituindo x_B e y_B na equação da reta se tem:

$+3{,}732[x - (-0{,}812)] = y - 1{,}517$ => $y = +3{,}732x + 4{,}547$. ← Equação da reta AD.

Quando x = 0 => $y_A = +4{,}547$ => $AF = 4{,}547 - 1{,}517 = 3{,}03$. Como $|BC| = 2(|x_B|) = 2(0{,}812) = 1{,}624$, a área do triângulo ABC é: $AF \times BC/2 = 3{,}03 \times 1{,}624/2 = 2{,}46$.

Conclusão: a área do triângulo ABC é de 2,46 unidades de área.

Capítulo 4
Derivadas de funções trigonométricas no círculo e hiperbólicas

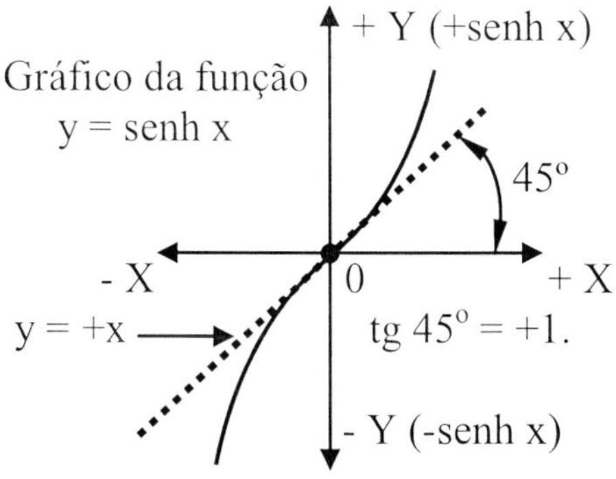

Trigonometria é uma das partes da Geometria, que relaciona ângulos e medidas, podendo ser estudada no triângulo retângulo, no círculo, na esfera e também em um tipo de hipérbole equilátera, a chamada trigonometria hiperbólica. A trigonometria estuda diversas relações chamadas: seno (sen), cosseno (cos), tangente (tg), cotangente (cotg), secante (sec) e cossecante (cossec). Os conceitos e relações trigonométricas são fundamentais para uma série de análises e cálculos, em especial vários utilizados na disciplina "Cálculo I".

Para a função y = senh x, a derivada quando x = 0 é +1. A reta tangente à função passa pela origem e forma 45° com o eixo X.

4.1 Derivadas de funções trigonométricas básicas no círculo

Observa-se que, em todas as derivadas, adiante descritas, os ângulos são definidos em radianos.

Função seno: se y = sen(x) => dy/dx = +cos(x)

Exercício 4.1.1) Determinar a derivada de y = sen(5π/4) e fazer sua interpretação geométrica.

y = sen(5π/4), então: dy/dx = +cos(5π/4) ⟵ (5π/4 = 225° e cos 225° = 0,707).

O gráfico da função seno, abaixo, mostra a interpretação geométrica da derivada.

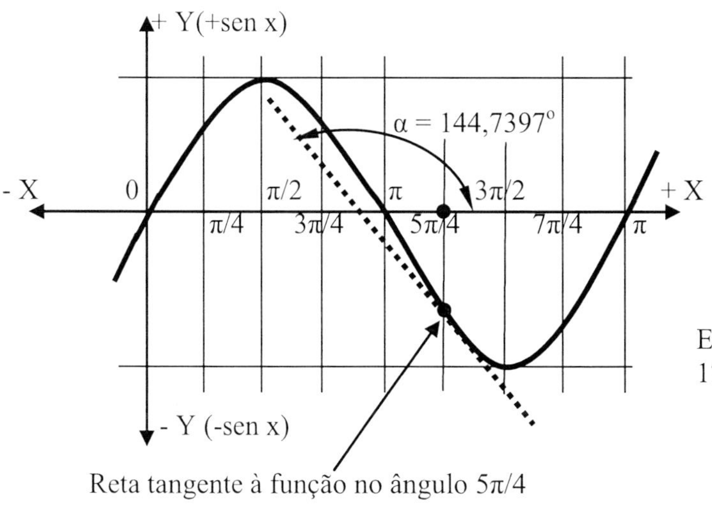

dy/dx = -0,707, significa o valor da tangente do ângulo que a reta tangente à função seno forma com o eixo X, ou seja, -0,707, é o coeficiente angular dessa reta. O ângulo cuja tangente é -0,707 é 144,7397°.

Esse gráfico y = sen x foi compilado da página 175 de ABRANTES e NIELSEN, 2022.

Função cosseno: se y = cos(x) => dy/dx = -sen(x)

Exercício 4.1.2) Determinar a derivada de y = cos(7π/6) e fazer sua interpretação geométrica (gráfico).

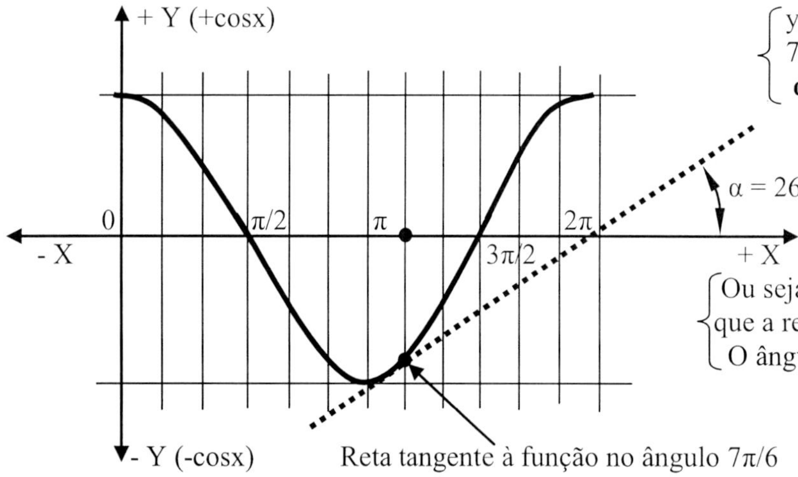

y = cos(7π/6), então: dy/dx = -sen(7π/6)
7π/6 = 210° e sen 210° = - 0,5; portanto:
dy/dx = -sen(7π/6) = - (- 0,5) = +0,5.

Esse gráfico y = cos x foi compilado da página 175 de ABRANTES e NIELSEN, 2022.

Ou seja, +0,5 é o valor da tangente do ângulo α que a reta tangente à função forma com o eixo X. O ângulo cuja tangente é +0,5 é $26{,}565^0$.

Função tangente: se y = tg(x) => dy/dx = +sec^2(x)

Exercício 4.1.3) Determinar a derivada de y = tg(3π/4) e fazer sua interpretação geométrica (gráfico).

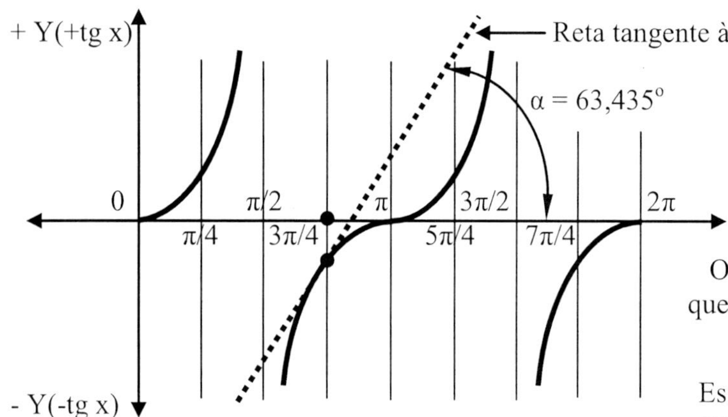

Se y = tg(3π/4), então: dy/dx = +sec^2(3π/4).
3π/4 = 135^0 => sec(3π/4) = -1,41421.
+sec^2(3π/4) = $(-1{,}41421)^2$ = +2.

Ou seja, +2 é o valor da tangente do ângulo α que a reta tangente à função forma com o eixo X. O ângulo cuja tangente é +2 é 63,435°.

Esse gráfico y = tg x foi compilado da página 176 de ABRANTES e NIELSEN, 2022.

Função secante: se y = sec(x) => dy/dx = +tg(x) . sec(x)

Exercício 4.1.4) Determinar a derivada de y = sec(5π/6) e fazer sua interpretação geométrica (gráfico).

Se y = sec(5π/6), então: dy/dx = tg(5π/6) . sec(5π/6). Observação: 5π/6 = 150°.

Como tg(5π/6) = -0,577; sec(5π/6) = -1,1547 => dy/dx = +0,66626 => arctg(+0,66626) = 33,674°.

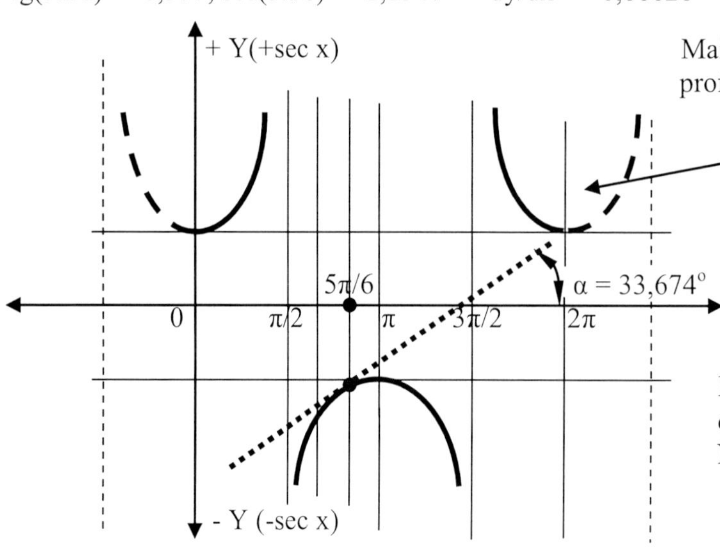

Mais uma vez observa-se que, na prática profissional não se usa ângulo menor que zero ou maior que 2π radianos.
Reta tangente no ângulo 5π/6.

Esse gráfico y = sec x foi compilado da página 179 de ABRANTES e NIELSEN, 2022.

Função cossecante: se y = cossec(x) => dy/dx = -cotg(x) . cossec(x)

Exercício 4.1.5) Determinar a derivada de y = cossec(3π/4) e fazer sua interpretação geométrica.

Se y = cossec(3π/4), então: dy/dx = -cotg(3π/4) . cossec(3π/4). Observação: 3π/4 = 135°.

Como - cotg(3π/4) = +1; cossec(3π/4) = +1,414 => dy/dx = +1,414 => arctg(+1,414) = 54,73153°.

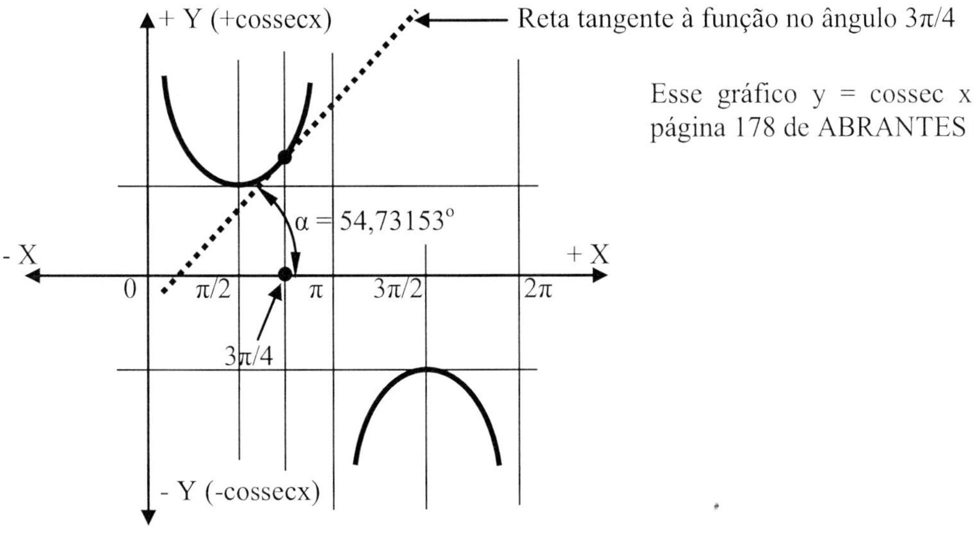

Esse gráfico y = cossec x foi compilado da página 178 de ABRANTES e NIELSEN, 2022.

Função cotangente: se y = cotg(x) => dy/dx = -cossec^2(x)

Exercício 4.1.6) Determinar a derivada de y = cotg(5π/6) e fazer sua interpretação geométrica (gráfico).

Se y = cotg(5π/6), então: dy/dx = -cossec^2(5π/6) . Observação: 5π/6 = 150°. cossec(5π/6) = +2.

Como - cossec^2(5π/6) = -4 => dy/dx = -4 => arctg(-4) = 104,036°.

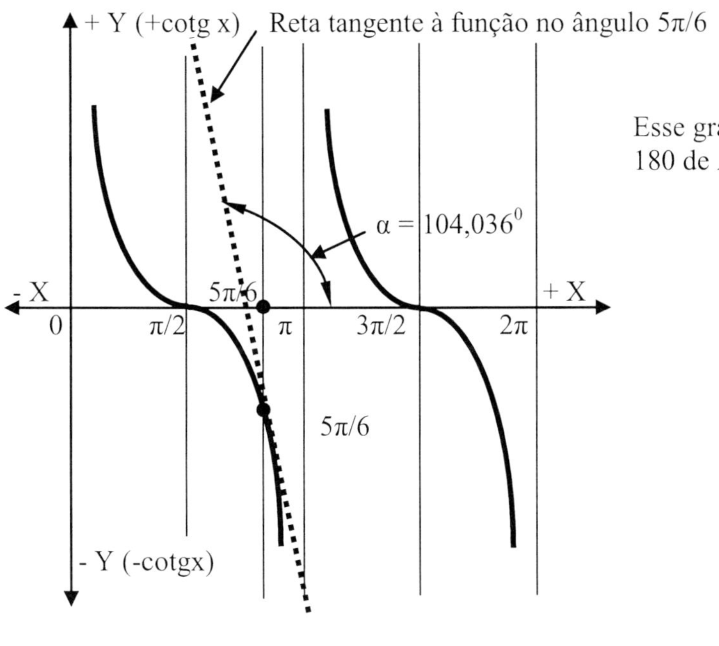

Esse gráfico y = cotg x foi compilado da página 180 de ABRANTES e NIELSEN, 2022.

u = função de x ↓

$\frac{d(\text{sen } x)}{dx} = +\cos x$	$\frac{d(\text{sen } u)}{dx} = (+\cos u)\frac{du}{dx}$
$\frac{d(\cos x)}{dx} = -\text{sen } x$	$\frac{d(\cos u)}{dx} = (-\text{sen } u)\frac{du}{dx}$
$\frac{d(\text{tg } x)}{dx} = +\sec^2 x$	$\frac{d(\text{tg } u)}{dx} = (+\sec^2 u)\frac{du}{dx}$
$\frac{d(\sec x)}{dx} = +\text{tg } x \,.\, +\sec x$	$\frac{d(\sec u)}{dx} = (+\text{tg } u \,.\, +\sec u)\frac{du}{dx}$
$\frac{d(\text{cossec } x)}{dx} = -\text{cotg } x \,.\, \text{cossec } x$	$\frac{d(\text{cossec } u)}{dx} = (-\text{cotg } u \,.\, \text{cossec } u)\frac{du}{dx}$
$\frac{d(\text{cotg } x)}{dx} = -\text{cossec}^2 x$	$\frac{d(\text{cotg } u)}{dx} = (-\text{cossec}^2 u)\frac{du}{dx}$

Quadro 4.1: resumo das derivadas das funções trigonométricas básicas no círculo

4.2 Derivadas de funções inversas e derivadas de funções trigonométricas inversas no círculo

4.2.1 Derivadas de funções inversas

Para uma função derivável $y = f(x)$, sua inversa é simbolizada como $y^{-1} = g[f(x)]$, sendo sua derivada definida como $f'(y^{-1}) = \{g[f(x)]\}$, onde aplicando a regra da cadeia tem-se: $1 = g'[f(x)] \,.\, f'(x)$, ou seja:

$$f'(y^{-1}) = \frac{1}{g'(y)}.$$

Exercício 4.2.1.1) Calcular a derivada da função inversa de $y = +\sqrt{x}$. (Calcular $f'(y^{-1})$).

$y = +\sqrt{x} \Rightarrow y(\sqrt{x}) = (\sqrt{x}) \,.\, (\sqrt{x}) \Rightarrow x = y^2 \Rightarrow y^{-1} = y^2 \Rightarrow g(y) = y^2 \Rightarrow g'(y) = 2y.$

$f'(y^{-1}) = \frac{1}{g'(y)} = \frac{1}{2y} = \frac{1}{2(\sqrt{x})} \Rightarrow \mathbf{f'(y^{-1}) = \frac{\sqrt{x}}{2x}}$

Exercício 4.2.1.2) Calcular a derivada da função inversa de $y = +3x - 5$. (Calcular $f'(y^{-1})$).

$y = +3x - 5 \Rightarrow x = \frac{+y + 5}{3} = y^{-1} = g(y).$ $\quad f'(y^{-1}) = \frac{1}{g'(y)}.$

$g(y) = \frac{+y + 5}{3}$ Para determinar $g'(y)$, faz-se: $g(y) = \frac{+y}{3} + \frac{5}{3}.$

$h(y) = +y + 5 \Rightarrow h'(y) = +1;\ k(y) = +3 \Rightarrow k'(y) = 0$ e $k^2(y) = +9.$

$g'(y) = +1/3.$

$f'(y^{-1}) = \frac{1}{g'(y)} = \frac{1}{+1/3} \Rightarrow \mathbf{f'(y^{-1}) = +3}.$

4.2.2 Derivadas de funções trigonométricas inversas no círculo

No círculo, existem seis funções trigonométricas básicas, existindo também suas funções inversas, quais sejam: 1) y = arco seno de x ou y = arcsen x ou $y = \text{sen}^{-1} x$; 2) y = arco cosseno de x ou y = arccos x ou

$y = cos^{-1}$ x; 3) y = arco tangente de x ou y = arctg x ou $y = tg^{-1}$ x; 4) y = arco secante de x ou y = arcsec x ou $y = sec^{-1}$ x; 5) y = arco cossecante de x ou y = arccossec x ou $y = cossec^{-1}$ x; 6) y = arco cotangente de x ou y = arccotg x ou $y = cotg^{-1}$ x.

Derivada da função arco seno ou $y = sen^{-1}$ (x)

Tanto a função y = sen (x), quanto sua inversa $y = sen^{-1}$ (x) são diferenciáveis no intervalo $-\pi/2 \leq x \leq +\pi/2$, suas derivadas variam no intervalo (-1, +1). Fazendo: $y = sen^{-1}$ (x), x = sen y e derivando de forma implícita, em relação a x, tem-se:

$$\frac{d}{dx}(sen^{-1} x) = \frac{1}{\sqrt{1 - x^2}} \quad (-1 < x < +1).$$

$$\frac{d}{dx}(sen^{-1} u) = \frac{1}{\sqrt{1 - u^2}} \frac{du}{dx} \quad (-1 < u < +1) \longleftarrow$$

Caso a função arco seno seja de um polinômio, ou seja: $y = sen^{-1}$ (u), onde u é uma função de x, então:

Derivadas das funções trigonométricas inversas no círculo:

	$\frac{d}{dx}(sen^{-1} x) = \frac{+1}{\sqrt{1 - x^2}}$	$\frac{d}{dx}(sen^{-1} u) = \frac{+1}{\sqrt{1 - u^2}} \frac{du}{dx}$	
	$\frac{d}{dx}(cos^{-1} x) = \frac{-1}{\sqrt{1 - x^2}}$	$\frac{d}{dx}(cos^{-1} u) = \frac{-1}{\sqrt{1 - u^2}} \frac{du}{dx}$	
	$\frac{d}{dx}(tg^{-1} x) = \frac{+1}{1 + x^2}$	$\frac{d}{dx}(tg^{-1} u) = \frac{+1}{1 + u^2} \frac{du}{dx}$	**u = função de x.**
	$\frac{d}{dx}(cotg^{-1} x) = \frac{-1}{1 + x^2}$	$\frac{d}{dx}(cotg^{-1} u) = \frac{-1}{1 + u^2} \frac{du}{dx}$	
$\lvert x \rvert > +1 \rightarrow$	$\frac{d}{dx}(sec^{-1} x) = \frac{+1}{\lvert x \rvert \sqrt{x^2 - 1}}$	$\frac{d}{dx}(sec^{-1} u) = \frac{+1}{\lvert u \rvert \sqrt{u^2 - 1}} \frac{du}{dx}$	$\leftarrow \lvert u \rvert > +1$
$\lvert x \rvert > +1 \rightarrow$	$\frac{d}{dx}(cossec^{-1} x) = \frac{-1}{\lvert x \rvert \sqrt{x^2 - 1}}$	$\frac{d}{dx}(cossec^{-1} u) = \frac{-1}{\lvert u \rvert \sqrt{u^2 - 1}} \frac{du}{dx}$	$\leftarrow \lvert u \rvert > +1$

Quadro 4.2: resumo das derivadas das funções trigonométricas inversas no círculo

Exercício 4.2.2.1) Determinar a derivada da função $y = sen^{-1}$ (x^3), fazendo sua interpretação geométrica (gráfico), no ponto onde x = -0,5.

$$y = sen^{-1}(u) \Rightarrow \frac{d}{dx} sen^{-1}(u) = \frac{1}{\sqrt{1 - u^2}} \frac{du}{dx}.$$

$u = x^3 \Rightarrow u^2 = x^6 \Rightarrow \frac{du}{dx} = +3x^2$. Portanto: $\frac{d}{dx} sen^{-1}(u) = \frac{+3x^2}{\sqrt{1 - x^6}}$. Para x = -0,5 => derivada = +0,755929.

Gráfico da função: $y = sen^{-1}(x^3)$

Derivada = +0,755929 significa que a reta tangente à função $y = sen^{-1}(x^3)$, no ponto x = -0,5, forma um ângulo de 37,086692^0, com o eixo X, pois: tg 37,086692° = +0,755929.

Observa-se que a curva da função $y = sen^{-1}(x^3)$ é diferente da $y = sen^{-1}(x)$, sendo comprimida em relação à curva original.

O gráfico da função $y = sen^{-1}x$ ou y = arc sen x pode ser visualizado na página 187 de ABRANTES e NIELSEN, 2022.

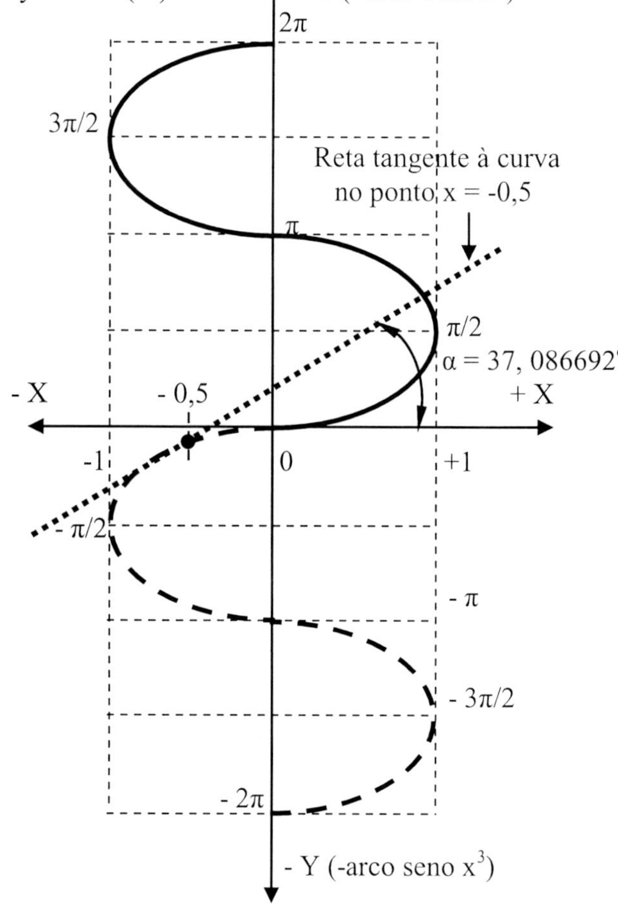

Exercício 4.2.2.2) Determinar a derivada da função arco tangente, $y = tg^{-1} x$, fazendo sua interpretação geométrica (gráfico) para o ponto x = +0,5.

$\frac{d(tg^{-1}x)}{dx} = \frac{1}{1+x^2}$. Para x = +0,5, tem-se: $\frac{d(tg^{-1}x)}{dx} = +0,8$.

Derivada igual a +0,8, significa que a reta tangente à curva $y = tg^{-1} x$, forma um ângulo de 38,6598^0, pois esse é o ângulo cuja tangente é igual a +0,8.

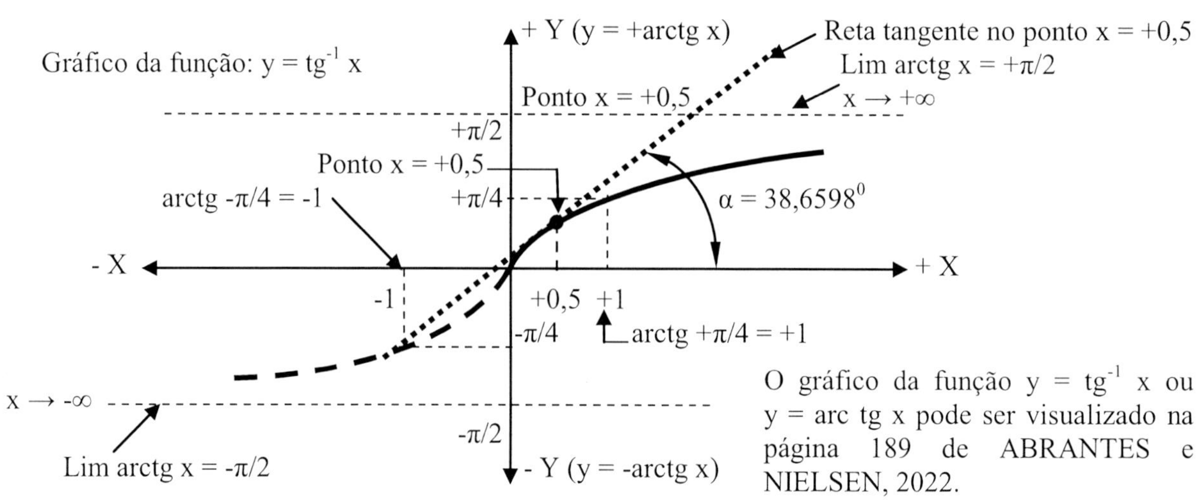

O gráfico da função $y = tg^{-1} x$ ou y = arc tg x pode ser visualizado na página 189 de ABRANTES e NIELSEN, 2022.

4.3 Exercícios complementares resolvidos sobre derivadas trigonométricas no círculo

Determinar a derivada das funções a seguir:

4.3.1) $y = \text{sen}\,(t^2 + 2)$.

Quando $f(x) = \text{sen}\,u \Rightarrow f'(x) = (\cos u)(u')$. Portanto: $y' = \cos(t^2 + 2)(t^2 + 2)' \Rightarrow$

$\mathbf{y' = 2t\cos(t^2 + 2)}$.

4.3.2) $y = \text{sen}^4\,(x^3)$.

$y = \text{sen}^4\,(x^3) \Rightarrow y = [\text{sen}\,(x^3)^4] \Rightarrow y' = 4[\text{sen}\,(x^3)^{4-1}][\,\text{sen}\,(x^3)]' \Rightarrow$

$\mathbf{y' = 12x^2[\text{sen}^3\,(x)^3]\,.\,\cos(x^3)}$.

4.3.3) $y = 3\text{tg}\,\sqrt{x} + \text{cotg}\,3x$.

$y' = (3\text{tg}\,\sqrt{x})' + (\text{cotg}\,3x)'$. (A). Sabe-se que: $y = \text{tg}\,x \Rightarrow y' = \sec^2 x$ e $y = \text{cotg}\,x \Rightarrow y' = -\text{cossec}\,x^2$.

Substituindo (A): $y' = [(3\sec^2 x)(\sqrt{x})'] + [(-\text{cossec}^2\,3x)(3x)'] = [(3\sec^2 x)(\sqrt{x})(1/2)(x^{-1/2})] + [-\text{cossec}^2\,3x]3 \Rightarrow$

$y' = [(3\sec^2 x)(\sqrt{x})][(1/2)(x^{-1/2}) - [3(\text{cossec}^2\,3x)] \Rightarrow$

$\mathbf{y' = \dfrac{3}{2\sqrt{x}}\sec^2\sqrt{x} - 3\,\text{cossec}^2\,3x}$.

4.3.4) $y = \sec(x^2 + 3x + 7)$.

Quando $f(x) = \sec u \Rightarrow f'(x) = (\sec u)(\text{tg}u)(u')$. Portanto: $y' = [\sec(x^2 + 3x + 7)][\text{tg}\,(x^2 + 3x + 7)](2x + 3) \Rightarrow$

$\mathbf{y' = (2x + 3)[\sec(x^2 + 3x + 7)][\text{tg}(x^2 + 3x + 7)]}$.

4.3.5) $y = \text{sen}\,(x^2)$.

Quando $f(x) = \text{sen}\,u \Rightarrow f'(x) = (\cos u)(u)'$. Portanto: $y' = \cos(x^2)(x^2)' = \cos(x^2)(2x) \Rightarrow$

$\mathbf{y' = 2x.\cos(x^2)}$.

4.3.6) Considerando $f'(x) = +3\text{sen}\,x$ e $f(0) = +2$, determine $f(x)$, fazendo o gráfico das funções.

Observa-se que: $g(x) = -3\cos x \Rightarrow g'(x) = +3\text{sen}\,x$.

Ou seja: $f(x)$ e $g(x)$ diferem por uma constante K, onde: $f(x) = g(x) + k$.

Como $f(0) = +2 \Rightarrow f(0) = -3\cos(0) + k = +2$, ou seja: $+2 = -3 + k \Rightarrow k = +5$.

Conclusão: $\mathbf{f(x) = -3\cos x + 5}$.

Tabela para elaboração do gráfico das duas funções:

x	0^0 (0π)	30^0 ($\pi/6$)	60^0 ($\pi/3$)	90^0 ($\pi/2$)	120^0 ($2\pi/3$)	150^0 ($5\pi/6$)	180^0 ($\pi/2$)
cos x	+1	+0,866	+0,5	0	-0.5	-0,866	-1
-3cos x	-3	-2,598	-1,5	0	+1,5	+2,598	+3
-3cosx + 5	+2	+2,402	+3,5	+5	+6,5	+7,598	+8

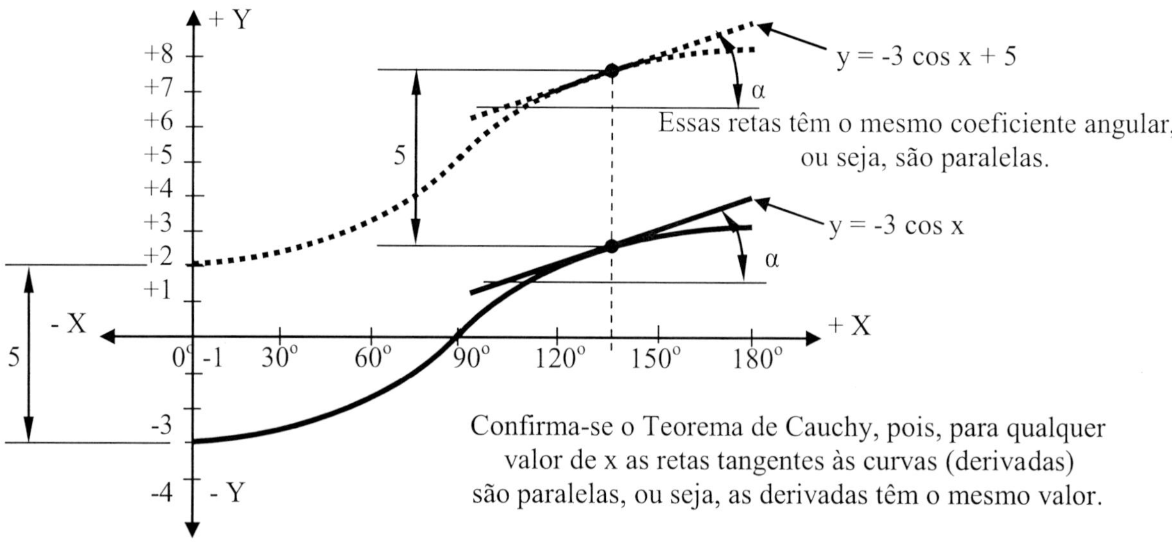

4.3.7) Estudar a derivada da função y = +x + 2senx, fazendo sua imagem geométrica, representando a reta tangente à função no ponto x = π, bem como a equação dessa reta tangente.

Inicialmente, faz-se uma tabela, com valores de x e y, que permitam o desenho do gráfico da função.

x	0	+π/6 (0,524)	+π/3 (1,047)	+π/2 (1,571)	+2π/3 (2,094)	+5π/6 (2,618)	**+π (3,141)**	+7π/6 (3,665)	+4π/3 (4,189)	+3π/2 (4,712)	+2π (6,283)
sen x	0	+0,5	+0,866	+1	+0,866	+0,5	**0**	-0,5	-0,866	-1	0
2 sen x	0	+1	+1,732	+2	+1,732	+1	**0**	-1	-1,732	-2	0
y = x + 2 senx	0	+1,524	2,779	+3,571	+3,826	+3,618	**+3,141**	+2,665	+2,457	+2,712	+6,283

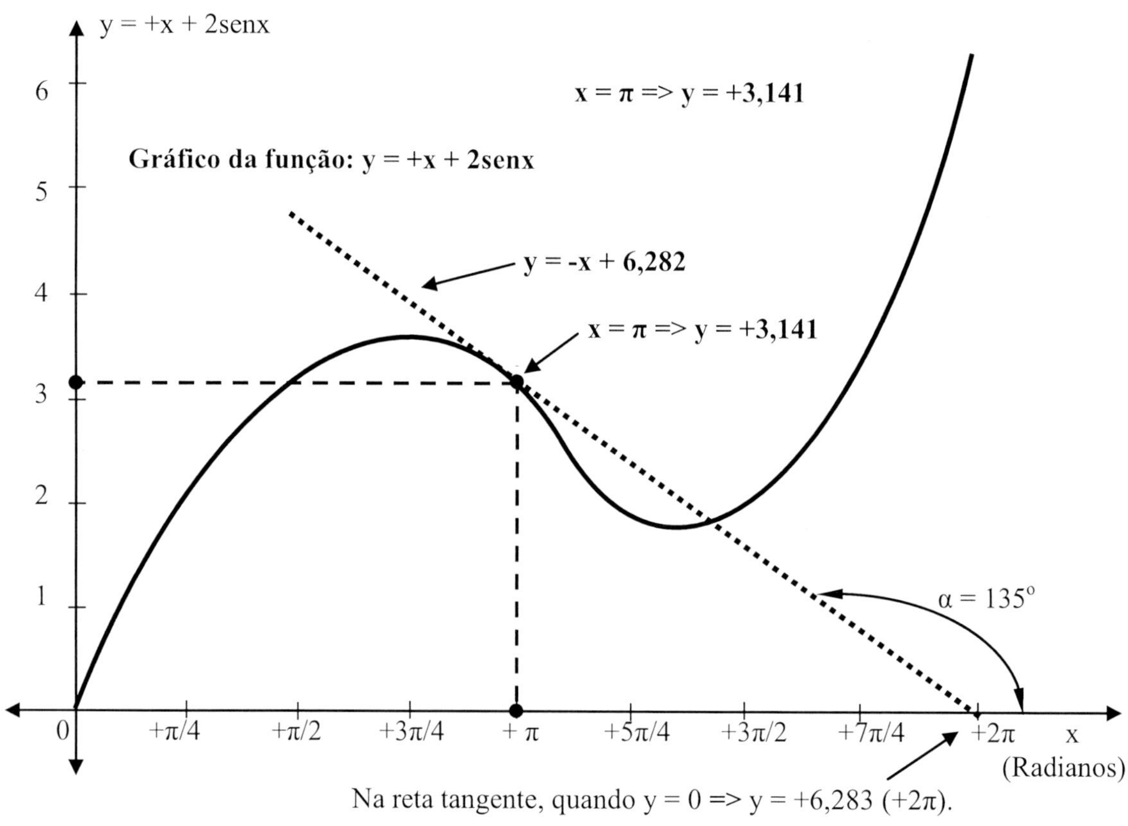

Calculando a derivada: y = +x + 2senx => dy/dx = 1 + 2cosx. Para x = π => dy/dx = 1 + 2 (-1) => **dy/dx = -1**. O ângulo cuja tangente é -1 é 135° ou +3π/4.

Análise da equação da reta tangente: mr(x - 3,141) = y - 3,141 => -x + 3,141 = y - 3,141 => y = -x + 6,283.
Equação da reta tangente: y = -x + 6,283. ⟵ Quando x = 0 => y = +6,283.

4.3.8) Determinar a derivada da função: $y = \frac{\text{sen } x}{x + 1}$.

Aqui se tem uma derivada da divisão de funções, onde: h(x) = y, f(x) = sen x e g(x) = x + 1: $h(x) = \frac{f(x)}{g(x)}$.

Segundo a regra da derivada da divisão de funções: $h'(x) = \frac{g(x) \cdot f'(x) - f(x) \cdot g'(x)}{[g(x)]^2}$.

f(x) = sen x => f '(x) = +cos x; g(x) = x + 1 => g'(x) = +1 ; $[g(x)]^2 = (x + 1)^2$. Portanto:

$y = \frac{\text{sen } x}{x + 1} \Rightarrow y' = \frac{(x + 1) \cdot (+\cos x) - (\text{sen } x) \cdot (+1)}{(x + 1)^2} \Rightarrow \mathbf{y' = \frac{(x + 1)(+\cos x) - (\text{sen } x)}{x^2 + 2x + 1}}$.

4.3.9) Determine a derivada de: $y = \text{tg}(x^2 + 1)$.

$y = \text{tg}(x^2 + 1) \Rightarrow y = \text{tg}(u)$, onde $u = x^2 + 1$ e $y' = (\sec^2 u)\, u'$. Como u' = 2x, então:

$y = \text{tg}(x^2 + 1) \Rightarrow \mathbf{y' = 2x \sec^2 (x^2 + 1)}$.

4.3.10) Determine a derivada de $x^2 = +5y^2 + \text{sen } y$.

Aqui se aplica o conceito da derivada implícita, pois a variável dependente y não está isolada.

$x^2 = +5y^2 + \text{sen } y \Rightarrow +5y^2 = x^2 - \text{sen } y$, derivando implicitamente:

$$\frac{d}{dx}(+5y^2) = \frac{d}{dx}(+x^2) - \frac{d}{dx}(+\text{sen } y) \Rightarrow \begin{cases} \frac{d}{dx}(+5y^2) = 10y.y' \\ \frac{d}{dx}(+x^2) = +2x. \\ \frac{d}{dx}(+\text{sen } y) = +\cos y.y' \end{cases} \Rightarrow 10y.y' = +2x - \cos y.y' \Rightarrow$$

$$10y.y' + \cos y.y' = +2x \Rightarrow y'(10y + \cos y) = 2x \Rightarrow y' = \frac{2x}{10y + \cos y}$$

A derivada de $x^2 = +5y^2 + \text{sen } y$ é: $\mathbf{y' = \frac{2x}{10y + \cos y}}$

4.3.11) Determinar a derivada de $y = \text{cossec } x^2$.

$y = \text{cossec } x^2 \Rightarrow y = \text{cossec } u$, onde $u = x^2$ e y' = -cotg u . cossec u . u'. Como u' = 2x, então:

$\mathbf{y' = -2x(\text{cossec } x^2) \cdot (\text{cotg } x^2)}$.

4.3.12) Determinar a derivada de $y = \sqrt{\text{sen } x}$.

$y = \sqrt{\text{sen } x} \Rightarrow y = (\text{sen } x)^{1/2}$.

$y' = \frac{1}{2}(\text{sen } x)^{1 - 1/2} \cdot (\cos x) \Rightarrow y' = \frac{1}{2}(\text{sen } x)^{-1/2} \cdot (\cos x) \Rightarrow y' = \frac{\cos x}{2\sqrt{\text{sen } x}}$. Portanto:

$y = \sqrt{\text{sen } x} \Rightarrow \mathbf{y' = \frac{\sqrt{\text{sen } x} \cdot \cos x}{2\text{sen } x}}$.

4.3.13) Determinar a derivada da função: $y = \text{sen}(5x^2)$.

$y = \text{sen}(5x^2) \Rightarrow y = \text{sen}(u)$, onde $u = 5x^2$ e então: y' = cos (u) . u'. Como u' = +10x, portanto:

$y' = +10x \cdot \cos(5x^2)$.

4.3.14) Determinar a derivada da função: $y = (\text{sen } x + \cos x)^2$.

$y = (\text{sen } x + \cos x)^2 \Rightarrow y = (u)^2 \Rightarrow y' = 2(u) \cdot (u)'$. Como $u' = (-\text{sen } x + \cos x)$, então:

$y' = 2(\text{sem } x + \cos x) \cdot (-\text{sem } x + \cos x)$, portanto:

$y' = 2(-\text{sen}^2 x + \cos^2 x)$.

4.3.15) Determinar a derivada da função: $y = \text{sen } (3x^2)$.

$y = \text{sen } (3x^2) \Rightarrow y = \text{sen } (u)$, onde $u = 3x^2$ e então: $y' = \cos(u) \cdot (u)'$. Como $u' = +6x$, portanto:

$y' = +6x \cdot \cos(3x^2)$.

4.3.16) Determinar a derivada da função: $y = (2x^2 - 1)(\text{sen } x^2)$.

Aqui se tem uma derivada da multiplicação de funções, onde: $h(x) = y$, $f(x) = (2x^2 - 1)$ e $g(x) = (\text{sen } x^2)$.

Pela regra do produto se: $h(x) = f(x) \cdot g(x) \Rightarrow h'(x) = f(x) \cdot g'(x) + g(x) \cdot f'(x)$.

$f(x) = (2x^2 - 1) \Rightarrow f'(x) = +4x$; $g(x) = (\text{sen } x^2) \Rightarrow g'(x) = +2x \cdot \cos x^2$. Portanto:

$h'(x) = (2x^2 - 1) \cdot [(2x) \cdot \cos(x^2)] + [(\text{sen } x^2) \cdot (+4x)]$. Finalmente:

$y' = 2x[(2x^2 - 1)(\cos x^2) + 2(\text{sen } x^2)]$.

4.3.17) Determinar a derivada da função: $y = \cos^2 x$.

$y = \cos^2 x \Rightarrow y = (\cos x)^2$. Fazendo $y = u^2 \Rightarrow u = \cos x$.

$y = u^2 \Rightarrow \frac{dy}{du} = 2u$. $u = \cos x \Rightarrow \frac{du}{dx} = -\text{sen } x$.

Usando a regra da cadeia: $\frac{dy}{dx} = \left(\frac{dy}{du}\right)\left(\frac{du}{dx}\right) = 2u(-\text{sen } x)$. Como $u = \cos x$, então:

$y = \cos^2 x \Rightarrow y' = -2(\cos x)(\text{sen } x)$.

4.3.18) Determinar a derivada da função: $y = \text{sen } (x^2 + 2)$

$\frac{dy}{dx} = \cos(x^2 + 2)(x^2 + 2)' = 2x \cos(x^2 + 2)$. Portanto:

$y = \text{sen } (x^2 + 2) \Rightarrow y' = 2x \cos(x^2 + 2)$.

4.3.19) Determinar a derivada da função: $y = \cos(\sqrt{x})$

$\frac{dy}{dx} = \left(\frac{-1}{2(\sqrt{x})}\right) \text{sen } (\sqrt{x})$. Portanto:

$y = \text{sen } (x^2 + 2) \Rightarrow y' = -0{,}5(x^{-1/2})(\text{sen } \sqrt{x})$.

4.3.20) Determinar a derivada da função: $y = \text{tg } 3x$.

$\frac{dy}{dx} = \sec^2(3x)(3x)' = 3\sec^2(3x)$.

$y = tg\ 3x \Rightarrow y' = 3\sec^2(3x)$.

4.3.21) Determinar a derivada da função: $y = 4\ cossec^2\ x$.

$\frac{dy}{dx} = 8\ (cossec\ x)(cossec\ x)' = 8\ (cossec\ x)(-cossec\ x)(cotg\ x)$, Portanto:

$y = 4\ cossec^2\ x \Rightarrow y' = -8(cossec^2\ x)(cotg\ x)$.

4.3.22) Determinar a derivada da função: $y = 2(\cos x^2)(sen\ x)$.

Fazendo $u = \cos x^2 \Rightarrow \frac{du}{dx} = (sen\ x^2)(u)' = (sen\ x^2)(2x)$.

Fazendo $v = sen\ 2x \Rightarrow \frac{dv}{dx} = (\cos 2x)(2) = 2(\cos 2x)$.

Como $y = u \times v \Rightarrow y' = uv' + vu'$, ou seja:

$y' = 2[(\cos x^2)(2\cos 2x) + (sen\ 2x)(-2x sen\ x^2)] = 4(\cos x^2)(\cos 2x) - 4x(sen\ 2x)(sen\ x^2)$, portanto:

$y = 2(\cos x^2)(sen\ x) \Rightarrow y' = 4(\cos x^2)(\cos 2x) - 4x(sen\ 2x)(sen\ x^2)$.

4.4 Derivadas de funções trigonométricas hiperbólicas básicas

Em vários cálculos relacionados a perímetros, áreas e volumes, utilizam-se funções hiperbólicas, por exemplo, quando se calcula o comprimento de um cabo de aço, utilizado como sustentação de uma ponte pênsil. Essa é uma aplicação (existem outras) que justifica o estudo das derivadas dessas funções.
Antes das demonstrações e análises dessas derivadas, é importante citar e rever as identidades e definições a seguir.

$$\begin{cases} \cosh^2 x - senh^2 x = +1. \\ 1 - tgh^2 x = \dfrac{+1}{\cosh^2 x}. \\ cotgh^2 x - 1 = \dfrac{+1}{senh^2 x}. \\ senh\ x = \dfrac{e^{+x} - e^{-x}}{2}. \\ \cosh x = \dfrac{e^{+x} + e^{-x}}{2}. \end{cases} \qquad \begin{cases} \cosh x + senh\ x = e^{+x} \\ \cosh x - senh\ x = e^{-x} \\ senh\ (x+y) = senh\ x \cdot \cosh y + \cosh x \cdot senh\ y. \\ \cosh (x+y) = \cosh x \cdot \cosh y + senh\ x \cdot senh\ y. \\ senh\ 2x = 2(senh\ x \cdot \cosh x) \quad e \quad \cosh 2x = \cos^2 h\ x + sen^2 h\ x. \end{cases}$$

Função seno hiperbólico: d/dx (senh x) = +cosh x = $(e^{+x} + e^{-x})/2$

Exercício 4.4.1) Determinar e interpretar a derivada de y = senh x, quando x = 0.

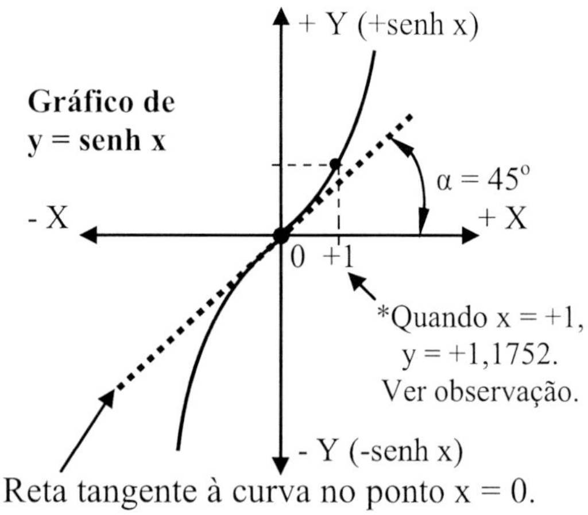

Na trigonometria no círculo, se y = sen x => $\frac{dy}{dx}$ = +cos x.

Na trigonometria hiperbólica, se y = senh x => $\frac{dy}{dx}$ = +cosh x.

Como cosh x = $\frac{e^{+x} + e^{-x}}{2}$, então: $\mathbf{\frac{d}{dx}}$ **(senh x) =** $\mathbf{\frac{e^{+x} + e^{-x}}{2}}$.

O gráfico da função y = senh x pode ser visualizado na página 193 de ABRANTES e NIELSEN, 2022.

$\frac{d}{dx}$ (senh x) = $\frac{e^{+x} + e^{-x}}{2}$, para x = 0, tem-se dy/dx = +1.

dy/dx = +1, significa que a reta tangente à função no ponto x = 0, forma um ângulo de 45° com o eixo X, pois, tg 45° = +1. *Observação: senh x = $\frac{e^{+x} - e^{-x}}{2}$. Quando x = +1, senh x = $\frac{e^{+1} - e^{-1}}{2}$ = +1,1752.

Função cosseno hiperbólico: d/dx (cosh x) = +senh x = $(e^{+x} - e^{-x})/2$

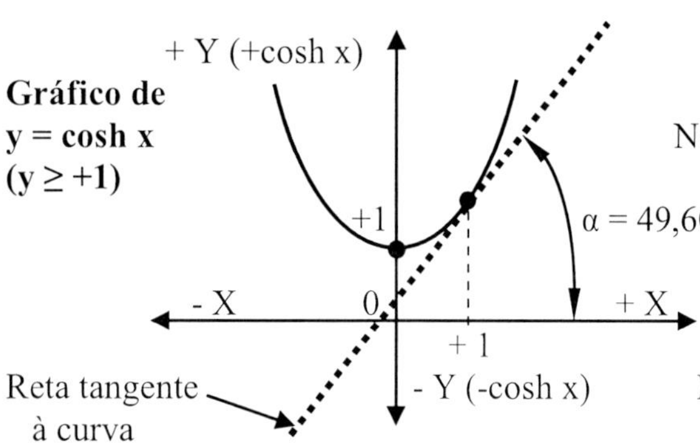

Na trigonometria no círculo, se y = cos x => $\frac{dy}{dx}$ = -sen x.

Na trigonometria hiperbólica, se y = cosh x => $\frac{dy}{dx}$ = +senh x.

Como senh x = $\frac{e^{+x} - e^{-x}}{2}$, então: $\mathbf{\frac{d}{dx}}$ **(cosh x) =** $\mathbf{\frac{e^{+x} - e^{-x}}{2}}$.

Exercício 4.4.2) Determinar e interpretar a derivada de y = cosh x, quando x = +1.

$\frac{d}{dx}$ (cosh x) = $\frac{e^{+x} - e^{-x}}{2}$, para x = +1, tem-se: $\frac{e^{+1} - e^{-1}}{2}$: e^{+1} = 2,7182818; $e^{-1} = 1/e^{+1}$ = 0,3678794, então:

$\frac{d}{dx}$ (cosh +1) = +1,1752.

O gráfico da função y = cosh x pode ser visualizado na página 193 de ABRANTES e NIELSEN, 2022.

Isso significa que a reta tangente à função no ponto x = +1, forma um ângulo de 49,6049° com o eixo X.

Função tangente hiperbólica: d/dx (tgh x) = +sech² x = $+1/\left(\dfrac{e^{+x}+e^{-x}}{2}\right)^2$

$\alpha = 22{,}781^\circ$ (Veja exercício 4.4.3.1)

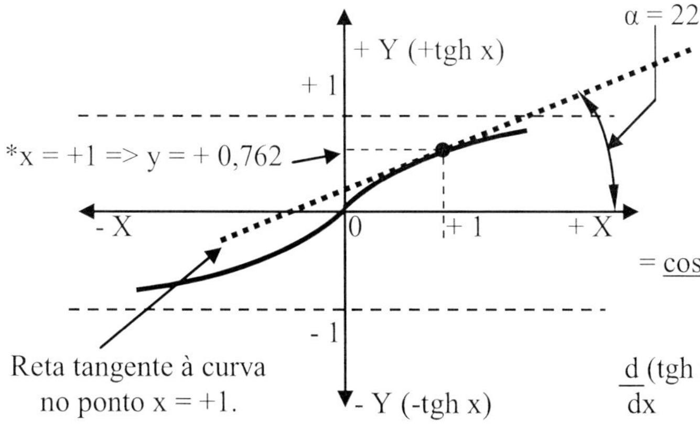

$\text{tgh } x = \dfrac{\text{senh } x}{\cosh x}$: *x = +1 => tgh x = +0,762.

$$\frac{d}{dx}(\text{tgh } x) = \frac{\cosh x \cdot (\text{senh } x)' - \text{senh } x \cdot (\cosh x)'}{(\cosh x)^2} =$$

$$= \frac{\cosh x \cdot \cosh x - \text{senh } x \cdot \text{senh } x}{(\cosh x)^2} = \frac{\cosh^2 x - \text{senh}^2 x}{(\cosh x)^2} \Rightarrow$$

$$\frac{d}{dx}(\text{tgh } x) = \frac{+1}{\cosh^2 x^*} = \text{sech}^2 x \text{ ou } \frac{d}{dx}(\text{tgh } x) = \frac{+1}{\left(\dfrac{e^{+x}+e^{-x}}{2}\right)^2}\ ^*$$

* sech x = 1/cosh x => (sech x)² = 1/(cosh x)². Como: $\cosh x = \dfrac{e^{+x}+e^{-x}}{2} \Rightarrow \cosh^2 x = \left(\dfrac{e^{+x}+e^{-x}}{2}\right)^2$

Exercício 4.4.3) Determinar e interpretar a derivada de y = tgh x, quando x = +1.

$$\frac{d}{dx}(\text{tgh } x) = \frac{+1}{\left(\dfrac{e^{+x}+e^{-x}}{2}\right)^2} = +0{,}41997.$$

{ Isso significa que a reta tangente à função no ponto x = +1, forma um ângulo de 22,781° com o eixo X, pois: tg 22,781° = +0,41997.

O gráfico de y = tgh x pode ser visualizado na página 194 de ABRANTES e NIELSEN, 2022.

Função cotangente hiperbólica: d/dx (cotgh x) = -cossech² x

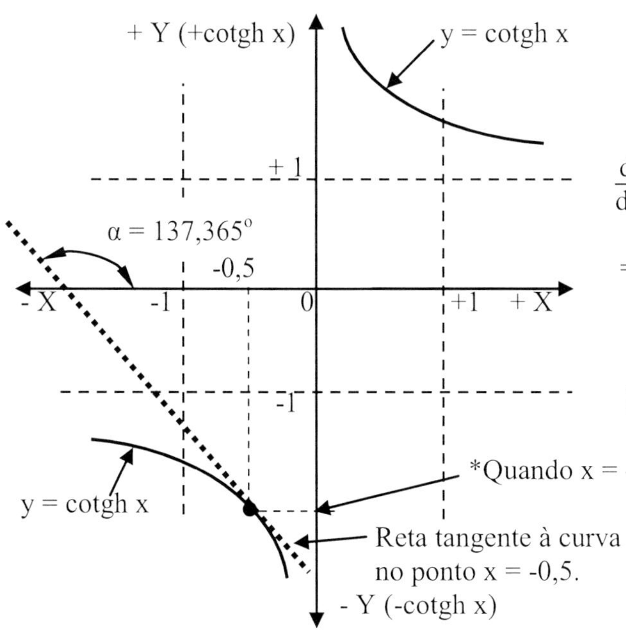

*Quando x = -0,5 => y = -2,164

$^*\text{cotgh } x = \dfrac{\cosh x}{\text{senh } x}$

$$\frac{d}{dx}(\text{cotgh } x) = \frac{(\cosh x)' \cdot \text{senh } x - \cosh x \cdot (\text{senh } x)'}{\text{senh}^2 x} =$$

$$= \frac{\text{senh}^2 x - \cosh^2 x}{\text{senh}^2 x} = \frac{-1}{\text{senh}^2 x} = -\text{cossech}^2 x \Rightarrow$$

$$\frac{d}{dx}(\text{cotgh } x) = -\text{cossech}^2 x = \frac{-1}{\left(\dfrac{e^{+x}-e^{-x}}{2}\right)^2} = \frac{-4}{(e^{+x}-e^{-x})^2}$$

O gráfico da função y = cotgh x pode ser visualizado na página 194 de ABRANTES e NIELSEN, 2022.

Exercício 4.4.4) Determinar e interpretar a derivada de y = cotgh x, quando x = -0,5.

$$\frac{d}{dx}(\text{cotgh } x) = \frac{-1}{(e^{+x}-e^{-x})^2} = -3{,}6827.$$

{ Isso significa que a reta tangente à função no ponto x = -0,5, forma um ângulo de 105,192° com o eixo X, pois: tg 105,192° = -3,6827.

Função secante hiperbólica: $\frac{d}{dx}(\text{sech } x) = -\text{tgh } x \cdot \text{sech } x = \frac{-2(e^{+x} - e^{-x})}{(e^{+x} + e^{-x})^2}$

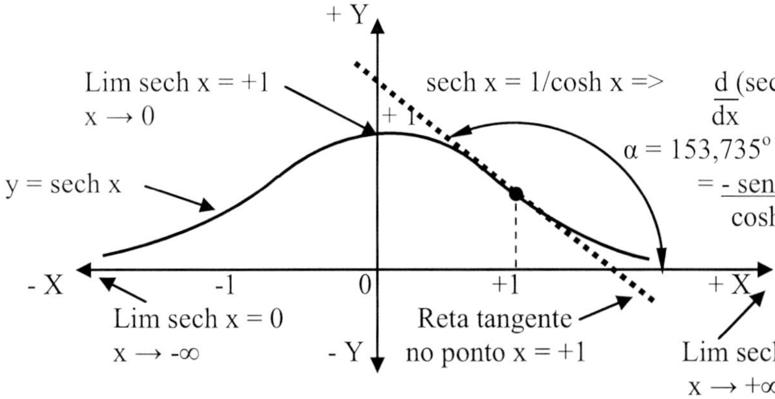

sech x = 1/cosh x => $\frac{d}{dx}(\text{sech } x) = \frac{(1)' \cdot (\cosh x) - 1 \cdot (\cosh x)'}{\cosh^2 x} =$

$= \frac{-\text{senh } x}{\cosh^2 x} = -\frac{\text{senh } x}{\cosh x} \cdot \frac{+1}{\cosh x} = -\text{tgh } x \cdot \text{sech } x$:

$$\frac{d}{dx}(\text{sech } x) = -\text{tgh } x \cdot \text{sech } x.$$

O gráfico da função y = sech x pode ser visualizado na página 194 de ABRANTES e NIELSEN, 2022.

Exercício 4.4.5) Determinar e interpretar a derivada de y = sech x, quando x = +1.

$\frac{d}{dx}(\text{sech } x) = -\text{tgh } x \cdot \text{sech } x.$ Como: $\text{tgh } x = \frac{e^{+x} - e^{-x}}{e^{x} + e^{-x}}$ e $\text{sech } x = \frac{2}{e^{+x} + e^{-x}}$ =>

$$-(\text{tgh } x \cdot \text{sech } x) = -\left(\frac{e^{+x} - e^{-x}}{e^{+x} + e^{-x}} \cdot \frac{2}{e^{+x} + e^{-x}}\right) = \frac{-2(e^{+x} - e^{-x})}{(e^{+x} + e^{-x})^2} = -0{,}4934694.$$

Isso significa que a reta tangente à função no ponto x = +1, forma um ângulo de 153,735° com o eixo X, pois: tg 153,735° = -0,4934694.

Função cossecante hiperbólica: $\frac{d}{dx}(\text{cossech } x) = -\text{cotgh } x \cdot \text{cossech } x$

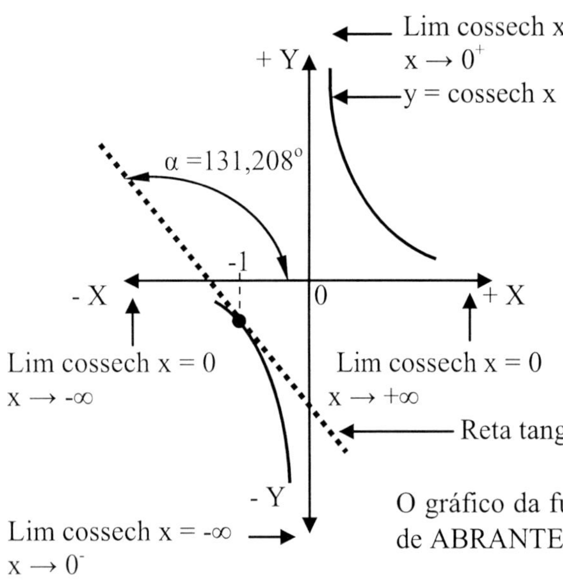

cossech x = 1/senh x

$\frac{d}{dx}(\text{cossech } x) = \frac{(1)' \cdot (\text{senh } x) - 1 \cdot (\text{senh } x)'}{\text{senh}^2 x} =$

$\frac{d}{dx}(\text{cossech } x) = \frac{-\cosh x}{\text{senh}^2 x} = \frac{-\cosh x}{\text{senh } x} \cdot \frac{1}{\text{senh } x}$ =>

$$\frac{d}{dx}(\text{cossech } x) = -\text{cotgh} \cdot \text{cossech } x.$$

O gráfico da função y = cosech x pode ser visualizado na página 195 de ABRANTES e NIELSEN, 2022.

Exercício 4.4.6) Determinar e interpretar a derivada de y = cossech x, quando x = -1.

$\frac{d}{dx}(\text{cossech } x) = -\text{cotgh } x \cdot \text{cossech } x.$ Como: $\text{cotgh } x = \frac{e^{+x} + e^{-x}}{e^{+x} - e^{-x}}$ e $\text{cossech } x = \frac{2}{e^{+x} - e^{-x}}$ portanto:

$$-(\text{cotgh } x \cdot \text{cossech } x) = -\left(\frac{e^{+x} + e^{-x}}{e^{+x} - e^{-x}} \cdot \frac{2}{e^{+x} - e^{-x}}\right) = \frac{-2(e^{+x} + e^{-x})}{(e^{+x} - e^{-x})^2} = -1{,}1172855.$$

Isso significa que a reta tangente à função no ponto x = -1, forma um ângulo de 131,829° com o eixo X, pois: tg 131,829° = -1,1172855.

$\dfrac{d}{dx}(\mathbf{senh}\ x) = +\mathbf{cosh}\ x = \dfrac{e^{+x} + e^{-x}}{2}$
$\dfrac{d}{dx}(\mathbf{cosh}\ x) = +\mathbf{senh}\ x = \dfrac{e^{+x} - e^{-x}}{2}$
$\dfrac{d}{dx}(\mathbf{tgh}\ x) = +\mathbf{sech}^2\ x = \dfrac{+1}{\left(\dfrac{e^{+x} + e^{-x}}{2}\right)^2}$
$\dfrac{d}{dx}(\mathbf{cotgh}\ x) = -\mathbf{cossech}^2\ x = \dfrac{-1}{\left(\dfrac{e^{+x} - e^{-x}}{2}\right)^2}$
$\dfrac{d}{dx}(\mathbf{sech}\ x) = -\mathbf{tgh}\ x \cdot \mathbf{sech}\ x = \dfrac{-2(e^{+x} - e^{-x})}{(e^{+x} + e^{-x})^2}$
$\dfrac{d}{dx}(\mathbf{cossech}\ x) = -\mathbf{cotgh}\ x \cdot \mathbf{cossech}\ x = \dfrac{-2(e^{+x} + e^{-x})}{(e^{+x} - e^{-x})^2}$

Quadro 4.3: resumo das derivadas das funções trigonométricas hiperbólicas básicas

4.5 Derivadas de funções trigonométricas hiperbólicas inversas

São seis funções desse tipo, sendo que apenas a função arco seno será deduzida, com as demais sendo apenas mostradas as imagens geométricas e as fórmulas.

Função arco seno hiperbólico ($y = \text{senh}^{-1}\ x$) $\quad$ **[$\text{senh}^{-1}\ x = \ln(x + \sqrt{x^2 + 1})$]**

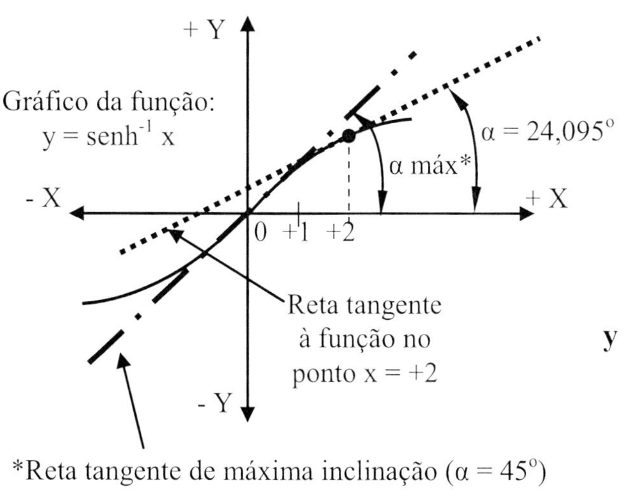

*Observa-se que, tanto pela fórmula, quanto pelo gráfico, essa função só tem derivadas positivas. Quando x = 0, a derivada assume o seu maior valor igual a um, ou seja, a inclinação máxima da tangente é de 45°.

$$y = \text{senh}^{-1}\ x \Rightarrow \frac{d}{dx}(\text{senh}^{-1}\ y) = \frac{1}{\sqrt{x^2 + 1}}.$$

Gráficos de funções trigonométricas hiperbólicas inversas podem ser consultadas nas páginas 193, 194 e 195 de ABRANTES e NIELSEN, 2022.

Exercício 4.5.1) Determinar e interpretar a derivada de $y = \text{senh}^{-1}\ x$, quando x = +2.

$$\frac{d}{dx}(\text{senh}^{-1}\ y) = \frac{1}{\sqrt{1 + x^2}} = 1/\sqrt{5} = +0{,}4472136.$$

Isso significa que a reta tangente à função no ponto x = +2, forma um ângulo de 24,095° com o eixo X, pois: tg 24,095° = +0,4472136.

Função arco cosseno hiperbólico ($y = \cosh^{-1} x$) $[\cosh^{-1} x = \ln (x + \sqrt{x^2 - 1})]$

O triângulo ABC é equilátero de lado 2,632

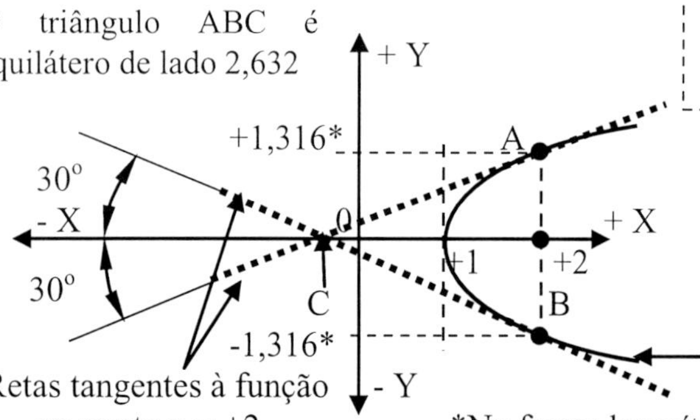

Retas tangentes à função no ponto x = +2.

Se $x > +1$ e $y = \cosh^{-1} x$, então: $\dfrac{d}{dx}(\cosh^{-1} y) = \dfrac{+1}{\sqrt{x^2 - 1}}$

Observa-se que, como o denominador envolve uma raiz quadrada, tem-se o resultado como mais ou menos (±). Veja exercício a seguir.

$y = \text{arccosh } x$ (arccosh +1 = 0, ou seja: x = +1 => y = 0)

*Na forma logarítmica: $\cosh^{-1} x = \ln (x + \sqrt{x^2 - 1})$, portanto quando x = +2, tem-se: $\cosh^{-1} (+2) = \ln 3{,}73$, que é igual a 1,316.

Observa-se que, ao calcular o logaritmo neperiano, o ângulo tem que ser em radianos.

Exercício 4.5.2) Determinar e interpretar a derivada de $y = \cosh^{-1} x$, quando x = +2.

$$\frac{d}{dx}(\cosh^{-1} y) = \frac{+1}{\sqrt{x^2 - 1}} = 1/\sqrt{3} = 1/\pm 1{,}73 = \pm 0{,}577.$$

Isso significa que as retas tangentes à função no ponto x = +2, formam dois ângulos com o eixo X, um de 30° e outro de 330° (ou -30°), pois suas tangentes valem +0,577 e -0,577, respectivamente.

Função arco tangente hiperbólica ($y = \text{tgh}^{-1} x$)

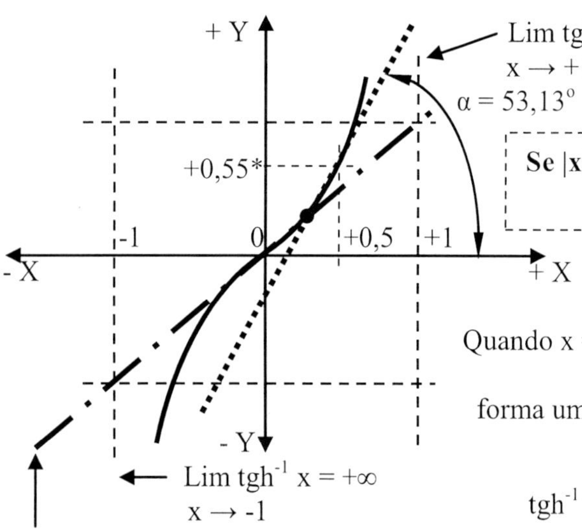

Reta de mínima inclinação

Se $|x| < +1$ e $y = \text{tgh}^{-1} x$, então: $\dfrac{d}{dx}(\text{tgh}^{-1} y) = \dfrac{+1}{1 - x^2}$

Quando x = 0 => $\dfrac{d}{dx}(\text{tgh}^{-1} y) = +1$, ou seja: a reta tangente à função forma um ângulo de 45°, com o eixo X, sendo a reta de mínima inclinação.

$\text{tgh}^{-1} x = \dfrac{1}{2} \ln \left[\dfrac{(1 + x)}{(1 - x)}\right]$; quando x = +0,5 => y = +0,55.

Exercício 4.5.3) Determinar e interpretar a derivada de $y = \text{tgh}^{-1} x$, quando x = +0,5.

Quando x = +0,5: $\dfrac{d}{dx}(\text{tgh}^{-1} y) = +1{,}33333$; ou seja, a reta tangente à função forma ângulo de 53,13° com X.

Função arco cotangente hiperbólica ($y = \text{cotgh}^{-1}\ x$)

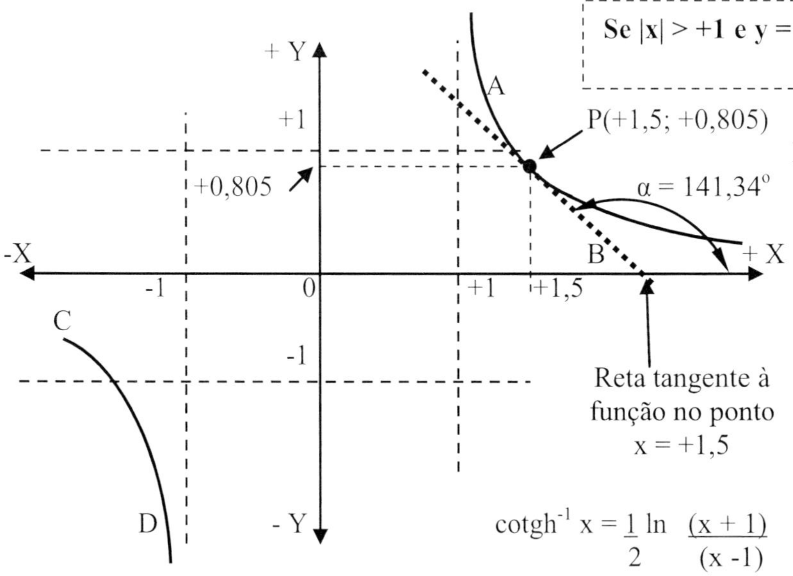

Se $|x| > +1$ e $y = \text{cotgh}^{-1}\ x \Rightarrow \dfrac{d}{dx}(\text{cotgh}^{-1}\ y) = \dfrac{+1}{1 - x^2}$.

Essa função tem os seguintes limites:

$$\begin{cases} A \Rightarrow \lim\limits_{x \to +1^+} \text{cotgh}^{-1}\ x = +\infty \\ B \Rightarrow \lim\limits_{x \to +\infty} \text{cotgh}^{-1}\ x = +\infty \\ C \Rightarrow \lim\limits_{x \to -\infty} \text{cotgh}^{-1}\ x = -\infty \\ D \Rightarrow \lim\limits_{x \to -1^-} \text{cotgh}^{-1}\ x = -\infty \end{cases}$$

$$\text{cotgh}^{-1}\ x = \frac{1}{2} \ln \frac{(x + 1)}{(x - 1)}$$

Exercício 4.5.4) Determinar e interpretar a derivada (fazer gráfico) de $y = \text{cotgh}^{-1}\ x$, quando $x = +1,5$.

Quando $x = +1,5$: $\dfrac{d}{dx}(\text{cotgh}^{-1}\ y) = -0,8$; ou seja, a reta tangente à função forma ângulo de 141,34° com X.

$\text{cotgh}^{-1}\ x = \dfrac{1}{2} \ln \dfrac{(x + 1)}{(x - 1)}$, para $x = +1,5 \Rightarrow y = +0,805$ (veja gráfico anterior).

Função arco secante hiperbólica ($y = \text{sech}^{-1}\ x$)

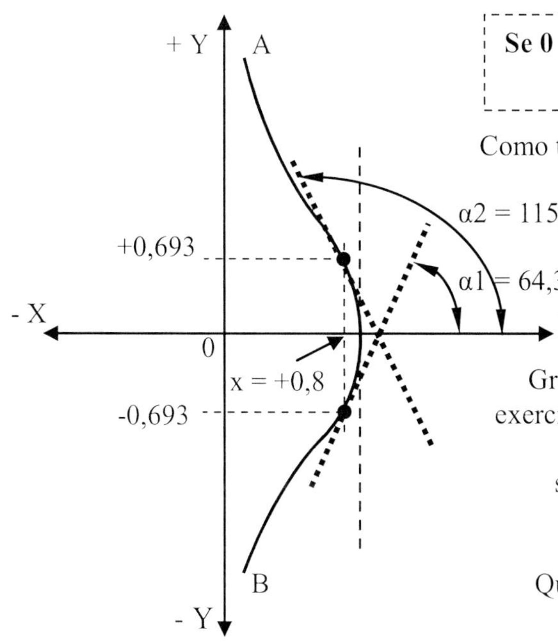

Gráfico do exercício 3.6.5.1

Se $0 < x < +1$ e $y = \text{sech}^{-1}\ x \Rightarrow \dfrac{d}{dx}(\text{sech}^{-1}\ y) = \dfrac{+1}{x\sqrt{1 - x^2}}$.

Como tem-se raiz quadrada em denominador, tem-se dois valores.

Essa função tem os seguintes limites:

$$\begin{cases} A \Rightarrow \lim\limits_{x \to 0^+} \text{sech}^{-1}\ x = +\infty \\ B \Rightarrow \lim\limits_{x \to 0^+} \text{sech}^{-1}\ x = -\infty \end{cases}$$

$$\text{sech}^{-1}\ x = \ln\left(\frac{1 + \sqrt{1 - x^2}}{x}\right) \longleftarrow \text{Na forma logarítmica}$$

Quando $x = +0,8 \Rightarrow y = \pm\ln 2 = \pm 0,693$.

Exercício 4.5.5) Determinar e interpretar a derivada de $y = \text{sech}^{-1}\, x$, quando $x = +0,8$.

Quando $x = +0,8$: $\frac{d}{dx}(\text{sech}^{-1}\, y) = \pm 2,08333$. { Dois valores para a derivada, significa que existem duas retas tangentes à função, formando ângulos $\alpha 1$ de $64,36^{\circ}$ e $\alpha 2$ de $115,64^{\circ}$, respectivamente. Esses ângulos têm tangentes de $+2,08333$ e $-2,08333$.

Função arco cossecante hiperbólica ($y = \text{cossech}^{-1}\, x$)

Se $x \neq 0$ e $y = \text{cossech}^{-1}\, x \Rightarrow \frac{d}{dx}(\text{cossech}^{-1}\, y) = \frac{-1}{|x|\sqrt{1 + x^2}}$.

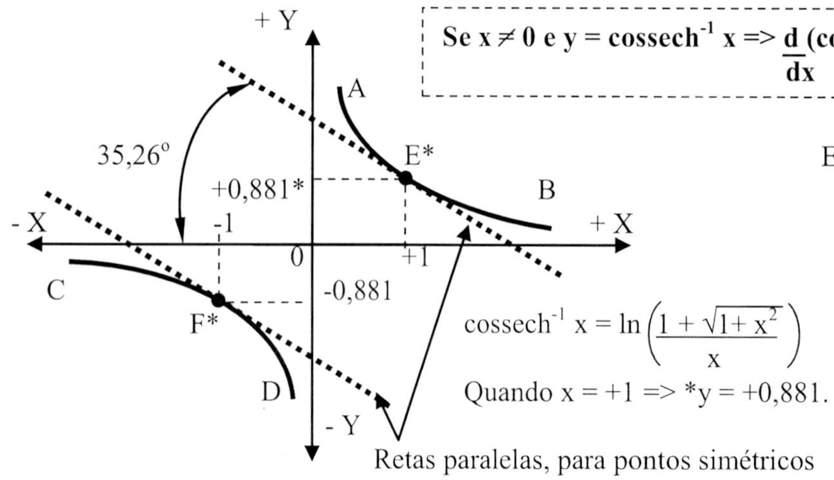

Essa função tem os seguintes limites:

- A => $\lim_{x \to 0^+} \text{cossech}^{-1}\, x = +\infty$
- B => $\lim_{x \to +\infty} \text{cossech}^{-1}\, x = 0$
- C => $\lim_{x \to -\infty} \text{cossech}^{-1}\, x = 0$
- D => $\lim_{x \to 0^-} \text{cossech}^{-1}\, x = -\infty$

Exercício 4.5.6) Determinar e interpretar a derivada de $y = \text{cossech}^{-1}\, x$, para $x = +1$.

Quando $x = +1$: $\frac{d}{dx}(\text{cossech}^{-1}\, y) = \pm 0,707 \longleftarrow$ pois tem raiz quadrada em denominador. { Essa função tem duas partes simétricas

*Observam-se os dois pontos simétricos: E(+1; +0,881) e F(-1; -0,881), por onde passam retas paralelas.

$y = f(x)$	Observação	u = função de x
$\frac{d}{dx}(\text{senh}^{-1}\, y) = \frac{+1}{\sqrt{x^2 + 1}}$	—	$\frac{d}{dx}(\text{senh}^{-1}\, u) = \frac{u'}{\sqrt{u^2 + 1}}$
$\frac{d}{dx}(\text{cosh}^{-1}\, y) = \frac{-1}{\sqrt{x^2 - 1}}$	$x > +1$	$\frac{d}{dx}(\text{cosh}^{-1}\, u) = \frac{u'}{\sqrt{u^2 - 1}}$
$\frac{d}{dx}(\text{tgh}^{-1}\, y) = \frac{+1}{1 - x^2}$	$\|x\| < +1$	$\frac{d}{dx}(\text{tgh}^{-1}\, u) = \frac{u'}{1 - u^2}$
$\frac{d}{dx}(\text{cotgh}^{-1}\, y) = \frac{+1}{1 - x^2}$	$\|x\| > +1$	$\frac{d}{dx}(\text{cotgh}^{-1}\, u) = \frac{u'}{1 - u^2}$
$\frac{d}{dx}(\text{sech}^{-1}\, y) = \frac{+1}{x\sqrt{1 - x^2}}$	$0 < x < +1$	$\frac{d}{dx}(\text{sech}^{-1}\, u) = \frac{u'}{u\sqrt{1 - u^2}}$
$\frac{d}{dx}(\text{cossech}^{-1}\, y) = \frac{-1}{\|x\|\sqrt{1 + x^2}}$	$x \neq 0$	$\frac{d}{dx}(\text{cossech}^{-1}\, u) = \frac{-u'}{\|u\|\sqrt{1 + u^2}}$

Quadro 4.4: resumo das derivadas das funções trigonométricas hiperbólicas inversas

4.6 Exercícios complementares resolvidos sobre derivadas trigonométricas hiperbólicas

Determinar as derivadas das funções hiperbólicas a seguir:

4.6.1) $y = \text{cotgh}\,(2 - x^4)$. Conforme quadro 4.3: $(\text{cotgh}\,x)' = -\text{cossech}^2\,x$. Portanto:

$u \Rightarrow u' = -4x^3$. Usando a regra da cadeia:

$y' = -\text{cossech}^2\,(2 - x^4)(-4x^3) \Rightarrow$ $\mathbf{y' = +4x^3 cossech^2\,(2 - x^4)}$.

4.6.2) $y = \ln \text{tgh}\,(3x)$. Considerando $u = \text{tgh}\,(3x)$, sabendo que $(\ln u)' = u'/u$, e $(\text{tgh}\,x)' = \text{sech}^2\,x$ tem-se:

$y' = (\text{tgh}\,3x)'/\text{tgh}\,3x = \text{sech}^2\,(3x)3/\text{tgh}\,(3x)$, portanto:

$\mathbf{y' = 3\,(sech)^2\,(3x)/tgh\,(3x)}$.

4.6.3) $y = \cosh \sqrt{x}$. Conforme quadro 4.3: $(\cosh x)' = \text{senh}\,x$.

$y = \cosh\sqrt{x} \Rightarrow y' = (\text{senh}\sqrt{x})(\sqrt{x})' = (\text{senh}\sqrt{x})(x^{1/2})' = (\text{senh}\sqrt{x})\left(\frac{1}{2}\right)(x^{-1/2}) = (\text{senh}\sqrt{x})\left(\frac{1}{2\sqrt{x}}\right)$:

(Regra da cadeia.)

$\mathbf{y' = \dfrac{senh\sqrt{x}}{2\sqrt{x}}}$.

4.6.4) $y = \text{sech}\,(3x)$. Conforme quadro 4.3: $(\text{sech}\,x)' = -(\text{tgh}\,x)(\text{sech}\,x)$ e usando a regra da cadeia:

$y' = -(\text{tgh}\,3x)(\text{sech}\,3x)(3x)' \Rightarrow$

$\mathbf{y' = -3(tgh\,3x)(sech\,3x)}$.

4.6.5) Determinar a equação da reta t tangente à função y = sech x, no ponto P de abscissa x = +0,5. (Recomenda-se primeiro determinar o valor da ordenada y, para a abscissa x = +0,5).

$y = \text{sech}\,x = \dfrac{2}{e^{+x} + e^{-x}} = \dfrac{2e^{+x}}{e^{+2x} + 1}$:

Para $x = +0{,}5 \Rightarrow y = \dfrac{2}{e^{+0,5} + e^{-0,5}} = \dfrac{2}{1{,}6487 + 0{,}6065} = +0{,}887$. Portanto: P(+0,5; +0,887).

$y = \dfrac{2e^{+x}}{e^{+2x} + 1} \Rightarrow y' = \dfrac{2e^{+x}(e^{+2x} + 1) - (2e^{+x})(2e^{+2x})}{(e^{+2x} + 1)^2} = \dfrac{2e^{+x} - 2e^{+3x}}{(e^{+2x} + 1)^2} = \dfrac{2(e^{+x} - e^{+3x})}{(e^{+2x} + 1)^2} = -0{,}41$.

y' = -0,41 => significa coeficiente angular m = -0,41, da reta que passa pelo ponto P(+0,5; +0,887).

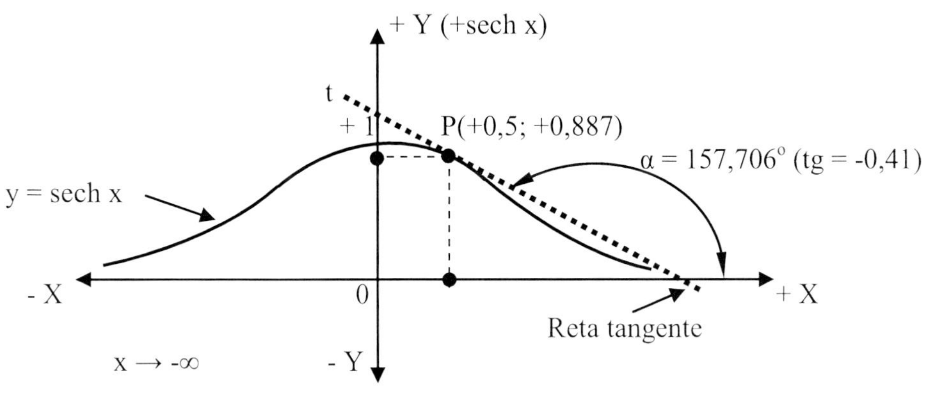

Reta t: $m(x - 0{,}5) = y - 0{,}887 \Rightarrow y = -0{,}41(x - 0{,}5) + 0{,}887 \Rightarrow y = -0{,}41x + 0{,}205 + 0{,}887$, portanto:

Equação da reta t: $y = -0{,}41x + 1{,}09$.

4.6.6) Determinar a derivada da função: $y = \text{senh}\,(x^3 + 3)$.

$y = \text{senh}\,(x^3 + 3) \Rightarrow y = \text{senh}\,(u) \Rightarrow y' = \cosh u\,(u)'$.

$u = x^3 + 3 \Rightarrow u' = 3x^2$. Portanto:

$y = \text{senh}\,(x^3 + 3) \Rightarrow$ **$y' = +3x^2 \cosh (x^3 + 3)$**.

4.6.7) Determinar a derivada da função: $y = \text{sech}\,(2x)$.

$y = \text{sech}\,(2x) \Rightarrow y = \text{sech}\,(u) \Rightarrow y' = -(\text{tgh}\,u)(\text{sech}\,u)(u')$. Como $u = 2x \Rightarrow u' = 2$, portanto:

$y = \text{sech}\,(2x) \Rightarrow$ **$y' = -2\text{sech}\,(2x)\,.\,\text{tgh}\,(2x)$**.

4.6.8) Determinar a derivada de $y = \text{cotgh}\,(1 - x^3)$.

$y = \text{cotgh}\,x \Rightarrow y' = -\text{cossech}^2\,x$.

$y = \text{cotgh}\,(1 - x^3) \Rightarrow y' = -\text{cossech}^2\,(1 - x^3)(-3x^2)$

$y = \text{cotgh}\,(1 - x^3) \Rightarrow$ **$y' = +3(x^2)\text{cossech}^2\,(1 - x^3)$**.

Capítulo 5

Aplicações do conceito de derivadas implícitas. Retas tangentes e normais a curvas e funções. Taxas de variação ou taxas relacionadas

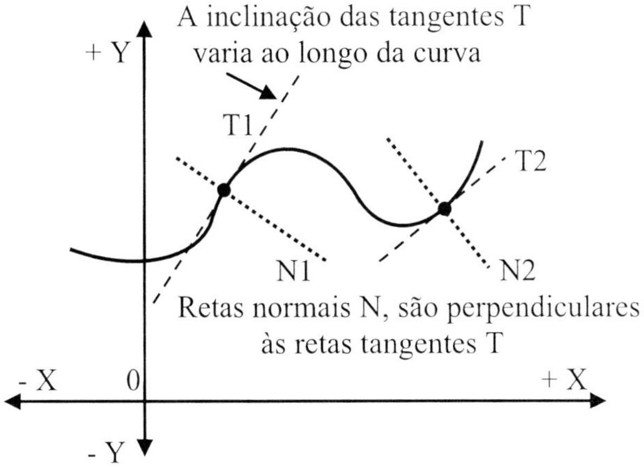

A derivada de uma função ou curva *tem muitas aplicações, em especial no cálculo de taxas de variação ou taxas relacionadas. Nesse capítulo são mostradas aplicações envolvendo retas tangentes e normais à funções e curvas, bem como taxas de variação, com alguns exemplos práticos. Mais uma vez ressalta-se a importância da visualização, ou seja, com desenhos e gráficos que, além de facilitar o entendimento do problema, auxilia, por exemplo, no detalhamento dos desenhos técnicos, fundamentais para problemas de Engenharia e Arquitetura, permitindo a construção.*

5.1 Retas tangentes e retas normais ou perpendiculares à funções e curvas

A derivada de uma função y = f(x) num ponto $x = x_A$, é igual ao valor da tangente trigonométrica do ângulo formado pela tangente geométrica à curva representativa de y = f(x), no ponto $x = x_A$, ou seja, a derivada é o coeficiente angular "m_T"da reta tangente ao gráfico da função no ponto x_A.
A equação geral de uma reta, que passa por um ponto $A(x_{A;}\ y_A)$ é dada por: $y - y_A = m\ (x - x_A)$. Ou seja, conhecendo-se a derivada da função e o ponto onde se quer determinar a equação da reta que passa pelo ponto, basta aplicar a equação geral da reta.

Exercício 5.1.1) Determine a equação da reta tangente à função $y = +x^3 + x$, no ponto onde x = -1, bem como a equação da reta perpendicular ou normal à função, no ponto x = -1. Faça o gráfico da função, com as retas.

O valor da derivada da função (dy/dx) no ponto x = -1, é o coeficiente angular "m_T" da reta tangente à função, no ponto. $dy/dx = +3x^2 + 1$. Quando x = -1 => dy/dx = +4. No ponto x = -1 => y = -2.

Trata-se de determinar a equação da reta de coeficiente angular $m_T = +4$ e que passa pelo ponto A(-1; -2).

Ou seja: $y - y_A = m_T\ (x - x_A)$ => y - (-2) = +4[(x - (-1)] => y + 2 = +4x +4 => y = +4x +2.

Equação da reta tangente: $y_T = +4x + 2$.

Segundo Abrantes (2019, p.47), considerando um mesmo ponto A $(x_{A;}\ y_A)$, a reta tangente com coeficiente angular m_T e sendo m_N o coeficiente angular da reta normal, se tem que: $m_N = -1/m_T$.

Ou seja: $m_N = - 1/+4$ => $m_N = -0,25$.

Para a reta normal, trata-se de determinar a equação da reta de coeficiente angular $m_N = -0,25$ e que passa pelo ponto A(-1; -2).

Ou seja: $y - y_A = m_N\ (x - x_A)$ => y - (-2) = -0,25[(x - (-1)] => y + 2 = -0,25x -0,25 => y = -0,25x - 2,25.

Equação da reta Normal $y_N = -0,25x - 2,25$.

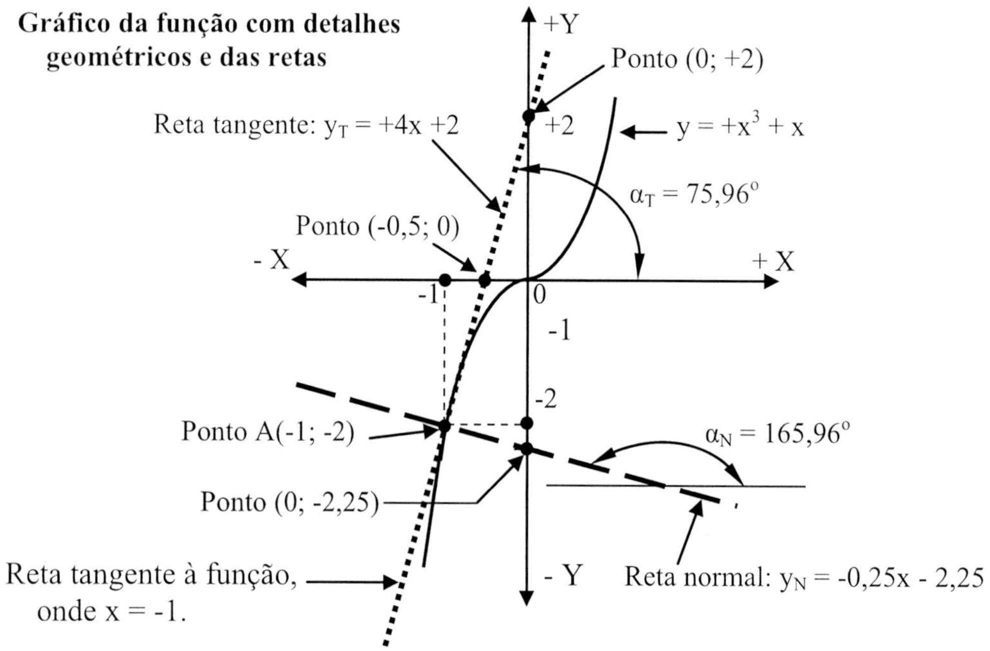

Aplicação na Arquitetura/Engenharia Civil (prédio cilíndrico com cobertura em paraboloide)

Em algumas situações, como no caso a seguir mostrado, há a necessidade de serem determinados os ângulos formados entre as retas tangente e normal, em um determinado ponto de uma curva ou função. É relativamente comum o projeto de prédios cilíndricos circulares com coberturas (telhados) no formato de um paraboloide* circular, onde a junção entre as duas formas geométricas cilindro/parábola, ocorre de maneira a se ter um ponto anguloso, já que a parábola é uma curva aberta. Esse detalhe, e devido aos ângulos citados, exige cálculos de decomposição de forças, como adiante mostrados.

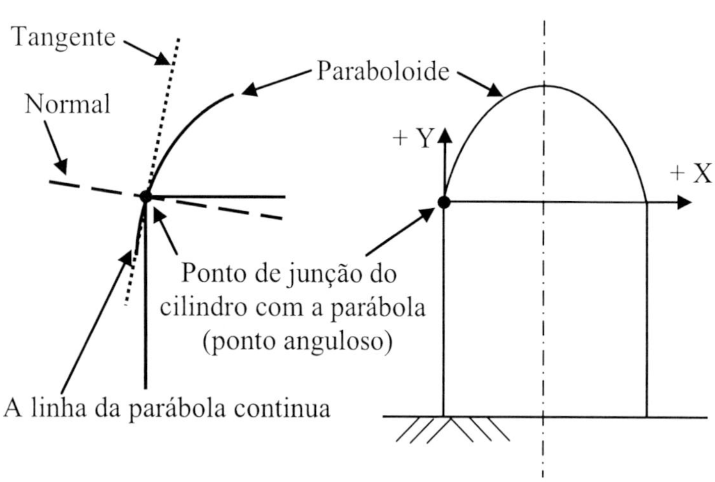

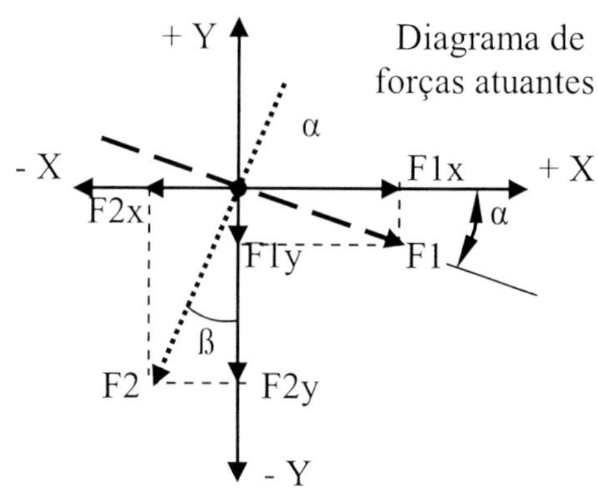

F1 é a força devido ação do vento.
F2 é a força devido peso da cobertura

$F1x = F1\cos\alpha$ $\quad$ $F2x = F2\,\text{sen}\,\beta$

$F1y = F1\,\text{sen}\,\alpha$ $\quad$ $F2y = F2\cos\beta$ $\quad$ Forças Resultantes: $Rx = +F1x - F2x$; $Ry = +F2y + F1y$

Com as Forças Resultantes, o engenheiro calculista faz as análises para calcular as espessuras, tanto da parede cilíndrica, quanto da cobertura parabólica.

* Obtém-se um paraboloide ao se girar uma parábola, segundo uma elipse ou uma circunferência.

Exercício 5.1.2) Mostrar que a reta tangente à circunferência de raio 3 e centro C (+4; +2), no ponto P (+5; +4,828) é perpendicular à reta que passa pelo mesmo ponto e também pelo centro da circunferência.

Inicialmente faz-se o a imagem geométrica do problema, que em muito facilita a resolução.

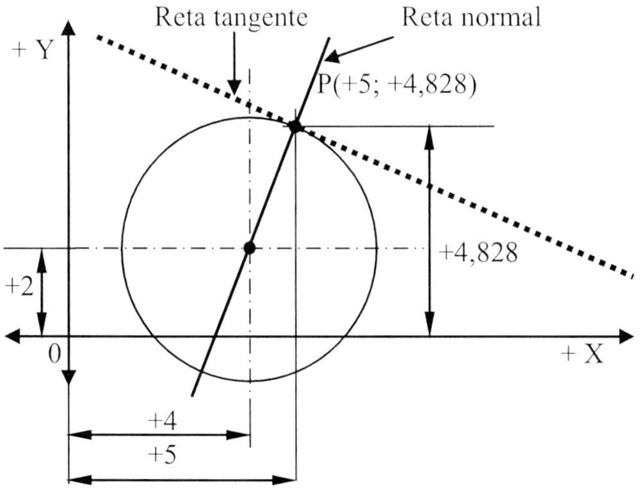

Raciocínio lógico da resolução:

A imagem geométrica mostra que, a reta tangente é obtida, achando-se a derivada da curva da circunferência no ponto considerado. Como a derivada no ponto é o coeficiente angular "m_T" da reta tangente, para encontrar a reta perpendicular ou normal, faz-se a inversão, com o sinal trocado de "m_T", obtendo-se "m_N", que é o coeficiente angular da reta normal. Com esse "m_N", obtém-se a equação da reta que passa pelo ponto P e pelo centro C(+4; +2), confirmando-se que o coeficiente angular dessa normal é igual ao inverso do da tangente com o sinal trocado.

Observa-se que, inicialmente acha-se a equação da circunferência, e na sequência sua derivação implícita.

Determinação da equação da circunferência: $+(x - h)^2 + (y - k)^2 = r^2$. $h = +4$; $k = +2$ e $r = 3$, portanto:

$+(x - 4)^2 + (y - 2)^2 = 9 \Rightarrow +x^2 + y^2 - 8x - 4y + 11 = 0$. Fazendo a derivação implícita dessa equação tem-se:

$$\frac{d}{dx}(x^2) + \frac{d}{dx}(y^2) - \frac{d}{dx}(8x) - \frac{d}{dx}(4y) + \frac{d}{dx}(11) = 0 \Rightarrow +2x + 2y\left(\frac{dy}{dx}\right) - 8 - 4\left(\frac{dy}{dx}\right) + 0 = 0.$$

$$+2y\left(\frac{dy}{dx}\right) - 4\left(\frac{dy}{dx}\right) = -2x + 8 \Rightarrow \frac{dy}{dx}(+2y - 4) = -2x + 8 \Rightarrow \frac{dy}{dx} = \frac{-2x + 8}{+2y - 4}.$$

Essa derivada é o coeficiente angular "m_T" da reta tangente.

Considerando o ponto P (+5; +4,828), tem-se:

$$m_T = \frac{(-2)(+5) + 8}{(+2)(+4{,}828) - 4} \Rightarrow m_T = \frac{-2}{+5{,}66} \Rightarrow m_T = -0{,}353.$$ (Corresponde a um ângulo α de $160{,}506^o$).

Equação da reta tangente: $-0{,}353(x - 5) = y - 4{,}828 \Rightarrow$ **$y = -0{,}353x + 6{,}598$**.

$m_T = -0{,}353 \Rightarrow m_N = -(1/-0{,}353)$, portanto: $m_N = +2{,}83$.

Reta normal, com $m_N = +2{,}83$, passando pelo ponto (0; 0): $+2{,}83(x - 0) = y - 0 \Rightarrow$ **$y = +2{,}83x$**.

Uma forma de provar que a reta normal passa pelo centro da circunferência é determinando o coeficiente angular da reta que passa pelos pontos C(+4; +2) e P(+5; +4,828) que, se for igual a +2,83, comprova que as retas são perpendiculares e que a reta normal passa pelo centro.

$$m_{CP} = \frac{y_P - y_C}{x_P - x_C} \Rightarrow m = \frac{(+4{,}828) - (+2)}{(+5) - (4)} = \frac{+2{,}83}{+1} \Rightarrow m_{CP} = +2{,}83.$$

Conclusão: confirma-se que a reta normal, à reta tangente $y = -0{,}353x + 6{,}598$, no ponto P(+5; +4,828), passa pelo centro da circunferência de centro C(+4; +2) e raio 3.

Exercício 5.1.3) Considerando a elipse $+(x - 12)^2/25 + (y - 3)^2/9 = +1$ e a reta $y = +5$, pede-se: a) determinar as coordenadas cartesianas dos pontos P_1 e P_2, de interseção entre a reta e a elipse, b) as equações das retas tangentes que passam pelos pontos de interseção e c) a área do triângulo ABC, determinada pelo ponto de interseção entre as retas tangentes (A) e os pontos (B e C) onde as retas tangentes interceptam o eixo cartesiano X.

Trata-se de uma elipse de centro (+12; +3), eixo maior 2a = 10, paralelo ao eixo X, eixo menor 2b = 6, sendo a elipse tangente ao eixo X no ponto (12; 0). A imagem à esquerda facilita o raciocínio lógico para a solução do problema.

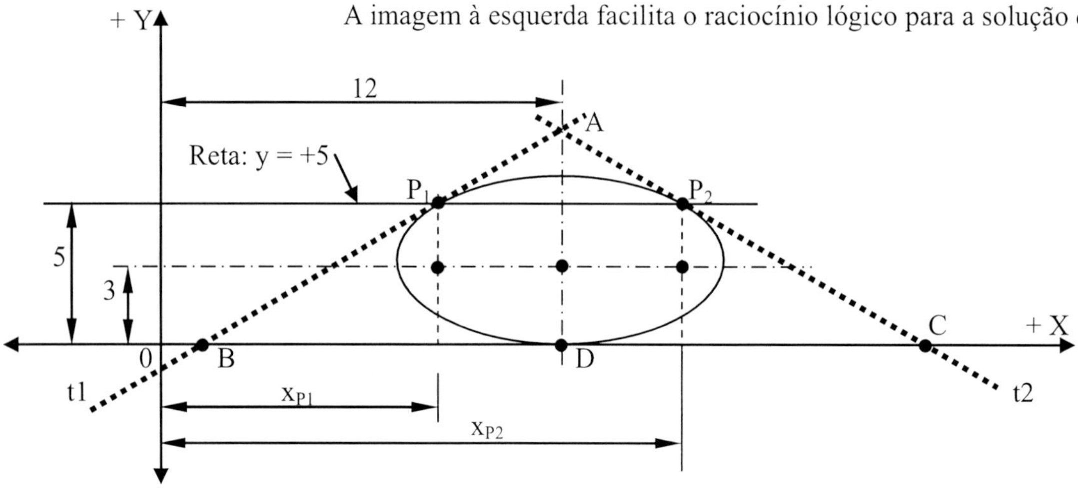

A sequência lógica da solução é:

1º) Determinam-se os pontos P_1 e P_2, 2º) Acha-se a derivada implícita da elipse, considerando as coordenadas x e y dos pontos de interseção P_1 e P_2, 3º) Acham-se as equações das retas tangentes t1 e t2, 4º) Determinam-se as coordenadas cartesianas do ponto A, de interseção das retas tangentes, 5º) Determinam-se as coordenadas cartesianas dos pontos B e C, de interseção entre as retas tangentes e o eixo X, 6º) Determina-se a distância entre os pontos B e C e 7º) Determina-se a área do triângulo ABC, fazendo (BC). (AD)/2.

1º) Pontos P_1 e P_2: $+(x - 12)^2/25 + (y - 3)^2/9 = +1$, com $y = 5$, se tem: $+0{,}04x^2 - 0{,}96x + 5{,}2 = 0$, que resulta:

$x_{P1} = +8{,}25$ e $x_{P2} = +15{,}75$. Portanto: $P_1(+8{,}25; +5)$ e $P_2(+15{,}75; +5)$.

2º) Derivada da elipse: $+(x - 12)^2/25 + (y - 3)^2/9 = +1 \Rightarrow +0{,}04x^2 - 0{,}96x + 5{,}76 + 0{,}111y^2 - 0{,}67y = 0$.

$$\frac{d}{dx}(0{,}04x^2) + \frac{d}{dx}(0{,}111y^2) - \frac{d}{dx}(0{,}96x) - \frac{d}{dx}(0{,}67y) + \frac{d}{dx}(+5{,}76) = 0 \Rightarrow (0{,}08x) + (0{,}111)2y\frac{dy}{dx} - 0{,}96 - (0{,}67)\frac{dy}{dx} =$$

$$= +0{,}08x - 0{,}96 + 0{,}222y\left(\frac{dy}{dx}\right) - 0{,}67\left(\frac{dy}{dx}\right) = 0 \Rightarrow +0{,}08x - 0{,}96 + \left(\frac{dy}{dx}\right)(0{,}222y - 0{,}67) = 0 \Rightarrow$$

$$\frac{dy}{dx} = \frac{-0{,}08x + 0{,}96}{+0{,}222y - 0{,}67}$$ ← Essa derivada é o coeficiente angular "m" das retas que passam por P_1 e P_2.

$$mP_1 = \frac{(-0{,}08)(+8{,}25) + 0{,}96}{(+0{,}222)(+5) - 0{,}67} = \frac{-0{,}66 + 0{,}96}{+1{,}11 - 0{,}67} = \frac{+0{,}3}{+0{,}44} \Rightarrow mP_1 = +0{,}682.$$

$$mP_2 = \frac{(-0{,}08)(+15{,}75) + 0{,}96}{(+0{,}222)(+5) - 0{,}67} = \frac{-1{,}26 + 0{,}96}{+1{,}11 - 0{,}67} = \frac{-0{,}3}{+0{,}44} \Rightarrow mP_2 = -0{,}682.$$

Esses são os coeficientes angulares das retas tangentes t1 e t2.

3º) Equações das retas tangentes t1 e t2:

t1: $mP1(x - x_{P1}) = y - y_{P1}$ => +0,682(x - 8,25) = y - 5 => +0,682x - 5,63 + 5 = y => **t1: y = +0,682x - 0,63**.

t2: $mP2(x - x_{P2}) = y - y_{P2}$ => -0,682(x - 15,75) = y - 5 => -0,682x + 10,74 + 5 = y =>

t2: y = -0,682x + 15,74.

4º) Coordenadas cartesianas do ponto A:

$$\left.\begin{array}{l} y = +0,682x - 0,63 \\ y = -0,682x + 15,74 \end{array}\right\} \begin{array}{l} +0,682x - 0,63 = -0,682x + 15,74 \Rightarrow +1,364x = +16,37 \Rightarrow x_A = +12 \\ x_A = +12 \Rightarrow y_A = +7,56. \quad \textbf{Portanto: A(+12; +7,56).} \end{array}$$

5º) Coordenadas cartesianas dos pontos B e C:

t1: y = +0,682x - 0,63: quando y = 0 => x = +0,924, ou seja: **B(+0,924; 0)**.

t2: y = -0,682x + 15,74: quando y = 0 => x = +23,08, ou seja: **C(+23,08; 0)**.

6º) Distância entre B e C:

|BC| = 23,08 - 0,924 => **|BC| = 22,156**.

7º) Área do triângulo ABC:

$$\text{Área} = \frac{(BC).(AD)}{2} = \frac{22,156 \,.\, 7,56}{2} = \textbf{83,75 unidades de área}.$$

5.2 Exercícios aplicados resolvidos sobre taxas de variação ou taxas relacionadas

Em diversas situações práticas, existem quantidades que variam em relação a outras, cujas taxas de variação são conhecidas. É comum duas ou mais grandezas variáveis estarem relacionadas entre si por uma equação. As análises de taxas de variação ou taxas relacionadas envolvem cálculos de derivação implícita, já vista. A seguir são mostrados alguns exemplos.

Mistura de líquidos/pós em tanque de fundo cônico

Especialmente em indústrias químicas, alimentícias e farmacêuticas, ocorre a necessidade de se misturar e homogeneizar dois ou mais líquidos ou líquidos e pós. O equipamento a seguir mostrado é um exemplo de aplicação desse tipo. Trata-se de um tanque, com uma parte cilíndrica e fundo cônico, tendo um agitador no centro e que penetra na parte cônica. A lógica sequencial da operação é a seguinte: 1º adiciona-se o líquido, a uma determinada velocidade; 2º quando o líquido atinge determinado nível, aciona-se o agitador; 3º durante um tempo faz-se a homogeneização da mistura 4º adiciona-se o outro líquido ou pó e 5º uma vez a mistura pronta, conforme as especificações, transfere-se a mistura para outro equipamento.

Exercício 5.2.1) O equipamento a seguir processa a mistura de um líquido com um pó, com o líquido sendo adicionado a uma vazão de 2,4 m^3/h (ou 2.400 litros por hora). Com os dados, pede-se: a) qual o volume máximo de líquido, sabendo que o nível chega a 0,5 metro da parte cilíndrica; b) considerando o peso específico do líquido igual a 1.200 kgf/m^3, determinar o peso máximo de líquido e c) qual a velocidade do líquido (m/h), que está sendo adicionado, quando o nível está a 2 metros do vértice do cone, que é quando o agitador é acionado.

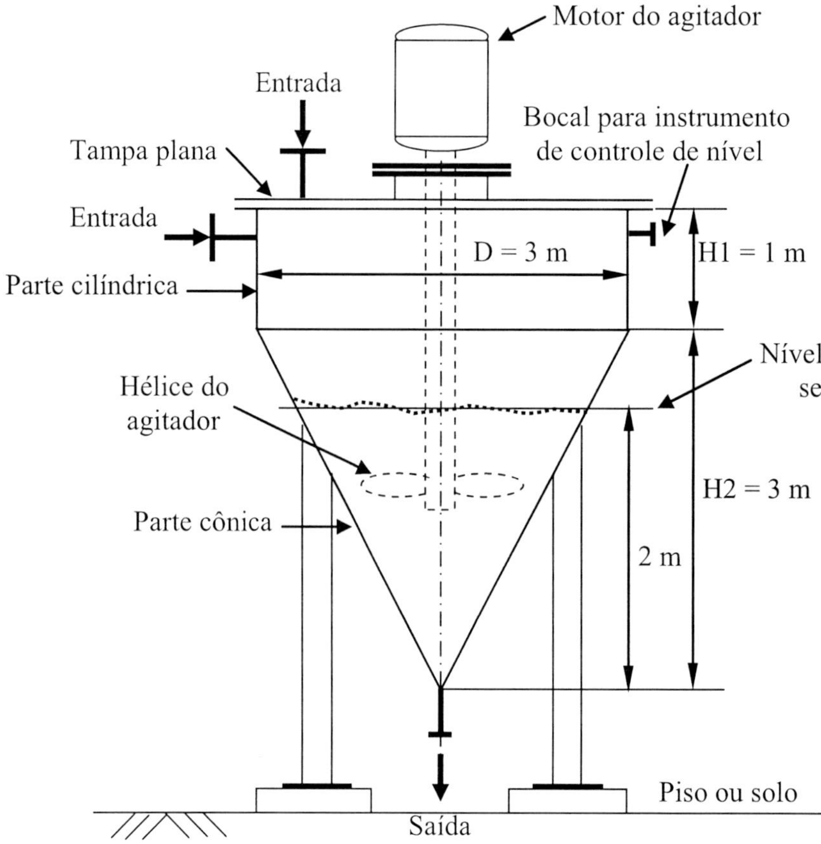

Observa-se que o líquido inicia a subir a partir do fundo e, à medida que o nível sobe, a velocidade de enchimento diminuí. Isso é explicado pelo fato da vazão ser constante, mas a área ir aumentando.

Esse problema envolve dois cálculos: 1) o volume total e o peso máximo de líquido, calculados por fórmulas geométricas e 2) a velocidade pedida envolve o cálculo de uma diferencial, no caso derivação implícita.

a) Cálculo do volume máximo de líquido

São dois volumes envolvidos: parte cilíndrica: $V_{Cil.} = (\pi D^2/4)0{,}5 = (\pi 3^2/4)0{,}5 = 3{,}53 \text{ m}^3$.

Parte cônica: $V_{Con.} = [(\pi D^2/4)H2]/3 = [(\pi 3^2/4)3]/3 = 7{,}07 \text{ m}^3$.

Volume máximo = 10,6 m^3 (ou 10.600 litros).

b) Cálculo do peso máximo de líquido

Peso = Volume máximo x peso específico => Peso = 10,6 m^3 x 1.200 kgf/m^3 = 12.720 kgf (ou 12,72 tf).

c) Cálculo da velocidade do líquido

V é o volume em m^3 do líquido no equipamento, no instante t.

x o raio em metros da seção do cone, no nível de líquido considerado (ou seja, a 2 m do vértice).

y a altura em metros do líquido no equipamento, no instante t.

A vazão de 2,4 m^3/h é interpretada como: $dV/dt = 2{,}4 \text{ m}^3/\text{h}$.

Pede-se dy/dt quando y = 2 m (nível do líquido em relação ao vértice do cone).

Considerando x como raio e y como altura, o volume do cone é: $V_{Cone} = \dfrac{\pi x^2 y}{3}$.

Como é a função do volume do cone, que será diferenciada (dy/dt), deve-se expressar apenas com uma variável, no caso y, que expressa a altura.

x/y = 1,5 m/3 m => x = 0,5y. Com isso o volume fica: $V_{Cone} = \frac{\pi x^2 y}{3} = \frac{\pi(0,5y)^2 y}{3} = 0,26y^3$.

Diferenciando a equação do volume do cone, em relação a t, tem-se: $dV/dt = (3)(0,26)y^2(dy/dt) =$

$\frac{dV}{dt} = 0,78y^2 \frac{(dy)}{dt} => \frac{dy}{dt} = (dV/dt)/0,78y^2$.

Quando dV/dt = 2,4 m e y = 2 m, tem-se: $\frac{dy}{dt} = (2,4\ m^3/h)/0,78(2\ m)^2 = 0,77$ m/h = 770 mm/h.

A velocidade do líquido, quando o nível está a 2 metros do vértice do cone, é 0,77 m/h ou 770 mm/h.

Observações gerais sobre o problema:

1) Considerando o volume máximo de 10,6 m^3 e uma vazão de enchimento de 2,4 m^3/h, serão necessárias cerca de 4,42 horas (ou cerca de 4 horas e 25 minutos), para se ter o volume máximo.

2) Um dado, também importante, nesses casos, é saber em quanto tempo se dará o enchimento para atingir a altura de 2 m a partir do vértice do cone, para acionamento automático do agitador, embora também existam instrumentos automáticos que monitoram o nível e transmitem um sinal para o motor do agitador, evitando um transbordamento.

3) A análise realizada considerou o nível do líquido a 2 m do vértice do cone. Ao calcular a velocidade do líquido, quando o nível estiver a 1 m do vértice, acha-se 3,08 m/h ou 3.080 mm/h.

4) Quando o nível do líquido atinge a linha horizontal da parte cilíndrica, a velocidade de enchimento passa a ser constante, sendo igual à vazão 2,4 m^3/h dividida pela área do círculo do cilindro, igual a 7,08 m^2. Essa velocidade constante fica igual a 0,34 m/h ou 340 mm/h.

Enchimento de uma caixa d'água prismática, com base retangular

Especialmente em países de baixo desenvolvimento, é comum ter-se um abastecimento de água potável de forma irregular, onde nem todo dia circula água nas tubulações que abastecem a população. É por isso que, nesses tipos de países (como é o caso do Brasil), se tem para residências unifamiliares a "famosa" caixa d'água na laje de cobertura. A água vem da concessionária, enche a caixa e então é distribuída para a casa. Ou seja, existe uma "reserva" que, dependendo da dimensão da caixa, pode suprir as necessidades por alguns dias.
Em edifícios ou unidades multifamiliares, em geral, o sistema é diferente. Existe uma grande caixa, chamada cisterna, localizada no nível do solo ou até um pouco abaixo, por onde chega a água da concessionária. Essa água da cisterna é bombeada (via bomba centrífuga), de tempos em tempos, para uma caixa d'água localizada na parte mais alta do edifício e daí é distribuída (por gravidade), para os apartamentos.

Exercício 5.2.2) Um prédio comercial tem uma cisterna prismática de base retangular, no nível do primeiro subsolo, com as seguintes dimensões: largura 5 m, comprimento 10 m e altura 1,2 m. Supondo que a cisterna esteja vazia, após a lavagem anual para limpeza e descontaminação, e que a concessionária está a fornecer água à vazão de 18 m^3/h, pede-se: a) em quanto tempo a caixa ficará cheia, com água no nível máximo de 1 m? e b) qual a velocidade ou taxa de enchimento?

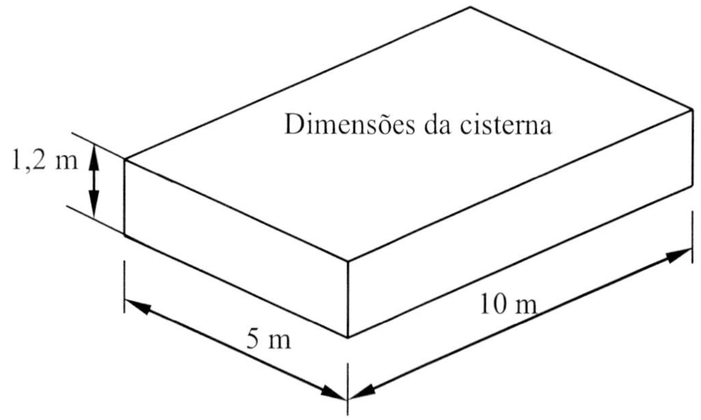

O volume total da cisterna é: 5 x 10 x 1,2 = 60 m^3 (60.000 l)

O volume útil é 5 x 10 x 1 = 50 m^3 (50.000 l).

a) Tempo para enchimento na altura de 1 m:

(50 m^3)/(18 m^3/h) = 2,78 h = 2 horas e 47 minutos.

b) Cálculo da velocidade de enchimento:

A taxa de enchimento é a derivada do volume (no caso 50 m^3) em relação ao tempo.

Considerando o volume V e a H a altura da água no instante t, se tem:

dV/dt = taxa com que a água está enchendo a cisterna. dH/dt = taxa com que o nível da água está subindo.

dV/dt = 18 m^3/h. Para a derivação temos que ter uma relação entre volume V e altura H.

Como a base é retangular: V = área da base x altura H => V = 50H.

Portanto: $\frac{dV}{dt} = 50 \cdot \frac{dH}{dt} \Rightarrow \frac{dH}{dt} = \frac{1}{50} \frac{dV}{dt}$. Como dV/dt = 18 m^3/h, então: $\frac{dH}{dt} = \left(\frac{1}{50\ m^2}\right)(18\ m^3/h) = 0{,}36$ m/h.

Como a taxa de enchimento é 0,36 m/h, para o nível subir 1 m, serão necessárias 2,78 horas.

Observação sobre o problema:

Como o volume não varia com a altura, ou seja, é segundo uma seção ou área constante de 50 m^2, o problema pode ser resolvido usando-se a fórmula que relaciona Vazão (Q), área (S) e velocidade de enchimento (v), ou seja, segundo a hidráulica: Q = Sv, portanto v = Q/S = (18 m^3/h)/50 m^2 => v = 0,36 m/h.

Enchimento de silo piramidal, com particulado para a produção de cimento em pó

Na indústria cimenteira é comum a mistura de pós e particulados, para a produção de um pó que, após passar por um forno rotativo, a alta temperatura, transforma-se em cimento em pó. Um dos equipamentos utilizados para a mistura de pós é um tipo de silo no formato piramidal, como a seguir mostrado.

Exercício 5.2.3) O silo piramidal de base quadrada, a seguir descrito, é utilizado para a mistura de pós, usados na produção de cimento. Sabendo que o pó base é lançado no silo a uma vazão constante de 50 m^3/h (ou 50.000 litros por hora), pede-se: a) o volume total de pó, que o silo contém na sua parte piramidal e b) qual a velocidade de enchimento, quando o pó estiver a 5 metros do vértice da pirâmide?

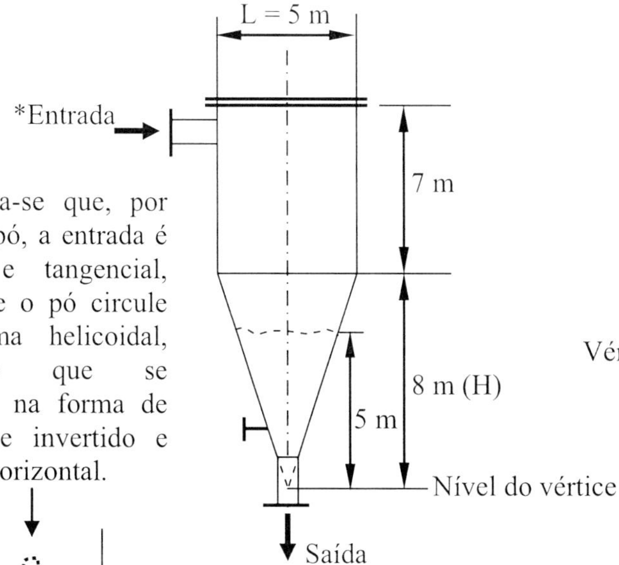

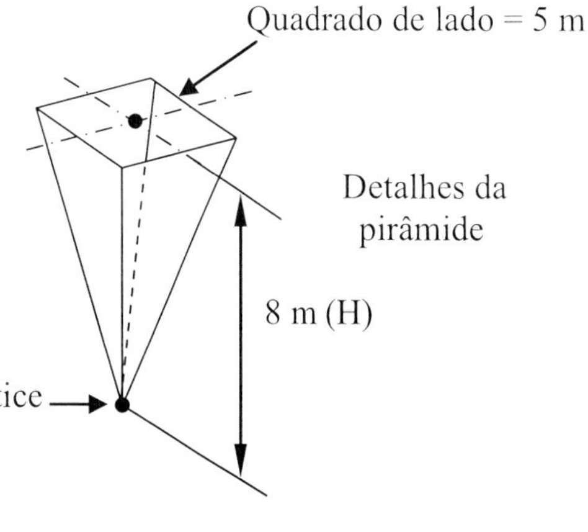

Volume da pirâmide = $\frac{L^2 \cdot H}{3}$

*Observa-se que, por ser um pó, a entrada é lateral e tangencial, para que o pó circule de forma helicoidal, evitando que se deposite na forma de um cone invertido e não na horizontal.

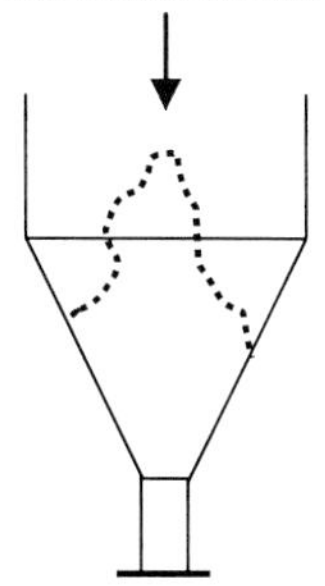

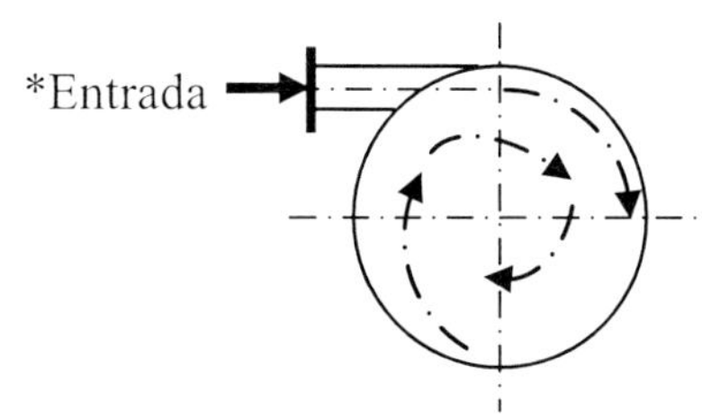

O pó ao entrar por um bocal tangencial no topo, devido a sua velocidade, promove um helicoide para baixo, de forma a depositar o pó praticamente numa horizontal.

a) Cálculo do volume total de pó, na parte piramidal:

$V = = \frac{L^2 \cdot H}{3} = \frac{(5\text{ m})^2 \times 8\text{ m}}{3} = 66{,}67\text{ m}^3.$

b) Cálculo da velocidade de enchimento (dV/dt) para uma altura de 5 metros, em relação ao vértice da pirâmide:

Fazendo x = lado da base da pirâmide e y = altura a partir do vértice, se tem: $V = \frac{x^2 y}{3}$.

Considerando a proporção entre x e y como: $\frac{x}{y} = \frac{5}{8} \Rightarrow x = \frac{5y}{8}$, se tem: $V = \left(\frac{5y}{8}\right)^2\left(\frac{y}{3}\right) = \frac{25y^3}{192} = 0{,}13y^3$.

$V = 0{,}13y^3 \Rightarrow \frac{dV}{dt} = (0{,}39y^2)\frac{dy}{dt} \Rightarrow \frac{dy}{dt} = \frac{dV/dt}{0{,}39y^2}$. Como $\frac{dV}{dt} = 50\text{ m}^3/\text{h}$, logo: $\frac{dy}{dt} = \frac{50\text{ m}^3/\text{h}}{(0{,}39)(5\text{ m})^2} = \frac{50\text{ m}^{\not 3}/\text{h}}{9{,}75\ \not{\text{m}^2}} \Rightarrow$
$\frac{dy}{dt} = 5{,}13\text{ m/h}.$

Conclusão: a) Volume total do silo na parte piramidal é 66,67 m³. b) A velocidade de enchimento, quando o pó estiver a 5 metros do vértice da pirâmide, é 5,13 m/h.

Enchimento de um balão meteorológico

Mesmo com todo o desenvolvimento tecnológico, inclusive com milhares de satélites de pesquisas meteorológicas, na órbita terrestre, para algumas pesquisas, usam-se os balões meteorológicos, que podem subir entre 20 km e 40 km. Esses balões são feitos de borracha natural (produto da árvore seringueira), usam gás hélio ou hidrogênio e, em geral, são lançados com diâmetros entre 1,8 metros e 2,5 metros. À medida que sobem, como a pressão atmosférica diminuí, devido pressão interna do gás, o diâmetro vai se expandindo, até que estoura quando atinge cerca de 6 metros de diâmetro. Esses balões são lançados, tendo pendurados vários instrumentos de medidas e que, enquanto sobem, transmitem os dados coletados.

Exercício 5.2.4) Um balão meteorológico esférico será lançado, cheio de gás hélio, com um diâmetro para um volume de 15 m^3. Sabendo que o gás será fornecido à vazão constante de 4 m^3/min, pede-se: a) Quanto tempo será necessário para encher o balão? b) Qual o diâmetro do balão, ao ser lançado com volume de 15 m^3? e c) Qual a taxa de crescimento do diâmetro do balão, quando o diâmetro chegar a 1 metro?
(Observa-se que, o gás é insuflado no balão, a partir de cilindros metálicos, com o gás a alta pressão. Ou seja, a pressão no interior do balão, devido expansão do seu volume, é muito menor do que a do cilindro).

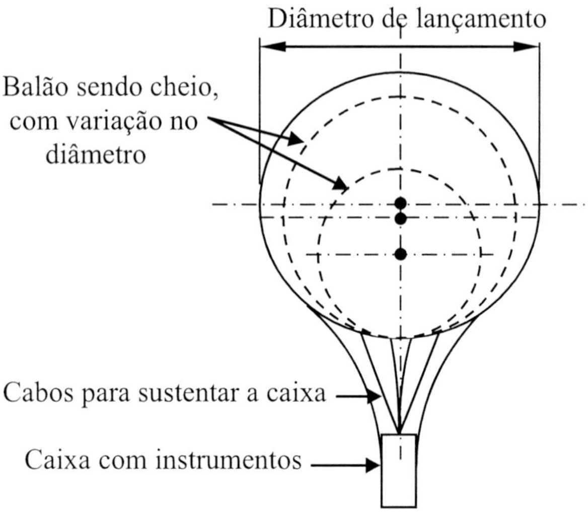

Observa-se que, em verdade, o balão não adquire um formato esférico exato, mas com um alongamento para baixo, no sentido dos cabos que sustentam a caixa com os instrumentos. Apesar disso, o cálculo da taxa de crescimento do diâmetro, fica muito próximo de uma esfera perfeita. Quando o balão estoura, com diâmetro de cerca de 6 metros, ele se apresenta bem deformado.

a) Tempo para enchimento do balão:

Volume de 15 m^3, sendo cheio à vazão constante de 4 m^3/min, significa: $\dfrac{15\ \cancel{m^3}}{4\ \dfrac{\cancel{m^3}}{min}} = 3{,}75$ min ou 3 min e 45 s.

b) Diâmetro do balão, ao ser lançado com volume de 15 m^3:

Volume de uma esfera $= \dfrac{4\pi r^3}{3} = 15\ m^3 \Rightarrow r^3 = \dfrac{(3)(15\ m^3)}{4\pi} \Rightarrow r^3 = 3{,}58\ m^3 \Rightarrow r = 1{,}53$ m. Ou seja: D = 3,06 m.

c) Taxa de crescimento para diâmetro igual a 1 m:

$$V = \frac{4\pi r^3}{3} = \frac{4\pi(D/2)^3}{3} = \frac{4\pi}{3}\left(\frac{D}{2}\right)^3 = \frac{\pi D^3}{6}.$$

Como $V = \dfrac{\pi(D^3)}{6}$, então: $\dfrac{dV}{dt} = \dfrac{\pi}{6}(3D^2)\dfrac{dD}{dt} \Rightarrow \dfrac{dD}{dt} = \dfrac{6(dV/dt)}{3\pi D^2} = \dfrac{2(dV/dt)}{\pi D^2}$. Como: dV/dt = 4 m^3/min, então:

$$\frac{dD}{dt} = \frac{(2)(4\ m^3/min)}{\pi\,(1\ m)^2} = \frac{8\ \cancel{m^3}/min}{\pi\,(1\ \cancel{m^2})} = \frac{8}{\pi}\ m/min = 2{,}55\ m/min = 153\ m/h.$$

Conclusão: a) Serão necessários 3,75 minutos para encher o balão. b) O diâmetro do balão, ao ser lançado com volume de 15 m^3 é de 3,06 m e c) A taxa de crescimento do diâmetro do balão, quando o diâmetro chegar a 1 metro é de 153 m/h.

Redução de volume de uma peça metálica, à medida que vai sendo desbastada, por exemplo, num torno mecânico

Os corpos de revolução de forma cônica podem ser obtidos por diversos processos de fabricação mecânica, dentre os quais o torneamento e a retificação mecânica. No exemplo a seguir, uma peça cilíndrica metálica é desbastada numa máquina chamada torno mecânico, sendo possível, por exemplo, a redução do seu diâmetro e, também a obtenção de trechos cônicos. O torno mecânico, em síntese, é uma máquina onde uma face da peça cilíndrica é fixada em uma placa giratória, e a outra face da peça é fixada em um contraponto, que também permite o giro da peça, ao ser torneada. À medida que a peça gira, uma ferramenta com dureza maior do que o metal a ser trabalhado, avança no sentido radial, reduzindo o diâmetro. Essa operação é chamada desbaste. Observa-se que num torno mecânico também é possível fazer diversas outras operações, tais como abrir roscas e fazer furos. Em geral, a peça cilíndrica vai sendo desbastada aos poucos, ou seja, a redução de diâmetro vai ocorrendo gradativamente, com a ferramenta avançando radialmente, poucos milímetros, de cada vez, até se chegar ao diâmetro desejado.

Lógica de funcionamento de uma peça cilíndrica, sendo desbastada num torno mecânico.

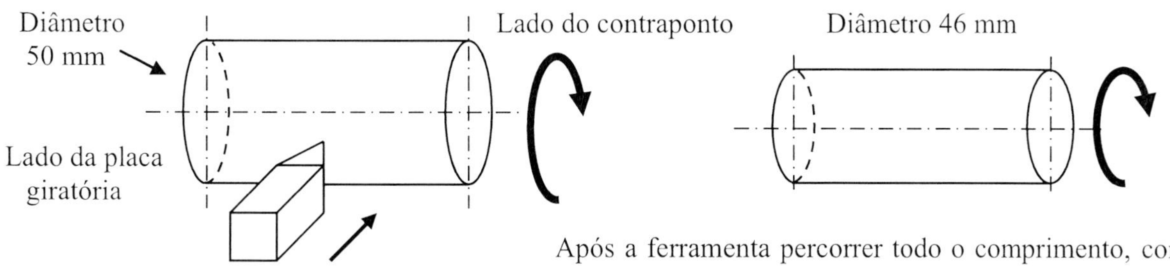

A peça cilíndrica gira e a ferramenta avança radialmente.

Após a ferramenta percorrer todo o comprimento, com um avanço radial de 2 mm, o diâmetro diminui para 46 mm, pois foram retirados a espessura igual a 4 mm.

Exercício 5.2.5) A partir de um cilíndrico metálico de diâmetro 50 mm e comprimento 115 mm, inicia-se um processo de desbaste (ou usinagem) externo num torno mecânico, conforme mostrado nas figuras a seguir. O objetivo é ir gerando uma parte central no formato cônico, como mostrado nos desenhos. Duas dimensões são mantidas fixas: 1ª) na parte à esquerda mantém-se um comprimento cilíndrico de 20 mm e na 2ª) o comprimento total de 115 mm.
Sabendo que, em cada passe, ou seja, em cada desbaste, a ferramenta avança 2 mm, pede-se determinar a taxa de variação do volume total da peça, quando o menor diâmetro, à direita chegar a 18 mm. Observa-se que, sabendo-se essa taxa de variação do volume, pode-se determinar a quantidade em peso do material retirado, em cada passe de 2 mm. Os desenhos a seguir mostram de forma esquemática, como a geometria da peça vai se modificando, à medida que cada passe de 2 mm é concluído. Também se observa que o comprimento não se altera, ou seja, fica constante em 115 mm.

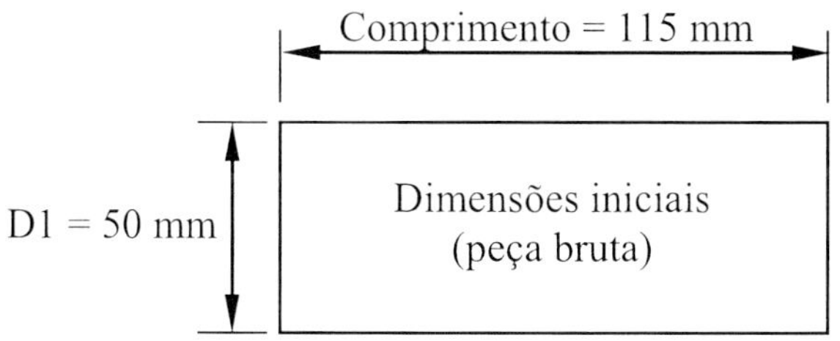

Dimensões finais da peça pronta.

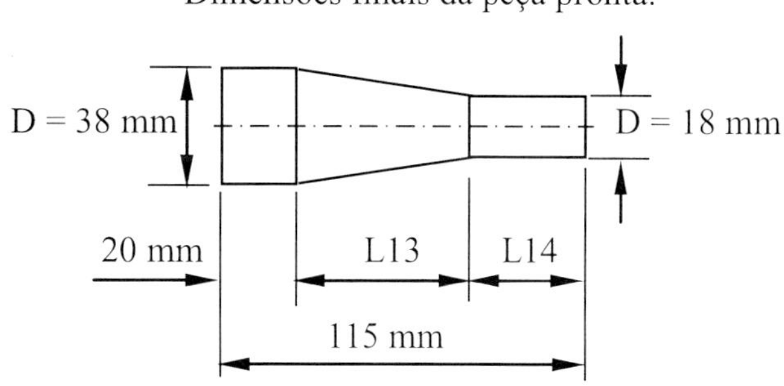

A seguir são detalhadas as dimensões após cada desbaste, omitindo-se a sigla mm (milímetro).

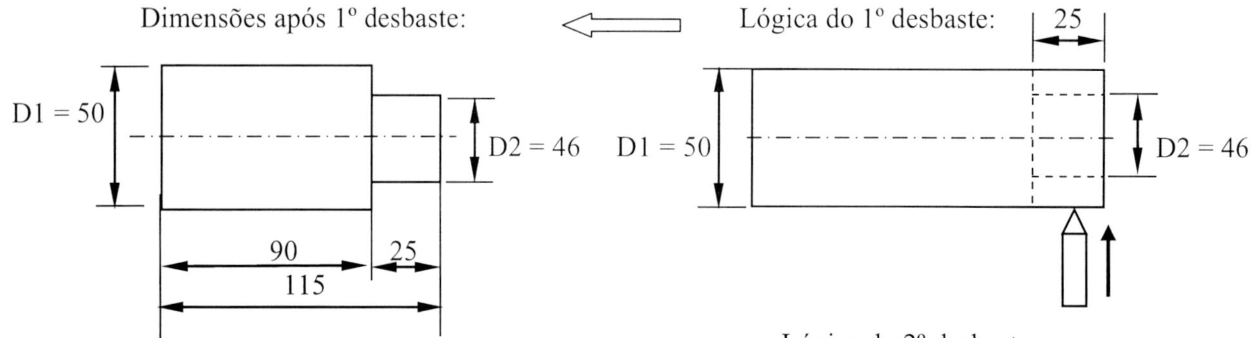

Dimensões após 2º desbaste:

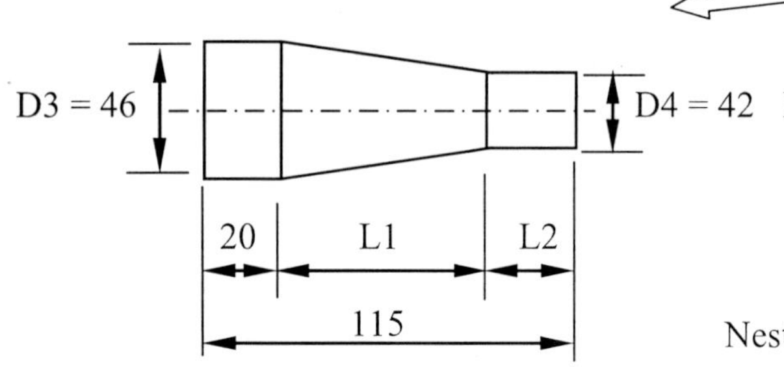

Lógica do 2º desbaste:

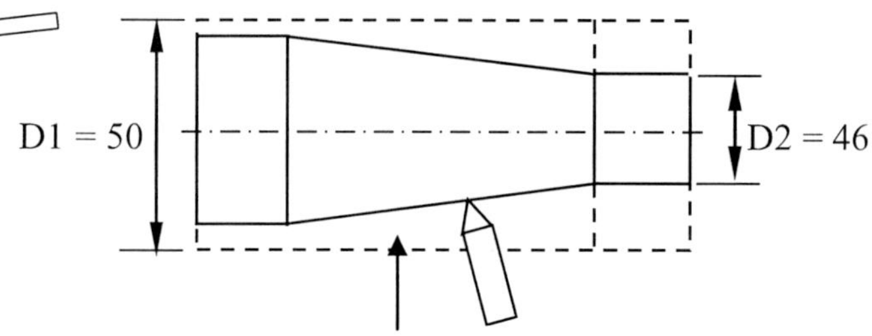

Neste trecho a ferramenta de corte, passa a ficar inclinada, para se gerar o cone, apenas na dimensão L3, pois para desbastar L4, a ferramenta volta para a posição inicial.

Os comprimentos L1 e L2, vão se alterando (L1 diminui e L2 aumenta), à medida que os passes vão sendo executados. O comprimento total se mantém em 115 mm.

Dimensões após 3º desbaste:

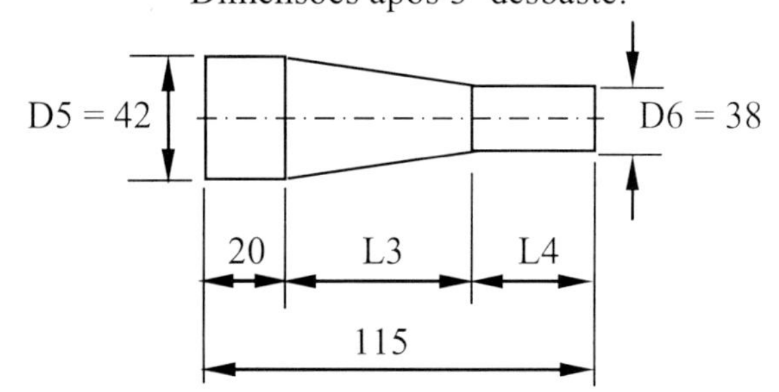

Dimensões após 4º desbaste:

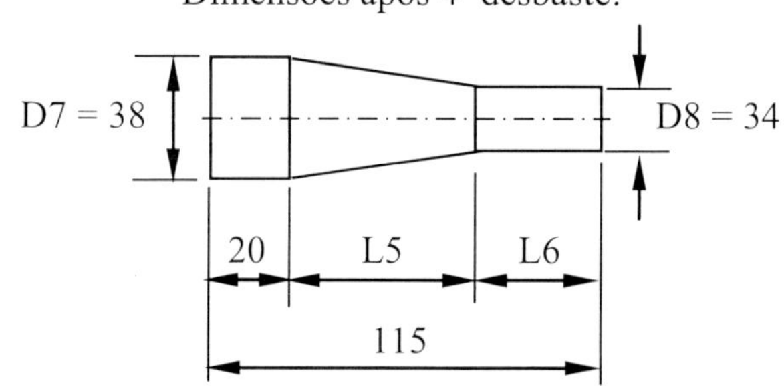

Dimensões após 5º desbaste:

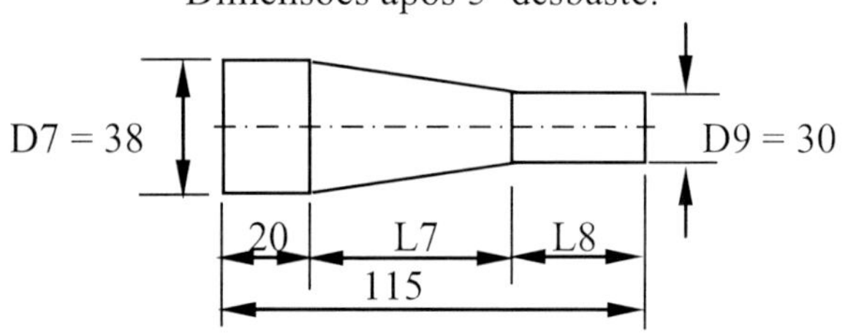

As dimensões finais, são obtidas após o 8º desbaste, como abaixo.

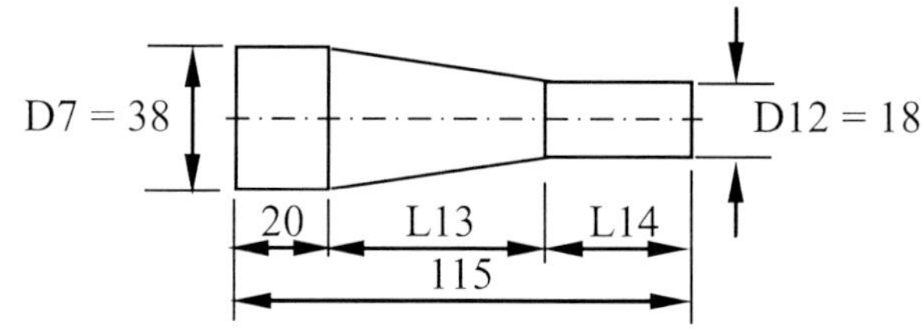

Observa-se que, a vida útil da ferramenta, depende também do número de horas que a mesma retira material, ou seja, existe relação entre o volume de material retirado (chamado cavaco) e o desgaste da ferramenta.

O volume final da peça acabada é dado por: volume do cilindro da esquerda + volume do tronco de cone + volume do cilindro da direita.

a) Volume do tronco de cone:

$V_{Tronco} = \frac{1}{3}\pi h(R^2 + r^2 + Rr)$, onde R é o raio maior e r o raio menor do tronco de cone.

Como: R = 19 mm; r = 9 mm; h = L13, então: $V_{Tronco} = \frac{1}{3}\pi h(19^2 + 9^2 + 19 \times 9) = 641{,}93L13$.

b) Volume do cilindro menor: $V_{Cil.\ Menor} = \left(\frac{\pi \times 18^2}{4}\right)L14 = 254{,}47\ L14$.

c) Volume do cilindro maior: $V_{Cil.\ Maior} = \left(\frac{\pi \times 38^2}{4}\right)20 = 22.682{,}30\ mm^2$.

L total = 115 mm. L13 + L14 = 115 - 20 = 95 mm. L13 = 95 - L14.

$V_{Total} = V_{Cil.\ Maior} + V_{Tronco} + V_{Cil.\ Menor} = 22.682{,}30 + 641{,}93L13 + 254{,}47\ L14$. Como: L13 = 95 - L14, então:

$V_{Total} = 22.682{,}30 + 60.983{,}35 - 641{,}93L14 + 254{,}47L14 \Rightarrow V_{Total} = 83.665{,}65 - 387{,}46L14$.

$\frac{dV}{dp} = -387{,}46\left(\frac{dL14}{dp}\right) \Rightarrow \frac{dV}{dp} = -774{,}92\ mm^3/passe$.

O sinal negativo significa o material que está sendo retirado.

Conclusão: quando o menor diâmetro, à direita, chegar a 18 mm, a taxa de variação do volume total da peça, será de 774,92 mm³/passe.

Exercício 5.2.6) Um tanque cilíndrico horizontal, de tampos planos, usado para estocagem de um tipo de produto químico líquido, tem um metro e meio (1,5 m) de diâmetro interno e 3,2 m de comprimento. Sabendo que através de um bocal superior o líquido entra a uma vazão constante de 2 m^3/h, pede-se: a) qual o volume total do tanque? b) qual a velocidade da subida do líquido, quando o nível estiver a meio metro (0,5 m) do fundo do tanque?

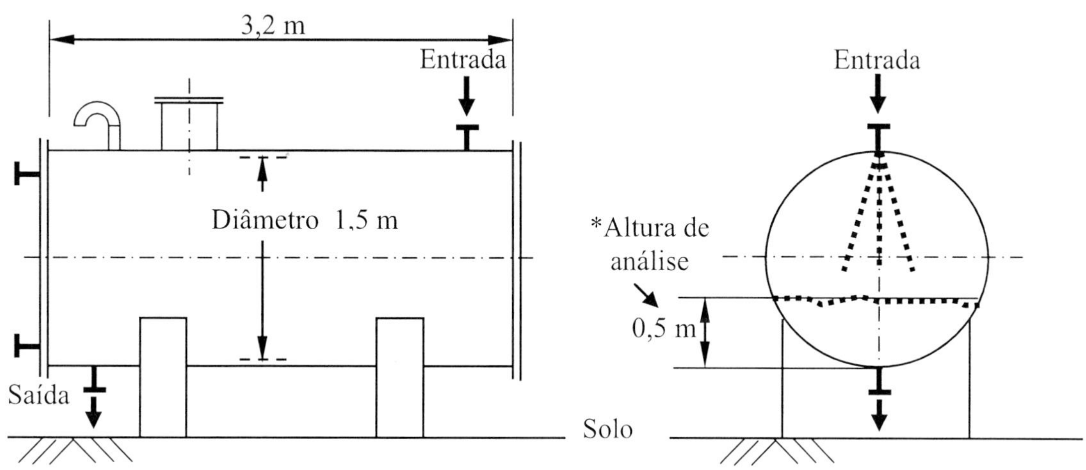

a) Volume total do tanque: $V = \pi R^2 L = \pi(0{,}75)^2(3{,}2) = 5{,}65\ m^3$.

*A análise envolve a área de um segmento circular.

b) Cálculo da velocidade da subida do líquido, quando o nível estiver a meio metro (0,5 m) do fundo do tanque:

Como o líquido entra a uma vazão constante de 2 m^3/h, então: $\frac{dV}{dt} = 2\ m^3/h$.

$V = AL \Rightarrow \frac{dV}{dt} = (3{,}2)\frac{dA}{dt} = 2\ m^3/h \Rightarrow \frac{dA}{dt} = 0{,}625\ m^2/h.$

Análise da área A do segmento circular:

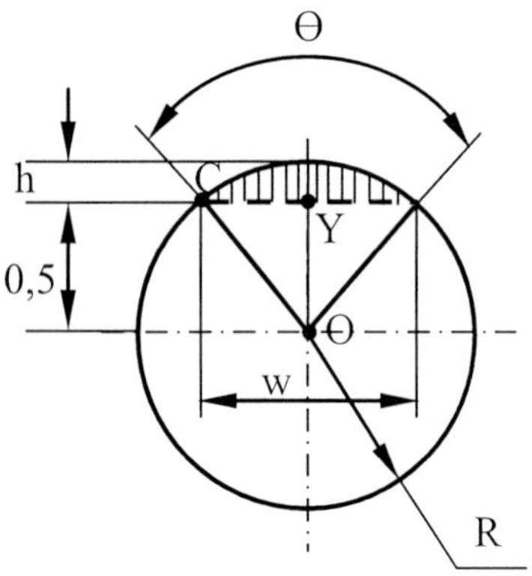

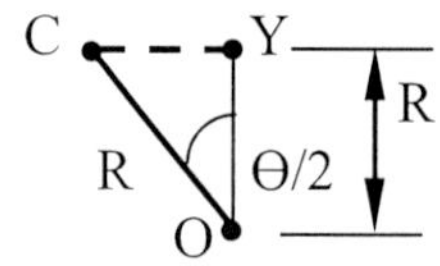

$\Rightarrow \cos \Theta/2 = (R - h)/R.$

Como: h = 0,5

$$\text{Área} = \frac{R^2}{2} \cdot \pi\left(\frac{\Theta - \text{sen}\ \Theta}{180^o}\right) \ (\Theta \text{ em graus}).$$

$$A = \frac{0{,}75^2}{2}\left(\frac{\pi\Theta}{180^o} - \text{sen}\ \Theta\right) \Rightarrow \frac{dA}{dt} = (0{,}281)\left(\frac{\pi}{180^o}\right)\frac{d\Theta}{dt} - (0{,}281)\cos\Theta\ \frac{d\Theta}{dt}:$$

$$A = (0{,}281)\frac{d\Theta}{dt} - (0{,}281)\cos\Theta\ \frac{d\Theta}{dt} = 0{,}625\ m^2.$$

$$0{,}625 = (0{,}281)\frac{d\Theta}{dt} - (0{,}281)\cos\Theta\ \frac{d\Theta}{dt} \Rightarrow 0{,}625 = \frac{d\Theta}{dt}(0{,}281 - 0{,}281\cos\Theta) \Rightarrow \frac{d\Theta}{dt} = \frac{0{,}625}{(0{,}281 - 0{,}281\cos\Theta)} \ (I).$$

$$\cos\frac{\Theta}{2} = \frac{(R - h)}{R} = \frac{(0{,}75 - 0{,}5)}{0{,}75} = 1/3. \ \text{arc cos}\ (1/3) = 70{,}53^o \Rightarrow \Theta = 141{,}06^o = 2{,}46\ \text{rad.} \Rightarrow \cos\Theta = -0{,}778.$$

Substituindo $\cos\Theta = -0{,}778$, em (I): $\frac{d\Theta}{dt} = \frac{0{,}625\ m^2}{[0{,}281\ m^2 - 0{,}281\ m^2\ (-0{,}778)]} = \frac{0{,}625\ m^2}{0{,}5\ m^2} = 1{,}25$ rad./h.

$$\frac{dV}{dt} = R\left(\frac{d\Theta}{dt}\right) = (0{,}75\ m)(1{,}25\ \frac{rad}{h}) = 0{,}94\ m/h.$$

Conclusão: a velocidade da subida do líquido, quando o nível estiver a meio metro (0,5 m) do fundo do tanque será de 0,94 m/h.

Exercício 5.2.7) Um balão esférico de material elástico, está cheio de gás Hélio, com volume de 3 m^3. Supondo que por um bocal na parte inferior, faz-se a saída do gás a uma vazão constante de 1 m^3/h, pede-se: a) Para o volume de 3 m^3, qual o diâmetro do balão? b) Qual o volume, quando o diâmetro for 2 m? e c) Qual a taxa de variação do diâmetro, quando o diâmetro atingir 1 m?

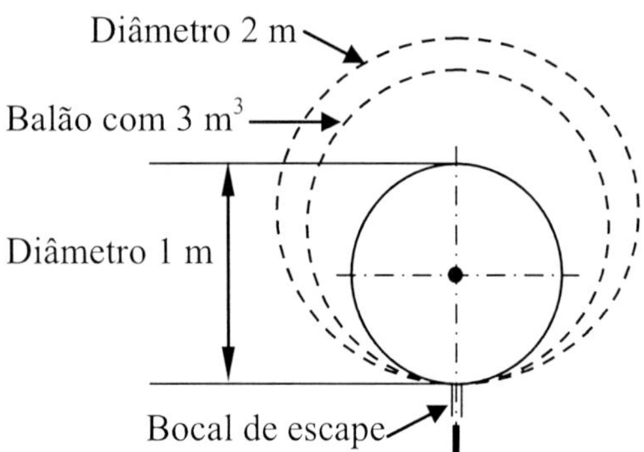

a) Diâmetro do balão para volume de 3 m^3:

$$V = \frac{4\pi R^3}{3} \Rightarrow 3\ m^3 = \frac{4\pi R^3}{3} \Rightarrow R^3 = 0{,}7162 \Rightarrow R = 0{,}895\ m.$$

Diâmetro para volume de 3 m^3 = 1,79 m.

b) Volume do balão para diâmetro de 2 m: (raio = 1 m).

$$V = \frac{4\pi R^3}{3} \Rightarrow V = \frac{4\pi(1)^3}{3} = 4{,}189\ m^3.$$

Volume para diâmetro de 2 m = 4,189 m^3.

c) Cálculo da taxa de variação do diâmetro, quando o diâmetro atingir 1 m:

$$D = 1\text{ m}: V = \frac{4\pi}{3}\left(\frac{D}{2}\right)^3 = \frac{4\pi}{3}\left(\frac{D^3}{8}\right) = \frac{\pi D^3}{6} \Rightarrow \frac{dV}{dt} = \frac{\pi}{6}(3D^2)\frac{dD}{dt} \Rightarrow \frac{dD}{dt} = \frac{2(dV/dt)}{\pi D^2} \Rightarrow \frac{dD}{dt} = \frac{2 \times 1}{\pi(1)^2} = \frac{2}{\pi} = 0{,}637 \text{ m/h.}$$

A taxa de variação do diâmetro, quando o diâmetro atingir 1 m é de 0,637 m/h.

Exercício 5.2.8) O reservatório metálico, a seguir desenhado, está sendo esvaziado, após ser cheio de água, para que o reservatório fique limpo e receba um novo fluido. O volume V de água no reservatório, em litros, t horas após o escoamento da água ter iniciado a sair é dada por: $V = 40(100 - t)^2$. Com esses dados pede-se; a) A taxa de variação do volume de água no reservatório após 6 horas de escoamento e b) O volume de água que sai do reservatório nas 5 horas iniciais de esvaziamento.

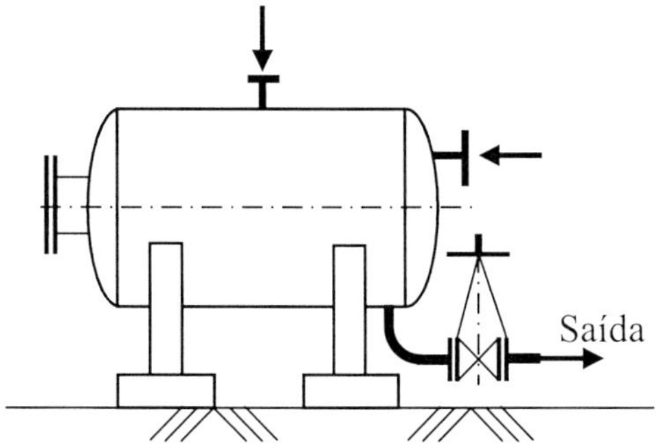

a) Taxa de variação do volume de água, após 6 horas:

$V = 40(100 - t)^2 \Rightarrow \frac{dV}{dt} = 80(100 - t)(-1) = -80(100 - t) \Rightarrow$

$\frac{dV}{dt} = -80(100 - 6) =$ **-7.520* litros/hora**.

(*valor negativo, pois é saída).

b) Volume de água que sai do reservatório nas 5 horas iniciais:

$V = V(0) - V(5) = 40(100)^2 - 40(100 - 5)^2 =$

$= 400.000 - 361.000 =$ **39.000 litros**.

Exercício 5.2.9) Um matemático está auxiliando um engenheiro no seguinte problema: uma haste vertical de uma máquina de embalagem, de um produto farmacêutico, tem que seguir a trajetória da parábola $y = +x^2$, de forma que o percurso em x (abscissa) varie a uma velocidade constante de 5 cm/s. Para esses dados, o engenheiro precisa saber a velocidade da haste, quando a abscissa x for igual a 6 cm. Ou seja, o valor de y.

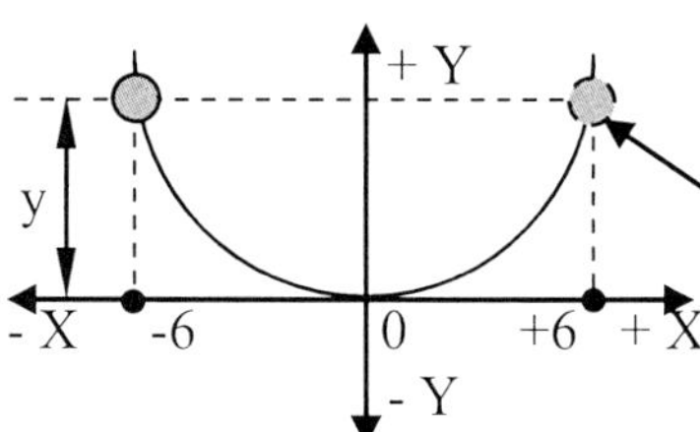

Modelo matemático do problema:
parábola $y = +x^2$,
no intervalo: $-6 \le x \le +6$

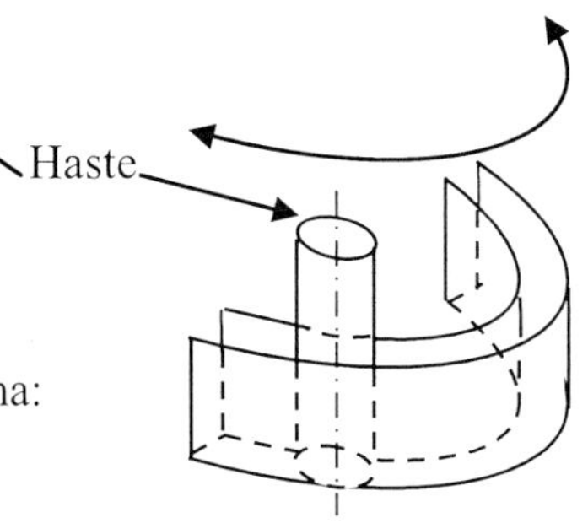

É assim que a haste funciona, dentro de uma calha, em aço inoxidável, seguindo o movimento de ida e volta, e segundo a trajetória parabólica $y = +x^2$.

$y = +x^2 \Rightarrow \frac{dy}{dt} = \frac{dy}{dx}\frac{dx}{dt} = 2x\frac{dx}{dt}$. Como $\frac{dx}{dt} = 5$:

$dy/dt = (5)(2x) = 10x$. Como $x = 6$, portanto:

$dy/dt = (10)(6) = 60$, ou seja:

Conclusão: para x = ± 6 cm, a velocidade da haste é de 60 cm/s.

5.2.10) Sabendo-se que uma bola esférica elástica está sendo cheia de ar, calcular a taxa de variação do volume dessa bola, quando o raio cresce à razão de 5 cm/s, no momento em que o raio mede 10 cm.

O volume V de uma esfera é dado por: $V_{esfera} = \frac{4\pi r^3}{3}$.

A taxa de variação do raio r em função do tempo s é dada por: $dr/dt = 5$ cm/s.

A taxa de variação instantânea do volume é dada pela derivada de: $V = \frac{4\pi r^3}{3} \Rightarrow V' = \frac{dV}{dt} = 4\pi r^2 5 \text{ cm}^3/\text{s}$.

Quando r = 10 cm $\Rightarrow \frac{dV}{dt} = (4)(3{,}1416)(100) \text{ cm}^3/\text{s} = 6.283{,}2 \text{ cm}^3/\text{s}$.

Conclusão: a taxa de variação do volume da bola, quando raio igual a 10 cm é de 6.283,2 cm³/s.

5.2.11) Dois carros partem de um cruzamento no mesmo momento. Considerando que um dos carros parte no sentido Norte a 80 km/h e o outro no sentido Leste a 60 km/h, determinar a taxa de aumento da velocidade entre os carros, após duas horas da partida.

Representando o problema com um gráfico cartesiano, após as duas horas da partida, tem-se a seguinte imagem:

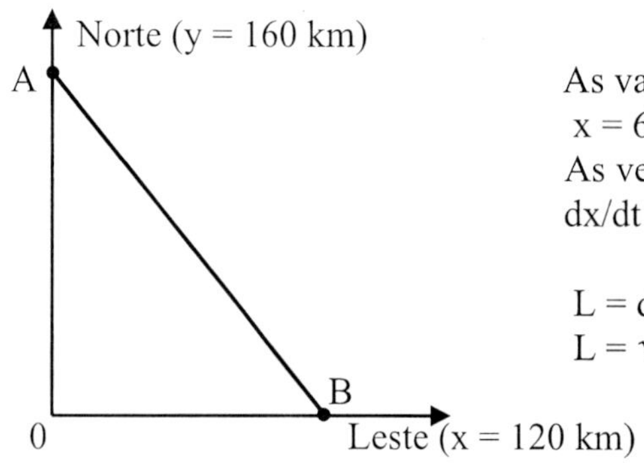

As variáveis x e y podem ser expressas pelas equações: $x = 60t$ e $y = 80t$.
As velocidades são dadas pelas derivadas: $dx/dt = 60$ e $dy/dt = 80$.

L = distância entre os pontos A e B => $L^2 = x^2 + y^2$.
$L = \sqrt{120^2 + 160^2} = 200$ km.

Para derivar a expressão de L^2 usa-se o conceito de derivação implícita, em relação a t, ou seja:

$$L^2 = x^2 + y^2 \Rightarrow 2L = 2x + 2y \Rightarrow 2L\frac{dL}{dt} = 2x\frac{dx}{dt} + 2y\frac{dy}{dt} \text{ ou } \frac{dL}{dt} = \frac{2x\frac{dx}{dt} + 2y\frac{dy}{dt}}{2L}.$$

Como: $dx/dt = 60$ e $dy/dt = 80$, dL/dt fica: $\frac{dL}{dt} = \frac{2x\,60 + 2y\,80}{2L} \Rightarrow \frac{dL}{dt} = \frac{60x + 80y}{L}$.

Após duas horas da partida L = 200 km, portanto: $\frac{dL}{dt} = \frac{(60)(120) + (80)(160)}{200} \Rightarrow \frac{dL}{dt} = 100$ km/h.

Conclusão: após duas horas da partida, a taxa de aumento da velocidade entre os carros é de 100 km/h.

5.3 Exercícios teóricos e aplicados complementares resolvidos

5.3.1) Considerando a esfera metálica a seguir, utilizada para armazenamento de um produto químico na forma líquida, considerando seu diâmetro interno de 10 metros e sendo cheio, por um bocal no topo, a uma vazão de 100 m^3/h, pede-se: a) o volume total da esfera e b) a taxa da velocidade de enchimento, quando o nível do líquido estiver a 7,5 metros do fundo da esfera.

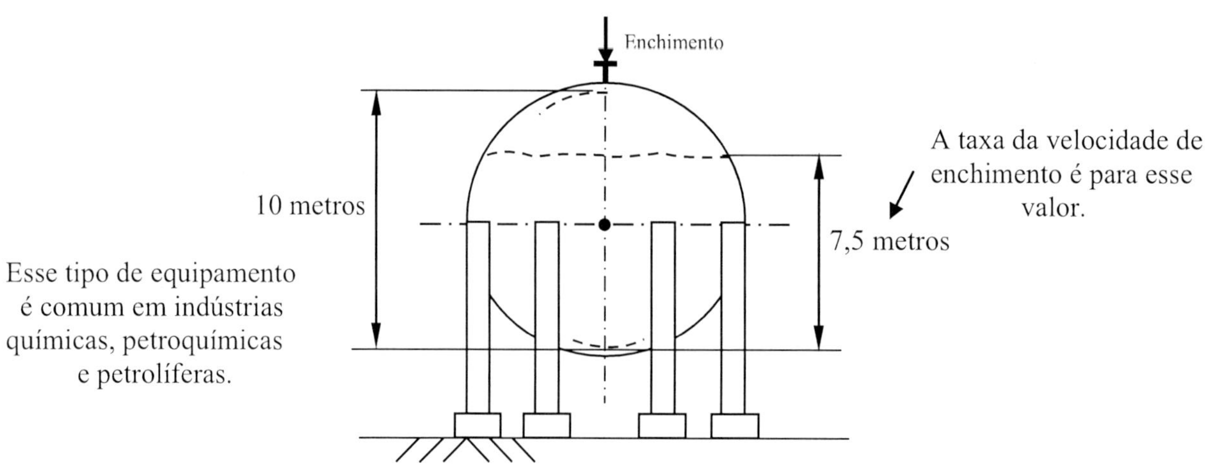

a) Volume total da esfera: $V_{esfera} = \frac{4\pi(R)^3}{3} \Rightarrow V_{esfera} = \frac{4\pi(5)^3}{3} \Rightarrow \mathbf{V_{esfera} = 523{,}6\ m^3}$.

b) Taxa de velocidade de enchimento:

Quando o nível é igual a 7,5 m, a altura h da calota esférica é: h = 10 m - 7,5 m = 2,5 m.

$$\text{Volume calota} = \frac{\pi h^2(3R - h)}{3} \Rightarrow V_{calota} = \pi R h^2 - \frac{\pi h^3}{3} \Rightarrow \frac{dV}{dt} = 2\pi R h\left(\frac{dh}{dt}\right) - \pi h^2\left(\frac{dh}{dt}\right) \Rightarrow$$

$$\frac{dV}{dt} = (2\pi R h - \pi h^2)\left(\frac{dh}{dt}\right) \Rightarrow 100\ m^3/h = [(2\pi)(5\ m)(2{,}5\ m) - (\pi)(2{,}5\ m)^2]\left(\frac{dh}{dt}\right) \Rightarrow$$

$$\frac{dh}{dt} = \frac{100\ m^3/h}{[(2\pi)(5\ m)(2{,}5\ m) - (\pi)(2{,}5\ m)^2} = \frac{100\ m^3/h}{(78{,}54\ m^2 - 19{,}635\ m^2)} = \frac{100\ m^3/h}{58{,}905\ m^2} = 1{,}7\ m/h.$$

Conclusão: a taxa da velocidade de enchimento, quando o nível do líquido estiver a 7,5 metros do fundo da esfera é igual a 1,7 m/h.

5.3.2) Um escultor preparou uma grande forma de madeira, no formato de uma pirâmide de base triangular equilátera, que será cheia de uma massa de concreto magro (sem vergalhões) que, após a secagem do concreto (cerca de cinco dias após), a forma será desfeita, a pirâmide será içada, invertida e colocada de ponta cabeça, assumindo a forma de um obelisco piramidal de base triangular equilátera. Considerando as dimensões a seguir, em metros, e considerando que a massa de concreto será introduzida na forma a uma vazão de 3 m^3/h, pede-se: a) o volume total de concreto, b) Quanto tempo será necessário para que a forma seja toda cheia de concreto? c) o peso total do obelisco, sabendo que o concreto magro tem um peso específico de 2.400 kgf/m^3 e d) qual o valor da velocidade de enchimento, quando o nível de concreto atingir 70% do valor da altura final?

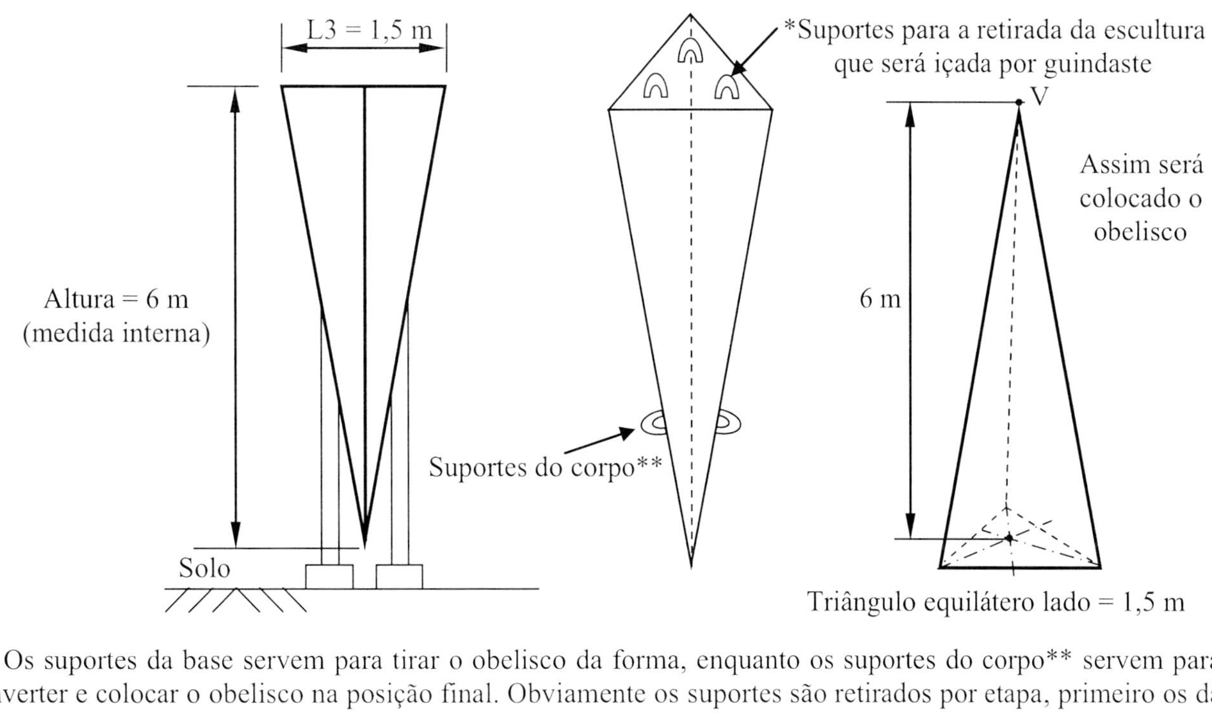

* Os suportes da base servem para tirar o obelisco da forma, enquanto os suportes do corpo** servem para inverter e colocar o obelisco na posição final. Obviamente os suportes são retirados por etapa, primeiro os da base e depois os do corpo.

a) Volume total de concreto:

O volume de uma pirâmide é dado por: $V_{\text{pirâmide}} = \dfrac{\text{Área da base x Altura}}{3}$.

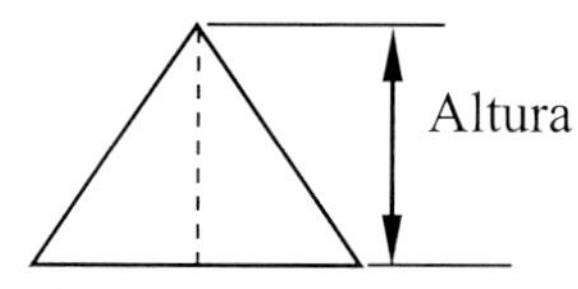

A base é um triângulo equilátero, de lado 1,5 m, cuja área é dada por: $\dfrac{\text{Base x Altura}}{2}$.

A altura do triângulo é dada por: sen 60° = Altura/1,5 m => 0,866 = Altura/1,5 m => Altura = 1,5 m x 0,866: Altura = 1,299 m.

Área do triângulo = $\dfrac{1{,}5\text{ m x }1{,}299\text{ m}}{2} = 0{,}974\text{ m}^2$. $V_{\text{pirâmide}} = \dfrac{0{,}974\text{ m}^2\text{ x }6\text{ m}}{3} = 1{,}948\text{ m}^3$.

Volume total de concreto igual a 1,948 m^3.

b) Tempo t de enchimento da forma:

Vazão de enchimento = 3 m^3/h => t = (1,948 m^3)/(3 m^3/h) = 0,649 h ou 38,94 minutos.

c) Peso total do obelisco: Peso = Peso específico do concreto x volume de concreto do obelisco.

$P = 2.400\ \dfrac{\text{kgf}}{\cancel{\text{m}^3}} \text{ x } 1{,}948\ \cancel{\text{m}^3} \Rightarrow P = 4.675{,}2\text{ kgf.}$

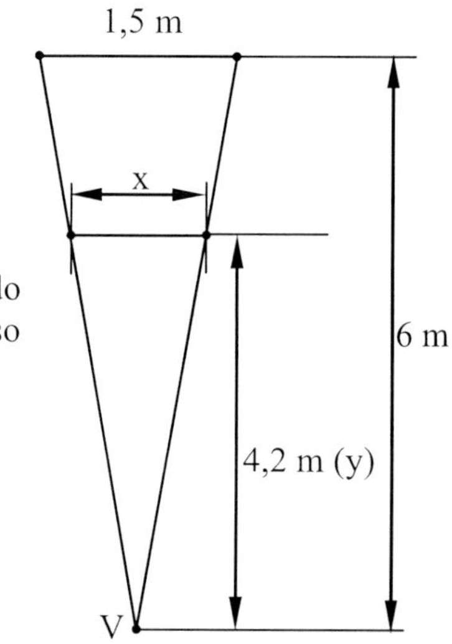

d) Velocidade de enchimento, quando o nível de concreto atingir 70% do valor da altura final H_f:

H = 6 m e 0,7H = 4,2 m. Para este cálculo é preciso analisar a dimensão do lado do triângulo base da pirâmide, quando a altura for de 4,2 m. Para isso faz-se uma semelhança de triângulos, como mostrada à direita:

$\dfrac{x}{y} = \dfrac{1{,}5\text{ m}}{6\text{ m}} \Rightarrow x = \dfrac{(y)(1{,}5\ \cancel{\text{m}})}{6\ \cancel{\text{m}}} \Rightarrow x = 0{,}25y$. Para y = 4,2 m => x = 1,05 m.

O novo triângulo equilátero de lado 1,05 m, tem altura de 1,05 m x 0,866 = 0.91 m. Sua área é: (1.05 x 0.91)/2 = 0.478 m^2.

Em termos de derivadas temos: Volume do novo triângulo = 0,866xy.

$H_f = 0{,}7 \text{ x } H_f = 0{,}7 \text{ x } 0{,}6 = 4{,}2$ m.

$h = \sqrt{1{,}05^2 - 0{,}53^2} = 0{,}906$ m.

x = lado da base da pirâmide e y = altura a partir do vértice = 4,2 m.

$\dfrac{x}{y} = \dfrac{1{,}5}{6} \Rightarrow x = 0{,}25y$. Área do novo triângulo = $\dfrac{(\text{base x})(h)}{2}$.

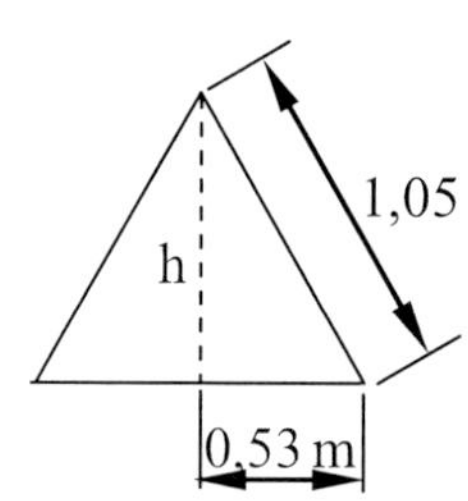

O novo triângulo equilátero de base, quando a altura da pirâmide é igual a 4,2 m tem lado x igual a:

x = 0,25 x 4,2 = 1,05 m. Área novo triângulo = $\dfrac{(0{,}906)(x)}{2} = 0{,}455xy$

Volume da nova pirâmide de altura y = $\dfrac{(\text{Área})(h)}{3} = \dfrac{0{,}455xy}{3} = 0{,}152xy$. Como x = 0,25y, portanto:

$$V = (0{,}152)(0{,}25y)(y) \Rightarrow V = 0{,}038y^2 \Rightarrow \frac{dV}{dt} = (0{,}038)(2y)\frac{dy}{dt} \Rightarrow \frac{dV/dt}{0{,}076y} \Rightarrow \frac{dy}{dt} = \frac{dV/dt}{(0{,}076)(4{,}2)} = \frac{3}{0{,}319} = 9{,}4.$$

Conclusão: o valor da velocidade de enchimento dy/dt, quando o nível de concreto atingir 70% do valor da altura final será de 9,40 m/h.

5.3.3) Uma pedra é jogada, na vertical, de cima de um galho de uma árvore, sobre a superfície de um lago, formando ondas circulares crescentes e concêntricas. Sabendo que o diâmetro das ondas aumenta a uma taxa de 20 cm/s, pede-se determinar a taxa de crescimento da área das ondas, quando o diâmetro for igual a 80 cm.

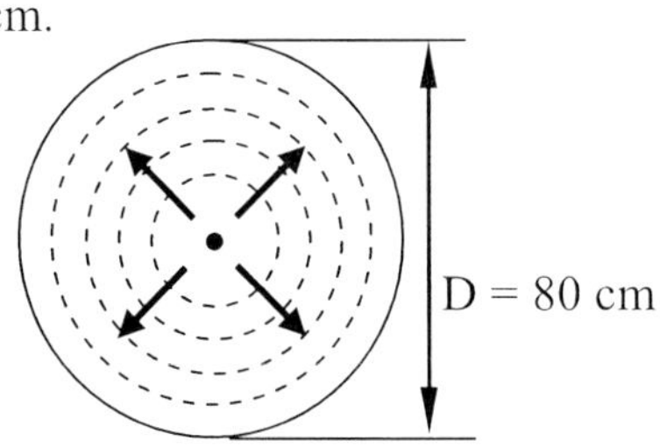

dD = 20 cm/s. Perímetro do círculo: $P = \pi D$ e área $S = \pi D^2/4$.

$$\frac{dS}{dt} = \pi(2D)\left(\frac{dD}{dx}\right) = 2\pi(80)(20) = 10.053{,}1 \text{ cm}^2/\text{s}.$$

Conclusão: quando o diâmetro for igual a 80 cm, a taxa de crescimento da área das ondas será de 10.053,1 cm²/s.

5.3.4) Uma lâmpada está pendurada a 5 metros do chão. Se uma pessoa com 1,75 metros de altura caminha afastando-se da luz a uma velocidade de 1 m/s, determinar a velocidade (m/s) de crescimento da sombra.

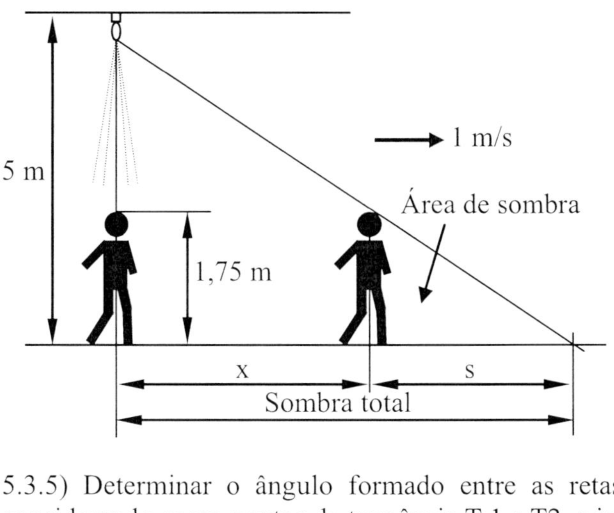

Por semelhança de triângulos temos:

$$\frac{1{,}75}{5} = \frac{s}{x + s} \Rightarrow 5s = 1{,}75(x + s) = 1{,}75x + 1{,}75s:$$

$$3{,}25s = 1{,}75x \Rightarrow s = \frac{1{,}75x}{3{,}25} \Rightarrow s = 0{,}538x.$$

Como s e x são dependentes e variam com o tempo, então: $\frac{ds}{dt} = \frac{ds}{dx} \cdot \frac{dx}{dt} \Rightarrow \frac{ds}{dt} = 0{,}538 \cdot 1 \text{ m/s} \Rightarrow$

$$\frac{ds}{dt} = 0{,}538 \text{ m/s}.$$

Conclusão: a velocidade de crescimento da sombra é de 0,538 m/s.

5.3.5) Determinar o ângulo formado entre as retas tangentes da parábola $+y^2 + 4y - 12x + 28 = 0$, considerando como pontos de tangência T 1 e T2, a interseção da parábola com a reta x = +5.

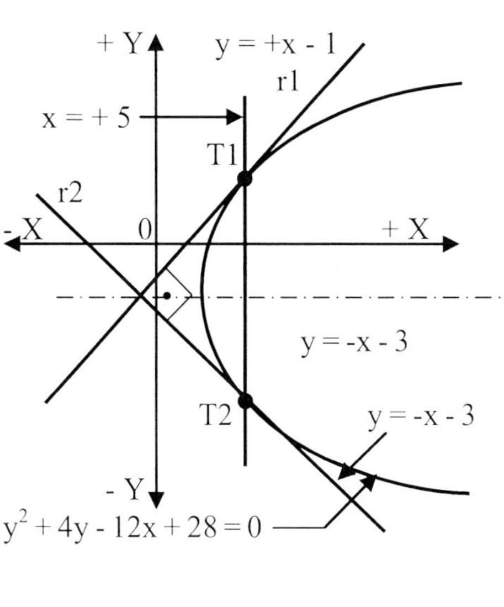

Para $x = +5 \Rightarrow y^2 + 4y - 32 = 0 \Rightarrow y1 = +4$ e $y2 = -8$.
Portanto: T1(+5; +4) e T2(+5; -8).

$$+y^2 + 4y - 12x + 28 = 0 \Rightarrow \frac{dy}{dx} = (2y)\frac{dy}{dx} + 4\frac{dy}{dx} - 12 = 0 \Rightarrow$$

$$\frac{dy}{dx}(2x + 4) = 12 \Rightarrow \frac{dy}{dx} = \frac{12}{2y + 4}.$$ Para $y1 = +4$: $\frac{dy}{dx} = +1 = mr1$.

Para $y2 = -8$: $\frac{dy}{dx} = -1 = mr2$. Equações das retas:

r1 => $(y - 4) = +1(x - 5) \Rightarrow$ **y = +x - 1. Reta r1.**
r2 => $(y + 8) = -1(x - 5) \Rightarrow$ **y = -x - 3. Reta r2.**

Como mr1 = -1/mr2, logo as retas são perpendiculares, ou seja:

As retas r1 e r2 formam 90° entre si.

5.3.6) Determinar o ângulo formado entre as retas tangentes da hipérbole $+y^2/16 - x^2/25 = 1$, considerando como pontos de tangência a interseção da hipérbole com a reta $y = -5$.

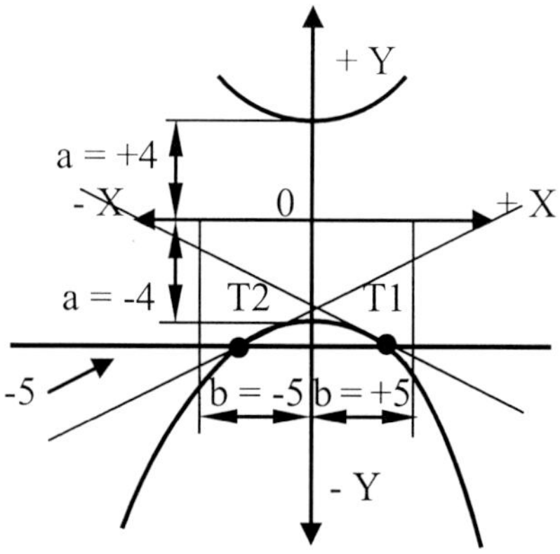

A hipérbole: $\frac{+y^2}{16} - \frac{x^2}{25} = 1$, é do tipo: $\frac{+y^2}{a^2} - \frac{x^2}{b^2} = 1$, com $a = \pm 4$ e $\pm b = 5$.

Trata-se de uma hipérbole com eixo coincidente com o eixo cartesiano Y.

$y = -5 \Rightarrow \frac{25}{16} - \frac{x^2}{25} = 1 \Rightarrow 0{,}0625y^2 - 0{,}04x^2 = 1 \Rightarrow x1 = +3{,}75$ e $x2 = -3{,}75$.

Os pontos de tangências são: T1(+3,75, -5) e T2(-3,75; -5).

$0{,}0625y^2 - 0{,}04x^2 = 1 \Rightarrow 0{,}0625.2y\frac{dy}{dx} - 0{,}04.2x = 0 \Rightarrow +0{,}125y\frac{dy}{dx} = 0{,}08x \Rightarrow \frac{dy}{dx} = +0{,}64\frac{x}{y}$.

$\frac{dy}{dx} = +0{,}64\frac{x}{y}$. Para $x = -3{,}75$ e $y = -5 \Rightarrow \frac{dy}{dx} = +0{,}64\frac{(-3{,}75)}{(-5)} \Rightarrow \frac{dy}{dx} = +0{,}48$. Este é o coeficiente angular da reta tangente no ponto T2.

$\frac{dy}{dx} = +0{,}64\frac{x}{y}$. Para $x = +3{,}75$ e $y = -5 \Rightarrow \frac{dy}{dx} = +0{,}64\frac{(+3{,}75)}{(-5)} \Rightarrow \frac{dy}{dx} = -0{,}48$. Este é o coeficiente angular da reta tangente no ponto T1.

$mr2 = +0{,}48 \Rightarrow \text{arc tg}(+0{,}48) = 25{,}64^\circ$. $mr1 = -0{,}48 \Rightarrow \text{arc tg}(-0{,}48) = -25{,}64^\circ$, ou melhor: $154{,}36^\circ$.

Equação da reta r1: $(y - yT1) = mr1(x - xT1) \Rightarrow y - (-5) = -0{,}48(x - 3{,}75) \Rightarrow y = -0{,}48x + 3{,}2$.

Equação da reta r2: $(y - yT2) = mr2(x - xT2) \Rightarrow y - (-5) = +0{,}48(x + 3{,}75) \Rightarrow y = +0{,}48x - 3{,}2$.

Análise do ângulo formado entre as retas:

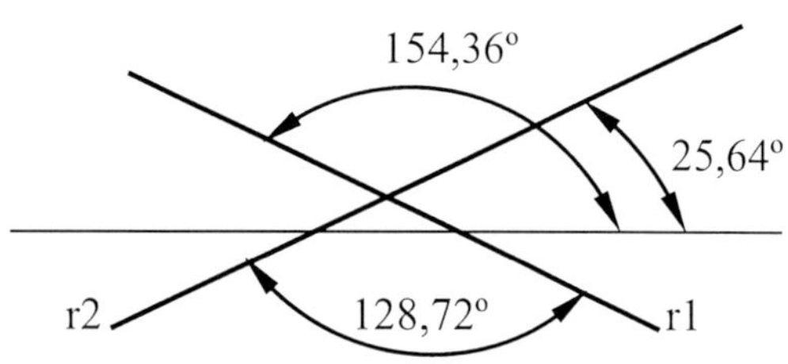

$154{,}36^\circ - 25{,}64^\circ = \mathbf{128{,}72^\circ}$.

5.3.7) Determinar a área do triângulo delimitado pela interseção da reta tangente à função $y = \log_3(x + 2)$, para $x = -1{,}5$, com os eixos cartesianos X e Y. Considere o centímetro como unidade de medida.

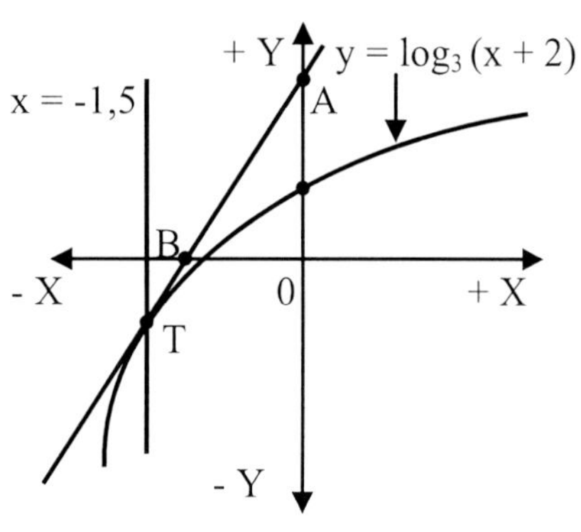

Para $x = -1{,}5 \Rightarrow y = \log_3(-1{,}5 + 2) = \log_3(+0{,}5) = \frac{\log 0{,}5}{\log 3} = -0{,}6309$.

Portanto, o ponto de tangência é T(-1,5; -0,6309).

O triângulo a ser calculado é o 0AB, que é retângulo. Sua área é dada por: $S = (0B)(0A)/2$.

$y = \log_3(x + 2) \Rightarrow y' = \left(\frac{1}{x + 2}\right)(\log_3 e) = \left(\frac{1}{x + 2}\right)\left(\frac{\log e}{\log 3}\right) \Rightarrow$

$y' = \left(\dfrac{1}{x+2}\right)(0{,}91) = \dfrac{0{,}91}{x+2}$. Para x = -1,5 => y' = +1,82, ou seja: o coeficiente mr da reta tangente à função, no ponto x = -1,5.

Equação da reta tangente: (y - yT) = mr(x - xT) => [y - (-0,6309)] = +1,82[x - (-1,5)] =>

y + 0,6309 = +1,82(x + 1,5) => y = -0,6309 + 1,82x + 2,73 => y = +1,82x + 2,099.

Determinação dos pontos A e B: x = 0 => y = +2,099, é o ponto A e y = 0 => x = -1,153, é o ponto B.

Cálculo da área S do triângulo 0AB:

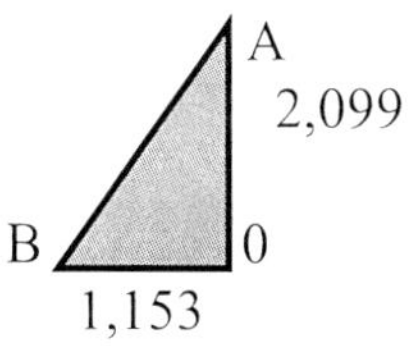

$S = \dfrac{1{,}153 \times 2{,}099}{2} = \mathbf{1{,}21cm^2}$. Esta é a área do triângulo.

5.3.8) Determinar a equação da reta r tangente à função y = +1/(x - 1), no ponto onde a abscissa é x = -0,5.

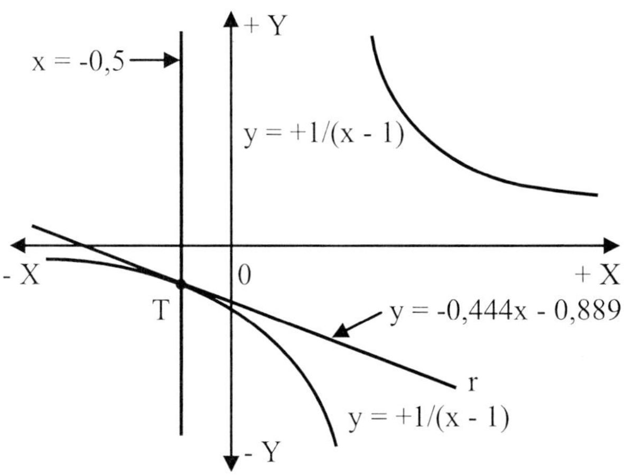

y = +1/(x - 1), para x = -0,5, y = 1/-1,5 = -0,667.

y' = -1/(x - 1)^2, para x = -0,5, y' = -0,444.

Portanto, o coeficiente angular da reta r: mr = -0,444.

Ponto de tangência T(-0,5; -0,667).

Equação da reta tangente: y + 0,667 = -0,444(x + 0,5):

y = -0,444x - 0,889.

5.3.9) Determinar a equação da reta perpendicular (ou reta normal) à reta tangente à função y = cotgh x, quando x = -0,5.

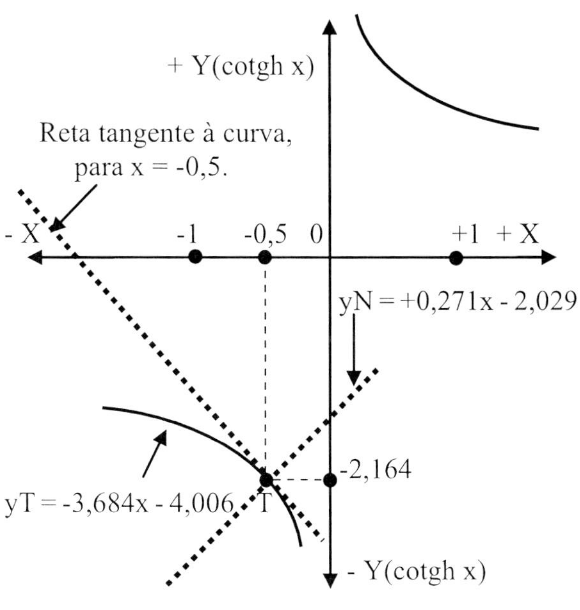

$y = \text{cotgh } x = \dfrac{\cosh x}{\text{senh } x} = \dfrac{\cosh(-0{,}5)}{\text{senh}(-0{,}5)} = \dfrac{1{,}128}{-0{,}521} = -2{,}165.$

y = cotgh x => y' = -cossech^2 x = -cossech^2 (-0,5) =

$= -\dfrac{1}{\text{senh}^2(-0{,}5)} = -\dfrac{1}{(-0{,}521)^2} = -3{,}684.$

Ou seja: o coeficiente angular mT da reta tangente que passa pelo ponto x = -0,5 é -3,684.

Equação da reta tangente:

[(y - (-2,164)] = -3,684[x - (-0,5)] =>
y +2,164 = -3,684x - 1,842 => **yT = -3,684x - 4,006**.

O coeficiente angular da reta normal mN = - 1/-3,684 = = +0,271. A equação da reta normal N fica:

y - (-2,164) = +0,271[x - (-0,5)]: **yN = +0,271x - 2,029**.

5.3.10) Uma fábrica produz mourões de concreto, para uso como cerca. Esses mourões são prismas triangulares de 3 metros de comprimento e triângulos equiláteros de lado 0,2 m (20 cm), produzidos a partir de uma grande forma, onde a massa pastosa do concreto é derramada até a borda. Após a cura, os mourões são retirados e colocados num galpão, para a venda. Sabendo que o tubo de enchimento é colocado no meio do vão de 3 metros, sabendo que o concreto é vazado à vazão de 5,2 litros por minuto*, pede-se: a) o volume, em concreto de cada mourão, b) o tempo, em minutos, para encher a forma e ter um mourão pronto e c) qual a taxa de variação na área do triângulo (cm^2/min), quando a altura de concreto dentro da forma estiver em 0,1 m?

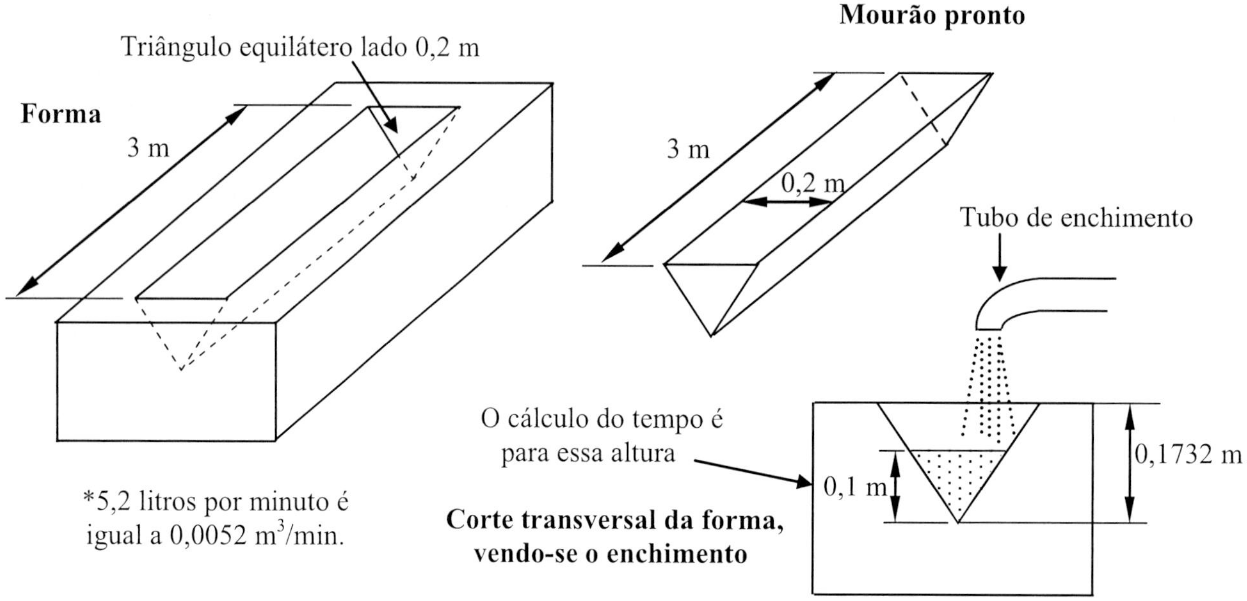

a) Volume de cada mourão, que é um prisma reto triangular:

Volume = área do triângulo x 3 m $\Rightarrow \left(\dfrac{20\text{ cm} \times 17{,}32\text{ cm}}{2}\right) \times 300\text{ cm} \Rightarrow V_{mourão} = 51.960\text{ cm}^3 = 51{,}96\text{ dm}^3$.

Volume de 51,96 dm^3, equivale a 51,96 litros.

b) Tempo em minutos para encher a forma e ter um mourão pronto:

Cada mourão tem o equivalente a 51,96 litros e como a vazão de massa de concreto é 5,2 litros por minuto, portanto serão necessários 51,96 litros/5,2 litros por minuto ou cerca de aproximadamente 10 minutos.

c) Taxa de variação na área do triângulo (cm^2/min), quando a altura de concreto dentro da forma estiver em 0,1 m (ou 10 cm):

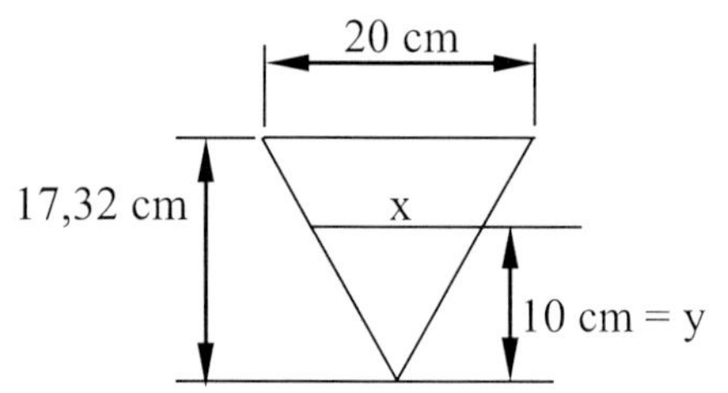

Por semelhança de triângulos: $\dfrac{x}{y} = \dfrac{20\text{ cm}}{17{,}32\text{ cm}} \Rightarrow x = 1{,}155y$.

Volume do triângulo menor: $V = \left(\dfrac{xy}{2}\right)(3) = \left(\dfrac{1{,}155y^2}{2}\right)(3) = 1{,}7325y^2$.

$dV = 1{,}7325(2y)\left(\dfrac{dy}{dt}\right) \Rightarrow \dfrac{dy}{dt} = \dfrac{dV}{3{,}465y}$

Volume V do mourão $= \left(\dfrac{xy}{2}\right)(3\text{ m}) = \dfrac{1{,}155y^2(3)}{2} = 1{,}7325y^2 \Rightarrow \dfrac{dV}{dt} = 1{,}7325(2y)\left(\dfrac{dy}{dt}\right) \Rightarrow \dfrac{dy}{dt} = \dfrac{dV/dt}{3{,}465y} \Rightarrow$

$\dfrac{dy}{dt} = \dfrac{0{,}0052}{(3{,}465)(0{,}1)} = 0{,}015$ m/min. Como: $A = xy = 0{,}5775y^2 \Rightarrow \dfrac{dA}{dt} = 0{,}5775(2y)\dfrac{dy}{dt} \Rightarrow$

$\frac{dA}{dt} = 1{,}155y\left(\frac{dy}{dt}\right) = (1{,}155)(0{,}1)(0{,}015) = 0{,}0017\ m^2/min. = 17\ cm^2/min.$ ← Taxa de variação da área do triângulo.

5.3.11) Em um terminal siderúrgico, um navio está descarregando um tipo de minério na forma de pequenas pelotas (pequenas esferas) a uma taxa de 5 m^3/min, formando uma pilha cônica. Considerando que a altura da pilha é sempre igual ao diâmetro da base, calcular com que taxa (m/min) a altura estará crescendo, quando a pilha estiver com 10 metros de altura.

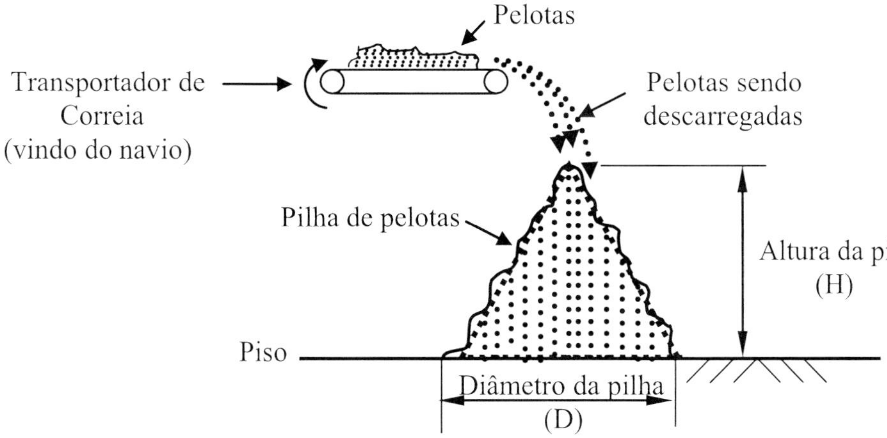

Sempre: H = D

$D = H \Rightarrow 2R = H \Rightarrow R = \frac{H}{2}$. Volume do cone $= \frac{1}{3}(\pi R^2 H) \Rightarrow V_{cone} = \frac{\pi}{3}\left(\frac{H^2}{4}\right)H = \frac{\pi}{12}H^3$.

$$\frac{dv}{dt} = \frac{\pi}{12}(3H^2)\left(\frac{dH}{dt}\right) \Rightarrow \frac{dH}{dt} = \frac{4\left(\frac{dv}{dt}\right)}{\pi H^2} \Rightarrow \frac{dH}{dt} = \frac{(4)(5\ m^3/min)}{\pi(10\ m)^2} = \frac{20\ m^{\not 3}/min}{100\ \pi\ \not m^{\not 2}} = 0{,}064\ m/min.$$

Conclusão: a altura estará crescendo a uma taxa de 0,064 m/min, quando a pilha estiver com 10 metros de altura.

5.3.12) Determinado composto químico, na forma líquida e de alta taxa de evaporação, é colocado em um tanque ao ar livre, para que sofra evaporação da parte líquida e concentre algumas partículas sólidas. Sabendo que o tanque tem o formato de um elipsoide circular, sabendo que a taxa de evaporação é constante e igual a 20 litros por minuto, e considerando as dimensões e dados a seguir, determinar a taxa de variação do seu diâmetro D, quando o nível do líquido atingir o valor de 0,5 metros, a partir do fundo.

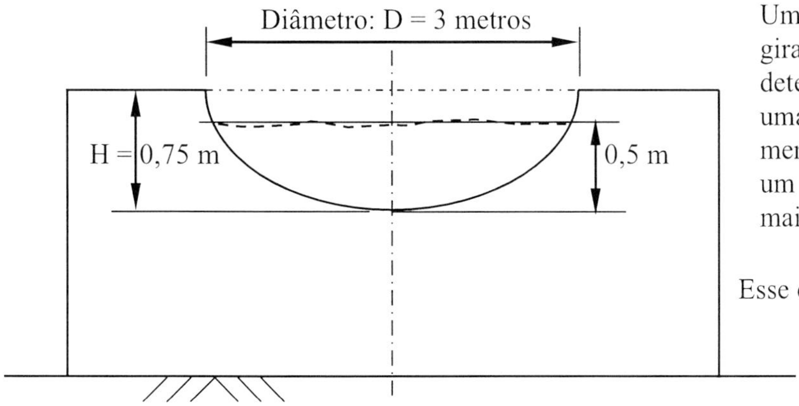

Um elipsoide circular é obtido, quando se gira, por exemplo, uma elipse segundo determinado raio de giração. Nesse caso, uma elipse de eixo maior 2a = 3 m e eixo menor 2b = 1,5 m, foi girada, segundo um raio de 1,5 m, no sentido do seu eixo maior ou na horizontal.

Esse elipsoide tem o seguinte volume total:

$$V = \frac{\pi.\ D^2.\ H}{3}$$

$\frac{dv}{dt} = 20 \times 10^{-3}$ m3/min $= 0{,}02\ m^3/min$. $V = \frac{\pi.\ D^2.\ H}{3} \Rightarrow \frac{dV}{dt} = \frac{\pi}{3}(2D)\left(\frac{dD}{dt}\right)H \Rightarrow \frac{dV}{dt} = \frac{\pi}{3}(6)\left(\frac{dD}{dt}\right)(0{,}5) \Rightarrow$

$\frac{dD}{dt} = \frac{dv/dt}{\pi} = \frac{0{,}02\ m^3/min.}{\pi} = 0{,}006\ m/min.$ **A taxa de variação do diâmetro 3 metros, quando o nível do líquido atingir o valor de 0,5 metros, a partir do fundo é de 0,006 m/min.**

5.3.13) Uma barra, a seguir mostrada, de um material elástico, seção quadrada de lado 3 cm e comprimento 30 cm é submetido a uma força, de modo que a área de sua seção decresce, uniformemente, em 7% por segundo (0,07 cm^2/s). Pede-se determinar a taxa de variação de seu lado, quando a barra estiver com 32 cm, bem como o valor do lado da seção quadrada.

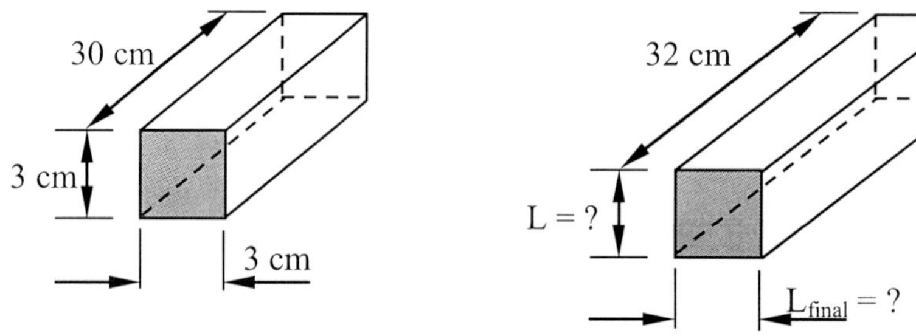

Como o volume é constante: $V_{inicial} = V_{final}$, então: a área inicial da seção transversal $A_i = 3^2 = 9\ cm^2$ e o volume inicial $V_{inicial} = 9\ cm^2 \times 30\ cm = 270\ cm^3$.

Volume final: $V_{final} = 32\ cm \times L_{final}^2 \Rightarrow V_{final} = 32\ cm \times L_{final}^2 = 270\ cm^3 \Rightarrow L_{final} = 2{,}905\ cm$.

Área final: $A_{final} = L_{final}^2 \Rightarrow \frac{dA_{final}}{dt} = 2L\left(\frac{dL}{dt}\right) \Rightarrow \frac{dL}{dt} = \frac{dA_{final}/dt}{2L} \Rightarrow \frac{dL}{dt} = \frac{0{,}07\ cm^{\not 2}/s}{2 \times 2{,}905\ \not{cm}} = 0{,}012 cm/s.$

A taxa de variação do lado, quando a barra estiver com 32 cm de comprimento é de 0,012cm/s.

Como: $V_{inicial} = V_{final} = 270\ cm^3 = (L_{final}^2) \times 32\ cm \Rightarrow L_{final}^2 = \frac{270\ cm^{\not 3}}{32\ \not{cm}} = 8{,}4375\ cm.$

O valor do lado da seção quadrada, quando o comprimento for de 32 cm será de 8,4375 cm.

5.3.14) Uma placa metálica, no formato de um hexágono regular inscrito à circunferência de diâmetro 20 cm, é aquecida e sua área varia à razão de 0,1 cm^2/min. Determine a taxa de variação de sua área, quando o diâmetro da circunferência circunscrita atingir 20,6 cm.

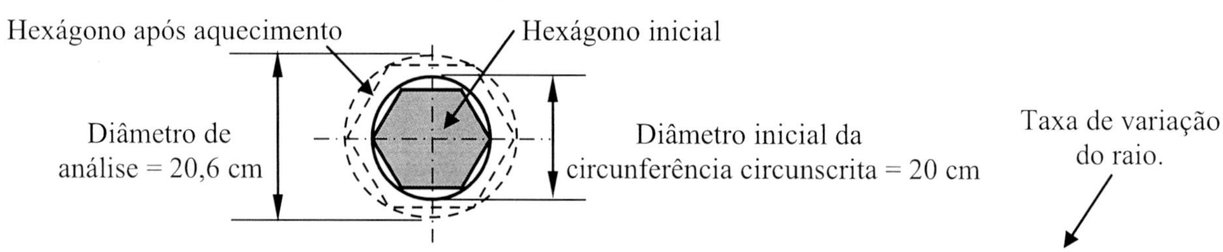

Área do círculo $= \pi R^2 \Rightarrow \frac{dA}{dt} = (2\pi R)\left(\frac{dR}{dt}\right) = 2\pi(10{,}3\ cm)\left(\frac{dR}{dt}\right) \Rightarrow \frac{dR}{dt} = \frac{0{,}1\ cm^2/min.}{(20{,}6\ cm)(\pi)} = 0{,}0015\ cm/min.$

Área do hexágono: $A_H = \frac{6\sqrt{3}\,L^2}{4}$. Como o lado do hexágono inscrito é igual ao raio: $A_H = \frac{6\sqrt{3}\,R^2}{4} = \frac{3\sqrt{3}\,R^2}{2}$.

$\frac{dA_H}{dt} = \frac{(3\sqrt{3})(2R)}{2}\left(\frac{dR}{dt}\right) \Rightarrow \frac{dA_H}{dt} = (3\sqrt{3})(10{,}3\ cm)(0{,}0015\ cm/min.) = 0{,}08\ cm^2/min.$

A taxa de variação da área, da chapa hexagonal metálica, quando o diâmetro da circunferência circunscrita atingir 20,6 cm é de 0,08 cm^2/min.

5.3.15) Uma chapa de aço retangular, com 3 metros de comprimento, 2 metros de largura e 2 centímetros de espessura, para fins de testes de corrosão, é mergulhada em uma solução de água com sal (salmoura). Após um ano descobriu-se que existe uma taxa de corrosão de 0,3 mm/ano (a cada ano a espessura diminui 0,3 mm), em todas as faces. Calcular a taxa de redução do volume total da chapa, quando se descobrir que a área da parte frontal está em 595 cm^2. Observa-se que, para saber o peso de uma chapa, basta multiplicar o seu volume em m^3 pelo peso específico da chapa em kgf/m^3, e que o peso específico do aço é aproximadamente 7.800 kgF/m^3.

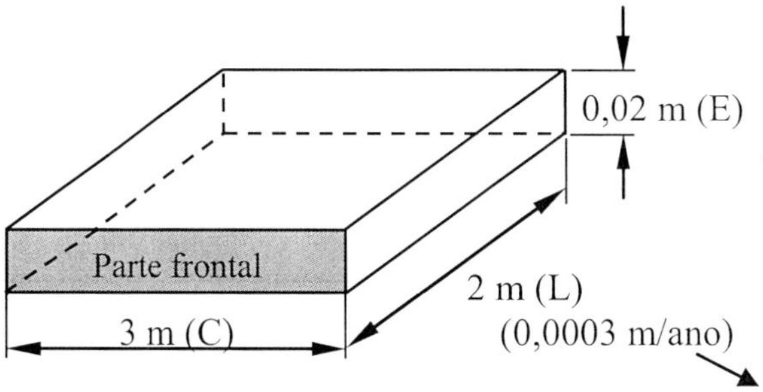

Taxa de corrosão em cada face = 0,3 mm/ano.

Volume da chapa: = 3 m x 2 m x 0,02 m = 0,12 m^3.

Vchapa = (C)(L)(E) => $\dfrac{dV}{dt} = \left(\dfrac{dC}{dt}\right)\left(\dfrac{dL}{dt}\right)\left(\dfrac{dE}{dt}\right)$ =>

$\dfrac{dV}{dt} = (0,3)(0,3)(0,3) = 0,027\ mm^3/ano$. (A).

Em um ano, a área da parte frontal é: A1 = (3 - 0,0003)(0,02 - 0,0003) = 0,0591 m^2 = 591 cm^2.

Como a área 2 ou A2 = 595 cm^2, então: $\dfrac{591\ cm^2}{1\ ano} = \dfrac{595\ cm^2}{x\ ano}$ => $x\ ano = \dfrac{595\ \cancel{cm^2} \times 1\ ano}{591\ \cancel{cm^2}} = 1,007\ ano$.

(A): $\dfrac{dV}{dt} = 0,027\ mm^3/ano$. Pode-se relacionar: $\dfrac{0,027\ mm^3}{1\ ano} = \dfrac{dV2/dt}{1,007\ ano}$ => $\dfrac{dV2}{dt} = \dfrac{0,027\ mm^3 \times 1,007\ ano}{1\ ano}$ =>

$\dfrac{dV2}{dt} = 0,0272\ mm^3$. **Quando se descobrir que a área da parte frontal está em 595 cm^2, a taxa de redução do volume total da chapa será de 0,0272 mm^3.**

5.3.16) Numa indústria química, determinada reação é realizada utilizando-se um líquido que passa por um filtro cônico, e que escoa para um tanque cilíndrico vertical. Considerando o desenho a seguir, com as dimensões em metros, determinar a relação entre dy/dt e dx/dt, quando se põe 4 m^3 do líquido no filtro.

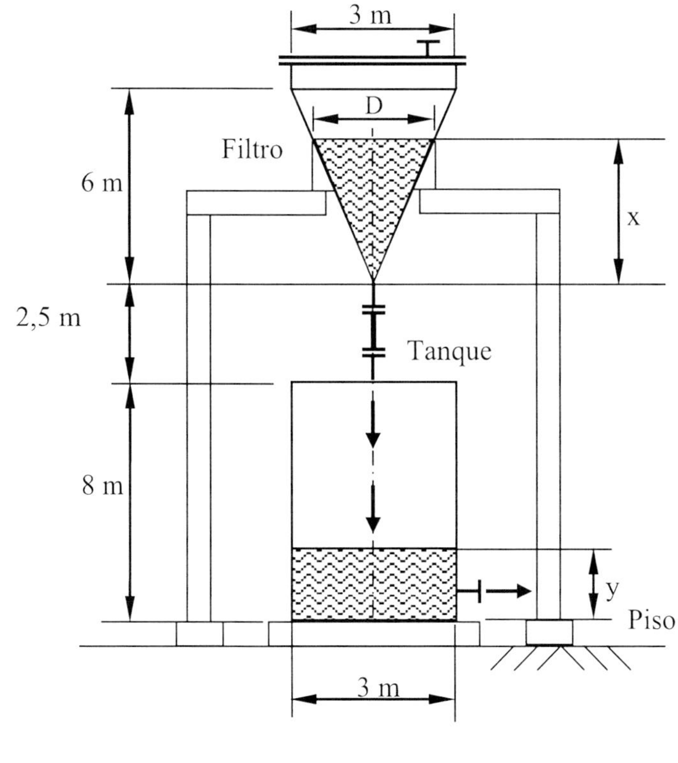

$V_{cone} = \dfrac{1}{3}(\pi R^2 H)$. No cone: $\dfrac{3}{6} = \dfrac{D}{x}$ =>

6D = 3x => D = 0,5x => 2R = 0,5x => R = 0,25x. Substituindo no V_{cone}:

$V_{cone} = \dfrac{\pi}{3}(0,25x)^2(x) = 0,021\pi x^3$ =>

$V_{cone} = 0,066x^3$.

$\dfrac{dV}{dt} = (0,066)(3x^2)\left(\dfrac{dx}{dt}\right) = (0,198x^2)\left(\dfrac{dx}{dt}\right)$.

$\dfrac{dx}{dt} = \dfrac{dV/dt}{0,198x^2} = \dfrac{4\ m^3}{0,198x^2} = \dfrac{20,202}{x^2}$.

$V_{cilindro} = \pi R^2 H = \pi(1,5^2)y = 7,069y$ =>

$\dfrac{dV}{dt} = 7,069\left(\dfrac{dy}{dt}\right)$ => $\dfrac{dy}{dt} = \dfrac{4}{7,069} = 0,566$.

$\dfrac{dy/dt}{dx/dt} = \dfrac{0,566}{20,202/x^2} = 0,028x^2$.

A relação entre dy/dt e dx/dt, quando se põe 4 m^3 do líquido no filtro é $0,028x^2$.

5.3.17) O equipamento abaixo é um vaso de pressão cilíndrico vertical, apoiado sobre pernas e utilizado para estocagem de um gás a baixa temperatura. Seus tampos são calotas hemisféricas e o vaso tem um diâmetro D de dois metros e quatro metros de altura total. Devido a um problema operacional, a calota superior está com uma grossa camada uniforme de gelo, na parte externa. O equipamento está parado e sob a luz solar, para derretimento do gelo. Supondo que a espessura do gelo derrete à razão de 0,8 cm/h, calcular a taxa de variação do volume de gelo, quando a espessura for de 4 cm (0,04 m).

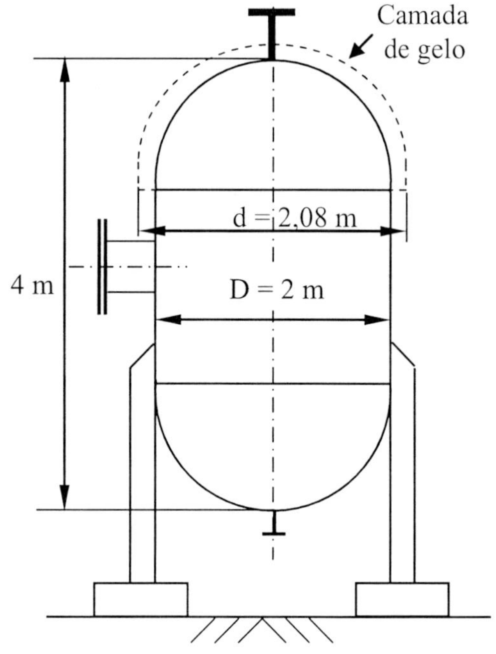

Como são calotas hemisféricas, o volume de cada uma é igual à metade do volume da esfera, correspondente, ou seja: $V_{esfera} = \frac{4\pi(r)^3}{3} \Rightarrow V_{calota} = \frac{2\pi(r)^3}{3}$.

0,8 cm/h = 0,008 m/h.

$$\frac{dV}{dt} = \frac{2}{3}(3\pi r^2)\left(\frac{dr}{dt}\right) = 2\pi r^2\left(\frac{dr}{dt}\right) = 2\pi(1,04\ m)^2(0,008\ m/h) \Rightarrow$$

$$\frac{dV}{dt} = 0,054\ m^3/h.$$

A taxa de variação do volume de gelo, quando a espessura for de 4 cm será de 0,054 m^3/h*.

*0,054 m^3/h = 54 dm^3/h ou 54 litros por hora ou 0,9 litros por minuto.

Capítulo 6

Derivadas de ordem superior, valores de máximos e mínimos, e aplicações específicas do Cálculo Diferencial. A Regra de L'Hôpital, para limites

O cálculo da derivada de segunda ordem permite, por exemplo, a determinação dos pontos de máximos e mínimos, da função, bem como dos pontos de inflexão.

A derivada de uma função y = f(x) num ponto P, *além de mostrar o valor da tangente do ângulo que a reta tangente no ponto da curva forma com o eixo cartesiano X, ou seja, o coeficiente angular da reta tangente, também pode ser utilizada, por exemplo, para o cálculo da derivada de segunda ordem, para mostrar em quais pontos a função possui pontos de valores máximos e mínimos e pontos de inflexão, ou seja, onde passa de crescente para decrescente. O conceito de derivada de segunda ordem é utilizado também para o cálculo de taxas de variação, muito úteis em análises econômicas e financeiras. Nesse capítulo também serão mostradas aplicações específicas das derivadas, como na análise do Lote Econômico de Produção – LEP, muito utilizada para o controle de custos, principalmente em unidades industriais e a Regra de L'Hôpital que possibilita resolver limites com indeterminações do tipo 0/0 e ∞/∞.*

6.1 Derivadas de ordem superior. Interpretação geométrica da primeira e segunda derivada

Seja a função: $y = +3x^5 + x^4 - 2x^3 + x^2 - 5x + 7$. Sua primeira derivada é $f' = +15x^4 + 4x^3 - 6x^2 + 2x - 5$. A derivada dessa "nova" função, ou melhor, a segunda derivada é $f'' = +60x^3 + 12x^2 - 12x + 2$. Derivando novamente, ou melhor, a terceira derivada é $f''' = +180x^2 + 24x - 12$. A quarta derivada é $f^{(4)} = +360x + 24$. A quinta derivada é $f^{(5)} = + 360$ e, finalmente, a sexta derivada é $f^{(6)} = 0$.

As sucessivas derivadas também podem ser expressas, segundo definido por Gottfried Wilhelm Leibniz (1646-1716) como: a primeira dy/dx, a segunda d^2y/dx^2, a terceira d^3y/dx^3, a quarta d^4y/dx^4, quinta d^5y/dx^5, e a enésima derivada d^ny/dx^n. A primeira derivada representa a inclinação da reta tangente à função, no ponto considerado, ou seja, o coeficiente angular da reta tangente à função no ponto considerado. A segunda derivada é definida como a taxa de variação instantânea da primeira derivada em relação a x. Não existem interpretações geométricas para as derivadas a partir da terceira ordem, sendo apenas operações matemáticas. Com relação ao sinal da segunda derivada, se tem que: O sinal da derivada segunda (d^2y/dx^2) de uma função indica a orientação da concavidade de seu gráfico, como a seguir mostrado:

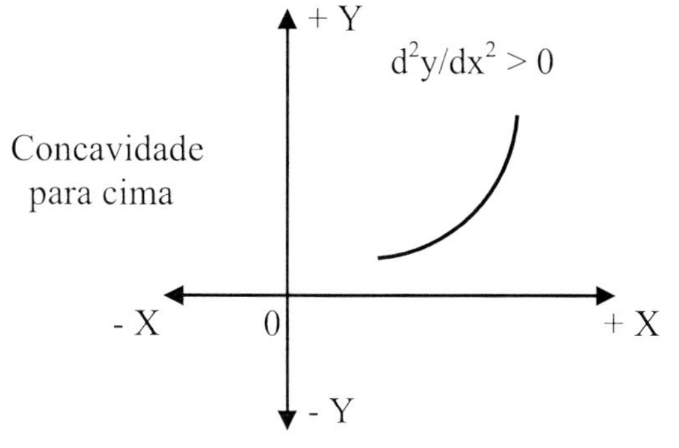

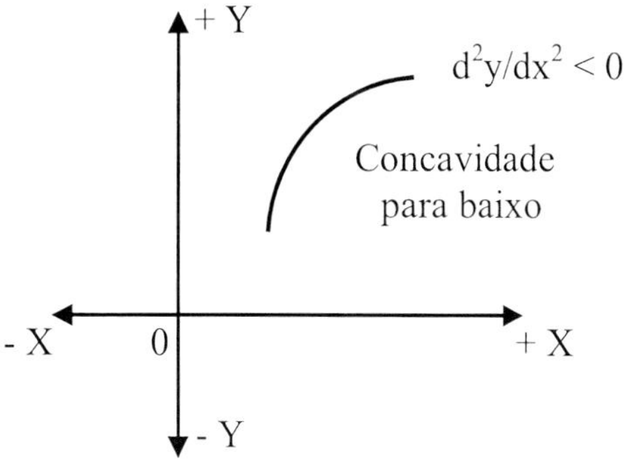

Exercício 6.1.1) Estudar o sinal da derivada segunda (d^2y/dx^2) das funções: a) $y = +x^2 - 2x - 3$ e b) $y = -x^2 - 4x - 3$, esboçando suas imagens geométricas.

a) $y = +x^2 - 2x - 3 \Rightarrow \dfrac{dy}{dx} = + 2x - 2$ e $\dfrac{d^2y}{dx^2} = +2$.

Representa a parábola:

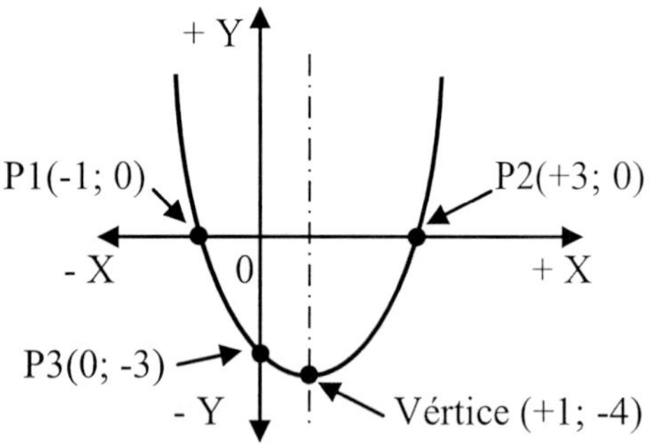

Confirma-se a concavidade para baixo, pois a derivada segunda é positiva:

$\dfrac{d^2y}{dx^2} = +2$

Segundo o parágrafo 6.6: as coordenadas do vértice são dadas por:

$x_v = -b/2a$

$y_V = -\Delta/4a$

$(\Delta = b^2 - 4ac)$

b) $y = -x^2 - 4x - 3 \Rightarrow \dfrac{dy}{dx} = -2x - 4$ e $\dfrac{d^2y}{dx^2} = -2$.

Representa a parábola:

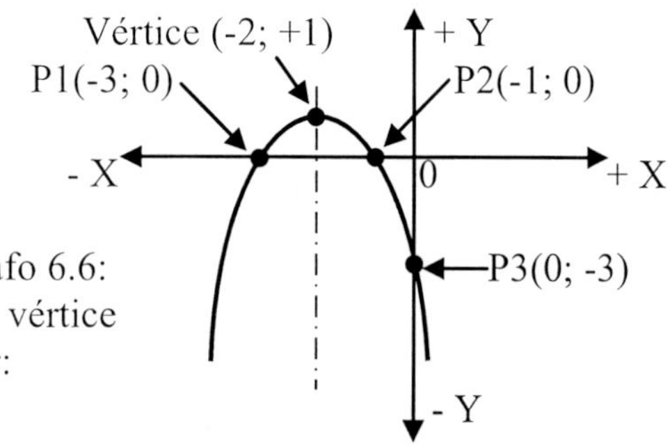

Confirma-se a concavidade para cima, pois a derivada segunda é negativa:

$\dfrac{d^2y}{dx^2} = -2$

6.2 Valores máximo e mínimo de uma função. Ponto de inflexão. Aplicações práticas

Quando uma função passa por um ponto de valor máximo ou mínimo, sua derivada primeira, nesse ponto, é igual a zero, ou seja, a reta tangente à curva no ponto é paralela ao eixo X, pois $dy/dx = 0$, significa que a tangente do ângulo da reta tangente à curva é igual a zero, ou seja, o ângulo é igual a zero. Observa-se que, nem todo ponto de derivada primeira igual a zero, necessariamente é um ponto de valor máximo ou mínimo, pois pode se tratar de um ponto de inflexão. Também se observa que, todo ponto de valor máximo ou mínimo por óbvio é um ponto de inflexão.

O ponto de inflexão de uma curva é onde ocorre alteração do sentido da concavidade, ou seja, é o ponto onde a derivada segunda muda de sinal, que corresponde a uma derivada segunda nula.

Exercício 6.2.1) Estudar as funções do exercício 6.1.1, quanto aos possíveis pontos de valores máximo e mínimo, bem como pontos de inflexão.

a) $y = +x^2 - 2x - 3 \Rightarrow \dfrac{dy}{dx} = +2x - 2$. Quando $x = +1 \Rightarrow \dfrac{dy}{dx} = 0$, ou seja: o ponto (+1; -4) é de valor mínimo.

$\dfrac{d^2y}{dx^2} = +2$: embora não seja igual a zero, a função tem um ponto de inflexão, que coincide com o mínimo.

No vértice da parábola, por óbvio, a reta tangente é paralela ao eixo X.

b) $y = -x^2 - 4x - 3 \Rightarrow \dfrac{dy}{dx} = -2x - 4$. Quando $x = -2 \Rightarrow \dfrac{dy}{dx} = 0$, ou seja: o ponto (-2; +1) é de valor máximo.

$\dfrac{d^2y}{dx^2} = -2$: embora não seja igual a zero, a função tem um ponto de inflexão, que coincide com o máximo.

No vértice da parábola, por óbvio, a reta tangente é paralela ao eixo X (ou seja o ângulo é igual a zero, e a tangente de zero é igual a zero. Derivada igual a zero, ângulo da reta à curva é igual a zero).

Exercício 6.2.2) Estudar a função y = +x + 2sen x, quanto às suas derivadas primeira e segunda, no intervalo fechado entre 0π (0°) e 2π (360°).

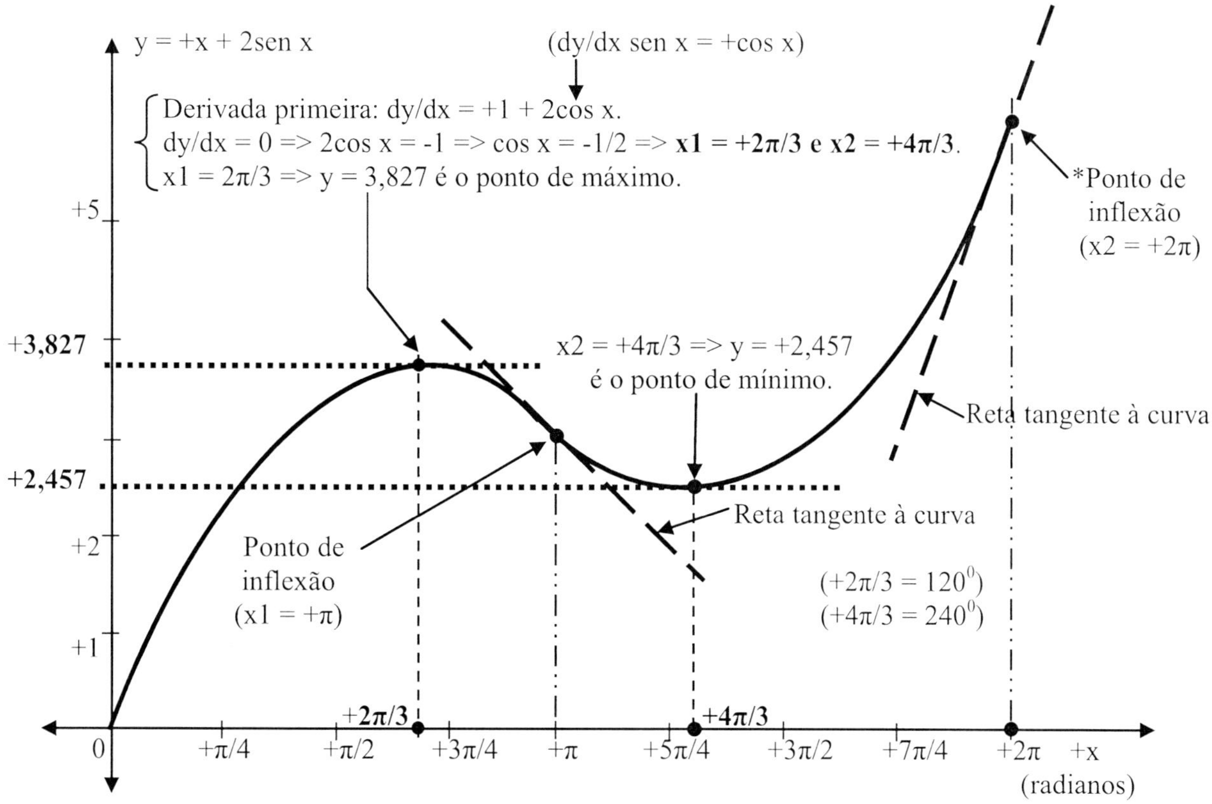

Derivada segunda: d^2y/dx^2 = -2sen x. $d^2y/dx^2 = 0$ => -2sen x = 0, ou seja: sen x = 0 => **x1 = π e x2 = *2π**.
Conclusão: essa função tem dois pontos de inflexão: x1 = π e x2 = *2π. Em verdade, o ponto de inflexão correspondente ao ângulo 2π (360°) é onde termina o domínio da função.

Lembra-se que, nos pontos de inflexão, a curva muda o sentido de sua concavidade.

Exercício 6.2.3) Uma indústria tem a seguinte equação para expressar os seus custos totais de produção (CP) em reais (R$), em função do número (x) de peças produzidas: CP = $+x^2$ - 80x + 2.000. Com esse dado pede-se determinar a quantidade de peças a ser produzida, de forma a se ter o menor custo.

CP = $+x^2$ - 80x + 2.000 => y = $+x^2$ - 80x + 2.000, com a = +1; b = -80 e c = +2.000.

Trata-se de uma parábola com concavidade para cima e sem raiz em x, pois Δ = b^2 - 4ac = -1.600. Ou seja, é uma função que tem um ponto de mínimo, que é o vértice da parábola.
Cálculo da derivada primeira: dy/dx = +2x - 80, que quando igualada a zero, define o ponto de mínimo.
+2x - 80 = 0 => x = 40, ou seja, ao se produzir 40 peças se tem o menor custo. Quando x = 40 => y = $(40)^2$ - (80)(40) + 2.000 => y = 400, ou seja, a produção de 40 peças tem um custo total de R$ 400,00.

Do ponto de vista matemático, o problema está resolvido, mas cabe uma análise mais técnica, pois envolve produção industrial, ou seja, detalhes da área da Engenharia de Produção. A seguir são mostrados os esboços das curvas, na análise matemática e na análise da Engenharia de Produção.

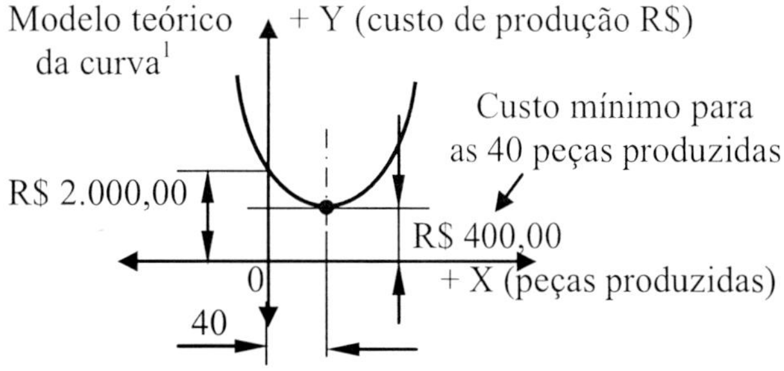

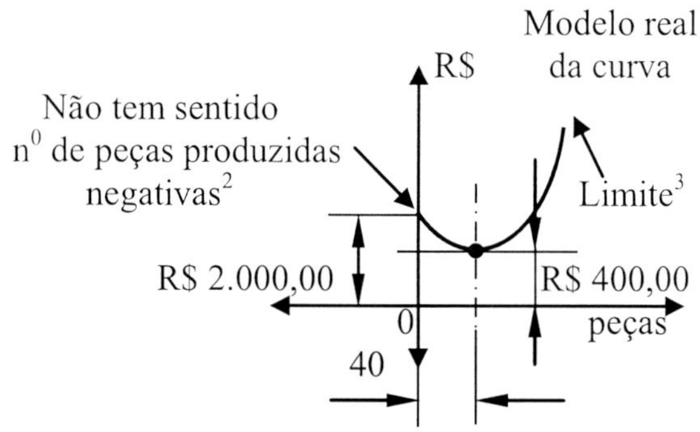

Observações:

1) O esboço do modelo teórico da curva atende à função: $y = +x^2 - 80x + 2.000$
2) Como não existe número negativo de peças produzidas, a curva real só existe a partir de x = 0.
3) Embora teoricamente, por ser uma parábola, se possa chegar a um número infinito de peças produzidas, existe um limite de capacidade da indústria, bem como das necessidades do mercado.
4) Esse custo de R$ 2.000,00, referente a "zero peças produzidas" (x = 0), tem que ser entendido como um custo fixo, mesmo sem produção, pois as máquinas e instalações, mesmo paradas demandam manutenção e limpeza, bem como o custo da mão de obra (com todos os encargos) à disposição, sem produzir.

Conclusão: para se ter o menor custo de produção, deve-se produzir 40 peças a um custo de R$ 400,00.

Existe outra ponderação, do ponto de vista da Engenharia de Produção: porque tem-se uma parábola, onde o custo total tem uma faixa de redução, ou seja, entre não produzir (zero peças) e ter 40 produzidas, o custo total cai de R$ 2.000,00 para R$ 400,00 e depois volta a subir?
Isso ocorre pois, já existem máquinas e pessoas disponíveis para produzir e à medida que se aumenta a quantidade produzida, até 40 peças, o custo total dividido pela quantidade, gera um custo unitário (custo de cada peça) decrescente. A partir de 40 peças, mais máquinas, ou seja, mais energia e pessoas são necessárias e, portanto, o custo total vai crescendo, até o limite da capacidade ou do mercado.
Outra observação importante é que, nesse caso infere-se que, do ponto de vista da redução de custos totais, o ideal é que a indústria produza lotes de 40 peças, de cada vez. A tabela a seguir mostra valores e quantidades, com os respectivos custos unitários, ou seja, custo por peça produzida.

x peças (Quantidade produzida)	10	20	30	**40**	50	60	70	80	90	100	150	200
y (R$) (Custos totais)	1.300	800	500	**400**	500	800	1.300	2.000	2.900	4.000	12.500	26.000
Custo por peça (R$/peça)	130	40	16,67	**10**	10	13,33	18,57	25	32,22	40	83,33	130

Esse menor custo total de produção é chamado "Lote Econômico de Produção".

Finalmente, observa-se que a equação da parábola que expressa os custos totais de produção, tem que ser permanentemente atualizada, pois ocorrem frequentes alterações de custos, tanto das máquinas, quanto dos materiais utilizados. Por exemplo, com máquinas cada vez mais tecnologicamente melhores, produz-se mais com menos (inclusive menos funcionários), ou seja, os custos totais são reduzidos.

Exercício 6.2.4) Estudar a função $y = e^{+2x} + e^{-x}$, quanto aos valores de máximo e mínimo, bem como de pontos de inflexão. Recomenda-se esboçar a curva.

Inicialmente será feito o esboço da curva, por meio de uma tabela, com valores de x entre -2 e +2.

$y = e^{+2x} + e^{-x}$,

x	y
-2	+7,407
-1	+2,854
0	+2,000
+1	+7,757
+2	+54,733

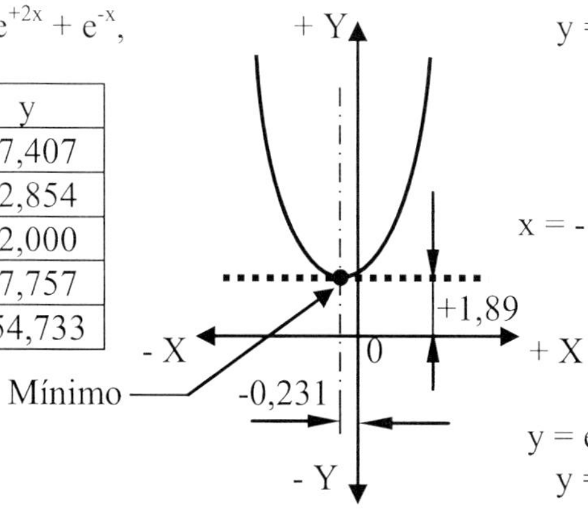

$y = e^{+2x} + e^{-x} \Rightarrow dy/dx = 2e^{+2x} - e^{-x}$. Igualando a zero tem-se:

$2e^{+2x} - e^{-x} = 0 \Rightarrow 2e^{+2x} = e^{-x} \Rightarrow \ln 2\, e^{+2x} = \ln e^{-x} \Rightarrow$

$\ln 2 + \ln e^{+2x} = \ln e^{-x} \Rightarrow \ln 2 + 2x = -x \Rightarrow \ln 2 = -3x \Rightarrow$

$x = -\dfrac{\ln 2}{3} = -0{,}231$: $x = -0{,}231$ é a abscissa do ponto de mínimo.

Para determinar a ordenada y do ponto mínimo, volta-se na função original, substituindo x por -0,231.

$y = e^{+2x} + e^{-x} \Rightarrow y = e^{+2(-0{,}231)} + e^{-(-0{,}231)} \Rightarrow y = +0{,}63 + 1{,}26 \Rightarrow$ $y = +1{,}89$. Ou seja, o ponto de mínimo é (-0,231; +1,89).

Para determinar ponto de inflexão, iguala-se a derivada segunda (d^2y/dx^2) a zero.

$dy/dx = 2e^{+2x} - e^{-x} \Rightarrow d^2y/dx^2 = 4e^{+2x} + e^{-x}$. Como essa equação não consegue ser igual a zero, a conclusão é que a função $y = e^{+2x} + e^{-x}$, só tem ponto de mínimo (-0,231; +1,89) e sem ponto de inflexão.

Exercício 6.2.5) No interior de um círculo é possível inscrever uma infinidade de quadriláteros retos, com as mais diferentes dimensões de comprimento e altura, ou seja, com áreas variáveis. Considerando um círculo com diâmetro 20 cm, determinar as dimensões do quadrilátero inscrito de maior área.

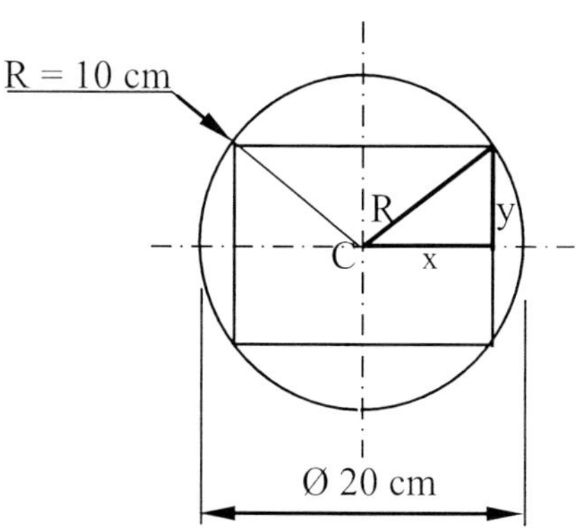

$+x^2 + y^2 = R^2 \Rightarrow y^2 = R^2 - x^2 \Rightarrow y = \sqrt{R^2 - x^2}$

Área A do retângulo inscrito = 2x.2y = 4xy.

Substituindo y, tem-se: $A = 4x\sqrt{R^2 - x^2}$.

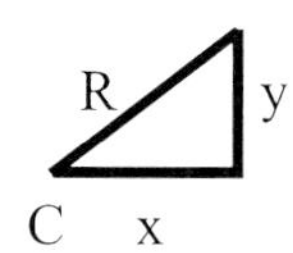

Para determinar a área do retângulo faz-se a derivada primeira da área, em relação a x.

$dA/dx = (4x\sqrt{R^2 - x^2})' = (4\sqrt{R^2 - x^2}) + 4x[(\sqrt{R^2 - x^2})]' =$

$= (4\sqrt{R^2 - x^2}) + 4x.\ 1/2(R^2 - x^2)^{-1/2}.\ (-2x) =$

$= \dfrac{(4\sqrt{R^2 - x^2})}{(\sqrt{R^2 - x^2})} - 4x^2 = \dfrac{4(R^2 - x^2) - 4x^2}{(\sqrt{R^2 - x^2})} =$

$= \dfrac{4R^2 - 8x^2}{\sqrt{R^2 - x^2}}$ e quando $dA/dx = 0 \Rightarrow 4R^2 - 8x^2 = 0$.

$4R^2 - 8x^2 = 0 \Rightarrow 4R^2 = 8x^2 \Rightarrow x^2 = R^2/2 \Rightarrow x = R/\sqrt{2} = 10/\sqrt{2} = 7{,}071$ cm. Como $x = y \Rightarrow y = 7{,}071$ cm. Área = $4xy \Rightarrow A = 200\ cm^2$.

Conclusão: o quadrilátero inscrito de maior área é um quadrado de lado 14,142 cm e área 200 cm^2.

A execução de obras civis residenciais novas, por exemplo, de prédios com cerca de 10 andares, tem algumas particularidades como: 1) Inicia-se do zero, normalmente preparando o terreno, 2) Começa-se a obra com poucos trabalhadores e, à medida que a obra avança, mais trabalhadores são contratados ou alocados na obra e 3) Em determinado momento chega-se ao máximo de trabalhadores envolvidos (é o pico da obra) e, então, inicia-se uma redução progressiva no número de trabalhadores, à medida que a obra vai terminando.

Exercício 6.2.6) Uma construtora, com mais de 30 anos de experiência nesse mercado, tendo já construído mais de 150 prédios, com até 12 andares, usa a função $y = -x^2 + 24x$, para planejar suas obras. Sabendo que y representa a quantidade de trabalhadores envolvidos e x o número de meses, pergunta-se: a) Qual o prazo

máximo de uma obra? b) Qual o número máximo de trabalhadores no "pico da obra"? e c) Com quantos meses chega-se ao número máximo de trabalhadores? Faça um esboço da curva e comentários gerais.
A análise da função $y = -x^2 + 24x$, mostra uma parábola, de cavidade voltada para baixo e passando pela origem, pois quando $x = 0$, $y = 0$.

Como y representa a quantidade de trabalhadores e x os meses de obra, deduz-se que a ordenada do vértice (yV) representa o número máximo de trabalhadores e a abscissa do vértice (xV) os meses para se atingir o número máximo de trabalhadores. Também se observa que as raízes da equação $-x^2 + 24x = 0$, indicam os meses de início, ou melhor, mês zero e o prazo máximo.
A derivada primeira da função, igualada a zero dá o valor da abscissa do valor máximo de y, ou seja, número máximo de trabalhadores.

$dy/dx = -2x + 24$, igualada a zero: $+2x = +24 \Rightarrow x = 12$ meses, ou seja, com 12 meses de obra, atinge-se o número máximo de trabalhadores. Substituindo esse x na função original, acha-se: $y = -(12)^2 + 24(12) = 144$, ou seja, aos 12 meses de obra atinge-se o seu pico, com 144 trabalhadores envolvidos. Como o vértice está no eixo de simetria da parábola, x = 12 meses, significa que a obra tem um prazo total de 24 meses.

Uma tabela de valores permite o esboço da curva, considerando-se espaços de três meses.

x	y
0	0
+3	+63
+6	+108
+9	+135
+12	+144
+15	+135
+18	+108
+21	+63
+24	0

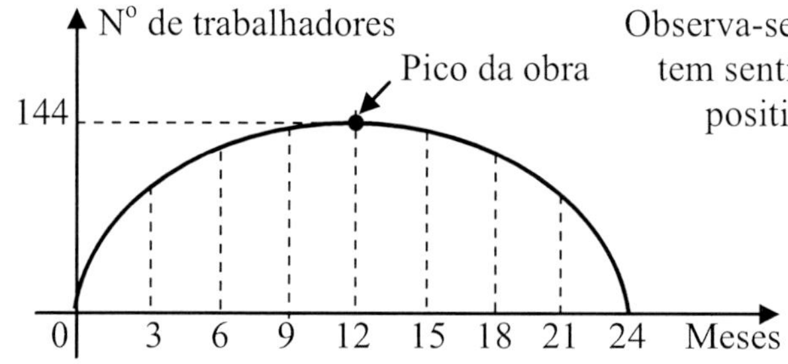

Observa-se que o gráfico só tem sentido nos trechos positivos de x e y.

Em geral a construtora tem mais de uma obra em andamento, ao mesmo tempo, porém em estágios diferentes, permitindo o remanejamento de trabalhadores, de uma obra para outra, à medida que saem, em função da variação de pessoas.

6.3 Teorema do valor extremo absoluto, com exemplos de otimização aplicada

Se uma função f(x) é contínua no intervalo fechado [a, b], significa que a função tem um valor máximo absoluto e um valor mínimo absoluto em a e b.

Exercício 6.3.1) Determinar os valores extremos absolutos da função $y = x + 2\text{sen } x$ (já estudada), no intervalo $[\pi/2, 3\pi/2]$.

Analisando o exercício 6.2.2, observa-se que nesse intervalo, existe um valor máximo absoluto em $2\pi/3$ e um valor mínimo absoluto em $4\pi/3$.

Exercício 6.3.2) A figura a seguir mostra um cilindro circular reto, no interior de um cone circular reto, de forma que a base do cilindro coincide com a base do cone e o topo do cilindro é tangente à superfície interna do cone. Com esses dados, determinar o volume do cilindro, ou seja, determinar o diâmetro d e a altura h. Nessas condições, esse é o cilindro de maior volume, que se consegue colocar dentro do cone. (LEITHOLD, 1994, p.228).

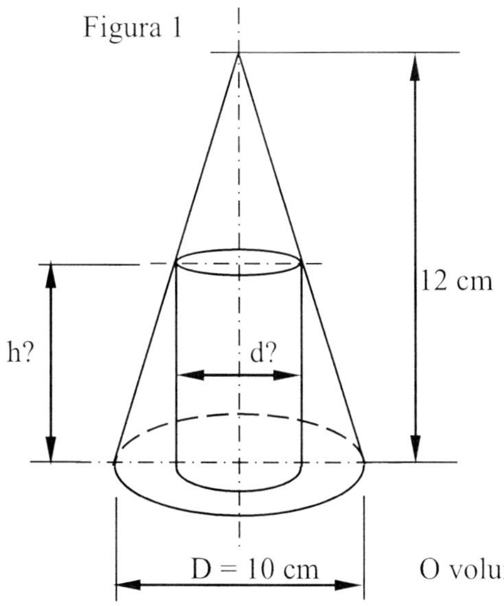

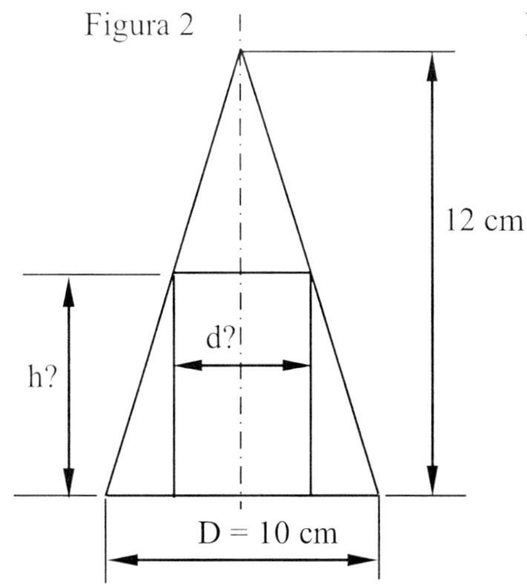

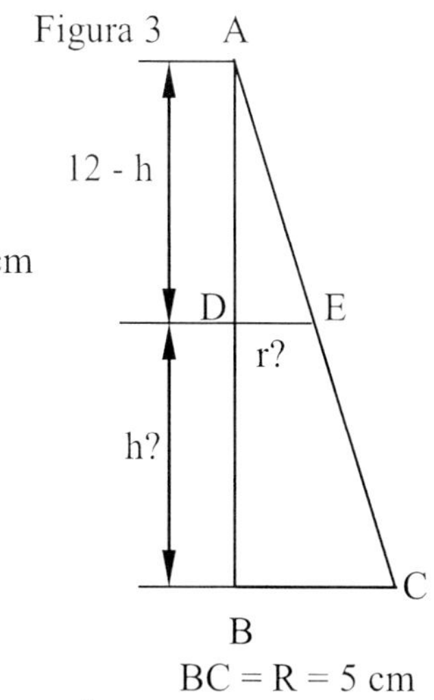

O volume do cone é $V = \dfrac{\pi R^2 H}{3}$ e do cilindro $V = \pi r^2 h$

Observa-se na figura 3 que o raio r do cilindro varia no intervalo [0, 5 cm], onde em 0 a altura é igual a 12 cm e em 5 cm a altura é zero. A altura h do cilindro varia de 0 a 12 cm.

Na figura 3, quanto à semelhança dos dois triângulos, tem-se: AD/DE = AB/BC: $\dfrac{12 - h}{r} = \dfrac{12}{5} \Rightarrow h = \dfrac{60 - 12r}{5}$.

Substituindo h na fórmula do volume do cilindro: $V = \pi \,.\, r^2 \dfrac{(60 - 12r)}{5} = \dfrac{12 \,.\, \pi \,.\, (5r^2 - r^3)}{5}$, onde r [0, 5 cm].

Como o volume do cilindro, agora expresso em função do raio r, é contínuo no intervalo [0, 5 cm], existe um valor máximo absoluto para esse volume, que é obtido fazendo-se a derivada primeira da função (V') e igualando-a a zero, ou seja:

$V' = [(12 \,.\, \pi)/5] \,.\, [(10r - 3r^2)]$. Igualando V' = 0, tem-se: r(10 - 3r), ou seja: r = 0 ou r = 10/3 = 3,333.

Como V' função de r existe para todos os valores de r, os valores críticos de r são: 0 e 3,333, que estão no intervalo [0, 5 cm].
Portanto, o valor máximo absoluto do volume do cilindro tem que ocorrer para um dos três valores de r: 0, 3,333 ou 5.

Sabe-se que: quando r = 0 e r = 5 o volume é zero, portanto o valor do raio r, para se ter o máximo absoluto do volume é r = 3,333 cm ou diâmetro d = 6,667 cm. Com isso o volume do cilindro é:

$V = \dfrac{12 \,.\, \pi \,.\, (5r^2 - r^3)}{5} = 139{,}626\ cm^3$. Como $V = \pi r^2 h$, logo: $h = V/\pi r^2 \Rightarrow h = 4$ cm.

Conclusão: o volume do cilindro inscrito é 139,626 cm^3, tendo diâmetro de 6,667 cm e altura de 4 cm.

Exercício 6.3.3) Uma indústria metalúrgica está desenvolvendo o projeto para fabricar, panelas especiais tipo leiteiras circulares retas, com volume nominal de 1 litro e volume real de 1,178 litros (ou 1.178 cm^3). As leiteiras são fechadas no fundo e abertas no topo. Por questões estruturais e de condução de calor, a espessura do fundo plano e circular, será em um material composto de aço inoxidável e cobre, enquanto a espessura do corpo cilíndrico é apenas em chapa de aço inoxidável. Como a produção será em série, com centenas de panelas fabricadas por mês, o departamento de projetos precisa calcular uma panela com dimensões de diâmetro d e altura h, que utilizem a menor quantidade de material possível, obviamente para ter o menor custo possível, pois menor custo de produção, significa menor preço de venda, logo maiores vendas e lucros. Com esses dados, e sabendo que o custo do material usado no fundo é de R$ 1,50 por cm^2

(um real e cinquenta centavos por cm^2) e o do corpo cilíndrico é de R$ 0,50 por cm^2 (cinquenta centavos por cm^2), pede-se calcular as dimensões da panela.

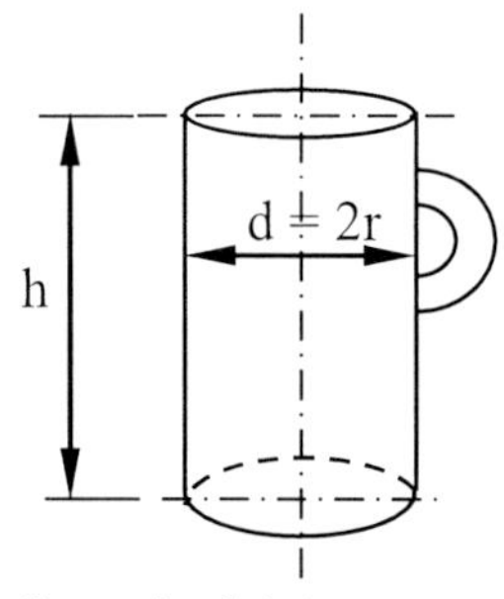

Conceito básico da leiteira

A quantidade a ser minimizada é o custo total C, dos materiais.

Custo total C da panela => C = 1,5(área do fundo) + 0,5 (área do corpo cilíndrico).

Ou seja: $C = 1{,}5(\pi r^2) + 0{,}5(2\pi rh) \Rightarrow C = 0{,}5\pi(3r^2 + 2rh)$. (A)

Volume $V = 1.178\ cm^3 \Rightarrow \pi r^2 h = 1.178 \Rightarrow h = \dfrac{1.178}{\pi r^2} \Rightarrow h = \dfrac{375}{r^2}$ cm.

Substituindo h em A: $C = 0{,}5\pi(3r^2 + 2r.\dfrac{375}{r^2}) \Rightarrow C = 0{,}5\pi(3r^2 + \dfrac{750}{r})$. (B)

Tend C como função de r e fazendo: $C' = 0{,}5\pi(6r - \dfrac{750}{r^2}) = 3\pi(r - \dfrac{125}{r^2}) = 3\pi\,(\dfrac{r^3 - 125}{r^2})$.

Com $C' = 3\pi\,(\dfrac{r^3 - 125}{r^2})$, observa-se que, quando $r = 5 \Rightarrow C' = 0$.

$C' = 0 \Rightarrow$ raio = 5 cm corresponde à menor quantidade de material utilizado.

Com r = 5 e $h = \dfrac{375}{r^2} \Rightarrow h = \dfrac{375}{5^2} \Rightarrow h = 15$ cm.

Conclusão: a leiteira terá raio de 5 cm e altura de 15 cm. (Confirma-se volume = 1.178 cm^3).

Exercício 6.3.4) Uma arquiteta precisa fabricar duas calhas, com 10 metros de comprimento cada, para escoamento de água da chuva de um telhado, a partir de quatro chapas metálicas com 35 centímetros de largura e 5 metros de comprimento. A arquiteta quer que a calha tenha a máxima capacidade de volume, para escoar a água sem transbordar, mesmo com chuvas fortes. Com esses dados e a figura a seguir, pede-se calcular as dimensões de dobra da calha. Observa-se que, da largura de 35 centímetros, 5 cm serão usados como uma aba para fixação na borda do telhado, ou seja, esses 5 cm não fazem parte do cálculo da área.

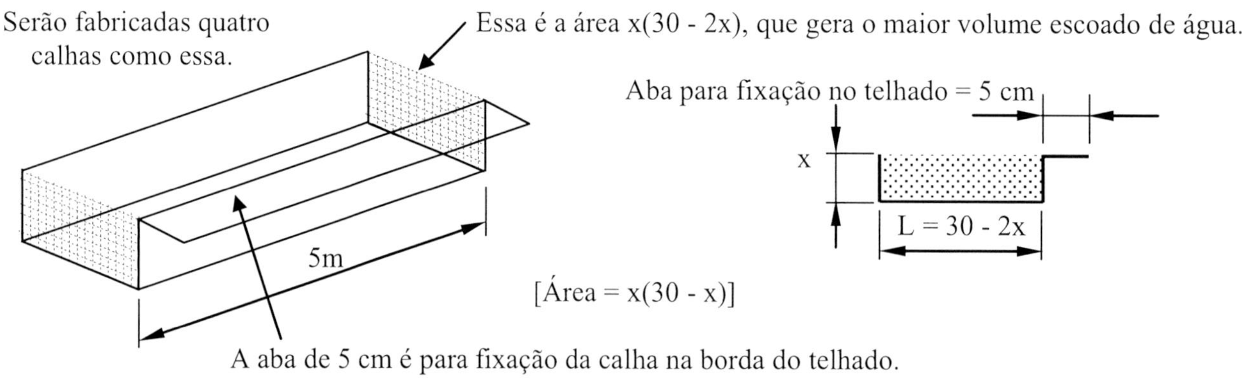

Área = $x(30 - x) \Rightarrow f(x) = x(30 - x) \Rightarrow f(x) = 30x - 2x^2$. $f'(x) = 30 - 4x \Rightarrow f'(x) = 2(15 - 2x)$.

Analisando o ponto máximo da derivada, igualando-a a zero, tem-se: $2(15 - 2x) = 0$.

Para que $2(15 - 2x) = 0$, x tem que ser 7,5, pois: $2(15 - 2\ .\ 7{,}5) = 0$.

Ou seja: x tem que ser 7,5 cm, para se ter a maior área de escoamento. Com isso: L = 15 cm.

Dimensões finais da calha, com área de 112,5 cm^2 e perímetro de 35 cm.

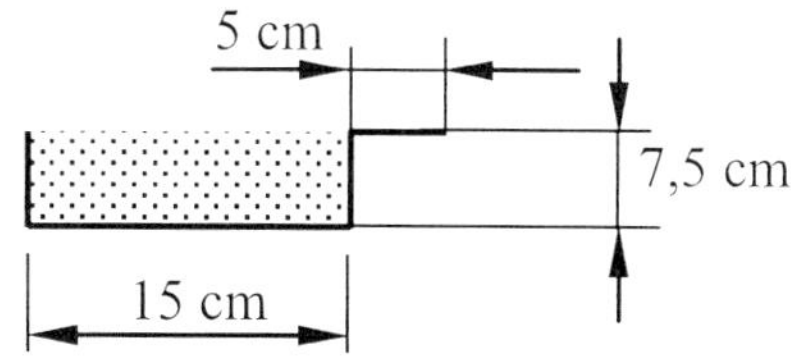

6.4 O conceito do valor máximo, aplicado ao projeto de uma embalagem em papel

Em geral, embalagens em papel ou papelão, para acondicionamento de frutas e doces, são calculadas e fabricadas de forma a se ter a menor área e ou volume de material para, obviamente ter-se custos menores. Existem empresas especializadas na fabricação dessas caixas, a partir de um projeto recebido, já que, além das dimensões as caixas são coloridas, com imagens, o logotipo da empresa que irá usar a caixa, e outras informações. A empresa que fabrica as caixas compra os papéis e papelões de empresas que produzem esses materiais, a partir da celulose. As folhas e papéis são fornecidos em tamanhos padronizados, a partir dos quais são desenvolvidos os projetos das caixas. O ideal é que se utilize os materiais sem ter sobras, que significam desperdícios. Esse é um dos desafios dos projetistas de embalagens: otimizar as dimensões das caixas, atendendo às necessidades dos clientes, com o mínimo de desperdício. O exemplo a seguir mostra como o conceito matemático do valor máximo (derivada) é utilizado no projeto de embalagens.

Exercício 6.4.1) Uma empresa especializada em projetos de embalagens, recebeu de uma famosa confeitaria, uma proposta para desenvolver o projeto de uma caixa em papel cartão e sua tampa, para acondicionar doces finos. Foi informado que, como serão vendidas centenas de caixas por mês, em todo o Brasil, a caixa deve ser projetada de forma a ser a mais econômica possível, até porque o papel cartão utilizado tem alto custo. Esse papel cartão é fornecido em resmas (500 unidades) com as seguintes dimensões: 52 cm de comprimento por 40 cm de largura e 1,5 mm de espessura. Foi especificado que, baseado em outros tipos de caixas dobradas, em cada canto da cartolina tem que haver uma área quadrada, para permitir a dobradura e colagem das bordas. Obviamente a caixa também terá uma tampa, do mesmo papelão, sendo os doces fornecidos na caixa fechada e amarrada em cruz com um barbante colorido e de boa resistência. Os desenhos a seguir orientam o projeto dimensional da caixa.

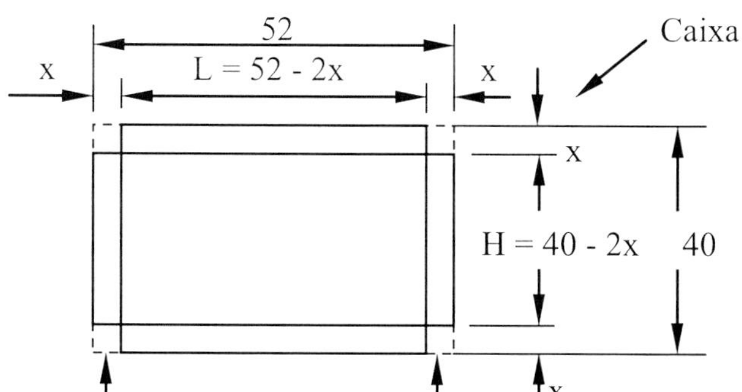

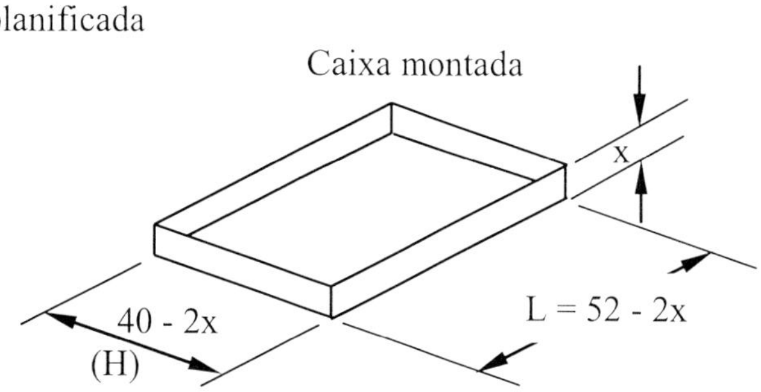

Esses são os pequenos quadrados das bordas, dobrados para dentro, que permitem o fechamento e colagem.

Observa-se que é o volume V da caixa que deve ser maximizado.

Segundo os desenhos: $V = x[(52 - 2x)(40 - 2x)] \Rightarrow V = x[+4x^2 - 184x + 2080] = +4x^3 - 184x^2 + 2080 \Rightarrow$

$V = 4(+x^3 - 92x + 520)$. Como o volume é uma função de x $\Rightarrow dy/dx = 4(+3x^2 - 92 + 520)$.

Para analisar ponto de máximo $\Rightarrow dy/dx = 0$ ou seja: $+3x^2 - 92 + 520 = 0$.

Essa parábola tem duas raízes: $x1 = +23,19$ e $x2 = +7,47$.

Reanalisando o desenho da caixa, vê-se que $0 < x < 20$, portanto a raiz que atende é $x2 = +7,47$.

Com x = 7,47 cm, se tem: L = 37,06 cm e H = 25,06 cm.

Essas são as dimensões "teóricas" da caixa, conforme requisitado pelo cliente.

A tampa, para poder encaixar na base, exige pequenas modificações nessas dimensões .

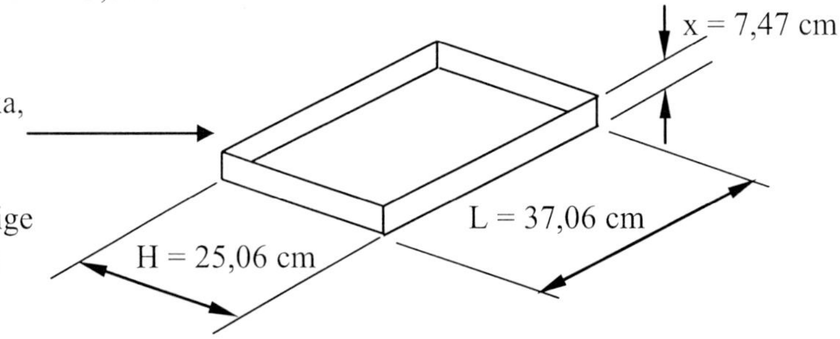

Embora, as dimensões determinadas atendam ao conceito de maximização de um determinado volume, existem detalhes de projeto e fabricação da caixa e da tampa, que permitem o corte, dobradura e colagem nas bordas. Por exemplo, para permitir o corte, dobradura, colagem e encaixe da tampa na caixa propriamente dita e devido à espessura do papelão utilizado, deve-se ter pequenas diferenças nas dimensões de caixa e tampa. Os detalhes a seguir, permitem a complementação do projeto da caixa e da tampa.

Essa orelha, de 7,47 cm, na dimensão 52 cm, virada para dentro, permite a colagem dos lados L e H.

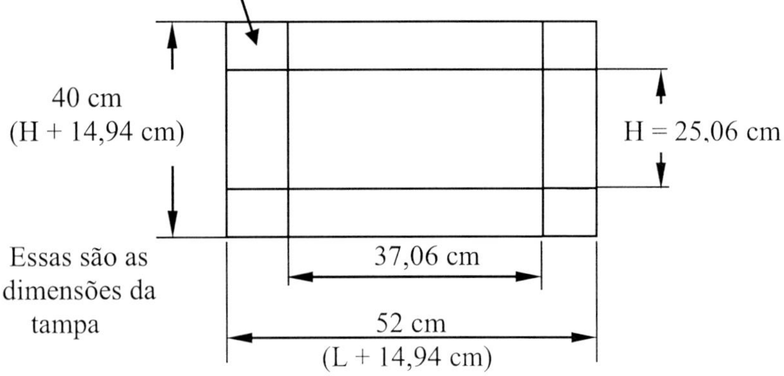

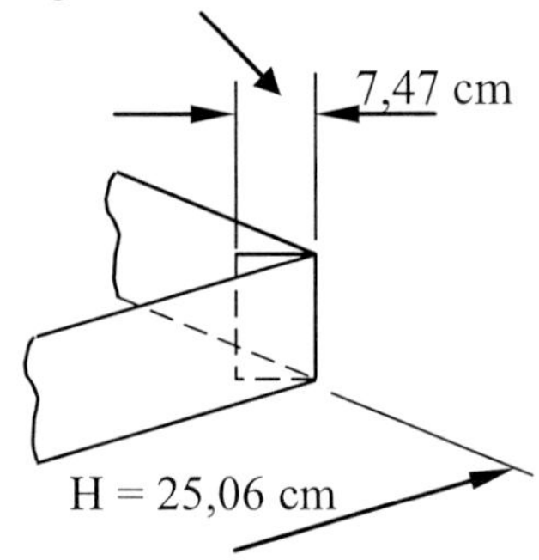

Como sobre a caixa é colocada uma tampa, existem detalhes dimensionais, a seguir detalhados.

Dimensões da tampa — Dimensões da caixa

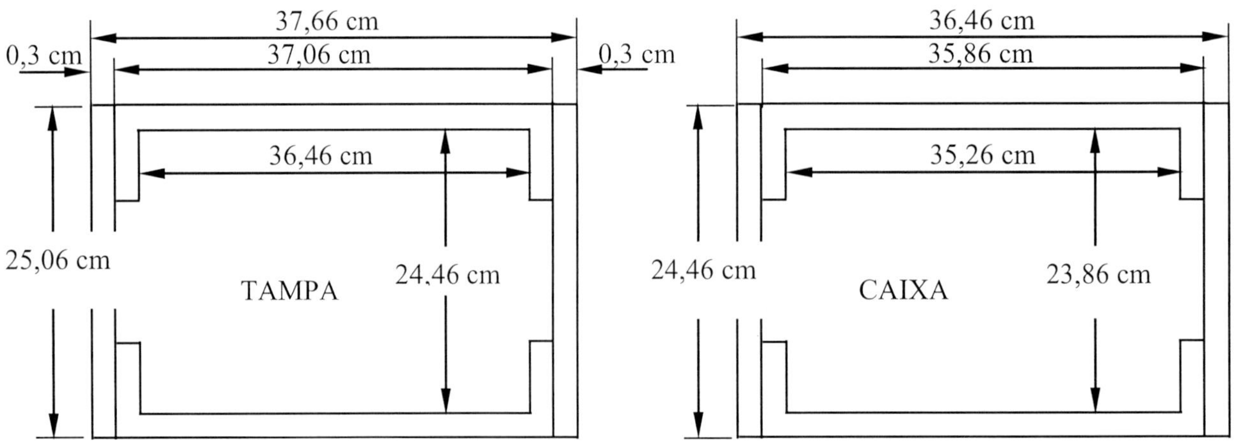

Deve ser observado que, as dimensões externas da caixa: 36,46 cm x 24,46 cm, têm que ser iguais às dimensões internas da tampa, para haver o encaixe.

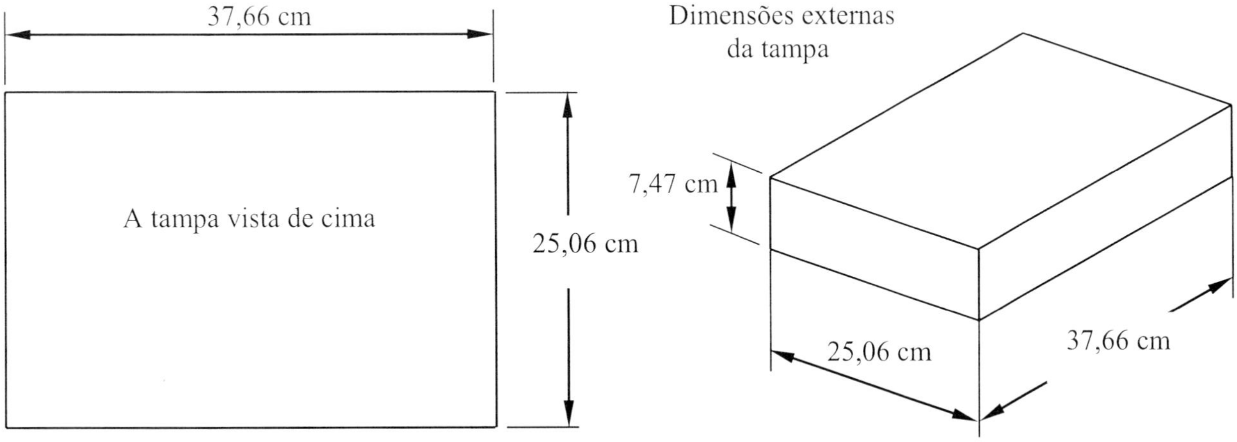

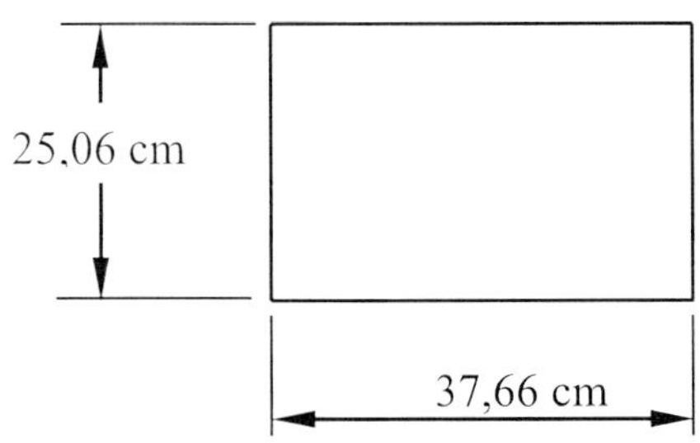

Outro detalhe, muito importante, é que olhando-se a caixa montada de cima, vê-se um retângulo de 37,66 cm por 25,06 cm e, ao se dividir o lado maior pelo menor, obtém-se 1,503. Quando se compara essa relação de 1,503, com o número de ouro:1,618*, nota-se que são próximos, e isso é bom, pois existem estudos, especialmente da área de *Marketing*, que mostram que a maioria dos consumidores "gosta" de produtos que tenham suas dimensões proporcionais ao número de de ouro, que adveio da famosa "divisão ou proporção áurea"*.

*Foi o escultor grego Phideas (480 a.C - 430 a.C), que a teria utilizado para conceber o Parthenon, na Grécia, e com o valor arredondado a três casas decimais ou 1,618. Também é chamada de seção áurea (do latim *sectio aurea*). Muitos artistas e arquitetos se utilizaram dessa proporção (e ainda utilizam), tornando suas obras mais atrativas. Cartões bancários e de identidades também seguem essa proporção.

6.5 O conceito dos valores máximo e mínimo (derivadas), aplicado às áreas de Administração e Economia

Antes de mostrar exemplos de aplicação nessa área, é importante citar alguns conceitos e definições, típicas das áreas de Administração e Economia:

Custos fixos e variáveis: fixos são os que não variam, conforme a quantidade produzida ou serviços prestados, enquanto os custos variáveis dependem da quantidade produzida ou dos serviços prestados. Por exemplo, numa loja alugada, para a venda de sapatos, tanto o aluguel da loja, quanto a conta de energia elétrica e o salário dos funcionários são os custos fixos. Como custo variável, pode-se citar as sacolas e caixas fornecidas, com as compras. Quanto mais se vende, mais sacolas e caixas são entregues.

Custos totais: é o resultado da soma dos custos fixos e variáveis.

Produtividade: pode ser definida de duas formas: 1) a quantidade produzida por dia ou por hora ou por pessoa e 2) a relação entre o que foi faturado e o quanto foi gasto. Esse conceito embute a lógica de que não adianta produzir muito e vender pouco.

Rentabilidade: é uma análise do retorno sobre o investimento. Por exemplo, se foi investido um total de um milhão de reais num negócio e se mensalmente se fatura cem mil reais, a conclusão é que a rentabilidade é de 10% (R$ 1.000.000,00/R$ 100.000,00 = 10%). Rentabilidade não é lucratividade.

Lucros bruto e líquido: lucro bruto se refere à diferença entre a receita líquida das vendas de bens e serviços prestados e o custo dos bens e serviços vendidos, ou seja, o quanto se gasta para produzir o produto ou para realizar um serviço. Lucro líquido é o lucro bruto menos as deduções de imposto de renda e de outras taxas que a empresa ou o profissional precisam pagar.

Receitas bruta e líquida: receita bruta entende-se como o resultado da venda de produtos e serviços, ou seja, a receita total decorrente das atividades que a empresa executa (produtos e serviços), sendo tudo o que ela recebeu. Receita líquida se refere à receita bruta com deduções, tirando-se do faturamento os impostos indiretos, entre eles, PIS/Cofins, ISS, ICMS e outros. Assim, da receita bruta são deduzidos: as devoluções de vendas, os descontos comerciais e os impostos incidentes sobre as vendas, para ter a receita líquida.

Lucratividade: de um empreendimento é apurada em valor percentual, em um cálculo que considera o lucro líquido (lucro após dedução de custos e despesas) e a receita bruta (valor das vendas) do empreendimento. A fórmula utilizada para o cálculo de lucratividade é: Lucratividade = (lucro líquido/receita bruta) x 100.

Produtos, bens e serviços: bens duráveis e não duráveis são produtos, itens que possuem um dono, com direitos sobre ele. Exemplos: o que uma loja vende, o que uma fazenda colhe e o que uma indústria fabrica são produtos, sejam roupas, carros, alimentos, etc. Produto, segundo o Código de Defesa do Consumidor, é qualquer bem, seja ele móvel ou imóvel, material ou imaterial. Serviço é qualquer atividade fornecida no mercado de consumo, mediante remuneração, inclusive as de natureza bancária, financeira, de crédito e securitária, excetuadas as que decorram de relações trabalhistas. Produtos são materiais, podendo ser estocados, já os serviços são imateriais, não podendo ser estocados.

Custo marginal: é a mudança no custo total de produção, devida à variação em uma unidade da quantidade produzida. Ou seja, o custo marginal representa o acréscimo do custo total pela produção de mais uma unidade, podendo ainda dizer-se que corresponde ao custo da última unidade. Em geral, produtos industriais têm seus custos totais de produção expressos por uma função parabólica, com a concavidade voltada para cima. No ponto mínimo da parábola, se encontra o número de bens que devem ser produzidos para que o custo marginal seja mínimo. O custo marginal começa por ser decrescente, tem um valor mínimo, passando depois a ser representado por uma curva crescente. Esta variação, do custo marginal, é explicada por dois motivos: 1) no início, o custo marginal cai porque os custos fixos são progressivamente diluídos por mais unidades e 2) a partir de determinada quantidade produzida, devido a diversos fatores, o custo marginal torna-se crescente. Matematicamente é uma função que tem uma fase decrescente, passa por um valor mínimo e entra na fase crescente. Observa-se que cada empresa e cada produto têm os seus custos totais de produção, ou seja, uma curva parabólica diferente. Matematicamente, o custo marginal é calculado derivando-se a função que expressa o custo total de produção.

Exercício 6.5.1) Sabendo que, determinado produto industrial, fabricado por uma empresa antiga e conceituada no mercado, tem o seu custo total de fabricação definido pela equação: $CT_F = +x^2 - 80x + 2000$, pedem-se: a) determinar o custo fixo, ou seja, sem produção, b) o custo mínimo de produção, com o número de peças produzidas e c) o custo marginal para a produção de 50 itens (x = 50).

Essa parábola tem o seguinte esboço:

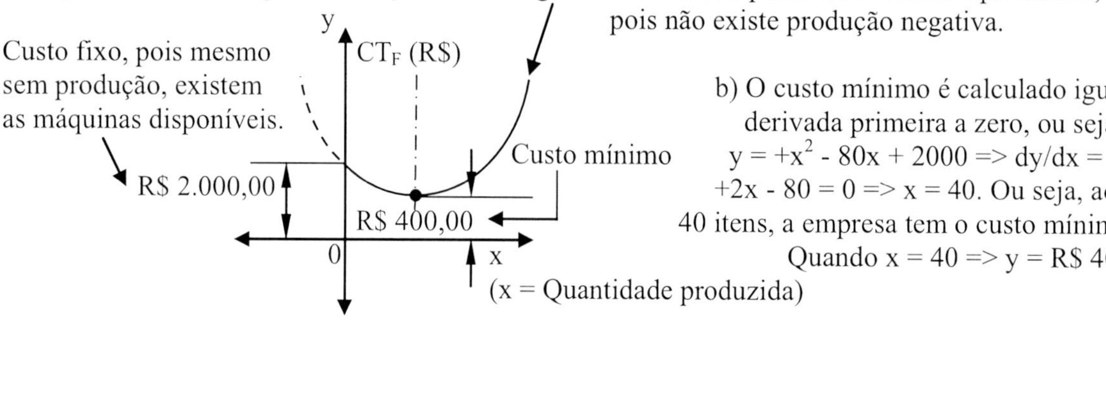

b) O custo mínimo é calculado igualando-se a derivada primeira a zero, ou seja: $y = +x^2 - 80x + 2000 \Rightarrow dy/dx = +2x - 80$. $+2x - 80 = 0 \Rightarrow x = 40$. Ou seja, ao produzir 40 itens, a empresa tem o custo mínimo ($CT_{Fmin.}$). Quando $x = 40 \Rightarrow y =$ R$ 400,00.

a) Custo fixo R\$ 2.000,00.

b) O custo mínimo de fabricação de R\$ 400,00, ocorre quando são produzidos 40 itens. Isso significa que, ao produzir esses 40 itens, se tem um custo de R\$ 10,00 por item.

c) Cálculo do custo marginal, quando x = 50 itens:

O valor desse custo marginal, significa o custo para a produção do 51º item.
$dy/dx = CT_F' = +2x - 80$ e $CT_F'(50) = 2(50) - 80 = 20$.

Ou seja: a taxa de variação do custo total de fabricação, quando 50 itens são fabricados é de R\$ 20,00, por item fabricado. O custo de fabricação do 51º item é: $CT_F'(50) \approx \Delta = CT_F(51) - CT_F(50) =$

$= [(51)^2 - 80(51) + 2000] - [(50)^2 - 80(50) + 2000] = (521) - (500) = 21.$

Ou seja: **c) o custo de fabricação do 51º item ou o custo marginal é R\$ 21,00.**

Esse exercício merece a seguinte reflexão:
- Ao produzir 40 itens: custo total = R\$ 400, 00 ou R\$ 10,00/item.
- Ao produzir 50 itens: custo total = R\$ 500,00 ou R\$ 10,00/item.
- Ao produzir 51 itens: custo total = R\$ 521,00 ou R\$ 10,22/item.

O custo marginal é a diferença entre produzir 50 ou 51 itens

Receita ou renda marginal: é a receita ou renda extra que uma unidade adicional de produto irá gerar. É a receita adicional da venda de uma unidade a mais de um bem. Em geral, produtos industriais têm suas receitas expressas por uma função parabólica, com a concavidade voltada para baixo. No ponto máximo da parábola, se encontra o número de bens que devem ser vendidos para que a receita seja máxima.
Matematicamente, a receita ou renda marginal é calculada derivando-se a função receita, interpretada como a taxa de variação da receita total, quanto aos produtos vendidos.

Exercício 6.5.2) Uma rede varejista tem a seguinte função y = f(x) para expressar sua receita total RT com a venda de determinado produto, onde x representa o produto: RT => $y = -4x^2 + 2.000x$. Baseado nesses dados, calcular a receita máxima.

$y = -4x^2 + 2.000x \Rightarrow y = x(-4x + 2000)$. Quando $y = 0 \Rightarrow x = 0$ e $x = +500$.

O eixo da parábola equivale a 250 produtos vendidos, ou seja: x = 250, portanto:

$y = x(-4x + 2000) \Rightarrow y = 250(-4.250 + 2000) = -4(250^2) + 250(2000) = 250.000.$

Conclusão: receita máxima com 500 produtos vendidos igual a R\$ 250.000,00.

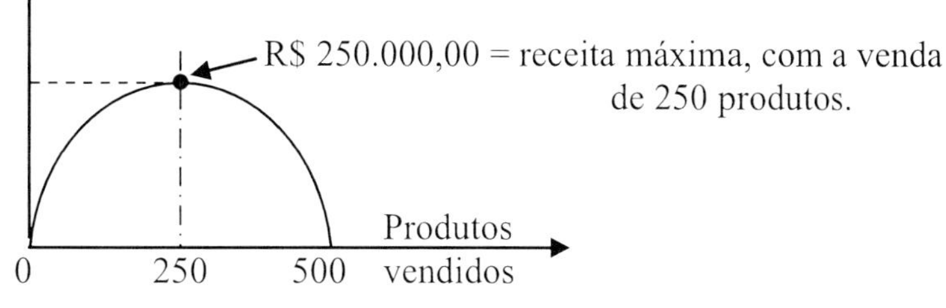

Lucro máximo: a função lucro (LT) é definida como a diferença entre as funções receitas totais (RT) e custos totais (CT). A função lucro é representada por uma parábola de concavidade para baixo, ou seja, tem um ponto de máximo. O cálculo do lucro máximo é feito derivando a função lucro e igualando-a a zero ($LT_{máx.} = LT'$) .

Exercício 6.5.3) Um fabricante produz um pequeno eletrodoméstico ao custo de R$ 50,00 cada. Quando o eletrodoméstico é vendido por x R$, as vendas mensais são equivalentes a 200 - x, ou seja, o lucro mensal é função do preço de venda. Qual deve ser o preço de venda (x R$) de cada eletrodoméstico, para que se obtenha o lucro máximo?

Custo Total = CT = 50(200 - x) = 10.000 - 50x. (Quando x = 0 => custo fixo igual a R$ 10.000,00)

Receita Total = RT = (200 - x)x = 200x - x^2.

Lucro Total = LT = Receita Total - Custo Total = (200x - x^2) - (10.000 - 50x) = $-x^2$ + 250x - 10.000.

O lucro total máximo é a derivada da função lucro total ($LT_{máx.} = LT'$) igualada a zero, ou seja:

$LT_{máx.} = (-x^2 + 250x - 10.000)' = 0 \Rightarrow -2x + 250 \Rightarrow 2x = 250$, ou seja: x = 125.

Conclusão: para se obter o lucro máximo, cada eletrodoméstico deve ser vendido a R$ 125,00.

Embora já se tenha o resultado, é importante entender graficamente o problema, fazendo o esboço de cada uma das três funções envolvidas, com comentários.

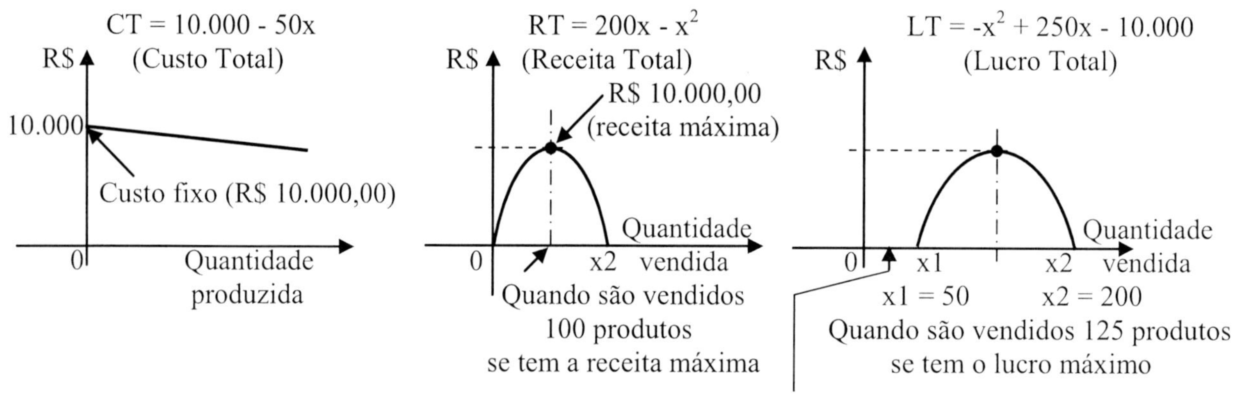

Essa diferença, de só apresentar lucro após 75 produtos vendidos, é devido ao custo fixo de R$ 10.000,00.

6.6 A Regra de L'Hôpital aplicada a limites indeterminados (0/0 e ∞/∞)

Guillaume François Antoine, conhecido como Marquês de L'Hôpital (1661-1704), um matemático francês, criou regras, utilizando o conceito de derivada, para o cálculo de limites, cujos numeradores e denominadores tendem, ao mesmo tempo, para zero ou infinito. São duas Regras, a primeira usada quando ambos tendem para zero (0/0) e a segunda, para quando tendem ao infinito (∞/∞). Observa-se que, ao derivar as funções caso persista a indeterminação, pode-se continuar derivando até que se obtenha o resultado, como mostrado no exercício 6.6.2.2.

6.6.1 Regra quando limite tende a 0/0

Quando $\lim_{x \to 0} \frac{f(x)}{g(x)} = \frac{0}{0}$, caso existam as derivadas: f '(x) e g '(x), então: $\lim_{x \to 0} \frac{f(x)}{g(x)} = \lim_{x \to 0} \frac{f'(x)}{g'(x)}$.

Observa-se que, ao aplicar a regra, caso a indeterminação 0/0 continue, aplica-se de novo, caso existam os limites. Esse procedimento pode ser repetido até a resolução do limite. Algumas vezes são necessárias, além da aplicação da Regra, transformações algébricas, para levar à solução.

Exercício 6.6.1.1) Calcular: $\lim_{x \to +2} \frac{+3x^2 - 7x + 2}{+x^2 + 5x - 14} = \frac{+12 - 14 + 2}{+4 + 10 - 14} = \frac{0}{0}$. Aplicando a Regra, se tem:

$\frac{(3x^2 - 7x + 2)'}{(x^2 + 5x - 14)'} = \frac{6x - 7}{2x + 5}$. Portanto: => $\lim_{x \to +2} \frac{+3x^2 - 7x + 2}{+x^2 + 5x - 14} = \frac{5}{9} = +0{,}556$.

Exercício 6.6.1.2) Calcular: $\lim_{x \to 0} \frac{\text{sen } x}{x} = \frac{0}{0}$. Aplicando a Regra, tem-se: $\frac{(\text{sen } x)'}{(x)'} = \frac{\cos x}{1}$. Portanto:

$\lim_{x \to 0} \frac{\text{sen } x}{x} = +1$.

Exercício 6.6.1.3) Calcular: $\lim_{x \to 0} \frac{\text{tg } 6x}{(e^{2x} - 1)} = \frac{0}{0}$. Aplicando a Regra, tem-se: $\frac{(\text{tg } 6x)'}{(e^{2x-1})'} = \frac{6(\sec^2 6x)}{2e^{2x}} = \frac{3}{1} = +3$.

$\lim_{x \to 0} \frac{\text{tg } 6x}{e^{2x-1}} = +3$.

Exercício 6.6.1.4) Calcular: $\lim_{x \to 0} \frac{1 - \cos x}{x^2} = \frac{1 - 1}{0} = \frac{0}{0}$. Aplicando a Regra: $\frac{(1 - \cos x)'}{(x^2)'} = \frac{(\text{sen } x)}{2x} = \frac{0}{0}$.

Aplicando a Regra novamente, tem-se: $\frac{(\text{sen } x)'}{(2x)'} = \frac{\cos x}{2} = \frac{1}{2} = 0{,}5$. Portanto: $\lim_{x \to 0} \frac{1 - \cos x}{x^2} = +0{,}5$.

Exercício 6.6.1.5) Calcular: $\lim_{x \to 0} \frac{\text{sen } 5x}{+3x - 4} = \frac{0}{-4} = 0$. Essa é a solução. Se aplicar a Regra, se tem:

$\frac{(\text{sen } 5x)'}{(3x - 4)'} = \frac{5\cos 5x}{3} = \frac{5 \cdot 1}{3} = 1{,}667$. Ou seja: a Regra só se aplica quando surge: 0/0.

6.6.2 Regra quando limite tende a ∞/∞

A conceituação é a mesma, ou seja:

Quando $\lim_{x \to \infty} \frac{f(x)}{g(x)} = \frac{\infty}{\infty}$, caso existam as derivadas: f '(x) e g '(x), então: $\lim_{x \to \infty} \frac{f(x)}{g(x)} = \lim_{x \to \infty} \frac{f'(x)}{g'(x)}$.

Exercício 6.6.2.1) Calcular: $\lim_{x \to \infty} \frac{x^2}{e^x} = \frac{\infty}{\infty}$. Aplicando a Regra: $\frac{(x^2)'}{(e^x)'} = \frac{2x}{e^x} = \frac{\infty}{\infty}$. Aplicando a Regra de novo:

$\frac{(2x)'}{(e^x)'} = \frac{2}{e^x} = \frac{2}{\infty} = 0$. Portanto: $\lim_{x \to \infty} \frac{x^2}{e^x} = 0$.

Exercício 6.6.2.2) Calcular: $\lim_{x \to \infty} \frac{e^{2x}}{x^3} = \frac{\infty}{\infty} \Rightarrow \frac{(e^{2x})'}{(x^3)'} = \frac{(2e^{2x})}{(3x^2)} = \frac{\infty}{\infty} \Rightarrow \frac{(2e^{2x})'}{(3x^2)'} = \frac{(4e^{2x})}{(6x)} = \frac{\infty}{\infty} \Rightarrow \frac{(4e^{2x})'}{(6x)'} = \frac{8e^{2x}}{6} = \infty$.

Portanto: $\lim_{x \to \infty} \frac{e^{2x}}{x^3} = \infty$. Observa-se que a Regra de L'Hôpital foi utilizada, sucessivamente, três vezes.

6.7 Exercícios complementares resolvidos

Exercício 6.7.1) Uma arquiteta paisagista projetou um jardim composto por: um círculo, um quadrado, um triângulo e um quadrilátero, conforme o desenho a seguir. Em alusão às cores da bandeira brasileira, ela decidiu usar gramas e gramíneas nas quatro cores. Baseado nesses dados, e segundo a figura a seguir, onde o círculo tem três metros de diâmetro, e o quadrado é inscrito ao círculo, pede-se determinar a área de cada uma das cores, para que se possa comprar as gramas e gramíneas, que são vendidas em placas planas (ou seja, em área). Observa-se que o quadrilátero deve ser o de maior área, inscrito no triângulo isósceles.

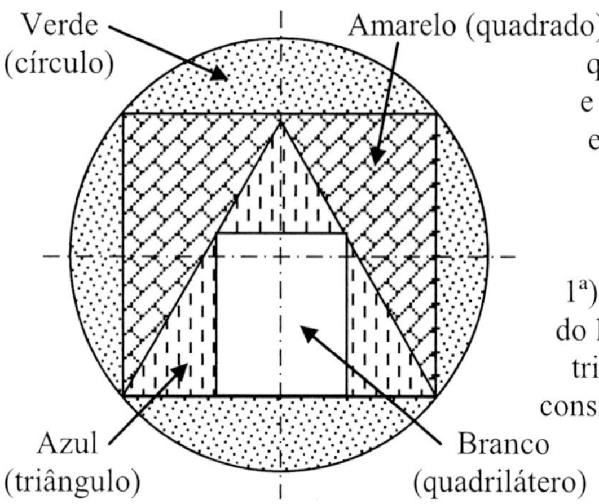

A área de cor verde é a diferença das áreas do círculo e do quadrado. A de cor amarela é a diferença das áreas do quadrado e do triângulo. A de cor azul é a diferença das áreas do triângulo e do quadrilátero. A área de cor branca é calculada a partir da definição das dimensões do quadrilátero.

As áreas são calculadas segundo a seguinte lógica: 1ª) área do círculo; 2ª) área do quadrado, após cálculo geométrico do lado; 3ª) área do triângulo isósceles, baseado nas dimensões do triângulo e 4ª) área do quadrilátero, a partir do cálculo dos lados, considerando o conceito de valor máximo.

Área do círculo: $\pi d^2/4 = \pi \,.\, 9/4 = 7{,}07\ m^2$.

Lado do quadrado L4: o cálculo é a partir do triângulo isósceles, onde o lado maior é o lado do quadrado, e os lados iguais são o raio = 1,5 m.

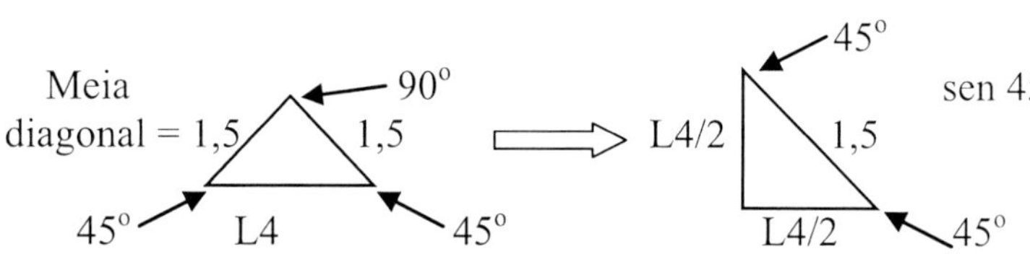

$\text{sen } 45^\circ = (L4/2)/1{,}5 \Rightarrow L4/2 = 1{,}5 \,.\, \text{sen } 45^\circ$.

$L4/2 = 1{,}06 \Rightarrow L4 = 2{,}12$ m.

Área do quadrado: $L4^2 = 4{,}50\ m^2 \Rightarrow$ Área da cor verde $= 7{,}07\ m^2 - 4{,}50\ m^2$.

Área da cor verde = 2,57 m².

Lados do triângulo isósceles L3:

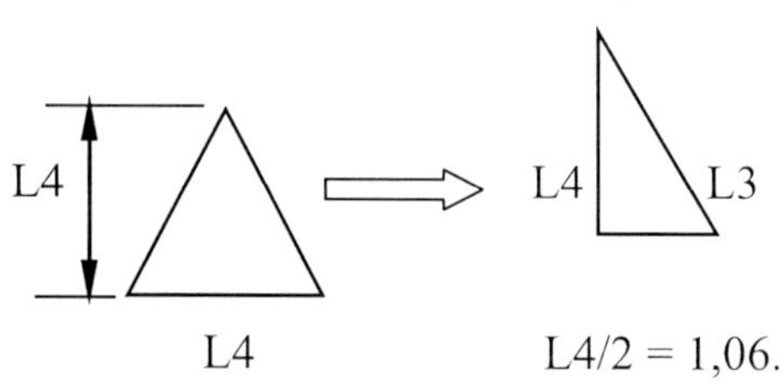

$(L3)^2 = (L4)^2 + (L4/2)^2$.
$(L3)^2 = 4{,}50 + 1{,}12$.

$L3 = 2{,}37$ m.

Área do triângulo: $(L4 \,.\, L4)/2 = 2{,}25\ m^2$. (Confirma-se que a área do triângulo é metade da do quadrado).

Área da cor amarela: área do quadrado - área do triângulo $= 4{,}50\ m^2 - 2{,}25\ m^2$.

Área da cor amarela = 2,25 m².

Análise das dimensões máximas (L e H) do quadrilátero inscrito no triângulo isósceles:

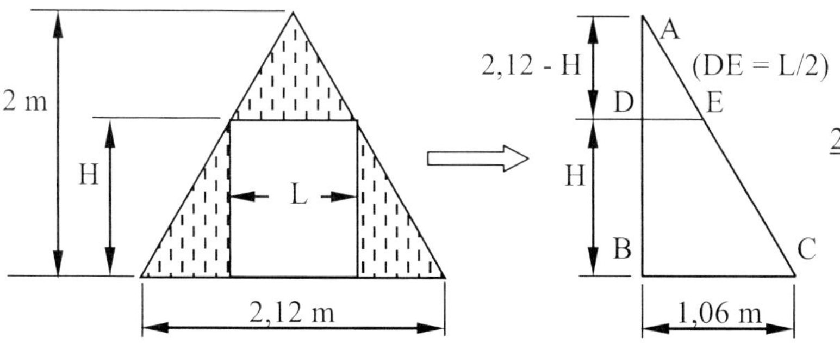

Por semelhança de triângulos

AD/DE = AB/BC:

$$\frac{2{,}12 - H}{DE} = \frac{2{,}12}{1{,}06} \Rightarrow H = 2{,}12 - \frac{2{,}12DE}{1{,}06}$$

Área do quadrilátero: S = L . H

Substituindo H na fórmula da área:

A área do quadrilátero fica: $S = L(2{,}12 - \frac{2{,}12DE}{1{,}06})$; como DE = L/2, tem-se: $S = 2{,}12L - L^2$.

Fazendo a derivada primeira de S e igualando a zero tem-se: S' = 2,12 - 2L = 0.

2,12 - 2L = 0 => L = 1,06 m.

Com L = 1,06 => $S = 2{,}12L - L^2 = 2{,}12(1{,}06) - (1{,}06)^2$ => $S = 1{,}1236\ m^2$.

Como S = L . H => 1,1236 = 1,06 . H => H = 1,06 m. Ou seja, se tem um quadrado de lado 1,06 m.

Área do quadrado menor = área da cor branca = $1{,}12\ m^2$.

Área da cor branca = 1,12 m^2.

Área da cor azul = área do triângulo - área do quadrado menor = $2{,}25\ m^2 - 1{,}12\ m^2 = 1{,}12\ m^2$.

Resumo das áreas necessárias

- **Verde = 2,57 m^2**. **Amarela = 2,25 m^2**.
- **Azul = 1,12 m^2.** **Branca = 1,12 m^2**.

Exercício 6.7.2) Determinar dois números positivos, x e y, de forma que sua soma seja 10 e o produto o máximo possível.

Ou seja: x + y = 10 e x . y = máximo possível. x + y = 10 => y = 10 - x e x . y = x(10 - x) ou: $y = 10x - x^2$.

dy/dx = 10 - 2x = 2(5 - x) igualando-se a zero obtém-se o valor máximo de x, ou seja: 10 - 2x = 0 => x = +5.

x = +5 => y = +5. Ou seja, os números x e y são iguais a 5, onde x + y = 10 e x . y = 25.

A derivada segunda é igual a $d^2y/\ dx^2 = -2$, confirma-se que a função $y = 10x - x^2$ passa de crescente para decrescente, ou seja, passa por um ponto de valor máximo.

A função = $10x - x^2$ representa uma parábola com cavidade para baixo e ponto máximo (+5; +5)

Observa-se que a função é crescente para $0 < x \leq +5$ e decrescente para $+5 \leq x \leq +10$

As raízes da equação: $10x - x^2 = 0$ são: x1 = 0 e x2 = +10.

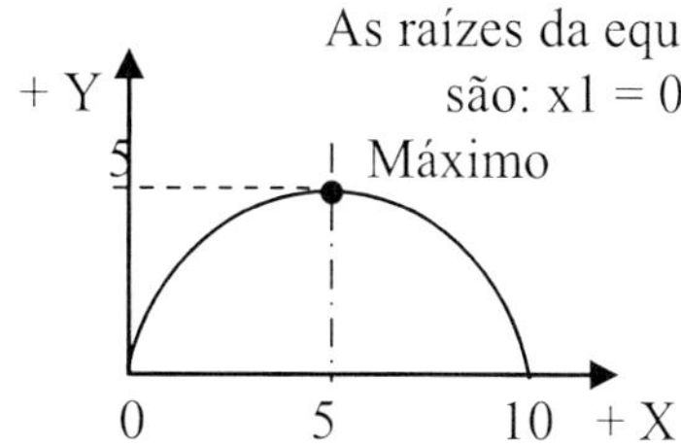

Exercícios 6.7.3) Estudar as funções $y = x^{1/3}$ (ou $y = \sqrt[3]{x}$) e $x = y^3$, quanto às derivadas primeira (dy/dx) e segunda ($d^2y/\,dx^2$).

$$y = x^{1/3} \Rightarrow \begin{cases} dy/dx = (1/3)x^{-2/3} \text{ ou } \dfrac{dy}{dx} = \left(\dfrac{1}{3}\right)\left(\dfrac{1}{\sqrt[3]{x^2}}\right) \Rightarrow dy/dx \text{ sempre positiva, para x positivo ou negativo. (A)} \\ d^2y/\,dx^2 = -(2/9)\,x^{-5/3} \text{ ou } \dfrac{d^2y}{dx^2} = -\left(\dfrac{2}{9}\right)\left(\dfrac{1}{\sqrt[3]{x^5}}\right) \end{cases}$$

tanto dy/dx, quanto $d^2y/\,dx^2$ tendem ao infinito, quando x = 0. (B)

$$\frac{d^2y}{dx^2} = -\left(\frac{2}{9}\right)\left(\frac{1}{\sqrt[3]{x}}\right)^5 \Rightarrow \frac{d^2y}{dx^2} = -\frac{2}{3y^2}$$

A derivada segunda é positiva, quando x é negativo e negativa, quando x é positivo, ou seja, a origem (0; 0) é o ponto de inflexão.

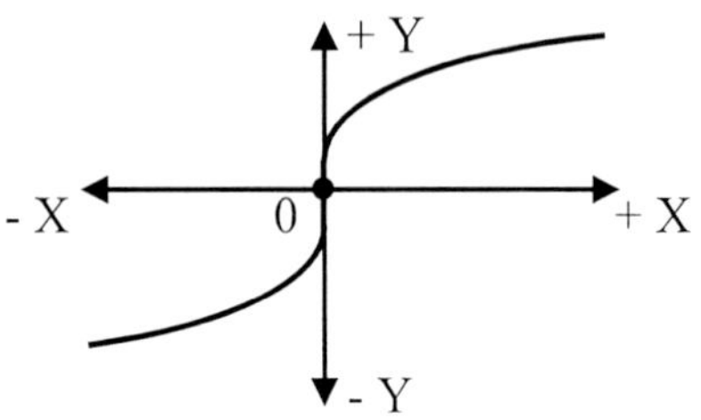

O gráfico da função $y = x^{1/3}$ (ou $y = \sqrt[3]{x}$), mostra claramente, tanto o ponto de inflexão (0; 0), quanto o fato dessa função ser sempre crescente.

$x = y^3 \Rightarrow dx/dy = 3y^2$ e $d^2y/\,dx^2 = 6y$.

Observa-se que as duas funções: $y = x^{1/3}$ e $x = y^3$ têm o mesmo gráfico.

$dx/dy = 3y^2 = 0 \Rightarrow y = 0$.

$d^2x/\,dy^2 = 6y = 0 \Rightarrow y = 0$.

Usando a regra de L'Hôpital.

Exercício 6.7.4) Calcular: $\lim\limits_{x \to 0} \dfrac{(x - \text{sen } x)}{x^3} = \dfrac{0}{0} \Rightarrow \dfrac{(x - \text{sen } x)'}{(x^3)'} = \dfrac{(1 - \cos x)}{3x^2} = \dfrac{0}{0} \Rightarrow \dfrac{(1 - \cos x)'}{(3x^2)'} = \dfrac{+\text{sen } x}{6x} = \left(\dfrac{\text{sen } x}{x}\right)\dfrac{1}{6}$:

Segundo o limite fundamental: $\dfrac{\text{sen } x}{x} = +1$, ou seja: $\lim\limits_{x \to 0} \dfrac{(x - \text{sen } x)}{x^3} = +0{,}167$.

Exercício 6.7.5) Calcular: $\lim\limits_{x \to -1} \dfrac{(x^2 + 6x + 5)}{(x^2 - 3x - 4)} \Rightarrow \dfrac{(+1 - 6 + 5)}{(+1 + 3 - 4)} = \dfrac{0}{0}$, que é uma indeterminação.

Usando L'Hôpital: $\lim\limits_{x \to -1} \dfrac{(x^2 + 6x + 5)}{(x^2 - 3x - 4)} = \lim\limits_{x \to -1} \dfrac{(2x + 6)}{(2x - 3)} = \dfrac{(-2 + 6)}{(-2 - 3)} = \dfrac{+4}{-5} = -0{,}8$.

6.7.6) Estudar a função $y = +x^3 - 3x^2$, quanto aos valores de máximo e mínimo, bem como de possíveis pontos de inflexão. Esboçar a curva da função, indicando os pontos solicitados.

$y = +x^3 - 3x^2 \Rightarrow y' = +3x^2 - 6x$. Quando $y' = 0 \Rightarrow x = +2$ e quando $x = +2 \Rightarrow y = -4$.
Ou seja: P1(+2; -4) é um ponto mínimo da função: $y = +x^3 - 3x^2$.

$y' = +3x^2 - 6x \Rightarrow y'' = +6x - 6$. Quando $y'' = 0 \Rightarrow x = +1$ e quando $x = +1 \Rightarrow y = -2$.
Ou seja: P2(+1; -2) é um ponto de inflexão da função: $y = +x^3 - 3x^2$.

$y = +x^3 - 3x^2$, quando $x = 0 \Rightarrow y = 0$, ou seja: P3(0; 0) é um ponto de máximo da função: $y = +x^3 - 3x^2$.

Esboço da curva da função: $y = +x^3 - 3x^2$.

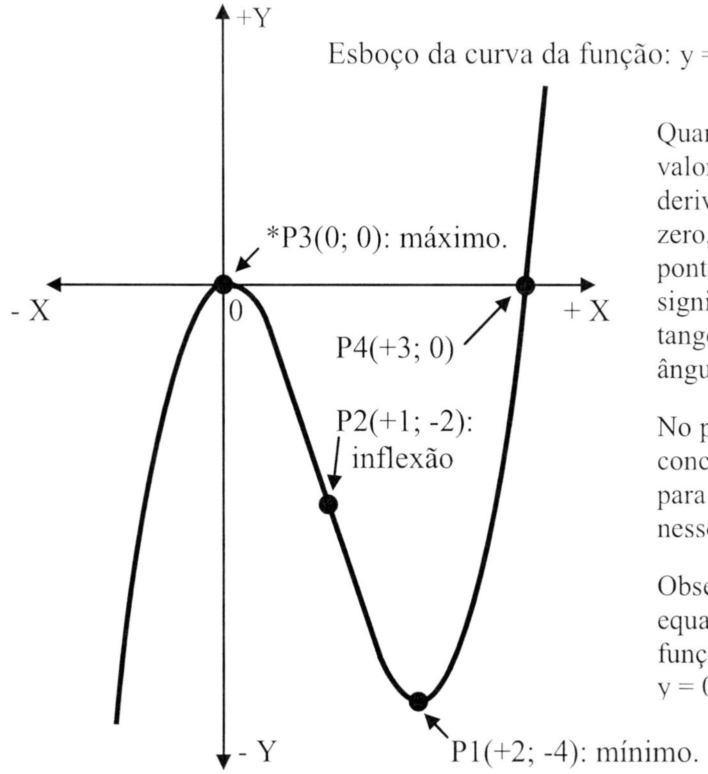

Quando uma função passa por um ponto de valor máximo ou mínimo (P1 e P3), sua derivada primeira, nesse ponto, é igual a zero, ou seja, a reta tangente à curva no ponto é paralela ao eixo X, pois dy/dx = 0, significa que a tangente do ângulo da reta tangente à curva é igual a zero, ou seja, o ângulo é igual a zero.

No ponto de inflexão (P2) a curva muda da concavidade para cima, para a concavidade para baixo ou vice-versa. *O ponto P3, nesse caso, também é de inflexão.

Observa-se que, P3 e P4 são raízes da equação $+x^3 - 3x^2 = 0$, ou seja, onde a função intercepta o eixo cartesiano X, onde $y = 0$.

6.7.7) Estudar a função $y = +x^4 - 5x^2 + 4$, quanto aos valores de máximo e mínimo, bem como de pontos de inflexão. Recomenda-se esboçar a curva da função, indicando os pontos solicitados.

O ponto de máximo y (P1) é quando $x = 0$ e $y = +4$.
Ou seja: P1(0; +4).

$y = +x^4 - 5x^2 + 4 \Rightarrow y' = +4x^3 - 10x$.
Quando $y' = 0 \Rightarrow x = 0$ ou $x = \pm 1{,}581$ e $y = -2{,}25$.
Ou seja, pontos de mínimo:
P2(-1,581; -2,25) e P3(+1,581; -2,25).

$y' = +4x^3 - 10x \Rightarrow y'' = +12x^2 - 10$.
Quando $y'' = 0 \Rightarrow x = \pm 0{,}913$ e $y = +0{,}527$.
Ou seja: P4(-0,913; +0,527) e P5(+0,913; +0,527) são pontos de inflexão.

P6, P7, P8 e P9 são raízes da equação: $+x^4 - 5x^2 + 4 = 0$.

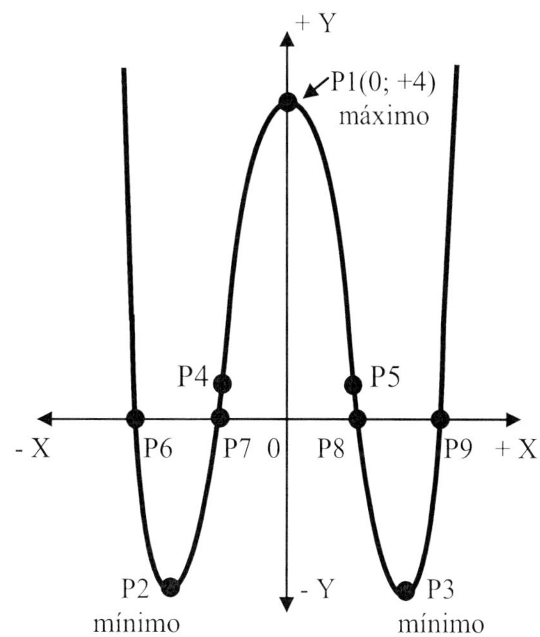

Esboço da curva da função: $y = +x^4 - 5x^2 + 4$.

6.7.8) Estudar a função y = +sen x + cos x, no intervalo entre -45° e +315°, quanto aos valores de máximo e mínimo, bem como de pontos de inflexão. Recomenda-se esboçar a curva da função, indicando os pontos solicitados. (Considerar π = 3,14).

y = +sen x + cos x => y' = +cos x - sen x => y'' = -sen x - cos x.

Ponto:	E	0	F	G	H	I	J	K	L	M
Ângulo / Função	-45° -π/4 (-0,785)	0° 0π (0)	45° +π/4 (+0,785)	90° +π/2 (+1,57)	135° +3π/4 (+2,355)	180° +π (+3,14)	225° +5π/4 (+3,925)	270° +3π/2 (+4,71)	315° +7π/4 (+5,491)	360° +2π (+6,28)
sen x	+0,707	0	+0,707	+1	+0,707	0	-0,707	-1	-0,707	0
cos x	-0,707	+1	+0,707	0	-0,707	-1	-0,707	0	+0,707	+1
sen x + cos x	0	+1	+1,414	+1	0	-1	-1,414	-1	0	+1
y'	-1,414	+1	0	-1	-1,414	-1	0	+1	+1,414	+1
y''	0	-1	-1,414	-1	-1,414	+1	+1,414	+1	0	-1

Ponto de inflexão (E) — Ponto de inflexão (H) — Ponto de inflexão (L)

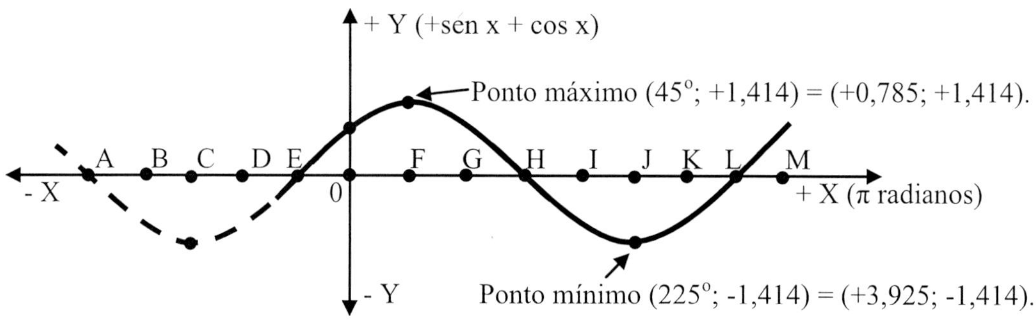

Esboço da curva da função: y = sen x + cos x.

6.7.9) Estudar a função $y = +x^3 - 6x^2 + 9x + 2$, quanto aos valores de máximo e mínimo, no intervalo fechado de 0 a +4, bem como de pontos de inflexão. Recomenda-se esboçar a curva da função, indicando os pontos solicitados.

Esboço da curva da função: $y = +x^3 - 6x^2 + 9x + 2$.

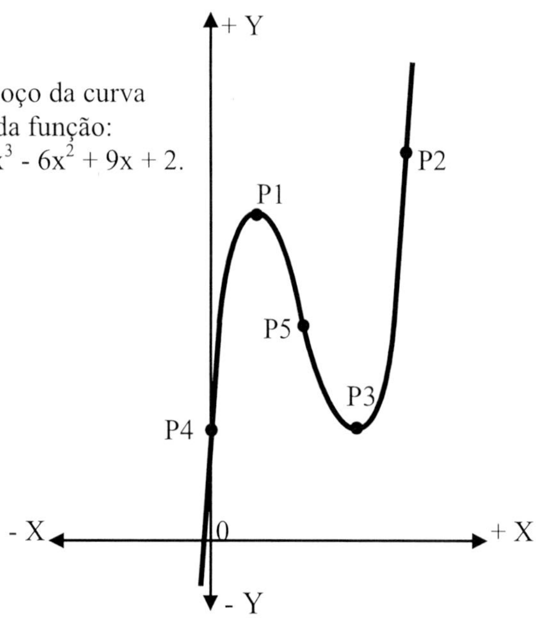

$y = +x^3 - 6x^2 + 9x + 2 \Rightarrow y' = +3x^2 - 12x + 9$.

$y'' = +6x - 12$.

$y' = +3x^2 - 12x + 9 = 0 \Rightarrow x1 = +1$ e $x2 = +3$.
$y = +x^3 - 6x^2 + 9x + 2$, para $x1 = +1 \Rightarrow y1 = +4$.
$y = +x^3 - 6x^2 + 9x + 2$, para $x2 = +3 \Rightarrow y2 = +2$.
Ponto máximo P1(+1; +4).
Ponto máximo P2(+4; +6).
Ponto mínimo P3(+3; +2).
Ponto mínimo P4(0; +2)

$y'' = +6x - 12 = 0 \Rightarrow x = +2$
Para $x = +2 \Rightarrow y = +4$.
Ponto de inflexão P5(+2; +4).

6.7.10) Para a figura a seguir, determinar o raio (r) e a altura (h) do cilindro circular reto, inscrito à esfera de diâmetro um metro (D = 1 m), de forma que a área lateral do cilindro A_L ($2\pi rh$) seja a máxima possível. Determinar também a diferença de volumes entre a esfera e o cilindro. Considerar $\pi = 3{,}14$.

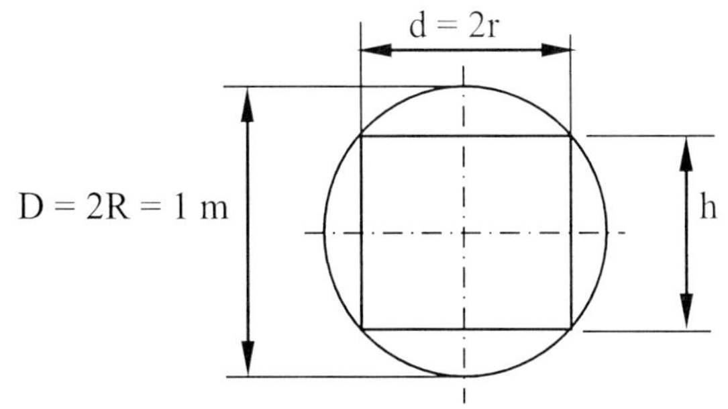

Volume da esfera = $\pi D^3/6$.

Volume do cilindro = $(\pi d^2/4)h$.

Cálculo da área lateral A_L do cilindro:

$R^2 = (h/2)^2 + r^2 \Rightarrow 0{,}5^2 = h^2/4 + r^2 \Rightarrow r = \sqrt{0{,}25 - h^2/4}$. (A).

$A_L = 2\pi rh = 2\pi h(\sqrt{0{,}25 - h^2/4}) = 2\pi h\left(\dfrac{\sqrt{1 - h^2}}{\sqrt{4}}\right) = 2\pi h\left(\dfrac{\sqrt{1 - h^2}}{2}\right) = \pi h(\sqrt{1 - h^2})$.

$(A_L)' = \pi\sqrt{1 - h^2} + \pi h(1/2)(-2h)(1/\sqrt{1 - h^2}) = \pi/\sqrt{1 - h^2} - \pi h^2(1/\sqrt{1 - h^2})$. (Regra da cadeia, parágrafo 3.3).

$(A_L)' = 0 \Rightarrow \pi/\sqrt{1 - h^2} = \pi h^2(1/\sqrt{1 - h^2}) \Rightarrow h^2/\sqrt{1 - h^2} = \sqrt{1 - h^2} \Rightarrow h^2 = 1 - h^2 \Rightarrow 2h^2 = 1 \Rightarrow \Rightarrow h = 0{,}71$ m.

Substituindo h = 0,71 em A: $r = \sqrt{0{,}25 - 0{,}71^2/4} \Rightarrow r = 0{,}35$ m.

$A_L = 2\pi rh = (2)(3{,}14)(0{,}35)(0{,}71) \Rightarrow A_L = 1{,}561$ m^2.

Cálculo do volume da esfera: $V = \pi D^3/6 = (3{,}14)(1)^3/6 = \mathbf{0{,}523\ m^3}$.

Cálculo do volume do cilindro = $(\pi d^2/4)h = [(3{,}14)(0{,}7)^2/4](0{,}71) \Rightarrow$ **Volume do cilindro = 0,273 m^3**.

Diferença de volumes entre a esfera e o cilindro = 0,523 m^3 - 0,273 m^3 = **0,25 m^3**.

Observa-se que esse tipo de problema pode ter utilização prática na área de *design* artístico, por exemplo, com a esfera em material transparente e o cilindro interno em material opaco e colorido.

6.7.11) Determinar: $\lim\limits_{x \to 0} \dfrac{e^x - 1}{x}$.

$\lim\limits_{x \to 0} \dfrac{e^x - 1}{x} \Rightarrow \dfrac{(e^x - 1)'}{(x)'} = \dfrac{e^x}{1} = \dfrac{e^0}{1} = +1$.

$\mathbf{\lim \dfrac{e^x - 1}{x} = +1}$.

Gráfico da função:

$y = (e^x - 1)/x$.

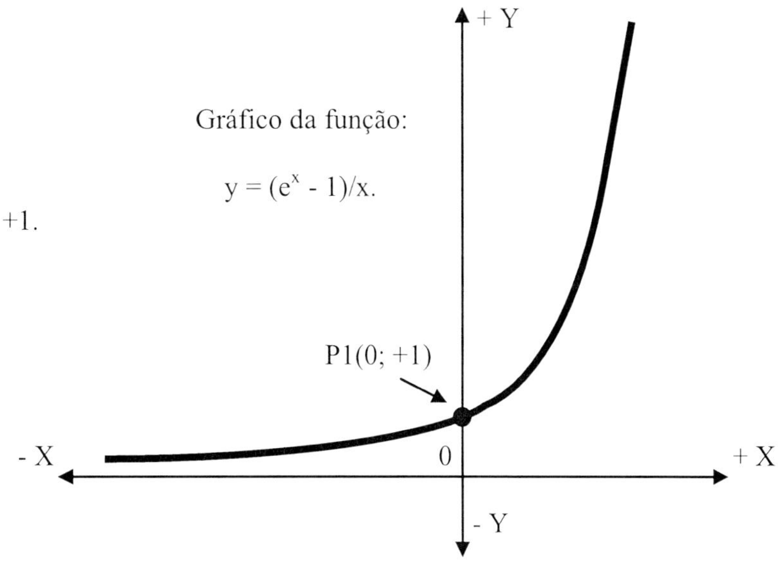

6.7.12) Determinar: $\lim\limits_{x \to +1} \dfrac{\ln x}{x}$.

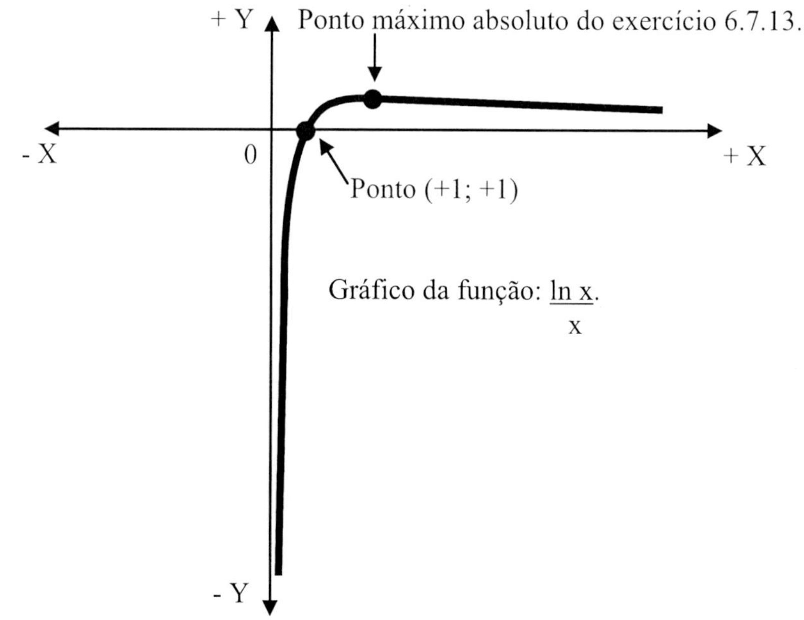

$\lim\limits_{x \to +1} \dfrac{\ln x}{x} \Rightarrow \dfrac{(\ln x)'}{(x)'} = \dfrac{1/x}{1} = \dfrac{1}{1} = +1.$

$\mathbf{\lim\limits_{x \to +1} \dfrac{\ln x}{x} = +1.}$

6.7.13) Determinar o máximo absoluto da função: $y = \dfrac{\ln x}{x}$. (O gráfico está acima, exercício 6.7.12).

$y = \dfrac{\ln x}{x} \Rightarrow y' = \dfrac{x\,(1/x) - 1(\ln x)}{x^2} = \dfrac{1 - \ln x}{x^2}.$

Quando $\dfrac{1 - \ln x}{x^2} = 0 \Rightarrow \ln x = +1 \Rightarrow x = e^1 = +2{,}718.$

$x = +2{,}718 \Rightarrow y = \dfrac{\ln(+2{,}718)}{+2{,}718} = \dfrac{1}{+2{,}718} = +0{,}368.$

O ponto máximo absoluto da função: y = ln x/x é (+2,718; +0,368).

6.7.14) Determinar: $\lim\limits_{x \to +2} \dfrac{(x^2 - 5x + 6)}{(x^2 - 12x + 20)} \Rightarrow \dfrac{(+4 - 10 + 6)}{(+4 - 24 + 20)} = \dfrac{0}{0}$. Como é indeterminado, usa-se L'Hôpital.

$\dfrac{(x^2 - 5x + 6)'}{(x^2 - 12x + 20)'} = \dfrac{+2x - 5}{+2x - 12} = \dfrac{(+2)(+2) - (5)}{(+2)(+2) - (12)} = \dfrac{-1}{-8} = +0{,}125.$

$\mathbf{\lim\limits_{x \to +2} \dfrac{(x^2 - 5x + 6)}{(x^2 - 12x + 20)} = +0{,}125.}$

6.7.15) Determinar: $\lim\limits_{t \to 0} \dfrac{(4 + t)^2 - 16}{t} \Rightarrow \dfrac{(4 + 0)^2 - 16}{0} = \dfrac{0}{0}$. Como é indeterminado, usa-se L'Hôpital.

$\dfrac{[(4 + t)^2 - 16)]'}{(t)'} = \dfrac{(+16 + 8t + t^2 - 16)'}{(t)'} = \dfrac{+8 + 2t}{+1} = \dfrac{(+8) + (2)(0)}{+1} = +8.$

$\mathbf{\lim\limits_{t \to 0} \dfrac{(4 + t)^2 - 16}{t} = +8.}$

6.7.16) Determinar: $\lim_{t \to 0} \frac{\sqrt{(25 + 3t)} - 5}{t} \Rightarrow \frac{\sqrt{(25 + 0)} - 5}{0} = \frac{0}{0}$. Como é indeterminado, usa-se L'Hôpital.

$$\lim_{t \to 0} \frac{\sqrt{(25 + 3t)} - 5}{t} = \frac{(\sqrt{(25 + 3t)} - 5)'}{t'} = \frac{(1/2)(3)(25 + 3t)^{-1/2} - 0}{1} = \frac{(1/2)(3)(25)^{-1/2}}{1} = \left(\frac{3}{2}\right)\left(\frac{1}{\sqrt{25}}\right) = \frac{1,5}{5} = +0,3.$$

$$\mathbf{\lim_{t \to 0} \frac{\sqrt{(25 + 3t)} - 5}{t} = +0,3.}$$

6.7.17) Determinar: $\lim_{t \to 0} \frac{\sqrt{(a^2 + bt)} - a}{t} = \frac{\sqrt{(a^2 + 0)} - a}{0} = \frac{0}{0}$. Como é indeterminado, usa-se L'Hôpital.

$$\lim_{t \to 0} \frac{\sqrt{(a^2 + bt)} - a}{t} = \frac{(\sqrt{(a^2 + bt)} - a)'}{t'} = \frac{(1/2)(b)(a^2 + 0)^{-1/2} - 0}{1} = (1/2)(b)(a^2)^{-1/2} = \left(\frac{1b}{2}\right)\left(\frac{1}{\sqrt{a^2}}\right) = \frac{+b}{2a}.$$

$$\mathbf{\lim_{t \to 0} \frac{\sqrt{(a^2 + bt)} - a}{t} = \frac{+b}{2a}.}$$

Capítulo 7

O cálculo integral conceituado como antiderivada. A integral indefinida. Métodos de integração por mudança de variável e por partes

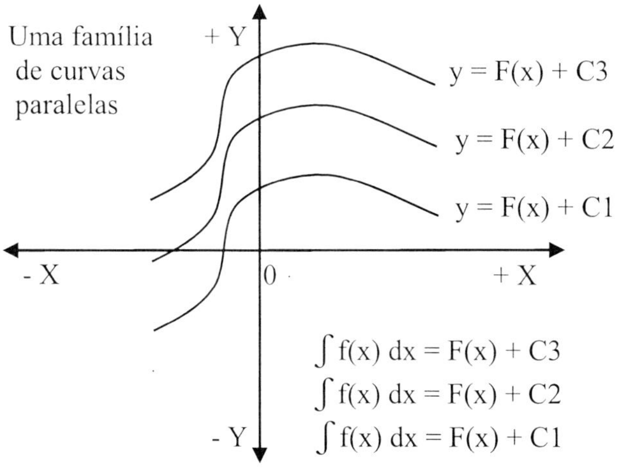

y = F(x) + C é a antiderivada geral ou integral indefinida de y = f(x)

***O Cálculo Integral**, como detalhado nesse capítulo, é definido como uma antiderivada, que advém de uma equação diferencial. Conceitualmente, o Cálculo Integral está relacionado a duas análises: uma reta tangente à uma função ou curva derivável e o cálculo de uma área, sob uma curva ou função (soma de Riemann). Diversas áreas profissionais utilizam o Cálculo Integral, em especial as das ciências exatas e, principalmente em diversas análises de problemas aplicados às engenharias. Observa-se que, o Cálculo Integral, além das áreas, também se aplica ao cálculo de perímetros (linhas) e volumes, usando-se a integral definida, ou seja, quando o cálculo é feito para um determinado intervalo. Esse capítulo foca conceitos, análises e exercícios de integrais indefinidas.*

Resumo da história do Cálculo Diferencial e Integral

O Cálculo Diferencial e Integral, ou simplesmente Cálculo, é um ramo da Matemática desenvolvido a partir da Álgebra e da Geometria, e se dedica ao estudo de taxas de variação de grandezas (como a inclinação de uma reta) e a acumulação de quantidades (como a área abaixo de uma curva ou o volume de um sólido). Onde há movimento e crescimento, ou melhor, variação, o Cálculo é a matemática a ser empregada.

No século XVII (1601 a 1700), os matemáticos costumavam utilizar limites para calcular a área de figuras com contornos curvos. Newton e Leibniz mostraram que é possível chegar muito mais facilmente ao resultado, usando a integração, pois se uma quantidade pode ser calculada por "exaustão", também pode ser calculada com o uso de antiderivadas. Essa conclusão é denominada Teorema Fundamental do Cálculo.

Leibniz foi o primeiro a utilizar o símbolo de integral, um "S" ($\int$) alongado, derivado da primeira letra da palavra *summa*, (soma), tendo publicado tal símbolo em 29 de outubro de 1675, com o objetivo de indicar uma soma de indivisíveis. A partir de então, e até hoje, as integrais passaram a ser grafadas, dessa forma. Em 1686 Leibniz fez outra importante publicação, onde enfatizou a relação inversa entre derivação e integração, no Teorema Fundamental do Cálculo. O matemático alemão deduziu muitas das regras da diferenciação, atualmente utilizadas.

Além dos já citados, muitos estudiosos contribuíram para o desenvolvimento do Cálculo Diferencial e Integral, dentre os quais podem ser citados: o francês Jean Le Rond D'Alembert (1717-1783), o suiço Leonhard Paul Euler (1707-1783), o italiano Joseph Louis Lagrange (1736-1813), o francês Augustin Louis Cauchy (1789-1857) e o alemão Karl Theodor Wilhelm Weierstrass (1815-1897). Sabe-se que o responsável pela definição de integral, que é utilizada até hoje, foi o alemão Bernhard Riemann (1826-1866), de maneira que o cálculo das integrais parciais, onde existe um intervalo delimitado, tem-se sua área encontrada pela soma das divisões desse intervalo em espaços menores, sendo conhecido como "Integral ou Soma de Riemann".

7.1 Integrais: símbolo, tipos e exemplos gerais de aplicações

Embora muitos estudiosos tenham contribuído com análises e conceitos, como já citado, atribui-se ao alemão Gottfried Wilhelm Leibniz e ao inglês Isaac Newton, o que se denomina Cálculo Integral. O Teorema Fundamental do Cálculo estabelece a relação entre o Cálculo Diferencial e o Cálculo Integral. Enquanto o Cálculo Diferencial estudou o problema de se determinar a reta tangente a uma curva em um ponto, como visto no capítulo 3 (derivadas), o Cálculo Integral surgiu a partir do problema de se encontrar a área sob uma curva no plano cartesiano XY. Como será visto adiante, calcular uma integral indefinida, conceitualmente, significa calcular uma antiderivada.

O símbolo da integração é um "S" alongado ($\int$) significando soma. Considerando uma integral como uma antiderivada, pode-se escrever, por exemplo: $A = \int +2x\, dx = 2\int +x\, dx = \frac{2\,(+x^{1+1})}{(1+1)} = \frac{+2x^2}{2} = +x^2 + C$.

De fato: se $y = +x^2 + C \Rightarrow dy/dx = +2x$. Ou seja, é a inversa da integral. (C é uma constante qualquer).

Uma integral é chamada de indefinida, quando não se analisa um determinado intervalo. De modo contrário, na integral definida o cálculo é feito considerando-se um determinado intervalo. **O resultado de uma integral indefinida é uma função, enquanto o resultado de uma integral definida é um número, podendo representar, por exemplo: um perímetro, uma área ou um volume**. Os exemplos a seguir ilustram o fato:

A integral indefinida: $A = \int +2x\, dx = +x^2 + C$, representa uma parábola, ou seja, uma função, onde C é qualquer constante, positiva ou negativa. Em verdade, a função $A = +x^2 + C$, expressa uma família de parábolas com vértice não coincidente com a origem ($C \neq 0$) e concavidade para baixo.
Já a integral definida, com intervalo de variação -r a +r:

$V = \int_{-r}^{+r} (r^2 - x^2)\, dx \Rightarrow V = (4/3).\pi.r^3$ ou $V = (\pi/6).d^3$, representa o volume de uma esfera de diâmetro d.

Nas aplicações práticas, usam-se as integrais definidas, sejam de linha (ou perímetro), área ou volume. A seguir são mostrados dois exemplos do uso aplicado do Cálculo Integral, com integrais definidas, pois trata-se de saber um perímetro, uma área ou um volume.

Nesse caso, o volume do cilindro parabólico é calculado, multiplicando a área da espessura de concreto pelo comprimento L.

Um túnel parabólico

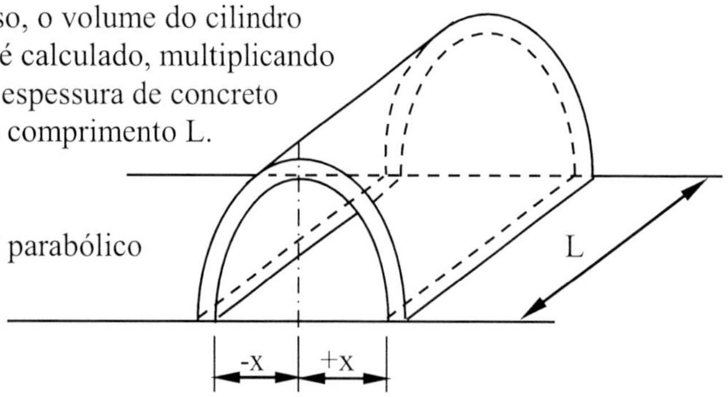

Um paraboloide circular ou elíptico

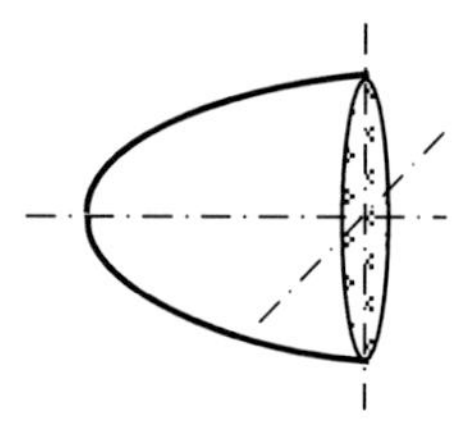

Num túnel de abertura parabólica, tanto a área da espessura em concreto, quanto o comprimento dos vergalhões parabólicos são calculados por integrais definidas. Nesse exemplo usa-se a equação da parábola, considerando-se o intervalo ±x, que é a metade da entrada do túnel.

Num paraboloide, o volume é calculado por uma integral definida. No paraboloide circular, gira-se a parábola, segundo uma circunferência. (Também pode ser uma elipse).

7.2 Equações diferenciais e antiderivada

Uma equação que envolva derivada de uma função é chamada de equação diferencial. Se $y = +x^2$, então $dy/dx = +2x$ e $dy = +2xdx$, que é uma equação diferencial. Por exemplo: $A = \int +2x\,dx = +x^2 + C$, ou seja, a integral indefinida é a antidiferencial ou antiderivada da função original.

As equações diferenciais podem ser classificadas como: Equação Diferencial Ordinária (EDO) e Equação Diferencial Parcial (EDP). As ordinárias envolvem derivadas de uma função de uma só variável independente, enquanto as parciais envolvem derivadas parciais (implícitas) de uma função de mais de uma variável independente.
A ordem de uma equação diferencial é dada pela derivada mais alta da função que consta na equação. O grau é dado pelo expoente (potência) de maior valor. Exemplos:

$\dfrac{dy}{dx} = +2x - 1$ => ordem 1 e grau 1.

$\dfrac{d^2y}{dx^2} + x^2\left(\dfrac{dy}{dx}\right) + 30y = 0$ => ordem 2 e grau 1.

$\dfrac{d^3y}{dx^3} + x.\cos x = +x^3y^4$ => ordem 3 e grau 1.

O estudo completo das equações diferenciais, que têm aplicações em diversas áreas, em geral, é objeto de disciplinas específicas, não sendo estudadas no presente livro.

7.3 A integral indefinida (conceituada como antiderivada)

O resultado de uma integral indefinida é uma função, também considerada como uma antiderivada de "outra" função.

Considerando a função: $f(x) = +x^3 + C$, e sua derivada $f'(x) = (x^3)' + (C)'$ => $f'(x) = +3x^2 + 0$, ou seja: $f'(x) = +3x^2$. Observa-se que $f(x) = +x^3 + C$ e $f'(x) = +3x^2$, são funções relacionadas, da seguinte forma:

Considerando: $\dfrac{d}{dx}(+x^3) = +3x^2$, se tem que: $\int +3x^2\,dx = +x^3 + C$. Ou seja, uma é a antiderivada da outra.

Conceitualmente, resolver uma integral indefinida significa descobrir qual função tem como derivada a função que se quer integrar. Conclusão, além de estar familiarizado com fatorações e análises algébricas de funções e curvas é importantíssimo uma sólida e consistente capacidade de trabalhar com derivadas, incluindo todas as regras de derivação. A seguir são mostrados alguns exemplos de cálculos de integrais indefinidas, a partir do conceito de antiderivada, indicando que a integração é uma antiderivação ou antidiferenciação.

Funções primitivas (ou antiderivada) ↓ **Função integrando** ↓ **Função derivada**

$\int +3x^2\,dx = +x^3 + C.$ ⟶ $f'(+x^3) = +3x^2.$

$\int 1/(2\sqrt{x})\,dx = \sqrt{x} + C.$ ⟶ $f'(\sqrt{x}) = 1/(2\sqrt{x}).$

$\int \sec^2 x\,dx = tg\,x + C.$ ⟶ $f'(tg\,x) = \sec^2 x.$

> As funções $\int +3x^2\,dx = +x^3 + C$ são chamadas de funções primitivas e $f(x) = +x^3$ é chamada função integrando, sendo $+3x^2$ sua função derivada.

7.4 Principais fórmulas de integração (ou de antidiferenciação)

Considerando o conceito de que, a integração é uma antiderivação, como mostrado no parágrafo anterior, podem ser citadas as fórmulas a seguir, segundo as regras de derivação, já vistas.

Integrando	Resultado (Antiderivada)	Observação	Função básica	Derivada da função
$\int dx$	$+x + C$	/	$y = x$	$y' = +1$
$\int x^r\, dx$	$\frac{(x)^{r+1}}{(r+1)} + C$	$r \neq -1$	$y = x^r$	$y' = \frac{(x)^{r+1}}{(r+1)}$
$\int \frac{dx}{x}$	$\ln \lvert x \rvert + C$	$x \neq 0$	$y = \ln x$	$y' = \frac{dx}{x}$
$\int e^x\, dx$	$e^x + C$	$x \neq 0$	$y = e^x$	$y' = e^x$
$\int a^x\, dx$	$\frac{(a)^x}{\ln a} + C$	$a > 0$, $a \neq 1$	$y = a^x/\ln a$	$y' = a^x$
$\int +\cos x\, dx$	$+\text{sen } x + C$	/	$y = +\text{sen } x$	$y' = +\cos x$
$\int +\text{sen } x\, dx$	$-\cos x + C$	/	$y = -\cos x$	$y' = +\text{sen } x$
$\int +\sec^2 x\, dx$	$+\text{tg } x + C$	/	$y = +\text{tg } x$	$y' = +\sec^2 x$
$\int +\text{cossec}^2 x\, dx$	$-\text{cotg } x + C$	/	$y = -\text{cotg } x$	$y' = +\text{cossec}^2 x$
$\int (+\sec x)(+\text{tg } x)\, dx$	$+\sec x + C$	/	$y = +\sec x$	$y' = (+\sec x)(+\text{tg } x)$
$\int (+\text{cossec } x)(+\text{cotg } x)\, dx$	$-\text{cossec } x + C$	/	$y = -\text{cossec } x$	$y' = (+\text{cossec } x)(+\text{cotg } x)$
$\int +\text{tg } x\, dx$	$\ln \lvert \sec x \rvert + C$	/	$y = \ln \lvert \sec x \rvert$	$y' = +\text{tg } x$
$\int +\text{cotg } x\, dx$	$\ln \lvert \text{sen } x \rvert + C$	/	$y = \ln \lvert \text{sen } x \rvert$	$y' = +\text{cotg } x$
$\int +\sec x\, dx$	$\ln \lvert \sec x + \text{tg } x \rvert + C$	/	$y = \ln \lvert \sec x + \text{tg } x \rvert$	$y' = +\sec x$
$\int +\text{cossec } x\, dx$	$\ln \lvert \text{cossec } x - \text{cotg } x \rvert + C$	/	$y = \ln \lvert \text{cossec } x - \text{cotg } x \rvert$	$y' = +\text{cossec } x$

7.5 Propriedades da integral indefinida

Essas propriedades, que muito ajudam na resolução de integrais indefinidas, estão relacionadas à: constantes, somas e diferenças, das regras de derivadas, já vistas.

$\boldsymbol{\int c\, f(x)\, dx = c \int f(x)\, dx}$. Exemplo: $\int +3x^2\, dx = 3 \int +x^2\, dx$.

$\boldsymbol{\int [f(x) + g(x)]\, dx = \int f(x)\, dx + \int g(x)\, dx}$ Exemplo: $\int (\text{sen } x + \text{tg } x)\, dx = \int \text{sen } x\, dx + \int \text{tg } x\, dx$.

$\boldsymbol{\int [f(x) - g(x)]\, dx = \int f(x)\, dx - \int g(x)\, dx}$ Exemplo: $\int [+x^3 - (\sec x)]\, dx = \int +x^3\, dx - \int \sec x\, dx$.

7.6 Exercícios resolvidos, integrais indefinidas gerais, usando fórmulas e propriedades

Utilizando as fórmulas, propriedades e operações algébricas resolver as seguintes integrais indefinidas:

7.6.1) $\boldsymbol{\int 2\, \text{sen } x\, dx} = 2 \int \text{sen } x\, dx = 2(-\cos x) + C$. Portanto: $\boldsymbol{\int 2\, \text{sen } x\, dx = -2\cos x + C}$.

7.6.2) $\boldsymbol{\int (x^2 + 1)\, dx} = \int x^2\, dx + \int dx$. Como $\int x^r\, dx = \frac{(x)^{r+1}}{(r+1)} + C$, então: $\int x^2\, dx = \frac{(x)^{2+1}}{(2+1)} + C = \frac{x^3}{3} + C \Rightarrow$

$\int +x^2\, dx + \int dx = +\frac{x^3}{3} + x$. Portanto: $\boldsymbol{\int (x^2 + 1)\, dx = +\frac{x^3}{3} + x + C = x^3 + 3x + C}$.

7.6.3) $\boldsymbol{\int (+4x^3 + 3\cos x)\, dx} = \int +4x^3\, dx + \int 3\cos x\, dx = 4\int +x^3\, dx + 3\int \cos x\, dx$. Resolvendo cada integral:

$$\left\{ \begin{array}{l} 4\int +x^3\, dx = \frac{4(+x^{3+1})}{3+1} = \frac{+4x^4}{+4} = x^4. \\ 3\int \cos x\, dx = 3(\text{sen } x). \end{array} \right\}$$

Portanto: $\boldsymbol{\int (+4x^3 + 3\cos x)\, dx = +x^4 + 3\text{sen } x + C}$.

7.6.4) $\boldsymbol{\int [(x^2 - 1)^2/(x^2)]\, dx} = \int [(x^2 - 1)(x^2 - 1)/(x^2)]\, dx = \int [(+x^4 - 1x^2 - 1x^2 + 1)/(x^2)]\, dx =$

$= \int[(x^4 - 2x^2 + 1)/(x^2)]\,dx = \int[(x^4/x^2) - 2(x^2/x^2) + (1/x^2)]\,dx = \int[(x^2) - 2 + (1/x^2)]\,dx$. Como: $1/x^2 = x^{-2}$, logo:

$$\int[(x^2) - 2 + (1/x^2)]\,dx = \int(x^2 - 2 + x^{-2})\,dx = \int x^2\,dx - \int 2\,dx + \int x^{-2}\,dx = \frac{x^{2+1}}{2+1} - 2x + \frac{x^{-2+1}}{-2+1} = \frac{x^3}{3} - 2x + \frac{x^{-1}}{-1} =$$

$= \frac{x^3}{3} - 2x - x^{-1}$. Mas $x^{-1} = 1/x$, logo $= \frac{x^3}{3} - 2x - 1/x$. Ou seja: $\int[(x^2 - 1)^2 / (x^2)]\,dx = x^3/3 - 2x - 1/x + C$ =>

Portanto: $\mathbf{\int[(x^2 - 1)^2/(x^2)]\,dx = +\frac{x^3}{3} - 2x - \frac{1}{x} + C}$.

7.6.5) $\mathbf{\int(\sqrt{x} + \cos x)\,dx} = \int(\sqrt{x})\,dx + \int\cos x\,dx$. Como: $\sqrt{x} = x^{1/2}$, logo a integral fica: $\int(x^{1/2})\,dx + \int\cos x\,dx$

$$= \frac{x^{1/2+1}}{1/2+1} + \text{sen } x = \frac{x^{3/2}}{3/2} + \text{sen } x = (x^{3/2})(2/3) + \text{sen } x = (2/3)(x^{3/2}) + \text{sen } x + C = (0{,}667)(\sqrt[2]{x^3}) + \text{sen } x + C.$$

Portanto: $\mathbf{\int(\sqrt{x} + \cos x)\,dx = (0{,}667)(\sqrt[2]{x^3}) + sen\ x + C}$. { Na prática profissional, por exemplo, em cálculos de Engenharia, não são utilizadas frações, por isso: 2/3 foi transformado em 0,667.

7.6.6) $\mathbf{\int \frac{1}{(\cos x)(\text{cotg } x)}\,dx} = \int \frac{1}{(\cos x)(\cos x/\text{sen } x)}\,dx = \int \frac{1}{(\cos x)}\,\frac{1}{(\cos x/\text{sen } x)}\,dx =$

$\int(\sec x)(\text{tg } x)\,dx = \sec x + C$.

Portanto: $\mathbf{\int \frac{1}{(\cos x)(\text{cotg } x)}\,dx = \sec x + C}$.

7.6.7) $\mathbf{\int 12e^{(7-3x)}\,dx} = 12\int e^{(7-3x)}\,dx = 12\int e^7 e^{-3x}\,dx = 12\,e^7\,(1/-3)(e^{-3x})\,dx = -4\,e^{(7-3x)}\,dx + C$.

Portanto: $\mathbf{\int 12e^{(7-3x)}\,dx = -4\,e^{(7-3x)} + C}$.

7.6.8) $\mathbf{\int[(+3x^2 + x + (1/x^3)]\,dx} = \int +3x^2\,dx + \int +x\,dx + \int +(1/x^3)\,dx = 3\int +x^2\,dx + \int +x\,dx + \int +x^{-3}\,dx =$

$= 3\,\frac{(x^{2+1})}{2+1} + \frac{(x^{1+1})}{1+1} + \frac{(x^{-3+1})}{-3+1} = \frac{3x^3}{3} + \frac{x^2}{2} + \frac{x^{-2}}{-2} = x^3 + x^2/2 - (1/2)(1/x^2) = +x^3 + x^2/2 - (1/2x^2)$. Portanto:

$\mathbf{\int[(+3x^2 + x + (1/x^3)]\,dx = +x^3 + 0{,}5x^2 - 0{,}5x^{-2} + C}$. { Mais uma vez observa-se que, em cálculos práticos, em especial na Engenharia, resultados não devem conter frações.

7.6.9) $\mathbf{\int \frac{(x+1)}{x^5}\,dx} = \int(x+1)(x^{-5})\,dx = \int(x^{-4} + x^{-5})\,dx = \int(x^{-4})\,dx + \int(x^{-5})\,dx = \frac{x^{-4+1}}{-4+1} + \frac{x^{-5+1}}{-5+1} = \frac{x^{-3}}{-3} + \frac{x^{-4}}{-4} =$

$= -(1/3)(1/x^3) - (1/4)(1/x^4) = \frac{-1}{3x^3}\;\frac{-1}{4x^4}\,[x\,(3x^3)(4x^4)] \Rightarrow -4x^4 - 3x^3$.

Portanto: $\mathbf{\int \frac{(x+1)}{x^5}\,dx = -0{,}25x^{-4} - 0{,}33x^{-3} + C}$.

7.6.10) $\mathbf{\int \frac{3\cos x}{7\,\text{sen}^2 x}\,dx} = \int \frac{3}{7}(\cos x/\text{sen } x)(1/\text{sen } x)\,dx = \int \frac{3}{7}(\text{cotg } x)(\text{cossec } x)\,dx$*.

* Como: $\frac{d}{dx}(\text{cossec } x) = -(\text{cossec } x)(\text{cotg } x) \Rightarrow \int \frac{3}{7}(\text{cotg } x)(\text{cossec } x)\,dx = \frac{-3}{7}\,\text{cossec } x + C$. (3/7 = 0,429).

Portanto: $\int \frac{\mathbf{3 \cos x}}{\mathbf{7 sen^2 x}}\, \mathbf{dx = -0{,}429\ cossec\ x + C}$.

7.6.11) $\int \mathbf{(2/\sqrt{x^5})\, dx} = \int (2/x^{5/2})\, dx = \int (2x^{-5/2})\, dx = 2\int x^{-5/2}\, dx = (2)\, \frac{x^{-5/2+1}}{-5/2+1} + C = (2)\, \frac{x^{-3/2}}{-3/2} + C =$

$= (2)\,(-2/3)\,(x^{-3/2}) + C = (-4/3)\, \frac{1}{^2\sqrt{x^3}} + C$

Portanto: $\int \mathbf{(2/\sqrt{x^5})\, dx = -1{,}333x^{-3/2} + C}$.

7.6.12) $\int \frac{\sqrt{x}}{^3\sqrt{x}}\, \mathbf{dx} = \int \frac{x^{1/2}}{x^{1/3}}\, dx = \int x^{(1/2 - 1/3)}\, dx = \int x^{1/6}\, dx = \frac{x^{1/6+1}}{1/6+1} + C = \frac{x^{7/6}}{7/6} + C = (6/7)\,(^6\sqrt{x^7}) + C$. $(6/7 = 0{,}857)$.

Portanto: $\int \frac{\sqrt{x}}{^3\sqrt{x}}\, \mathbf{dx = +0{,}857\ (^6\sqrt{x^7}) + C}$.

7.6.13) $\int \mathbf{(1/x + \sqrt{x})\, dx}$ (Para $x > 0$) $= \int \frac{dx}{x} + \int \sqrt{x}\, dx = \int \frac{dx}{x} + \int x^{1/2}\, dx = \ln x + \frac{x^{(1/2+1)}}{1/2+1} + C =$

$\ln x + \frac{x^{3/2}}{3/2} + C = \ln x + (x^{3/2})\,(2/3) + C = \ln x + 0{,}667\sqrt{x^3} + C$. $(2/3 = 0{,}667)$.

Portanto: $\int \mathbf{(1/x + \sqrt{x})\, dx = \ln |x| + 0{,}667\sqrt{x^3} + C}$.

7.6.14) $\int \mathbf{(3 + e^{-x})\, dx} = \int 3\, dx + \int e^{-x}\, dx = 3\int dx + \int e^{-x}\, dx = 3x - e^{-x} + C$.

Portanto: $\int \mathbf{(3 + e^{-x})\, dx = +3x - e^{-x} + C}$.

7.6.15) $\int \frac{\mathbf{(e^x + e^{-x})}}{\mathbf{2}}\, \mathbf{dx} = \int \frac{1}{2}\,(e^x + e^{-x})\, dx = 0{,}5\int e^x\, dx + 0{,}5\int e^{-x}\, dx = +0{,}5\, e^x - 0{,}5\, e^{-x} + C$.

Portanto: $\int \frac{\mathbf{(e^x + e^{-x})}}{\mathbf{2}}\, \mathbf{dx = +0{,}5\,(e^x - e^{-x}) + C}$.

7.6.16) $\int \mathbf{(2x + 3)\, dx} = \int 2x\, dx + \int 3\, dx = \mathbf{+x^2 + 3x + C}$.

Observa-se que a integral foi multiplicada e dividida por -7, ou seja, sem alterar seu valor real. Isto se chama de compensação. *Aqui $u = 2 - 7x$.

7.6.17) $\int \mathbf{(2 - 7x)^{2/3}\, dx} = \int \frac{-7}{7}\left(\frac{(2-7x)^{2/3+1}}{2/3+1}\right) dx = \frac{-1}{7}\int\left(\frac{-7*(2-7x)^{2/3+1}}{2/3+1}\right) dx = \frac{-1}{7}\int -7\left(\frac{(2-7x)^{5/3}}{5/3}\right) dx =$

$= \frac{-3(2-7x)^{5/3}}{35} + C = -0{,}086(2 - 7x)^{5/3} + C$. Ou seja:

$*\int u^m\, du = \frac{u^{m+1}}{m+1} + C$. ← Conforme parágrafo 7.4.

$\int \mathbf{(2 - 7x)^{2/3}\, dx = -0{,}086(2 - 7x)^{5/3} + C}$.

7.6.18) $\int \frac{(x+1)}{^3\sqrt{x^2 + 2x + 2}}\, dx = \int \frac{*2}{2}(x+1)(x^2 + 2x + 2)^{-1/3}\, dx = \frac{1}{2}\int (2x+2)(x^2 + 2x + 2)^{-1/3}\, dx =$

$= \frac{1}{2}\, \frac{(x^2 + 2x + 2)^{-1/3+1}}{-1/3+1} + C = +0{,}75(x^2 + 2x + 2)^{2/3} + C$.

$\int \frac{\mathbf{(x+1)}}{\mathbf{^3\sqrt{x^2 + 2x + 2}}}\, \mathbf{dx = +0{,}75(x^2 + 2x + 2)^{2/3} + C}$.

*Observa-se que a integral foi multiplicada e dividida por +2, ou seja, sem alterar seu valor real. Isto se chama de compensação.
Aqui $u = (x^2 + 2x + 2)^{-1/3}$.

7.6.19) $\boldsymbol{\int (3e^x - 4)\, dx} = 3\int e^x\, dx - \int 4\, dx = \boldsymbol{+3e^x - 4x + C}$.

7.6.20) $\boldsymbol{\int (x^{1/2} + 1)(x + 1)\, dx} = \int(\sqrt{x} + 1)(x + 1)\, dx = \int(x\sqrt{x} + x + \sqrt{x} + 1)\, dx = \int(x\sqrt{x})\, dx + \int x\, dx + \int\sqrt{x}\, dx +$

$+ \int dx = \int(x^{3/2})\, dx + \int x\, dx + \int x^{1/2}\, dx + \int dx = \dfrac{x^{3/2+1}}{3/2+1} + \dfrac{x^{1+1}}{1+1} + \dfrac{x^{1/2+1}}{1/2+1} + 1 = \dfrac{x^{5/2}}{5/2} + \dfrac{x^2}{2} + \dfrac{x^{3/2}}{3/2} + x + C =$

$= +0{,}4\, x^{5/2} + 0{,}5x^2 + 0{,}667x^{3/2} + x + C$. Portanto:

$\boldsymbol{\int (x^{1/2} + 1)(x + 1)\, dx = +0{,}4\, x^{5/2} + 0{,}5x^2 + 0{,}667x^{3/2} + x + C}$.

7.6.21) $\boldsymbol{\int (8x - 4\, e^{5-2x})dx} = \int 8x\, dx - 4\int(e^{5-2x})dx = 8\int x\, dx - 4\int(e^{5-2x})dx = \dfrac{8x^2}{2} - 4\left(\dfrac{e^{5-2x}}{-2}\right) = +4x^2 + 2e^{5-2x} + C$.

$\boldsymbol{\int (8x - 4\, e^{5-2x})dx = +4x^2 + 2e^{5-2x} + C}$.

7.6.22) $\boldsymbol{\int (5x^3 + 2\cos x)\, dx} = \int 5x^3\, dx + \int 2(\cos x)\, dx = 5\int x^3\, dx + 2\int \cos x\, dx = (5)\dfrac{(x^{3+1})}{3+1} + (2)(\text{sen } x) + C =$

$= +\dfrac{5x^4}{4} + 2\,\text{sen } x + C = +1{,}25x^4 + 2\,\text{sen } x + C$. Portanto:

$\boldsymbol{\int (5x^3 + 2\cos x)\, dx = +1{,}25x^4 + 2\,\text{sen } x + C}$.

7.6.23) $\boldsymbol{\int \dfrac{(x^2 - 1)^2}{x^2}\, dx} = \int \dfrac{(x^4 - 2x^2 + 1)^2}{x^2}\, dx = \int x^2\, dx - \int 2\, dx + \int \dfrac{1}{x^2}\, dx = \dfrac{x^{2+1}}{2+1} - 2x + \dfrac{x^{-2+1}}{-2+1} + C =$

$= \dfrac{x^3}{3} - 2x + \dfrac{x^{-1}}{-1} + C = +0{,}333\, x^3 - 2x - \dfrac{1}{x} + C$.

$\boldsymbol{\int \dfrac{(x^2 - 1)^2}{x^2}\, dx = +0{,}333\, x^3 - 2x - \dfrac{1}{x} + C}$.

7.6.24) $\int(3\sqrt{x} + 1/\sqrt{x})dx = 3\int x^{1/2}\, dx + \int x^{-1/2}\, dx = (+3)\left(\dfrac{x^{1/2+1}}{1/2+1}\right) + \left(\dfrac{x^{-1/2+1}}{-1/2+1}\right) + C = (+3)\left(\dfrac{x^{3/2}}{3/2}\right) + \dfrac{x^{1/2}}{1/2} + C =$

$= +2x^{3/2} + 2x^{1/2} + C$. Portanto:

$\boldsymbol{\int (3\sqrt{x} + 1/\sqrt{x})\, dx = +2x^{3/2} + 2x^{1/2} + C}$.

7.6.25) $\int x(2x + 3)\, dx = \int(2x^2 + 3x)\, dx = \int 2x^2\, dx + \int 3x\, dx = 2\int x^2\, dx + 3\int x\, dx = (2)\left(\dfrac{x^{2+1}}{2+1}\right) + (3)\left(\dfrac{x^{1+1}}{1+1}\right) + C =$

$= +\dfrac{2x^3}{3} + \dfrac{3x^2}{2} + C = +0{,}667x^3 + 1{,}5x^2 + C$. Portanto:

$\boldsymbol{\int x(2x + 3)\, dx = +0{,}667x^3 + 1{,}5x^2 + C}$.

7.6.26) $\boldsymbol{\int \dfrac{(x^3 - 1)}{(x - 1)}\, dx}$. (Para $x \neq 1$). Como: $\dfrac{(x^3 - 1)}{(x - 1)} = +x^2 + x + 1$, então: $\int \dfrac{(x^3 - 1)}{(x - 1)}\, dx = \int(+x^2 + x + 1)\, dx =$

$= \int +x^2\, dx + \int x\, dx + \int dx = \dfrac{x^{2+1}}{2+1} + \dfrac{x^{1+1}}{1+1} + \dfrac{x^{0+1}}{0+1} + C = +\dfrac{x^3}{3} + \dfrac{x^2}{2} + x + c = +0{,}333x^3 + 0{,}5\, x^2 + x + C$.

$\boldsymbol{\int \dfrac{(x^3 - 1)}{(x - 1)}\, dx = +0{,}333x^3 + 0{,}5x^2 + x + C}$.

7.6.27) $\int[(\mathbf{cosec\ x})(\mathbf{cotg\ x})(\mathbf{sec\ x})]\ \mathbf{dx}$.

$$\int[(\text{cosec } x)(\text{cotg } x)(\text{sec } x)]\ dx = \int\left(\frac{1}{\text{sen } x}\right)\left(\frac{\cancel{\cos x}}{\text{sen } x}\right)\left(\frac{1}{\cancel{\cos x}}\right)dx = \int \frac{1}{\text{sen}^2 x}\ dx = \int(\text{cossec}^2\ x)dx = -\text{cotg } x + C.$$

$$\boldsymbol{\int[(\text{cosec } x)(\text{cotg } x)(\text{sec } x)]\ dx = -\text{cotg } x + C.}$$

7.6.28) $\int(\sqrt{x} + \cos x)\ dx = \int(\sqrt{x})\ dx + \int(\cos x)\ dx = \int(x^{1/2})\ dx + \int(\cos x)\ dx = \frac{(x^{1/2+1})}{1/2+1} + \text{sen } x + C =$

$= \frac{(x^{3/2})}{3/2} + \text{sen } x + C = +0{,}333x^{3/2} + \text{sen } x + C$. Portanto:

$$\boldsymbol{\int(\sqrt{x} + \cos x)\ dx = +0{,}667x^{3/2} + \text{sen } x + C.}$$

7.6.29) $\int\left(\frac{2}{x}\right)+\left(\frac{3}{x^2}\right)dx = 2\int\frac{dx}{x} + 3\int\frac{1}{x^2}\ dx = 2\int\frac{dx}{x} + 3\int x^{-2}\ dx = +2\ln x + 3\frac{(x^{-2+1})}{-2+1} + C = +2\ln x - \frac{3}{x} + C.$

$$\boldsymbol{\int\left(\frac{2}{x}\right)+\left(\frac{3}{x^2}\right)dx = +2\ln x - \frac{3}{x} + C.}$$

7.6.30) $\int\left(2x^3 - \frac{1}{x^4}\right)dx = 2\int(x^3)dx - \int(x^{-4})dx = (2)\frac{(x^{3+1})}{3+1} - \frac{(x^{-4+1})}{-4+1} + C = +\frac{2x^4}{4} - \frac{x^{-3}}{-3} + C = +0{,}5x^4 + 0{,}333x^{-3} + C.$

$$\boldsymbol{\int\left(2x^3 - \frac{1}{x^4}\right)dx = +0{,}5x^4 + 0{,}333x^{-3} + C.}$$

7.7 Família de curvas integrais

Geometricamente, a função antiderivada $y = -x^2$, representa uma parábola de vértice coincidente com a origem (0; 0) e concavidade para baixo, enquanto: $y = -x^2$, $y = -x^2 + 2$, $y = -x^2 + 5$ e $y = -x^2 - 2$, representam parábolas que sofrem translação na vertical, para cima ou para baixo.

As funções $y = -\frac{1}{3}x^3 + 2$; $-\frac{1}{3}x^3 + 5$ e $-\frac{1}{3}x^3 - 2$, representam uma família de curvas integrais: $y = -\frac{1}{3}x^3 + C$.

Nos exemplos a seguir mostra-se a diferença entre uma família de curvas e funções, em relação à curvas e funções paralelas. Curvas e funções paralelas mantêm a mesma distância, entre todos os pontos de sua imagem.

Família de parábolas

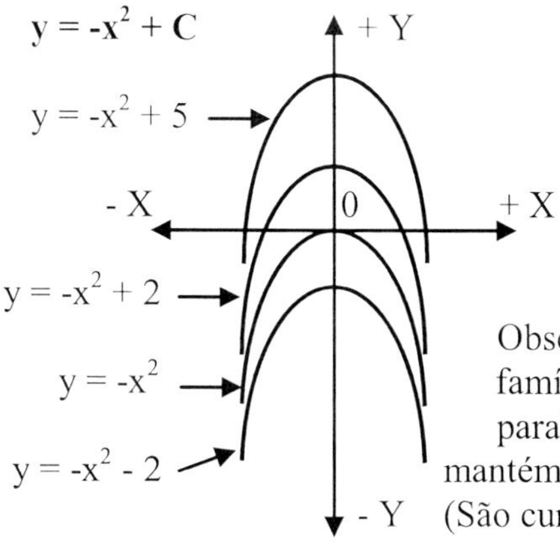

Observa-se que, nessas duas famílias de curvas, não existe paralelismo. Ou seja, não mantém a mesma distância entre si (São curvas que sofrem translação).

Família de funções

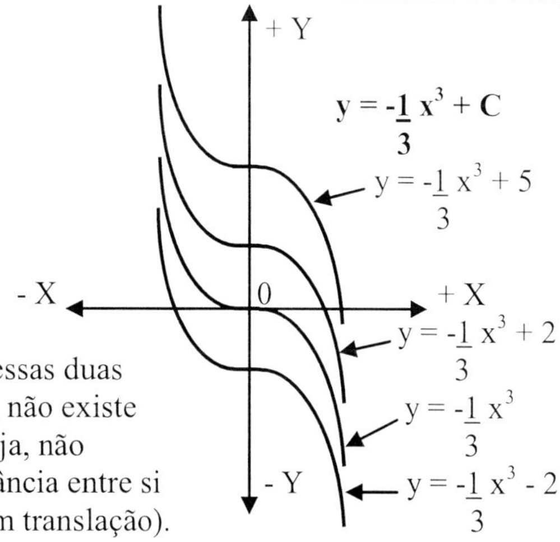

Aplicações práticas de curvas e funções paralelas, a partir de uma família de curvas

A) Túnel de abertura parabólica

O conceito de famílias de curvas integrais não paralelas é importante, pois em muitas aplicações práticas as curvas têm que ser totalmente paralelas, ou seja, mantendo a mesma distância ao longo de todas as imagens, configurando o que em Engenharia chama-se casca ou espessura. Dois exemplos podem ser citados: um túnel de abertura parabólica, a partir da função $y = -x^2$ e um grande recipiente, gerado pela rotação da função $y = +e^x$. Tanto o túnel, quanto o recipiente, mostrados a seguir, têm espessura (ou casca).

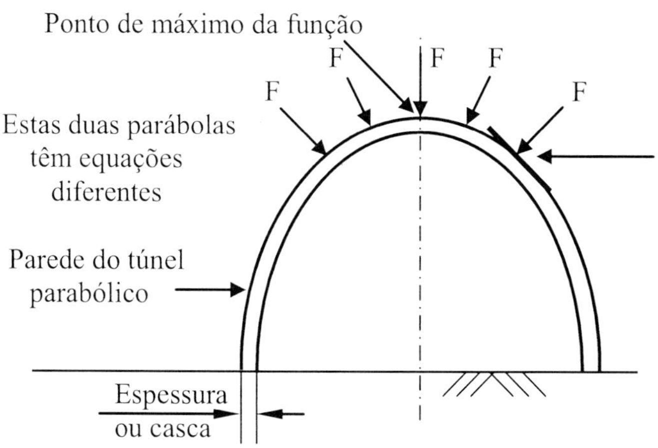

Para o cálculo da espessura (em concreto) da parede do túnel, utiliza-se um conceito de "cálculo de casca", basicamente para resistir ao peso do solo acima e nas laterais do túnel. As forças F do peso do solo, atuam de forma perpendicular às tangentes à curva, no conceito de pressão "externa".

Tanto o cálculo da espessura, para resistir à pressão externa, quanto o cálculo da área da casca, e do volume, usam fórmulas de integrais definidas, necessitando-se saber a equação exata de cada uma das parábolas, interna e a externa (que são diferentes).

Diferentemente do exemplo, a seguir, a parábola é uma curva contínua, sem ponto anguloso.

O exemplo a seguir mostra um recipiente ou superfície volumétrica, gerado a partir da rotação da função $y = +e^x$. Em verdade, entende-se como duas curvas sendo giradas, "uma por dentro da outra", objetivando a criação de uma espessura ou casca.

B) Superfície volumétrica, a partir da função $y = +e^x + C$

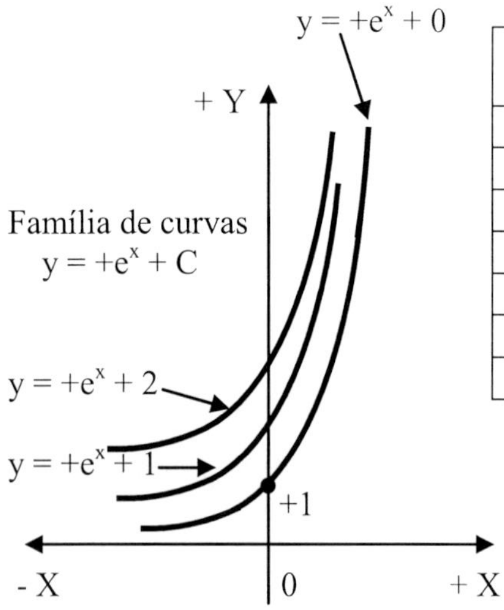

Tabela de valores: x/y

x	y + 0 ($y = e^x + C$)	y + 1 ($y = e^x + C1$)
-3	+0,049	+1,049
-2	+0,135	+1,135
-1	+0,368	+1,368
0	+1	+2
+1	+2,718	+3,718
+2	+7,389	+8,389
+3	+20,086	+21,086

C = 0 e C1 = +1.

Esse é um exemplo do uso da função $+e^x + C$, com curvas paralelas, de modo a se ter uma casca ou espessura.

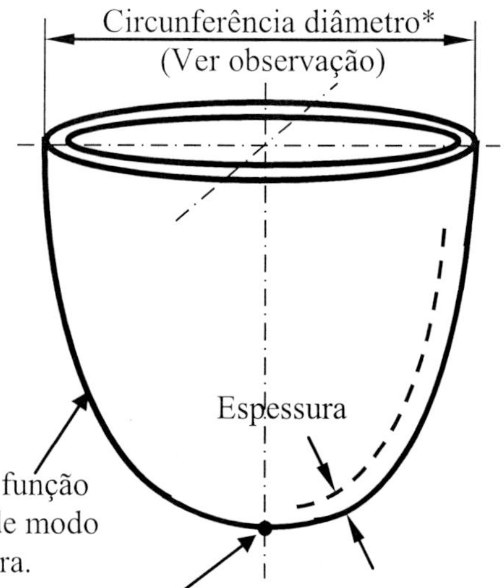

**Ver observação sobre essa descontinuidade (ponto anguloso)

Observa-se que, as três curvas representadas graficamente ($+e^x +0$, $+e^x +1$ e $+e^x +2$), não são paralelas, ou seja, quando se deseja calcular, por exemplo, o volume de material dessa casca (espessura), formada por duas curvas paralelas (para ter a espessura constante) as integrais definidas a serem resolvidas são ligeiramente diferentes, como será visto adiante. (Lembra-se que: $\int +e^x\,dx = +e^x + C$).

Observações: *Supondo que o giro da curva $y = +e^x + C$ seja feito segundo uma circunferência (também pode ser segundo uma elipse), e de acordo com a curva $y = +e^x + 0$ ($C = 0$), o diâmetro deve ser estabelecido segundo análise da tabela de valores x e y. Por exemplo, entre $x = -2$ ($y = +0{,}135$) e $x = +1$ ($y = +2{,}72$) tem-se uma variação horizontal, ou seja, em x de módulo 3. Isolando a curva apenas nesse trecho e transladando a origem (0; 0) para o ponto $x = -2$ (ou seja, 0'), se tem a seguinte imagem:

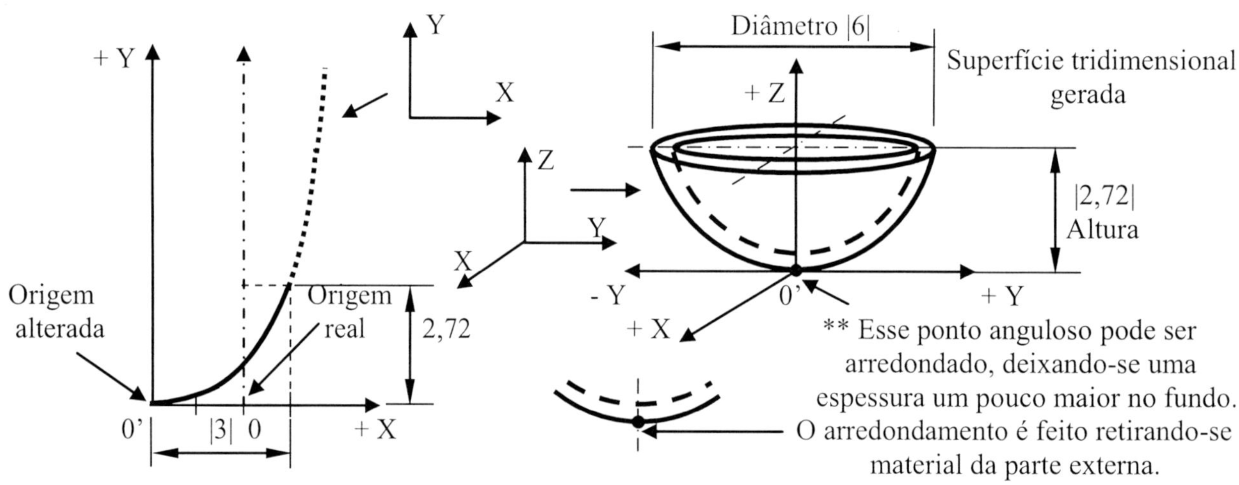

Ao girar, segundo uma circunferência, o trecho de dimensão horizontal módulo 3 (raio da circunferência) e até a altura de módulo 2,72, obtém-se uma superfície espacial ou volumétrica (X, Y, Z).

7.8 A Integral (ou antiderivada) como uma função diferencial

Sabendo que a integração é uma antidiferenciação ou antiderivação, pode-se expressar uma integral, a partir de uma equação diferencial, como a seguir detalhado. Observa-se que, em uma equação diferencial a incógnita é uma função, assim como o resultado de uma integral indefinida é outra função.

O conceito de interpretar a integral como uma equação diferencial é mostrado a seguir.

Se $dy/dx = f(x)$, então: $dy = f(x)\,dx$ é uma equação diferencial e $\int dy = \int f(x)\,dx = F(x) + C$.

Família de curvas ↓ … Equação diferencial ↓ … Integral ↓ … Antiderivada ↓

$$y = f(x) = \frac{+1x^3}{3} + C \Rightarrow \frac{dy}{dx} = \frac{+1}{3}(3)(x^{3-1}) = +x^2 \Rightarrow dy = +x^2\,dx \Rightarrow \int dy = \int +x^2\,dx = \frac{+x^3}{3} + C.$$

$$y = f(x) = +x^2 + C \Rightarrow \frac{dy}{dx} = +(2)(x^{2-1}) = +2x \Rightarrow dy = +2x\,dx \Rightarrow \int dy = \int +2x\,dx = 2\int +x\,dx = +x^2 + C.$$

A relação entre diferenciação e integração, também permite a determinação de uma função, quando se conhece a derivada da função e as coordenadas cartesianas de um ponto, pertencente à função. Os exemplos a seguir mostram esse fato.

Exercício 7.8.1) Sabendo que uma função f(x) tem derivada $dy/dx = +x^2$, determinar a equação da curva que passa pelo ponto (+2; +1), fazendo sua imagem geométrica.

Derivada igual a $+x^2$, significa que a reta tangente à curva tem inclinação $+x^2$.

$\frac{dy}{dx} = +x^2 \Rightarrow dy = +x^2\,dx \Rightarrow \int dy = \int +x^2\,dx = \frac{+x^3}{3} + C = y$. Sabendo que passa por (+2; +1), e substituindo:

$$y = \frac{+x^3}{3} + C \Rightarrow +1 = \frac{(+2)^3}{3} + C \Rightarrow +1 = \frac{+8}{3} + C \Rightarrow C = +1 + \frac{8}{3} \Rightarrow C = \frac{-5}{3} \Rightarrow C = -1{,}667.$$

Equação da curva que passa por (+2; +1): $y = \frac{+x^3}{3} - 1{,}667$ ou: $\mathbf{y = +0{,}333x^3 - 1{,}667}$.

Imagem geométrica da curva: $y = +0{,}333x^3 - 1{,}667$.
que passa pelo ponto x = +2 e y = +1.

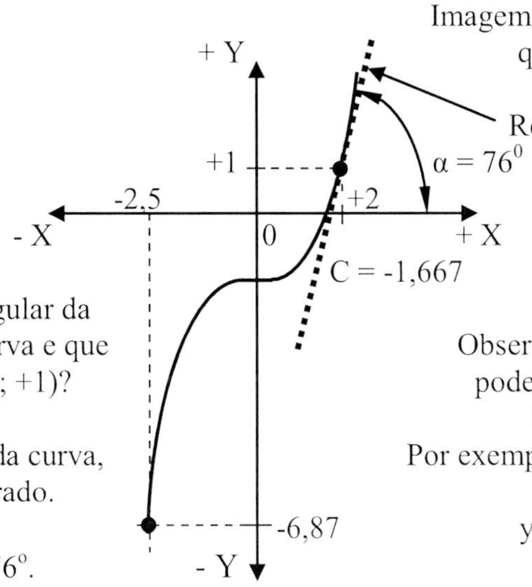

Reta tangente à curva no ponto (+2; +1)
Essa imagem é uma das curvas da família: $y = \frac{+x^3}{3} + C$

Qual o coeficiente angular da reta tangente à essa curva e que passa pelo ponto (+2; +1)?
↓
É o valor da derivada da curva, no ponto considerado.
↓
$y' = x^2 = +4 \Rightarrow \alpha \approx 76^o$.

Observa-se que, com a equação e C = -1,667, podem ser obtidos outros pontos da curva, bastando atribuir um valor para x.
Por exemplo, o ponto (-2,5; -6,87), pertence à curva.

$y = +0{,}333x^3 - 1{,}667 \Rightarrow y' = +x^2$.

Exercício 7.8.2) Resolver a equação diferencial: $\frac{dy}{dx} = \frac{+2x^2}{+3y^3}$.

$\frac{dy}{dx} = \frac{2x^2}{3y^3} \Rightarrow 3y^3\,dy = 2x^2\,dx \Rightarrow \int 3y^3\,dy = \int 2x^2\,dx \Rightarrow 3\int y^3\,dy = 2\int x^2\,dx \Rightarrow$

$\Rightarrow 3\,\frac{(y^{3+1})}{4} + C1 = 2\,\frac{(x^{2+1})}{3} + C2 \Rightarrow \frac{3}{4}y^4 + C1 = \frac{2}{3}x^3 + C2 \Rightarrow \frac{3}{4}y^4 = \frac{2}{3}x^3 + C2 - C1 \Rightarrow \frac{3}{4}y^4 = \frac{2}{3}x^3 + C3 \Rightarrow$

$\Rightarrow y^4 = \frac{4}{3}\left(\frac{2}{3}x^3 + C3\right) \Rightarrow y^4 = \frac{8}{9}x^3 + \frac{4}{3}C3 \Rightarrow y^4 = \frac{8}{9}x^3 + C \Rightarrow y = \sqrt[4]{0{,}889x^3 + C}$

Portanto: $\frac{dy}{dx} = \frac{+2x^2}{+3y^3} \Rightarrow \mathbf{y = \sqrt[4]{0{,}889x^3 + C}}$. ← Essa função representa uma família de curvas, variando C.

7.9 Métodos de integração

Existem integrais que não podem ser resolvidas, aplicando-se diretamente as fórmulas já estudadas. Nesses casos recorre-se a métodos alternativos e integração, de forma a se preparar a integral para ser resolvida pelas fórmulas já conhecidas.
Dentre os diversos métodos, três serão estudados: de substituição ou mudança de variável, por partes e o método de substituição trigonométrica.

7.9.1 Integração por substituição ou de mudança de variável

Esse método é baseado na regra da cadeia, já estudada, e consiste em aplicar a técnica da mudança de variáveis, ou seja, substitui-se a função que se quer integrar, por uma variável que pode ser resolvida diretamente pelas fórmulas conhecidas. Conceitualmente, se tem:
$\int f(g(x))\, g'(x)\, dx = F(g(x)) + C$, onde F é uma antiderivada (ou integral) de f, lembrando que f(g(x)).

Substituindo ou mudando a variável faz-se: se $u = g(u)$ e $du = g'(x)\, dx$, então: $\mathbf{\int f(u)\, du = F(u) + C}$.

Por exemplo: como a integral $\int (\sqrt{+3x - 5})\, dx$, não pode ser calculada diretamente pelas fórmulas, aplica-se o método da substituição ou de mudança de variável, da seguinte forma:

Fazendo $u = +3x - 5 \Rightarrow du = +3\, dx$. ← Aplicação da regra da cadeia.

Observando que du não atende à forma $\int f(u)\, du$, devido ao fator 3, introduz-se um **fator*** igual a 3 no integrando, da seguinte forma:

$\int (\sqrt{+3x - 5})\, dx = \int (\sqrt{+3x - 5})\, \frac{1}{3}\, 3\, dx$. Com isso, temos: $\int (\sqrt{+3x - 5})\, dx = \frac{1}{3}\int \sqrt{u}\, du$, ou seja:

$\frac{1}{3}\int \sqrt{u}\, du = \frac{1}{3}\int u^{1/2}\, du = (1/3)\,\frac{u^{1/2+1}}{1/2+1} = (1/3)\,\frac{u^{3/2}}{3/2} = \left(\frac{1}{3}\right)\frac{(u^{3/2})}{\left(\frac{3}{2}\right)} = \left(\frac{1}{3}\right)(u^{3/2})\left(\frac{2}{3}\right) = \frac{2}{9}u^{3/2} + C$. (2/9 = 0,222).

Como $u = +3x - 5$, se tem que: $\mathbf{\int (\sqrt{+3x - 5})\, dx = +0{,}222\, \sqrt{(+3x - 5)^3} + C}$.

*Nesse método, devido à regra da cadeia, sempre ocorre a necessidade da colocação de um fator numérico, podendo ser inteiro ou fracionário, positivo ou negativo.

Exercícios resolvidos

Usando o conceito do método da integração por substituição ou de mudança de variável, resolva as integrais a seguir, não deixando resposta sob fração, mas sim como decimal.

7.9.1.1) $\int \frac{\cos \sqrt{x}}{\sqrt{x}} dx$

Para aplicar a fórmula: $\int \cos u \, du = \text{sen } u + C$, fazemos: $u = \sqrt{x} = x^{1/2}$.

$\frac{du}{dx} = \frac{1}{2} (x^{1/2 - 1}) \Rightarrow du = \frac{1}{2} (x^{-1/2}) dx \Rightarrow du = \frac{1}{2\sqrt{x}} dx.$ ⟵ Regra da cadeia.

Como temos a fração 1/2, esse é o fator a ser introduzido e, portanto multiplica-se o integrando por 2 e ao mesmo tempo o dividimos por 1/2, para não alterar o seu valor.

$$\int \frac{\cos \sqrt{x}}{\sqrt{x}} dx = 2 \int \underbrace{\cos \sqrt{x}}_{u} \overbrace{\left(\frac{1}{2} \cdot \frac{1}{\sqrt{x}}\right) dx}^{du} = 2 \int \cos u \, du = 2 \, \underset{\text{Fórmula direta}}{\text{sen } u} + C.$$

Portanto: $\int \frac{\cos \sqrt{x}}{\sqrt{x}} dx = 2 \text{ sen } \sqrt{x} + C$.

7.9.1.2) $\int (\cos^3 4x)(\text{sen } 4x) \, dx$.

Como temos uma potência, utilizaremos a fórmula: $\int u^3 du = \frac{1}{4} u^4 + C$.

$u = \cos^3 4x \Rightarrow du = -12\cos^2 4x \text{ sen } 4x \, dx$. $dv = \text{sen } 4x \, dx \Rightarrow v = -\frac{1}{4} \cos 4x$.

Então: $\int (\cos^3 4x)(\text{sen } 3x) \, dx = \frac{-1}{4} (\cos^4 4x) - \int -\left(\frac{1}{4} \cos 4x\right)(-12\cos^2 4x \text{ sen } 4x) \, dx \Rightarrow$

$\int (\cos^3 4x)(\text{sen } 3x) \, dx = -0{,}25\cos^4 4x - 3\int(\cos^3 4x \text{ sen } 4x) \, dx \Rightarrow 4\int(\cos^3 4x \text{ sen } 4x) \, dx = -0{,}25\cos^4 4x + C_1$:

Portanto: $\int (\cos^3 4x)(\text{sen } 4x) \, dx = -0{,}0625\cos^4 4x + C$.

7.9.1.3) $\int \frac{(x^3 - 1)}{(x^4 - 4x + 1)^6} dx$

$u = x^4 - 4x + 1 \Rightarrow \frac{du}{dx} = 4x^3 - 4 \Rightarrow du = 4(x^3 - 1) \, dx$. Os fatores a serem multiplicados são: +4 e $+\frac{1}{4}$.

$$\text{Então: } \int \frac{(x^3 - 1)}{(x^4 - 4x + 1)^6} dx = \frac{1}{4} \int \frac{\overbrace{4(x^3 - 1) \, dx}^{du}}{\underbrace{(x^4 - 4x + 1)^6}_{u^6}} = \frac{1}{4} \int \frac{1}{u^6} du = \frac{1}{4} \int u^{-6} du = \frac{1}{4}\left(\frac{u^{-5}}{-5}\right) + C = -\frac{1}{20}\left(\frac{1}{u^5}\right) + C:$$

$u^5 = (x^4 - 4x + 1)^5$

Portanto: $\int \frac{(x^3 - 1)}{(x^4 - 4x + 1)^6} dx = (-0{,}05) \frac{1}{(x^4 - 4x + 1)^5} + C$. **(1/20 = 0,05)**.

7.9.1.4) $\int 2x\sqrt{1 + x^2}\ dx$.

$u = 1 + x^2 \Rightarrow \frac{du}{dx} = 2x \Rightarrow du = 2x\ dx.$ ⟶ $\int 2x\sqrt{1 + x^2}\ dx = \int \underbrace{\sqrt{1 + x^2}}_{\sqrt{u}}\ \overbrace{2x\ dx}^{du} = \int \sqrt{u}\ du \Rightarrow$

$\Rightarrow \int u^{1/2}\ du = \frac{u^{1/2+1}}{1/2 + 1} + C = \frac{u^{3/2}}{3/2} + C = (u^{3/2})\left(\frac{2}{3}\right) + C = 0{,}667\ (u^{3/2}) + C = (0{,}667)\ {}^2\sqrt{u^3} + C.\ (2/3 = 0{,}667).$

Portanto: $\mathbf{\int 2x\sqrt{1 + x^2}\ dx = (0{,}667)\ {}^2\sqrt{(1 + x^2)^3} + C.}$

7.9.1.5) $\int \frac{x^2}{1 - x^3}\ dx$.

Essa transformação foi feita, pois x^2dx consta no integrando.

$u = 1 - x^3 \Rightarrow \frac{du}{dx} = -3x^2 \Rightarrow du = -3x^2\ dx \Rightarrow \frac{du}{-3} = +x^2dx.$

$\int \frac{\overbrace{x^2\ dx}^{\frac{du}{-3}}}{\underbrace{1 - x^3}_{u}} = \int \frac{1}{u}\frac{du}{-3} = -\frac{1}{3}\int \frac{du}{u} = -\frac{1}{3}\ln|u| + C.\ (u = 1 - x^3).$

$(-1/3 = -0{,}333)$

Portanto: $\mathbf{\int \frac{x^2}{1 - x^3}\ dx = (-0{,}333)\ \ln|1 - x^3| + C.}$

7.9.1.6) $\int \text{sen}\ (x + 9)\ dx$.

Fazendo $u = x + 9 \Rightarrow du/dx = 1 \Rightarrow du = dx \Rightarrow \int \text{sen}\ (x + 9)\ dx = \int \text{sen}\ u\ du = -\cos u + C = -\cos(x + 9) + C.$

$\mathbf{\int \text{sen}\ (x + 9)\ dx = -\cos(x + 9) + C.}$

7.9.1.7) $\int \cos 5x\ dx$.

Fazendo $u = 5x \Rightarrow du/dx = 5 \Rightarrow du = 5dx \Rightarrow dx = du/5 \Rightarrow \int \cos 5x\ dx = \int \cos u\ du/5 = +0{,}2\text{sen}\ u + C =$

$= +0{,}2\text{sen}\ 5x + C.$

$\mathbf{\int \cos 5x\ dx = +0{,}2\text{sen}\ 5x + C.}$

7.9.1.8) $\int [(\text{sen}^2\ x)(\cos x)]\ dx$.

Fazendo $u = \text{sen}\ x \Rightarrow du/dx = \cos x \Rightarrow du = \cos x\ dx \Rightarrow dx = du/\cos x$ e $\text{sen}^2\ x = u^2$, portanto:

$\int [(\text{sen}^2\ x)(\cos x)]\ dx = \int u^2 \cos x\ du/\cos x = \int u^2\ du = \frac{u^{2+1}}{2 + 1} + C = \frac{u^3}{3} + C = \frac{\text{sen}^3\ x}{3} + C = +0{,}333\ \text{sen}^3\ x + C.$

$\mathbf{\int [(\text{sen}^2\ x)(\cos x)]\ dx = +0{,}333\ \text{sen}^3\ x + C.}$

7.9.1.9) $\int (x^3)\cos(x^4 + 2)\ dx$.

Fazendo $u = x^4 + 2 \Rightarrow du/dx = 4x^3 \Rightarrow du = 4x^3\ dx \Rightarrow dx = du/4x^3$, portanto:

$\int (x^3)\cos(x^4 + 2)\ dx = \int (\cancel{x^3})\cos u\ \frac{du}{4\cancel{x^3}} = \int \frac{\cos u}{4}\ du = \frac{\text{sen}\ u}{4} + C = +0{,}25\text{sen}\ (x^4 + 2) + C.$

$\int (x^3)\cos(x^4 + 2)\,dx = +0{,}25\text{sen}(x^4 + 2) + C.$

7.9.1.10) $\int \frac{(\sec x)(\text{tg } x)}{\sqrt{1 - \sec^2 x}}\,dx.$

Fazendo $u = \sec x \Rightarrow du/dx = (\sec x)(\text{tg } x) \Rightarrow du = (\sec x)(\text{tg } x)\,dx \Rightarrow dx = \frac{du}{(\sec x)(\text{tg } x)}.$

$u = \sec x \Rightarrow u^2 = \sec^2 x.$ $\int \frac{dx}{\sqrt{a^2 - x^2}} = \text{arc sen } \frac{x}{a} + C.$ ⇐ Conforme parágrafo 7.11 (no caso a = 1).

$\int \frac{(\sec x)(\text{tg } x)}{\sqrt{1 - \sec^2 x}}\,dx = \int \frac{du}{\sqrt{1 - u^2}} = \text{arc sen } u + C = \text{arc sen}(\sec x) + C.$

$\int \frac{(\sec x)(\text{tg } x)}{\sqrt{1 - \sec^2 x}}\,dx = \text{arc sen}(\sec x) + C.$

7.9.1.11) $\int (+x^2)\sqrt{+x - 1}\,dx.$

Fazendo $u = x - 1 \Rightarrow x = u + 1 \Rightarrow x^2 = (u + 1)^2.$ $du/dx = 1 \Rightarrow du = dx.$

$\int(+x^2)\sqrt{+x - 1}\,dx = \int(u + 1)^2(\sqrt{u})\,du = \int(u^2 + 2u + 1)(\sqrt{u})\,du = \int(u^2 + 2u + 1)(u)^{1/2}du = \int(u^{5/2} + 2u^{3/2} + u^{1/2})\,du$

$= \int u^{5/2}\,du + \int 2u^{3/2}\,du + \int u^{1/2}\,du = \frac{u^{7/2}}{7/2} + 2\frac{u^{5/2}}{5/2} + \frac{u^{3/2}}{3/2} + C = 0{,}286\,u^{7/2} + 0{,}8u^{5/2} + 0{,}667u^{3/2} + C =$

$= 0{,}286\sqrt{u^7} + 0{,}8\sqrt{u^5} + 0{,}667\sqrt{u^3} + C = 0{,}286\sqrt{(x - 1)^7} + 0{,}8\sqrt{(x - 1)^5} + 0{,}667\sqrt{(x - 1)^3} + C$

$\int (x^2)\sqrt{x - 1}\,dx = 0{,}286\sqrt{(x - 1)^7} + 0{,}8\sqrt{(x - 1)^5} + 0{,}667\sqrt{(x - 1)^3} + C.$

7.9.1.12) $\int \frac{x^2}{\sqrt{x^3 - 4}}\,dx.$

$\int \frac{x^2}{\sqrt{x^3 - 4}}\,dx = \int x^2(x^3 - 4)^{-1/2}\,dx.$ Fazendo $u = x^3 - 4 \Rightarrow du/dx = 3x^2 \Rightarrow dx = du/3x^2.$ Portanto:

$\int x^2(x^3 - 4)^{-1/2}\,dx = \int \cancel{x^2}(u)^{-1/2}\frac{du}{3\cancel{x^2}} = \int\frac{(u)^{-1/2}}{3}du = \frac{1}{3}\int(u)^{-1/2}\,du = (0{,}333)\left(\frac{u^{-1/2+1}}{-1/2 + 1}\right) + C = \frac{(0{,}333)(u^{1/2})}{0{,}5} + C =$
$= 0{,}667(x^3 - 4)\ 1/2 + C.$

$\int \frac{x^2}{\sqrt{x^3 - 4}}\,dx = = 0{,}667(x^3 - 4)\ 1/2 + C.$

7.9.1.13) $\int (+4x + 6)(+x^2 - 3x + 1)\,dx.$

$\int(+4x + 6)(+x^2 - 3x + 1)\,dx = \int(+4x^3 - 6x^2 - 14x + 6)\,dx = \int 4x^3\,dx - \int 6x^2\,dx - \int 14x\,dx + \int 6\,dx =$

$= 4\int x^3\,dx - 6\int x^2\,dx - 14\int x\,dx + 6\int dx = (4)\left(\frac{x^{3+1}}{3 + 1}\right) - (6)\left(\frac{x^{2+1}}{2 + 1}\right) - (14)\left(\frac{x^{1+1}}{1 + 1}\right) + (6)x + C =$

$= +x^4 - 2x^3 - 7x^2 + 6x + C.$ Finalmente:

$\boldsymbol{\int (+4x + 6)(+x^2 - 3x + 1)\, dx = +x^4 - 2x^3 - 7x^2 + 6x + C}$.

7.9.1.14) $\int \dfrac{+3x^3}{(+2x^4 - 5)}\, dx$.

Fazendo $u = +2x^4 - 5 \Rightarrow du/dx = 8x^3 \Rightarrow dx = du/8x^3$.

$$\int \frac{3x^3}{(2x^4 - 5)}\, dx = 3 \int \frac{x^3}{(2x^4 - 5)}\, dx = 3 \int \frac{x^3}{u}\, dx = 3 \int \frac{\cancel{x^3}}{u} \frac{du}{8\cancel{x^3}} = \frac{3}{8} \int \frac{du}{u} = 0{,}375 \ln |u| + C = 0{,}375 \ln (2x^4 - 5) + C.$$

$\boldsymbol{\int \dfrac{3x^3}{(2x^4 - 5)}\, dx = 0{,}375 \ln (2x^4 - 5) + C}$.

7.9.1.15) $\int \dfrac{\cos x}{1 - \operatorname{sen} x}\, dx$.

Fazendo $u = 1 - \operatorname{sen} x \Rightarrow du/dx = -\cos x \Rightarrow dx = -du/\cos x$.

$$\int \frac{\cos x}{1 - \operatorname{sen} x}\, dx = \int \frac{\cancel{\cos} x}{u} \frac{(-du)}{\cancel{\cos} x} = \int \frac{-du}{u} = -\ln |u| + C = -\ln |1 - \operatorname{sen} x| + C.$$

$\boldsymbol{\int \dfrac{\cos x}{1 - \operatorname{sen} x}\, dx = -\ln |1 - \operatorname{sen} x| + C}$.

7.9.1.16) $\int (+x - 7)^3\, dx$.

Fazendo $u = +x - 7 \Rightarrow du/dx = +1 \Rightarrow du = dx$.

$$\int (+x - 7)^3\, dx = \int (u)^3\, dx = \int (u)^3\, du = \frac{u^{3+1}}{3+1} + C = \frac{u^4}{4} + C = 0{,}25\, u^4 + C = 0{,}25\, (x - 7)^4 + C.$$

$\boldsymbol{\int (+x - 7)^3\, dx = 0{,}25\, (x - 7)^4 + C}$.

7.9.1.17) $\int (+3x - 4)^5\, dx$.

Fazendo $u = +3x - 4 \Rightarrow du/dx = +3 \Rightarrow du = 3\, dx \Rightarrow dx = du/3$.

$$\int (+3x - 4)^5\, dx = \int (u)^5 \frac{du}{3} = 0{,}333 \int (u)^5\, du = (0{,}333) \frac{(u^{5+1})}{5+1} + C = 0{,}056\, u^6 + C = 0{,}056\, (3x - 4)^6 + C.$$

$\boldsymbol{\int (+3x - 4)^5\, dx = 0{,}056\, (3x - 4)^6 + C}$.

7.9.1.18) $\int +x\sqrt{(+x^2 + 1)}\, dx$.

Fazendo $u = x^2 + 1 \Rightarrow du/dx = 2x \Rightarrow du = 2x\, dx \Rightarrow dx = du/2x$.

$$\int +x\sqrt{(+x^2 + 1)}\, dx = \int +\cancel{x}\sqrt{(u)} \frac{du}{2\cancel{x}} = 0{,}5 \int (u)^{1/2}\, du = (0{,}5) \frac{(u^{1/2+1})}{1/2 + 1} + C = \frac{(0{,}5)(u^{3/2})}{1{,}5} + C = 0{,}333(u^{3/2}) + C.$$

$\boldsymbol{\int +x\sqrt{(+x^2 + 1)}\, dx = 0{,}333(x^2 + 1)^{3/2} + C}$.

7.9.1.19) $\int +x(+x + 1)^9\, dx$.

Fazendo $u = x + 1 \Rightarrow x = u - 1 \Rightarrow du/dx = 1 \Rightarrow du = dx$.

$\int +x(+x + 1)^9\,dx = \int (u - 1)(u)^9\,du = \int (u^{10} - u)^9\,du = \int u^{10}\,du - \int u^9 = \dfrac{u^{10+1}}{10+1} - \dfrac{u^{9+1}}{9+1} + C = 0{,}091u^{11} - 0{,}11u^{10} + C.$

$\boldsymbol{\int x(+x + 1)^9\,dx = 0{,}091(x + 1)^{11} - 0{,}11(x + 1)^{10} + C.}$

7.9.1.20) $\int \dfrac{\log x}{+x}\,dx$. Observa-se que: $\log x = \dfrac{\ln x}{\ln 10}$, então: $\int \dfrac{\log x}{+x}\,dx = \dfrac{1}{\ln 10}\int \dfrac{\ln x}{x}\,dx.$

Mudança de base.

Fazendo $u = \ln x \Rightarrow du/dx = 1/x \Rightarrow dx = xdu \Rightarrow du = dx/x$. $\ln 10 = 2{,}303 \Rightarrow 1/\ln 10 = 0{,}434$.

$\dfrac{1}{\ln 10}\int \dfrac{\ln x}{x}\,dx = \dfrac{1}{\ln 10}\int \dfrac{u\,\cancel{x}du}{\cancel{x}} = \dfrac{1}{\ln 10}\int u\,du = \dfrac{1}{\ln 10}\left(\dfrac{u^{1+1}}{1+1}\right) + C = 0{,}434\,\dfrac{u^2}{2} + C = \dfrac{(0{,}434)}{2}\,|\ln|^2 + C.$

$\boldsymbol{\int \dfrac{\log x}{x}\,dx = 0{,}217|\ln|^2 + C.}$

7.9.1.21) $\int \dfrac{+1}{+x\,(\log x)^3}\,dx$. Fazendo a mudança de base temos: $\log x = \dfrac{\ln x}{\ln 10}$, portanto:

$\int \dfrac{+1}{+x\,(\log x)^3}\,dx = \int \dfrac{+1}{+x\left(\dfrac{\ln x}{\ln 10}\right)^3}\,dx = (\ln 10)^3\int \dfrac{+1}{x(\ln x)^3}\,dx$. Fazendo $u = \ln x \Rightarrow \dfrac{du}{dx} = \dfrac{1}{x} \Rightarrow dx = xdu$, logo:

$(\ln 10)^3\int \dfrac{+1}{x(\ln x)^3}\,dx = 12{,}21\int \dfrac{+1\,\cancel{x}du}{\cancel{x}(u)^3} = 12{,}21\int \dfrac{1}{u^3}\,du = 12{,}21\int u^{-3}\,du = 12{,}21\left(\dfrac{u^{-3+1}}{-3+1}\right) + C = -6{,}105\,u^{-2} + C.$

$\boldsymbol{\int \dfrac{1}{x\,(\log x)^3}\,dx = -6{,}105\,(\ln x)^{-2} + C.}$

7.9.1.22) $\int \dfrac{(+2x+1)}{(+x^2 + x + 1)}\,dx.$

Fazendo $u = +x^2 + x + 1 \Rightarrow du/dx = 2x + 1 \Rightarrow dx = du/2x + 1.$

$\int \dfrac{(+2x+1)}{(+x^2 + x + 1)}\,dx = \int \dfrac{\dfrac{du}{\cancel{dx}}}{u}\,\cancel{dx} = \int \dfrac{du}{u} = \ln|u| + C = \ln|+x^2 + x + 1| + C.$

$\boldsymbol{\int \dfrac{(+2x+1)}{(+x^2 + x + 1)}\,dx = \ln|+x^2 + x + 1| + C.}$

7.9.1.23) $\int (\text{sen } x)(\cos x)\,dx.$

Fazendo $u = \text{sen } x \Rightarrow du/dx = \cos x \Rightarrow dx = du/\cos x \Rightarrow du = \cos x\,dx.$

$\int (\text{sen } x)(\cos x)\,dx = \int u\,du = \dfrac{u^{1+1}}{1+1} + C = \dfrac{u^2}{2} + C = 0{,}5\text{sen}^2\,x + C.$

$\boldsymbol{\int (\text{sen } x)(\cos x)\,dx = 0{,}5\text{sen}^2\,x + C.}$

7.9.1.24) $\int \dfrac{+x}{(+x + 1)}\,dx.$

Fazendo $u = x + 1 \Rightarrow x = u - 1 \Rightarrow du/dx = 1 \Rightarrow du = dx$

$\int \frac{+x}{(+x+1)} dx = \int \frac{(u-1)}{u} du = \int \frac{u}{u} du - \int \frac{du}{u} = \int du - \int \frac{du}{u} = u - \ln|u| + C = (x+1) - \ln(|x+1|) + C.$

$\boldsymbol{\int \frac{+x}{(+x+1)} dx = (x+1) - \ln(|x+1|) + C.}$

7.9.1.25) $\int (\text{sen}^2 x)(\cos x)\, dx.$

Fazendo $u = \text{sen } x \Rightarrow u^2 = \text{sen}^2 x \Rightarrow du/dx = \cos x \Rightarrow du = \cos x\, dx \Rightarrow dx = du/\cos x.$

$\int (\text{sen}^2 x)(\cos x)\, dx = \int u^2\, du = \frac{u^{2+1}}{2+1} + C = \frac{u^3}{3} + C = \frac{\text{sen}^3 x}{3} + C = +0{,}333\, \text{sen}^3 x + C.$

$\boldsymbol{\int (\text{sen}^2 x)(\cos x)\, dx = +0{,}333\, \text{sen}^3 x + C.}$

7.9.1.26) $\int \frac{\text{sen } x}{(1+\cos^2 x)} dx.$

Fazendo $u = \cos x \Rightarrow u2 = \cos^2 x \Rightarrow du/dx = -\text{sen } x \Rightarrow du = -\text{ sen } x\, dx \Rightarrow \text{sen } x = -du/dx \Rightarrow dx = -du/\text{sen } x.$

$\int \frac{\text{sen } x}{(1+\cos^2 x)} dx = \int \frac{(-du/dx)}{(1+u^2)} dx = {}^*\int \frac{-du}{(1+u^2)} = {}^*\text{-arctg } u + C.$

*Segundo parágrafo 7.11: $\int \frac{dx}{x^2+a^2} = \frac{1}{a} \text{arctg } \frac{x}{a} + C$. Neste exercício $a = +1$.

$^*\text{-arctg } u + C = \text{-arctg } (\cos x) + C.$

$\boldsymbol{\int \frac{\text{sen } x}{(1+\cos^2 x)} dx = \text{-arctg } (\cos x) + C.}$

7.9.1.27) $\int \frac{\text{arc tg } x}{(1+x^2)} dx.$

Fazendo $u = \text{arctg } x \Rightarrow du/dx = \frac{+1}{(1+x^2)} \Rightarrow dx = (1+x^2)du$

$\int \frac{\text{arc tg } x}{(1+x^2)} dx = \int \frac{(u)(1+x^2)}{(1+x^2)} du = \int u\, du = \frac{u^{1+1}}{1+1} + C = \frac{u^2}{2} + C = +0{,}5(\text{arctg } x)^2 + C.$

$\boldsymbol{\int \frac{\text{arc tg } x}{(1+x^2)} dx = +0{,}5(\text{arctg } x)^2 + C.}$

7.9.1.28) $\int (5/x) - (3x)^{-10}\, dx.$

$\int \frac{5}{x} - (3x)^{-10}\, dx = 5\int \frac{dx}{x} - \int (3x)^{-10}\, dx$

Fazendo $u = 3x \Rightarrow du/dx = 3 \Rightarrow du = 3\, dx \Rightarrow dx = du/3$. (*$\int \frac{dx}{x} = \ln|x| + C$, segundo parágrafo 7.4.

$5\int \frac{dx}{x}{}^* - \int (3x)^{-10}\, dx = 5(\ln|x| + C) - \int (3x)^{-10}\, dx = 5(\ln|x|) - \int \frac{(u)^{-10}}{3} du = 5(\ln|x|) - (0{,}333)\left(\frac{u^{-10+1}}{-10+1}\right) + C =$

$= 5(\ln|x|) - (0{,}333)\left(\frac{u^{-9}}{-9}\right) + C = 5(\ln|x|) + 0{,}037(3x)^{-9} + C.$

$\boldsymbol{\int (5/x) - (3x)^{-10}\,dx = 5(\ln|x|) + 0{,}037(3x)^{-9} + C.}$

7.9.1.29) $\int \frac{3x}{\sqrt{1 - x^2}}\,dx.$

$\int \frac{3x}{\sqrt{1 - x^2}}\,dx = 3\int \frac{x}{\sqrt{1 - x^2}}\,dx$. Fazendo $u = 1 - x^2 \Rightarrow du/dx = -2x \Rightarrow du = -2x\,dx \Rightarrow dx = -\frac{du}{2x}$. Portanto:

$3\int \frac{\cancel{x}}{\sqrt{u}}\left(-\frac{du}{2\cancel{x}}\right) = \frac{-3}{2}\int \frac{du}{\sqrt{u}} = -1{,}5\int u^{-1/2}\,du = (-1{,}5)\left(\frac{u^{-1/2+1}}{-1/2+1}\right) + C = -3(u^{+1/2}) + C = -3(\sqrt{1 - x^2}) + C.$

$\boldsymbol{\int \frac{3x}{\sqrt{1 - x^2}}\,dx = -3(\sqrt{1 - x^2}) + C.}$

7.9.2 Integração por partes

É um método que permite expressar a integral de um produto de funções em outra integral. Esse método pode ser visto como uma versão integrada da regra do produto.

Considerando f(x) e g(x), como funções diferenciáveis tem-se:

$\frac{d}{dx} = [f(x)\,.\,g(x)] = f(x)\,.\,g'(x) + g(x)\,.\,f'(x)$. Integrando os dois membros:

$\frac{d}{dx} = \int [f(x)\,.\,g(x)]\,dx = \int f(x)\,.\,g'(x)\,dx + \int g(x)\,.\,f'(x)\,dx. \Rightarrow$

$\Rightarrow f(x)\,.\,g(x) = \int f(x)\,.\,g'(x)\,dx + \int g(x)\,.\,f'(x)\,dx$. Ou ainda:

$\int f(x)\,.\,g'(x)\,dx = f(x)\,.\,g(x) - \int g(x)\,.\,f'(x)\,dx + C.$

(u) (dv) (u) (v) (v) (du)

Considerando, como acima: $u = f(x)$ e $du = f'(x)\,dx$, bem como: $v = g(x)$ e $dv = g'(x)\,dx$, pode-se sintetizar a regra para o método da integração por partes, pela seguinte equação:

$$\boldsymbol{\int u\,dv = uv - \int v\,du.}$$

Exemplo: calcular $\int x\,e^x\,dx.$

u dv $\Rightarrow$ $\begin{cases} u = x \text{ e } du = dx. \\ dv = e^x\,dx \text{ e } v = e^x. \end{cases}$ $\Rightarrow \int u\,dv = uv - \int v\,du \Rightarrow x\,e^x - \int e^x\,dx = xe^x - e^x + C.$

Portanto: $\boldsymbol{\int x\,e^x\,dx = xe^x - e^x + C.}$

O anagrama LIATE

Uma boa orientação para resolver uma integral, pelo método da integração por partes, é estabelecer as partes "u" e "dv", considerando o anagrama LIATE, com expressões de seguinte significado:

L = Logaritmo natural (ln x).
I = Inversa trigonométrica (arc sen x, arc cos x, etc.).
A = Algébrica ou polinomial (x, x^n, $\sqrt{a^2 - x^2}$, 1/x etc.).
T = Trigonométrica básica (x cos x).
E = Exponencial (e^x).

Exercícios resolvidos

Usando o conceito do método da integração por partes, resolva as integrais a seguir, não deixando resposta sob fração, mas sim como decimal.

Exercício 7.9.2.1) $\int \underbrace{x}_{u} \underbrace{\cos x\, dx}_{dv}$. $\begin{cases} u = x \Rightarrow du = 1\, dx. \\ dv = \cos x \Rightarrow v = \text{sen } x. \end{cases}$ $\Rightarrow \int u\, dv = uv - \int v\, du \Rightarrow x \text{ sen } x - \int \underbrace{\text{sen } x\, dx}_{(= -\cos x + C)} = A$

A = x sen x - (- cos x) + C = x sen x + cos x + C.

Portanto: ∫ x cos x dx = x sen x + cos x + C.

Exercício 7.9.2.2) $\int x \ln x\, dx$. $\longrightarrow \int x \ln x\, dx = \int \underbrace{(\ln x)}_{u} \underbrace{x\, dx}_{dv}$.

$u = \ln x \Rightarrow du = \frac{1}{x}\, dx$. $\quad dv = x\, dx \Rightarrow v = \frac{x^2}{2}$

$$\int u\, dv = uv - \int v\, du \Rightarrow \int x \ln x\, dx = \underset{(u)}{(\ln x)} \underset{(v)}{\frac{x^2}{2}} - \int \underset{(v)}{\frac{x^2}{2}} \underset{(du)}{\frac{1}{x}}\, dx = \frac{x^2}{2} (\ln x) - \int \frac{x}{2} \frac{1}{2}\, dx = \frac{x^2}{2} (\ln x) - \frac{1}{2(1+1)} (x^{1+1}) + C =$$

$= \frac{x^2}{2} (\ln x) - \frac{x^2}{4} + C = (0{,}5x^2) (\ln x) - (0{,}25x^2) + C$. (Obs: x/2 = 0,5x e $x^2/4 = 0{,}25x^2$).

Portanto: ∫ x ln x dx = (0,5x^2) (ln x) - (0,25x^2) + C.

Exercício 7.9.2.3) $\int \underbrace{(\text{arc tg } x)}_{u} \underbrace{dx}_{dv}$. Sabendo que: $\int u\, dv = uv - \int v\, du$:

$u = \text{arc tg } x \Rightarrow du = \frac{1}{1 + x^2}\, dx$. $\quad dv = 1(dx) \Rightarrow v = x$.

$$\int u\, dv = uv - \int v\, du \Rightarrow \int \text{arc tx}\, dx = \underset{(u)}{(\text{arc tg } x)} \underset{(v)}{(x)} - \overbrace{\int (x) \frac{1}{1 + x^2}\, dx}^{A} \Rightarrow$$

{ Essa integral A será resolvida pelo método da substituição. Como já foi usada a letra u, usaremos w.

$\int (x) \frac{1}{1 + x^2}\, dx \Rightarrow$ faz-se: $w = (1 + x^2)$ e, portanto: $dw = 2x\, dx \Rightarrow x\, dx = \frac{dw}{2}$.

$\int \underbrace{\frac{1}{1 + x^2}}_{w} \underbrace{(x)\, dx}_{\frac{dw}{2}} \Rightarrow \int \frac{1}{w} \frac{dw}{2} = \frac{1}{2} \int \frac{dw}{w} = 0{,}5 \ln |w| + C$. (1/2 = 0,5). Como $w = 1 + x^2$, tem-se:

$A = \int \frac{1}{1 + x^2} (x)\, dx = 0{,}5 \ln |1 + x^2| + C$. Como: $uv - \int v\, du = (\text{arc tg } x)(x) - A$.

Portanto: $\int (\text{arc tg } x)\, dx = (\text{arc tg } x)(x) - 0{,}5 \ln |1 + x^2| + C$.

Exercício 7.9.2.4) $\int (\sec^5 x + \text{tg } x)\, dx$. (Esse exercício exige algumas análises, a seguir descritas).

Observação: segundo Guidorizzi (1987, p.358):

$$\int (\sec^n x)\, dx = \left(\frac{1}{n-1}\right)(\sec^{n-1} x)(\text{tg } x) + \left(\frac{n-2}{n-1}\right) \int (\sec^{n-2} x)\, dx$$

Inicialmente, faz-se: $\int (\sec^5 x + \text{tg } x)\, dx = \overbrace{\int (\sec^5 x)\, dx}^{A} + \overbrace{\int \text{tg } x)\, dx}^{B}$. Ou seja, solução de duas integrais em soma, fazendo-se primeiro a da secante à quinta (A), com aplicação direta da citação de Guidorizzi. Então temos:

$$\int(\sec^5 x)\, dx = \underbrace{\left(\frac{1}{5-1}\right)}_{\leftarrow (1/4 = 0{,}25)}(\sec^{5-1} x)(\text{tg } x) + \underbrace{\left(\frac{5-2}{5-1}\right)}_{\leftarrow (3/4 = 0{,}75)} \int(\sec^{5-2} x)\, dx = (0{,}25)(\sec^4 x)(\text{tg } x) + (0{,}75) \int (\sec^3 x)\, dx.$$

Portanto: $A = \int(\sec^5 x)\, dx = (0{,}25)(\sec^4 x)(\text{tg } x) + (0{,}75) \int (\sec^3 x)\, dx$.

$B = \int \text{tg } x)\, dx = \int \frac{\text{sen } x}{\cos x}\, dx$. Fazendo $u = \cos x \Rightarrow du = -\text{sen } x\, dx \Rightarrow B = \int \frac{\overbrace{-\text{sen } x}^{(du)}}{u}\, dx = -\int \frac{du}{u} = -\ln |\cos x| + C$.

Portanto: $\int (\sec^5 x + \text{tg } x)\, dx = A + B = (0{,}25)(\sec^4 x)(\text{tg } x) + (0{,}75) \int (\sec^3 x)\, dx - \ln |\cos x| + C$.

Observa-se que, surgiu essa outra integral, que será resolvida no próximo exercício.

Exercício 7.9.2.5) $\int (\sec^3 x)\, dx$. Sabendo que: $\int u\, dv = uv - \int v\, du$:

$\int (\sec^3 x)\, dx = I^* = \int [(\sec x)(\sec^2 x)]\, dx$.

Fazendo $u = \sec x \Rightarrow du = (\sec x)(\text{tg } x)\, dx$. Fazendo $dv = (\sec^2 x)\, dx \Rightarrow v = \text{tg } x$.

$\int u\, dv = uv - \int v\, du \Rightarrow (\sec x)(\text{tg } x) - \int (\text{tg}x)(\sec x)(\text{tg } x)\, dx = (\sec x)(\text{tg } x) - \int (\sec x)(\text{tg}^2 x)\, dx$.

Sabendo que: $(\text{tg}^2 x) = \sec^2 x - 1$, tem-se:

$I^* = (\sec x)(\text{tg } x) - \left\{\int (\sec x)[(\sec^2 x) - 1]\, dx\right\} = (\sec x)(\text{tg } x) - \int (\sec^3 x - \sec x)\, dx =$

$I^* = (\sec x)(\text{tg } x) - {}^*\underbrace{\int (\sec^3 x)\, dx}_{\text{Essa integral} = I^*} + \int (\sec x)\, dx = (\sec x)(\text{tg } x) - I^* + \int (\sec x)\, dx =$

$\int (\sec x)\, dx = \ln |\sec x + \text{tg } x| + C$.

$I^* = (\sec x)(\text{tg } x) - I^* + \int (\sec x)\, dx \Rightarrow 2I^* = (\sec x)(\text{tg } x) + \ln |\sec x + \text{tg } x| + C$. $\leftarrow$ (Dividindo por 2).

Portanto: $I^* = \int (\sec^3 x)\, dx = 0{,}5\, [(\sec x)(\text{tg } x) + 0{,}5 \ln |\sec x + \text{tg } x| + C]$.

Voltando ao Exercício 7.9.2.5, tem-se:

$\int(\sec^5 x + \text{tg } x)\, dx = (0{,}25)(\sec^4 x)(\text{tg } x) + (0{,}75)\int(\sec^3 x)\, dx - \ln|\cos x| + C$.

Utilizando a fórmula: $\int(\sec^3 x)\, dx = 0{,}5\,(\sec^2 x)(\text{tg } x) + 0{,}5\int(\sec x)\, dx = 0{,}5\,(\sec^2 x)(\text{tg } x) + 0{,}5 \ln|\sec x + \text{tg } x|$.

$\int(\sec^5 x + \text{tg } x)\, dx = 0{,}25\,(\sec^4 x)(\text{tg } x) + 0{,}75[0{,}5(\sec^2 x)(\text{tg } x) + 0{,}5 \ln|\sec x + \text{tg } x|] - \ln|\cos x| + C$. Ou seja, finalmente:

$\int(\sec^5 x + \text{tg } x)\, dx = 0{,}25\,(\sec^4 x)(\text{tg } x) + 0{,}375[(\sec^2 x)(\text{tg } x) + \ln|\sec x + \text{tg } x|] - \ln|\cos x| + C$.

Observa-se que, um exercício desse tipo é muito bom, apenas, para o desenvolvimento das habilidades lógico matemáticas (que são importantes), porém sem aplicação prática a problemas reais, por exemplo, na área de Engenharia.

Exercício 7.9.2.6) $\int(x)(\text{sen } x)\, dx$.

$$\int \underset{\uparrow\, u}{(x)}\underbrace{(\text{sen } x)}_{dv}\, dx$$

$u = x \Rightarrow du = 1\, dx$. $\quad dv = \text{sen } x \Rightarrow v = -\cos x$.

$\int u\, dv = uv - \int v\, du \Rightarrow \int(x)(\text{sen } x)\, dx = (x)(-\cos x) - \int(-\cos x)\, 1\, dx = -x\cos x + \int(\cos x)\, dx =$

$= -x\cos x + \text{sen } x + C$.

Portanto: $\int(x)(\text{sen } x)\, dx = -x\cos x + \text{sen } x + C$.

Exercício 7.9.2.7) $\int e^x\,(\text{sen } x)\, dx$. (Essa integral exige duas integrações por parte e análise algébrica).

$$\int \underset{\uparrow\, v}{e^x}\underbrace{(\text{sen } x)}_{u}\, dx$$

$u = \text{sen}x \Rightarrow du/dx = (\text{sen } x)' = \cos x \Rightarrow du = (\cos x)\, dx$.

$v = e^x \Rightarrow dv/dx = e^x \Rightarrow dv = e^x\, dx$.

$\int u\, dv = uv - \int v\, du \Rightarrow (\text{sen } x)(e^x) - \int e^x\,(\cos x)\, dx$.

Essa integral (J) não tem fórmula direta e, portanto, também será resolvida por partes.

$$\underbrace{\int e^x(\text{sen } x)\, dx}_{A} = (\text{sen } x)(e^x) - J \Rightarrow J = (\text{sen } x)(e^x) - \int e^x(\text{sen } x)\, dx. \text{ (I)}$$

$$J = \int \overbrace{e^x \underbrace{(\cos x)}_{u}\, dx}^{dv}$$

$$\begin{cases} dv = e^x\, dx \Rightarrow v = e^x. \\ u = \cos x \Rightarrow du = (\cos x)'\, dx \Rightarrow du = -\,\text{sen } x\, dx. \end{cases}$$

$\int u\, dv = uv - \int v\, du$.

$$J = \int e^x(\cos x)\, dx = (\cos x)(e^x) - \int e^x(-\,\text{sen } x)\, dx \Rightarrow J = (e^x)(\cos x) + \overbrace{\int e^x(\text{sen } x)\, dx}^{A}.$$

Fazendo $A = \int e^x(\text{sen } x)\, dx$, temos:

$A = (\text{sen } x)(e^x) - J$, ou seja:

$A = (\text{sen } x)(e^x) - [(\cos x)(e^x) + \int e^x(\text{sen } x)\, dx]$:

$A = (\text{sen } x)(e^x) - (\cos x)(e^x) - A$, ou seja:

$2A = (e^x)(\text{sen } x) - (e^x)(\cos x) + C$, ou seja: $A = +0{,}5\ e^x(\text{sen } x - \cos x) + C$. $(1/2 = 0{,}5)$.

Portanto: $\int e^x(\text{sen } x)\,dx = +0{,}5\ e^x(\text{sen } x - \cos x) + C$.

Exercício 7.9.2.8) $\int x \text{ sen }(5x)\,dx$. Sabendo que: $\int u\,dv = uv - \int v\,du$:

$u = x \Rightarrow du = 1\,dx$.

$dv = \text{sen }(5x) \Rightarrow v = -\frac{1}{5}\cos(5x) = -0{,}2\cos 5x$

$\int u\,dv = uv - \int v\,du \Rightarrow -\frac{x}{5}\cos(5x) - \int -\frac{1}{5}\cos(5x)\,dx = -\frac{x}{5}\cos(5x) + \frac{1}{25}\text{sen }(5x) + C =$

$= -0{,}2x\cos(5x) + 0{,}04 \text{ sen }(5x) + C$.

Portanto: $\int x \text{ sen }(5x)\,dx = -0{,}2x\cos(5x) + 0{,}04 \text{ sen }(5x) + C$.

Exercício 7.9.2.9) $\int x^2 e^x\,dx$. Sabendo que: $\int u\,dv = uv - \int v\,du$:

$u = x^2 \Rightarrow du = 2x\,dx$.

$dv = e^x\,dx \Rightarrow v = e^x$.

$\int u\,dv = uv - \int v\,du \Rightarrow x^2 e^x - \int 2x\,e^x\,dx$ Essa integral (A) também é resolvida por partes fazendo-se:

$u = x \Rightarrow du = 1\,dx$.

$dv = e^x \Rightarrow v = e^x$.

Logo: $\int 2x\,e^x\,dx = 2\int x\,e^x\,dx = 2(xe^x + e^x) + C$. Finalmente: $\int x^2 e^x\,dx = x^2 e^x - 2(xe^x + e^x) + C$.

Portanto: $\int x^2 e^x\,dx = e^x(x^2 - 2x + 2) + C$.

Exercício 7.9.2.10) $\int (\sqrt{x})(\ln x)\,dx$. Sabendo que: $\int u\,dv = uv - \int v\,du$:

$u = \ln x \Rightarrow du = \frac{1}{x}\,dx$.

$dv = (\sqrt{x})\,dx \Rightarrow dv = x^{1/2}\,dx \Rightarrow v = \int x^{1/2}\,dx = \frac{x^{1/2+1}}{1/2+1} + C = \frac{x^{3/2}}{3/2} \Rightarrow v = 2/3\ x^{3/2}$.

$(x^{3/2})(x^{-1}) = x^{1/2}$.

$\int u\,dv = uv - \int v\,du \Rightarrow (\ln x)(\frac{2}{3}x^{3/2}) - \int \frac{2}{3}(x^{3/2})\frac{1}{x}\,dx = (\ln x)(\frac{2}{3}x^{3/2}) - \frac{2}{3}\int (x^{3/2})\frac{1}{x}\,dx =$

$(2/3)(1/3/2) = (2/3)(2/3) = 4/9$

$= (\ln x)(\frac{2}{3}x^{3/2}) - \frac{2}{3}\int (x^{1/2})\,dx = (\ln x)(\frac{2}{3}x^{3/2}) - \frac{2}{3(1/2+1)}(x^{1/2+1}) + C = (\ln x)(\frac{2}{3}x^{3/2}) - \frac{2}{3}\frac{(x^{3/2})}{3/2} + C =$

$= (\ln x)(\frac{2}{3}x^{3/2}) - \frac{4}{9}(x^{3/2}) + C = (0{,}667)(\ln x)(x^{3/2}) - 0{,}444\,(x^{3/2}) + C = (x^{3/2})\,[(0{,}667)(\ln x) - 0{,}444] + C$.

Portanto: $\int (\sqrt{x})(\ln x)\,dx = (x^{3/2})\,[(0{,}667)(\ln x) - 0{,}444] + C$.

Exercício 7.9.2.11) $\int \sqrt{(1 - x^2)}\, dx$. Sabendo que: $\int u\, dv = uv - \int v\, du$:

Segundo Anexo A, parágrafo A12: $\int \sqrt{a^2 - x^2}\, dx = \frac{x}{2}\sqrt{a^2 - x^2} + \frac{a^2}{2} \text{arcsen}\,(x/a) + C$.

Como neste caso a = 1: $\mathbf{\int \sqrt{(1 - x^2)}\, dx = \frac{x}{2}\sqrt{(1 - x^2)} + \frac{1}{2} \text{arcsen}\left(\frac{x}{1}\right) + C = +0{,}5(x\sqrt{1 - x^2} + \text{arcsen}\, x) + C}$.

Exercício 7.9.2.12) $\int \text{arc sen}\, x\, dx$. Sabendo que: $\int u\, dv = uv - \int v\, du$:

Fazendo u = arcsen x e segundo Anexo A, parágrafo A4 => $du = \frac{1}{\sqrt{1 - x^2}} dx$. Com dv = dx => v = x.

$\int \text{arc sen}\, x\, dx = x\, \text{arcsen}\, x - \int \frac{x}{\sqrt{1 - x^2}} dx = x\, \text{arcsen}\, x - \int x(1 - x^2)^{-1/2}\, dx$ ← Esta integral por substituição fica: (Veja exercício 7.9.29)

$\int \frac{x}{\sqrt{1 - x^2}} dx = \int \frac{x}{\sqrt{1 - x^2}} dx$. Fazendo $u = 1 - x^2$ => $du/dx = -2x$ => $du = -2xdx$ => $dx = -\frac{du}{2x}$. Portanto:

$\int \frac{x}{\sqrt{u}} - \left(\frac{du}{2x}\right) = \frac{-1}{2}\int \frac{du}{\sqrt{u}} = -0{,}5 \int u^{-1/2}\, du = (-0{,}5)\left(\frac{u^{-1/2+1}}{-1/2 + 1}\right) + C = -1(u^{+1/2}) + C = -(\sqrt{1 - x^2}) + C$.

Portanto: $\mathbf{\int \text{arc sen}\, x\, dx = x\, \text{arcsen}\, x + \sqrt{1 - x^2} + C}$.

Exercício 7.9.2.13) $\int (\ln|1 + x^2|)\, dx$. Sabendo que: $\int u\, dv = uv - \int v\, du$.

Fazendo $u = \ln|1 + x^2|$ => $du = \left(\frac{2x}{1 + x^2}\right) dx$. Com dv = dx => v = x:

$\int (\ln|1 + x^2|)\, dx = x \ln|1 + x^2| - \int \frac{x(2x)}{1 + x^2} dx = x \ln|1 + x^2| - 2\int \left(\frac{x^2}{1 + x^2}\right) dx$. ← *Dividindo x^2 por $(1 + x^2)$ e substituindo na integral inicial:

$\int (\ln|1 + x^2|)\, dx = x \ln|1 + x^2| - 2\int 1 - \left(\frac{1}{1 + x^2}\right) dx = x \ln(1 + x^2) - 2\int dx + 2\int \left(\frac{1}{1 + x^2}\right) dx$.

Baseado no parágrafo A4, do Anexo A: $f(x) = \text{arctg}\, x$ => $f'(x) = \frac{1}{1 + x^2}$ => $\int \left(\frac{1}{1 + x^2}\right) dx = \text{arctg}\, x$, logo:

$\mathbf{\int (\ln|1 + x^2|)\, dx = x \ln(1 + x^2) - 2x + 2\text{arctg}\, x + C}$.

Exercício 7.9.2.14) $\int x\, (\text{arcsen}\, x)\, dx$. Sabendo que: $\int u\, dv = uv - \int v\, du$:

Fazendo u = x => du = dx. dv = arcsen x dx => $v = x\, \text{arcsen}\, x + \sqrt{1 - x^2}$. (Conforme Anexo A, parágrafo A9).

$\int x\, (\text{arcsen}\, x)\, dx = x^2(\text{arcsen}\, x) + x\sqrt{1 - x^2} - \int [x\, (\text{arcsen}\, x) + \sqrt{1 - x^2}]\, dx + C =$

$= x^2(\text{arcsen}\, x) + x\sqrt{1 - x^2} - \int [x\, (\text{arcsen}\, x)\, dx - \int \sqrt{1 - x^2}\, dx + C =$

$= 2\int x\, (\text{arcsen}\, x)\, dx = x^2(\text{arcsen}\, x) + x\sqrt{1 - x^2} - \int \sqrt{1 - x^2}\, dx + C =$

Veja exercício: 7.9.2.11.

$= 2\int x\, (\text{arcsen}\, x)\, dx = x^2(\text{arcsen}\, x) + x\sqrt{1 - x^2} - 0{,}5(x\sqrt{1 - x^2} + \text{arcsen}\, x) + C$. Portanto:

$\int$ **x (arcsen x) dx =** $\mathbf{x^2}$**(arcsen x) +** $\mathbf{x\sqrt{1 - x^2}}$ **- 0,5(**$\mathbf{x\sqrt{1 - x^2}}$ **+ arcsen x) + C.**

Exercício 7.9.2.15) $\int \frac{\text{arcsen}(\sqrt{x})}{\sqrt{x}}\,dx$. Sabendo que: $\int u\,dv = uv - \int v\,du$:

Fazendo $u = \sqrt{x} \Rightarrow du = \frac{1}{2\sqrt{x}}\,dx \Rightarrow dx = 2\sqrt{x}\,du$. Portanto:

(Veja Anexo A, parágrafo A9)

$\int \frac{\text{arcsen}(\sqrt{x})}{\sqrt{x}}\,dx = \int \frac{\text{arcsen}\,u}{\sqrt{x}}(2\sqrt{x})\,du = 2\int \text{arcsen}\,u\,du = 2(u\,\text{arcsen}\,u + \sqrt{1 - u^2})$. Resolvendo por substituição.

$$\int \frac{\textbf{arcsen}(\sqrt{x})}{\sqrt{x}}\,dx = (2\sqrt{x})(\textbf{arcsen}\,\sqrt{x}) + 2\sqrt{1 - x} + C.$$

Exercício 7.9.2.16) $\int x(\cos^2 x)\,dx$. Sabendo que: $\cos^2 x = \frac{1 + \cos 2x}{2}$, conforme parágrafo 7.10:

$\int x(\cos^2 x)\,dx = \int x\left(\frac{1 + \cos 2x}{2}\right)dx = 0{,}5\int x\,dx + \int x(\cos 2x)\,dx =$

$= 0{,}5\,\frac{x^2}{2} + 0{,}5\int x(\cos 2x)\,dx = 0{,}25x^2 + 0{,}5\int x(\cos 2x)\,dx$. Sabendo que: $\int u\,dv = uv - \int v\,du$:

Fazendo $u = x \Rightarrow du = dx$. $dv = \cos 2x\,dx \Rightarrow v = \frac{\text{sen}\,2x}{2}$.

$\int x(\cos 2x)\,dx = 0{,}5x(\text{sen}\,2x) - 0{,}5\int \text{sen}\,2x\,dx = 0{,}5x(0{,}5x\,\text{sen}\,2x + 0{,}25\cos x) + C \Rightarrow$ finalmente:

$$\int x(\cos^2 x)\,dx = 0{,}25x^2 + 0{,}25x(\text{sen}\,2x) + 0{,}125\cos 2x) + C.$$

Exercício 7.9.2.17) $\int \ln(x + \sqrt{1 + x^2})\,dx$. Sabendo que: $\int u\,dv = uv - \int v\,du$ e que $f(u) = \ln(u) \Rightarrow f\,'(u) = \frac{u'}{u}$.

Fazendo $u = \ln(x + \sqrt{1 + x^2}) \Rightarrow u = \ln[x + (1 + x^2)^{1/2}] \Rightarrow du = \left[\frac{1 + \frac{1}{2}(1 + x^2)^{-1/2}(2x)}{x + \sqrt{1 + x^2}}\right]dx = \frac{1}{\sqrt{1 + x^2}}\,dx$.

$dv = dx \Rightarrow v = x$. Substituindo:

$$\int \ln(x + \sqrt{1 + x^2})\,dx = \overbrace{x\ln(x + \sqrt{1 + x^2})}^{uv} - \overbrace{\int\left(\frac{x}{\sqrt{1 + x^2}}\right)dx}^{\int v\,du} = x\ln(x + \sqrt{1 + x^2}) - \frac{1}{2}\left[\frac{(1 + x^2)^{1/2}}{1/2}\right] + C =$$

$= x\ln(x + \sqrt{1 + x^2}) - (1 + x^2)^{1/2} + C$, ou seja:

$$\int \ln(x + \sqrt{1 + x^2})\,dx = x\ln(x + \sqrt{1 + x^2}) - (1 + x^2)^{1/2} + C.$$

Exercício 7.9.2.18) $\int x\sec^2 x\,dx$. Sabendo que: $\int u\,dv = uv - \int v\,du$:

Fazendo $u = x \Rightarrow du = dx$. $dv = \sec^2 x\,dx \Rightarrow v = \text{tg}\,x$. ⟵ Segundo Anexo A, parágrafo A3.

$\int x\sec^2 x\,dx = x\,\text{tg}\,x - \int \text{tg}\,x\,dx = x\,\text{tg}\,x - \ln|\sec(x)| + C$. ⟵ Segundo Anexo A, parágrafo A8.

$\int x \sec^2 x\, dx = x \operatorname{tg} x - \ln|\sec(x)| + C$.

Exercício 7.9.2.19) $\int e^x \cos x\, dx$. Sabendo que: $\int u\, dv = uv - \int v\, du$ (I):

Fazendo $u = e^x \Rightarrow du = e^x dx$. $dv = \cos x\, dx \Rightarrow v = \operatorname{sen} x$. Substituindo em (I):

$\int e^x \cos x\, dx = e^x \operatorname{sen} x - \int e^x \operatorname{sen} x$. Com nova substituição: $u = e^x \Rightarrow du = e^x dx$. $dv = \operatorname{sen} dx \Rightarrow v = -\cos x$.

Portanto: $\int e^x \cos x\, dx = e^x \operatorname{sen} x - (-e^x \cos x) - \int -e^x \cos x\, dx) = (e^x \operatorname{sen} x) + (e^x \cos x) + \int e^x \cos x\, dx) \Rightarrow$

$\int e^x \cos x\, dx = 0{,}5e^x(\operatorname{sen} x + \cos x) + C$.

Exercício 7.9.2.20) $\int e^{-x} \operatorname{sen} x\, dx$. Sabendo que: $\int u\, dv = uv - \int v\, du$ (I):

Fazendo $u = \operatorname{sen} x \Rightarrow du = \cos x\, dx$. $dv = e^{-x} dx \Rightarrow v = -e^{-x}$. Substituindo em (I):

$\int e^{-x} \operatorname{sen} x\, dx = -e^{-x} \operatorname{sen} x - \int -e^{-x} \cos x\, dx$ (II). Com nova substituição em (II), fazendo: $u = \cos x \Rightarrow$

$du = -\operatorname{sen} x\, dx$. $dv = -e^{-x} dx \Rightarrow v = e^{-x}$, tem-se:

(II) $\int -e^{-x} \cos x\, dx = (\cos x)(e^{-x}) - \int e^{-x} (-\operatorname{sen} x)\, dx = (\cos x)(e^{-x}) + \int e^{-x} (\operatorname{sen} x)\, dx$. Portanto:

$\int e^{-x} \operatorname{sen} x\, dx = (-e^{-x} \operatorname{sen} x) - (\cos x)(e^{-x}) - \int e^{-x} (\operatorname{sen} x)\, dx \Rightarrow 2(\int e^{-x} \operatorname{sen} x\, dx) = (-e^{-x} \operatorname{sen} x) - (\cos x)(e^{-x})$ ou:

$\int e^{-x} \operatorname{sen} x\, dx = -0{,}5e^{-x}(\operatorname{sen} x + \cos x) + C$.

Exercício 7.9.2.21) $\int x (\sec x)(\operatorname{tg} x)\, dx$. Sabendo que: $\int u\, dv = uv - \int v\, du$ (I):

Fazendo $u = x \Rightarrow du = dx$. $dv = \sec x \operatorname{tg} x\, dx \Rightarrow v = \sec x$.

$\int x (\sec x)(\operatorname{tg} x)\, dx = x \sec x - \int \sec x\, dx = x \sec(x) - \underbrace{\ln|\sec(x) + \operatorname{tg}(x)|}_{\text{Anexo A, parágrafo A8.}} + C$. Portanto:

$\int x (\sec x)(\operatorname{tg} x)\, dx = x \sec(x) - \ln|\sec(x) + \operatorname{tg}(x)| + C$.

Exercício 7.9.2.22) $\int \operatorname{sen}^4 x\, dx$. Segundo parágrafo 7.11. $\cos^2 2x = \frac{(1 + \cos 4x)}{2} = 0{,}5(1 + \cos 4x)$.

$\int \operatorname{sen}^4 x\, dx = \int (\operatorname{sen}^2 x)^2 dx = \int \left(\frac{1 - \cos 2x}{2}\right)^2 dx = \int \left(\frac{1 - 2\cos 2x + \cos^2 2x}{4}\right) dx$. Portanto:

$$\int \operatorname{sen}^4 x\, dx = \int \left[\frac{1 - 2\cos 2x + \left(\frac{1 + \cos 4x}{2}\right)}{4}\right] dx = 0{,}25\int dx - 0{,}5\int \cos 2x\, dx + 0{,}125\int dx + 0{,}125\int \cos 4x\, dx =$$

$$= +0{,}25 - 0{,}5\left(\frac{\operatorname{sen} 2x}{2}\right) + 0{,}125x + 0{,}125\left(\frac{\operatorname{sen} 4x}{4}\right) + C = +0{,}375x - 0{,}25\operatorname{sen} 2x + 0{,}031\operatorname{sen} 4x + C.$$ Portanto:

$\int \operatorname{sen}^4 x\, dx = +0{,}375x - 0{,}25\operatorname{sen}(2x) + 0{,}031\operatorname{sen} 4x + C$.

Exercício 7.9.2.23) $\int (\cos^3 4x)(\text{sen } 4x)\, dx$.

Fazendo $u = \cos^3 4x$, para achar du, usa-se a Regra da Cadeia, como visto no parágrafo 3.3.

$u = \cos^3 4x \Rightarrow u' = 3[\cos(4x)]^2 \frac{d}{dx}[\cos(4x)]$ (I). $\frac{d}{dx}[\cos(4x)] = -\text{sen}(4x)(4)$, que substituindo em I resulta:

$u' = 3[\cos(4x)]^2 [-\text{sen}(4x)(4)] = -12 \cos^2(4x)\text{sen}(4x)$, portanto:

$du = -12 \cos^2(4x)\text{sen}(4x)\, dx$ e $dx = \dfrac{du}{-12 \cos^2(4x)\text{sen}(4x)}$. $dv = \text{sen } 4x\, dx \Rightarrow v = -0{,}25\cos 4x$.

Substituindo u e du na integral:

$$\int (\cos^3 4x)(\text{sen } 4x)\, dx = \int (\cos^3 4x)(\text{sen } 4x)\left(\frac{du}{-12 \cos^2(4x)\text{sen}(4x)}\right) = -\frac{1}{12}\int u^{1/3}\, du.$$

Substituindo $u = \cos^3 4x$ no resultado da integral e simplificando os expoentes:

$$-\frac{1}{12}\int u^{1/3}\, du = -\frac{1}{12}\left(\frac{u^{4/3}}{4/3}\right) = -\frac{1}{12}\left(\frac{3}{4}\right)(\cos^3 4x)^{4/3} = -0{,}0625(\cos^4 4x) + C.$$ Portanto:

$\boldsymbol{\int (\cos^3 4x)(\text{sen } 4x)\, dx = -0{,}0625(\cos^4 4x) + C}$.

Exercício 7.9.2.24) $\int x^4 (\ln x)^2\, dx$.

Fazendo $u = (\ln x)^2 \Rightarrow du = 2 \ln x \left(\frac{1}{x}\right) dx = \frac{2 \ln x}{x} dx$. $dv = x^4\, dx \Rightarrow v = 0{,}2x^5$.

$\int x^4 (\ln x)^2\, dx = 0{,}2x^5(\ln x)^2 - \int 0{,}2x^5 \left(\frac{2 \ln x}{x}\right) dx$. Como: $\int 0{,}2x^5 \left(\frac{2 \ln x}{x}\right) dx = 0{,}4\int x^4 (\ln x)\, dx$, então:

$\int x^4 (\ln x)^2\, dx = 0{,}2x^5(\ln x)^2 - 0{,}4\int x^4 (\ln x)\, dx$. Fazendo $u = \ln x \Rightarrow du = 1/x\, dx$ e $dv = x^4\, dx \Rightarrow v = 0{,}2x^5$.

$\int x^4 (\ln x)^2\, dx = 0{,}2x^5(\ln x)^2 - 0{,}4\left(0{,}2x^5 \ln x - \int 0{,}2x^4\, dx\right) = 0{,}2x^5(\ln x)^2 - 0{,}4[0{,}2x^5 \ln x - 0{,}2(0{,}2x^5)] + C =$

$= 0{,}2x^5(\ln x)^2 - 0{,}08x^5 \ln x + 0{,}016x^5 + C$. Finalmente:

$\boldsymbol{\int x^4 (\ln x)^2\, dx = 0{,}2x^5[(\ln x)^2 - 0{,}4 \ln x + 0{,}08] + C}$.

Exercício 7.9.2.25) $\int x (\sec^2 x)\, dx$.

Fazendo $u = x \Rightarrow du = dx$ e $dv = \sec^2 x\, dx \Rightarrow v = \text{tg } x$, segundo Anexo A, parágrafo A3.

Como: $\int u\, dv = uv - \int v\, du$, então: $\int x (\sec^2 x)\, dx = x \text{ tg } x - \int \text{tg } x\, dx = x \text{ tg } x + \ln|\cos x| + C$.

$\boldsymbol{\int x (\sec^2 x)\, dx = x \text{ tg } x + \ln|\cos x| + C}$. Segundo Anexo A, parágrafo A8.

Exercício 7.9.2.26) $\boldsymbol{\int \text{arc tg } x\, dx = x \text{ arctg}(x) - \ln\sqrt{1 + x^2} + C}$. Segundo Anexo A, parágrafo A9.

Exercício 7.9.2.27) $\int x\,(\text{arc tg } x)\,dx$.

Fazendo $u = \text{arctg } x \Rightarrow du = \left(\dfrac{1}{1+x^2}\right)dx$ e $dv = xdx \Rightarrow v = \dfrac{x^2}{2}$.

$$\int x\,(\text{arc tg } x)\,dx = \underset{v}{\frac{x^2}{2}}\ \underset{u}{\text{arctg } x} - \frac{1}{2}\underset{A}{\int\left(\frac{x^2}{1+x^2}\right)dx}.$$ Dividindo x^2 por $1 + x^2$ e substituindo:

Segundo Anexo A, parágrafo A4, essa integral é igual a

$$(A)\int\left(\frac{x^2}{1+x^2}\right)dx = \int\left(1 - \frac{1}{1+x^2}\right)dx = \int dx - \int\left(\frac{1}{1+x^2}\right)dx = x - \text{arctg } x + C.$$ Portanto:

$\int x\,(\text{arc tg } x)\,dx = \dfrac{x^2}{2}\,\text{arctg } x - \dfrac{1}{2}(x - \text{arctg } x) + C = 0{,}5x^2\,\text{arctg } x + 0{,}5\text{arctg } x - 0{,}5x + C$. Finalmente:

$\boldsymbol{\int x\,(\textbf{arc tg } x)\,dx = +0{,}5x^2\,\textbf{arctg } x + 0{,}5\textbf{arctg } x - 0{,}5x + C}$.

Exercício 7.9.2.28) $\int x(\text{sen}^{-1} x)\,dx = \int x(\text{arcsen } x)\,dx$.

Fazendo $u = x \Rightarrow du = dx$. $dv = \text{arcsen } x\,dx \Rightarrow v = x\,\text{arcsen } x + \sqrt{1-x^2}$ ← Segundo Anexo A, parágrafo A9.

Como $\int u\,dv = uv - \int v\,du$, então: $\int x\,(\text{arcsen } x)\,dx = x^2\text{arcsen } x + \sqrt{1-x^2} - \underbrace{\int(x\text{arcsen } x + \sqrt{1-x^2})\,dx}_{A}$:

$A = \int(x\text{arcsen } x + \sqrt{1-x^2})\,dx = \int(x\text{arcsen } x\,dx - \int(\sqrt{1-x^2})\,dx$. Como: $\int x(\text{sen}^{-1} x)\,dx = \int x(\text{arcsen } x)\,dx$:

$2\int x(\text{arcsen } x)\,dx = x^2\,\text{arcsen } x + \sqrt{1-x^2} - \underbrace{\int(\sqrt{1-x^2})\,dx}_{B}$. $B = \dfrac{x}{2}\sqrt{1-x^2} + 1\,\text{arcsen sen } x$ ← Anexo A, parágrafo A12.

Substituindo B, na integral: $2\int x(\text{arcsen } x)\,dx = x^2\,\text{arcsen } x + \sqrt{1-x^2} - \left(\dfrac{x}{2}\sqrt{1-x^2} + \dfrac{1}{2}\,\text{arcsen } x\right) =$

$= x^2\,\text{arcsen } x + \dfrac{x}{2}\sqrt{1-x^2} - \dfrac{1}{2}\,\text{arcsen } x \Rightarrow \int x(\text{sen}^{-1} x)\,dx = \dfrac{x^2}{2}\,\text{arcsen } x + \dfrac{x}{4}\sqrt{1-x^2} - \dfrac{1}{4}\,\text{arcsen } x + C =$

$= 0{,}5x^2\,\text{arcsen } x + 0{,}25x\sqrt{1-x^2} - 0{,}25\,\text{arcsen } x + C = (\text{arcsen } x)(0{,}5x^2 - 0{,}25) + 0{,}25x\sqrt{1-x^2} + C$.

Finalmente: $\boldsymbol{\int x(\textbf{sen}^{-1} x)\,dx = (\textbf{arcsen } x)(0{,}5x^2 - 0{,}25) + 0{,}25x\sqrt{1-x^2} + C}$.

Exercício 7.9.2.29) $\int x^2 e^{-x}\,dx$.

Fazendo $u = x^2 \Rightarrow du = 2xdx$. $dv = e^{-x}\,dx \Rightarrow v = -e^{-x}$. Como $\int u\,dv = uv - \int v\,du$, então:

$\int x^2 e^{-x}\,dx = -x^2e^{-x} - \int -2e^{-x}\,dx = -x^2e^{-x} - 2\overbrace{\int -xe^{-x}\,dx}^{A}$. Em A: $u = x \Rightarrow du = dx$. $dv = -e^{-x}\,dx \Rightarrow v = e^{-x}$. Logo:

$A = \int -xe^{-x}\,dx = -x^2e^{-x} - \int e^{-x}\,dx = xe^{-x} + e^{-x}$. Voltando à integral original:

$\int x^2 e^{-x} dx = -x^2e^{-x} - 2(xe^{-x} + e^{-x}) + C$. Colocando em evidência $-e^{-x}$, finalmente tem-se:

$\boldsymbol{\int x^2 e^{-x} dx = -e^{-x}(x^2 + 2x + 2) + C}$.

Exercício 7.9.2.30) $\int x^3 \log x \, dx$.

Fazendo $u = \log x \Rightarrow du = \left(\frac{1}{x \ln 10}\right)dx$ e $dv = x^3 dx \Rightarrow v = 0{,}25x^4$.

$\int x^3 \log x \, dx = 0{,}25x^4 \log x - \int 0{,}25 x^4 \left(\frac{1}{x \ln 10}\right) dx + C = 0{,}25x^4 \log x - \left(\frac{0{,}25}{\ln 10}\right)\int x^3 dx + C \Rightarrow$

$\boldsymbol{\int x^3 \log x \, dx = 0{,}25x^4 \log x - 0{,}027x^4 + C}$. (Equivale a uma constante: ln 10 = 2,303).

Exercício 7.9.2.31) $\int \log x \, dx$.

Fazendo $u = \log x \Rightarrow du = \left(\frac{1}{x \ln 10}\right)dx$ e $dv = dx \Rightarrow v = x$.

$\int \log x \, dx = x \log x - \frac{1}{\ln 10}\int x\left(\frac{1}{x}\right)dx = x \log x - 0{,}43x + C$.

$\boldsymbol{\int \log x \, dx = x \log x - 0{,}43x + C}$.

Exercício 7.9.2.32) $\int \frac{x^7}{(1 - x^4)^2} dx$.

$\int \frac{x^7}{(1 - x^4)^2} dx = \int \frac{x^3}{(1 - x^4)^2} (x^4) dx$. Fazendo $u = x^4 \Rightarrow du = 4x^3 dx$ e $dv = \frac{x^3}{(1 - x^4)^2} dx \Rightarrow v = \frac{0{,}25}{(1 - x^4)^2}$.

$\int \frac{x^7}{(1 - x^4)^2} dx = \frac{0{,}25x^4}{(1 - x^4)^2} - \int\left(- \frac{0{,}25}{(1 - x^4)^2}\right)(4x^3) dx = \frac{0{,}25x^4}{(1 - x^4)} + 0{,}25 \ln |1- x4| + C$.

$\boldsymbol{\int \frac{x^7}{(1 - x^4)^2} dx = \frac{0{,}25x^4}{(1 - x^4)} + 0{,}25 \ln |1- x4| + C}$.

Capítulo 8
Resolução de integrais indefinidas por substituição trigonométrica de: funções trigonométricas no círculo, hiperbólicas e de funções exponenciais e logarítmicas

A trigonometria no círculo

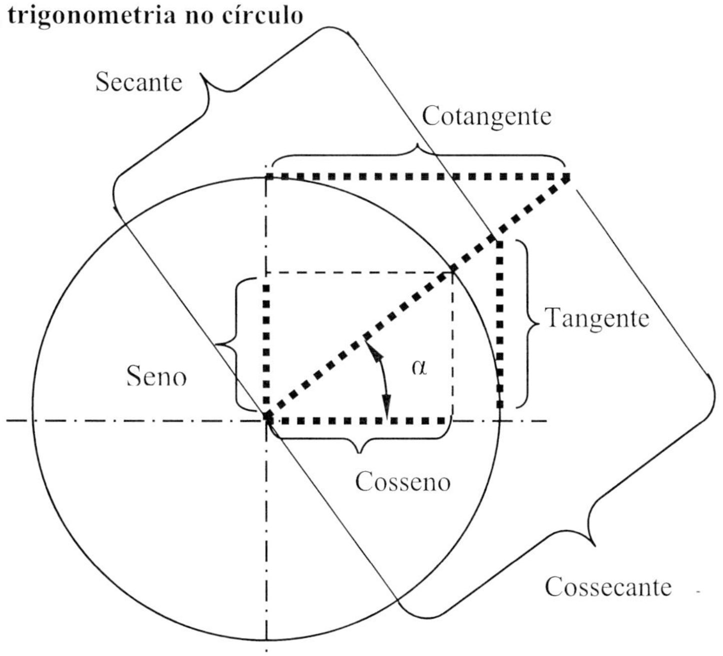

Embora a palavra trigonometria se refira à medida (metria) de três (tri) ângulos (gono), ou seja, relacionada a triângulos, *existem também as trigonometrias no círculo e as hiperbólicas. Todas têm várias aplicações práticas, sendo particularmente usadas em cálculos de Engenharia, com o emprego do cálculo das integrais. O parágrafo 1.15, mostra os gráficos de todas as funções trigonométricas no círculo e o parágrafo 1.16 as funções trigonométricas hiperbólicas. Funções exponenciais e logarítmicas, mostradas nos parágrafos 1.2 e 1.3, também são muito utilizadas no cálculo integral, tendo também aplicações práticas reais.*

8.1 Integração por substituição trigonométrica

Quando o integrando contém expressões como: $\sqrt{a^2 - x^2}$, $\sqrt{a^2 + x^2}$ ou $\sqrt{x^2 - a^2}$, onde a > 0, como por exemplo: $\int \sqrt{(1 - x^2)}\, dx$, é usada uma substituição trigonométrica, como adiante descrita, obtendo-se resultado na forma de uma expressão trigonométrica. Por exemplo: $\int \sqrt{(1 - x^2)}\, dx = +0{,}5[\text{arc sen } x + x \sqrt{(1 - x^2)}] + C$.

Observa-se que, para usar esse método, a constante "a" tem que ser positiva e a integral não deve ter nenhum fator irracional. Esse método utiliza as seguintes relações:

Na integral contendo	Usa-se a substituição	Ver exercício
$\sqrt{a^2 - x^2}$	$\sqrt{a^2 - x^2} = a \cos(\Theta)$	8.1.1
$\sqrt{a^2 + x^2}$	$\sqrt{a^2 + x^2} = a \sec(\Theta)$	8.1.2
$\sqrt{x^2 - a^2}$	$\sqrt{x^2 - a^2} = a \text{ tg}(\Theta)$	8.1.3

Cada uma das três substituições citadas, advêm de relações pitagóricas e trigonométricas em um triângulo retângulo, como a seguir mostradas.

I) Integrando contendo: $\sqrt{a^2 - x^2}$

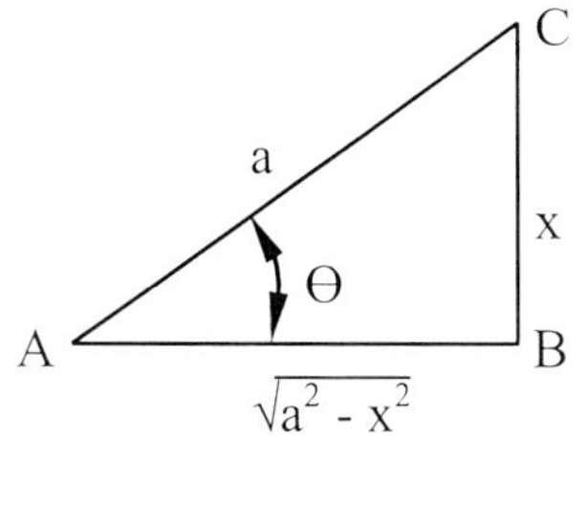

Nesse triângulo retângulo ABC: $AC = \sqrt{(AB)^2 + (BC)^2}$.
Portanto: $AB = \sqrt{(AC)^2 - (BC)^2}$. Quando: AC = a e BC = x, se tem:

$AB = \sqrt{a^2 - x^2}$, resultando:

$\text{sen}(\Theta) = x/a \Rightarrow x = a \text{ sen}(\Theta)$, que permite as seguintes análises:

$a^2 - x^2 = a^2 - [a \text{ sen } (\Theta)]^2 \Rightarrow a^2 - x^2 = a^2 - a^2 \text{ sen}^2 (\Theta) \Rightarrow$

$a^2 - x^2 = a^2[1 - \text{sen}^2 (\Theta)]$. Como: $\text{sen}^2 (\Theta) + \cos^2 (\Theta) = 1 \Rightarrow \cos^2 (\Theta) = 1 - \text{sen}^2 (\Theta)$, ou seja:

$a^2 - x^2 = a^2 \cos^2 (\Theta)$, que resulta em: $\mathbf{\sqrt{a^2 - x^2} = a \cos (\Theta)}$, que é a primeira substituição desse método.

Exercício 8.1.1) Determinar: $\int \frac{\sqrt{4 - x^2}}{x} dx$. (Observa-se que: $a^2 = 4 \Rightarrow a = +2$: "a" tem que ser positivo).

Considerando: $\sqrt{a^2 - x^2} = 2 \cos (\Theta)$ e $x = 2 \text{ sen } (\Theta)$, tem-se: $dx/d\Theta = 2 \cos (\Theta)$, portanto: $dx = 2 \cos (\Theta)\, d\Theta$.

$$\text{Ou seja: } \int \frac{\sqrt{a^2 - x^2}}{x} dx = \int \frac{a \cos (\Theta)}{\underbrace{a \text{ sen } (\Theta)}_{x}} \overbrace{a \cos (\Theta)\, d\Theta}^{dx} = \int \frac{\cancel{a^2} \cos^2 (\Theta)}{\cancel{a} \text{ sen } (\Theta)} d\Theta = \int \frac{a \cos^2 (\Theta)}{\text{sen } (\Theta)} d\Theta = a \int \frac{\cos^2 (\Theta)}{\text{sen } (\Theta)} d\Theta.$$

$$\text{Como: } \cos^2 (\Theta) = 1 - \text{sen}^2 (\Theta), \text{ então: } a \int \frac{\cos^2 (\Theta)}{\text{sen } (\Theta)} d\Theta = a \int \frac{[1 - \text{sen}^2 (\Theta)]}{\text{sen } (\Theta)} d\Theta = a \int \left[\frac{1}{\text{sen } (\Theta)} - \frac{\text{sen}^{\cancel{2}} (\Theta)}{\cancel{\text{sen}} (\Theta)}\right] d\Theta =$$

$a \int [\text{cossec } (\Theta) - \text{sen } (\Theta)]\, d\Theta = a \int \text{cossec } (\Theta)\, d\Theta - a \int \text{sen } (\Theta)$ (1)

$\int \text{cossec } (\Theta)\, d\Theta = \ln |\text{cossec } \Theta - \text{cotg } \Theta$ e $\int \text{sen } (\Theta) = -\cos \Theta$ (2). Substituindo (2) em (1):

$a \int \text{cossec } (\Theta)\, d\Theta - a \int \text{sen } (\Theta) = a(\ln |\text{cossec } \Theta - \text{cotg } \Theta|) - a(-\cos \Theta) = a(\ln |\text{cossec } \Theta - \text{cotg } \Theta|) + a\cos \Theta + C$
Sendo: $a = 2$; $x = 2\text{sen } (\Theta)$; $\sqrt{4 - x^2} = 2 \cos (\Theta)$, tem-se:

$$2(\ln |\text{cossec } \Theta - \text{cotg } \Theta|) + 2\cos \Theta + C = 2 \left(\ln \left| \frac{2}{x} - \frac{(\sqrt{4 - x^2})/2}{x/2} \right| + \sqrt{4 - x^2} + C\right) =$$

$$2 \left(\ln \left| \frac{2}{x} - \frac{(\sqrt{4 - x^2})}{2} \right| + \frac{\sqrt{4 - x^2}}{x} + C\right)$$

Portanto: $\mathbf{\int \frac{\sqrt{4 - x^2}}{x} dx = 2 \ln\left(\left| \frac{2}{x} - \frac{(\sqrt{4 - x^2})}{x} \right|\right) + \sqrt{4 - x^2} + C}$.

II) Integrando contendo: $\sqrt{a^2 + x^2}$

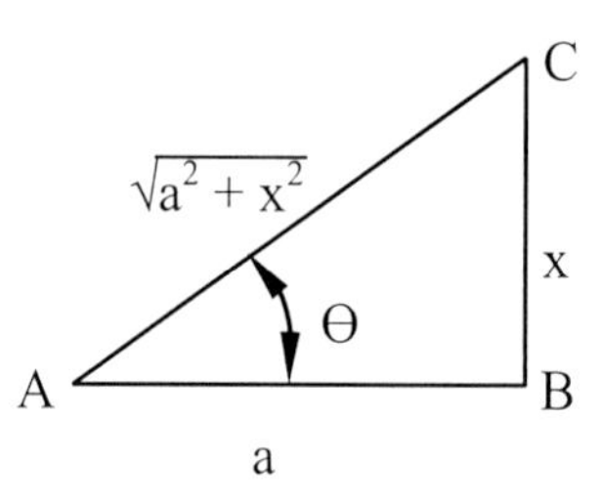

Nesse triângulo retângulo ABC: $AC = \sqrt{(AB)^2 + (BC)^2}$.
Quando: $AB = a$ e $BC = x$, tem-se:

$AC = \sqrt{a^2 + x^2}$, resultando:

$\text{tg } (\Theta) = x/a \Rightarrow x = a \text{ tg } (\Theta)$, que permite as seguintes análises:

$a^2 + x^2 = a^2 + [a \text{ tg } (\Theta)]^2 \Rightarrow a^2 + x^2 = a^2 + a^2 \text{ tg}^2 (\Theta) \Rightarrow$

$a^2 + x^2 = a^2 [1 + \text{tg}^2 (\Theta)]$. Como: $\sec^2 (\Theta) = 1 + \text{tg}^2 (\Theta) \Rightarrow a^2 + x^2 = a^2 \sec^2 (\Theta)$, ou seja:

$\sqrt{a^2 + x^2} = \sqrt{a^2 \sec^2 (\Theta)}$, que resulta em: $\mathbf{\sqrt{a^2 + x^2} = a \sec (\Theta)}$, que é a segunda substituição desse método.

Exercício 8.1.2) Determinar: $\int \frac{dx.}{\sqrt{9 + x^2}}$. (Observa-se que: $a^2 = 9 \Rightarrow a = +3$: "a" tem que ser positivo).

$tg(\Theta) = x/a \Rightarrow x = a\,tg(\Theta) \Rightarrow dx = a\sec^2(\Theta)\,d\Theta$. Fazendo: $\sqrt{9 + x^2} = \sqrt{a^2 + x^2} = a\sec(\Theta)$, tem-se:

$$\int \frac{dx.}{\sqrt{a^2 + x^2}} = \int \frac{\cancel{a}\sec^{\cancel{2}}(\Theta)\,d\Theta}{\cancel{a}\,\cancel{\sec}(\Theta)} = \int \sec(\Theta)\,d\Theta = \ln[\underbrace{\sec(\Theta)}_{(\sqrt{9+x^2})/3 \longrightarrow (\sqrt{a^2+x^2})/a} + \underbrace{tg(\Theta)}_{x/a = x/3}] + C. \quad (1)$$

Como o resultado tem que ser expresso na variável x (e não Θ), volta-se a (1), ou seja:

$$\mathbf{\int \frac{dx.}{\sqrt{9 + x^2}} = \ln\left[\frac{(\sqrt{9 + x^2}) + x}{3}\right] + C.}$$

III) Integrando contendo: $\sqrt{x^2 - a^2}$

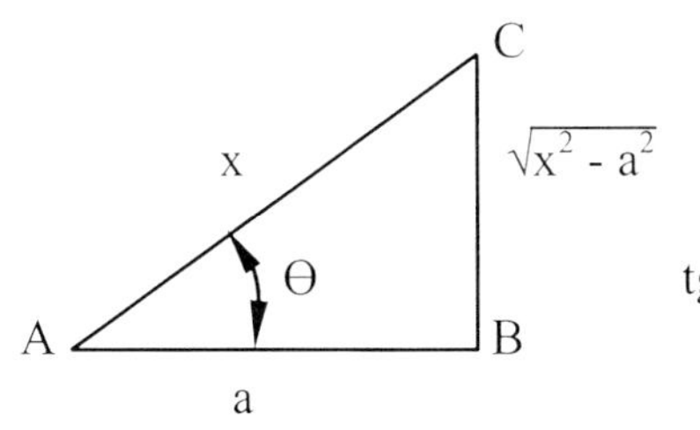

Nesse triângulo retângulo ABC: $AC = \sqrt{(AB)^2 + (BC)^2}$.
Quando: AB = a, AC = x e $BC = \sqrt{x^2 - a^2}$, tem-se:

$\sec(\Theta) = 1/\cos(\Theta) = x/a \Rightarrow x = a\sec(\Theta)$.

$tg(\Theta) = (\sqrt{x^2 - a^2})/a \Rightarrow a\,tg(\Theta) = \sqrt{x^2 - a^2}$, permitindo as análises:

$x^2 - a^2 = [a\sec(\Theta)]^2 - a^2 \Rightarrow x^2 - a^2 = a^2[\sec^2(\Theta) - 1]$.

Como: $tg^2(\Theta) = \sec^2(\Theta) - 1$, tem-se: $\Rightarrow x^2 - a^2 = a^2 tg^2(\Theta)$, ou seja:

$\sqrt{x^2 - a^2} = a\,tg(\Theta)$, que é a terceira substituição desse método.

Exercício 8.1.3) Determinar: $\int \frac{\sqrt{x^2 - 4}}{x}\,dx$. (Observa-se que: $a^2 = 4 \Rightarrow a = +2$: "a" tem que ser positivo).

$x = a\sec(\Theta) \Rightarrow dx = a\sec(\Theta)\,tg(\Theta)\,d\Theta$. Fazendo $\sqrt{x^2 - 4} = \sqrt{x^2 - a^2} = a\,tg(\Theta)$ tem-se:

$$\int \frac{\sqrt{x^2 - 4}}{x}\,dx = \int \frac{a\,tg(\Theta)\,\cancel{a\sec(\Theta)}}{\cancel{a\sec(\Theta)}}\,tg(\Theta)\,d\Theta = \int a\,tg^2(\Theta)\,d\Theta = a\int tg^2(\Theta)\,d\Theta = a\int[\sec^2(\Theta) - 1]\,d\Theta =$$

$= a\int \sec^2(\Theta)\,d\Theta - a\int d\Theta = a\,tg(\Theta) - a\,\Theta + C.$ $\longleftrightarrow$ $a\,tg(\Theta) = \sqrt{x^2 - a^2} \Rightarrow \Theta = arc\,tg\left(\frac{\sqrt{x^2 - a^2}}{a}\right)$. Então:

$a\,tg(\Theta) - a\,\Theta + C = \sqrt{x^2 - a^2} - a\left[arc\,tg\left(\frac{\sqrt{x^2 - a^2}}{a}\right)\right] + C$. Finalmente:

$$\mathbf{\int \frac{\sqrt{x^2 - 4}}{x}\,dx = (\sqrt{x^2 - 4}) - 4\left[arc\,tg\left(\frac{\sqrt{x^2 - 4}}{4}\right)\right] + C.}$$

Exercício 8.1.4) $\int \frac{dx}{x^2\sqrt{16 - x^2}}$. $\Longrightarrow$

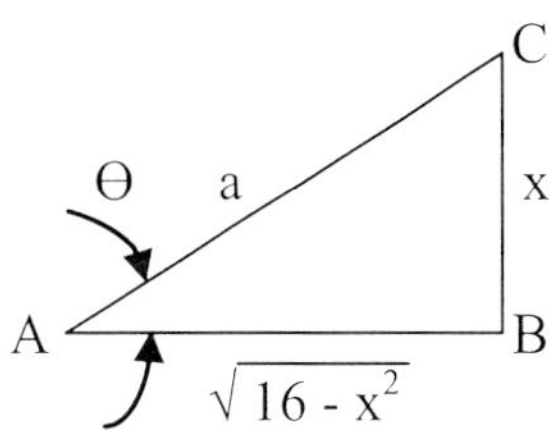

$a^2 = 16$.

Fazendo a = 4 e $\sqrt{16 - x^2} = 4\cos(\Theta)$, bem como: $x = 4\,sen(\Theta) \Rightarrow dx = 4\cos(\Theta)\,d\Theta$ e $x^2 = 16\,sen^2(\Theta)$.

Substituindo na integral pedida: $\int \frac{dx}{x^2\sqrt{16 - x^2}} = \int \frac{\cancel{4\cos(\Theta)}\,d\Theta}{[16\,sen^2(\Theta)][\cancel{4\cos(\Theta)}]} = \frac{1}{16}\int \frac{d\Theta}{sen^2(\Theta)} = \frac{1}{16}\int cossec^2(\Theta)\,d\Theta =$

$= -\frac{1}{16}\cot g(\Theta) + C$, pois, segundo anexo A, parágrafo 8: $\int cossec^2(x)\,dx = -1\,cotg(x) + C$.

$-\frac{1}{16}\text{cotg}\,\Theta + C = -1\frac{\cos\Theta}{\text{sen}\,\Theta} + C$. $x = 4\,\text{sen}\,\Theta \Rightarrow \text{sen}\,\Theta = \frac{x}{4}$. $dx = 4\cos\Theta\,d\Theta \Rightarrow \cos\Theta = \frac{dx}{4\,d\Theta}$.

$$\frac{\cos\Theta}{\text{sen}\,\Theta} = \frac{\frac{dx}{4\,d\Theta}}{\frac{x}{4}} = \left(\frac{dx}{\cancel{4}\,d\Theta}\right)\left(\frac{\cancel{4}}{x}\right) = \frac{dx}{d\Theta\,x} = \frac{4\cos\Theta\,\cancel{d\Theta}}{\cancel{d\Theta}\,x} = \frac{4\cos\Theta}{x}$$. Portanto:

$\int\frac{dx}{x^2\sqrt{16-x^2}} = -\frac{1}{16}\text{cotg}\,\Theta + C$. Pelo triângulo ABC: $\text{cotg}\,\Theta = \cos\Theta/\text{sen}\,\Theta = \frac{(\sqrt{16-x^2})/4}{x/4} = \frac{\sqrt{16-x^2}}{x}$, logo:

$-\frac{1}{16}\text{cotg}\,\Theta + C = -(0{,}0625)\frac{\sqrt{16-x^2}}{x}$. Finalmente:

$$\boldsymbol{\int\frac{dx}{x^2\sqrt{16-x^2}} = -(0{,}0625)\frac{\sqrt{16-x^2}}{x} + C.}$$

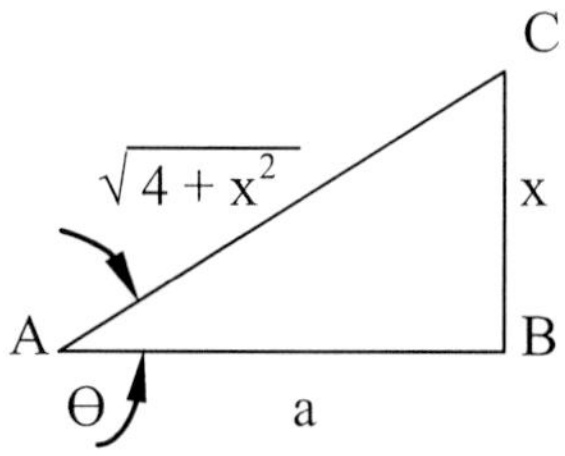

$a^2 = 4$.

Exercício 8.1.5) $\int\frac{dx}{x^2\sqrt{4+x^2}}$.

Fazendo $a = 2$ e $\sqrt{4+x^2} = 2\sec(\Theta)$, bem como: $x = 2\,\text{tg}(\Theta) \Rightarrow dx = 2\sec^2(\Theta)\,d\Theta$ e $x^2 = 4\,\text{tg}^2(\Theta)$.

Substituindo na integral pedida: $\int\frac{dx}{x^2\sqrt{4+x^2}} = \int\frac{\cancel{2}\sec^{\cancel{2}}(\Theta)\,d\Theta}{[4\,\text{tg}^2(\Theta)][\cancel{2\sec(\Theta)}]} = \int\frac{\sec(\Theta)\,d\Theta}{4\,\text{tg}^2(\Theta)} = \frac{1}{4}\int\frac{\sec(\Theta)^*}{\text{tg}^2(\Theta)^*}d\Theta$.

$^*\sec(\Theta) = 1/\cos(\Theta)$ e $^*\text{tg}(\Theta) = \text{sen}(\Theta)/\cos(\Theta) \Rightarrow \frac{\sec(\Theta)}{\text{tg}^2(\Theta)} = \frac{\cos(\Theta)}{\text{sen}^2(\Theta)}$.

$\frac{1}{4}\int\frac{\sec(\Theta)}{\text{tg}^2(\Theta)}d\Theta = \frac{1}{4}\int\frac{\cos(\Theta)}{\text{sen}^2(\Theta)}d\Theta = -\frac{1}{4\,\text{sen}(\Theta)} + C$. Pelo triângulo: $\text{sen}(\Theta) = (x)/(\sqrt{4+x^2})$, logo:

$$\boldsymbol{\int\frac{dx}{x^2\sqrt{4+x^2}} = -0{,}25\left(\frac{\sqrt{4+x^2}}{x}\right) + C.}$$

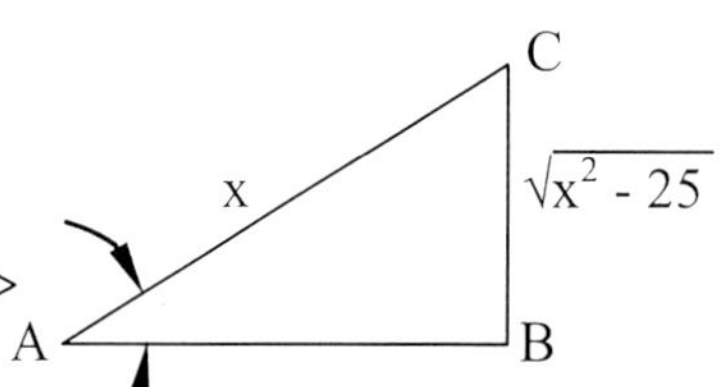

$$\begin{cases}\text{sen}\,\Theta = (\sqrt{x^2-25})/x \\ \cos\Theta = a/x = 5/x\end{cases}$$

Exercício 8.1.6) $\int\frac{dx}{x^3\sqrt{x^2-25}}$.

$a^2 = 25$.

Segundo parágrafo 8.2: $\cos^2(\Theta) = (1+\cos 2\Theta)/2$.

Fazendo $a = 5$ e $\sqrt{x^2-25} = 5\,\text{tg}(\Theta)$. $x = 5\sec(\Theta) \Rightarrow dx = 5\sec(\Theta)\,\text{tg}(\Theta)\,d(\Theta)$ e $x^3 = 125\sec^3(\Theta)$.

Substituindo na integral: $\int\frac{dx}{x^3\sqrt{x^2-25}} = \int\frac{\cancel{5}\,\cancel{\sec}(\Theta)\,\cancel{\text{tg}(\Theta)}\,d(\Theta)}{[125\sec^2(\Theta)][\cancel{5}\,\cancel{\text{tg}(\Theta)}]} = \frac{1}{125}\int\frac{d(\Theta)}{\sec^2(\Theta)} = \frac{1}{125}\int\cos^2(\Theta)\,d(\Theta) =$

$= \frac{1}{125}\int\frac{(1+\cos 2\Theta)}{2}d\Theta = \frac{1}{250}\int d\Theta + \frac{1}{250}\int\cos 2\Theta\,d\Theta = \left(\frac{1}{250}\right)\Theta + \frac{1}{250}\left(\frac{\text{sen}\,2\Theta}{2}\right) + C =$ Do triângulo:

$= \frac{\Theta}{250} + \frac{1}{250}(\text{sen}\,\Theta\cos\Theta)$. Sabendo que: $\frac{\text{sen}\,2\Theta}{2} = \frac{2\,\text{sen}\,\Theta\cos\Theta}{2} = \text{sen}\,\Theta\cos\Theta = \left(\frac{(\sqrt{x^2-25})}{x}\right)\left(\frac{5}{x}\right) =$

$= \frac{5\sqrt{x^2-25}}{x^2}$. Substituindo na integral encontrada tem-se:

$$\boldsymbol{\int\frac{dx}{x^3\sqrt{x^2-25}} = \frac{1}{250}\left[\text{arctg}\left(\frac{\sqrt{x^2-25}}{5}\right) + \frac{5\sqrt{x^2-25}}{x^2}\right].}$$

Exercício 8.1.7) $\int \frac{\sqrt{9 - x^2}}{x^2}\, dx$. $a^2 = 9$.

Segundo Anexo A, parágrafo A8.

$a = 3$ e $\sqrt{9 - x^2} = 3 \cos \Theta$. $x = 3 \operatorname{sen} \Theta \Rightarrow dx = 3 \cos \Theta\, d\Theta$ e $x^2 = 9 \operatorname{sen}^2 \Theta$.

$$\int \frac{\sqrt{9 - x^2}}{x^2}\, dx = \int \frac{\cancel{3} \cos \Theta}{(\cancel{3} \operatorname{sen} \Theta)^2} (\cancel{3} \cos \Theta\, d\Theta) = \int \frac{\cos^2 \Theta}{\operatorname{sen}^2 \Theta}\, d\Theta = \int \operatorname{cotg}^2 \Theta\, d\Theta = -\operatorname{cotg} \Theta - \Theta + C = A.$$

$x = 3 \operatorname{sen} \Theta \Rightarrow \operatorname{sen} \Theta = \frac{x}{3}$. $\sqrt{9 - x^2} = 3 \cos \Theta \Rightarrow \cos \Theta = \frac{\sqrt{9 - x^2}}{3}$. $\operatorname{cotg} \Theta = \frac{\cos \Theta}{\operatorname{sen} \Theta} = [(\sqrt{9 - x^2})/3]/[x/3] = \frac{\sqrt{9 - x^2}}{x}$.

$\operatorname{sen} \Theta = \frac{x}{3} \Rightarrow \Theta = \operatorname{arcsen} \frac{x}{3}$, portanto: $A = -\operatorname{cotg} \Theta - \Theta + C = -\frac{\sqrt{9 - x^2}}{x} - \operatorname{arcsen} \frac{x}{3} + C$. Finalmente:

$$\boldsymbol{\int \frac{\sqrt{9 - x^2}}{x^2}\, dx = -\frac{\sqrt{9 - x^2}}{3} - \operatorname{arcsen} \frac{x}{3} + C.}$$

Exercício 8.1.8) $\int \frac{dx}{\sqrt{x^2 - 25}}$. $a^2 = 25$.

$a = 5$ e $\sqrt{x^2 - 25} = 5 \operatorname{tg} \Theta$. $x = 5 \sec \Theta \Rightarrow dx = 5 \sec \Theta \operatorname{tg} \Theta\, d\Theta \Rightarrow d\Theta = dx/5 \sec \Theta \operatorname{tg} \Theta$.

$$\int \frac{dx}{\sqrt{x^2 - 25}} = \int \frac{\cancel{5} \sec \Theta \cancel{\operatorname{tg} \Theta}}{\cancel{5} \cancel{\operatorname{tg} \Theta}}\, d\Theta = \int \sec \Theta\, d\Theta = \ln |\sec \Theta + \operatorname{tg} \Theta| + C.$$

Como $\sec \Theta = x/5$ e $\operatorname{tg} \Theta = (\sqrt{x^2 - 25})/5$, tem-se que: $\ln |\sec \Theta + \operatorname{tg} \Theta| + C = \ln \left| \frac{x}{5} + \frac{\sqrt{x^2 - 25}}{5} \right| + C$, portanto:

$$\boldsymbol{\int \frac{dx}{\sqrt{x^2 - 25}} = \ln \left| \frac{x + \sqrt{x^2 - 25}}{5} \right| + C.}$$

Exercício 8.1.9) $\int \frac{dx}{(\sqrt{6 - x^2})^3}$. $a^2 = 6$.

$a = \sqrt{6}$ e $\sqrt{6 - x^2} = \sqrt{6} \cos \Theta$. $x = \sqrt{6} \operatorname{sen} \Theta \Rightarrow dx = \sqrt{6} \cos \Theta\, d\Theta \Rightarrow d\Theta = dx/\sqrt{6} \cos \Theta$.

$$\int \frac{dx}{(\sqrt{6 - x^2})^3} = \int \frac{\cancel{\sqrt{6} \cos \Theta}}{(\sqrt{6} \cos \Theta)^2}\, d\Theta = \int \frac{d\Theta}{6(\cos^2 \Theta)} = \frac{1}{6} \int \sec^2 \Theta\, d\Theta = \frac{1}{6} \operatorname{tg} \Theta + C = A.$$

$\sqrt{6} - x^2 = \sqrt{6} \cos \Theta \Rightarrow \cos \Theta = \frac{\sqrt{6 - x^2}}{\sqrt{6}}$. $x = \sqrt{6} \operatorname{sen} \Theta \Rightarrow \operatorname{sen} \Theta = \frac{x}{\sqrt{6}}$. $\operatorname{tg} \Theta = \frac{\operatorname{sen} \Theta}{\cos \Theta} = \frac{\frac{x}{\sqrt{6}}}{\frac{\sqrt{6 - x^2}}{\sqrt{6}}} = \frac{x}{\sqrt{6 - x^2}}$

$A = \frac{1}{6} \operatorname{tg} \Theta + C = \frac{1}{6}\left(\frac{x}{\sqrt{6 - x^2}}\right) + C$. Finalmente:

$$\boldsymbol{\int \frac{dx}{(\sqrt{6 - x^2})^3} = 0{,}167\left(\frac{x}{\sqrt{6 - x^2}}\right) + C.}$$

Exercício 8.1.10) $\int \frac{dx}{\sqrt{4x + x^2}}$.

Inicialmente, observa-se que como o radicando deve ter a forma $\sqrt{a^2 + x^2}$, primeiro a integral será preparada.

Fazendo $u^2 = 4x \Rightarrow 2u\, du = 4\, dx$ e $dx = (u\, du)/2$. Como $u^4 = 16x^2 \Rightarrow x^2 = u^4/16$. Substituindo na integral:

$\int \frac{dx}{\sqrt{4x + x^2}} = \int \frac{(u\, du)/2}{\sqrt{(u^2 + u^4/16)}} = \int \frac{(u\, du)/2}{u/4\sqrt{(16 + u^2)}} = 2\int \frac{du}{\sqrt{16 + u^2}} = A$. Agora, já na forma $\sqrt{a^2 + x^2}$, faz-se:

$a^2 = 16 \Rightarrow a = 4$. Fazendo: $\sqrt{16 + u^2} = 4 \sec \Theta$ e $u = 4 \operatorname{tg} \Theta \Rightarrow du = 4 \sec^2 \Theta\, d\Theta$. Substituindo em A tem-se:

$2\int \frac{du}{\sqrt{16 + u^2}} = 2\int \frac{\cancel{4} \sec^{\cancel{2}} \Theta}{\cancel{4} \cancel{\sec \Theta}}\, d\Theta = 2\int \sec \Theta\, d\Theta = 2 \ln |\sec \Theta + \operatorname{tg} \Theta| + C = A.$

$\sqrt{16 + u^2} = 4 \sec \Theta \Rightarrow \sec \Theta = \frac{\sqrt{16 + u^2}}{4}$. $u = 4 \operatorname{tg} \Theta \Rightarrow \operatorname{tg} \Theta = \frac{u}{4}$. Com esses termos substituídos em A:

$A = 2 \ln |\sec \Theta + \operatorname{tg} \Theta| + C = 2 \ln \left| \frac{\sqrt{16 + u^2}}{4} + \frac{u}{4} \right| + C$. Como $u^2 = 4x \Rightarrow u = 2\sqrt{x}$, então:

$A = 2 \ln \left| \frac{\sqrt{16 + 4x}}{4} + \frac{2\sqrt{x}}{4} \right| + C = 2 \ln \left| \frac{\sqrt{4 + x}}{2} + \frac{\sqrt{x}}{2} \right| + C$. Finalmente:

$$\int \frac{dx}{\sqrt{4x + x^2}} = 2 \ln \left| \frac{\sqrt{4 + x} + \sqrt{x}}{2} \right| + C.$$

Exercício 8.1.11) $\int \frac{dx}{\sqrt{4x^2 - 9}}$.

Fazendo $u^2 = 4x^2 \Rightarrow u = 2x$, $du = 2\, dx$ e $dx = du/2$.

$\int \frac{dx}{\sqrt{4x^2 - 9}} = \int \frac{du/2}{\sqrt{ux^2 - 9}} = \frac{1}{2}\int \frac{du}{\sqrt{u^2 - 9}}$. Como: $a = 3$, $\sqrt{u^2 - 9} = 3 \operatorname{tg} \Theta$, $u = 3 \sec \Theta \Rightarrow du = 3 \sec \Theta \operatorname{tg} \Theta\, d\Theta$:

$\frac{1}{2}\int \frac{du}{\sqrt{u^2 - 9}} = \frac{1}{2}\int \frac{\cancel{3} \sec \Theta\, \cancel{\operatorname{tg} \Theta}\, d\Theta}{\cancel{3}\cancel{\operatorname{tg} \Theta}} = \frac{1}{2}\int \sec \Theta\, d\Theta = 2 \ln |\sec \Theta + \operatorname{tg} \Theta| + C = A$

$u = 3 \sec \Theta \Rightarrow \sec \Theta = u/3$, $\sqrt{u^2 - 9} = 3 \operatorname{tg} \Theta \Rightarrow \operatorname{tg} \Theta = (\sqrt{u^2 - 9})/3 \Rightarrow \operatorname{tg} \Theta = (\sqrt{4x^2 - 9})/3$.

$A = 2 \ln |\sec \Theta + \operatorname{tg} \Theta| + C = 2 \ln \left| \frac{u}{3} + \frac{\sqrt{u^2 - 9}}{3} \right|$. Como $u = 2x \Rightarrow A = 2 \ln \left| \frac{2x}{3} + \frac{\sqrt{4x^2 - 9}}{3} \right| + C$. Portanto:

$$\int \frac{dx}{\sqrt{4x^2 - 9}} = 2 \ln \left| \frac{2x + \sqrt{4x^2 - 9}}{3} \right| + C.$$

Exercício 8.1.12) $\int \frac{dx}{x\sqrt{x^2 + 4}}$.

$$\frac{\sec \Theta}{\operatorname{tg} \Theta} = \frac{\frac{1}{\cos \Theta}}{\frac{\operatorname{sen} \Theta}{\cos \Theta}} = \frac{1}{\operatorname{sen} \Theta} = \operatorname{cossec} \Theta.$$

$a = 2$, $\sqrt{x^2 + 4} = 2 \sec \Theta$, $x = 2 \operatorname{tg} \Theta \Rightarrow dx = 2\sec^2 \Theta\, d\Theta$.

$\int \frac{dx}{x\sqrt{x^2 + 4}} = \int \frac{\cancel{2} \sec^{\cancel{2}} \Theta\, d\Theta}{(2 \operatorname{tg} \Theta)(\cancel{2 \sec \Theta})} = \frac{1}{2}\int \frac{\sec \Theta\, d\Theta}{\operatorname{tg} \Theta} = \frac{1}{2}\int \operatorname{cossec} \Theta\, d\Theta = 0{,}5 \ln |{*}\operatorname{cossec} \Theta - {**}\operatorname{cotg} \Theta| + C = A.$

São iguais

Para determinar *cossec Θ: $\sec \Theta = \frac{1}{\cos \Theta} = \frac{\sqrt{x^2 + 4}}{2} \Rightarrow \cos \Theta = \frac{2}{\sqrt{x^2 + 4}}$. $\operatorname{tg} \Theta = \frac{\operatorname{sen} \Theta}{\cos \Theta} = \frac{x}{2} \Rightarrow \cos \Theta = \frac{2 \operatorname{sen} \Theta}{x}$.

$\frac{2}{\sqrt{x^2 + 4}} = \frac{2 \operatorname{sen} \Theta}{x} \Rightarrow \operatorname{sen} \Theta = \frac{x}{\sqrt{x^2 + 4}}$. Como $\operatorname{cossec} \Theta = \frac{1}{\operatorname{sen} \Theta} \Rightarrow \operatorname{cossec} \Theta = \frac{\sqrt{x^2 + 4}}{x}$.

Para determinar **cotg Θ: $\operatorname{tg} \Theta = \frac{x}{2} \Rightarrow \operatorname{cotg} \Theta = \frac{2}{x}$. ← Esses valores serão substituídos em A.

$A = 0{,}5 \ln |{*}\text{cossec } \Theta - {**}\text{cotg } \Theta| + C = 0{,}5 \ln \left| \frac{\sqrt{x^2 + 4}}{x} - \frac{2}{x} \right| + C$. Finalmente:

$$\int \frac{dx}{x\sqrt{x^2 + 4}} = \mathbf{0{,}5 \ln} \left| \frac{\sqrt{x^2 + 4} - 2}{x} \right| + C.$$

8.2 Integração de funções trigonométricas

Embora ao longo desse capítulo, várias integrais com funções trigonométricas já tenham sido resolvidas, é importante analisar algumas integrais típicas, comumente utilizadas como integrais definidas, estudadas adiante e com aplicações práticas reais.

A seguir é mostrada a imagem de um tipo de telha ondulada, feita a partir da função seno, ou melhor, da imagem de uma senoide. Por exemplo, para o cálculo do peso de cada telha, precisa-se saber o comprimento ou perímetro da curva, ao longo da largura da telha. Esse perímetro multiplicado pelo comprimento da telha expressa a área, que multiplicada pela espessura fornece o volume de material, em cada telha. Esse volume multiplicado pelo peso específico do material da telha, fornece o peso de cada telha.

Imagem de uma telha ondulada, construída a partir de uma senoide.

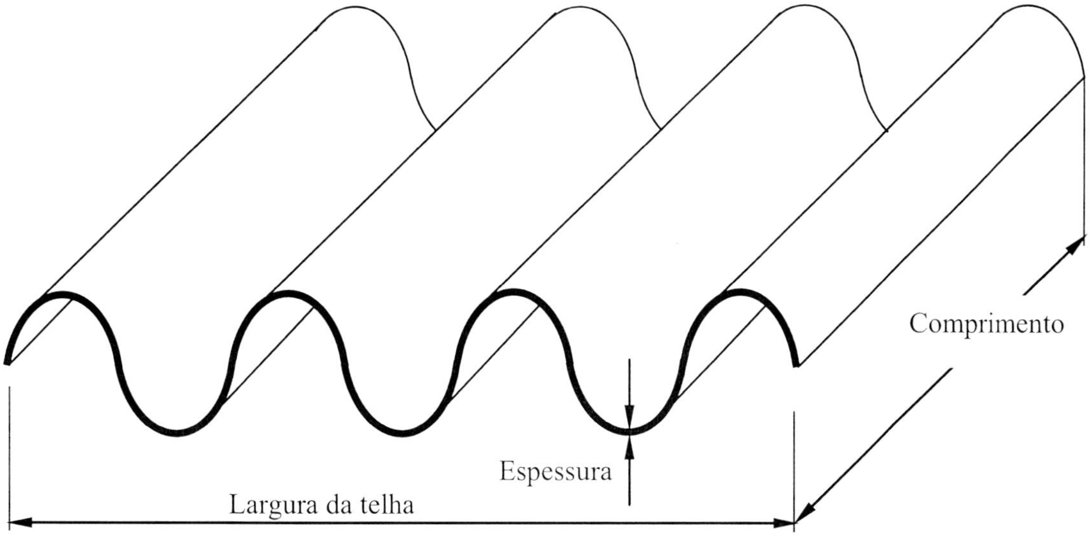

Antes de analisar, especificamente, integrais de funções trigonométricas, é importante recapitular algumas e apresentar novas relações e integrais.

Relações trigonométricas

1) $\text{sen}^2 x + \cos^2 x = 1$.

2) $1 + \text{tg}^2 x = \sec^2 x$.

3) $1 + \text{cotg}^2 x = \text{cossec}^2 x$.

4) $\text{sen}^2 x = \frac{1 - \cos 2x}{2}$.

5) $\cos^2 x = \frac{1 + \cos 2x}{2}$.

6) $\text{sen } 2x = 2 \text{ sen } x \cos x$.

7) $2 \text{ sen } x \cos y = \text{sen}(x - y) + \text{sen}(x + y)$.

8) $2 \text{ sen } x \text{ sen } y = \cos(x - y) - \cos(x + y)$.

9) $2 \cos x \cos y = \cos(x - y) + \cos(x + y)$.

10) $1 \pm \text{sen } x = 1 \pm \cos\left(\frac{\pi}{2} - x\right)$.

Fórmulas de integrais trigonométricas básicas

1) $\int sen\ x\ dx = -cos\ x + C.$

2) $\int tg\ x\ dx = ln\ |sec\ x| + C.$

3) $\int sec\ x\ dx = ln\ |sec\ x + tg\ x| + C.$

4) $\int (sec\ x)\ (tg\ x)\ dx = sec\ x + C.$

5) $\int sec^2\ x\ dx = tg\ x + C.$

6) $\int cos\ x\ dx = -sen\ x + C.$

7) $\int cotg\ x\ dx = ln\ |sen\ x| + C.$

8) $\int cossec\ x\ dx = ln\ |cossec\ x - cotg\ x| + C.$

9) $\int (cossec\ x)\ (cotg\ x)\ dx = -\ cossec\ x + C.$

10) $\int cossec^2\ x\ dx = -cotg\ x + C.$

Fórmulas de integrais que resultam em funções trigonométricas inversas

$$\int \frac{dx}{x^2 + a^2} = \frac{1}{a}\ arc\ tg\ \frac{x}{a} + C.$$

$$\int \frac{dx}{\sqrt{a^2 - x^2}} = arc\ sen\ \frac{x}{a} + C.\ (x^2 < a^2)$$

$$\int \frac{dx}{x\sqrt{x^2 - a^2}} = \frac{1}{a}\ arc\ sec \left|\frac{x}{a}\right| + C.$$

8.2.1 Exercícios resolvidos envolvendo potências de tangente, cotangente, secante e cossecante

Exercício 8.2.1.1) Calcular: $\int tg^2\ x\ dx.$

Segundo a relação trigonométrica 2: $1 + tg^2\ x = sec^2\ x$. Ou seja: $tg^2\ x = sec^2\ x - 1$, logo:

$$\int tg^2\ x\ dx = \int (sec^2\ x - 1)\ dx = \underbrace{\int sec^2\ x\ dx}_{\text{Pela fórmula 5, anterior: igual a tg x + C.}} - \int dx. \leftarrow \text{Igual a x.}$$

Portanto: $\int \mathbf{tg^2\ x\ dx = tg\ x - x + C}.$

Exercício 8.2.1.2) Calcular: $\int cotg^2\ x\ dx.$

Segundo a relação trigonométrica 3: $1 + cotg^2\ x = cossec^2\ x$. Ou seja: $cotg^2\ x = cossec^2\ x - 1$, logo:

$$\int cotg^2\ x\ dx = \int (cossec^2\ x - 1)\ dx = \underbrace{\int cossec^2\ x\ dx}_{\text{Pela fórmula 10: igual a - cotg x + C.}} - \int dx. \leftarrow \text{Igual a x.}$$

Portanto: $\int \mathbf{cotg^2\ x\ dx = -cotg\ x - x + C}.$

Essas duas soluções, possibilitam o cálculo de integrais dos tipos: $\int tg^n\ x\ dx$ e $\int cotg^n\ x\ dx$, com "n" positivo e inteiro, obedecendo às seguintes transformações:

$$tg^n\ x = (tg^{n-2}\ x)\ (tg^2\ x) = (tg^{n-2}\ x)\ (sec^2\ x - 1).$$

Pela relação trigonométrica 2

Exercício 8.2.1.3) Calcular: $\int (tg^3\ x)\ dx$.

$$\int tg^3\ x\ dx = \int tg\ x\ (sec^2\ x - 1)\ dx = \underbrace{\int tg\ x\ (sec^2\ x)\ dx}_{A} - \underbrace{\int tg\ x\ dx}_{B} = A - B.$$

$$A = \int \underbrace{tg\ x}_{v}\ \underbrace{(sec^2\ x)\ dx}_{dv} = \int v\ dv = \frac{v^{(n+1)}}{n+1} + C = \frac{v^2}{2} \Rightarrow \int tg\ x\ (sec^2\ x)\ dx = \frac{tg^2\ x}{2} + C = 0{,}5\ (tg^2\ x) + C.$$

$$B = \int tg\ x\ dx = \int \frac{sen\ x}{cos\ x}\ dx.$$

$u = cos\ x \Rightarrow du = -\ sen\ x\ dx$. $(dx = du/-sen\ x)$.

$$B = \int \frac{sen\ x}{cos\ x}\ dx = -\int \frac{du}{u} = -\ (\ ln\ |cos\ x|) + C.$$ Então: $B = -\ ln\ |cos\ x| + C \Rightarrow -\ B = +\ ln\ |cos\ x| + C$.

Portanto: $\boldsymbol{\int (tg^3\ x)\ dx = 0{,}5\ (tg^2\ x) + ln\ |cos\ x| + C}$. $(1/2 = 0{,}5)$.

Exercício 8.2.1.4) Calcular: $\int sec\ x\ dx$.

Inicialmente, faz-se necessário, um operação algébrica, multiplicando o integrando pela expressão a seguir, de forma a possibilitar a simplificação, através das relações trigonométricas:

$\frac{(sec\ x) + (tg\ x)}{(sec\ x) + (tg\ x)}$; ou seja: $\int sec\ x\ dx = \int sec\ x\ \frac{(sec\ x) + (tg\ x)}{(sec\ x) + (tg\ x)}\ dx = \int \frac{sec^2\ x + (sec\ x\ tg\ x)}{sec\ x + tg\ x}\ dx.$

Observa-se que, o numerador é a derivada do denominador, permitindo fazer: $u = sec\ x + tg\ x$ e, portanto,: $du = sec^2\ x + (sec\ x\ tg\ x)\ dx$, ou seja: $\int sec\ x\ dx = \int \frac{du}{u} = ln\ |u| + C$. Substituindo $u = sec\ x + tg\ x$, tem-se:

Portanto: $\int \boldsymbol{sec\ x\ dx = ln\ |sec\ x + tg\ x|} + C$.

Exercício 8.2.1.5) Calcular: $\int (tg^3\ x)(sec^5)x\ dx$.

Para preparar o uso das relações trigonométricas faz-se:

$$\int (tg^3\ x)(sec^5)\ x\ dx = \int \underbrace{(tg^2\ x)}_{= sec^2\ x - 1}(tg\ x)(sec^4\ x)(sec\ x)\ dx = \int (sec^2\ x - 1)(sec^4\ x)(sec\ x)(tg\ x)\ dx = A.$$

$= sec^2\ x - 1$ (Relação trigonométrica 2).

$A = \int (sec^6\ x - sec^4\ x)(sec\ x)(tg\ x)\ dx.$ ⟵ Fazendo $u = sec\ x \Rightarrow du = (sec\ x)(tg\ x)\ dx$ e, portanto,:

$$\int (tg^3\ x)(sec^5)x\ dx = \int (u^6 - u^4)\ du = \int u^6\ du - \int u^4\ du = \frac{u^7}{7} - \frac{u^5}{5} + C.$$ Como: $u = sec\ x$, tem-se:

Portanto $\boldsymbol{\int (tg^3\ x)(sec^5)x\ dx = \frac{sec^7\ x}{7} - \frac{sec^5\ x}{5} + C}$.

8.2.2 Exercícios resolvidos de integrais envolvendo potências de seno e cosseno

Exercício 8.2.2.1) Calcular: $\int sen^3\ x\ dx$.

Para preparar o uso das relações trigonométricas faz-se:

$\text{sen}^3 x = (\text{sen}^2 x)(\text{sen } x) = (1 - \cos^2 x)(\text{sen } x)$. ⟵ Fazendo $u = \cos x \Rightarrow du = -\text{sen } x\, dx$ e, portanto,:

$\int \text{sen}^3 x\, dx = \int (1 - \cos^2 x)(\text{sen } x)\, dx = -\int (1 - u^2)\, du = -\int du + \int u^2\, du = -u + \frac{u^3}{3} + C$. Como $u = \cos x$, logo:

Portanto: $\int \text{sen}^3 x\, dx = -\cos x + 0{,}333 \cos^3 x + C$. ($1/3 = 0{,}333$).

Exercício 8.2.2.2) Calcular: $\int (\text{sen}^4 x)(\cos^5 x)\, dx$.

Para preparar o uso das relações trigonométricas faz-se: $(1 - 2\,\text{sen}^2 x + \text{sen}^4 x)$

$\int (\text{sen}^4 x)(\cos^5 x)\, dx = \int (\text{sen}^4 x)(\cos^4 x)(\cos x)\, dx = \int (\text{sen}^4 x)(1 - \text{sen}^2 x)^2(\cos x)\, dx = A$.

$\cos^4 x = (1 - \text{sen}^2 x)^2$

$A = \int (\text{sen}^4 x - 2\text{sen}^6 x + \text{sen}^8 x)(\cos x)\, dx$. ⟵ Fazendo $u = \text{sen } x \Rightarrow du = \cos x\, dx$ e, portanto:

$A = \int (u^4 - 2u^6 + u^8)\, du = \frac{u^5}{5} - \frac{2u^7}{7} + \frac{u^9}{9} + C$. Como $u = \text{sen } x$, logo:

($1/5 = 0{,}2$; $2/7 = 0{,}286$ e $1/9 = 0{,}111$).

Portanto: $\int (\text{sen}^4 x)(\cos^5 x)\, dx = 0{,}2\, \text{sen}^5 x - 0{,}286\, \text{sen}^7 x + 0{,}111\, \text{sen}^9 x + C$.

8.3 Observação sobre a integração de funções trigonométricas com potências

Rogawski e Adams (2015, p.380) citam que as integrais de funções trigonométricas podem ser expressas, com resultados diferentes, dependendo das relações e substituições que são feitas. Os autores dão o seguinte exemplo:

$\int \text{sen}^4 x\, dx = +\frac{3x}{8} - \frac{\text{sen } 2x}{4} + \frac{\text{sen } 4x}{32} + C = +0{,}375x - 0{,}25(\text{sen } 4x) + 0{,}125(\text{sen } 4x) + C$.

Essa mesma integral, em função das relações e substituições, feitas diferentemente da anterior, tem como resultado:

$\int \text{sen}^4 x\, dx = -\frac{1}{4}(\text{sen}^3 x)(\cos x) - \frac{3}{8}(\text{sen } x)(\cos x) + \frac{3}{8} x + C = -0{,}25(\text{sen}^3 x)(\cos x) - 0{,}375(\text{sen } x)(\cos x) + 0{,}375x + C$.

Baseado nessa citação, podem ser propostas as mais diversas integrais trigonométricas, com diversos resultados. Como isso, além de trabalhoso, não agrega conhecimentos novos sobre o cálculo integral (e sem aplicações práticas reais, por exemplo, em Engenharia), a seguir são apresentadas fórmulas, que podem ser usadas no cálculo de integrais trigonométricas com potências, segundo Rogawski e Adams (2015, p.383).

8.3.1 Fórmulas de integrais trigonométricas, no círculo, com e sem potências

Observa-se que, em alguns casos, são apresentadas duas soluções. Também se observa que em alguns casos, em função de expoentes pares e ou ímpares, a solução necessita do cálculo de mais uma integral.

$\int \text{sen}^2 x\, dx = \frac{x}{2} - \frac{\text{sen } 2x}{4} + C = \frac{x}{2} - \frac{1}{2}(\text{sen } x)(\cos x) + C$.

$\int \cos^2 x\, dx = \frac{x}{2} + \frac{\text{sen } 2x}{4} + C = \frac{x}{2} + \frac{1}{2}(\text{sen } x)(\cos x) + C.$

$\int \text{sen}^n x\, dx = - \frac{(\text{sen}^{n-1} x)(\cos x)}{n} + \frac{n-1}{n} \int \text{sen}^{n-2} x\, dx.$

$\int \cos^n x\, dx = + \frac{(\cos^{(n-1)} x)(\text{sen } x)}{n} + \frac{n-1}{n} \int \cos^{(n-2)} x\, dx.$

$\int (\text{sen}^m x)(\cos^n x)\, dx = + \frac{(\text{sen}^{(m+1)} x)(\cos^{(n-1)} x)}{m+n} + \frac{n-1}{m+n} \int (\text{sen}^m x)(\cos^{(n-2)} x)\, dx.$

$\int (\text{sen}^m x)(\cos^n x)\, dx = + \frac{(\text{sen}^{(m-1)} x)(\cos^{(n+1)} x)}{m+n} + \frac{m-1}{m+n} \int (\text{sen}^{(m-2)} x)(\cos^n x)\, dx.$

$\int \text{tg } x\, dx = \ln |\sec x| + C = - \ln |\cos x| + C.$

$\int \text{tg}^m x\, dx = \frac{\text{tg}^{(m-1)} x}{m-1} - \int \text{tg}^{(m-2)} x\, dx.$

$\int \text{cotg } x\, dx = - \ln |\text{cossec } x| + C = \ln |\text{sen } x| + C.$

$\int \text{cotg}^m x\, dx = - \frac{\text{cotg}^{(m-1)} x}{m-1} - \int \text{cotg}^{(m-2)} x\, dx.$

$\int \sec x\, dx = \ln |\sec x + \text{tg } x| + C.$

$\int \sec^m x\, dx = \frac{(\text{tg } x)(\sec^{(m-2)}) x}{m-1} + \frac{m-2}{m-1} \int \sec^{(m-2)} x\, dx.$

$\int \text{cossec } x\, dx = \ln |\text{cossec } x - \text{cotg } x| + C.$

$\int \text{cossec}^m x\, dx = - \frac{(\text{cotg } x)(\text{cossec}^{m-2}) x}{m-1} + \frac{m-2}{m-1} \int \text{cossec}^{(m-2)} x\, dx.$

$\int (\text{sen } m x)(\text{sen } n x)\, dx = \frac{\text{sen } (m-n)x}{2(m-n)} - \frac{\text{sen } (m+n)x}{2(m+n)} + C.\ (m \neq \pm n).$

$\int (\text{sen } m x)(\cos n x)\, dx = - \frac{\cos (m-n)x}{2(m-n)} - \frac{\cos (m+n)x}{2(m+n)} + C.\ (m \neq \pm n).$

$\int (\cos m x)(\cos n x)\, dx = \frac{\text{sen } (m-n)x}{2(m-n)} + \frac{\text{sen } (m+n)x}{2(m+n)} + C.\ (m \neq \pm n).$

8.3.2 Exercícios complementares resolvidos sobre integrais trigonométricas

8.3.2.1) $\int \cos^3 x\, dx.$

Segundo fórmula do parágrafo 8.3.1: $\int \cos^n x\, dx = + \frac{(\cos^{(n-1)} x)(\text{sen } x)}{n} + \frac{n-1}{n} \int \cos^{(n-2)} x\, dx$, portanto:

$\int \cos^3 x\, dx = + \frac{(\cos^{(3-1)} x)(\text{sen } x)}{3} + \frac{3-1}{3} \int \cos^{(3-2)} x\, dx = + \frac{(\cos^2 x)(\text{sen } x)}{3} + \frac{2}{3} \int \cos^2 x\, dx = A.$

Segundo Anexo A, parágrafo A8, essa integral é igual a: $(1/2)x + (1/4)\text{sen } (2x) + C.$

$A = +0{,}333(\cos^2 x)(\text{sen } x) + 0{,}333[(0{,}5\ x) + 0{,}25\text{sen }(2x)] + C$. Como $\cos^2 x = 1 - \text{sen}^2 x$, então:

$A = +0{,}333(1 - \text{sen}^2 x)(\text{sen } x) + 0{,}333[(0{,}5\ x) + 0{,}25\text{sen }(2x)] + C =$

$= +0{,}333\text{sen } x - 0{,}333\text{sen}^3 x + 0{,}667\text{sen}x + C$. Finalmente:

$\boldsymbol{\int \cos^3 x\, dx = +0{,}333\text{sen } x - 0{,}333\text{sen}^3 x + 0{,}667\text{sen}x + C.}$

8.3.2.2) $\int (\text{sen}^3 x)(\cos^3)\ x\, dx = \int (\text{sen } x)(\text{sen}^2 x)(\cos^3)\ x\, dx = \int \text{sen } x(1 - \cos^2 x)(\cos^3)\ x\, dx =$

$= \int (\text{sen } x)(\cos^3 x)\, dx - \int (\text{sen } x)(\cos^5)\ x\, dx = A$. Sabendo que: $\int \text{sen } x\, dx = -\cos x + C$, então:

$A = -\dfrac{\cos^4 x}{4} + \dfrac{\cos^6 x}{6} + C = -0{,}25\cos^4 x + 0{,}167\cos^6 x + C$. Substituindo $\cos^2 x$ por $(1 - \text{sen}^2 x)$:

$\boldsymbol{\int (\text{sen}^3 x)(\cos^3)\ x\, dx = +0{,}25\text{sen}^4 x - 0{,}167\text{sen}^6 x + C.}$

8.3.2.3) $\int (\text{cotg}^5 x)(\text{cossec}^2 x)\, dx = \int (\text{cotg}^5 x)(1 + \text{cotg}^2 x)\, dx = \int \text{cotg}^5 x\, dx + \int \text{cotg}^7 x\, dx =$

$= \int \text{cotg}^5 x\, dx - \dfrac{\text{cotg}^6 x}{6} - \int \text{cotg}^5 x\, dx = -\dfrac{\text{cotg}^6 x}{6}$, ou seja:

$\boldsymbol{\int (\text{cotg}^5 x)(\text{cossec}^2 x)\, dx = -0{,}167\ \text{cotg}^6 x + C.}$

8.3.2.4) $\int \dfrac{\cos^5 x}{\text{sen}^3 x} dx = \int \dfrac{(\cos^2 x)^2 \cos x}{\text{sen}^3 x} dx = \int \dfrac{(1 - \text{sen}^2 x)^2 \cos x}{\text{sen}^3 x} dx = \int \dfrac{(1 - 2\text{sen}^2 x + \text{sen}^4 x) \cos x}{\text{sen}^3 x} dx =$

$= +\int \dfrac{\cos x}{\text{sen}^3 x} dx - 2\int \dfrac{\cancel{\text{sen}^2 x} \cos x}{\text{sen}^{\cancel{3}} x} dx + \int \dfrac{(\text{sen}^{\cancel{4}} x) \cos x}{\cancel{\text{sen}^3 x}} dx = \underbrace{+\int \dfrac{\cos x}{\text{sen}^3 x} dx}_{B} \underbrace{- 2\int \dfrac{\cos x}{\text{sen } x} dx}_{C} + \underbrace{\int (\text{sen } x)(\cos x)\, dx}_{D} = A.$

$B = +\int \dfrac{\cos x}{\text{sen}^3 x} dx = +\int \dfrac{(\cos x)\quad (1)}{(\text{sen } x)(\text{sen}^2 x)} dx = +\int (\text{cotg } x)(\text{cossec}^2 x)\, dx = +\int \text{cotg } x(1 + \text{cotg}^2 x)\, dx =$

$= +\int \text{cotg } x\, dx + \int \text{cotg}^3 x\, dx = +\ln|\text{sen } x| - \dfrac{\text{cotg}^2 x}{2} - \int \text{cotg } x\, dx = +\cancel{\ln|\text{sen } x|} - \dfrac{\text{cotg}^2 x}{2} - \cancel{\ln|\text{sen } x|} + C. \Rightarrow$

$B = -0{,}5\text{cotg}^2 x + C.$ (Segundo parágrafo 8.3.2).

$C = -2\int \dfrac{\cos x}{\text{sen } x} dx = -2\int \text{cotg } x\, dx = -\ln|\text{sen } x| + C$. (Segundo Anexo A, parágrafo A8).

$D = +\int (\text{sen } x)(\cos x)\, dx$. Fazendo $u = \text{sen } x \Rightarrow du/dx = \cos x$ e $dx = du/\cos x$. Substituindo em D:

$D = +\int (u)(\cancel{\cos} x)\dfrac{(du)}{\cancel{\cos} x} = +\int u\, du = \dfrac{u^2}{2} + C = +0{,}5\text{sen}^2 x + C.$

$\boldsymbol{\int \dfrac{\cos^5 x}{\text{sen}^3 x} dx = = B + C + D = -0{,}5\text{cotg}^2 x - \ln|\text{sen } x| + 0{,}5\text{sen}^2 x + C.}$

8.3.2.5) $\int (\text{tg}^6 x)(\sec^4 x)\, dx$. Segundo parágrafo 8.2: $\sec^2 x = 1 + \text{tg}^2 x \Rightarrow (\sec^4 x) = (1 + \text{tg}^2 x)^2$, portanto:

$\int (\text{tg}^6 x)(\sec^4 x)\, dx = \int (\text{tg}^6 x)(1 + \text{tg}^2 x)^2\, dx = \int (\text{tg}^6 x)(1 + 2\,\text{tg}^2 x + \text{tg}^4 x)\, dx = \int (\text{tg}^6 x + 2\text{tg}^8 x + \text{tg}^{10} x)\, dx =$

$$= \underbrace{\int tg^6 x\, dx}_{B} + 2\underbrace{\int tg^8 x\, dx}_{C} + \underbrace{\int tg^{10} x\, dx}_{D} = A = (B) + 2(C) + (D).$$

Segundo parágrafo 8.3.1: $\int tg^m x\, dx = \frac{tg^{(m-1)} x}{m-1} - \int tg^{(m-2)} x\, dx$, portanto:

$$C = \int tg^8 x\, dx = \frac{tg^7 x}{7} - \int tg^6 x\, dx.$$

$$D = \int tg^{10} x\, dx = \frac{tg^9 x}{9} - \int tg^8 x\, dx = \frac{tg^9 x}{9} - \left(\frac{tg^7 x}{7} - \int tg^6 x\, dx\right) = \frac{tg^9 x}{9} - \frac{tg^7 x}{7} + \frac{tg^5 x}{5} - \frac{tg^3 x}{3} + \int tg^2 x\, dx$$

$$(B) + 2(C) + (D) = \frac{tg^5 x}{5} - \frac{tg^3 x}{3} + \int tg^2 x\, dx + 2\left(\frac{tg^7 x}{7} - \frac{tg^5 x}{5} + \frac{tg^3 x}{3} - \int tg^2 x\, dx\right) + \frac{tg^9 x}{9} - \frac{tg^7 x}{7} + \frac{tg^5 x}{5} -$$

$$- \frac{tg^3 x}{3} + \int tg^2 x\, dx = \frac{tg^9 x}{9} + \frac{tg^7 x}{7} + C = +0{,}111\, tg^9 x + 0{,}143\, tg^7 x + C.$$ Portanto:

$$\mathbf{A = \int (tg^6 x)(sec^4 x)\, dx = +0{,}111\, tg^9 x + 0{,}143\, tg^7 x + C.}$$

8.3.2.6) $\int \frac{\cos x}{sen^3 x} dx = -0{,}5 cotg^2 x + C$. (É a integral B do exercício 8.3.2.4).

8.3.2.7) $\int (sen\, x)(e^{\cos x})\, dx$. Considerando: $u = \cos x \Rightarrow du = -sen\, x\, dx \Rightarrow dx = -\, du/sen\, x$. Substituindo:

$\int (sen\, x)(e^{\cos x})\, dx = \int (sen\, x)(e^u)\left(\frac{-\, du}{sen\, x}\right) = -\int e^u\, du = -\, e^u + C$. Substituindo u por cos x, temos:

$$\mathbf{\int (sen\, x)(e^{\cos x})\, dx = -\, e^{\cos x} + C.}$$

8.3.2.8) $\int \frac{\cos x}{1 + sen\, x} dx$. Considerando: $u = 1 + sen\, x \Rightarrow du = +\cos x\, dx \Rightarrow dx = -+du/\cos x$. Substituindo:

$\int \frac{\cancel{\cos x}}{u}\left(\frac{du}{\cancel{\cos x}}\right) = \int \frac{du}{u} = \ln |u| + C$. Substituindo u por 1 + sen x $\Rightarrow \ln |u| + C = \ln |1 + sen\, x| + C$.

$$\mathbf{\int \frac{\cos x}{1 + sen\, x} dx = \ln |1 + sen\, x| + C.}$$

8.3.2.9) $\int \frac{sen\, x}{\sqrt{1 + \cos x}} dx$. Considerando $u = \sqrt{1 + \cos x}$, temos:

$du = \frac{1}{2}(-sen\, x)[(1 + \cos x)^{-1/2}]\, dx = \frac{-sen\, x\, dx}{2\sqrt{1 + \cos x}} \Rightarrow dx = \frac{2u\, du}{-sen\, x}$.

$\int \frac{\cancel{sen\, x}}{\cancel{u}}\left(\frac{2\cancel{u}\, du}{\cancel{-sen\, x}}\right) = -2\int du = -2u + C$. Substituindo u por $\sqrt{1 + \cos x}$, temos:

$$\mathbf{\int \frac{sen\, x}{\sqrt{1 + \cos x}} dx = -2\sqrt{1 + \cos x} + C.}$$

8.3.2.10) $\int (\cos 2x)(\sqrt{4 - sen\, 2x})\, dx$. Fazendo $u = sen\, 2x \Rightarrow du = 2\cos 2x\, dx \Rightarrow dx = \frac{du}{2\cos 2x}$.

Fazendo as substituições, temos:

$$\int (\cos 2x)(\sqrt{4 - \text{sen } 2x})\, dx = \int (\cos 2x)(\sqrt{4 - u}) \left(\frac{du}{2 \cos 2x}\right) = \frac{1}{2} \int (\sqrt{4 - u})\, du = \frac{1}{2} \int (4 - u)^{1/2}\, du =$$

$$= - \frac{1}{2} \left(\frac{(4 - u)^{3/2}}{3/2}\right) + C = - \frac{1}{3} (4 - \text{sen } 2x)^{3/2} + C = -0{,}333(4 - \text{sen } 2x)^{3/2} + C.$$ Finalmente:

$$\boldsymbol{\int (\cos 2x)(\sqrt{4 - \text{sen } 2x})\, dx = -0{,}333(4 - \text{sen } 2x)^{3/2} + C.}$$

8.3.11) $\int \frac{dx}{x\sqrt{x^2 + 4}}$.

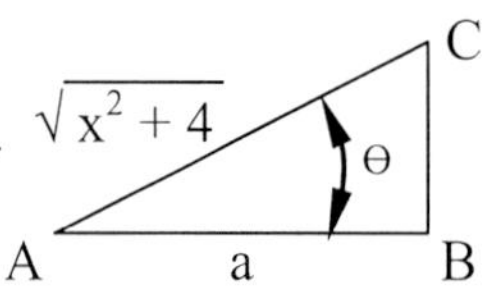

$\sec \Theta = 1/\cos \Theta$. $\cos \Theta = a/\sqrt{x^2 + 4}$.

$\sec \Theta = \frac{1}{\frac{a}{\sqrt{4 + x^2}}}$. $a = 2 \Rightarrow \sqrt{x^2 + 4} = 2 \sec \Theta$.

$x = 2\text{tg } \Theta \Rightarrow dx = 2\sec^2 \Theta\, d\Theta$.

Fazendo as substituições:

$$\int \frac{dx}{x\sqrt{x^2 + 4}} = \int \frac{2\sec^2 \Theta\, d\Theta}{2\text{tg } \Theta(2 \sec \Theta)} = \frac{1}{2} = \int \frac{\sec \Theta\, d\Theta}{\text{tg } \Theta} = \frac{1}{2} \int \frac{\frac{1}{\cos \Theta}}{\frac{\text{sen } \Theta}{\cos \Theta}}\, d\Theta = \frac{1}{2} \int \text{cossec } \Theta\, d\Theta =$$

$= 0{,}5\ln |\text{cossec } \Theta - \text{cotg } \Theta| + C$. Segundo Anexo A, parágrafo A8. Voltando ao triângulo inicial:

$$\text{cossec } \Theta = \frac{1}{\text{sen } \Theta} = \frac{1}{x/\sqrt{x^2 + 4}} = \frac{\sqrt{x^2 + 4}}{x}. \quad \text{cotg } \Theta = \frac{\cos \Theta}{\text{sen } \Theta} = \frac{\frac{a}{\sqrt{x^2 + 4}}}{\frac{x}{\sqrt{x^2 + 4}}} = \frac{a}{x} = \frac{2}{x}.$$

Substituindo cossec Θ e cotg Θ => $0{,}5\ln |\text{cossec } \Theta - \text{cotg } \Theta| + C = 0{,}5\ln \left|\frac{\sqrt{x^2 + 4} - 2}{x}\right| + C$. Finalmente:

$$\boldsymbol{\int \frac{dx}{x\sqrt{x^2 + 4}} = 0{,}5\ln \left|\frac{\sqrt{x^2 + 4} - 2}{x}\right| + C.}$$

8.3.12) $\int \frac{dx}{\sqrt{4x^2 - 9}}$. Fazendo: $u^2 = 4x^2 \Rightarrow u = 2x \Rightarrow du = 2dx \Rightarrow dx = du/2$. Fazendo as substituições:

$a^2 = 9$.

$$\int \frac{dx}{\sqrt{4x^2 - 9}} = \int \frac{du/2}{\sqrt{u^2 - 9}} = \frac{1}{2} \int \frac{du}{\sqrt{u^2 - 9}}.$$

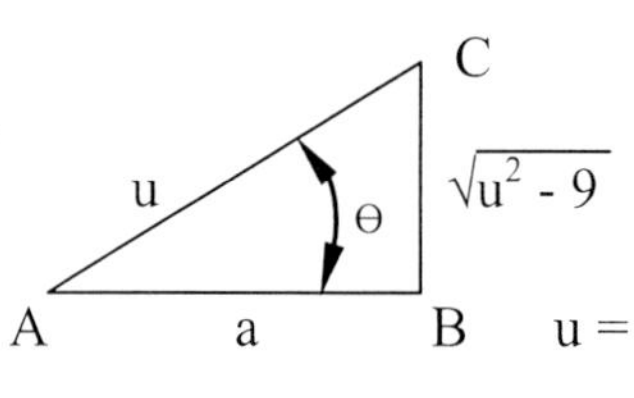

$\text{tg } \Theta = \sqrt{u^2 - 9}/a$

$a = 3 \Rightarrow 3\text{tg } \Theta = \sqrt{u^2 - 9}$

$u = 3\sec \Theta \Rightarrow du = 3\sec \Theta \text{ tg } \Theta\, d\Theta$.

Substituindo du e $\sqrt{u^2 - 9}$ na integral e simplificando a fração:

$$\frac{1}{2} \int \frac{du}{\sqrt{u^2 - 9}} = \frac{1}{2} \int \frac{(\cancel{3}\sec \Theta)(\cancel{\text{tg } \Theta})\, d\Theta}{\cancel{3\text{tg } \Theta}} = \frac{1}{2} \int \sec \Theta\, d\Theta.$$ Segundo Anexo A, parágrafo A8:

$\int \sec \Theta\, d\Theta = \ln |\sec \Theta + \text{tg } \Theta| + C$, logo: $\frac{1}{2} \int \sec \Theta\, d\Theta = \frac{1}{2} (\ln |\sec \Theta + \text{tg } \Theta|) + C$. Como $u = 3\sec \Theta$ e $u = 2x$:

$\sec \Theta = \frac{u}{3} = \frac{2x}{3}$; $\text{tg } \Theta = \frac{\sqrt{u^2 - 9}}{a} = \frac{\sqrt{4x^2 - 9}}{3}$. Finalmente:

$$\boldsymbol{\int \frac{dx}{\sqrt{4x^2 - 9}} = \frac{1}{2} \left|\ln \frac{2x + \sqrt{4x^2 - 9}}{3}\right| + C.}$$

8.3.13) $\int \cot g^5 x\,dx = \int \frac{\cos^5 x}{\operatorname{sen}^5 x}\,dx = \int \frac{(\cos^4 x)(\cos x)}{\operatorname{sen}^5 x}\,dx = \int \frac{(\cos^2 x)^2}{\operatorname{sen}^5 x} \cos x\,dx = \int \frac{(1 - \operatorname{sen}^2 x)^2}{\operatorname{sen}^5 x} \cos x\,dx = A.$

Em A fazendo: $u = \operatorname{sen}(x) \Rightarrow du = \cos(x)\,dx$. Portanto:

$$A = \int \frac{(1 - \operatorname{sen}^2 x)^2}{\operatorname{sen}^5 x} \cos x\,dx = \int \frac{(1 - u^2)^2}{u^5}\,du = \int \frac{(1 - 2u^2 + u^4)}{u^5}\,du = \int \frac{du}{u^5} - \int \frac{2u^2}{u^5}\,du + \int \frac{u^4}{u^5}\,du =$$

$$= \int u^{-5}\,du - 2\int u^{-3}\,du + \int u^{-1}\,du = \frac{-1}{4u^4} + \frac{1}{u^2} + \ln|u| = \frac{-1}{4\operatorname{sen}^4 x} + \frac{1}{\operatorname{sen}^2 x} + \ln|\operatorname{sen} x| + C.$$ Finalmente:

$$\boldsymbol{\int \cot g^5 x\,dx = \frac{-1}{4\operatorname{sen}^4 x} + \frac{1}{\operatorname{sen}^2 x} + \ln|\operatorname{sen} x| + C.}$$

8.4 A trigonometria hiperbólica

Diferentemente do ângulo na trigonometria circular, que varia de 0^0 (0π) a 360^0 (2π), um ângulo hiperbólico é o dobro do valor numérico da área do setor hiperbólico, representado na figura abaixo pela área compreendida pelos pontos 0AM. Ou seja, em teoria um ângulo hiperbólico não é expresso em radianos, mas em unidades de área (VASCONCELOS, 2013, p. 20 a 24).

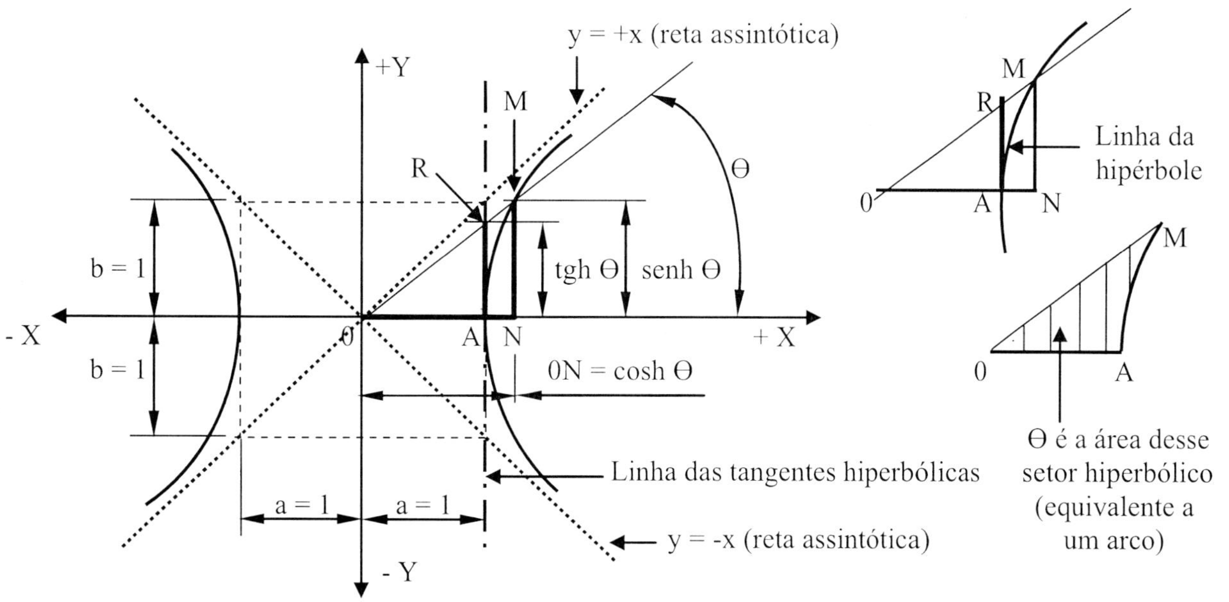

0N = cosseno hiperbólico, MN = seno hiperbólico e AR = tangente hiperbólica.

8.4.1 Propriedades e relações das funções hiperbólicas

$\cosh^2 x - \operatorname{senh}^2 x = +1.$ $\cosh^2 x + \operatorname{senh}^2 x = \cosh 2x.$ $\operatorname{sech}^2 x + \operatorname{tgh}^2 x = +1.$ $\operatorname{cotgh}^2 x - \operatorname{cosech}^2 x = +1.$

$\operatorname{senh} 2x = 2\operatorname{senh} x \cosh x.$

$\operatorname{senh}(x + y) = \operatorname{senh} x \cosh y + \cosh x \operatorname{senh} y.$ $\cosh(x + y) = \cosh x \cosh y + \operatorname{senh} x \operatorname{senh} y.$

$\operatorname{tgh} 2x = \frac{2}{\operatorname{cotgh} x + \operatorname{tgh} x}.$ $\operatorname{cotgh} 2x = \frac{\operatorname{cotgh} x + \operatorname{tgh} x}{2}.$ $\operatorname{sech} 2x = \frac{1 - \operatorname{tgh}^2 x}{1 + \operatorname{tgh}^2 x}.$ $\operatorname{cosech} 2x = \frac{\operatorname{cosech} x}{2\cosh x}.$

8.4.2 Fórmulas de integrais trigonométricas hiperbólicas

Para além de análises e estudos matemáticos, tanto a Arquitetura, quanto a Engenharia, em alguns casos, podem utilizar formas (geometrias) da imagem de funções hiperbólicas, onde perímetros, áreas e volumes de trechos daquelas formas, precisem ser calculadas. Ou seja, especialmente para aplicações práticas, é importante se ter a solução das principais integrais relacionadas às funções trigonométricas hiperbólicas, como a seguir.

$\int$ senh (x) dx = cosh (x) + C.

$\int$ cosh (x) dx = senh (x) + C.

$\int$ tgh (x) dx = ln |cosh (x)| + C.

$\int$ cotgh (x) dx = ln |senh (x)| + C.

$\int$ sech (x) dx = arctg |senh (x)| + C.

$\int$ cossech (x) dx = ln |tgh (0,5x)| + C. (1/2 = 0,5).

$\int$ sech^2 (x) dx = tgh (x) + C.

$\int$ cossech^2 (x) dx = -cotgh (x) + C.

$\int$ sech (x) tgh (x) dx = -sech (x) + C.

$\int$ cossech (x) cotgh (x) dx = -cossech (x) + C.

8.4.3 Exercícios resolvidos sobre integrais de funções hiperbólicas

8.4.3.1) $\int \text{senh}(x)\cosh^2 x\,dx = \int \cosh^2 x\,\text{senh}(x)\,dx = +1/3\cosh^3 x + C =$ $\mathbf{+0{,}333\cosh^3 x + C}$.

8.4.3.2) $\int \text{tgh}^2 x\,dx = \int (1 - \text{sech}^2 x)\,dx = \int dx - \int \text{sech}^2 x\,dx =$ $\mathbf{x - tgh\ x + C}$.

8.4.3.3) $\int \frac{\text{senh}\sqrt{x}}{\sqrt{x}}\,dx$. Fazendo $u = \sqrt{x} \Rightarrow du = 1/2\sqrt{x} \Rightarrow dx = 2\sqrt{x}\,du$. Substituindo tem-se:

$\int \frac{\text{senh}\sqrt{x}}{\sqrt{x}}\,dx = \int \frac{\text{senh}\sqrt{u}}{\sqrt{u}}(2\sqrt{x})\,du = 2\sqrt{x}\int \text{senh}\,du = 2\sqrt{x}\cosh x + C$. Finalmente:

$$\int \frac{\text{senh}\sqrt{x}}{\sqrt{x}}\,dx = 2\sqrt{x}\cosh x + C.$$

8.4.3.4) Determinar: $\int$ tgh x dx.

Fazendo u = cosh x => du = senh x. Substituindo na integral e considerando o parágrafo 7.4:

$\int \text{tgh}\,x\,dx = \int \frac{\text{senh}\,x}{\cosh x}\,dx = \int \frac{du}{u} = \ln|u| + C = \ln|\cosh x| + C = \ln(\cosh x) + C.$

$$\int \text{tgh}\,x\,dx = \ln(\cosh x) + C.$$

8.4.3.5) Determinar: $\int$ sech x dx.

Como sech x = 1/cosh x, então: $\int \text{sech}\,x\,dx = \int \frac{\cosh x}{(\cosh x)(\cosh x)}\,dx = \int \frac{\cosh x}{{}^*\cosh^2 x}\,dx = \int \frac{\cosh x}{(\text{senh}^2 x + 1)}\,dx.$

$^*\cosh^2 x - \text{senh}^2 x = +1.$

Fazendo u = senh x => du = cosh x: $\int \frac{\cosh x}{(\text{senh}^2 x + 1)}\,dx = \int \frac{du}{u^2+1}$. Considerando: $\int \frac{du}{u^2+1} = \int \frac{dx}{x^2+1}$, tem-se:

Fazendo x = tg u => dx = $\sec^2$ u du, portanto: $\int \frac{dx}{x^2+1} = \int \frac{\sec^2 u}{{}^{**}(\text{tg}^2 u + 1)}\,du = \int \frac{\cancel{\sec^2 u}}{\cancel{\sec^2 u}}\,du = \int du = u + C.$

$^{**}(\text{tg}^2 u + 1) = \sec^2 u.$

Se x = tg u => u = artg x, logo: u + C = arctg x + C, ou seja: $\int \frac{dx}{x^2+1} = \text{arctg}\,x + C$. Finalmente:

$$\int \text{sech}\,x\,dx = \text{arctg}(\text{senh}\,x) + C.$$

8.5 Integração de funções exponenciais e logarítmicas

Embora ao longo desse capítulo, utilizando os três métodos de integração estudados, já tenham sido calculadas integrais com funções exponenciais e logarítmicas, é importante apresentar os principais tipos dessas integrais, lembrando que, além de serem funções inversas, têm aplicações práticas reais, especialmente na Arquitetura e Engenharia. Cabe observar que quando um arquiteto(a) ou engenheiro(a) opta por usar uma forma geométrica, oriunda de uma curva exponencial ou logarítmica, escolhe normalmente uma função mais simples, básica, de modo a facilitar, tanto o cálculo, quanto a construção. Por exemplo, quando uma arquiteta(o) decide usar a função $y = x^{1/3}$, na forma de uma rotação, para a construção de uma cúpula, estará obrigando o engenheiro(a) a resolver a integral de uma função exponencial para os seguintes cálculos: comprimento (perímetro) dos vergalhões da casca de concreto e o volume de concreto da casca ou espessura da cúpula.

Cúpula, oriunda da rotação de $y = +x^{1/3}$

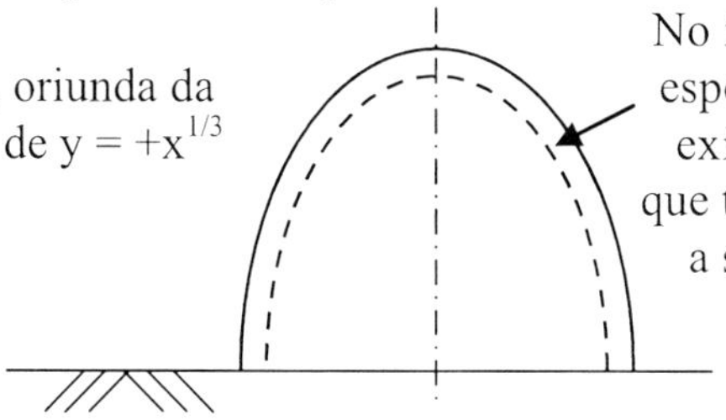

No interior da casca ou espessura do concreto, existirão vergalhões que terão comprimentos a serem calculados.

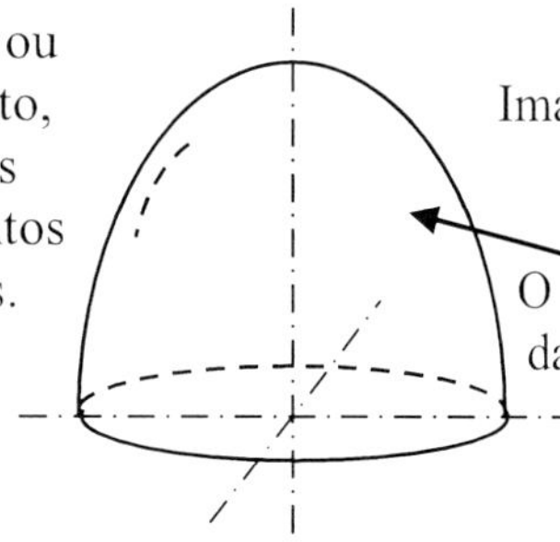

Imagem tridimensional da cúpula

O volume de concreto da casca ou espessura tem que ser calculado.

8.5.1 Fórmulas de integrais de funções exponenciais e logarítmicas

$\int e^x\, dx = e^x + C.$ $\quad \int u^x\, dx = \frac{u^x}{\ln u} + C.$ $\quad \int x e^{ax}\, dx = \frac{1}{a^2}(ax - 1)e^{ax} + C.$

$\int x^n e^{ax}\, dx = \frac{1}{a} x^n e^{ax} - \frac{n}{a}\int x^{n-1} e^{ax}\, dx.$ $\quad \int e^{ax}\, dx = \frac{1}{a} e^{ax} + C.$

$\int x^2 e^{ax}\, dx = e^{ax}\left(\frac{x^2}{a} - \frac{2x}{a^2} + \frac{2}{a^3}\right) + C.$ $\quad \int \ln x\, dx = x \ln x - x + C.$

$\int \frac{x \ln x}{x \ln x}\, dx = \frac{x^{n+1}}{(n+1)^2}[(n+1)\ln x - 1] + C.$ $\quad \int \frac{1}{x \ln x}\, dx = \ln|\ln x| + C.$

$\int \ln ax\, dx = x \ln ax - x + C.$ $\quad \int \log_a x\, dx = x \log_a x - \frac{x}{\log a} + C.$

$\int \ln(ax + b)\, dx = \frac{(ax + b)\ln(ax + b) - (ax + b)}{a} + C.$ $\quad \int (\ln x)^2\, dx = x(\ln x)^2 - 2x \ln x + 2x + C.$

$\int \frac{(\ln x)^n}{x}\, dx = \frac{(\ln x)^{n+1}}{n+1} + C.\ (n \neq -1).$ $\quad \int \frac{\ln x^n}{x}\, dx = \frac{(\ln x^n)^2}{2n} + C.\ (n \neq 0).$

8.5.2 Exercícios resolvidos sobre integração de exponenciais e logarítmicas

8.5.2.1) $\int x\, e^{2x}\, dx$. Sabendo que $\int u\, dv = uv - \int v\, dv$. Se $u = x \Rightarrow du = dx$. Se $dv = e^{2x}\, dx \Rightarrow v = e^{2x}/2$.

Ou seja: $\int x\, e^{2x}\, dx = x\, e^{2x} - \frac{1}{2}\underbrace{\int e^{2x}\, dx}_{A}$. Utilizando a integração por substituição:

Fazendo: $u = 2x \Rightarrow du = 2dx \Rightarrow dx = du/2$. Portanto: $\frac{1}{2}\int e^{2x}\, dx = \frac{1}{2}\int e^u \frac{du}{2} = \frac{1}{4}\int e^u\, du$. Substituindo $u = 2x$:

$\int x\, e^{2x}\, dx = \frac{xe^{2x}}{2} - \frac{1}{4} e^{2x} + C = 0{,}5x\, e^{2x} - 0{,}25\, e^{2x} + C = 0{,}25(2X - 1)e^{2x} + C$. Finalmente:

$\boldsymbol{\int x\, e^{2x}\, dx = +0{,}25(2x - 1)e^{2x} + C}$.

8.5.2.2) $\int e^{3x}$ sen $5x\, dx$.

Fazendo $u = \text{sen } 5x \Rightarrow du = 5\cos 5x\, dx$. Fazendo $dv = e^{3x}\, dx \Rightarrow v = \frac{1}{3} e^{3x}$. Como: $\int u\, dv = uv - \int v\, du$:

$$\int e^{3x} \text{ sen } 5x\, dx = \frac{1}{3} e^{3x} \text{ sen } 5x - \int \frac{1}{3} e^{3x}.\ 5\cos 5x\, dx = \underbrace{\frac{1}{3} e^{3x} \text{ sen } 5x}_{A} - \frac{5}{3}\underbrace{\int e^{3x}.\ \cos 5x\, dx}_{B} :$$

Em B fazendo $u = \cos 5x \Rightarrow du = -5\text{sen } 5x\, dx$. Fazendo $dv = e^{3x}\, dx \Rightarrow v = \frac{1}{3} e^{3x}$. Portanto:

$$B = \int e^{3x}.\ \cos 5x\, dx = \frac{1}{3} e^{3x}.\ \cos 5x - \left(-\frac{5}{3}\int e^{3x}.\ \text{sen } 5x\, dx\right) = \frac{1}{3} e^{3x}.\ \cos 5x + \frac{5}{3}\overbrace{\int e^{3x}.\ \text{sen } 5x\, dx}^{C = 0{,}333e^{3x}.\ \text{sen } 5x + C.}$$ Ou seja:

$$\int e^{3x} \text{ sen } 5x\, dx = \frac{1}{3} e^{3x} \text{ sen } 5x - \left(\frac{5}{3}\right)(B) = \frac{1}{3} e^{3x} \text{ sen } 5x - \frac{5}{3}\left(\frac{1}{3} e^{3x}.\ \cos 5x\right) + \frac{5}{3}(0{,}333e^{3x}.\ \text{sen } 5x) + C \Rightarrow$$

$\boldsymbol{\int e^{3x}}$ **sen** $\boldsymbol{5x\, dx = +0{,}088\, e^{3x}}$ **sen** $\boldsymbol{5x - 0{,}147\, e^{3x} \cos 5x + C}$.

8.5.2.3) $\int e^{x} \cos x\, dx$. Como: $\int u\, dv = uv - \int v\, du$:

Fazendo $u = \cos x \Rightarrow du = -\text{ sen } x\, dx$. Se $dv = e^{x}\, dx \Rightarrow v = e^{x}$. Substituindo u e v:

$$\int e^{x} (\cos x)\, dx = (e^{x})(\cos x) - \int (e^{x})(-\text{sen } x)dx = e^{x}\cos x + \underbrace{\int e^{x}\text{sen } x\, dx.}_{A}$$

Em A fazendo: $u = \text{sen } x \Rightarrow du = \cos x\, dx$. $dv = e^{x}dx \Rightarrow v = e^{x}$.

$$A = \int e^{x}\text{sen } x\, dx = \underbrace{e^{x}\text{sen } x - \int e^{x} \cos x\, dx.}_{B}$$ Substituindo (B) em (A):

$\int(e^{x})(\cos x)\, dx = e^{x} \cos x + e^{x} \text{ sen } x - \int(e^{x})(\cos x)\, dx \Rightarrow 2\int(e^{x})(\cos x)\, dx = e^{x} \cos x + e^{x} \text{ sen } x$. Finalmente:

$\boldsymbol{\int e^{x} \cos x\, dx = 0{,}5e^{x}(}$**sen** $\boldsymbol{x + \cos x) + C}$.

8.5.2.4) $\int e^{-5x}\, dx$. $a = -5$.

Conforme parágrafo 8.5.1: $\int e^{ax}\, dx = \frac{1}{a} e^{ax} + C$, portanto: $\int e^{-5x}\, dx = -\frac{1}{5} e^{-5x} + C$.

$\boldsymbol{\int e^{-5x}\, dx = -0{,}2\, e^{-5x} + C}$.

8.5.2.5) $\int \ln x\, dx$. Como: $\int u\, dv = uv - \int v\, du$.

Fazendo $u = \ln x \Rightarrow du = \frac{1}{x} dx$; $dv = dx \Rightarrow v = x$. Substituindo:

$\int u\, dv = (\ln x)x - \int \frac{x}{x} dx = x\ln x - x + C$. Finalmente: $\boldsymbol{\int \ln x\, dx = x\ln x - x + C}$.

8.5.2.6) $\int x^4 (\ln x)^2\, dx$. Considerando: $\int u\, dv = uv - \int v\, du$ e

fazendo: $u = (\ln x)^2 \Rightarrow du = 2\ln x\,(\ln x)' = \frac{2}{x} \ln x\, dx$. Se $dv = x^4\, dx \Rightarrow v = \frac{x^5}{5}$. Fazendo a substituição:

$$\int x^4 (\ln x)^2\, dx = \frac{x^5}{5} (\ln x)^2 - \int \left(\frac{x^5}{5}\right)\left(\frac{2}{x} \ln x\right) dx = \frac{x^5}{5} (\ln x)^2 - \frac{2}{5} \underbrace{\int x^4 \ln x\, dx}_{A}.$$

Se $u = \ln x \Rightarrow du = \frac{1}{x} dx$. Se $dv = x^4\, dx \Rightarrow v = \frac{x^5}{5}$. Substituindo em (A):

$$\int x^4 \ln x\, dx = \frac{x^5}{5} (\ln x) - \int \frac{x^5}{5}\left(\frac{1}{x}\right) dx = \underbrace{\frac{x^5}{5} (\ln x) - \frac{1}{5} \int x^4\, dx}_{B}.$$ Substituindo (B) em (A):

$$\int x^4 (\ln x)^2\, dx = \frac{x^5}{5} (\ln x)^2 - \frac{2}{5}\left[\frac{x^5}{5} (\ln x) - \left(\frac{1}{5}\right)\left(\frac{x^5}{5}\right)\right] = \frac{x^5}{5} (\ln x)^2 - \frac{2}{5}\left[\frac{x^5}{5} (\ln x) - \left(\frac{x^5}{25}\right)\right] =$$

$= 0{,}2\, x^5 (\ln x)^2 - 0{,}08\, x^5 (\ln x) + 0{,}016\, x^5 + C = 0{,}2\, x^5 [(\ln x)^2 - 0{,}4(\ln x) + 0{,}08] + C$. Finalmente:

$\boldsymbol{\int x^4 (\ln x)^2\, dx = 0{,}2\, x^5 [(\ln x)^2 - 0{,}4(\ln x) + 0{,}08] + C}$.

8.5.2.7) $\int \ln 2x\, dx$. Como: $\int u\, dv = uv - \int v\, du$:

Fazendo $u = \ln 2x \Rightarrow du = \frac{2}{2x} dx = \frac{1}{x} dx$; $dv = dx \Rightarrow v = x$. Substituindo:

$\int u\, dv = (\ln 2x)x - \int \frac{x}{x} dx = (\ln 2x)x - x + C = x(\ln 2x - 1) + C$. Portanto:

$\boldsymbol{\int \ln 2x\, dx = x(\ln 2x - 1) + C}$.

8.5.2.8) $\int x \ln (x + 1)\, dx$. Fazendo $u = x + 1 \Rightarrow x = u - 1$ e $du = dx$. Substituindo na integral:

$\int (u - 1) \ln u\, du = \int u \ln u\, du - \int \ln u\, du = \frac{u^2}{4} [2 \ln (u) -1)] - [u \ln (u) - u] + C_1 =$

$= \frac{u^2}{4} [2 \ln (u) -1] - u \ln (u) + u] + C_1$. Substituindo $u = x + 1$ na integral e desenvolvendo $(x + 1)^2$ temos:

$0{,}25(x + 1)^2[2 \ln (x + 1) - 1] - (x + 1)\ln (x + 1) + (x + 1) + C_1 =$

$= 0{,}25(x^2 + 2x + 1)[2 \ln (x + 1) - 1] - x\ln (x + 1) - \ln (x + 1) + (x + 1) + C_1 =$

$= 0{,}5x^2[\ln(x + 1)] - 0{,}25x^2 + x\ln(x + 1) - 0{,}5x + 0{,}5 \ln(x + 1) - 0{,}25 - x\ln(x + 1) - \ln(x + 1) + x + 1 + C_1 =$

$= 0{,}5x^2[\ln(x + 1)] - 0{,}25x^2 + 0{,}5x - 0{,}5\ln(x + 1) + C_1$. Finalmente:

$\boldsymbol{\int x \ln (x + 1)\, dx = 0{,}5x^2[\ln(x + 1)] - 0{,}25x^2 + 0{,}5x - 0{,}5\ln(x + 1) + C}$.

8.5.2.9) $\int \ln(2x + 3)\, dx$.

Segundo parágrafo 8.5.1: $\int \ln(ax + b)\, dx = \frac{(ax + b)\ln(ax + b) - (ax + b)}{a} + C$. Com a = 2 e b = 3, tem-se:

$\int \ln(2x + 3)\, dx = \frac{(2x + 3)\ln(2x + 3) - (2x + 3)}{2} + C = \frac{2x}{2}[\ln(2x + 3)] + \frac{3}{2}\ln(2x + 3) - \frac{2x}{2} - \frac{3}{2} + C \Rightarrow$

$\boldsymbol{\int \ln(2x + 3)\, dx = 0{,}5[2x\ln(2x + 3) + 3\ln(2x + 3) - 2x - 3] + C}$.

8.5.2.10) $\int \frac{\ln x}{x}\, dx$. Como: $\int u\, dv = uv - \int v\, du$:

Fazendo $u = \ln x \Rightarrow du = \frac{1}{x}dx = \frac{1}{x}dx$; $dv = \frac{1}{x}dx \Rightarrow v = \ln x$. Substituindo:

$\int u\, dv = (\ln x)(\ln x) - \int (\ln x)\frac{1}{x}dx$.

$\int \frac{\ln x}{x}dx = (\ln x)^2 - \int \frac{(\ln x)}{x}dx \Rightarrow (\ln x)^2 = 2\int \frac{(\ln x)}{x}dx \Rightarrow \int \frac{(\ln x)}{x}dx = 0{,}5(\ln x)^2 + C$. Ou seja:

$\boldsymbol{\int \frac{\ln x}{x}\, dx = 0{,}5(\ln x)^2 + C}$.

8.5.2.11) $\int \frac{\sqrt{\ln x}}{x}\, dx = \int \frac{(\ln x)^{1/2}}{x}dx$. Segundo parágrafo 8.5.1: $\int \frac{(\ln x)^n}{x}dx = \frac{(\ln x)^{n+1}}{n+1} + C$. Como n = 1/2:

$\int \frac{(\ln x)^{1/2}}{x}dx = \frac{(\ln x)^{1/2+1}}{1/2 + 1} + C = \frac{(\ln x)^{3/2}}{3/2} + C = 0{,}667(\ln x)^{3/2} + C$. Portanto:

$\boldsymbol{\int \frac{\sqrt{\ln x}}{x}\, dx = 0{,}667(\ln x)^{3/2} + C}$.

8.5.2.12) $\int xe^{(-x^2 + 1)}\, dx$. Fazendo $u = -x^2 + 1 \Rightarrow du = -2xdx \Rightarrow dx = du/-2x$. Substituindo:

$\int xe^{(-x^2+1)}dx = \int xe^u \frac{du}{-2x} = -\frac{1}{2}\int e^u du = -0{,}5\, e^u + C = -0{,}5e^{(-x^2+1)} + C$.

$\boldsymbol{\int xe^{(-x^2+1)}\, dx = -0{,}5e^{(-x^2+1)} + C}$.

Capítulo 9
A integral definida. Teoria, regras e propriedades. Cálculo de áreas por interseção de funções e curvas. Aplicações reais

Conceito da Soma de Riemann

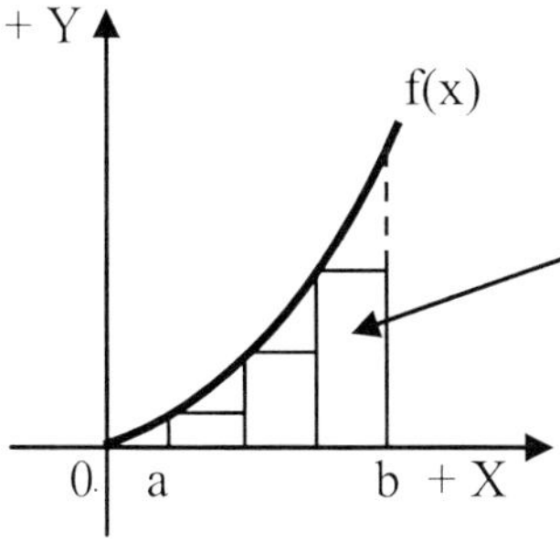

Conceitualmente os retângulos diminuem de largura, até ter a largura de um infinitéssimo. A soma das áreas dos infinitos retângulos "equivale" à área S sob a curva, no intervalo [a, b].

Conhecendo-se a função y = f(x), calcula-se a área S indicada, no intervalo a, b, da seguinte forma:

$S = \int_a^b f(x)\,dx$: (Essa é uma aplicação da integral definida).

***A integral definida**, como o próprio nome diz, permite a análise de funções e curvas, considerando um determinado intervalo, permitindo que áreas como a Engenharia, executem cálculos de comprimento, áreas e volumes, das mais diversas geometrias, diferentemente da Geometria clássica, que não permite análises onde ocorram taxas de variação, por exemplo, analisadas pelas derivadas. Nesse capítulo, além dos conceitos e aplicações teóricas, são mostrados diversos problemas práticos e reais de cálculo de áreas. Nos capítulos seguintes são mostrados cálculos de comprimentos e volumes.*

9.1 Um pouco de história sobre a integral definida. A soma de Riemann (definida como o limite de uma soma de infinitos retângulos)

A integral ou soma de Riemann, criada pelo alemão Georg Friedrich Bernhard Riemann (1826-1866), foi a primeira definição mais precisa da integral de uma função em um determinado intervalo. É uma das definições mais simples e de maior aplicação do cálculo integral. Para os casos onde não seja possível aplicar a integral de Riemann, podem ser utilizadas outras técnicas desenvolvidas por Riemann e o holandês Thomas Joannes Stieltjes (1856-1894). Observa-se que, tanto Riemann, quanto Stieltjes, embora tenham vivido por poucos anos, 40 e 38 anos, respectivamente, criaram cerca de 200 anos, após os métodos de Newton e Leibniz, uma técnica importante para o desenvolvimento do Cálculo Integral. É importante relembrar que, simultaneamente, Newton e Leibniz, entre 1666 e 1686, criaram os métodos da integração indefinida, conceituada como antidiferenciação. A ideia básica de Riemann, mostrada na figura a seguir, foi considerar uma função contínua f(x) não negativa e um intervalo em X, entre as abscissas xa e xb, onde se quer calcular a área S entre a função e o eixo cartesiano das abscissas.

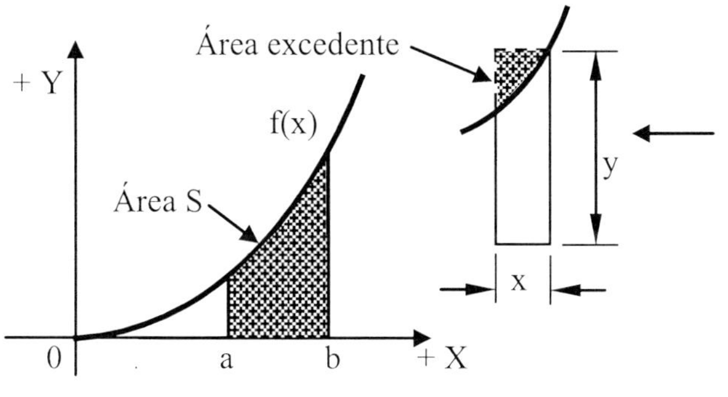

Riemann imaginou a área S, sendo subdivida em retângulos de base x e altura y e, à medida que reduzia a base x, além de reduzir a área de cada retângulo, reduzia a área excedente (tracejada). No limite, ou seja, quando x tendia ao mínimo infinito, as áreas excedentes se aproximavam de zero, ou seja, a soma das áreas desses infinitos retângulos, se aproximava da área real S, entre a curva e o eixo X.

É baseado nesse conceito, que se define o cálculo da área S pela integral: $S = \int_a^b f(x)\,dx$.

As integrais definidas são aquelas em que dada uma determinada função, ou um determinado problema prático a ser resolvido (por exemplo, a área de um túnel de abertura parabólica, para se calcular o volume de solo a ser escavado), obtemos um número como resposta, diferentemente de uma integral indefinida (estudada no capítulo 6), cujo resultado é outra função. Esse número, obtido através do cálculo de uma integral definida, é capaz de fornecer informações, como a área entre o gráfico da função e o eixo X, ou o perímetro de um trecho de uma função ou curva ou ainda o volume de determinada superfície oriunda de uma função ou curva bidimensional (X, Y) rotacionada e, portanto no espaço R^3 (X, Y, Z). Em termos conceituais, a análise dos "retângulos" de Riemann, para se chegar ao cálculo do limite, ou seja, da área S, pode ser feita de quatro formas distintas, mostradas a seguir.

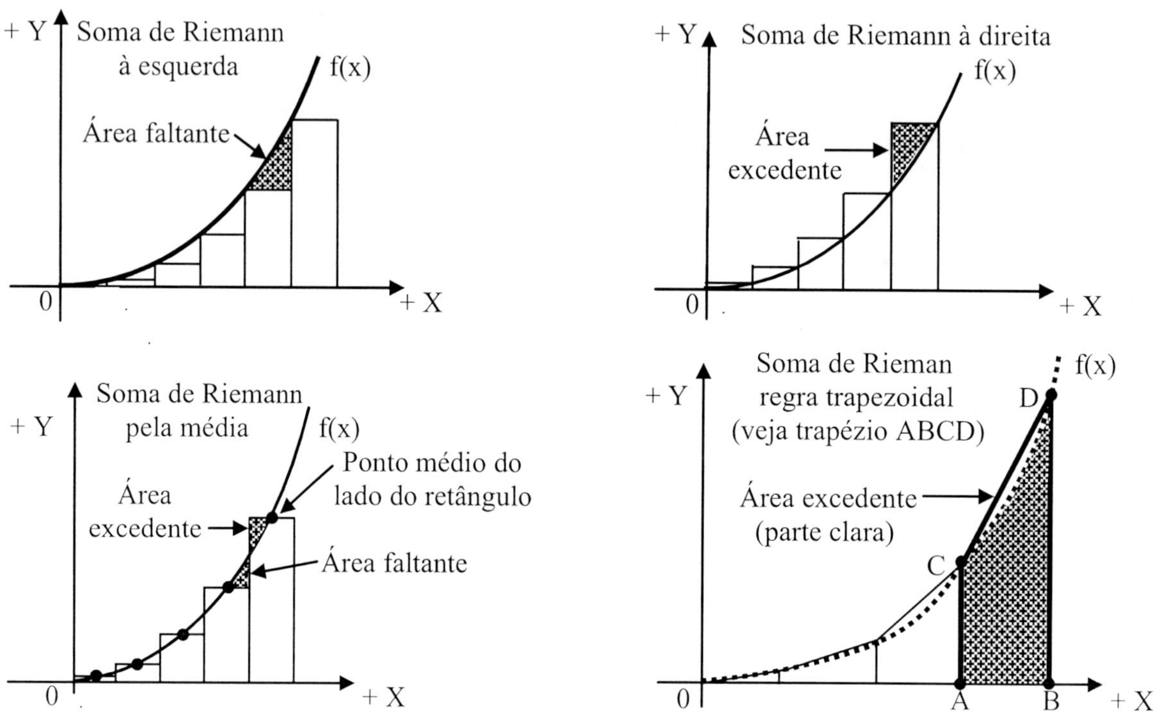

Seja qual for a forma de se posicionar os retângulos, quando se calcula o limite, a área é a mesma.

Considerando a integral de Riemann, como um limite da soma de infinitos retângulos com base Δx e altura f(xi) e de área: (Δx) [f(xi)], onde i é o retângulo considerado, pode-se escrever a soma ou integral de Riemann, como a seguir, quando i tende ao infinito (número infinito de retângulos):

$$\int_a^b f(x)\,dx. = \lim_{n \to +\infty} \sum_{i=1}^{n} (\Delta x)\,[f(xi)] \qquad \left(\text{Onde } \Delta x = \frac{b-a}{n} \text{ e } xi = a + (\Delta xi)\right)$$

Exercício 9.1.1) Escrever a integral definida $\int_{\pi}^{2\pi} \cos x\,dx$, como o limite de uma soma de Riemann.

$\Delta x = \frac{b-a}{n} = \frac{2\pi - \pi}{n} = \frac{\pi}{n}.$ Como $xi = a + (\Delta xi)$, então: $xi = \frac{\pi + \pi i}{n}$, portanto:

$$\int_{\pi}^{2\pi} \cos x\,dx = \lim_{n \to +\infty} \sum_{i=1}^{n} \left[\left(\frac{\pi}{n}\right) \cos\left(\frac{\pi + \pi i}{n}\right)\right]$$

Exercício 9.1.2) Baseado no limite da soma de Riemann, calcule a integral da função $y = +x^2$, considerando o intervalo [1, 3]. Mostre a soma numa imagem geométrica.

$$\int_{+1}^{+3} +x^2\, dx. = \lim_{n \to +\infty} \sum_{i=1}^{n} \left(\frac{(n+2i)^2}{n}\right)\left(\frac{2}{n}\right) = \lim_{n \to +\infty} \frac{2}{n^3} \sum_{i=1}^{n} (n^2 + 4ni + 4i^2) \Rightarrow$$

$$\lim_{n \to +\infty} \frac{2}{n^3}\left[n^2 \sum_{i=1}^{n} 1 + 4n \sum_{i=1}^{n} i + 4 \sum_{i=1}^{n} i^2\right] \Rightarrow$$

Imagem geométrica

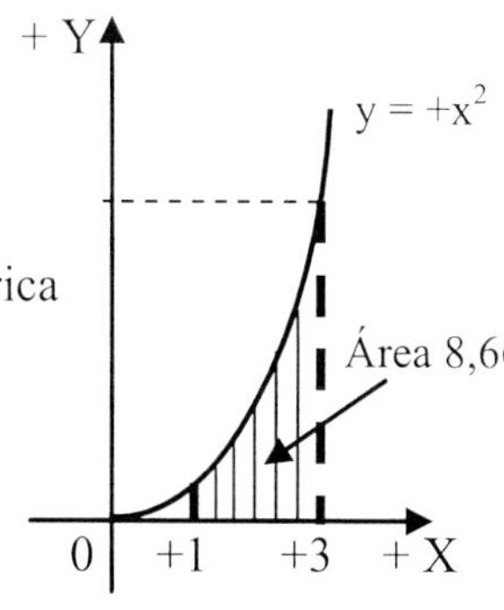

$$\lim_{n \to +\infty} \frac{2}{n^3}\left[n^2\, n + 4n\left(\frac{n(n+1)}{2}\right) + 4n\left(\frac{(n+1)(2n+1)}{6}\right)\right] \Rightarrow$$

$$\lim_{n \to +\infty} \frac{2}{n^3}\left[n^3 + 2n^3 + 2\, n^2 + 2n\left(\frac{2n^2 + 3n + 1}{3}\right)\right] \Rightarrow$$

$$\int_{+1}^{+3} +x^2\, dx = 8{,}667 \text{ unidades de área.}$$

$$\lim_{n \to +\infty}\left[6 + \frac{4}{n} + \frac{8n^2 + 12n + 4}{3n^2}\right] = \lim_{n \to +\infty}\left[6 + \frac{4}{n} + \frac{8}{3} + \frac{4}{n} + \frac{4}{3n^2}\right] = 6 + 0 + \frac{8}{3} + 0 + 0 = \frac{26}{3} = 8{,}667.$$

O cálculo de uma integral definida, considerada como o limite da soma de infinitos retângulos, ou soma de Riemann, além de trabalhosa, apresenta dificuldades como a escolha correta do intervalo, e também do valor de "n". A partir do próximo parágrafo as integrais definidas serão analisadas e resolvidas de uma forma mais objetiva e menos trabalhosa, baseando-se nos estudos de Newton e Leibniz, para as integrais indefinidas.

9.2 Propriedades gerais das integrais definidas

São parecidas com as das integrais indefinidas, acrescidas de alguns detalhes.

$$\int_a^b f(x)\, dx = -\int_b^a f(x)\, dx \ (b > a).$$

$$\int_a^b f(x)\, dx = \int_a^c f(x)\, dx + \int_c^b f(x)\, dx. \ (b > c > a).$$

$$\int_a^b [f(x) + g(x)]\, dx = \int_a^b f(x)\, dx + \int_a^b g(x)\, dx.$$

$$\int_a^b [f(x) - g(x)]\, dx = \int_a^b f(x)\, dx - \int_a^b g(x)\, dx.$$

9.3 O teorema fundamental do cálculo e a solução de integrais definidas (representando áreas)

Como visto, uma integral definida compreende um intervalo [a, b], sendo resolvida, segundo o teorema fundamental do cálculo, pela diferença entre a integral indefinida em "b" e a indefinida em "a".

9.3.1 Teorema fundamental do cálculo

Esse teorema advém do conceito de que a integração e a diferenciação são operações inversas. Ou seja, uma função contínua integrada e depois diferenciada (ou vice versa), volta à função original. Vejamos:

Conforme já mostrado: se y = 2x (função original).

Função original

$$\int 2x\,dx = 2\int x\,dx = 2\left(\frac{x^{1+1}}{1+1}\right) + C = \frac{2x^2}{2} + C = +x^2 + C.$$

A derivada é a função original.

Se $y = +x^2 + C \Rightarrow y' = +2x$

O seja: a derivada (y') da integral ou antiderivada (+2x dx) é a função original (+2x), portanto o teorema pode ser assim enunciado:

Se a função f(x) é contínua no intervalo [a, b], e se F for uma antiderivada (ou integral indefinida) de f(x), no intervalo [a, b], então:

$$\int_a^b f(x)\,dx = F(b) - F(a).$$

F(b) é o valor da integral indefinida, substituindo x por b e F(a) é o valor da integral indefinida, substituindo x por a.

Exercício 9.3.1.1) Determinar a integral $\int_1^3 +2x\,dx$, fazendo sua interpretação geométrica.

Como: $\int +2x\,dx = +x^2 + C$, então: $\int_1^3 +2x\,dx = x^2\,]^3 - x^2\,]^1 = 3^2 - 1^2 = 9 - 1 = 8$. (oito unidades de área)

Não existe mais a constante C, pois a sua integral é igual a zero.

Portanto: $\int_1^3 +2x\,dx = 8$.

A função y = +2x é uma função linear, mostrada a seguir.

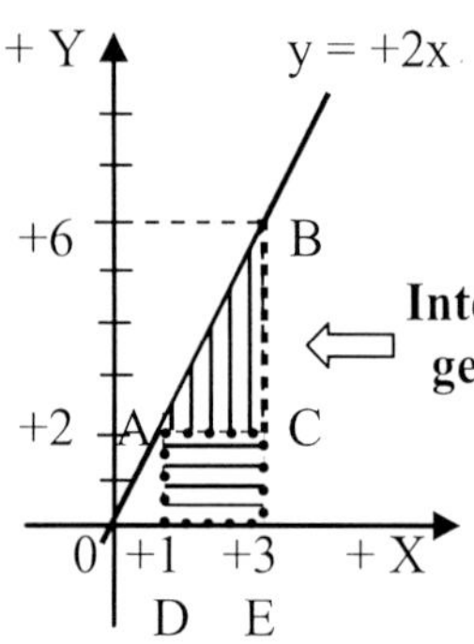

Interpretação geométrica

O valor oito (8), significa a soma das áreas do triângulo ABC e do quadrado ACDE.

Pela imagem geométrica, nota-se que:

Área do triângulo = $\frac{2 \times 4}{2} = 4$.

Área do quadrado = 2 x 2 = 4.

A soma das áreas é igual a 8 (oito) unidades de área.
(Confirma-se a soma ou integral de Riemann)

9.3.2 Cálculo de áreas, para funções no primeiro quadrante. Exercícios resolvidos

Quando a área a ser calculada está toda no primeiro quadrante, aplica-se diretamente o teorema fundamental do cálculo. Quando parte da área a ser calculada ou toda a área estiver em outros quadrantes, ocorre uma troca de sinal, como será visto adiante.

9.3.2.1) Determinar: $\int_1^4 2\sqrt{x}\,dx$, mostrando sua imagem geométrica (unidade de medida em metros).

$$\int 2\sqrt{x}\,dx = 2\int \sqrt{x}\,dx = 2\int x^{1/2}\,dx = (2)\,\frac{x^{1/2+1}}{(1/2+1)} = (2)\frac{x^{3/2}}{(3/2)} = (2)\frac{2\,x^{3/2}}{(3)} = \frac{4\,x^{3/2}}{3} = 1{,}333\ \sqrt[3]{x^2}.$$

$$\int_1^4 2\sqrt{x}\,dx = 1{,}333\ \sqrt[3]{x^2}\Big]^4 - 1{,}333\ \sqrt[3]{x^2}\Big]^1 = 1{,}333\ \sqrt[3]{4^2} - 1{,}333\ \sqrt[3]{1^2} = 2\ \sqrt[3]{16} - 2\ \sqrt[3]{1} = 2(2{,}52) - 2(1) = 3{,}04.$$

Portanto: $\boldsymbol{\int_1^4 2\sqrt{x}\,dx = 3{,}04\ m^2}$.

Imagem geométrica

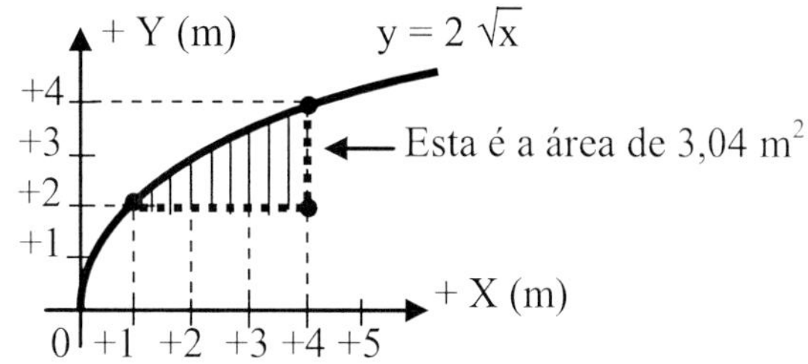

9.3.2.2) Determinar: $\int_0^{+2} (x^2 + 4x + 5)\,dx$, analisando e mostrando sua imagem geométrica.

$$\int_0^{+2} (x^2 + 4x + 5)\,dx = \int_0^{+2} x^2\,dx + \int_0^{+2} 4x\,dx + \int_0^{+2} 5\,dx = \frac{x^{2+1}}{2+1} + (4)\frac{x^{1+1}}{1+1} + 5x = \frac{x^3}{3} + \frac{4x^2}{2} + 5x = +0{,}333x^3 + 2x^2 + 5x.$$

$$\int_0^{+2} (x^2 + 4x + 5)\,dx = (0{,}333x^3 + 2x^2 + 5x)\Big]^{+2} - \underbrace{(0{,}333x^3 + 2x^2 + 5x)\Big]^{0}}_{0} = (0{,}333x^3 + 2x^2 + 5x)\Big]^{+2} = 20{,}664.$$

Portanto: $\boldsymbol{\int_0^{+2} (x^2 + 4x + 5)\,dx = 20{,}664}$ **ua.**

A imagem geométrica dessa função, indica ser uma parábola, onde $+x^2 + 4x + 5 = 0$ é sua equação do segundo grau. Como "a" é positivo ($a = +1$) a cavidade é para cima. Como o discriminante é negativo ($\Delta = b^2 - 4.a.c$), essa parábola não intercepta o eixo X (a equação não tem raízes). As coordenadas cartesianas do vértice, no caso um ponto de mínimo ou inflexão, são: $x_V = -b/2a$ e $y_V = -\Delta/4a$. Parâmetros da equação: $a = +1$, $b = +4$ e $c = +5$.

$\Delta = b^2 - 4.a.c = (+4)^2 - (4)(+1)(+5) = +16 - 20 = -4$. Ou seja: $\Delta = -4$.

$x_V = -b/2a = (-4)/(2)(+1) = -2$. Ou seja: $x_V = -2$.

$y_V = -\Delta/4a = -(-4)/(4)(+1) = +1$. Ou seja: $y_V = -\Delta/4a = -(-4)/(4)(+1) = +1$.

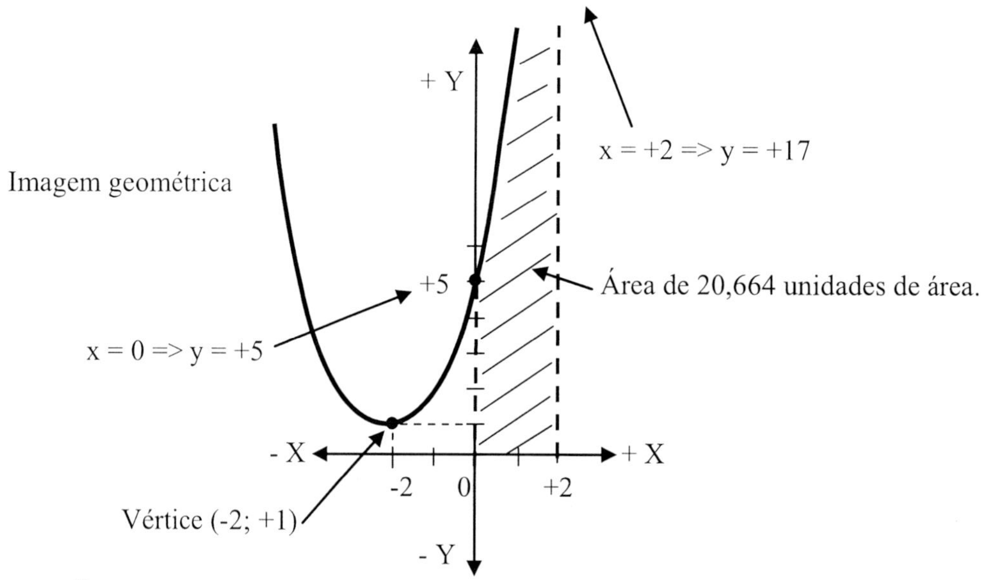

9.3.2.3) Determinar: $\int_{\pi/2}^{\pi} \cos\left(\frac{x}{3}\right) dx$, analisando e mostrando sua imagem geométrica.

Com $\int \cos\left(\frac{x}{3}\right) dx$, fazendo $u = \frac{1}{3}x \Rightarrow du = \frac{1}{3}dx \Rightarrow dx = 3\,du$. Portanto:

$$\int_{\pi/2}^{\pi} \cos\left(\frac{x}{3}\right) dx = 3\int_{\pi/2}^{\pi} \cos u\, du.$$

Para $x = \pi \Rightarrow u = \frac{\pi}{3}$

Para $x = \frac{\pi}{2} \Rightarrow u = \frac{\pi}{6}$

$$\int_{\pi/2}^{\pi} \cos\left(\frac{x}{3}\right) dx = 3\int_{\pi/6}^{\pi/3} \cos u\, du = 3 \operatorname{sen} u \Big]_{\pi/6}^{\pi/3} = 3 (\operatorname{sen} \pi/3) - 3 (\pi/6) = 3(0{,}866) - 3(0{,}5) = 2{,}598 - 1{,}5 = 1{,}098.$$

Ou seja: a área sob a curva da função cos x/3, no intervalo [π/6, π/3] é igual a 1,098 unidades de área.

Análise geométrica: inicialmente, monta-se uma tabela de valores, para se traçar o gráfico da função.

x	0 π 0°	π/6 30°	π/3 60°	π/2 90°	2π/3 120°	5π/6 150°	π 180°	7π/6 210°	4π/3 240°	3π/2 270°	5π/3 300°	11π/6 330°	2π 360°
y	+1	+0,985	+0,94	+0,866	+0,766	+0,643	+0,5	+0,342	+0,174	0	-0,174	-0,342	-0,5

Os valores de y são para o cosseno de x dividido por 3. Quando x = 30° => y = cos 10°.

Imagem Geométrica

(Foram plotadas duas funções, apenas para comparação)

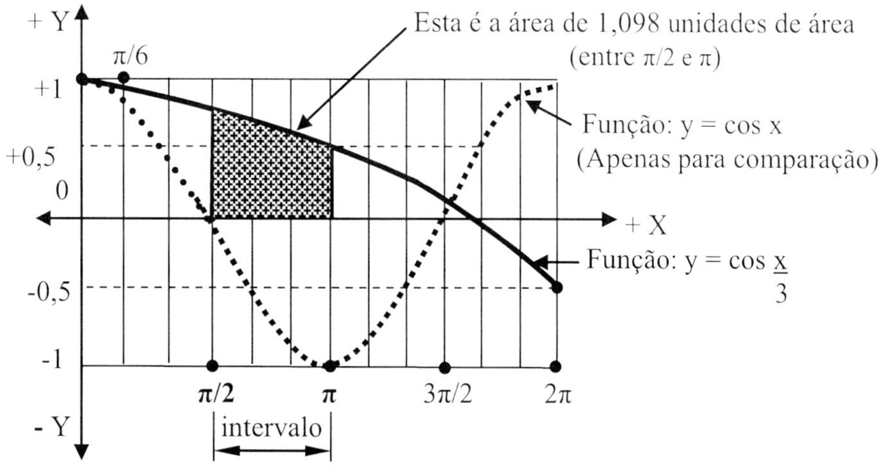

9.3.2.4) Considerando a função: $y = +1/x^2$ e os desenhos a seguir, referentes a um bloco de concreto, normalmente usado em proteção como barreira de segurança (contra atentados), para impedir a passagem de veículos ou como reforço de barragens de água, pede-se:

a) Determinar: $\int_{+0,5}^{+2} (+1/x^2)\,dx$ e b) A área da seção transversal do bloco, determinada pelos pontos ABCDEF.

c) O peso total do bloco, considerando o concreto com peso específico de 25 kN/m³ (2.500 kgf/m³).

Imagem geométrica da função: $y = +1/x^2$

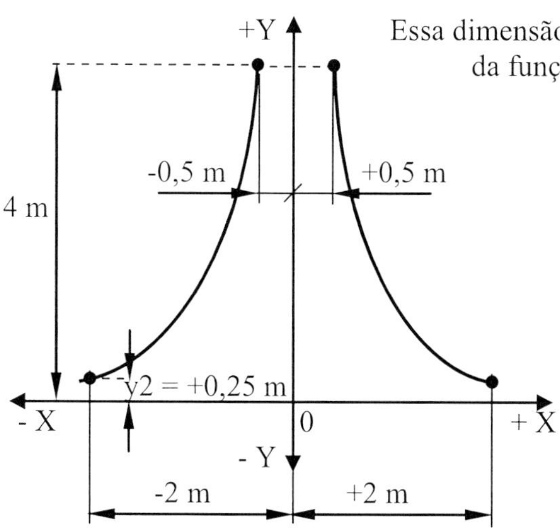

Dimensões do bloco

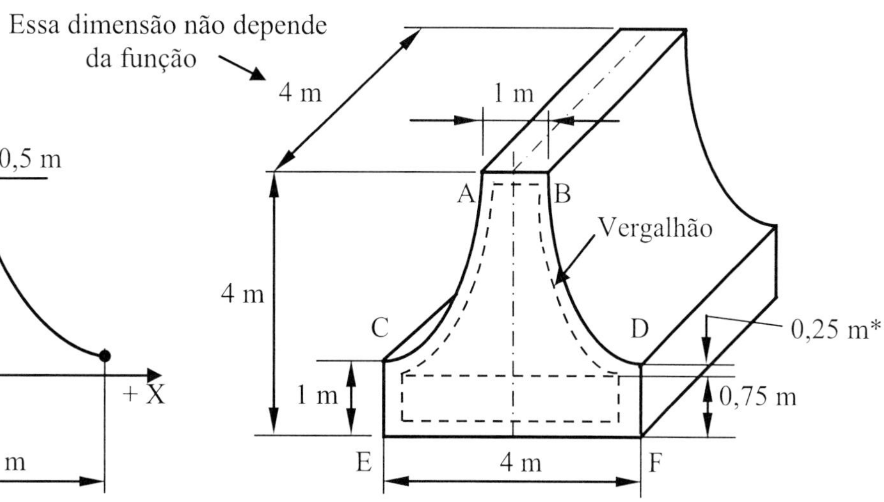

Seção transversal do bloco (mostrado em perspectiva cavaleira).

*Essa dimensão de 0,25 m (250 mm) é a distância, em todo o bloco, entre o vergalhão interno e a parede externa do bloco.

a) $\int_{+0,5\,m}^{+2\,m} (+1/x^2)\,dx = \int_{+0,5\,m}^{+2\,m} x^{-2}\,dx = \dfrac{x^{-2+1}}{-2+1} = \dfrac{x^{-1}}{-1} = -x^{-1} = \dfrac{-1}{x}\Big]_{+0,5\,m}^{+2\,m} = (-1/2) - (-1/0,5) = (-0,5) + (2) = +1,5\ m^2.$

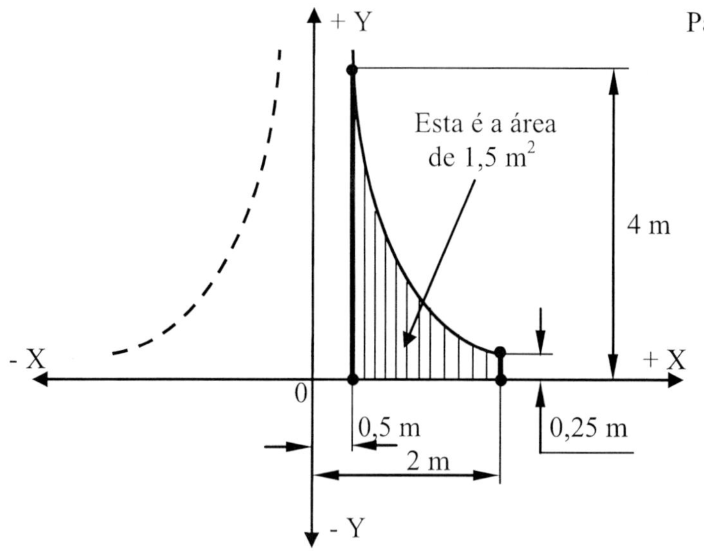

Para a função: $\begin{cases} x = +0{,}5 \Rightarrow y = +4. \\ x = +2 \Rightarrow y = +0{,}25. \end{cases}$

Observa-se que, para o mesmo intervalo negativo, a área tem o mesmo valor.

Imagem geométrica da área estudada

b) Área da seção transversal do bloco

A seção transversal do bloco pode ser desmembrada em quatro áreas:

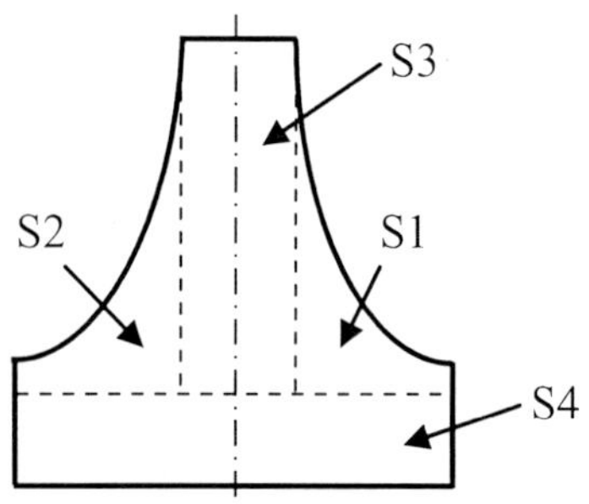

S1 e S2, iguais e já calculadas: S1 + S2 = 3 m².
S3 um retângulo de 1 m x 3,75 m = 3,25 m².
S4 um retângulo de 0,75 m x 4 m = 3 m².

Área total da seção transversal: S = 9,25 m².

Este exercício aparece na capa do livro.

c) O peso total P do bloco é igual ao produto da área total S, pelo comprimento de 4m e pelo peso específico do concreto: $P = 9{,}25\ m^2 \times 4\ m \times 2.500\ \frac{kN}{m^3} \Rightarrow P = 925$ kN ou P = 92.500 kgf ou 92,5 tf (tonelada força).

9.3.2.5) Determinar: $\int_{+1}^{+3} (+1/x^2)\,dx$, fazendo sua imagem geométrica. $(+1/x^2 = x^{-2})$

$$\int_1^3 (+1/x^2)\,dx = \int_1^3 x^{-2}\,dx = \frac{x^{-2+1}}{-2+1}\Big]_1^3 = \frac{x^{-1}}{-1}\Big]_1^3 = \frac{-1}{x}\Big]_1^3 = -1 - \left(\frac{-1}{1}\right) = \frac{2}{3} = 0{,}667 \text{ ua.}$$

Ou seja: $\int_1^3 (+1/x^2)\,dx = 0{,}667$ unidades de área.

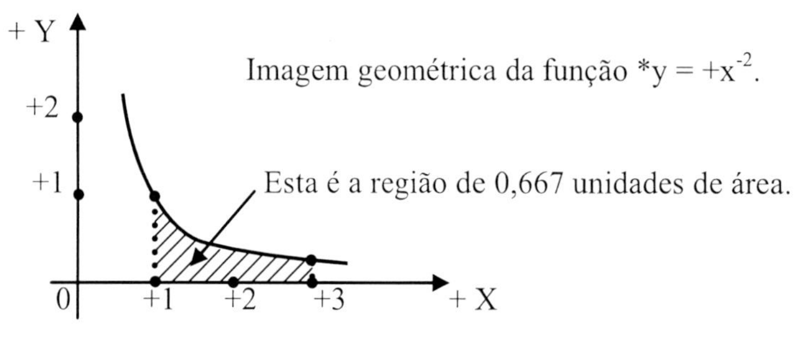

*Observa-se que a função: $y = +x^{-2}$ tem também a parte de valores negativos de x, aqui foi pedida a área da parte positiva.

9.3.2.6) Determinar: $\int_{0}^{\pi/2} \text{sen}\,(x/5)\,dx$.

$$\int_{0}^{\pi/2} \text{sen}\,(x/5)\,dx = -5\cos\left(\frac{\pi/2}{5}\right) - \left[-5\cos\left(\frac{0}{5}\right)\right] = \underbrace{-5\cos\left(\frac{\pi}{10}\right)}_{= -4{,}755} + 5 \text{ x } (+1) = +0{,}245 \text{ unidade de área.}$$

9.3.2.7) Considerando o primeiro quadrante, determinar a área entre o eixo X e a interseção das seguintes três funções: $y = +x$, $x = +2$ e $y = +1/x^2$. (Observação: área abaixo da função: $y = +1/x^2$ e até o eixo X).

Inicialmente faz-se a imagem geométrica das três funções, para se entender o problema.

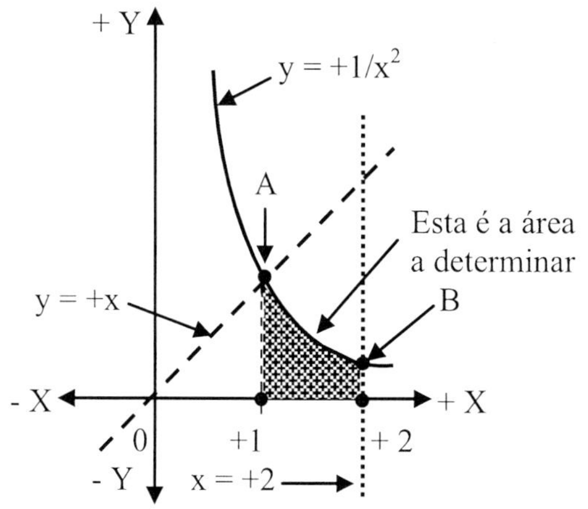

Em verdade quer se calcular: $\int_{x_A}^{x_B} 1/x^2\,dx$

$x_B = +2$ e x_A é a interseção entre: $y = +x$ e $y = +1/x^2$.

$\begin{cases} y = x \\ y = 1/x^2 \end{cases}$ $\Rightarrow x = +1/x^2 \Rightarrow x^3 = +1$, logo $x = +1$. Portanto $x_A = +1$. Ou seja:

$$\int_{+1}^{+2} +1/x^2\,dx = -1/x\,\Big]_{+1}^{+2} = +0{,}5 \text{ unidade de área.}$$

Essa integral foi resolvida no exercício 9.3.2.5.
Observação: A(+1; +1) e B(+2; +0,25).

A área pedida é 0,5 unidade de área.

9.4 O Teorema do Valor Médio aplicado à integral definida

A figura a seguir mostra a interpretação geométrica desse Teorema.

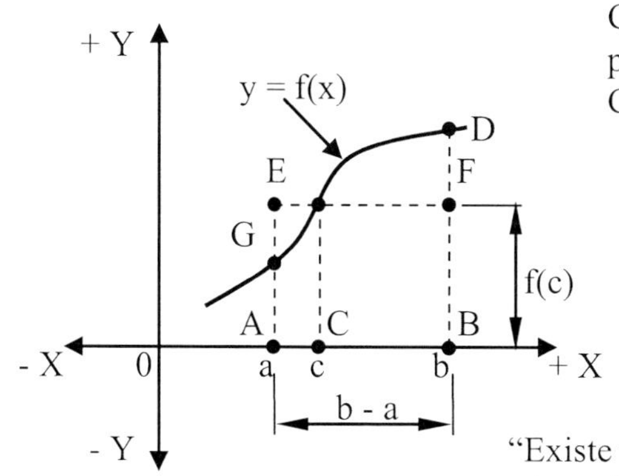

Considerando no gráfico à esquerda da função $y = f(x)$, os pontos A, B, C, D, E e F, através do Teorema Fundamental do Cálculo, se tem que a área sob a curva é dada pela integral:

$$\int_{a}^{b} f(x)\,dx.$$

Com todas essas considerações, o Teorema do Valor Médio, aplicado à integral definida, é assim definido:

"Existe um ponto de abscissa c, no intervalo [a, b], de forma que a área do retângulo ABEF, com altura f(c) e comprimento (b - a) seja igual à área, sob a curva, da região ABDG".

Dessa definição resulta:

Se uma função f(x) é integrável no intervalo fechado [a, b], o valor médio de f(x), no intervalo citado é:

$$\textbf{Valor Médio} = \frac{\int_{a}^{b} \mathbf{f(x)\,dx}}{\mathbf{b - a}}$$

Exercício 9.4.1) Considerando a função: $y = +x^2$, ache o valor médio da função no intervalo [+1, +2], fazendo sua interpretação geométrica.

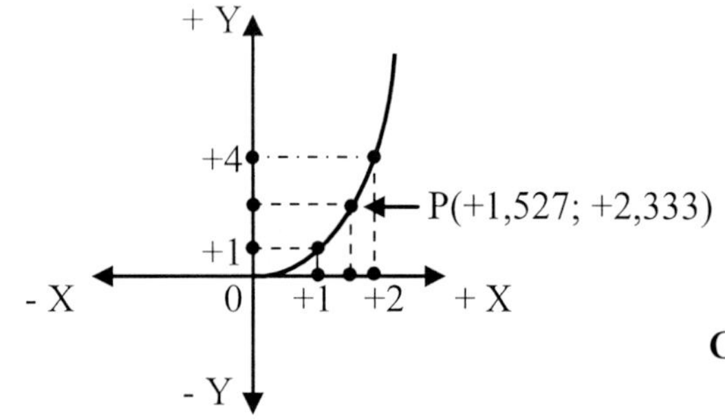

$$\text{Valor Médio} = \left[\int_{+1}^{+2} +x^2\, dx\right]/(2 - 1) = [x^3/3]_{+1}^{+2}/1 = +2{,}333/1 = +2{,}333.$$

Ou seja: +2,333 é o valor médio de y.

Fazendo y = +2,333, na função: $y = +x^2$, acha-se o valor de x.

Ou seja: x = +1,527.

Conclusão: o ponto P de valor médio, da função $y = +x^2$, no intervalo [+1, +2], é: (+1,527; +2,333).

Aplicações práticas de valor médio, ocorrem no cálculo de centro de massa (ou centro de gravidade).

9.5 A integral definida aplicada ao cálculo da área entre curvas

Segundo a 4ª propriedade das integrais definidas, dadas duas funções f(x) e g(x) que se interceptam (em qualquer quadrante), a diferença entre as áreas dessas funções podem ser escritas como a seguir, permitindo o cálculo das mais diversas áreas entre curvas.

$$\int_a^b [f(x) - g(x)]\, dx = \int_a^b f(x)\, dx - \int_a^b g(x)\, dx.$$

9.5.1) Determine a área da região limitada entre as curvas $y = +x^2$ e $y = +\sqrt{x}$, fazendo sua interpretação.

Primeiramente, desenham-se as curvas, para melhor entender o problema.

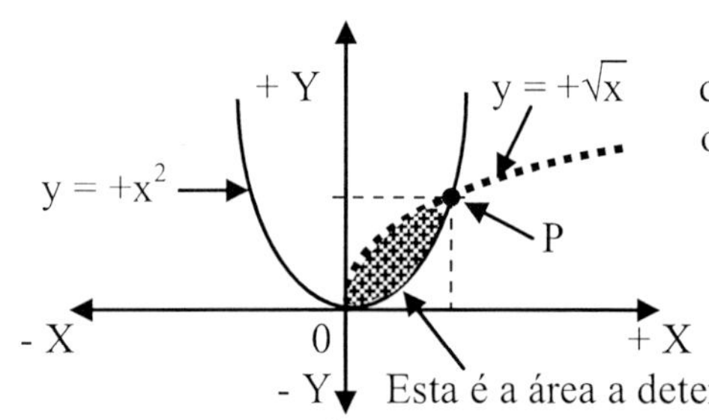

Observa-se que a área pedida é igual à diferença entre as áreas das duas funções. Para calcular essas áreas, primeiro determina-se o valor do ponto de interseção $P(x_P; y_P)$, para definir o intervalo da integração, que será: $[0; x_P]$.

Interseção: $x^2 = \sqrt{x} \Rightarrow (x^2)^2 = (\sqrt{x})^2 \Rightarrow x^4 = x \Rightarrow x^4 - x = 0.$
$x^4 - x = 0 \Rightarrow x\,(x^3 - 1) = 0 \Rightarrow x^3 - 1 = 0 \Rightarrow x = +1.$

Raciocínio lógico para cálculo da área pedida.

Serão duas integrais definidas: $\int_0^1 x^2\, dx$ e $\int_0^1 \sqrt{x}\, dx$.

A área pedida será: $\underbrace{\int_0^1 \sqrt{x}\, dx}_{A} - \underbrace{\int_0^1 x^2\, dx}_{B} \Rightarrow C = A - B.$

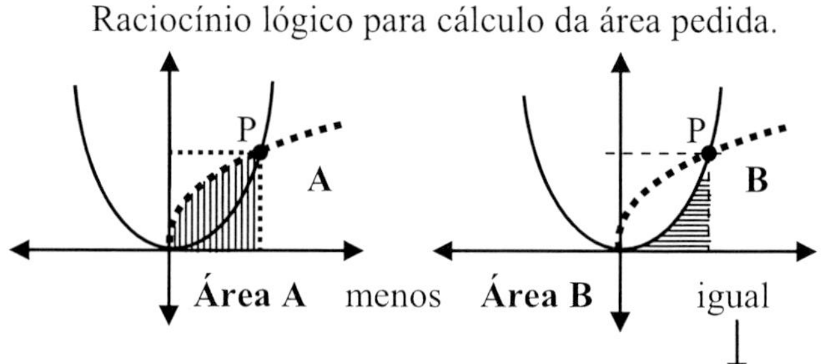

$$\int_0^1 \sqrt{x}\, dx = \int_0^1 x^{1/2}\, dx = \frac{x^{1/2+1}}{1/2+1}\Big]_0^1 = \frac{x^{3/2}}{3/2}\Big]_0^1 = 0{,}666\, \sqrt{x^3}\,\Big]_0^1 = 0{,}666\,\sqrt{1^3} - 0{,}666\,\sqrt{0^3} = 0{,}666 = A.$$

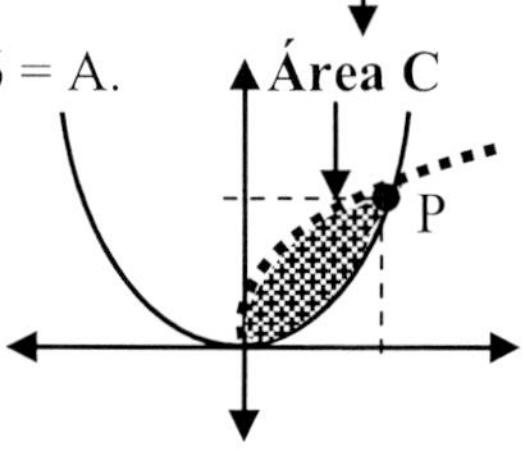

$$\int_0^1 x^2\, dx = \frac{x^3}{3}\Big]_0^1 = \frac{1^3}{3} - \frac{0^3}{3} = 0{,}333 = B. \text{ Portanto: } A - B = 0{,}666 - 0{,}333 = 0{,}333.$$

A área pedida é 0,333 unidades de área.

9.6 Exercícios resolvidos sobre cálculos de áreas sob funções, no primeiro quadrante

Determine o valor das áreas a seguir, em unidades de área (ou ua), não deixando resultado sob frações, mas sim como decimais, pois é assim que se faz nas práticas profissionais aplicadas, por exemplo, na Engenharia.

9.6.1) $\int_{+1}^{+2} (2x + 5)\, dx.$

$$\int_{+1}^{+2} (2x + 5)\, dx = \int_{+1}^{+2} 2x\, dx + \int_{+1}^{+2} 5\, dx = \frac{\cancel{2}x^2}{\cancel{2}}\Big]_{+1}^{+2} + 5x\Big]_{+1}^{+2} =$$

$$= (2^2 - 1^2) + (5 \times 2 - 5 \times 1) = 3 + 5 = 8 \text{ ua.}$$

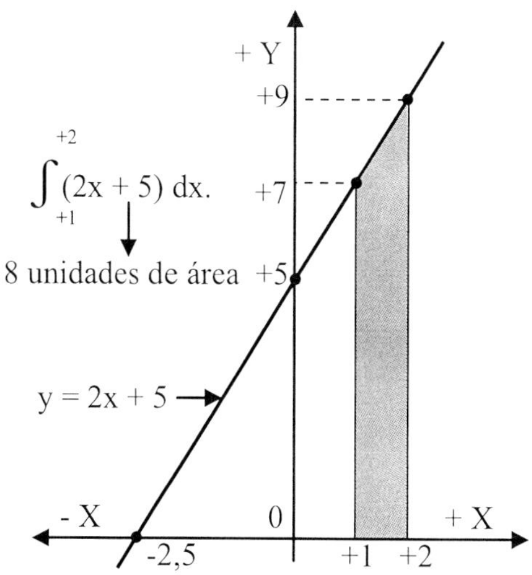

9.6.2) $\int_{+1}^{+2} \sqrt{(4x + 1)}\, dx = \int_{+1}^{+2} (4x + 1)^{1/2}\, dx = \left(\frac{1}{4}\right)\left[\frac{(4x + 1)^{3/2}}{3/2}\right]_{+1}^{+2} =$

$$= \frac{(4x + 1)^{3/2}}{6}\Big]_{+1}^{+2} = \frac{9^{3/2}}{6} - \frac{5^{3/2}}{6} = 4{,}5 - 1{,}863 =$$

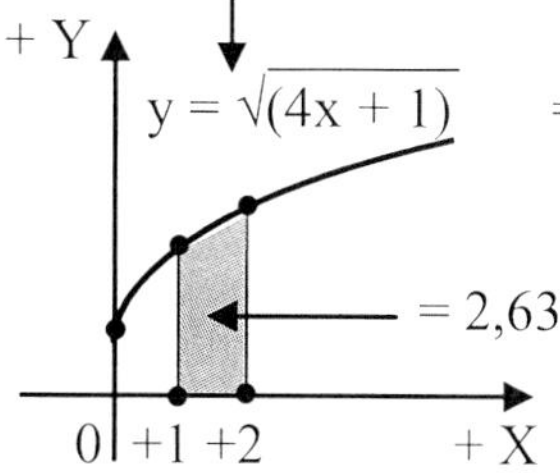

= 2,637 unidades de área.

9.6.3) $\int_{0}^{\pi} \cos x\, dx = \operatorname{sen} x\Big]_{0}^{\pi} = \operatorname{sen} \pi - \operatorname{sen} 0 = 0$ ua.

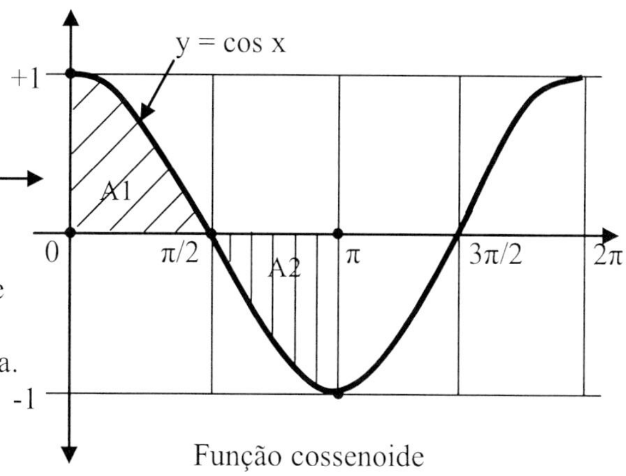

Função cossenoide

Analisando o gráfico da função y = cos x, nota-se que as áreas A1 e A2 são iguais, porém uma é "positiva", entre 0 e π/2, e a outra é "negativa", entre π/2 e π. Ou seja, a soma das duas é igual a zero. Esta é a interpretação gráfica.

9.6.4) $\int_{0}^{+1} \frac{dx}{(2x + 1)}.$

$$\int_{0}^{+1} \frac{dx}{(2x + 1)} = \frac{1}{2} \ln (2x + 1)\Big]_{0}^{+1} = \frac{1}{2} (\ln 3 - \ln 1) = 0{,}549 \text{ ua.}$$

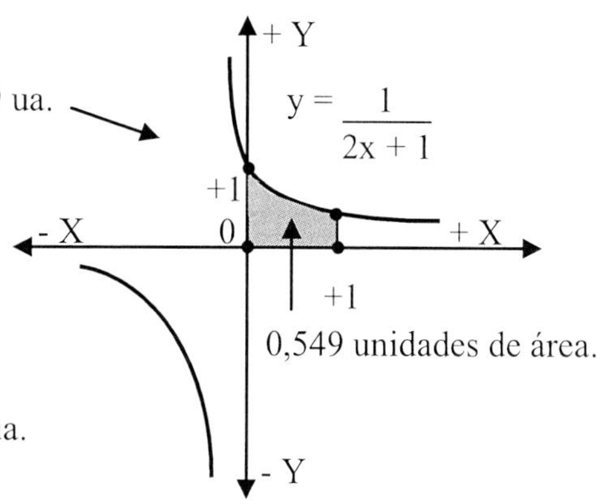

9.6.5) $\int_{+1}^{+4} (\sqrt{5 - x})\, dx = -\frac{(5 - x)^{3/2}}{3/2}\Big]_{+1}^{+4} = -\frac{2(5 - x)^{3/2}}{3}\Big]_{+1}^{+4} =$

$$= -\frac{2}{3} + \frac{2}{3} \times 8 = 4{,}667 \text{ ua.}$$

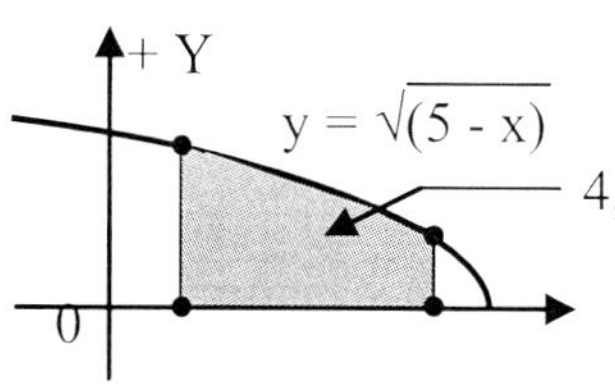

4,667 unidades de área.

9.6.6) $\int_{+1}^{+4} \frac{dx}{\sqrt{x}\,(\sqrt{x} + 1)}$.

Fazendo: $u = \sqrt{x} \Rightarrow du = \frac{1}{2\sqrt{x}}\,dx \Rightarrow dx = 2\sqrt{x}\,du.\ u^2 = x.$

$$\int_{+1}^{+4} \frac{dx}{\sqrt{x}\,(\sqrt{x} + 1)} = \int_{+1}^{+4} \frac{2\sqrt{x}\,du}{\sqrt{x}\,(\sqrt{u^2} + 1)} = 2\int_{+1}^{+4} \frac{du}{\sqrt{u^2 + 1}} = 2\text{arcsenh } u\Big]_{+1}^{+4}:$$

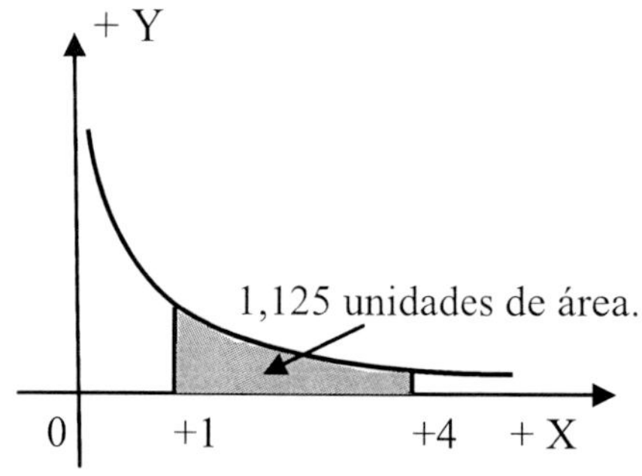

$$= 2\text{arcsenh } u\Big]_{+1}^{+4} = 2\ln\left(u + \sqrt{u^2 + 1}\right)\Big]_{+1}^{+4} = 2\ln\left(\sqrt{x} + \sqrt{x + 1}\right)\Big]_{+1}^{+4} = 2\ln(2 + \sqrt{5}) - 2\ln(1 + \sqrt{2}) =$$

$= 2(\ln 4{,}236 - \ln 2{,}414) = 1{,}125$ unidades de área.

9.6.7) $\int_{\pi/4}^{\pi/3} (4 \text{ sen } x + 6 \cos 3x)\,dx.$

$$\int_{\pi/4}^{\pi/3}(4 \text{ sen } x + 6 \cos 3x)\,dx = 4\int_{\pi/4}^{\pi/3}\text{sen } x\,dx + 6\int_{\pi/4}^{\pi/3}\cos 3x\,dx =$$

$$= -4\cos x\Big]_{\pi/4}^{\pi/3} + \frac{6}{3}\text{ sen } 3x\Big]_{\pi/4}^{\pi/3} = -4\cos x\Big]_{\pi/4}^{\pi/3} + 2 \text{ sen } 3x\Big]_{\pi/4}^{\pi/3} =$$

$$= -4\cos\frac{\pi}{3} + 4\cos\frac{\pi}{4} + 2 \text{ sen } \pi - 2 \text{ sen } \frac{3\pi}{4} =$$

$$= -4 \times \frac{1}{2} + 4 \times \frac{\sqrt{2}}{2} - 2 \times \frac{\sqrt{2}}{2} = -2 + \sqrt{2} = -0{,}586 \text{ ua*}.$$

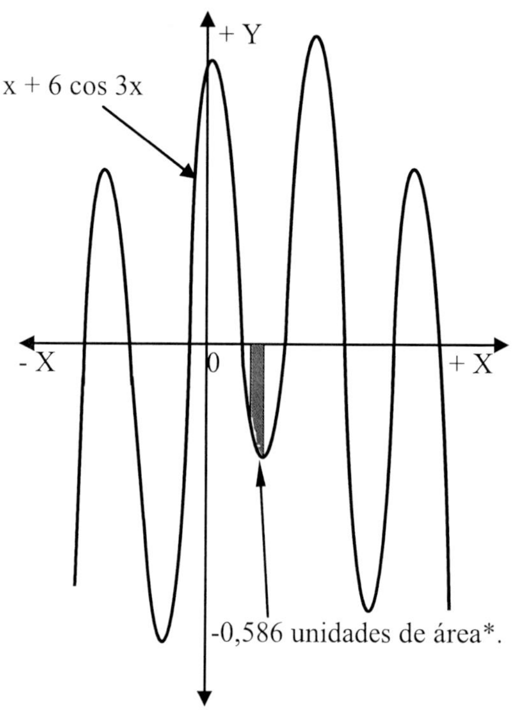

*Como a área calculada está na parte negativa do eixo Y, aparece com o valor negativo. É questão apenas de referencial, pois na prática não existem áreas negativas.

9.6.8) $\int_0^{+8} \sqrt[3]{x}\,dx = \int_0^{+8} x^{1/3}\,dx = \frac{x^{4/3}}{4/3} = 0{,}75\sqrt{x^4} = 12$ unidades de área.

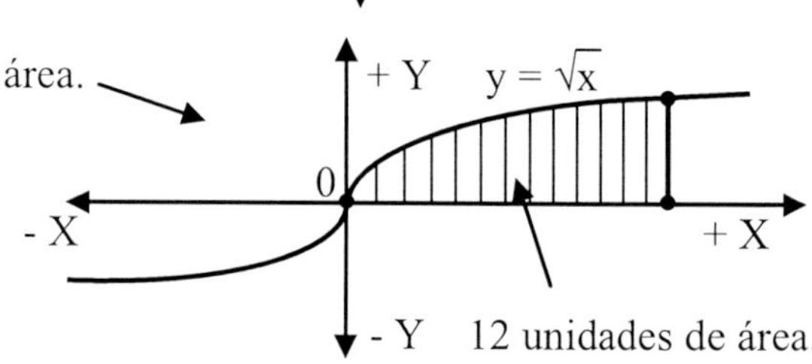

9.6.9) $\int_0^{+3} (2x^2 - 5)\,dx.$

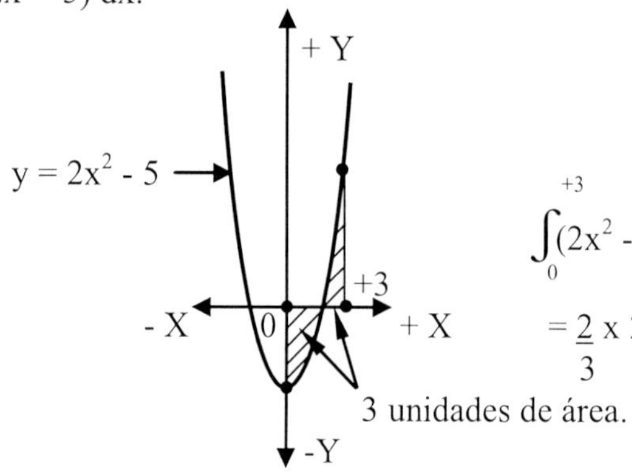

$$\int_0^{+3}(2x^2 - 5)\,dx = 2\int_0^{+3} x^2\,dx + 5\int_0^{+3} dx = \frac{2}{3}\,x^3\Big]_0^{+3} - 5x\Big]_0^{+3} =$$

$= \frac{2}{3} \times 27 - 5 \times 3 = 3$ unidades de área.

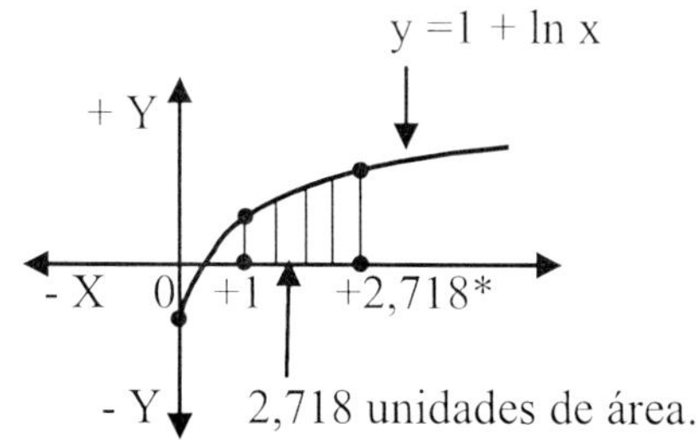

9.6.10) $(-1)\int_{+1}^{e}(1 + \ln x)\,dx = (-1)\left[\int_{+1}^{e}dx + \int_{+1}^{e}\ln x\,dx\right] =$

$= (-1)\left[x]_{+1}^{e} + (x\ln x - x)]_{+1}^{e}\right] = (-1)\left[x\ln x]_{+1}^{e}\right] = (-1)[e\ln e - (1\ln 1)] =$

$= e = 2{,}718$ unidades de área. *2,718 = e.

Observa-se que a integral é multiplicada por -1.

9.6.11) $(-1)\int_{0}^{+1}(x - 2e^{x})\,dx$. (usar e = 2,718).

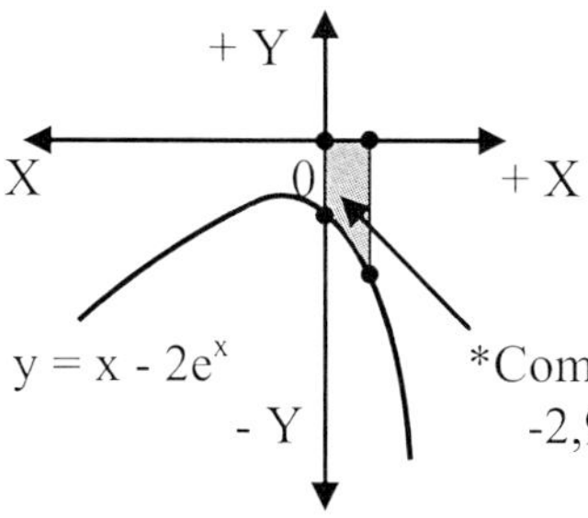

$\int_{0}^{+1}(x - 2e^{x})\,dx = \int_{0}^{+1}x\,dx - 2\int_{0}^{+1}e^{x}\,dx = \frac{x^2}{2}\Big]_{0}^{+1} - 2\,e^{x}\Big]_{0}^{+1} =$

$= (1/2 - 0) - 2(e^{1} - e^{0}) = 0{,}5 - 2(2{,}718 - 1) = +2{,}936$ unidades de área*.

*Como toda a integral está multiplicada por -1, a área é igual a -2,936 unidades de área, pois está na parte negativa de Y.

9.6.12) $\int_{0}^{+4}(x + 2)\sqrt{5x}\,dx.$

A função a ser integrada: $y = (x + 2)\sqrt{5x}$ é uma reta que passa pela origem, que não existe para valores negativos de x e com uma alta inclinação em relação ao eixo X, ou seja, alto coeficiente angular.

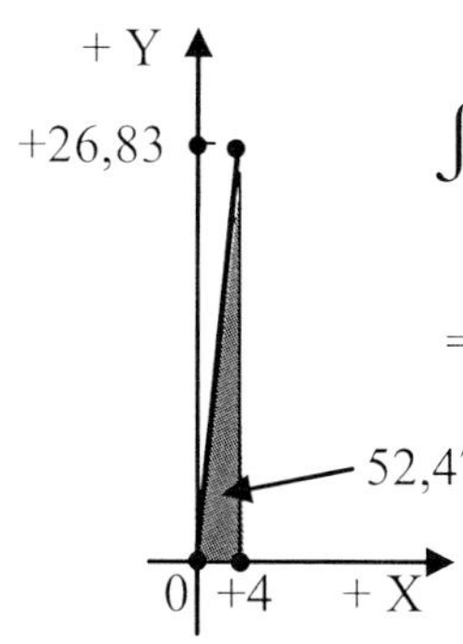

$\int_{0}^{+4}(x + 2)\sqrt{5x}\,dx = \sqrt{5}\int_{0}^{+4}x\,dx + 2\sqrt{5}\int_{0}^{+4}\sqrt{x}\,dx = \sqrt{5}\left(\frac{x^{5/2}}{5/2}\Big]_{0}^{+4}\right) + 2\sqrt{5}\left(\frac{x^{3/2}}{3/2}\Big]_{0}^{+4}\right) =$

$= \frac{2\sqrt{5}}{5}(\sqrt{4^5}) + \frac{4\sqrt{5}}{3}(\sqrt{4^3}) = 28{,}622 + 23{,}851 = 52{,}473$ unidades de área.

9.6.13) $\int_{\pi/6}^{\pi/2}(\cos x)/(\text{sen}^3 x)\,dx = \int_{\pi/6}^{\pi/2}(\cos x)(\text{sen}^{-3} x)\,dx = \frac{\text{sen}^{-2}}{-2}\Big]_{\pi/6}^{\pi/2} =$

$= -\frac{1}{2\,\text{sen}^2(\pi/2)} - \left(-\frac{1}{2\,\text{sen}^2(\pi/6)}\right) = \frac{1}{2} + \left(\frac{1}{2}\right)\left(\frac{1}{0{,}25}\right) = 1{,}5$ ua.

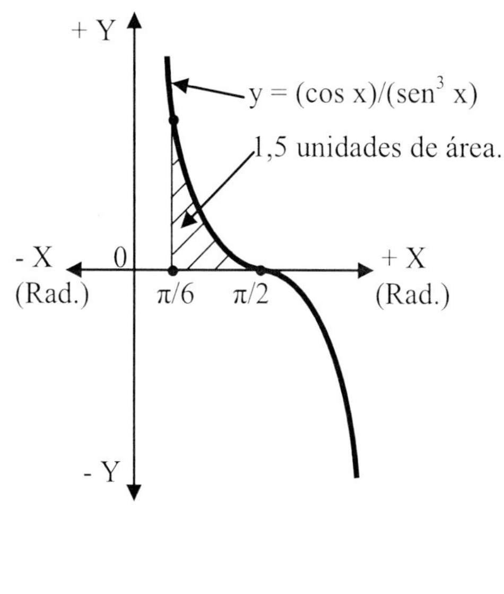

9.6.14) $\int_0^{+1} (xe^{2x})\,dx = \frac{1}{2^2}(2x - 1)e^{2x}\Big]_0^{+1} = \frac{1}{4}[(e^2) - (-1)] = 0{,}25(8{,}389) = 2{,}097$ unidades de área.

Para essa resolução foi usada a fórmula: $\int (xe^{ax})\,dx = \frac{1}{a^2}(ax - 1)e^{ax} + C.$

Gráfico da função: $y = xe^{ax}$

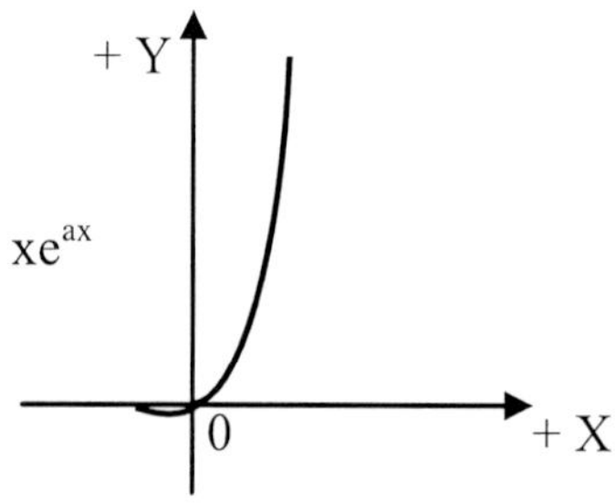

9.6.15) $\int_0^{+8} (\sqrt{2x} + \sqrt[3]{x})\,dx.$

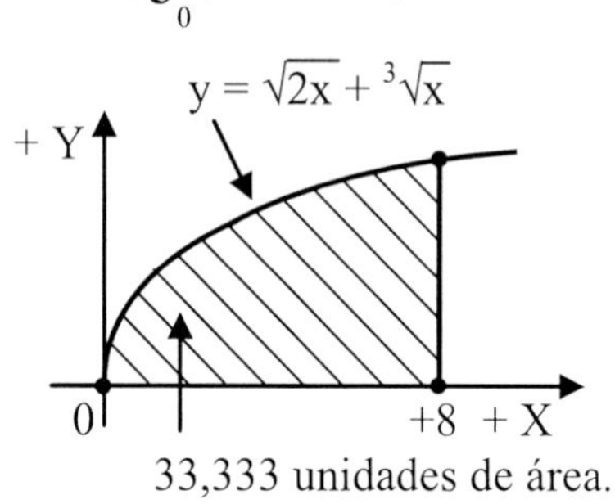

$$\int_0^{+8} (\sqrt{2x} + \sqrt[3]{x})\,dx = \sqrt{2}\int_0^{+8} x^{1/2}\,dx + \int_0^{+8} x^{1/3}\,dx = \sqrt{2}\left(\frac{x^{3/2}}{3/2}\right)\Big]_0^{+8} + \left(\frac{x^{4/3}}{4/3}\right)\Big]_0^{+8} =$$

$$\frac{2\sqrt{2}}{3}(\sqrt{8^3}) + \frac{3}{4}(\sqrt[3]{8^4}) = 21{,}333 + 12 = 33{,}333 \text{ unidades de área.}$$

9.6.16) $\int_0^{+4} x(\sqrt{x^2 + 9})\,dx.$

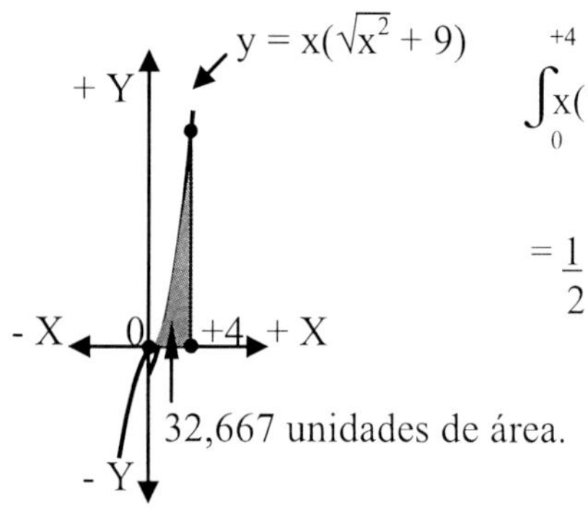

$$\int_0^{+4} x(\sqrt{x^2 + 9})\,dx = \int_0^{+4} \frac{2x}{2}(\sqrt{x^2 + 9})\,dx = 1\int_0^{+4} (x^2 + 9)^{1/2}\,dx =$$

$$= \frac{1}{2}\left(\frac{(x^2 + 9)^{3/2}}{3/2}\right)\Big]_0^{+4} = \frac{25^{3/2}}{3} - \frac{9^{3/2}}{3} = \frac{125 - 27}{3} = 32{,}667 \text{ ua.}$$

9.6.17) $\int_0^{+4} \frac{dx}{1 + \sqrt{x}}$. Fazendo: $u = 1 + \sqrt{x} \Rightarrow u - 1 = \sqrt{x}$: $du = \frac{1}{2\sqrt{x}}\,dx \Rightarrow dx = 2\sqrt{x}\,du$

$$\int_0^{+4} \frac{dx}{1 + \sqrt{x}} = \int_0^{+4} \frac{2(u - 1)}{u}\,du = 2\int_0^{+4} du - 2\int_0^{+4} \frac{du}{u} = 2u\Big]_0^{+4} - 2\ln|u|\Big]_0^{+4} = 2(1 + \sqrt{x})\Big]_0^{+4} - 2\ln|1 + \sqrt{x}|\Big]_0^{+4} =$$

$= 6 - 2 - (2\ln 3 - 2\ln 1) = 1{,}802$ unidades de área.

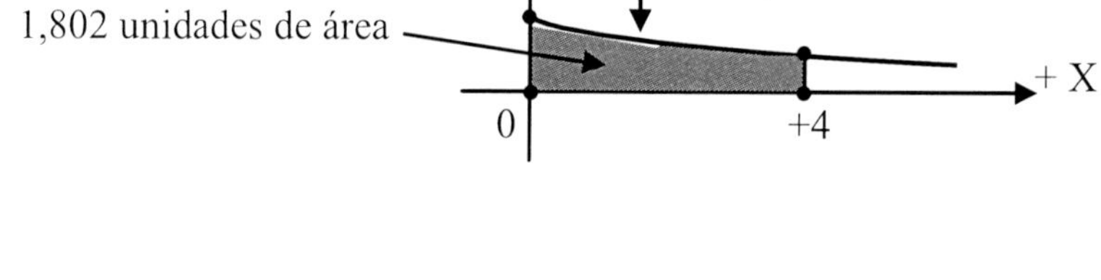

9.6.18) $\int_{0}^{+1} x\,(e^{-x})\,dx$.

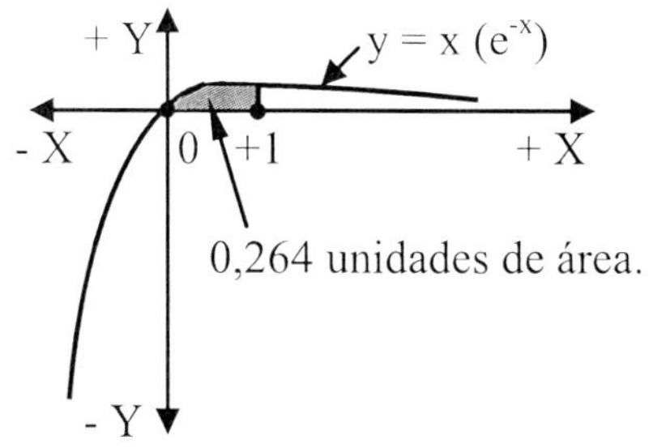

Fazendo: $u = x \Rightarrow du = dx$. $dv = e^{-x}\,dx \Rightarrow v = -e^{-x}$.

$\int x\,(e^{-x})\,dx = -x\,e^{-x} - \int -\,e^{-x}\,dx = -x\,e^{-x} - e^{-x}$; portanto:

$$\int_{0}^{+1} x\,(e^{-x})\,dx = -x\,e^{-x} - e^{-x}\Big]_{0}^{+1} = (-1)e^{-1} - e^{-1} - (-1) = -2e^{-1} + 1 =$$

$$= \frac{-2}{2{,}718} + 1 = 0{,}264 \text{ unidades de área.}$$

9.7 Exercícios resolvidos sobre o cálculo de áreas, para funções, totalmente ou parcialmente, fora do primeiro quadrante

Quando a área "A" a ser calculada ou parte dessa área, estiver fora do primeiro quadrante, aplica-se o teorema fundamental do cálculo, com duas integrais de intervalos diferentes e complementares. Por exemplo, caso se queira calcular a área da função $y = +x^2$, no intervalo [-2, +3], criam-se duas integrais como a seguir mostradas.

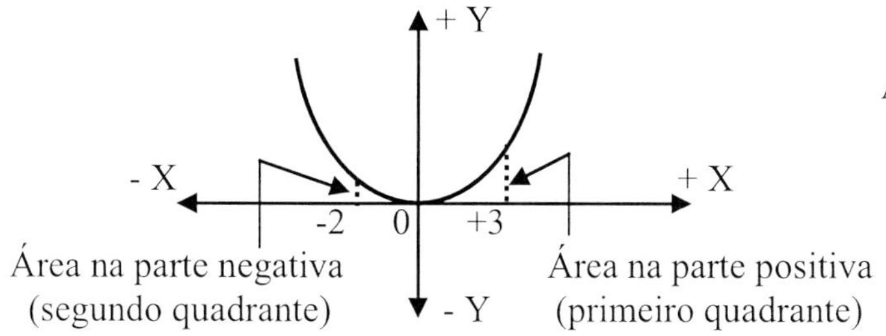

$$A = \int_{0}^{+3} +x^2\,dx - \int_{-2}^{0} +x^2\,dx.$$

O intervalo fora do primeiro quadrante troca o sinal da integral

Matematicamente podemos escrever: $\int_{a}^{b} f(x)\,dx = -\int_{b}^{a} f(x)\,dx$, se $a > b$, e se existir $\int_{b}^{a} f(x)\,dx$.

Em alguns casos, ocorre da área total ter o sinal negativo. Observa-se que isso é apenas um simbolismo matemático, já que na prática não existe área negativa. Por exemplo, como um engenheiro ao calcular um gramado no formato parabólico, vai mandar comprar: "menos duzentos metros quadrados de grama (-200 m^2)"?

Exercício 9.7.1) Determine a área da região limitada entre as funções $y = +x^2$ e $y = +x + 6$.

Primeiramente, desenham-se as funções, para melhor entender o problema.

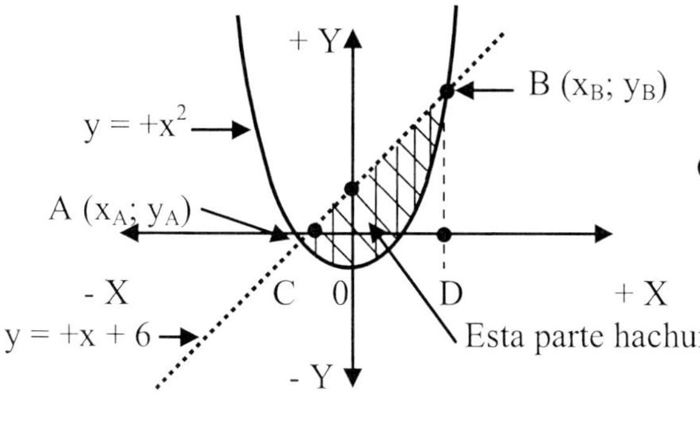

Determinação dos pontos A e B:

$x^2 = x + 6 \Rightarrow x^2 - x - 6 = 0$ ($a = +1$, $b = -1$ e $c = -6$).
Resolvendo a equação tem-se: $x_1 = +3$ e $x_2 = -2$.
Ou seja: $x_A = -2$ e $x_B = +3$ e intervalo de integração: [-2, +3].
Calculando-se as ordenadas se tem: $y_A = +4$ e $y_B = +9$.

Observa-se que, geometricamente, a área a ser determinada é igual à diferença entre as áreas sob a reta (no caso uma função afim), que é a do triângulo BCD, e a área sob a parábola $y = +x^2$, no intervalo [-2, +3]. Ou seja, deve-se integrar a função diferença das duas funções, resultando em:

$$\int_{-2}^{+3} [(x + 6) - (x^2)]\,dx = \int_{-2}^{+3} (x + 6 - x^2)\,dx = \frac{x^{1+1}}{1+1} + 6x - \frac{x^{2+1}}{2+1}\Big]_{-2}^{+3} = 0{,}5\,x^2 + 6x - 0{,}333x^3\Big]_{-2}^{+3} =$$

$$= [0{,}5\,(+3)^2 - 0{,}5\,(-2)^2] + [6(+3) - 6\,(-2)] - [0{,}333\,(3)^3 - 0{,}333\,(-2)^3] = (+4{,}5) - (2) + (30) - (11{,}664) = 20{,}836.$$

A área da região limitada entre as funções $y = +x^2$ e $y = +x + 6$ é igual a 20,836 unidades de área.

Exercício 9.7.2) Determine a área da função $y = +x^2 - 4x$ no intervalo [+1, +3].

A função representa uma parábola, com cavidade para cima, e vértice transladado para a direita, como mostrado. Essa parábola tem raízes x = 0 e x = +4. Ou seja, passa pela origem e a área a ser calculada está no quarto quadrante. A área é dada pela integral a seguir.

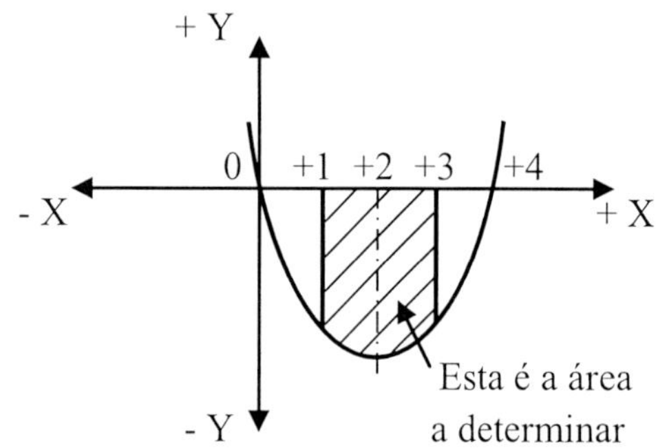

O sinal negativo é porque a área está no quarto quadrante.

$$A = -\int_{+1}^{+3} (x^2 - 4x)\,dx = -\left[\left(\frac{x^{2+1}}{2+1}\right) - (4)\left(\frac{x^{1+1}}{1+1}\right)\right]_{+1}^{+3} = -\left[\frac{x^3}{3} - \frac{\cancel{(4)}^{(2)}(x^2)}{\cancel{2}}\right]_{+1}^{+3}.$$

$$A = -[0{,}333x^3 - 2x^2]_{+1}^{+3} = -[(0{,}333)(3^3) - (0{,}333)(1^3)] - [(2)(3^2) - (2)(1^2)] = -[(9) - (0{,}333)] - [(18) - (2)] =$$

$A = -[(8{,}667) - (16)] = -8{,}667 + 16 = +7{,}333$. Ou seja: **Área igual a 7,333 unidades de área.**

Exercício 9.7.3) Um engenheiro deve calcular o volume de terra a ser escavado (a terra será removida por caminhões) na abertura de um túnel parabólico com um quilômetro de extensão em linha reta, e que segue a equação $y = +6 - 0{,}2x^2$. Também deve calcular quantas viagens de caminhão serão necessárias, sabendo que, cada caminhão pode transportar 15 m^3 de terra, em cada viagem.

Inicialmente, deve-se entender como é a parábola, para se definir o cálculo da área que, multiplicada pela extensão de um quilômetro (ou mil metros), definirá o volume.

A função $y = +6 - 0{,}2x^2$, tem as seguintes características:

$x = 0 \Rightarrow y = 6.$
$y = 0 \Rightarrow 0{,}2x^2 = 6 \Rightarrow x^2 = 30 \Rightarrow x = \pm 5{,}477$ (2x = 10,954).

Com esses valores, o túnel tem o seguinte perfil:

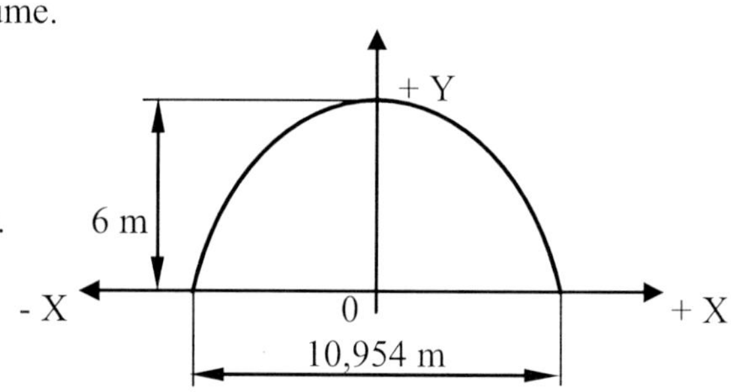

A área dessa parábola é dada por: $\int_{-5,477}^{+5,477} (6 - 0{,}2x^2)\,dx = [(6x) - (0{,}2)\left(\frac{x^{2+1}}{2+1}\right)]_{-5,477}^{+5,477} = [(6x) - (0{,}2)\left(\frac{x^3}{3}\right)]_{-5,477}^{+5,477} =$

$$[(6)(+5{,}477) - (0{,}2)\left(\frac{+5{,}477^3}{3}\right)] - [(6)(-5{,}477) - (0{,}2)\left(\frac{(-5{,}477)^3}{3}\right)] = 43{,}818\ m^2.$$

O túnel tem uma área de entrada parabólica de 43,818 m^2. Essa área multiplicada pela extensão dá o volume:

43,818 m^2 x 1.000 m = 43.818 m^3. Esse volume dividido por 15 m^3, dá a quantidade de caminhões.

$\frac{43.818 \cancel{m^3}}{15 \cancel{m^3}}$ = 2.921,2 caminhões. Ou seja: 2.921 caminhões cheios e mais um caminhão com 20% de 15 m^3.

Conclusão: serão escavados 43.818 m^3 de terra, que serão transportados em 2.921 viagens de caminhão, sendo 2.921 viagens com o caminhão cheio (15 m^3) e uma viagem com 3 m^3.

Curiosidade: em geral, o solo pesa 20 kN/m^3, que equivale a 2.000 kgf/m^3 ou 2 toneladas força por m^3 (2 tf/ m^3). Com isso, com a abertura desse túnel serão movimentadas 87.636 toneladas força de solo.

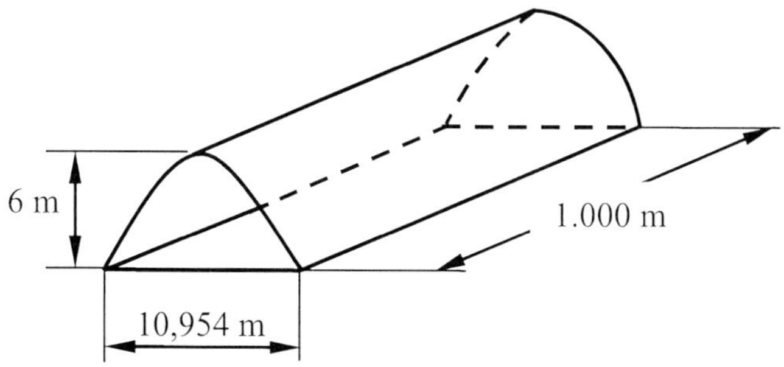

Observa-se que, geometricamente, esse túnel configura-se como um típico cilindro parabólico.

Na Engenharia Civil/Arquitetura, é comum o uso de elementos estruturais, em concreto armado, com o formato de um cilindro parabólico, semelhante ao estudado, obviamente de menores dimensões. Esses elementos são moldados em formas metálicas, também com o formato de cilindros parabólicos.

Exercício 9.7.4) Determine a área da função $y = +x^3 - 2x^2 - 5x + 6$ no intervalo [-2, +3].

A imagem geométrica dessa função mostra que podem ser consideradas três áreas, uma A1 na parte superior, no segundo quadrante, outra área A2 no primeiro quadrante e a A3 no quarto quadrante. Esse problema envolve o cálculo de três integrais definidas: a área A1 no intervalo [-2, 0], a A2 no intervalo [0, +1] e a A3 no intervalo [+1, +3]. Em resumo tem-se:

$A1 = \int_{-2}^{0} (x^3 - 2x^2 - 5x + 6)\,dx$, $A2 = \int_{0}^{+1} (x^3 - 2x^2 - 5x + 6)\,dx$ e $A3 = \int_{+1}^{+3} (x^3 - 2x^2 - 5x + 6)\,dx$.

Área total = A1 + A2 + A3.

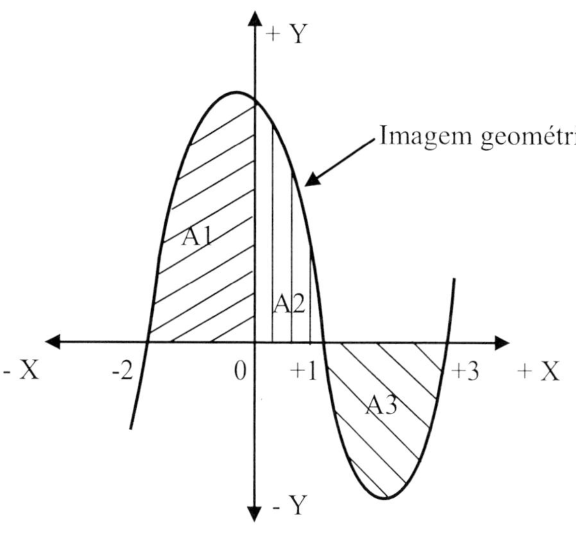

Imagem geométrica aproximada da função: $y = +x^3 - 2x^2 - 5x + 6$.

*Com relação aos cálculos, mais uma vez, observa-se ser mais fácil operar com decimais, do que com frações.

Apesar da área A2 estar toda no quarto quadrante, não existe sentido prático, em considerá-la negativa.

Essa é a solução das três integrais, só mudando o intervalo.

$$A1 = +\int_{-2}^{0} (x^3 - 2x^2 - 5x + 6)\, dx = \left[\frac{(x^{3+1})}{3+1} - (2)\frac{(x^{2+1})}{2+1} - (5)\frac{(x^{1+1})}{1+1} + 6x\right]_{-2}^{0} = \left[\frac{x^4}{4} - \frac{2x^3}{3} - \frac{5x^2}{2} + 6x\right]_{-2}^{0} = |A1|.$$

$*|A1| = 0 - [0{,}25(-2)^4 - 0{,}667(-2)^3 - 2{,}5(-2)^2 + 6(-2)] = -(4 + 5{,}336 - 10 - 12) = +12{,}664$ unidades de área.

$$A2 = \int_{0}^{+1} (x^3 - 2x^2 - 5x + 6)\, dx = [0{,}25x^4 - 0{,}667x^3 - 2{,}5x^2 + 6x]_{0}^{+1} = (0{,}25 - 0{,}667 - 2{,}5 + 6) - 0 = +3{,}083 \text{ ua.}$$

$|A2| = 3{,}083$ unidades de área.

$$A3 = \int_{+1}^{+3} (x^3 - 2x^2 - 5x + 6)\, dx = \left(\frac{3^4}{4} - \frac{2 \text{ x } 3^3}{3} - \frac{5 \text{ x } 3^2}{2} + 6 \text{ x } 3\right) - \left(\frac{1}{4} - \frac{2}{3} - \frac{5}{2} + 6\right) =$$

$= (20{,}25 - 18 - 22{,}5 + 18) - (0{,}25 - 0{,}667 - 2{,}5 + 6) = -5{,}333$ unidades de área.

$|A3| = 5{,}333$ unidades de área. Esse valor negativo é devido à posição da área.

Área total $= |A1| + |A2| + |A4| = 12{,}664 + 3{,}083 + 5{,}333 = 21{,}080$ unidades de área.

A área da função $y = +x^3 - 2x^2 - 5x + 6$ no intervalo [-2, +3] é igual a 21,080 unidades de área.

Exercício 9.7.5) Determine a área da função y = sen x dx, no intervalo [-π, + π/2].

O gráfico a seguir mostra a variação da função y = sen x, no intervalo entre -2π e +2π.

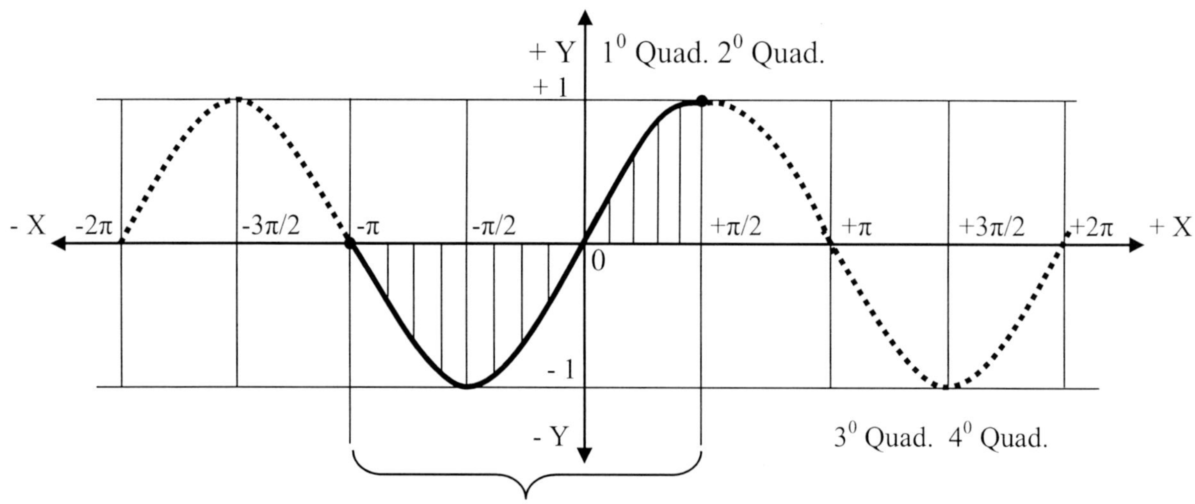

Esse é o intervalo solicitado, com as áreas hachuradas.

Como essa função, além de contínua, é cíclica, pode-se afirmar que no intervalo [-π, + π/2], existem três áreas iguais: uma entre [-π, - π/2], outra entre [-π/2, 0π] e uma terceira entre [0π, + π/2]. Isso significa que basta calcular a área de um desses três intervalos e multiplicar por três, para obter a área pedida. O cálculo será feito considerando-se o intervalo entre [0π, + π/2].

$$A = +3\int_{0\pi}^{+\pi/2} (\text{sen } x)\, dx = -\cos x]_{0\pi}^{+\pi/2} = -3\,[\cos \pi/2 - \cos 0\pi] = -3\,[(0 - (+1)] = +3 \text{ unidades de área.}$$

A área da função y = sen x dx, no intervalo [-π, + π/2] é igual a 3 unidades de área.

Exercício 9.7.6) Determine a área A, de menores abscissas, delimitada pela interseção das funções: a) y = +2x - 1, b) y = -0,5x + 4 e c) $+x^2 - 4x + 4$. Inicialmente, devem ser feitos os gráficos de cada uma das funções, para entender a lógica do problema. (Uma imagem vale mais do que mil palavras).

Função: y = +2x -1. (Reta).

x	-2	-1	0	+1	+2
y	-5	-3	-1	+1	+3

Função: y = -0,5x + 4. (Reta).

x	-2	-1	0	+1	+2
y	+5	+4,5	+4	+3,5	+3

Função: $y = +x^2 - 4x + 4$. (Parábola).

x	-2	-1	0	+1	+2
y	+16	+9	+4	+1	0

Essas três funções se interceptam em cinco pontos: E, F, G, H e I, formando três áreas A1, A2 e A3. Observa-se que a área "A1" é a de menores abscissas, sendo formada pelos três pontos E, G e I.

Cálculo das coordenadas desses três pontos:

E é a interseção entre: y = -0,5x +4 e $y = +x^2 - 4x + 4$.

G é a interseção entre: y = +2x - 1 e $y = +x^2 - 4x + 4$.

I é a interseção entre: y = -0,5x + 4 e y = +2x - 1.

E(0; +4), G(+1; +1) e I(+2; +3).

Com essas coordenadas podem ser determinadas as integrais das áreas.

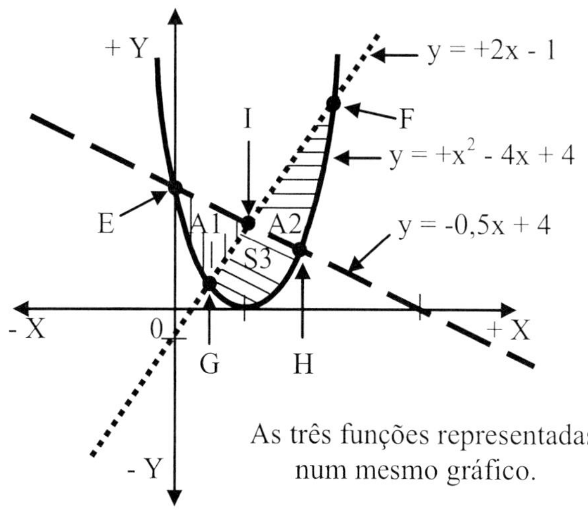

As três funções representadas num mesmo gráfico.

A área A a ser calculada está no grande intervalo [0; +2] ou [E; I] (entre os pontos E e I), envolvendo as três funções e dois intervalos [0; +1] e [+1; +2]. A área pedida é dada pela subtração entre as funções, de maior e menor valor, nos dois intervalos. Ou seja, serão duas subtrações ou duas integrais, pois são dois intervalos. Pelo gráfico observa-se que no intervalo [0; +1] a menor função é $y = +x^2 - 4x + 4$ e a maior é y = -0,5x + 4. No intervalo [+1; +2] a menor função é y = +2x - 1 e a maior é y = -0,5x + 4. Com isso tem-se as seguintes subtrações:

$$A1 = \int [(-0,5x + 4) - (+x^2 - 4x + 4)]\, dx$$

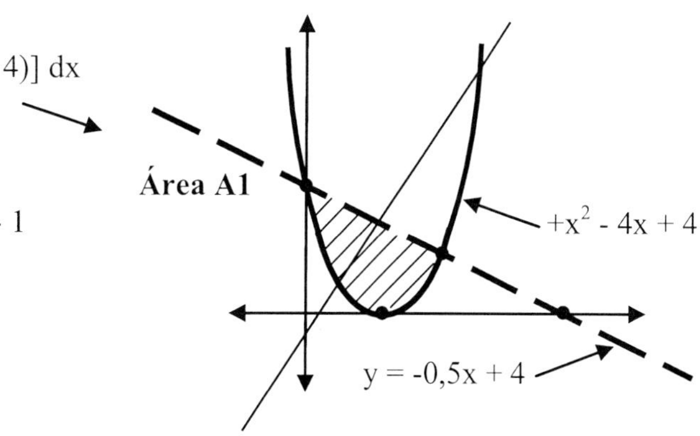

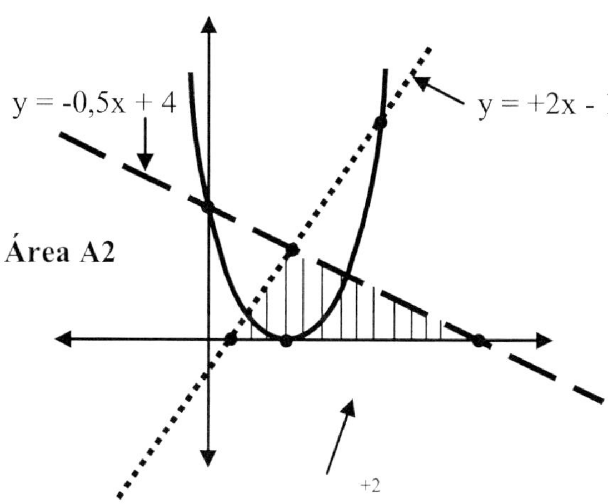

$$A2 = \int^{+2} [(-\ 0,5x + 4) - (2x - 1)]\, dx.$$

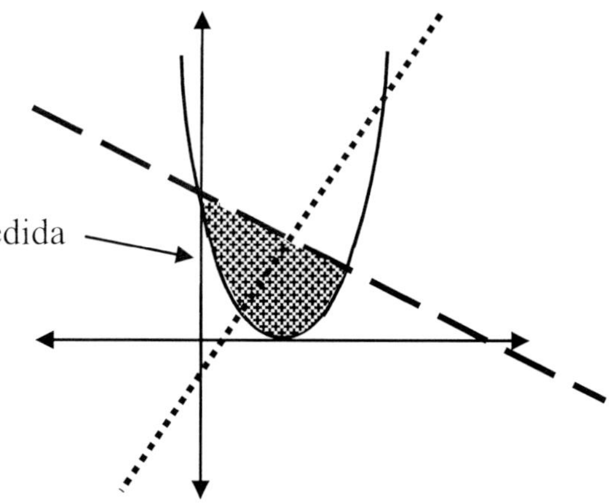

A = A1 + A2. Esta é a área "A" pedida

A1: $[(-0{,}5x + 4) - (x^2 - 4x + 4)] = -x^2 + 3{,}5x$.

A2: $[(-0{,}5x + 4) - (2x - 1)] = -2{,}5x + 5$.

$$A1 = \int_0^{+1}(-x^2 + 3{,}5x)\,dx = \left[\frac{-x^{2+1}}{2+1} + (3{,}5)\frac{x^{1+1}}{1+1} + 0\right]_0^{+1} = [(-0{,}333x^3) + (1{,}75)x^2]_0^{+1} = (-0{,}333) + (1{,}75) = +1{,}417.$$

$$A2 = \int_{+1}^{+2}(-2{,}5x + 5)\,dx = \left[-(2{,}5)\frac{x^{1+1}}{1+1} + 5x\right]_{+1}^{+2} = [-(1{,}25)\,x^2 + 5x]_{+1}^{+2} = [-(1{,}25)\,[2^2 - 1^2] + 5(2 - 1) = -3{,}75 + 5 =$$

A2 = +1,25. A = A1 + A2 => +1,417 + 1,25 = 2,667 unidades de área.

A área, de menores abscissas, delimitada pela interseção das funções: a) $y = +2x - 1$, $y = -0{,}5x + 4$ e $+x^2 - 4x + 4$ é igual a 2,667 unidades de área.

Exercício 9.7.7) Determine a área da região de interseção entre as funções: a) $y = +x^2 + 2$ e b) $y = -x^2 + 4$.

Inicialmente, faz-se a representação gráfica das funções.

Função: $y = +x^2 + 2$. (Parábola).

x	-2	-1	0	+1	+2
y	+6	+3	+2	+3	+6

Função: $y = -x^2 + 4$ (Parábola).

x	-2	-1	0	+1	+2
y	0	+3	+4	+3	0

As duas funções são representadas no gráfico a seguir.

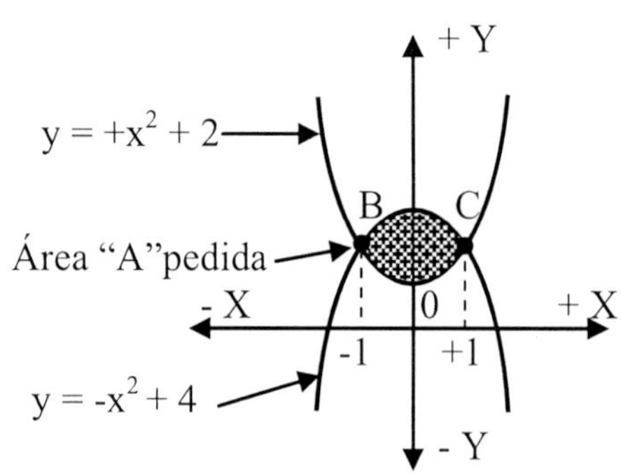

As funções se interceptam nos pontos B (-1; +3) e C(+1; +3). Na área de interseção, a maior função é $y = 4 - x^2$. $y = x^2 + 2$

$$\text{Área } A = \int_{-1}^{+1}(-2x^2 + 2)\,dx = \left[(-2)\left(\frac{x^3}{3}\right) + (2x)\right]_{-1}^{+1}.$$

$$A = [(-0{,}667)(+1)^3 - (-0{,}667)(-1)^3)] + (2)(+1) - (2)(-1) =>$$

$$A = (-0{,}667) - (0{,}667) + (2) + (2) = +2{,}667.$$

A área da região de interseção entre as funções: $y = +x^2 - 2$ e $y = -x^2 + 4$ é igual a 2,667 ua.

Exercício 9.7.8) Determine a área da região de interseção entre as funções: a) $y = +x^2 - 4x - 1$ e b) $y = -0{,}5x^2 - 1$.

Observa-se que $y = -0{,}5x^2 - 4x - 1$ é maior do que $y = +x^2 - 4x - 1$, portanto:

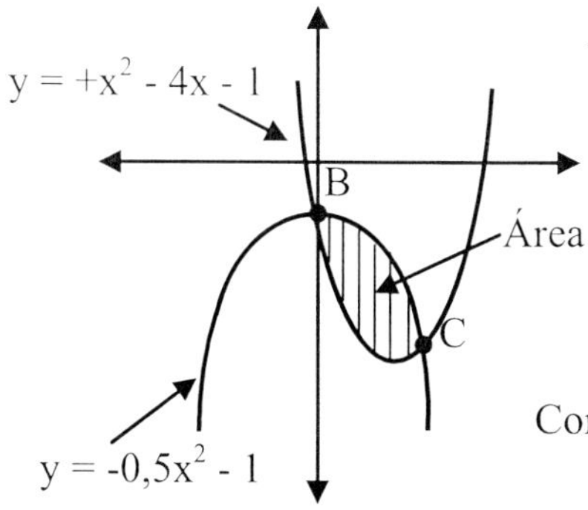

A diferença de funções será: $(-0{,}5x^2 - 1) - (+x^2 - 4x - 1) = \mathbf{-1{,}5x^2 + 4x}$.

O intervalo de integração é dado pelos pontos B e C, das interseções.

$+x^2 - 4x - 1 = -0{,}5x^2 - 1 \Rightarrow +1{,}5x^2 - 4x = 0.$

$+1{,}5x^2 - 4x = 0 \Rightarrow x1 = 0$ e $x2 = +2{,}667$.

Como: B (0; -1) e C (+2,667; -4,555) o intervalo de integração é: [0; +2,667].

Portanto: $A = \int_0^{+2,667} (-1{,}5x^2 + 4x)\,dx$. $A = \int_0^{+2,667} (-1{,}5x^2 + 4x)\,dx = \left[\frac{(-1{,}5)x^3}{3} + \frac{(4)x^2}{2}\right]_0^{+2,667} = \left[-0{,}5x^3 + 2x^2\right]_0^{+2,667}$.

$A = [(-0{,}5)(+2{,}667^3) - (-0{,}5)(0^3)] + [(2)(+2{,}667)^2 - (2)(0)^2] = (-9{,}485) + (+14{,}226) = +4{,}741$.

A área da região de interseção entre as funções: a) $y = +x^2 - 4x - 1$ e b) $y = -0{,}5x^2 - 1$ é igual a 4,741 ua.

Exercício 9.7.9) Determine a área da região de interseção entre as funções: a) $x = +y^2$ e b) $y = +x - 2$.

A função $x = +y^2$ representa uma parábola com vértice coincidente com a origem (0; 0) e cavidade para a direita. A função $y = +x - 2$, representa uma reta que não passa pela origem, portanto uma função afim. O gráfico a seguir mostra as funções e a área pedida.

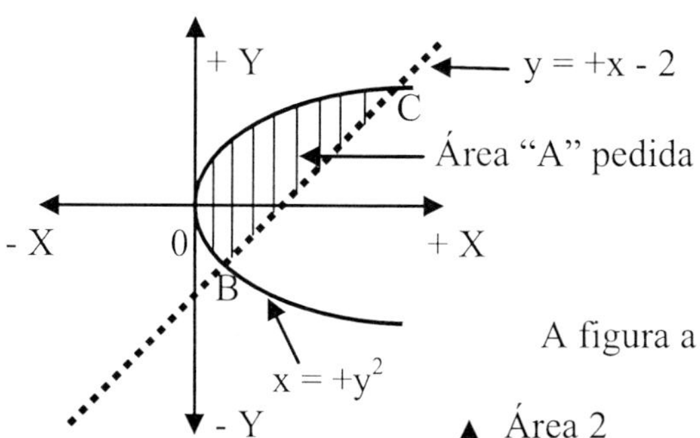

$x = +y^2$ e $y = +x - 2 \Rightarrow x = +y + 2 \Rightarrow y^2 - y - 2$. Portanto:

$y1 = +2$ e $y2 = -1 \Rightarrow x1 = +4$ e $x2 = +1$.

Pontos de interseção: B (+1; -1) e C (+4; +2).

A figura a seguir mostra as duas áreas e os dois intervalos de integração.

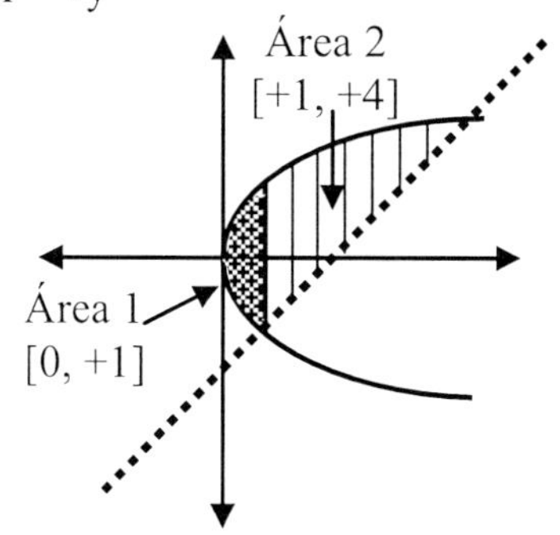

Essa figura mostra que a área A1, está totalmente no domínio da parábola: $x = +y^2$ e portanto, pode ser subdividida em duas áreas menores, A1a e A1b, como mostradas no detalhe ampliado à direita. A área A2 está no intervalo [+1, +4], entre as funções $y = +\sqrt{x}$ (superior) e $y = +x - 2$.

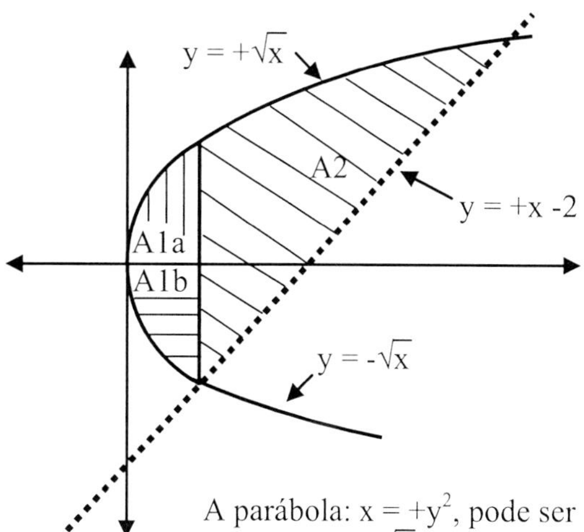

A parábola: $x = +y^2$, pode ser como: $y = \pm\sqrt{x}$, portanto com dois ramos: superior: $y = +\sqrt{x}$, e inferior $y = -\sqrt{x}$.

A área A1a é calculada como: $A1a = \int_0^{+1} (+\sqrt{x})\, dx = \int_0^{+1} (+x^{1/2})\, dx = \left[\frac{x^{1/2+1}}{1/2+1}\right]_0^{+1} = [0{,}667x^{3/2}]_0^{+1} = 0{,}667$ ua.

A área A1b é calculada como: $A1b = -\int_0^{+1} (-\sqrt{x})\, dx = \int_0^{+1} (-x^{1/2})\, dx = -\left[\frac{-x^{1/2+1}}{1/2+1}\right]_0^{+1} = -[-0{,}667x^{3/2}]_0^{+1} = +0{,}667$ ua.

$x^{3/2} = \sqrt[2]{x^3}$

A área A2 é calculada como: $\int_{+1}^{+4} (+\sqrt{x}) - (x - 2)\, dx = \int_{+1}^{+4} (+\sqrt{x} - x + 2)\, dx = A2 = [(0{,}667x^{3/2}) - (0{,}5)x^2 + 2x]_{+1}^{+4} =$

$[(0{,}667)(4^{3/2}) - (0{,}667)(1^{3/2})] - [(0{,}5)(4^2) - (0{,}5)(1^2)] + 2(4) - 2(1)]$. Portanto: $A2 = 3{,}169$ ua.

A área total é: $A = A1a + A1b + A2 = +0{,}667 + 0{,}667 + 3{,}169$. Finalmente: $A = 4{,}503$ unidades de área.

A área da região de interseção entre as funções: $x = +y^2$ e $y = +x - 2$ é igual a 4,503 unidades de área.

Exercício 9.7.10) Determine a área da região no intervalo [+ 1, +2] da função: $y = +e^x$.

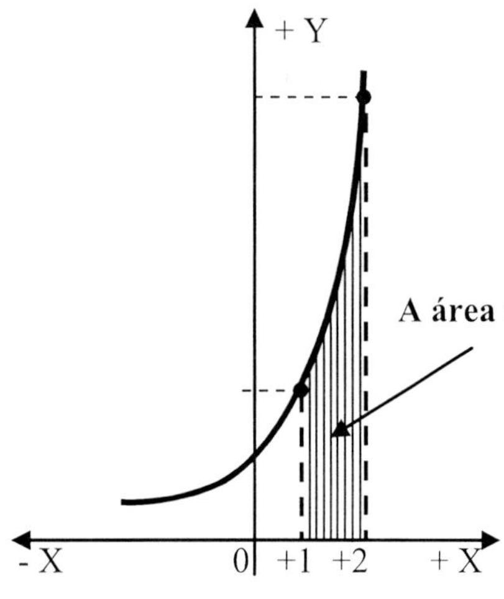

$$\int_{+1}^{+2} +e^x\, dx = [e^x]_{+1}^{+2} = e^2 - e^1 = 7{,}389 - 2{,}718 = 4{,}671 \text{ ua.}$$

A área da região no intervalo [+ 1, +2] da função: $y = +e^x$ é igual a 4,671 ua.

Exercício 9.7.11) Determine a área da região delimitada pela função $y = x^3$, o eixo cartesiano X e as retas $x = -1{,}5$ e $x = +2$.

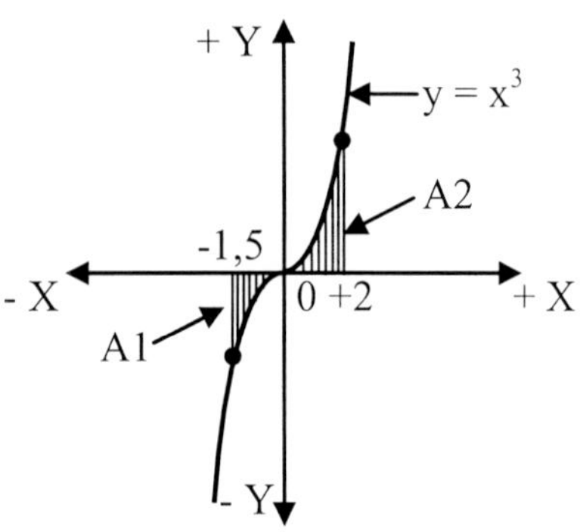

Em verdade no intervalo [-1,5; +2] existem duas áreas: A1 entre -1,5 e 0 e A2 entre 0 e +2. Como a área A1 está na parte negativa, faz-se:

$$A1 = -\int_{-1,5}^{0} x^3\, dx = -\left[\frac{x^{3+1}}{3+1}\right]_{-1,5}^{0} = -\left[\frac{x^4}{4}\right]_{-1,5}^{0} = \frac{(-1{,}5)^4}{4} = 1{,}266 \text{ ua.}$$

$$A2 = \int_0^{+2} x^3\, dx = -\left[\frac{x^{3+1}}{3+1}\right]_0^{+2} = \left[\frac{x^4}{4}\right]_0^{+2} = \frac{(+2)^4}{4} = 4 \text{ ua.}$$

Conclusão: a área pedida é igual a 5,266 unidades de área.

9.8 Áreas relacionadas à elipse e ao círculo, estudadas pela integral definida

Uma elipse com centro C coincidente com a origem 0(0; 0), eixo maior "2a" coincidente com o eixo cartesiano X e eixo menor "2b" coincidente com o eixo cartesiano Y, tem como equação: $+x^2/a^2 + y^2/b^2 = +1$. A análise da área desse tipo de elipse é mostrada a seguir.

Área da elipse

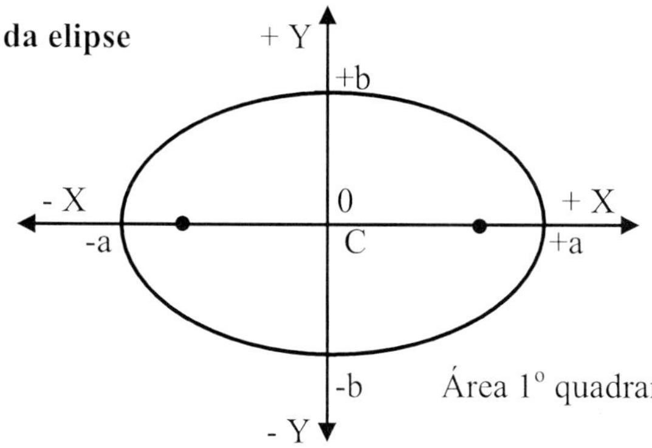

$$+x^2/a^2 + y^2/b^2 = +1 \Rightarrow y = \frac{b}{a}\sqrt{a^2 - x^2}$$

A elipse está subdividida em quatro partes iguais, uma em cada quadrante. Considerando-se o primeiro quadrante, ou seja, intervalo [0, +a], se tem:

Área 1º quadrante $= \int_0^{+a} \left(\frac{b}{a}\sqrt{a^2 - x^2}\right) dx$. Considerando toda a elipse:

$A = \frac{4b}{a}\int_0^{+a} \left(\sqrt{a^2 - x^2}\right) dx$. Resolvendo-se essa integral, se tem a área da elipse em função de "a" e "b".

Fazendo $x = a \operatorname{sen} \Theta \Rightarrow dx = a \cos \Theta \, d\Theta$. $\qquad x^2 = a^2 \operatorname{sen}^2 \Theta$.

Os intervalos de integração ficam: $a = 0 \Rightarrow a \operatorname{sen} \Theta = 0$, como $a \neq 0$, logo: $\operatorname{sen} \Theta = 0$, ou seja: $\Theta = 0$.

$x = a \Rightarrow a \operatorname{sen} \Theta = a$, logo: $\operatorname{sen} \Theta = 1$, ou seja: $\Theta = \pi/2$. Com esse intervalo, a integral pode ser resolvida.

$$A = \frac{4b}{a}\int_0^{\pi/2} (\sqrt{a^2 - x^2})\, dx = \frac{4b}{a}\int_0^{\pi/2} [(\sqrt{a^2 - (a^2 \operatorname{sen}^2 \Theta)})]\, a \cos \Theta \, d\Theta = \frac{4b\not{a}}{\not{a}}\int_0^{\pi/2} [(\sqrt{a^2(1 - \operatorname{sen}^2 \Theta)})] \cos \Theta \, d\Theta =$$

$(1 - \operatorname{sen}^2 \Theta) = {}^*\cos^2 \Theta$

$$= 4ab \int_0^{\pi/2} (\sqrt{({}^*\cos^2 \Theta)})\, d\Theta.$$

⇧

Como: $\cos^2 \Theta = \frac{1 + \cos 2\Theta}{2}$, a integral fica: $4\,ab\int_0^{\pi/2} \sqrt{(\cos^2 \Theta)} \cos \Theta \, d\Theta$.

$$\not{4}ab\int_0^{\pi/2} \frac{(1 + \cos 2\Theta)}{\not{2}}\, d\Theta = 2\,ab\int_0^{\pi/2} (1 + \cos 2\Theta)\, d\Theta = 2\,ab\int_0^{\pi/2} 1\, d\Theta + 2\,ab\int_0^{\pi/2} (\cos 2\Theta)\, d\Theta = 2\,ab\left[\Theta + \frac{\operatorname{sen} 2\Theta}{2}\right]_0^{\pi/2}.$$

$$2\,ab\left[\Theta + \frac{\operatorname{sen} 2\Theta}{2}\right]_0^{\pi/2} = 2\,ab\left[\frac{\pi}{2} + \frac{\operatorname{sen}(2\pi/2)}{2} - 0\right] = 2\,ab\left[\left(\frac{\pi}{2}\right) + \operatorname{sen}\frac{\pi}{2}\right] = \pi ab.$$

Ou seja a área da elipse $\mathbf{A = \frac{4b}{a}\int_0^{+a} (\sqrt{a^2 - x^2})\, dx = \pi ab}$.

Área da elipse com eixo maior "2a" coincidente com o eixo cartesiano Y

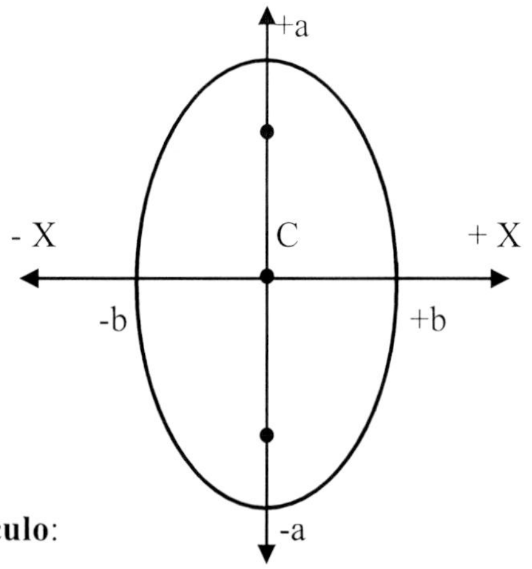

Obviamente, a área será a mesma, ou seja: $A = \pi ab$, porém, para desenvolver a análise, como no caso anterior, faz-se:

$$y = \frac{a}{b}\sqrt{b^2 - x^2}$$

Nesse caso a equação fica: $+x^2/b^2 + y^2/a^2 = +1$.

Nos problemas reais, em especial em cálculos de Engenharia, usa-se d, que é o diâmetro e $d = 2r$.

Área do círculo:

Na equação do círculo: $+x^2 + y^2 \leq r^2$, fazendo $+x^2 + y^2 = r^2$, tem-se: $y = \pm\sqrt{r^2 - x^2}$.

Seguindo os mesmos passos da análise anterior chega-se a: $A = \pi\, r^2 = \dfrac{\pi\, d^2}{4}$

Exercício 9.8.1) Um engenheiro precisa comparar a escavação de um túnel de entrada parabólica, com outro de entrada semi elíptica, de forma que nos dois as alturas e as larguras (boca de entrada) sejam as mesmas. Sabendo que o túnel de entrada parabólica segue a equação $y = -0{,}125x^2 + 6$ determinar qual dos dois formatos é o que causa menor volume de escavação, sabendo que o túnel tem um quilômetro de extensão.

Inicialmente estuda-se e desenha-se o túnel parabólico, para saber os valores da altura e da largura.

$y = -0{,}125x^2 + 6 \Rightarrow$ quando $x = 0$, $y = 6$, ou seja, a altura do túnel tem 6 metros.

$y = -0{,}125x^2 + 6 \Rightarrow$ quando $y = 0$, $x = \pm 6{,}928$, ou seja, a largura (ou boca) do túnel tem 13,856 metros.

No túnel elíptico, o semi eixo (b) menor é a altura de 6 metros e o semi eixo (a) maior é 6,928 metros.

A elipse é do tipo: $+x^2/a^2 + y^2/b^2 = +1$, ou seja: $+x^2/6{,}928^2 + y^2/6^2 = +1 \Rightarrow +x^2/48 + y^2/36 = +1$

Túnel parabólico (Ambos os túneis de mesmas dimensões básicas) Túnel elíptico

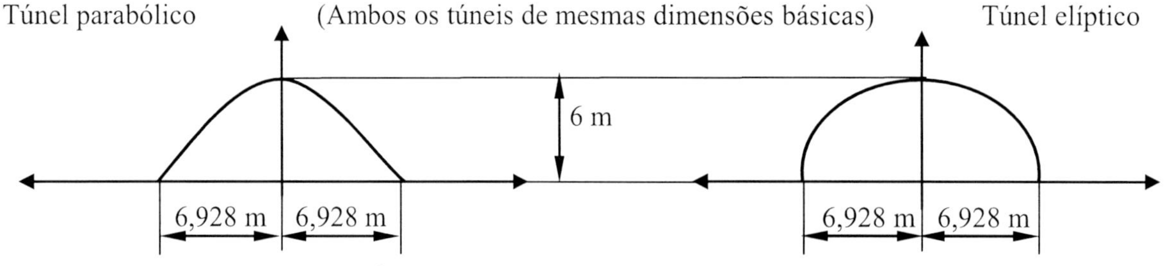

Parábola: $y = -0{,}125x^2 + 6$

$\updownarrow$

Área $A = \displaystyle\int_{-6{,}928}^{+6{,}928} (-0{,}125x^2 + 6)\, dx.$

Elipse: $+x^2/48 + y^2/36 = +1$

$\updownarrow$

Área $= \dfrac{\pi ab}{2} = \dfrac{\pi\,(6{,}928)(6)}{2} = 65{,}295\ m^2$.

$$\text{Área } A = \int_{-6{,}928}^{+6{,}928}(-0{,}125x^2 + 6)\, dx = \int_{-6{,}928}^{+6{,}928}(-0{,}125x^2)\, dx + \int_{-6{,}928}^{+6{,}928}(+6)\, dx = \left[-0{,}125\frac{x^3}{3}\right]_{-6{,}928}^{+6{,}928} + [6x]_{-6{,}928}^{+6{,}928} =$$

$$-0{,}042[(+6{,}928)^3 - (-6{,}928)^3] + 6[+6{,}928 - (-6{,}928)] = -0{,}042[+332{,}524 - (-332{,}524)] + 83{,}136 =$$
$$= -27{,}932 + 83{,}136 = +55{,}204\ m^2.$$

Multiplicando cada área calculada pela extensão de 1 km ou 1.000 m, tem-se o volume de escavação.

Escavação no parabólico = 55,204 m^2 x 1.000 m = 55.204 m^3.

Escavação no elíptico = 65,295 m^2 x 1.000 m = 65.295 m^3.

A diferença é de 10.091 m^3.

Supondo cada caminhão com capacidade de transportar cerca de 15 m^3 por viagem, constata-se que, ao utilizar um túnel parabólico, ao invés de um elíptico, tem-se: 10.091 m^3/15 m^3 = 673 viagens a mais.

Apesar de causar um menor volume de escavação, o túnel parabólico causa limitação de altura, à medida que se vai do centro para a borda, ou seja, veículos mais altos não podem trafegar mais encostados às laterais. Por exemplo, no Brasil, ônibus de dois andares, normalmente usados em turismo urbano, têm altura de 4,4 metros. Vamos analisar, para cada perfil, as limitações de altura. Calcula-se o valor total de x, para a altura y = 4,4 m.

$x = \pm\sqrt{48(1 - y^2/36)} \Rightarrow x = \pm 4,71$ m.

O túnel elíptico tem mais espaço útil.

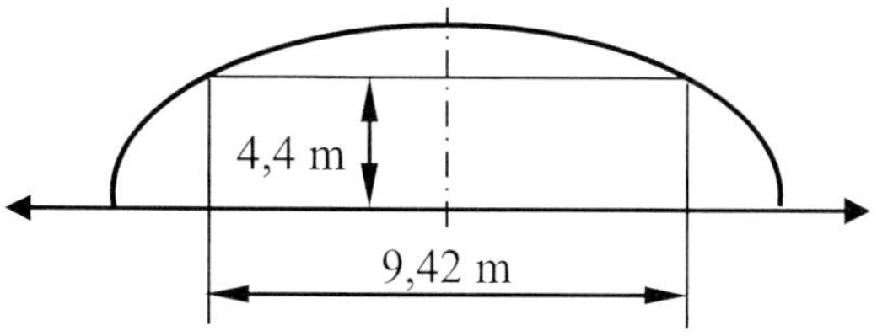

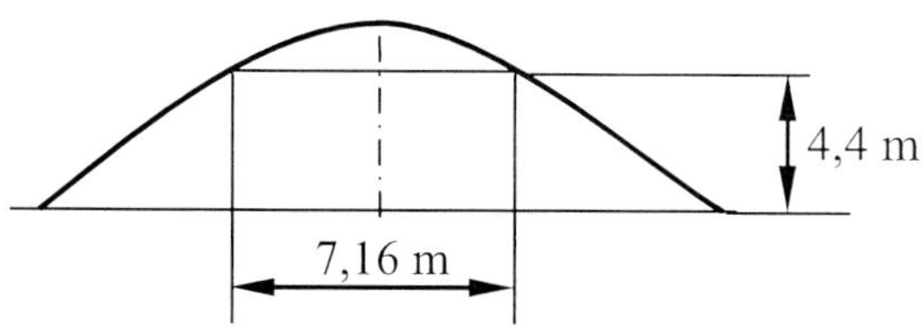

$x = \pm\sqrt{(6 - y)/0,125} \Rightarrow x = \pm 3,58$ m.

Observa-se que, no caso estudado, o túnel no perfil elíptico, apesar de não ser mais econômico, tem uma melhor utilização, quanto à altura dos veículos que a utilizarão.

Deve ser esclarecido que, na prática, são utilizados túneis elípticos e parabólicos, sendo que em alguns casos, como nos para passagem de trens, usa-se o tipo elíptico, com o eixo maior na vertical.

9.9 Exercícios complementares resolvidos

Resolva as integrais definidas, a seguir, deixando as respostas em decimais e não sob a forma de fração.

9.9.1) $\int_{+1}^{+4} \frac{(2 + 5x)}{\sqrt{x}}\,dx = \int_{+1}^{+4} \left(\frac{2}{\sqrt{x}}\right) + \left(\frac{5x}{\sqrt{x}}\right) dx = \int_{+1}^{+4} [2(x^{-1/2}) + 5x(x^{-1/2})]\,dx = \left[\frac{2(x^{-1/2+1})}{-1/2+1} + \frac{5x(x^{-1/2+1})}{+1/2+1}\right]_{+1}^{+4} =$

$= \left[\frac{2x^{+1/2}}{+1/2} + \frac{5x^{+1/2}}{+3/2}\right]_{+1}^{+4} = \left[4\sqrt{x} + \frac{10\sqrt{x^3}}{3}\right]_{+1}^{+4} = 27,333$ ua.

Portanto: $\int_{+1}^{+4} \frac{(2 + 5x)}{\sqrt{x}}\,dx$ **= 27,333 unidades de área**.

9.9.2) $\int_{\pi/6}^{\pi/3} \frac{\text{cossec}^2\,x}{\text{cotg}^3\,x}\,dx = \int_{\pi/6}^{\pi/3} \frac{(1/\text{sen}^2\,x)}{(1/\cos^3 x/\text{sen}^3\,x)}\,dx = \int_{\pi/6}^{\pi/3} \left(\frac{1}{\text{sen}^2\,x}\right)\left(\frac{\text{sen}^3\,x}{\cos^3 x}\right) dx = \int_{\pi/6}^{\pi/3} \frac{\text{sen}\,x}{\cos^3 x}\,dx = A$

Se u = cos x => du = - sen x dx. Portanto:

$A = \int_{\pi/6}^{\pi/3} \frac{du}{u^3} = \int_{\pi/6}^{\pi/3} u^{-3}\,du = -\left[\frac{u^{-3+1}}{-3+1}\right]_{\pi/6}^{\pi/3} = -\left[\frac{u^{-2}}{-2}\right]_{\pi/6}^{\pi/3} = -\left[\frac{1}{2u^2}\right]_{\pi/6}^{\pi/3}$. Como u = cos x => $A = \left[\frac{1}{2\cos^2 x}\right]_{\pi/6}^{\pi/3} =$

$= \frac{1}{2\cos^2(\pi/3)} - \frac{1}{2\cos^2(\pi/6)} = \frac{1}{0,5} - \frac{1}{1,5} = 2 - 0,667 = +1,333$ ua.

Portanto: $\displaystyle\int_{\pi/6}^{\pi/3} \frac{\operatorname{cossec}^2 x}{\operatorname{cotg}^3 x}\,dx$ **= 1,333 unidades de área.**

9.9.3) $\displaystyle\int_{+1}^{+3} \frac{1}{1+e^{-x}}\,dx = \int_{+1}^{+3} \left(\frac{e^x}{e^x}\right)\left(\frac{1}{1+e^{-x}}\right) dx = \int_{+1}^{+3} \frac{e^x}{e^x+1}\,dx = [\ln(e^x+1)]_{+1}^{+3} = [\ln(e^3+1) - \ln(e^1+1)] =$

$= \ln(20{,}081 + 1) - \ln(2{,}718 + 1) = \ln 21{,}086 - \ln 3{,}718 = 3{,}049 - 1{,}313 = 1{,}736$ ua.

Portanto: $\displaystyle\int_{+1}^{+3} \frac{1}{1+e^{-x}}\,dx$ **= 1,736 unidades de área.**

9.9.4) Determine a área da região limitada, no intervalo [+1. +3], da interseção entre as funções $y = +x + 6$ e $y = +x^2$.

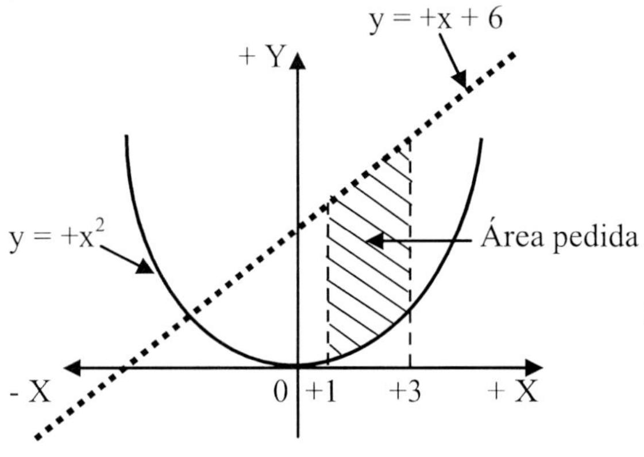

Como a função maior é $y = +x + 6$, então tem-se:

$$A = \int_{+1}^{+3} [(x+6) - x^2]\,dx = \left[\frac{x^2}{2} + 6x - \frac{x^3}{3}\right]_{+1}^{+3}.$$

$$A = [(4{,}5) + (18) - (9)] - [(0{,}5) + (6) - (0{,}333)] = 7{,}333 \text{ ua.}$$

Portanto: a área pedida é igual a 7,333 unidades de área.

9.9.5) Determinar, para o intervalo [+1, +3], a área entre as funções $y = +x^2 - 4x + 10$ e $y = -x^2 + 4x$.

$y = +x^2 - 4x + 10$

x	0	+1	+2	+3	+4	+5
y	+10	+7	+6	+7	+10	+15

$y = -x^2 + 4x$

x	0	+1	+2	+3	+4	+5
y	0	+3	+4	+3	0	-5

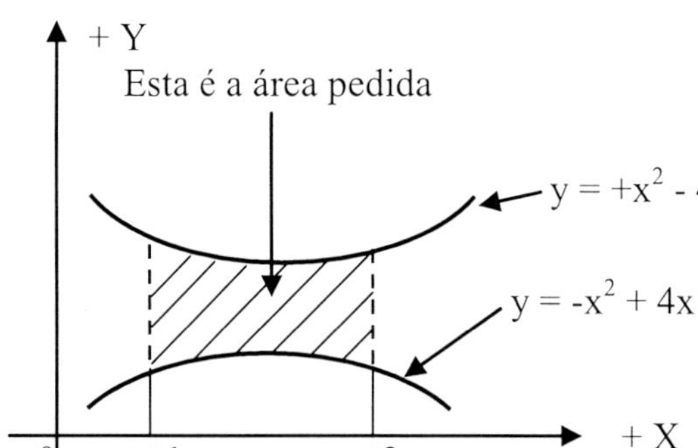

A área será calculada pela diferença entre a função superior $y = +x^2 - 4x + 10$ e a inferior $y = -x^2 + 4x$

$(+x^2 - 4x + 10) - (-x^2 + 4x) = +2x^2 - 8x + 10.$

$$A = \int_{+1}^{+3} (+2x^2 - 8x + 10)\,dx = \left[\frac{2x^3}{3} - \frac{8x^2}{2} + 10x\right]_{+1}^{+3} = [+0{,}667x^3 - 4x^2 + 10x]_{+1}^{+3} = 5{,}333 \text{ ua.}$$

A área pedida é igual a 5,333 unidades de área.

9.10 Integrais impróprias: conceituação e exemplos resolvidos

São as integrais descontínuas em algum ponto ou que envolvem intervalos dos tipos: [a, +∞],[a, -∞] ou [-∞,+∞]. Como se resolve uma integral imprópria? A solução envolve o conceito de limite. Veja-se o caso a seguir mostrado.

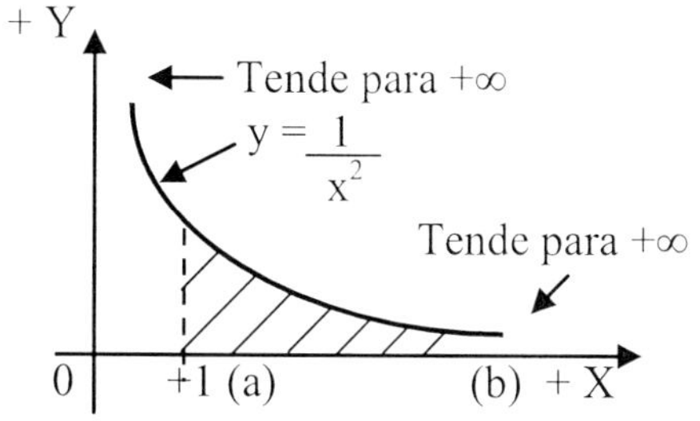

A função $y = +1/x^2$, mostrada no domínio positivo de x, é um bom exemplo, para se conceituar uma integral imprópria, já que o eixo X é assintótico à função, ou seja, tangencia a curva em +∞. A integral a seguir, é do tipo imprópria:

$$\int_{+1}^{+\infty} \frac{+1}{x^2}\, dx.$$

Observa-se que, à medida que o ponto b (abscissa maior), do intervalo [a, b] se aproxima de +∞, como a curva tende a encostar no eixo X, o incremento da área vai diminuindo, até que no limite, ou seja, em +∞, não ocorre mais incremento de área. Portanto, a solução de uma integral imprópria é da seguinte forma:

$$\int_{a}^{+\infty} f(x)\, dx = \lim_{a \to +\infty} \int_{a}^{b} f(x)\, dx. \qquad (1)$$

Seguindo esse conceito, tem-se também:

$$\int_{-\infty}^{b} f(x)\, dx = \lim_{b \to -\infty} \int_{a}^{b} f(x)\, dx. \qquad (2)$$

$$\int_{-\infty}^{+\infty} f(x)\, dx = \lim_{a \to -\infty} \int_{a}^{0} f(x)\, dx + \lim_{b \to +\infty} \int_{0}^{b} f(x)\, dx. \qquad (3)$$

Exercício 9.10.1) Uma vez conceituada, agora se pode fazer a integral a seguir, no caso, utilizando a fórmula (1):

$$\int_{+1}^{+\infty} \frac{+1}{x^2}\, dx = \lim_{b \to +\infty} \int_{+1}^{b} \frac{+1}{x^2}\, dx = \lim_{b \to +\infty} \int_{+1}^{b} x^{-2}\, dx = \lim_{b \to +\infty} \left[\frac{x^{-2+1}}{-2+1}\right]_{+1}^{b} = \lim_{b \to +\infty} -\left[x^{-1}\right]_{+1}^{b} = A.$$

$$A = -\left[\frac{1}{+\infty} - \frac{1}{+1}\right] = -[0 - 1] = +1 \text{ ua.}$$

Portanto: $\displaystyle\int_{+1}^{+\infty} \frac{+1}{x^2}\, dx$ **= uma unidade de área**

Nessa integral, observa-se que, à medida que se aumenta o valor de "a", a área vai diminuindo e no limite é igual a zero. De fato, em +∞, a curva toca o eixo X, logo não tem área.

Exercício 9.10.2) Resolver a integral imprópria a seguir: $(\text{arctg } x)' = +1/(1 + x^2)$.

$$\int_{0}^{+\infty} \frac{dx}{1+x^2} = \lim_{b \to +\infty} \int_{0}^{b} \frac{dx}{1+x^2} = \lim_{b \to +\infty} [\text{arctg } x]_{0}^{b} = [\text{arctg}(+\infty) - \text{arctg}(0)] = \frac{\pi}{2} - 0 = \frac{\pi}{2} \text{ ua.}$$

Integral definida tem um valor numérico.

Portanto: $\displaystyle\int_{0}^{+\infty} \frac{dx}{1+x^2} = \frac{\pi}{2}$ **unidades de área. Ou seja: igual a** $\frac{3{,}1416}{2}$ **= 1,571 unidades de área.**

Exercício 9.10.3) Resolver a integral imprópria a seguir:

$$\int_0^{+\infty} +e^{-x}\,dx = \lim_{b\to+\infty} \int_0^{b} e^{-x}\,dx = \lim_{b\to+\infty} [(-e^{-x})]_0^b = [-e^{-\infty} - (-e^0)] = \frac{-1}{e^{+\infty}} + 1 = 0 + 1 = 1 \text{ ua.}$$

$$\int_0^{+\infty} e^{-x}\,dx = \textbf{uma unidade de área.}$$

9.10.1 Exercícios resolvidos sobre integrais impróprias

9.10.1.1) $\int_{-\infty}^{-1} \frac{+1}{x}\,dx.$

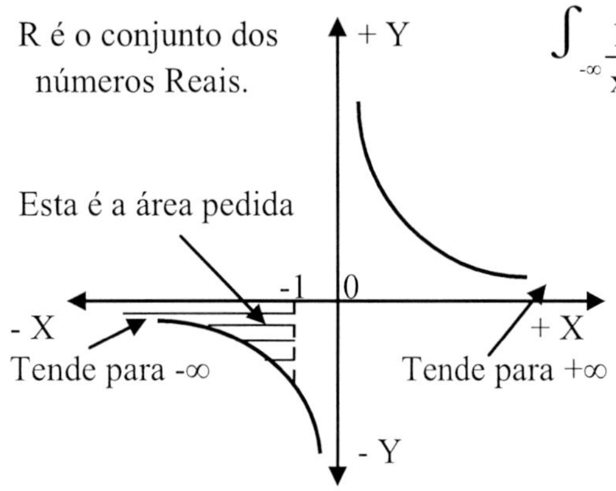

$$\int_{-\infty}^{-1} \frac{1}{x}\,dx = \lim_{R\to-\infty} \int_R^{-1} \frac{1}{x}\,dx = \lim_{R\to-\infty} [\ln|x|]_R^{-1} = \lim_{R\to-\infty} [\ln|-1| - \ln|R|] \Rightarrow$$

$$\lim_{R\to-\infty} (-\ln|R|) = -\lim_{R\to-\infty} \ln|R| = -\infty \textbf{ ua}.$$

Essa área tem que ser interpretada como convergindo da esquerda (-∞) para a direita (-1) para uma área "infinitamente pequena"

9.10.1.2) $\int_0^{+9} \frac{dx}{\sqrt{x}} = \int_0^{+9} (x^{-1/2})\,dx = \lim_{R\to 0^+} \int_R^{+9} (x^{-1/2})\,dx = \lim_{R\to 0^+} [2\,x^{1/2}]_R^9 = \lim_{R\to 0^+} [(2)\,9^{1/2}] - [(2)\,R^{1/2}] =$

$= [(2)(\sqrt{9})] - [(2)(\sqrt{0})] =$ **6 unidades de área**.

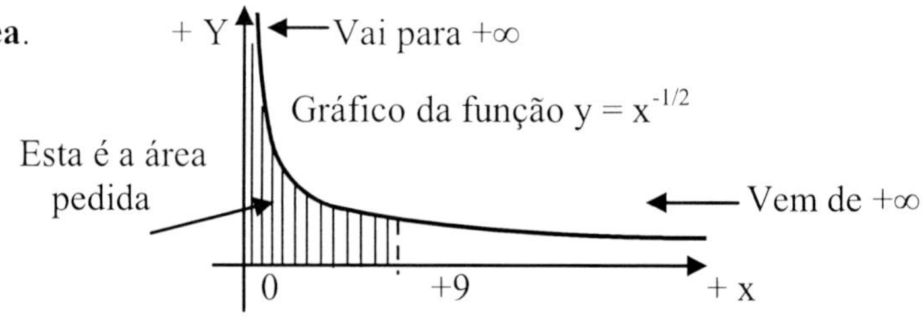

Como já visto no capítulo sobre limites, o símbolo 0^+ significa que a função se aproxima de zero (0; 0) pela direita.

9.10.1.3) $\int_0^{+1/2} \frac{1}{x}\,dx.$

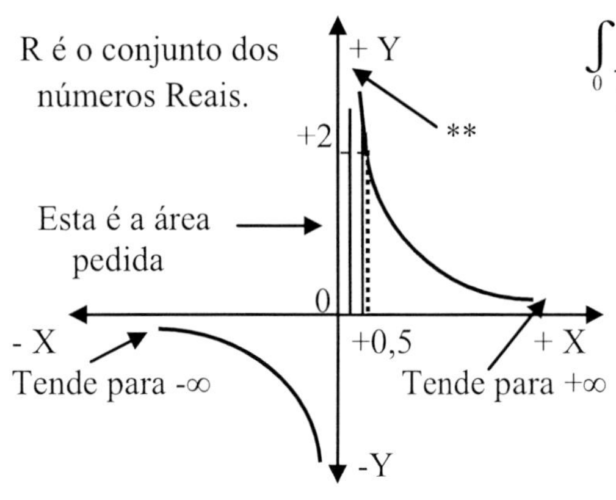

$$\int_0 \frac{1}{x}\,dx = \lim_{R\to 0^+} \int_R \frac{1}{x}\,dx = \lim_{R\to 0^+} [\ln x]_R^{+1/2} = \lim_{R\to 0^+} [\ln 1/2 - \ln R] \Rightarrow$$

$$\lim (\ln 1/2) - \lim_{R\to 0^+} \ln(R) = \infty \textbf{ ua}.$$

**Essa área tem que ser interpretada como convergindo da direita (+∞) para a esquerda (0^+) para uma área "infinitamente pequena".

y	-2	-1	0	+1	+2	+3	+4
$(x-1)^2$	+9	+4	+1	0	+1	+4	+9
$\sqrt[3]{(x-1)^2}$	+2,08	+1,587	+1	0	+1	+1,587	+2,08
$1/\sqrt[3]{(x-1)^2}$	+0,481	+0,63	+1	$+\infty$	+1	+0,63	+0,481

9.10.1.4) $\int_0^{+2} \frac{dx}{(x-1)^{2/3}}$.

Inicialmente, faz-se o gráfico da função, para um bom entendimento algébrico.

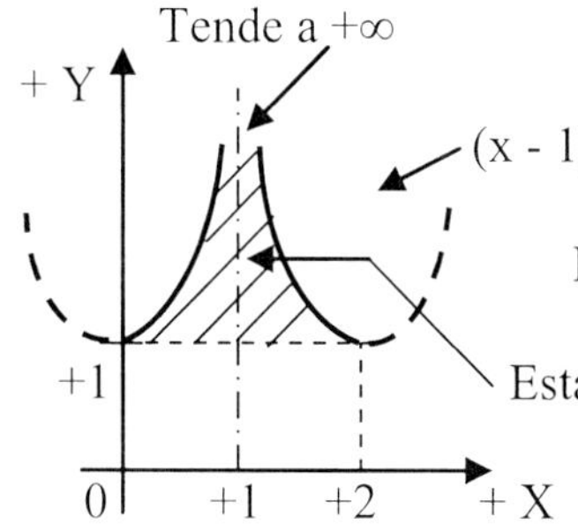

$(x-1)^{2/3} = \sqrt[3]{(x-1)^2}$. A função é descontínua em x= +1, tendendo a $+\infty$.

Devido a essa descontinuidade, será usada a fórmula (3), ou seja:

$$\underbrace{\int_0^{+2} \frac{dx}{(x-1)^{2/3}}}_{A} = \underbrace{\int_0^{+1} \frac{dx}{(x-1)^{2/3}}}_{A1} + \underbrace{\int_{+1}^{+2} \frac{dx.}{(x-1)^{2/3}}}_{A2}.$$

A função se aproxima de x = +1, pela esquerda. Por isso: $+1^-$.

$$A1 = \int_0^{+1} \frac{dx}{(x-1)^{2/3}} = \lim_{R \to +1^-} \int_0^R \frac{dx}{(x-1)^{2/3}} = \lim_{R \to +1^-} \int_0^R (x-1)^{-2/3}\, dx = \lim_{R \to +1^-} [3(x-1)^{+1/3}]_0^R =$$

$$= \lim_{R \to +1^-} [3(R-1)^{+1/3} - 3(0-1)^{+1/3}] = [3(+1-1)^{+1/3} - 3(0-1)^{+1/3}] = [(3\sqrt[3]{0})] - [(3\sqrt[3]{-1})] = (0) + (+3) = +3 \text{ ua.}$$

A função se aproxima de x = +1, pela direita. Por isso: $+1^+$

$$A2 = \int_{+1}^{+2} \frac{dx}{(x-1)^{2/3}} = \lim_{R \to +1^+} \int_R^{+2} \frac{dx}{(x-1)^{2/3}} = \lim_{R \to +1^+} \int_R^{+2} (x-1)^{-2/3}\, dx = \lim_{R \to +1^+} [3(x-1)^{+1/3}]_R^{+2} =$$

$$= \lim_{R \to +1^-} [3(+2-1)^{+1/3} - 3(+1-1)^{+1/3}] = [3(+1)^{+1/3} - 3(0)^{+1/3}] = [(3\sqrt[3]{+1})] - [(3\sqrt[3]{0})] = (+3) + (0) = +3 \text{ ua.}$$

A = A1 + A2 = 3 + 3 = 6 unidades de área.

Portanto: $\int_{+1}^{+2} \frac{dx}{(x-1)^{2/3}}$ **= 6 unidades de área**.

9.10.1.5) Resolver a integral imprópria a seguir: $(\text{arctg } x)' = +1/(1+x^2)$.

$$\int_{-\infty}^{+\infty} \frac{dx}{1+x^2} = \int_{-\infty}^{0} \frac{dx}{1+x^2} + \int_0^{+\infty} \frac{dx}{1+x^2} = \text{Lim } [\text{arctg } x]_{-\infty}^{0} + \text{Lim } [\text{arctg } x]_0^{+\infty} =$$

$[\text{arctg}(0) - \text{arctg}(-\infty)] - [\text{arctg}(+\infty) - \text{arctg}(0)] = [(0) - (-3\pi/2)] - [(+\pi/2) - (0)] = +3\pi/2 - \pi/2 = \pi$ ua.

Integral definida tem um valor numérico.

Portanto: $\int_{-\infty}^{+\infty} \frac{dx}{1 + x^2} =$ **π unidades de área. Ou seja: igual a 3,1416 unidades de área.**

9.10.1.6) Resolver a integral imprópria a seguir:

$\int_0^{+\infty} +e^{-x}\, dx = \lim_{b \to +\infty} \int_0^{b} +e^{-x}\, dx = \lim_{b \to +\infty} [(-e^{-x})]_0^b = (-e^{-\infty}) - (-e^0) = \frac{-1}{e^{\infty}} + \frac{1}{e^0} = 0 + 1 = 1 =$ **uma unidade de área**.

9.10.1.7) Resolver: $A = \int_0^{+1} \frac{dx}{\sqrt{(1 - x)}}$. Observa-se que a função tem uma reta assintótica em x = +1.

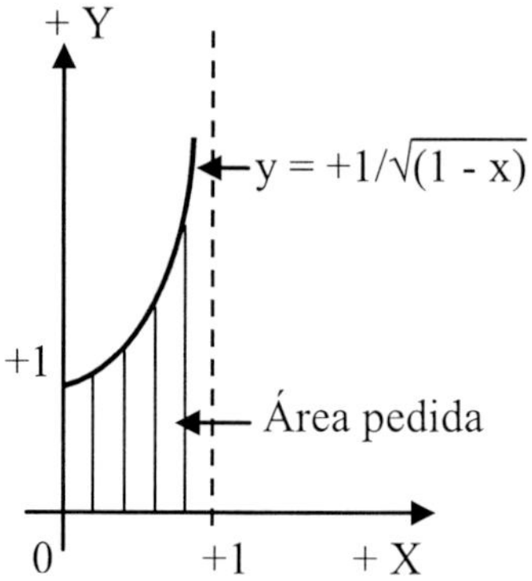

$A = \lim_{b \to +1} \int_0^{b} \frac{dx}{\sqrt{(1 - x)}} = \lim_{b \to +1} [-2\sqrt{(1 - x)}]_0^b = [-2\sqrt{(1 - 1)}] - [-2\sqrt{(1 - 0)}] =$

$= (-2\sqrt{0}) - (-2\sqrt{1}) = 0 + 2 = 2$. Portanto: $A = \int_0^{+1} \frac{dx}{\sqrt{(1 - x)}} = 2$ unidades de área.

9.10.2 Exercícios complementares resolvidos sobre integrais impróprias

Determine o valor das áreas a seguir, expressas em integrais impróprias, em unidades de área (ou ua), não deixando resultado sob frações, mas sim como decimais.

9.10.2.1) $\int_{+2}^{+\infty} \frac{dx}{x^3}$.

$\int_{+2}^{+\infty} \frac{dx}{{}^3} = \lim_{b \to +\infty} \int_{+2}^{+\infty} x^{-3}\, dx = \lim_{b \to +\infty} = \left.\left(\frac{x^{-2}}{-2}\right)\right|_{+2}^{b} = \lim_{b \to +\infty} = \left.\left(\frac{-1}{2x^2}\right)\right|_{+2}^{b} =$

$= -\frac{1}{2\infty^2} - \left(\frac{1}{2 \times 2^2}\right) = 0 + 1/8 = 0,125$ ua.

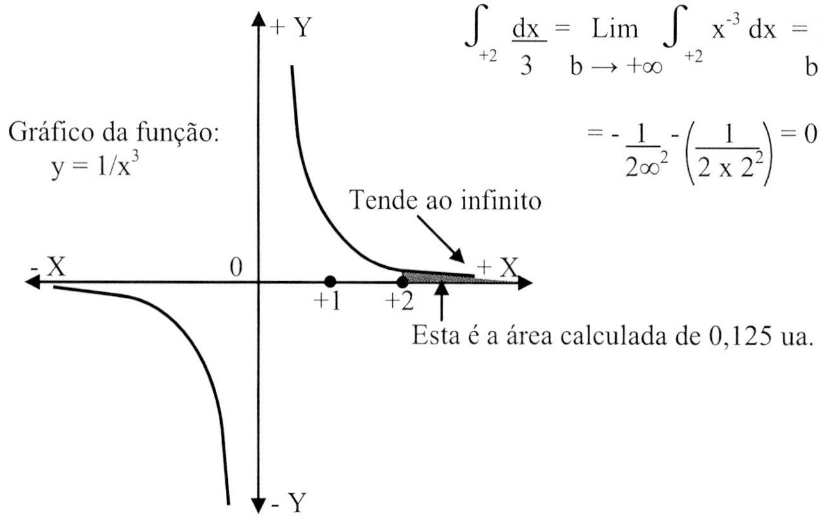

9.10.2.2) $\int_{+1}^{+1,8} \frac{dx}{\sqrt{(4 - x^2)}}$. Fazendo $a^2 = 4 \Rightarrow a = 2$; $x = 2 \text{ sen } \Theta \Rightarrow dx = 2 \cos \Theta\, d\Theta$; $\sqrt{(4 - x^2)} = 2 \cos \Theta$.

Fazendo $a^2 = 4 \Rightarrow a = 2$; $x = 2 \text{ sen } \Theta \Rightarrow dx = 2 \cos \Theta \, d\Theta$; $\sqrt{(4 - x^2)} = 2 \cos \Theta$.

Quando $x = 1 \Rightarrow 2\text{sen } \Theta = +1 \Rightarrow \text{sen } \Theta = 1/2 \Rightarrow \Theta = \text{arcsen } (+0{,}5) \Rightarrow \Theta = +0{,}524$.

Quando $x = 1{,}8 \Rightarrow 2\text{sen } \Theta = +1{,}8 \Rightarrow \text{sen } \Theta = 0{,}9 \Rightarrow \Theta = \text{arcsen } (+0{,}9) \Rightarrow \Theta = +1{,}12$.

O novo limite de integração é: (+0,524; +1,12) e fazendo as substituições:

$$\int_{+1}^{+1,8} \frac{dx}{\sqrt{(4 - x^2)}} = \int_{+0,524}^{+1,12} \frac{\cancel{2\cos\Theta}\, d\Theta}{\cancel{2\cos\Theta}} = \int_{+0,524}^{+1,12} d\Theta = \Theta \Big|_{+0,524}^{+1,12} = 1{,}12 - 0{,}524 = +0{,}596 \text{ ua.}$$

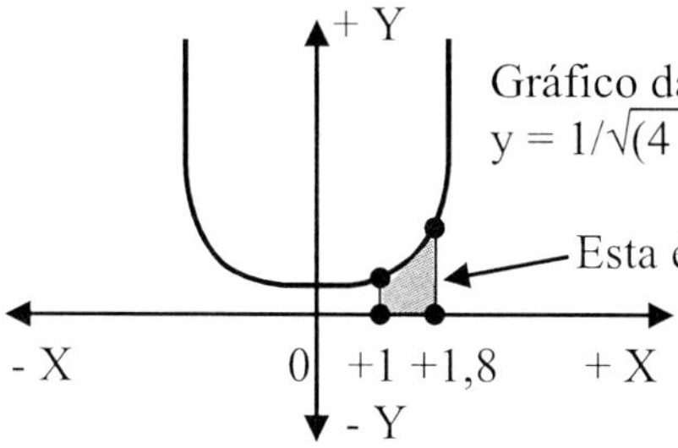

Gráfico da função: $y = 1/\sqrt{(4 - x^2)}$

Esta é a área pedida de 0,596 ua.

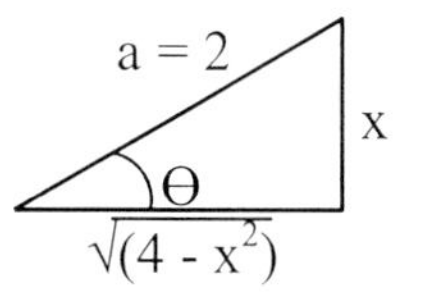

9.10.2.3) $\int_{-2}^{+\infty} x^{-3}\, dx$.

Gráfico da função: $y = x^{-3}$.

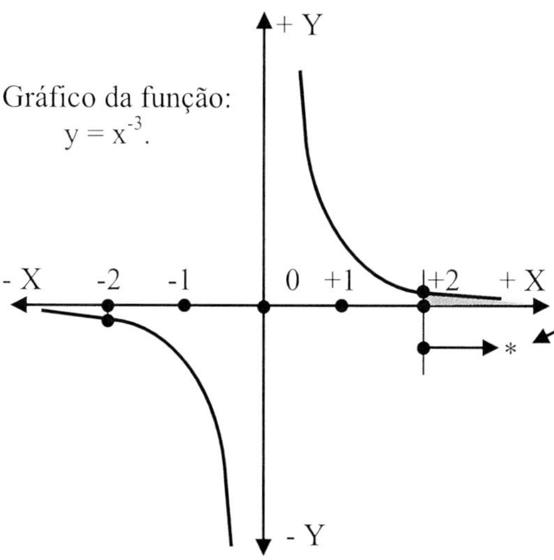

$$\int_{-2}^{+\infty} x^{-3}\, dx = \int_{-2}^{0} x^{-3}\, dx + \int_{0}^{+\infty} x^{-3}\, dx = -\frac{x^{-2}}{2}\Big|_{-2}^{0} + \lim_{b \to +\infty} -\left(\frac{x^{-2}}{2}\right)\Big|_{0}^{b} =$$

$$= -\frac{1}{2x^2}\Big|_{-2}^{0} + \lim_{b \to +\infty} -\left(\frac{1}{2x^2}\right)\Big|_{0}^{b} = -\infty - (-0{,}125) + \lim_{b \to +\infty} \left(\frac{-1}{2b^2}\right) + \infty =$$

$= -\infty - (-0{,}125) - 0 + \infty = +0{,}13$ua* ⟵ Esta é a área pedida.

*A área +0,13 ua, em verdade, é aquela a partir de x = +2, já que a área entre -2 e 0 é rigorosamente igual à área entre 0 e +2. Ou seja, a área positiva +0,13 ua é muito pequena, pois à medida que x aumenta a curva se aproxima do eixo X.

Gráfico da função: $y = e^{-3x}$.

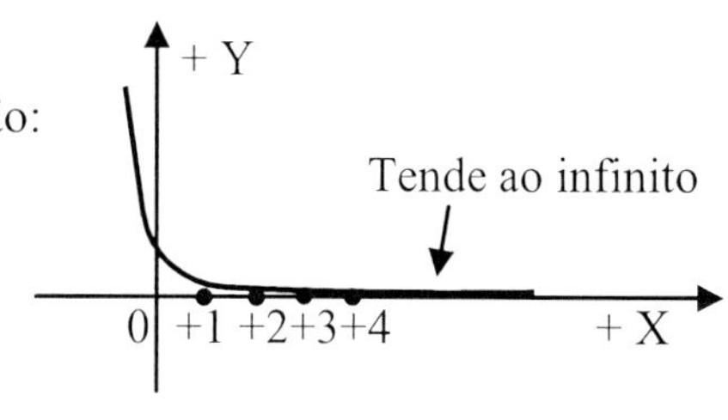

9.10.2.4) $\int_{+4}^{+\infty} e^{-3x}\, dx$.

$$\int_{+4}^{+\infty} e^{-3x}\, dx = \frac{-1}{3}\int -3e^{-3x}\, dx = \lim_{b \to +\infty} \left(-\frac{e^{-3x}}{3}\right)\Big|_{+4}^{b} = 0 - \left(-\frac{1}{3e^{12}}\right) = \frac{1}{3e^{12}} \text{ ua} = 2{,}048 \times 10^{-6} \text{ ua} = \text{aproximadamente zero.}$$

De fato, o gráfico mostra como a linha inferior da função se aproxima do eixo X.

9.10.2.5) $\int_{-\infty}^{0} e^{+3x}\,dx.$

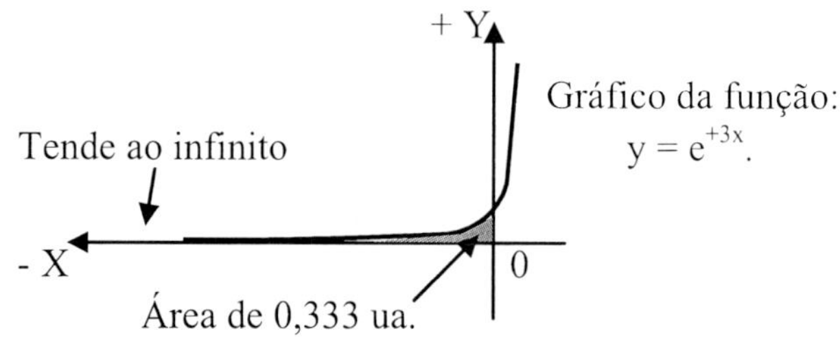

$$\int_{-\infty}^{0} e^{+3x}\,dx = \lim_{b \to +\infty} \left. \frac{e^{+3x}}{3} \right|_{b}^{0} = 0{,}333 - 0 = 0{,}333 \text{ ua.}$$

9.10.2.6) $\int_{0}^{+\infty} e^{-x} \cos x\,dx.$

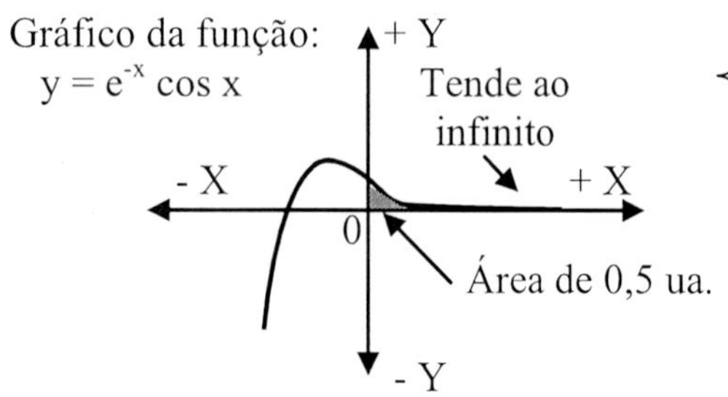

$u = e^{-x} \Rightarrow du = -e^{-x}\,dx;\ dv = \cos x\,dx \Rightarrow v = \text{sen } x.$

$$\int e^{-x} \cos x\,dx = e^{-x}\,\text{sen } x - \int -e^{-x}\,\text{sen } x\,dx =$$

$$= e^{-x}\,\text{sen } x + \overbrace{\int_{0} e^{-x}\,\text{sen } x\,dx}^{A}.$$

Fazendo: $u = e^{-x} \Rightarrow du = -e^{-x}\,dx;\ dv = \text{sen } x\,dx \Rightarrow v = -\cos x.$

$$A = \int e^{-x}\,\text{sen } x\,dx = -e^{-x} \cos x - \int -e^{-x}(-\cos x)\,dx = -e^{-x}\cos x + \overbrace{\int e^{-x}(\cos x)\,dx}^{B}.$$

$$B = \int e^{-x}(\cos x)\,dx = e^{-x}\,\text{sen } x - e^{-x} \cos x - \overbrace{\int e^{-x}(\cos x)\,dx}^{C}.$$

$$C = \int e^{-x}(\cos x)\,dx = 0{,}5\,e^{-x}\,\text{sen } x - 0{,}5\,e^{-x} \cos x = (0{,}5/e^{x})(\text{sen } x - \cos x).$$

Esta é a área.

Voltando à integral inicial: $\int_{0}^{+\infty} e^{-x} \cos x\,dx = \lim_{b \to +\infty} [(0{,}5/e^{x})(\text{sen } x - \cos x)] - (0{,}5/e^{0})(\text{sen } 0 - \cos 0) =$ **0,5 ua**.

9.10.2.7) $\int_{+2}^{+4} \frac{\ln x}{x^2}\,dx.$

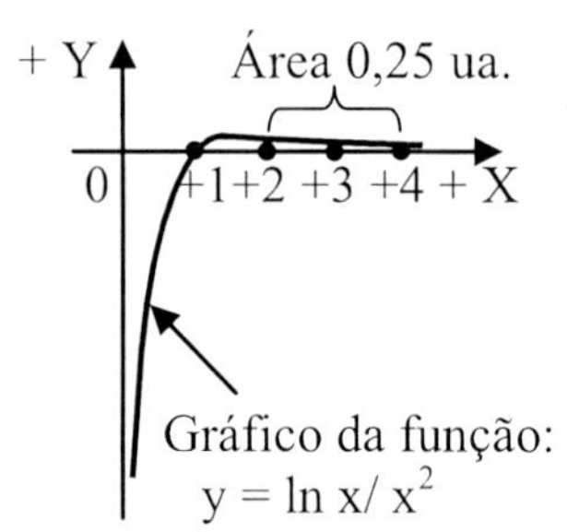

Fazendo: $u = \ln x \Rightarrow du = dx/x;\ dv = x^{-2}\,dx \Rightarrow v = -1/x.$

$$\int \frac{\ln x}{x^2}\,dx = -\frac{\ln x}{x} - \int (-1/x)(1/x)\,dx = -\ln x - \int \frac{dx}{x^2} = -\frac{\ln x}{x} - \frac{1}{x}. \text{ Portanto:}$$

$$\int_{+2}^{+4} \frac{\ln x}{x^2}\,dx = \left(-\frac{\ln 4}{4} - \frac{1}{4}\right) - \left(-\frac{\ln 2}{2} - \frac{1}{2}\right) = \left(-\frac{1{,}386}{4} - \frac{1}{4}\right) - \left(-\frac{0{,}693}{2} - \frac{1}{2}\right) =$$

$$= (-0{,}347) - (0{,}25) + (0{,}347) + (0{,}5) = +0{,}25 \text{ ua.}$$

9.10.2.8) $\int_{0}^{+\infty} \frac{dx}{1 + x^2}.$

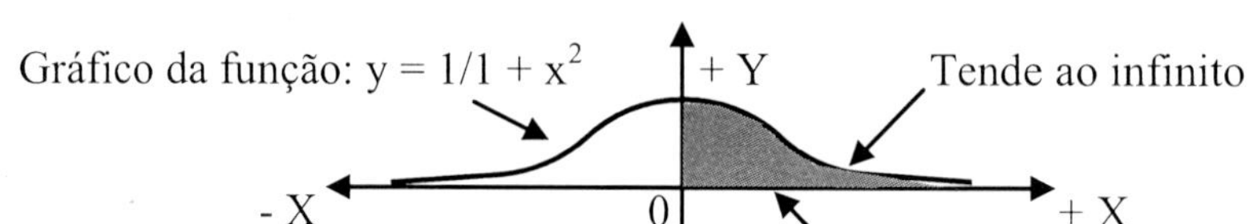

$$\int_{0}^{+\infty} \frac{dx}{(1 + x^2)} = \lim_{b \to +\infty} \text{arctg } x \Big|_{0}^{b} = \lim_{b \to +\infty} \text{arctg } b - \text{arctg } 0 = \text{arctg } \infty = \pi/2 = 1{,}571 \text{ ua.}$$

9.10.2.9) $\int_{-\infty}^{+\infty} +e^{-x}\,dx.$

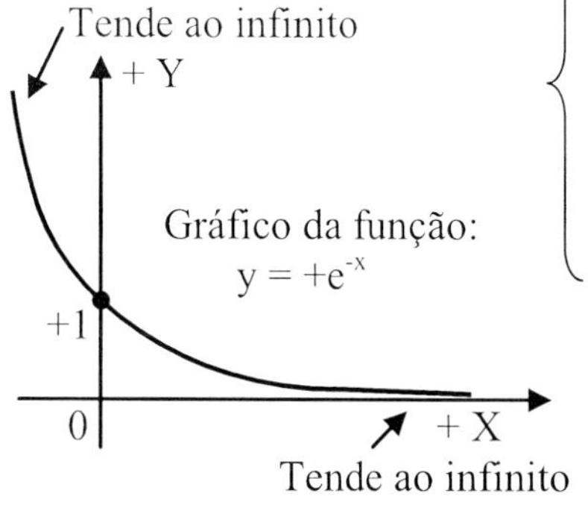

$$\begin{cases} \int_{-\infty}^{+\infty} +e^{-x}\,dx = \int_{-\infty}^{0} +e^{-x}\,dx + \int_{0}^{+\infty} +e^{-x}\,dx = \underset{b \to +\infty}{\text{Lim}}\,(-e^{-x})\Big|_{-\infty}^{0} + \underset{b \to +\infty}{\text{Lim}}\,(-e^{-x})\Big|_{0}^{+\infty} = \\ = \left[\left(\frac{-1}{e^{0}}\right) - \left(\frac{-1}{e^{-\infty}}\right)\right] + \left[\left(\frac{-1}{e^{+\infty}}\right) - \left(\frac{-1}{e^{0}}\right)\right] = e^{+\infty} - 0 = +\infty \text{ ua.} \end{cases}$$

O próprio gráfico confirma que, nesse intervalo a área é infinita.

9.10.2.10) $\int_{0}^{\pi/2} \frac{\cos x}{\sqrt{\text{sen } x}}\,dx.$

$$\begin{cases} \int_{0}^{\pi/2} \frac{\cos x}{\sqrt{\text{sen } x}}\,dx = \int_{0}^{\pi/2} \cos x\,(\text{sen } x)^{-1/2}\,dx = \frac{(\text{sen } x)^{1/2}}{1/2}\Big|_{0}^{\pi/2} = \\ = 2\left(\text{sen } \frac{\pi}{2}\right)^{1/2} - 2(\text{sen } 0)^{1/2} = 2(1^{1/2}) - 0 = 2 \text{ ua.} \end{cases}$$

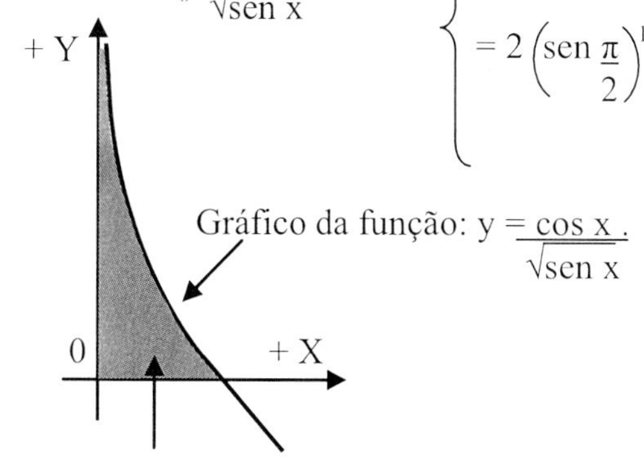

Esta é a área de 2 ua.

9.10.2.11) $\int_{-1}^{+1} \sqrt{\frac{1+x}{1-x}}\,dx.$

Gráfico da função: $y = \sqrt{\frac{1+x}{1-x}}$

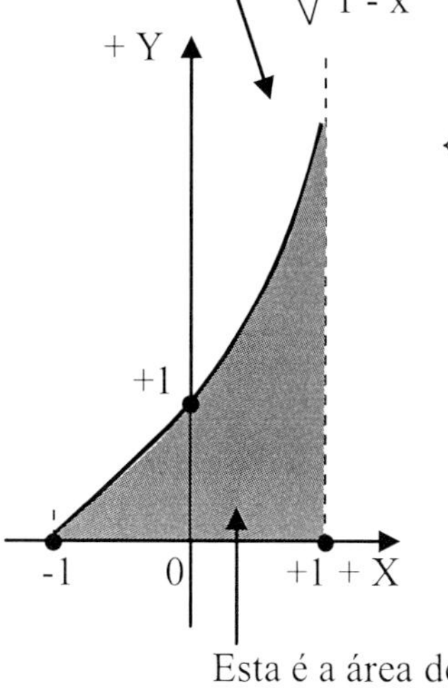

Esta é a área de 3,1416 ua.

$$\int_{-1}^{+1} \sqrt{\frac{1+x}{1-x}}\,dx = \int_{-1}^{+1} \sqrt{\left(\frac{1+x}{1-x}\right)\left(\frac{1-x}{1-x}\right)}\,dx = \int_{-1}^{+1} \left(\frac{\sqrt{1+x^2}}{1-x}\right)dx.$$

Fazendo x = 1 sen Θ => dx = cos Θ dΘ. $\sqrt{1-x^2}$ = 1 cos Θ.

x = 1 => Θ = π/2; x = -1 => Θ = 3π/2. Fazendo as substituições:

$$\int_{\pi/2}^{3\pi/2} \left(\frac{\cos\Theta}{1-\text{sen }\Theta}\right)\cos\Theta\,d\Theta = \int_{\pi/2}^{3\pi/2} \left(\frac{\cos^2\Theta}{1-\text{sen }\Theta}\right)d\Theta = \int_{\pi/2}^{3\pi/2} \left(\frac{1-\text{sen}^2\,\Theta}{1-\text{sen }\Theta}\right)d\Theta =$$

$$= \int_{\pi/2}^{3\pi/2} (1+\text{sen }\Theta)\,d\Theta = \int_{\pi/2}^{3\pi/2} (1)\,d\Theta + \int_{\pi/2}^{3\pi/2} (\text{sen }\Theta)\,d\Theta = \Theta\Big|_{\pi/2}^{3\pi/2} - \cos\Theta\Big|_{\pi/2}^{3\pi/2} =$$

$$= (3\pi/2 - \pi/2) - (\cos 3\pi/2 - \cos \pi/2) = 2\pi/2 = \pi = 3{,}14156 \text{ ua.}$$

9.10.2.12) $\int_0^{\pi/2} \frac{dx}{2^x}$.

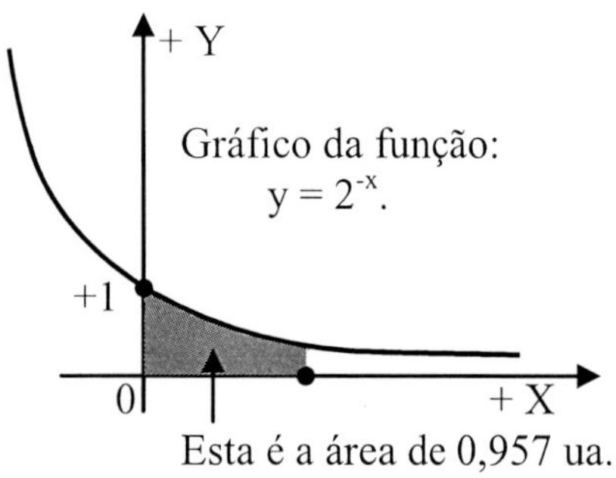

$\int_0^{\pi/2} \frac{dx}{2^x} = \int_0^{\pi/2} 2^{-x}\,dx$. Fazendo: u = -x => du = - dx.

$\int a^u\,du = \frac{a^u}{\ln a} + C$. Substituindo: $\int_0^{\pi/2} 2^u\,du = \left.\frac{-2^u}{\ln 2}\right|_0^{\pi/2} =$

$= -\left.\frac{1}{2^x \ln 2}\right|_0^{\pi/2} = -\frac{1}{\ln 2}\left(\frac{1}{2^{1,571}} - \frac{1}{2^0}\right) = 0{,}957$ ua.

9.10.2.13) $\int_{+1}^{+\infty} \frac{dx}{x(x+2)}$.

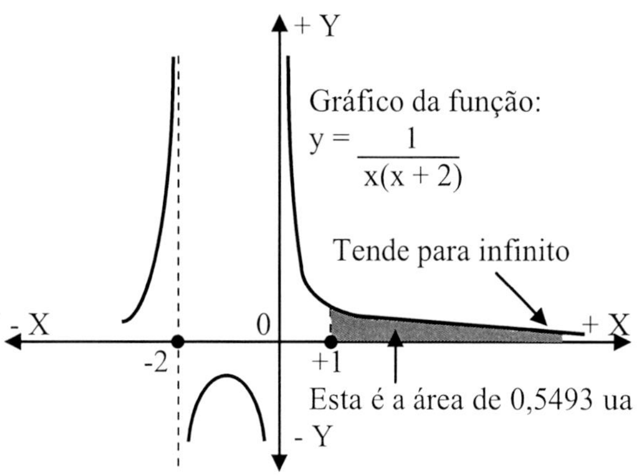

$\int_{+1}^{+\infty} \frac{dx}{x(x+2)} = \int_{+1}^{+\infty} \left(\frac{1}{2x} - \frac{1}{2(x+2)}\right) dx =$

$= \int_{+1}^{+\infty} \left(\frac{1}{2x}\right) dx - \int_{+1}^{+\infty} \left(\frac{1}{2(x+2)}\right) dx =$

$= \lim_{b \to +\infty} \left.\left(\frac{1}{2}\ln x\right)\right|_{+1}^{b} - \lim_{b \to +\infty} \left.\left(\frac{1}{2}\ln(x+2)\right)\right|_{+1}^{b} =$

$= 0{,}5[(\ln \infty - \ln 1) - (\ln \infty - \ln 3)] =$

$= 0{,}5[(-\ln 1) - (-\ln 3)] = 0{,}5(0 + \ln 3) = 0{,}5493$ ua.

9.10.2.14) $\int_{+1}^{+\infty} \frac{1}{x^2} \operatorname{sen} \frac{1}{x}\,dx$.

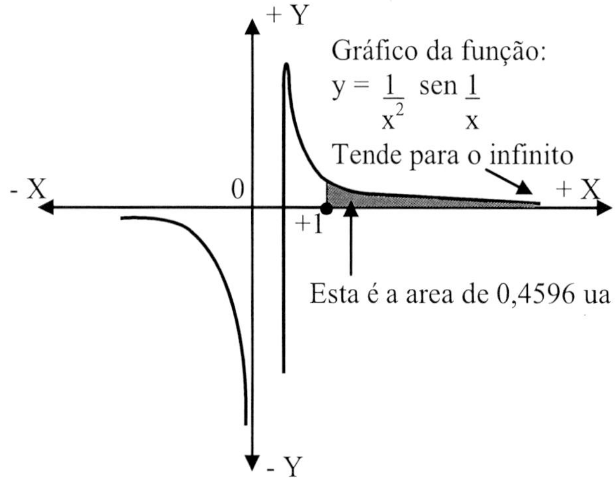

$\int_{+1}^{+\infty} \frac{1}{x^2} \operatorname{sen} \frac{1}{x}\,dx$. Fazendo: u = 1/x => du = $(1/x^2)$ dx e $dx = -x^2\,du$. Substituindo na integral:

$\int \frac{1}{x^2} \operatorname{sen}(u)\,(-x^2\,du) = \int [-\operatorname{sen}(u)]\,du = \cos(1/x) + C$.

$\int_{+1}^{+\infty} \frac{1}{x^2} \operatorname{sen} \frac{1}{x}\,dx = \lim_{b \to +\infty} \cos(1/b) - \cos(1) =$

$= [1 - \cos(1)] = +0{,}4596$ ua.

Capítulo 10
Aplicações da integral definida: cálculo de comprimentos de funções no espaço R^2. Cálculo de áreas de superfícies de revolução: áreas laterais ou superficiais, no espaço R^3

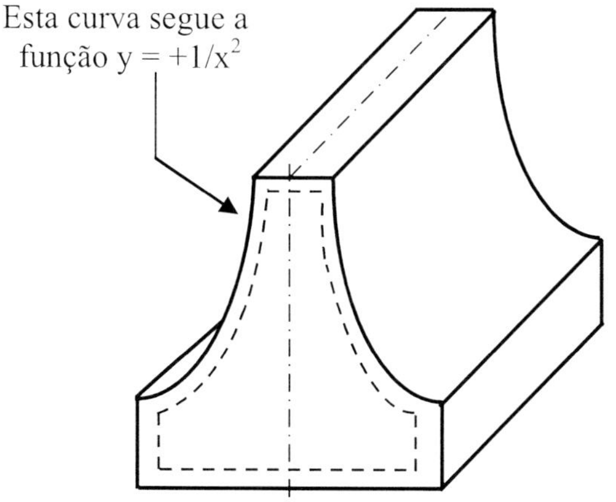

O volume e o peso deste bloco de concreto são calculados a partir de uma integral definida.

A integral definida*, especialmente na área das mais diversas engenharias, é muito utilizada em cálculos de comprimentos ou perímetros, onde são utilizadas funções matemáticas, que não permitem os cálculos pelas fórmulas da Geometria plana ou elementar, como por exemplo, o perímetro de um arco parabólico. Nesse capítulo, além da conceituação e exercícios de aplicação da integral para cálculo de comprimentos ou perímetros de funções matemáticas e de áreas de superfícies, serão mostrados exemplos de aplicações reais, como é o caso do bloco em concreto à esquerda.*

10.1 Conceito e definição do comprimento de uma curva, como a soma de infinitos comprimentos poligonais

Assim como Riemann conceituou a área entre uma curva (função) e o eixo X, como a soma de infinitos retângulos verticais, também se pode conceituar que, o comprimento do trecho de uma função, no intervalo [a, b] como a soma de infinitos comprimentos, cada vez mais próximos, até que no limite, se tenha o comprimento real no intervalo considerado. Em relação à figura a seguir, o conceito é que se aproxime, cada vez mais, os pontos [Pa, P1], [P1, P2], [P2, Pxi - 1], [Pxi - 1, Pxi] e [Pxi, Pb]. Como cada ponto tem suas coordenadas x e y, no espaço R^2 se tem, por exemplo: $|\overline{P1\ P2}| = \sqrt{(Px2 - Px1)^2 + (Py2 - Py1)^2}$.

A distância entre dois pontos chama-se poligonal.

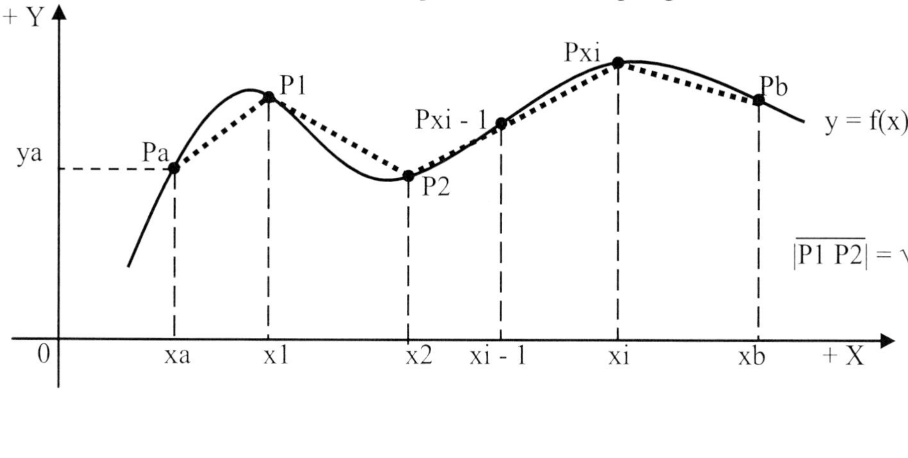

$$\begin{cases} Pa\ (xa;\ ya). \\ P1\ (x1;\ y1). \\ P2\ (x2;\ y2). \\ Pxi - 1(xi - 1;\ yi - 1). \\ Pxi\ (xi;\ yi). \\ Pb\ (xb;\ yb). \end{cases}$$

$$|\overline{P1\ P2}| = \sqrt{(Px2 - Px1)^2 + (Py2 - Py1)^2}.$$

Fundamentados nesses conceitos e na imagem, define-se o comprimento L da curva f(x) no intervalo [a, b], como o limite (se existir) dos comprimentos das poligonais, da seguinte forma:

$$L = \lim_{n \to +\infty} \sum_{i=1}^{n} \overline{|Pi - 1Pi|}$$

Sabendo que: $\overline{|Pi - 1Pi|} = \sqrt{[xi - (xi - 1)]^2 + [yi - (yi - 1)]^2} = \sqrt{(\Delta x)^2 + (\Delta yi)^2}$, e aplicando o teorema do valor médio, para f(x) no intervalo [xi - 1, xi], sabe-se que existe um número xi* entre xi - 1 e xi, de forma que:

$$f(xi) - f(xi - 1) = f'(xi^*)\,[xi - (xi - 1)], \text{ ou seja: } \Delta yi = f'(xi^*)\,\Delta x, \text{ e com isso tem-se:}$$

$$\overline{|Pi - 1Pi|} = \sqrt{(\Delta x)^2 + (\Delta yi)^2} = \sqrt{(\Delta x)^2 + [f'(xi^*)\,\Delta x]^2} = \sqrt{[1 + f'(xi^*)]^2}\,\sqrt{(\Delta xi)^2} = \sqrt{1 + [f'(xi^*)]^2}\,\Delta xi \quad (A).$$

Como: $L = \lim_{n \to +\infty} \sum_{i=1}^{n} \overline{|Pi - 1Pi|}$, substituindo (A), tem-se: $L = \lim_{n \to +\infty} \sum_{i=1}^{n} \sqrt{1 + [f'(xi^*)]^2}\,\Delta xi$ (B).

Pela definição de integral definida, pode-se escrever (B), ou seja, o comprimento L como:

$$\mathbf{L = \int_a^b \sqrt{1 + [f'(x)]^2}\,dx \quad (1)}$$

Ou seja, esse é o comprimento L, de uma função f(x) contínua no intervalo [a, b], onde: a ≤ x ≤ b.

Exercício 10.1.1) Determine o comprimento L do arco da curva $y^2 = +x^3$, entre os pontos a(+1; +1) e b(+4; +8). Mostre a imagem geométrica da curva e do arco.
(Considere o metro como unidade de medida)

x	0	+1	+2	+3	+4	+5	+6
y	0	±1	±2,828	±5,196	±8	±11,18	±14,697

Essa curva é chamada de parábola semi cúbica →

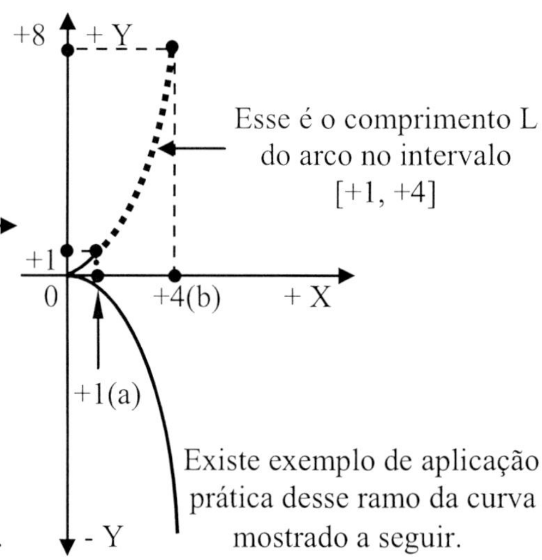

Utilizando a fórmula (1): $L = \int_a^b \sqrt{1 + [f'(x)]^2}\,dx$, se tem:

$y^2 = +x^3 \Rightarrow y = x^{3/2}$. $f'(x) = dy/dx = (3/2)(x)^{3/2 - 1} = (3/2)(x)^{1/2}$

$[f'(x)]^2 = (9/4)(x) = 2{,}25x$. (Na prática não se opera com frações).

Então: $L = \int_{+1}^{+4} \sqrt{1 + [f'(xi)]^2}\,dx = \int_{+1}^{+4} (\sqrt{1 + 2{,}25x})\,dx$. (1/2,25 = 0,444)

Fazendo $u = 1 + 2{,}25x \Rightarrow du = 2{,}25dx$, logo: $dx = du/2{,}25$. Portanto: $L = \int_{ua}^{ub} \frac{(\sqrt{u})\,du}{2{,}25} = 0{,}444 \int_{ua}^{ub} (\sqrt{u})\,du$.

Quando x = +1 => ua = +3,25 e quando x = +4 => ub = +10, logo:

$$0{,}444\int_{ua}^{ub}(\sqrt{u})\,du = 0{,}444\int_{ua}^{ub}(u)^{1/2}\,du = (0{,}444)\frac{(u^{1/2+1})}{1/2+1} = \left[(0{,}444)\frac{(u^{3/2})}{3/2}\right]_{+3,25}^{+10} = \left[(0{,}444)(2/3)\,(u^{3/2})\right]_{+3,25}^{+10} =$$

$$= \left[(0{,}296)(\sqrt{u^3})\right]_{+3,25}^{+10} = [(0{,}296)(\sqrt{10^3})] - [(0{,}296)(\sqrt{3{,}25^3})] = 9{,}36 - 1{,}734 = 7{,}626 \text{ metros.}$$

Conclusão: o arco entre a(+1; +1) e b(+4; +8), da curva $y^2 = +x^3$, mede aproximadamente 7,626 metros (ou 762,6 centímetros ou 7.626 milímetros).

Observa-se que, a parte inferior da curva $y^2 = +x^3$, pode ser utilizada, por exemplo, em templos, como um elemento arquitetônico, a seguir mostrado.

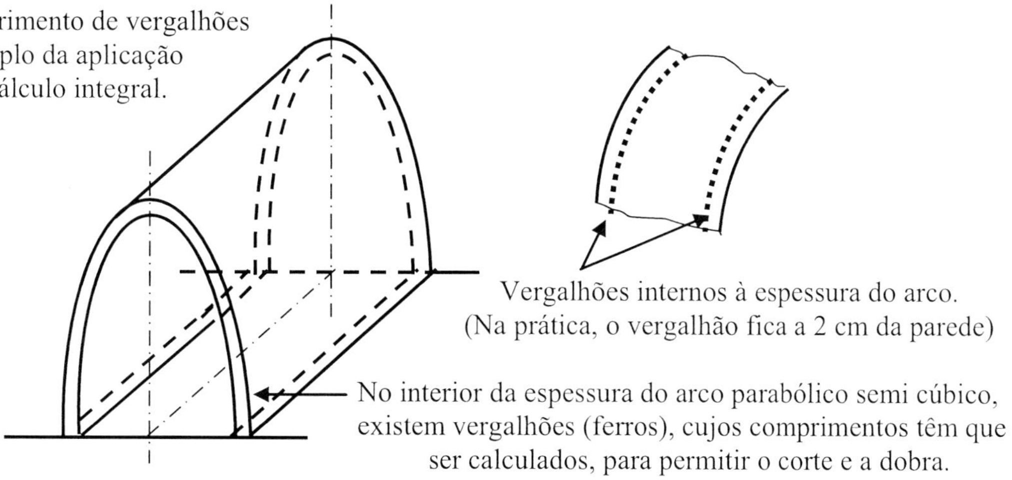

10.1.1 Comprimento de um arco com mudança de variável independente

Quando se define a curva $y = +x^2$, que é de uma parábola, x é variável independente e y é dependente, pois depende do valor de x. Aqui será mostrado como fica a fórmula (1), quando se altera a variável independente.

Seja x = g(y), contínua no intervalo [c, d], uma função que se queira calcular o comprimento de um arco, dentro do intervalo de continuidade. Nesses casos, a fórmula fica:

$$\mathbf{L} = \int_{c}^{d}\sqrt{1 + [g'(x)]^2}\,dx \quad \mathbf{(2)}$$

Exercício 10.1.1.1) Determine o comprimento do arco, no intervalo [-3, +3], da função y = cosh (x).

Inicialmente, mostra-se o gráfico de y = cosh (x), bem como y = senh (x).

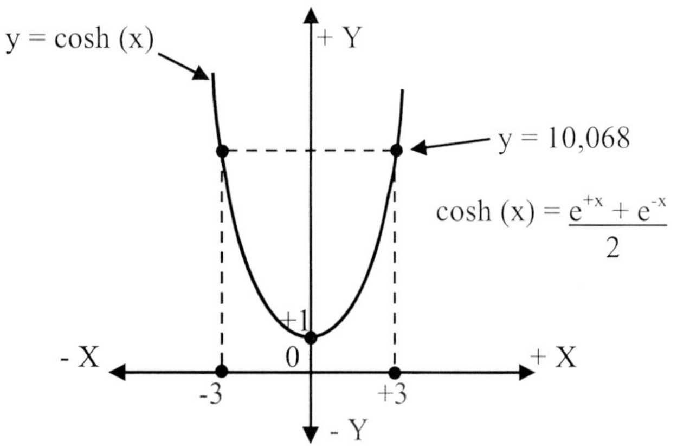

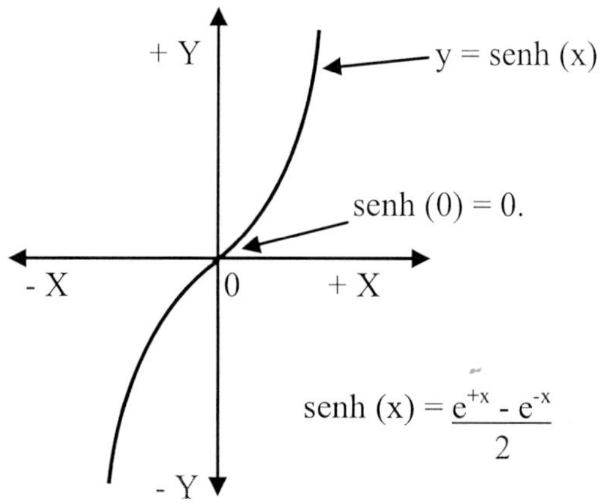

Como a curva é simétrica, (em relação ao eixo Y), faz-se o cálculo no intervalo [0, +3] e multiplica-se por dois.

$f(x) = \cosh(x) \Rightarrow f'(x) = dy/dx = \text{senh}(x)$. $L = \int_a^b \sqrt{1 + [f'(x)]^2}\,dx = 2\int_0^{+3} \sqrt{1 + [\text{senh}(x)]^2}\,dx.$

Sabendo que: $1 + \text{senh}^2(x) = \cosh^2(x) \Rightarrow L = 2\int_0^{+3} \sqrt{\cosh^2(x)}\,dx = 2[\text{senh}(x)]_0^{+3} = 2[\text{senh}(+3)] = 20{,}036.$

Conclusão: o comprimento do arco, no intervalo [-3, +3], da função y = cosh (x) é igual a 20,036 uc.

Exercício 10.1.1.2) Um túnel ferroviário tem abertura parabólica, com a linha média da parede segundo a função $y = -1{,}333x^2 + 12$. Como o túnel tem altura de 8 metros, pede-se calcular o comprimento, em metros, da linha média da parede do túnel. Determinação da largura do túnel: $-1{,}333x^2 + 12 = 8 \Rightarrow x = \pm 1{,}732$ m.

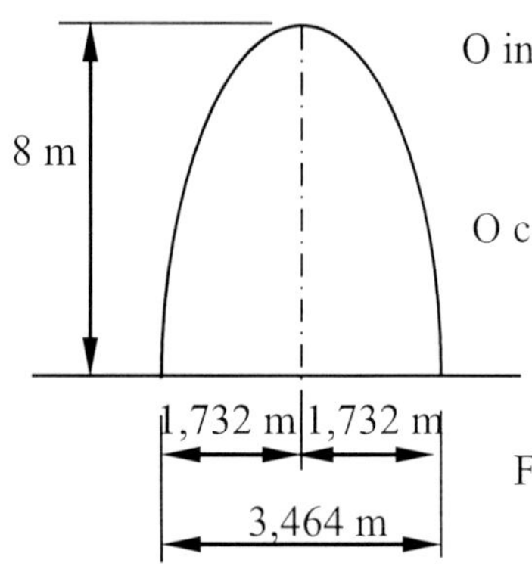

O intervalo de integração é [-1,732, +1,732]. Mas como o túnel é simétrico, em relação ao eixo Y, será utilizado [0, +1,732].

O comprimento é: $L = \int_0^{+1{,}732} \sqrt{1 + [f'(x)]^2}\,dx$. $[f'(x)]^2 = (-2{,}666x)^2 = 7{,}108x^2$.

Portanto: $L = \int_0^{+1{,}732} \sqrt{(1 + 7{,}108\,x^2)}\,dx.$

Fazendo: $7{,}108\,x^2 = u^2 \Rightarrow u = 2{,}666x \Rightarrow du/dx = 2{,}666 \Rightarrow dx = 0{,}375\,du.$
Corrigindo a nova variável u, os limites de integração ficam:

Para $x = 0 \Rightarrow u = 0$ e $x = +1{,}732 \Rightarrow u = +4{,}618$. Logo: $L = \int_0^{+4{,}618} \sqrt{(1 + u^2)}\,0{,}375\,du = 0{,}375\int_0^{+4{,}618} \sqrt{(1 + u^2)}\,du.$

Segundo Swokowski (1994, p.679): $\Rightarrow \int \sqrt{(a^2 + u^2)}\,du = \frac{u}{2}\sqrt{a^2 + u^2} + \frac{a^2}{2}\ln|u + \sqrt{a^2 + u^2}| + C$ ($a^2 = 1$). Logo:

$L = 0{,}375\{[\frac{4{,}618}{2}\sqrt{1 + 21{,}326}] + \frac{1}{2}[|\ln(4{,}618 + \sqrt{1 + 21{,}326})|]\} = 0{,}375\left[\left(10{,}910 + 1\ln(9{,}343)\right)\right] = 4{,}510$ m.

Como o cálculo foi feito entre 0 e +1,732, o comprimento total é o dobro, ou seja: 9,020 metros.

Conclusão: a linha média da parede do túnel tem comprimento de 9,020 metros (9.020 milímetros).

Exercício 10.1.1.3) Determinar o comprimento de arco da curva $(y - 1)^2 = (x + 4)^3$, entre os pontos A(0; 9) e B(-3; 0). Considere o metro como unidade de medida.

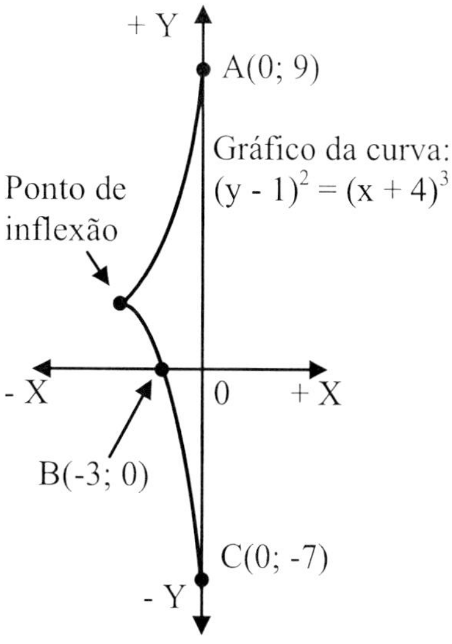

$(y - 1)^2 = (x + 4)^3 \Rightarrow y = 1 + \sqrt{(x + 4)^3} \Rightarrow y = 1 + (x + 4)^{3/2}$.

$y = 1 + (x + 4)^{3/2} \Rightarrow y' = 3/2(x + 4)^{1/2} \Rightarrow (y')^2 = 9/4(x + 4) = 2{,}25(x + 4)$.

$$L = \int_a^b \sqrt{(1 + [f'(x)]^2}\, dx = \int_{-3}^{0} \sqrt{1 + 2{,}25(x + 4)}\, dx = 1/2 \int_{-3}^{0} \sqrt{9x + 40)}\, dx:$$

Fazendo $u = 9x + 40 \Rightarrow du = 9\, dx \Rightarrow dx = du/9$.

$x = -3 \Rightarrow u = +13$. $x = 0 \Rightarrow u = +40$. Portanto:

$$L = \frac{1}{18}\int_{+13}^{+40} \sqrt{u}\, du = \frac{1}{18}\left(\frac{u^{3/2}}{3/2}\right)\Bigg|_{+13}^{+40} = \frac{1}{27}[(+40)^{3/2} - (+13)^{3/2}] \Rightarrow L = 7{,}634 \text{ m}.$$

Conclusão o comprimento do arco é igual a 7,634 m.

Exercício 10.1.1.4) Determine o comprimento do arco da função $y = +3x^{2/3} - 2$, no intervalo [+2, +8].

$y = +3x^{2/3} - 2 \Rightarrow y = 3\sqrt[3]{x^2} - 2$.

x	-3	-2	-1	0	+1	+2	+3	+4	+5	+6	+7	+8
y	+4,24	+2,762	+1	-2	+1	+2,762	+4,24	+5,56	+6,772	+7,906	+8,98	+10

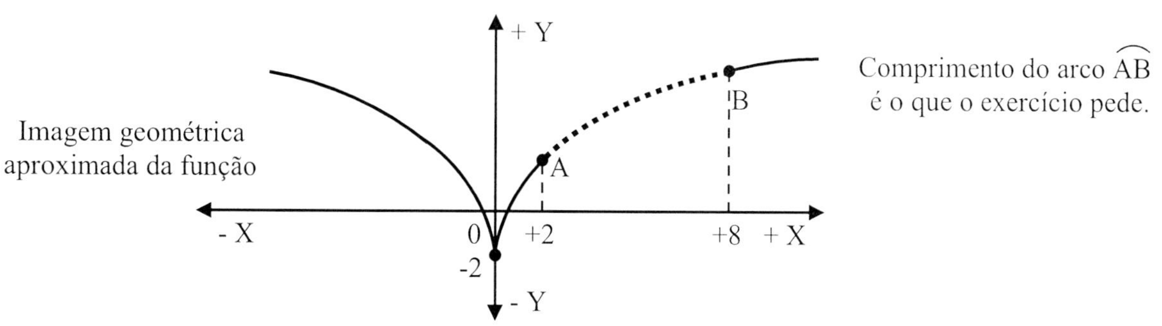

$y = +3x^{2/3} - 2 \Rightarrow y' = (3)(2/3)(x^{2/3 - 1}) = 6/3(x^{-1/3}) = 2(x^{-1/3}) = 2/x^{1/3} \Rightarrow (y')^2 = 4/x^{2/3}$.

$$L = \int_a^b \sqrt{1 + [f'(x)]^2}\, dx \Rightarrow L = \int_{+2}^{+8} \sqrt{(1 + 4/x^{2/3})}\, dx = \int_{+2}^{+8} \sqrt{\frac{(x^{2/3} + 4)}{x^{2/3}}}\, dx = \int_{+2}^{+8} \sqrt{(x^{2/3} + 4)}\ \frac{1}{x^{1/3}}\, dx. \text{ (A)}.$$

Fazendo: $u = (x^{2/3} + 4) \Rightarrow du = \frac{2}{3} x^{-1/3}\, dx = \frac{2}{3}\ \frac{1}{x^{1/3}}\, dx$.

Para resolver a integral (A), introduz-se o fator 3/2 no integrando (que tem a fração 2/3) e, portanto, multiplica-se a integral por 3/2, não alterando a integral. Esse fator adicionado, é devido ao uso do método de substituição ou mudança de variável, como já visto. Desse forma a integral (A) fica:

$$\frac{3}{2}\int_{+2}^{+8} \sqrt{(x^{2/3}+4)}\left(\frac{2}{3}\frac{1}{x^{1/3}}\right) dx.$$

{ Como houve mudança de variável (para u), calculam -se os novos valores dos limites de integração, fazendo $u = (x^{2/3} + 4)$.

Se $x = +2 \Rightarrow ua = x^{2/3} + 4 = +2^{2/3} + 4 = 1{,}587 + 4$, portanto: $ua = +5{,}587$.
Se $x = +8 \Rightarrow ub = x^{2/3} + 4 = +8^{2/3} + 4 = +4 + 4$, portanto: $ub = +8$.

Finalmente, tem-se a integral do comprimento do arco $\widehat{AB}$ (já considerando a variável u).

$$\frac{3}{2}\int_{+5,587}^{+8} \sqrt{(x^{2/3}+4)}\left(\frac{2}{3}\frac{1}{x^{1/3}}\right)dx \Rightarrow L = \frac{3}{2}\int_{+5,587}^{+8} \sqrt{u}\, du = 1{,}5\,[(u^{3/2})]_{+5,587}^{+8} = 1{,}5[(\sqrt{8^3}) - (\sqrt{5{,}587^3})] = 14{,}13 \text{ uc.}$$

Conclusão: o comprimento do arco da função $y = +3x^{2/3} - 2$, no intervalo [+2, +8] é igual a 14,13 unidades de comprimento.

Exercício 10.1.1.5) Determinar o comprimento do arco da função $y = x^{3/2}$, no intervalo [0, +4], considerando apenas valores positivos de y. Determine o comprimento em metros, mostrando uma aplicação prática real.

$y = +x^{3/2} \Rightarrow \sqrt{+x^3}$. Como se tem a raiz quadrada de um número (x) elevado ao cubo (x^3), essa função só existe para valores positivos de x, pois não existe raiz quadrada de número negativo. A tabela a seguir permite o traçado do gráfico.

P	x	x^3	$\sqrt{x^3}$
A	0	0	0
B	+1	+1	±1,000
C	+2	+8	±2,828
D	+3	+27	±5,196
E	+4	+64	±8,000
F	+5	+125	±11,180

(Linhas A a E: Intervalo de cálculo)

O problema é calcular o comprimento do arco entre os pontos A(0; 0) e E(+4; +8).

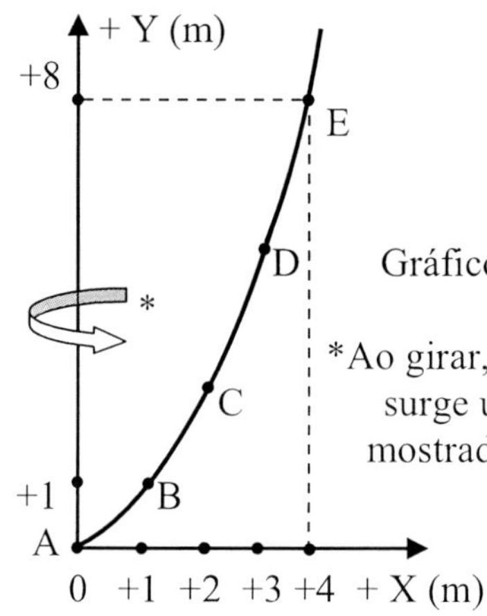

Gráfico da função $y = +x^{3/2}$

*Ao girar, circularmente, a função surge uma superfície, como mostrada ao final do exercício.

$f'(x) = (3/2)(x^{3/2-1}) = (3/2)(x^{1/2}) = \frac{3\sqrt{x}}{2}$. $1 + [f'(x)]^2 = 1 + \left(\frac{3\sqrt{x}}{2}\right)^2 = 1 + \frac{9x}{4}$. Portanto o comprimento é:

$$L = \int_a^b \sqrt{1 + [f'(x)]^2}\, dx \Rightarrow L = \int_0^{+4} \sqrt{(1 + 9x/4)}\, dx.$$ Fazendo: $u = 1 + 9x/4 \Rightarrow du = 9/4\, dx \Rightarrow dx = \frac{4}{9} du$.

Como $u = 1 + 9x/4$, portanto: $x = 0 \Rightarrow u = 1 + (9 \,.\, 0/4) \Rightarrow u = +1$. $x = +4 \Rightarrow u = 1 + (9 \,.\, 4/4) \Rightarrow u = +10$.

$$\int_0^{+4} \sqrt{(1 + 9x/4)}\, dx = \int_{+1}^{+10} \sqrt{u}\, dx = \int_{+1}^{+10} \sqrt{u}\, \frac{4}{9}\, du = \frac{4}{9}\int_{+1}^{+10} u^{1/2}\, du = \left(\frac{4}{9}\right)\left[\frac{u^{3/2}}{3/2}\right]_{+1}^{+10} = \left(\frac{4}{9}\right)\left(\frac{2}{3}\right)\left[u^{3/2}\right]_{+1}^{+10} = \frac{8}{27}(10^{3/2} - 1^{3/2}) =$$

$= 0{,}296(\sqrt{10^3 - 1^3}) = 0{,}296(\sqrt{1.000 - 1}) = (0{,}296)(31{,}607) = 9{,}356.$

O comprimento do arco entre os pontos A e B é igual a 9,356 m = 935, 6 cm = 9.356 mm.

A rotação da função $y = x^{3/2}$, sobre o eixo Y, gera uma superfície tridimensional. Pode-se imaginar uma estrutura, por exemplo, em concreto armado, com uma determinada espessura de parede (10 cm), onde os vergalhões, que ficam no interior do concreto, servem como uma armação de reforço estrutural.

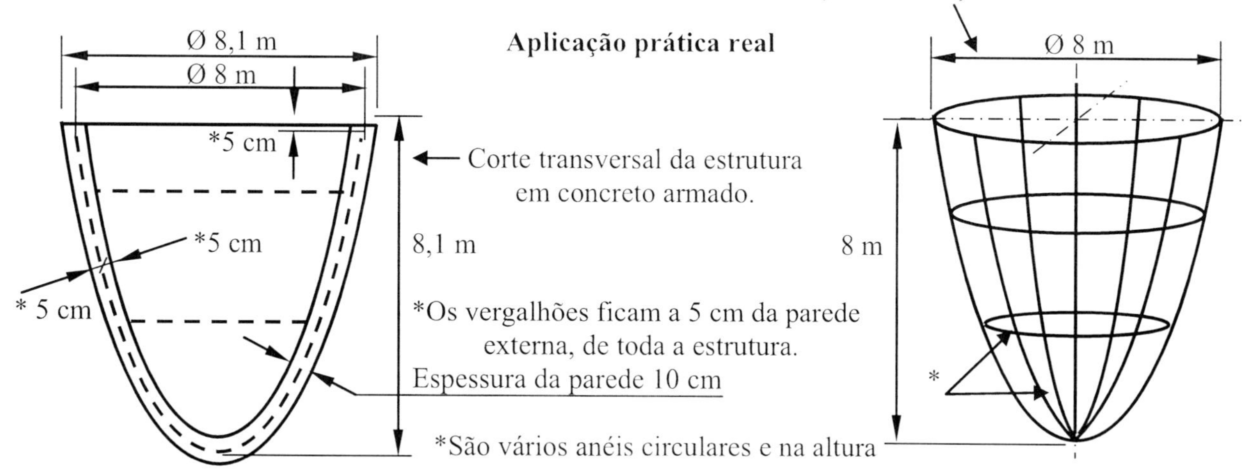

10.2 Comprimento do arco de uma curva catenária, aplicada ao comprimento de um cabo entre dois postes

Catenária é uma curva plana que representa a forma de equilíbrio de um cabo (fio) homogêneo, flexível, com peso próprio, suspenso por suas extremidades a partir de dois pontos fixos, e submetido exclusivamente à força da gravidade. A curva ou arco formado por uma catenária pode ser expresso pela curva da função do cosseno hiperbólico. Quando é citado que o cabo está submetido apenas à força da gravidade, significa que não existe um pré tensionamento, ou seja, não se "estica" o cabo, mas simplesmente se apóia o cabo nas extremidades. Dependendo do comprimento do cabo, da distância entre os apoios e do peso próprio (Pc), em cada ponto de apoio atua uma força, tangente à curva no ponto de apoio. Essa força se decompõe em duas: uma vertical (FPcV) e uma horizontal (FPcH). A vertical promove uma compressão no elemento de apoio (no caso, o poste) e a horizontal gera um momento, em relação à base do elemento de apoio.

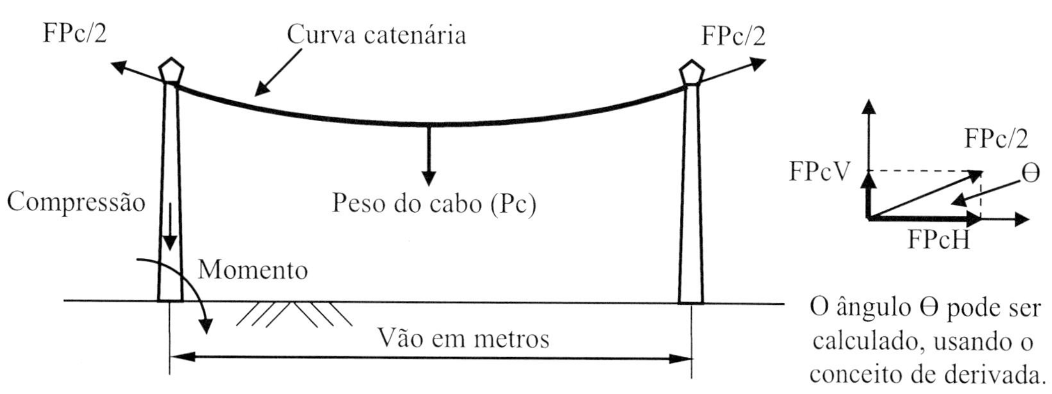

Baseado no exposto, é apresentado um exercício de aplicação da catenária.

Exercício 10.2.1) Em relação à figura anterior, onde se mostra a curvatura de um cabo, simplesmente pendurado entre dois postes, configurando a curva catenária, pede-se: calcular o comprimento do cabo, quando o vão for de 30 metros, considerando que a curva catenária segue a equação: $y = 75(e^{+x/150} + e^{-x/150})$.

$y' = 75\left(\frac{1}{150}e^{+x/150} - \frac{1}{150}e^{-x/150}\right) = \frac{1}{2}(e^{+x/150} - e^{-x/150}) \Rightarrow (y')^2 = \frac{1}{4}(e^{+x/75} - 2 + e^{-x/75})$. O comprimento fica:

$$L = \int_{-15}^{+15} \sqrt{1 + (y')^2}\, dx = \int_{-15}^{+15} \sqrt{1 + 0{,}25(e^{+x/75} - 2 + e^{-x/75})}\, dx = \int_{-15}^{+15} \sqrt{1 + 0{,}25e^{+x/75} - 0{,}5 + 0{,}25e^{-x/75})}\, dx =$$

$$= \int_{-15}^{+15} \sqrt{[0{,}25e^{+x/75} + 0{,}5 + 0{,}25e^{-x/75})]}\, dx = \int_{-15}^{+15} \sqrt{0{,}25(e^{+x/75} + 2 + e^{-x/75})}\, dx = \int_{-15}^{+15} \sqrt{0{,}5^2(e^{+x/75} + e^{-x/75})}\, dx =$$

$$= 0{,}5 \int_{-15}^{+15} (e^{+x/75} + e^{-x/75})\, dx = (0{,}5)(2)\left| \int_{0}^{+15} (e^{+x/75}\, dx + \int_{0}^{+15} (e^{-x/75}\, dx \right| = 75(e^{+x/75})\Big|_{0}^{+15} - 75(e^{-x/75})\Big|_{0}^{+15} =$$

$$= 75(e^{+15/75} - e^{0/75}) - 75(e^{-15/75} - e^{0/75}) = 75(e^{+15} - e^{0} - e^{-1/5} + e^{0}) = 75(e^{+15} - e^{-1/5}) = 75(1{,}221 - 0{,}819) = 30{,}15 \text{ m.}$$

Conclusão: o comprimento do cabo é igual a 30,15 metros.

10.3 Análise e dedução do cálculo do perímetro de uma elipse (exercício prático real resolvido)

Como visto no capítulo 1, parágrafo 1.9.2, elipse é o lugar geométrico dos pontos P (x_P; y_P) de um plano cujas distâncias a dois pontos fixos do plano, chamados focos (F_1 e F_2), têm soma constante, igual ao eixo maior "2a" ($PF_1 + PF_2 = 2a$). O segmento de reta que passa pelos dois focos (F_1 e F_2) chama-se eixo maior ($A_1A_2 = 2a$), e o segmento de reta que passa pelo ponto médio do eixo maior, e perpendicular a ele, cortando a elipse, chama-se eixo menor ($B_1B_2 = 2b$). As medidas da elipse são dadas pela metade dos eixos maior e menor sendo chamadas, respectivamente, de semi eixo maior (a) e semi eixo menor (b), sendo as outras medidas e características relacionadas a essas.

A elipse e seus elementos

A_1A_2 = eixo maior
B_1B_2 = eixo menor
2a = eixo maior
2b = eixo menor
F_1 e F_2 = focos
$F_1F_2 = 2c$ = distância focal
e = excentricidade = c/a
$DF = 2b^2/a$ (corda focal)
C = centro
A_1, A_2, B_1, B_2 = vértices
$a^2 = b^2 + c^2$

DF = corda focal ou *latus rectum*

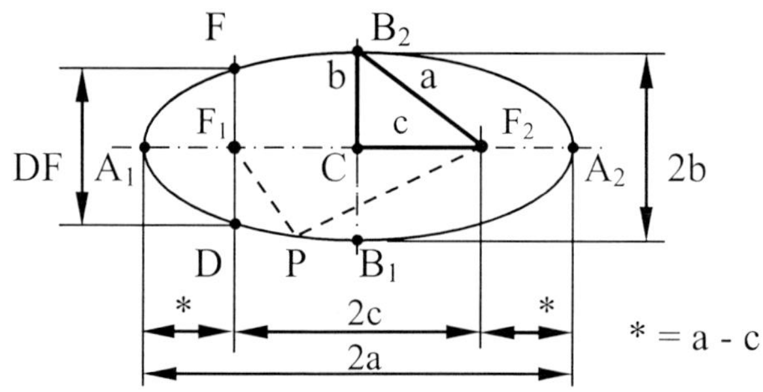

Pela definição de elipse: $|PF_1| + |PF_2| = 2a$

(De fato: $|A_1F_1| + |A_1F_2| = 2a$, pois: $*|A_1F_1| = |A_2F_2|$)

Uma elipse, na posição mostrada, ou seja, com centro C coincidente com a origem dos eixos cartesianos (0; 0), tem a seguinte equação: $+\dfrac{x^2}{a^2} + \dfrac{y^2}{b^2} = +1$.

Segundo parágrafo 10.1, o comprimento de um arco de uma curva, no intervalo [a, b], no espaço R^2 é dado por:

$$L = \int_{a}^{b} \sqrt{1 + [f'(x)]^2}\, dx.$$

Como a elipse tem equação com duas variáveis (x e y), inicia-se a análise pela derivada implícita, como visto no capítulo 3, parágrafo 3.7, da equação $+x^2/a^2 + y^2/b^2 = +1$.

$+\frac{x^2}{a^2} + \frac{y^2}{b^2} = +1 \Rightarrow (a^2b^2)\frac{x^2}{a^2} + (a^2b^2)\frac{y^2}{b^2} = (a^2b^2)\,1 \Rightarrow b^2x^2 + a^2y^2 - a^2b^2 = 0$, cuja derivada explícita é:

$$\frac{d}{dx}(b^2x^2) + \frac{d}{dx}(a^2y^2) - \frac{d}{dx}(a^2b^2) = 0 \Rightarrow 2xb^2 + 2a^2y\left(\frac{dy}{dx}\right) = 0 \Rightarrow a^2y\left(\frac{dy}{dx}\right) = -xb^2 \Rightarrow \frac{dy}{dx} = -\frac{b^2x}{a^2y} \Rightarrow \left(\frac{dy}{dx}\right)^2 = \frac{b^4x^2}{a^4y^2}\ (1).$$

$$b^2x^2 + a^2y^2 - a^2b^2 = 0 \Rightarrow a^2y^2 = a^2b^2 - b^2x^2 \Rightarrow y^2 = \frac{a^2b^2 - b^2x^2}{a^2} \Rightarrow y^2 = b^2\left(1 - \frac{x^2}{a^2}\right).$$

Sabendo que $a^2 = b^2 + c^2$ ou $b^2 = c^2 - a^2$ e substituindo y^2 na equação (1) se tem: $1 + \left(\frac{dy}{dx}\right)^2 = \frac{1 + b^4x^2}{a^4b^2\left(1 - \frac{x^2}{a^2}\right)} =$

$= \frac{a^2 - \frac{c^2x^2}{a^2}}{a^2 - x^2}$ (2). Como a excentricidade da elipse: $e = c/a$, substituindo na equação (2), se tem:

$1 + \left(\frac{dy}{dx}\right)^2$ ou $[f'(x)]^2 = \frac{a^2 - e^2x^2}{a^2 - x^2}$ (3). Substituindo (3), na integral do comprimento de um arco se tem:

O número 4 aparece, pois o intervalo [0, a] é um quarto da elipse.

$$L = \int_a^b \sqrt{1 + [f'(x)]^2}\,dx \Rightarrow L = 4\int_0^a \sqrt{\frac{(a^2 - e^2x^2)}{(a^2 - x^2)}}\,dx.\ (4).$$

Esse tipo de integral deve ser analisada pelo método da substituição trigonométrica, como visto no capítulo 7, parágrafo 7.10.3.

Fazendo: $x = a \operatorname{sen} \alpha \Rightarrow dx = a \cos \alpha$. Quando $x = 0 \Rightarrow \alpha = 0$ e quando $x = a \Rightarrow \alpha = \pi/2$. Substituindo em (4):

$$L = 4\int_0^{\pi/2} \left[\sqrt{\frac{(a^2 - e^2a^2\operatorname{sen}^2\alpha)}{a^2 - a^2\operatorname{sen}^2\alpha}}\,(a\cos\alpha)\right] d\alpha \Rightarrow L = 4a\int_0^{\pi/2} \sqrt{1 - e^2\operatorname{sen}^2\alpha}\ d\alpha.\ (5).$$

Como a solução da integral (5) é extremamente trabalhosa, exigindo múltiplas substituições, recorre-se ao Binômio de Newton ou série binomial, como visto no capítulo 3, parágrafo 3.2.2, que resulta numa ótima aproximação, para o perímetro de uma elipse.

Dessa forma, definem-se potências como $(1 + x)^n$, para todos os valores de x, com n pertencendo ao conjunto dos números reais, de forma que: $|-e^2 \operatorname{sen}^2 \alpha| = |e^2||\operatorname{sen}^2 \alpha| < 1$.

Usando o Binômio de Newton se tem a seguinte aproximação:

$(1 + x)^n = 1 + nx + \frac{n(n-1)x^2}{2!} + \frac{n(n-1)(n-2)x^3}{3!} + \ldots$. Voltando à integral (5) se tem:

Considerando $n = 1/2$, $x = -e^2 \operatorname{sen}^2 \alpha$ e fazendo as substituições, tem-se finalmente o perímetro da elipse, com uma fórmula de uma boa aproximação.

$\mathbf{L \approx \pi a\left(2 - \frac{e^2}{2} + \frac{3e^4}{16}\right)}$. Onde: $e = c/a$ é a excentricidade e c é a metade da distância focal.

Observa-se que, quando a excentricidade é zero, tem-se uma circunferência e a fica igual ao raio. Nesse caso $L = 2\pi r$ ou $L = \pi d$, que é a retificação ou perímetro de uma circunferência.

Para além de exercícios de aplicação direta da fórmula do perímetro de uma elipse, existem aplicações práticas reais, como a seguir mostrado.

Exercício 10.3.1) Um desenhista industrial (*designer*) está desenvolvendo o projeto de uma lata para chocolate em pó, com um volume de 1,1 litro, para armazenar o equivalente a 1 litro de pó de chocolate. O *designer* pensou numa lata em aço revestido no formato elipsoidal, com espessura de 1,5 mm, em verdade um cilindro elíptico. Conhecendo-se as dimensões, como nos desenhos a seguir, pede-se; a) qual deve ser a altura desta lata, para ter o volume de 1,1 litro e b) qual a área total de chapa necessária, considerando o fundo fechado e o detalhe da tampa como mostrado.

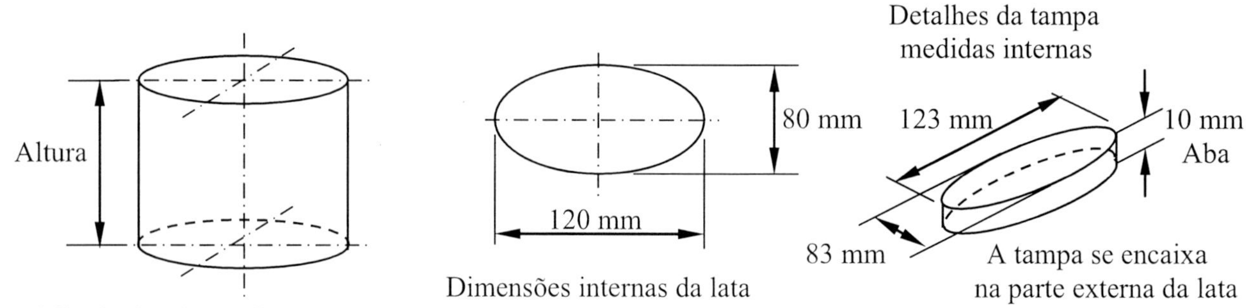

a) Cálculo da altura da lata:

Como em qualquer cilindro, o volume dessa lata é igual à área da base (S) vezes a altura (H), que é o que se tem que calcular. Ou seja: $V = S \cdot H$.

Como visto no capítulo 8, parágrafo 8.8, a área (S) de uma elipse é dada por: $S = \pi \cdot a \cdot b$, onde a é o semi eixo maior e b o semi eixo menor. Esses valores já são conhecidos: $\pi = 3{,}1416$, $a = 60$ mm e $b = 40$ mm.

$V = S \cdot H \Rightarrow H = V/S$. O volume é 1,1 litro ou 1,1 dm^3 (1,1 decímetro cúbico, já que 1 litro = 1 dm^3).

$a = 60$ mm $= 0{,}6$ dcm. $b = 40$ mm $= 0{,}4$ dcm. $S = 3{,}1416 \cdot 0{,}6$ dcm. $0{,}4$ dcm; $S = 0{,}754$ dcm^2.

$H = 1{,}1\ dcm^3/0{,}754\ dcm^2$; logo: $H = 1{,}459$ dcm (igual a 14,59 cm).

Do ponto de vista prático e de fabricação dessa lata, a altura deverá ser de 15 cm (ou 150 mm), com o volume real ficando um pouco maior do que 1,1 litros, pois a altura está sendo aumentada em 0,41 cm ou 4,1 mm.

b) Cálculo da área total de chapa, para ter uma lata com fundo e tampa:

Existem quatro áreas envolvidas: 1) chapa lateral da altura dobrada no formato da elipse; 2) chapa do fundo, que é a área da elipse; 3) chapa da tampa, também no formato da elipse e 4) chapa da aba da tampa.

b.1) Área da chapa lateral no sentido da altura:

Essa área é igual ao produto do perímetro L da elipse pela altura.

$L = \pi a\left(2 - \frac{e^2}{2} + \frac{3e^4}{16}\right)$. Onde: $e = c/a$ é a excentricidade e c é a metade da distância focal.

Inicialmente se calcula a metade da distância focal c. Como $a^2 = b^2 + c^2 \Rightarrow c = \sqrt{a^2 - b^2} = \sqrt{60^2 - 40^2} = 44{,}72$.

$e = c/a = 44{,}72/60 = 0{,}745$. $L = 3{,}1416 \cdot 60\left(2 - \frac{0{,}745^2}{2} + \frac{3 \cdot 0{,}745^4}{16}\right) \Rightarrow L = 313{,}657$ mm $= 31{,}366$ cm.

A área é igual a: $313{,}657$ mm x 150 mm $= 47.048{,}55\ mm^2 = 470{,}49\ cm^2$.

b2) área da chapa do fundo: É a área da elipse, como visto no capítulo 8, parágrafo 8.8, a área de uma elipse é: $S = \pi ab$.

Portanto $S = 3{,}1416 \times 60 \times 40 = 7539{,}84\ mm^2 = 75{,}40\ cm^2$.

b3) Área da chapa da tampa: É também a área de uma elipse, como o fundo, porém com dimensões um pouco maiores.

$S = 3{,}1416 \times 61{,}5 \times 41{,}5 = 8.018{,}149\ mm^2 = 80{,}18\ cm^2$.

b4) Área da aba da tampa: Essa área é calculada pelo produto do perímetro da elipse da tampa, pela aba de 10 mm. Inicialmente se calcula o perímetro da elipse da tampa e para isso tem-se que calcular uma nova excentricidade.

$L = \pi a\left(2 - \frac{e^2}{2} + \frac{3e^4}{16}\right)$. Onde: $e = c/a$ é a excentricidade e c é a metade da distância focal.

Inicialmente se calcula a metade da distância focal c. Como $a^2 = b^2 + c^2 \Rightarrow c = \sqrt{a^2 - b^2} = \sqrt{61{,}5^2 - 41{,}5^2} = 45{,}38$.

$e = c/a = 45{,}38/61{,}5 = 0{,}738$. $L = 3{,}1416.61{,}5\left(2 - \frac{0{,}738^2}{2} + \frac{3.0{,}738^4}{16}\right) \Rightarrow L = 323{,}118\ mm = 32{,}312\ cm$.

A área é igual a: $323{,}118\ mm \times 10\ mm = 3.231{,}18\ mm^2 = 32{,}31\ cm^2$.

Área total $= 470{,}49\ cm^2 + 75{,}40\ cm^2 + 80{,}18\ cm^2 + 32{,}31\ cm^2 = 658{,}38\ cm^2$.

Conclusão: a lata terá uma altura de 15 cm e uma área total de chapa de $658{,}38\ cm^2$.

Observação: com a área total calcula-se o peso da lata e, portanto o preço do material, para fabricar cada lata.

10.4 Cálculo de áreas de superfícies de revolução. Áreas laterais ou superficiais

Superfície de revolução é a gerada a partir da rotação de uma curva no R^2, em torno de um eixo

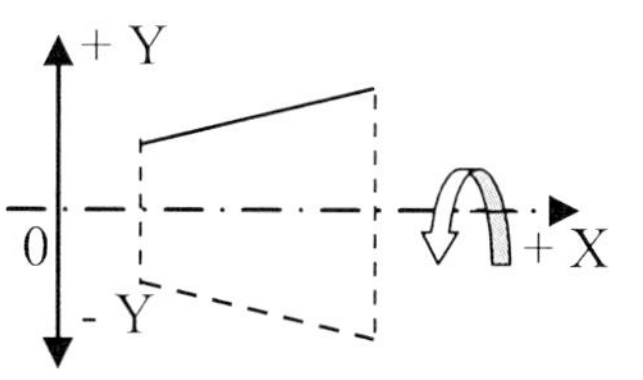

Uma reta inclinada, girada em torno de X, gera um tronco de cone

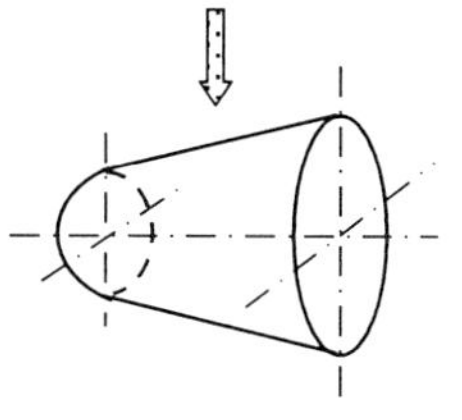

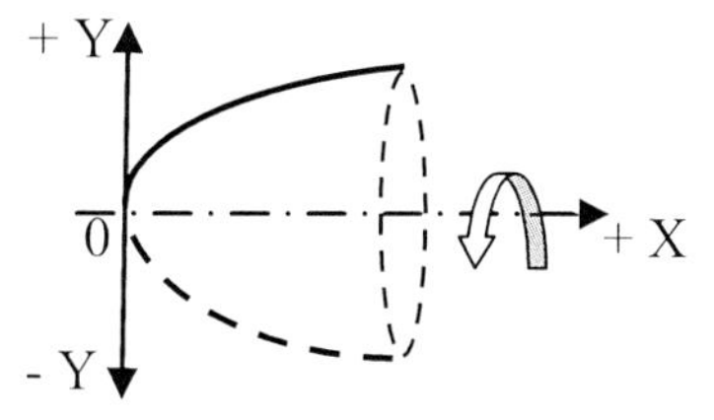

Rotação da função: $y = +x^{1/3}$

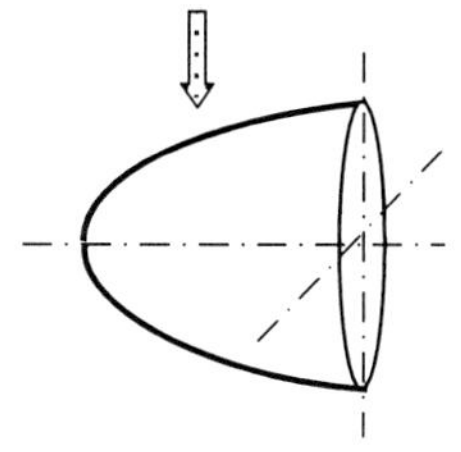

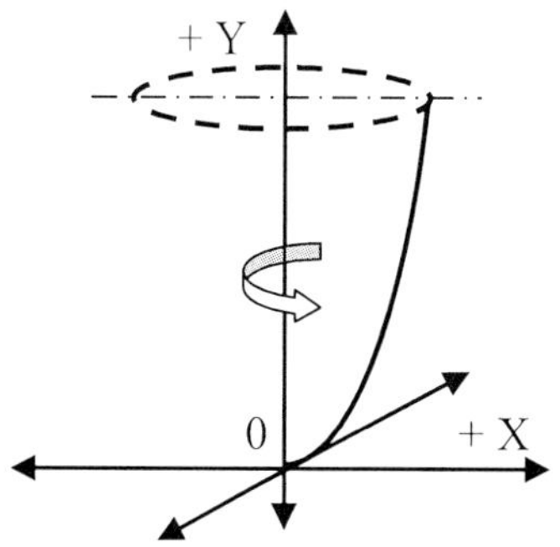

Rotação da função: $y = +x^3$

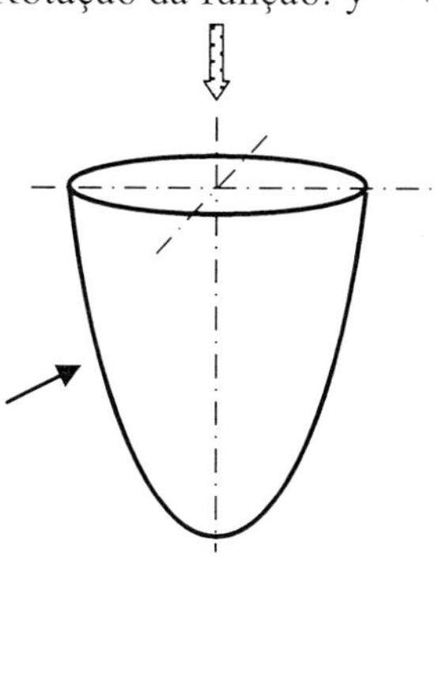

A rotação ou giro pode ocorrer, tanto em relação à horizontal, eixo X, quanto em relação ao eixo vertical Y, gerando formas tridimensionais com múltiplas aplicações em diversas áreas. A rotação pode ter como diretriz tanto uma circunferência, quanto uma elipse.

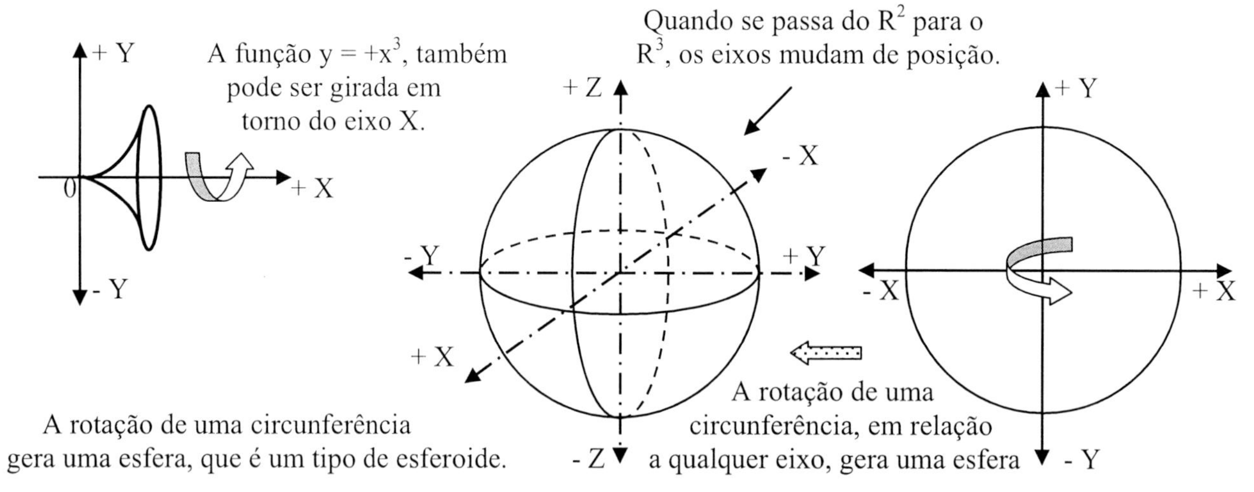

O conceito que existe para o cálculo da área lateral de uma superfície de revolução utiliza a soma de Riemann, imaginando a superfície sendo fatiada em anéis infinitesimais que, combinada com o conceito da retificação de uma circunferência (2πr), mais o teorema de valor médio, chega à seguinte fórmula:

$$S = \lim_{\text{máx } \Delta x_k \to 0} \sum_{k=1}^{n} 2\pi f(x_k^*)\sqrt{1+[f'(x_k^*)]^2}\,\Delta x_k \Rightarrow \int_a^b 2\pi\, f(x)\sqrt{1+[f'(x)]^2}\,dx. \quad (3).$$

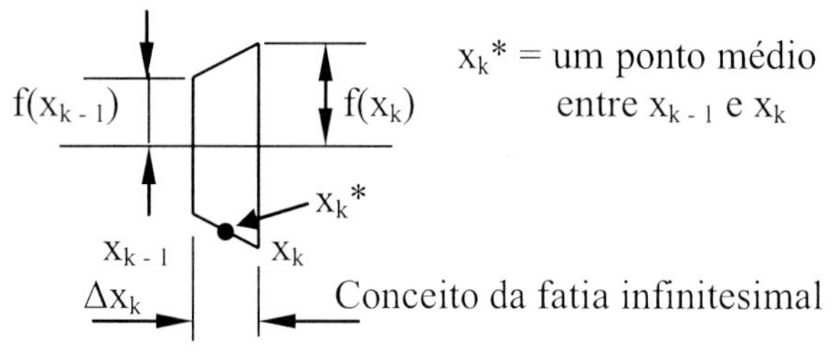

Essa fórmula expressa a área superficial ou lateral de uma função plana, não negativa no intervalo [a, b], gerada pela rotação, em torno do eixo X, da parte da curva $y = f(x)$, entre $x = a$ e $x = b$. (2π, relaciona-se à rotação da curva).

Exercício 10.4.1) Determine a área lateral da superfície gerada pela rotação, em torno do eixo X, da parte da curva $y = +x^3$, considerando o intervalo [0, +2] e o metro como unidade de medida.

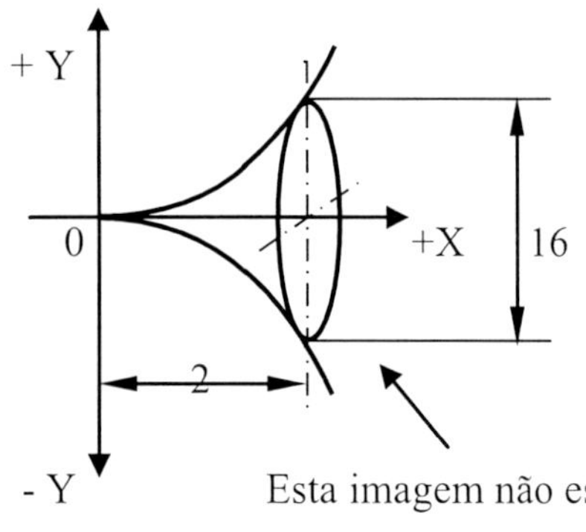

$$S = \int_0^{+2} 2\pi\, f(x)\sqrt{1+(y')^2}\,dx.$$

$$y = +x^3 \Rightarrow y' = +3x^2 \Rightarrow (y')^2 = +9x^4.$$

$$S = 2\pi\int_0^{+2} +x^3(1+9x^4)^{1/2}\,dx.$$ Fazendo: $u = 1 + 9x^4 \Rightarrow du = 36x^3\,dx$.

$$S = \frac{2\pi}{36}\int_{ua}^{ub} u^{1/2}\,du.$$ Obs: $x = 0 \Rightarrow ua = +1$. $x = 2 \Rightarrow ub = +145$.

Esta imagem não está proporcional às dimensões.

$$S = \frac{2\pi}{36}\int_{+1}^{+145} u^{1/2}\,du = \left[\left(\frac{2\pi}{36}\right)\left(\frac{2}{3}\right)u^{3/2}\right]_{+1}^{+145} = [0{,}116\,u^{3/2}]_{+1}^{+145} = [0{,}116\sqrt{u^3}]_{+1}^{+145} = [(0{,}116)\sqrt{+145^3}] - [(0{,}116)\sqrt{+1^3}] =$$

S = 202,424 m². ⟵ Observa-se um valor alto, pois a função é x ao cubo ($y = +x^3$).

Curiosidade: a superfície gerada assemelha-se a um funil, porém com uma geometria estranha, já que tem uma altura de dois metros e um diâmetro de 16 metros $[(2)(2^3)] = 16$.

Exercício 10.4.2) Determinar a área lateral do tronco de cone, gerada pela rotação, em torno do eixo X, da reta $y = +0,2x + 16$, no intervalo $[+20, +70]$. Considerar o centímetro como unidade de medida.

$$S = \int_{+20}^{+70} 2\pi\,(+0,2x + 16)\,\sqrt{1 + (y')^2}\,dx. \quad y = +0,2x + 16 \Rightarrow y' = +0,2 \Rightarrow (y')^2 = +0,04.$$

$$S = \int_{+20}^{+70} 6,283(+0,2x + 16)\sqrt{(1 + 0,04)}\,dx = \int_{+20}^{+70} (6,283)(1,02)(+0,2x + 16)\,dx = 6,409\int_{+20}^{+70} (+0,2x + 16)\,dx =$$

$$= 6,409\left(\frac{0,2x^2}{2} + 16x\right)\Bigg|_{+20}^{+70} = \left|6,409\left(\frac{0,2 \times 70^2}{2}\right) + 16 \times 70\right| - 6,409\left|\left(\frac{0,2 \times 20^2}{2} + 16 \times 20\right)\right| = 6,409(1610 - 360) \Rightarrow$$

$S = 8.011,25\ cm^2$. ⟵Esta é a área lateral do tronco de cone.

Interpretação geométrica do problema: $x = 20 \Rightarrow y = 20$ e $x = 70 \Rightarrow y = 30$.

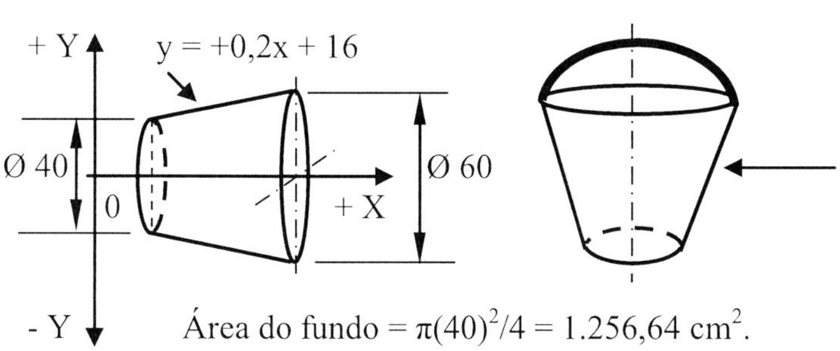

Essa transformação geométrica, de uma reta em um tronco de cone, permite visualizar um balde, com diâmetro maior de 60 cm, diâmetro menor de 40 cm e altura de 50 cm. Existe um processo de fabricação mecânica, chamado de torneamento por repuxo, onde, a partir de um disco circular, com área igual a área total, ou seja, a lateral mais a do fundo, molda-se, por rotação do balde.

No caso em estudo a área total do balde é igual aos $320,45\ cm^2$, da parte lateral ou corpo, mais a área do fundo, $1.256,64\ cm^2$, com total de $1.577,09\ cm^2$. Essa área total de $1.577,09\ cm^2$ significa um disco de diâmetro 44,81 cm.

Exercício 10.4.3) Determinar a área lateral da curva, gerada pela rotação, em torno do eixo Y, da função $y = +x^2$, no intervalo $[+1, +3]$. Considerar o centímetro como unidade de medida.

Observa-se que, como o giro ocorre em torno do eixo Y, e não do X, a fórmula (3) tem que ser adaptada, como descrita adiante, lembrando que: $y = +x^2 \Rightarrow x = \sqrt{y} = y^{1/2}$.

$$\mathbf{S = \int_a^b 2\pi\, f(y)\,\sqrt{1 + [f'(y)]^2}\,dy. \quad (4).}$$

$x = y^{1/2}$. Para $x = +1 \Rightarrow y = +1$. Para $x = +3 \Rightarrow y = +9$. $x = y^{1/2} \Rightarrow f'(y) = 1/2\sqrt{y}$ e $[f'(y)]^2 = 1/4y$. Então:

$$S = \int_{+1}^{+4} 2\pi\,\sqrt{y}\,(\sqrt{1 + 1/4y})\,dy = \int 2\pi\,\frac{\sqrt{y}}{\sqrt{4y}}(\sqrt{4y + 1})\,dy = \int \frac{2\pi}{2}(\sqrt{4y + 1})\,dy = \int \pi\,(\sqrt{4y + 1})\,dy$$

Fazendo $u = 4y + 1 \Rightarrow dy = du/4$, se tem:

$S = \pi \int_{au}^{ub} u^{1/2}\,du$. Mudando os limites de integração: y = +1 => ua = +5 e y = +9 => ub = +37. Então:

$$S = \pi \int_{+5}^{+37} u^{1/2}\,du = [\left(\frac{\pi}{4}\right)\left(\frac{2}{3}\right) u^{3/2}]_{+5}^{+37} = [(0{,}524)\,\sqrt{u^3}]_{+5}^{+37} = [(0{,}524)\,\sqrt{37^3}] - [(0{,}524)\,\sqrt{5^3}] = 112{,}074\ \text{cm}^2.$$

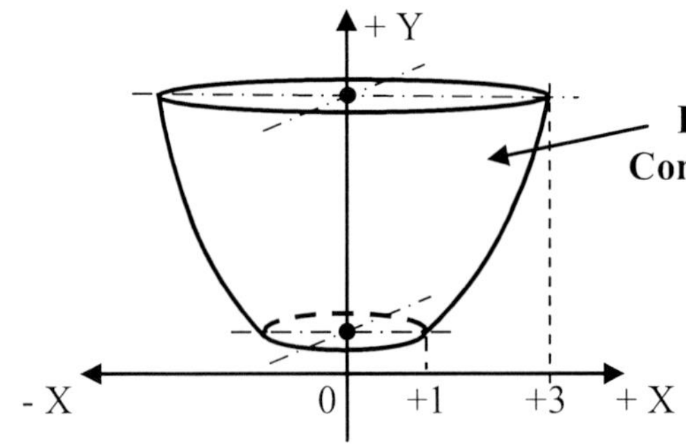

Este paraboloide tem área lateral de 112,074 cm^2. Considerando o fundo fechado a área fica 177,216 cm^2.

Como essa superfície foi obtida a partir de uma parábola, tem-se um tronco de paraboloide circular. (Essa superfície pode ser usada como vaso de plantas, desde que seja no formato com espessura interna).

Exercício 10.4.4) Determinar a área lateral de uma esfera oca, a partir de uma circunferência de raio 5 metros.

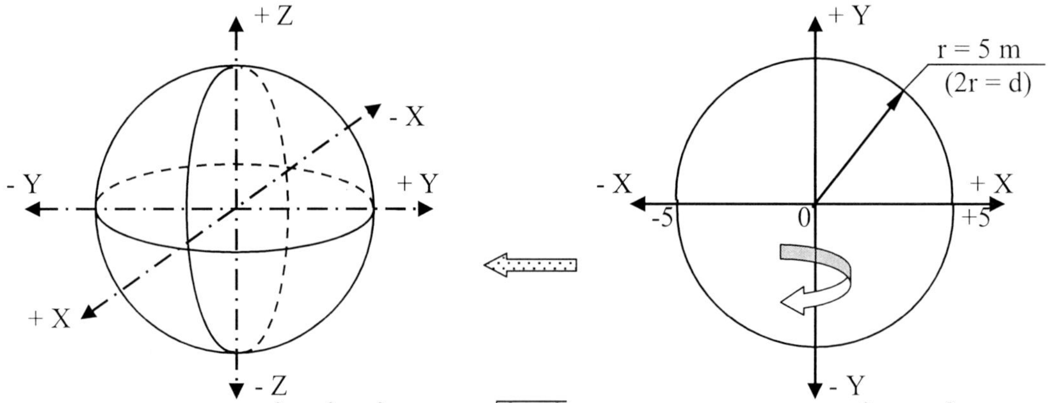

Equação da circunferência: $+x^2 + y^2 = r^2 \Rightarrow y = \sqrt{r^2 - x^2} \Rightarrow y' = -\frac{x}{\sqrt{r^2 - x^2}} \Rightarrow (y')^2 = \frac{r^2}{r^2 - x^2}$

$1 + \frac{x^2}{r^2 - x^2} = \frac{(r^2 - x^2) + x^2}{r^2 - x^2} = \frac{r^2}{r^2 - x^2}$ (Raio = 5 metros => diâmetro = 10 metros).

$$S = \int_{-r}^{+r} 2\pi\, f(x)\,\sqrt{1 + [(y')^2]}\,dx = 2\pi \int_{-r}^{+r} (\sqrt{r^2 - x^2})(\sqrt{(r^2/r^2 - x^2)})\,dx = 2\pi r \int_{-r}^{+r} dx = [(2\pi r)\,(x)]_{-r}^{+r} = (2\pi r)[(+r) - (-r)] =$$

$= (2\pi r)(+2r) = 4\pi r^2 = \pi d^2$. Para r = 5 m => S = 314,16 m^2.

Área lateral de uma esfera = πd^2.

10.5 Peso de sólidos de revolução ocos, fabricados em chapas de metal, a partir da área lateral

Para além das análises matemáticas, em especial com as aplicações das integrais definidas, para o cálculo de áreas laterais de superfícies de revolução, a Engenharia, principalmente a Mecânica, utiliza esses cálculos para determinar o peso dessas áreas laterais, quando fabricadas a partir de chapas de metal, para os mais diversos fins. Alguns exemplos são: 1) O tronco de cone, utilizado na fabricação de baldes, bem como de fundos cônicos de silos; 2) Paraboloides circulares usados em bicos de aviões, em especial nos de grande porte e 3) Em esferas para armazenamento de gás liquefeito de petróleo (GLP).

Dois tipos de metais se destacam na produção desses itens e equipamentos: o aço carbono e o alumínio. A seguir são mostrados os cálculos dos pesos das superfícies. Observa-se que os pesos específicos das chapas metálicas são: aço carbono: 8.000 kgf/m^3 e alumínio: 2.700 kgf/m^3.
Uma vez que se conheça a área lateral da superfície, o tipo de chapa de metal usado e a sua espessura, o cálculo é simples, como mostrado adiante:

Exercício 10.5.1) considerando o exercício 10.4.1, determine o peso da área lateral da superfície gerada pela rotação, em torno do eixo X, da parte da curva $y = +x^3$, considerando o intervalo [0, +2], o metro como unidade de medida e espessuras de 30 mm, tanto em aço carbono, quanto em alumínio. O aço carbono tem peso específico de 7.850 kgf/m^3 e o alumínio 2.700 kgf/m^3.

O peso é dado por: Peso = área lateral x espessura x peso específico.

É óbvio que as unidades têm que ser compatíveis. Como, tanto a área, como o peso específico, estão relacionados ao metro, passa-se a espessura também para metro, ou seja: 30 mm = 0,03 m.

Peso em aço carbono = 202,424 m^2 x 0,03 m x 7.850 $\frac{kgf}{m^3}$ => Peso = 47.670,852 kgf = 47,671 toneladas-força.

Peso em alumínio = 202,424 m^2 x 0,03 m x 2.700 $\frac{kgf}{m^3}$ => Peso = 16.396,344 kgf = 16,396 toneladas-força.

Exercício 10.5.2) considerando o exercício 10.3.2, determine o peso da área lateral do balde, fabricado como um tronco de cone, gerado pela rotação, em torno do eixo X, da reta $y = +0{,}2x + 16$, no intervalo [+20, +70]. Considerar espessura de 3 mm para a chapa, tanto em aço carbono, quanto em alumínio.

O peso é dado por: Peso = área lateral x espessura x peso específico.

As unidades têm que ser compatíveis. Área 1.577,09 cm^2 = 0,15771 m^2 e espessura 3 mm = 0,003 m.

Peso em aço carbono = 0,15771 m^2 x 0,003 m x 7.850 $\frac{kgf}{m^3}$ => Peso = 3,714 kgf.

Peso em alumínio = 0,15771 m^2 x 0,003 m x 2.700 $\frac{kgf}{m^3}$ => Peso = 1,277 kgf.

Exercício 10.5.3) Considerando o exercício 10.3.3, determinar o peso do tronco de paraboloide circular, gerado pela rotação, em torno do eixo Y, da função $y = x^2$, no intervalo [+1, +3]. Considerar espessura de 3 mm para a chapa, tanto em aço carbono, quanto em alumínio.

O peso é dado por: Peso = área lateral x espessura x peso específico.

As unidades têm que ser compatíveis. Área 174,071 cm^2 = 0,01741 m^2 e espessura 3 mm = 0,003 m.

Peso em aço carbono = 0,011741 m^2 x 0,003 m x 7.850 $\frac{kgf}{m^3}$ => Peso = 0,276 kgf = 276 gramas-força.

Peso em alumínio = 0,011741 m^2 x 0,003 m x 2.700 $\frac{kgf}{m^3}$ => Peso = 0,095 kgf = 95.

Exercício 10.5.4) Determinar o peso de uma esfera oca, a partir de uma semi circunferência de raio 5 metros. Considerar espessura de 50 mm para a chapa, tanto em aço carbono, quanto em alumínio.

O peso é dado por: Peso = área lateral x espessura x peso específico.

As unidades têm que ser compatíveis. Área 314,16 m^2 e espessura 50 mm = 0,05 m.

Peso em aço carbono = 314,16 m^2 x 0,05 m x 7.850 $\frac{kgf}{m^3}$ => Peso = 123.307,8 kgf = 123,308 toneladas-força.

Peso em alumínio = 314,16 $\not{m}^2$ x 0,05 $\not{m}$ x 2.700 $\frac{kgf}{\not{m}^3}$ => Peso = 42,411,6 kgf = 42,412 toneladas-força.

10.6 Exercícios complementares resolvidos (com os gráficos das funções)

Nos exercícios resolvidos, a seguir, foram considerados: a unidade de comprimento em metro e a de área o metro quadrado. As respostas não são deixadas na forma de frações, mas sim como decimais, ou radicais ou como π (considerar $\pi = 3,1416$).

Determinar o comprimento de arco das funções:

10.6.1) $y = +\sqrt{x^3}$, no intervalo [+1, +2].

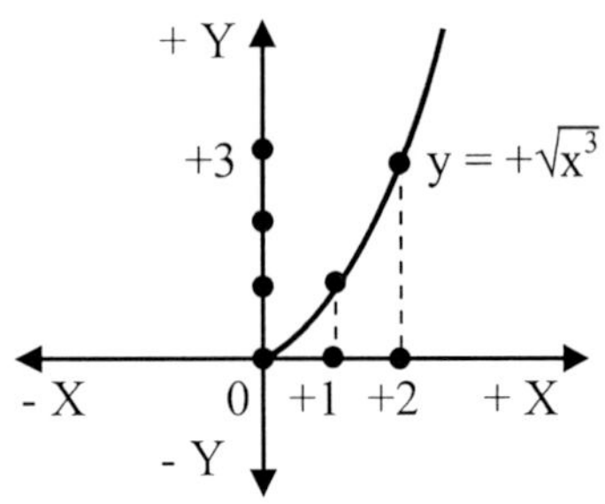

$y = +\sqrt{x^3} \Rightarrow y = +x^{3/2} \Rightarrow y' = (3/2)x^{1/2} \Rightarrow (y')^2 = (9/4)x.$

$$L = \int_{+1}^{+2} \sqrt{1 + (y')^2}\, dx = \int_{+1}^{+2} \sqrt{[1 + (9/4)x]}\, dx = 1/2 \int_{+1}^{+2} \sqrt{(4 + 9x)}\, dx.$$

Fazendo $u = 4 + 9x \Rightarrow du = 9\, dx$. $x = +1 \Rightarrow u = +13$. $x = +2 \Rightarrow u = +22$.

$$L = \int_{+13}^{+22} \sqrt{u}\,(du/9) = \frac{1}{18}\int_{+13}^{+22} \sqrt{u}\, du = \frac{1}{18}\left(\frac{u^{3/2}}{3/2}\right)\Bigg|_{+13}^{+22} = \frac{1}{27}\left(\sqrt{22^3} - (\sqrt{13^3}\right) = 2,086.$$

Conclusão: o comprimento do arco é igual a 2,086 metros.

10.6.2) $y = +3x + 1$, no intervalo [0, +3].

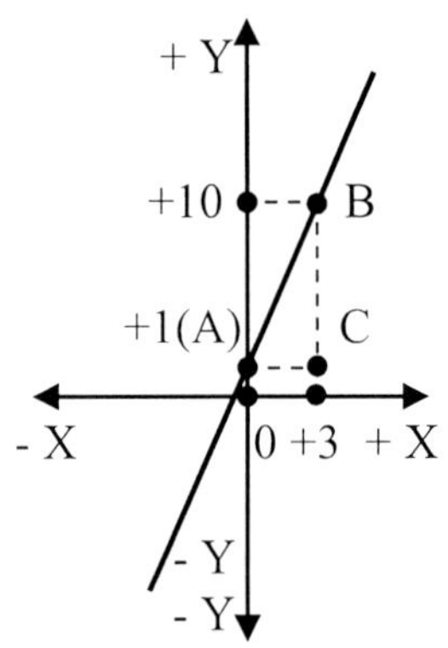

$y = +3x + 1 \Rightarrow y' = 3 \Rightarrow (y')^2 = 9.$

$$L = \int_0^{+3} \sqrt{1 + (y')^2}\, dx = \int_0^{+3} \sqrt{(1 + 9)}\, dx = \sqrt{10}\int dx = \sqrt{10}\, x\Big|_0^{+3} =$$

$= 3\sqrt{10} = 9,487$ m. $x = 0 \Rightarrow y = +1$ (A) e $x = +3 \Rightarrow y = +10$ (B).

Pelo triângulo retângulo:

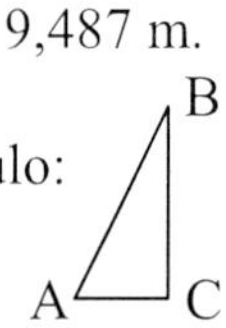

$AB = \sqrt{AC^2 + BC^2} = \sqrt{3^2 + 9^2} = 9,487.$

Conclusão: comprimento igual a 9,487 metros.

10.6.3) $y = +0,08333x^3 + x^{-1}$, no intervalo [+1, +2].

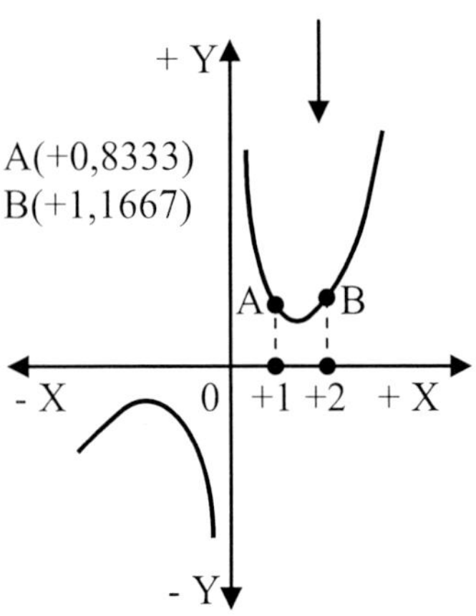

$y = +0,08333x^3 + x^{-1} \Rightarrow y' = (3)(0,08333x^2) + (-1)x^{-2} = 0,25x^2 - 1/x^2.$

$(y')^2 = (0,25x^2 - 1/x^2)^2 = (0,0625x^4 - 0,5 + 1/x^4).$

$$L = \int_{+1}^{+2}\sqrt{1 + (y')^2}\, dx = \int_{+1}^{+2}\sqrt{1 + (0,0625x^4 - 0,5 + 1/x^4)}\, dx = \int_{+1}^{+2}\sqrt{(0,25x^2 + 1/x^2)}\, dx:$$

$$L = \int_{+1}^{+2} 0,25x^2\, dx + \int_{+1}^{+2} 1/x^2\, dx = (0,25/3)x^3\Big|_{+1}^{+2} - (1/x)\Big|_{+1}^{+2} =$$

$= (0,0833)(2^3 - 1^3) - (0,5 - 1) = +1,083$ m.

O comprimento do arco entre os pontos A e B é de 1,083 metros.

10.6.4) $y = 2 - \ln(\text{sen } x)$, no intervalo $[\pi/6, \pi/4]$.

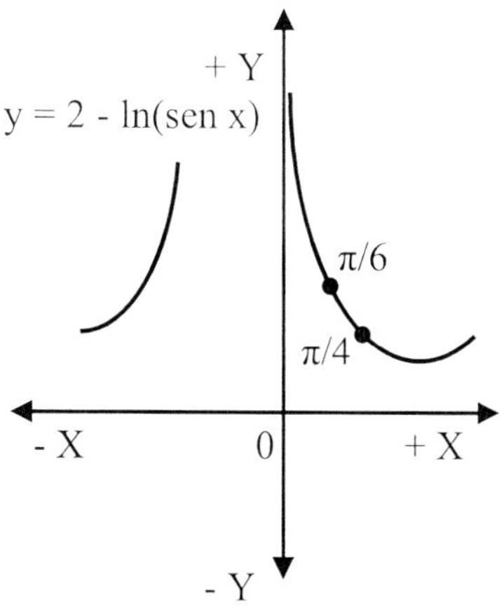

$y = 2 - \ln(\text{sen } x) \Rightarrow y' = \cos x/\text{sen } x \Rightarrow (y')^2 = \cos^2 x/\text{sen}^2 x.$

$$L = \int_{\pi/6}^{\pi/4} \sqrt{1 + (y')^2}\, dx = \int_{\pi/6}^{\pi/4} \sqrt{1 + (\cos^2 x/\text{sen}^2 x)}\, dx = \int_{\pi/6}^{\pi/4} \left(\frac{\text{sen}^2 x + \cos^2 x}{\text{sen}^2 x}\right) dx =$$

$$= \int_{\pi/6}^{\pi/4} \sqrt{(1/\text{sen}^2 x)}\, dx = \int_{\pi/6}^{\pi/4} (1/\text{sen } x)\, dx = \int_{\pi/6}^{\pi/4} \text{cossec } x\, dx \Rightarrow$$

$L = (\ln[\text{cossec } \pi/4 - \text{cotg } \pi/4]) - \ln[\text{cossec } \pi/6 - \text{cotg } \pi/6]) \Rightarrow$

$L = \ln(1{,}414 - 1) - \ln(2 - 1{,}732) = \ln(0{,}414) - \ln(0{,}268) = 0{,}435.$

Conclusão: o comprimento do arco é igual a 0,435 metros.

10.6.5) $y = +x^{2/3}$, no intervalo $[-1, +8]$.

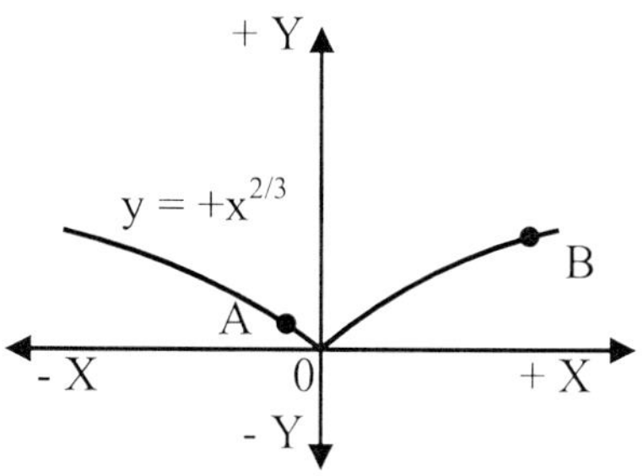

$y = +x^{2/3} \Rightarrow y' = (2/3)x^{-1/3} = 2/(3x^{1/3}) \Rightarrow (y')^2 = 4/9x^{2/3}.$

$$L = \int_{-1}^{+8} \sqrt{1 + (y')^2}\, dx = \int_{-1}^{+8} \sqrt{1 + (4/9x^{2/3})}\, dx = \int_{-1}^{+8} \sqrt{(9x^{2/3} + 4)/(9x^{2/3})}\, dx =$$

$$= \int_{-1}^{+8} \sqrt{(9x^{2/3} + 4)}(1/3x^{1/3})\, dx = 1/3 \int_{-1}^{+8} \sqrt{(9x^{2/3} + 4)}(1/x^{1/3})\, dx \text{ (I)}.$$

Fazendo $u = 9x^{2/3} \Rightarrow du = 9(2/3)(x^{-1/3})\, dx \Rightarrow du = (6)/(x^{1/3})\, dx \Rightarrow dx = (x^{1/3})(du/6)$.

Quando $x = -1 \Rightarrow u = +13$; quando $x = +8 \Rightarrow u = +40$. Fazendo a substituição em (I).

$$L = \int_{+13}^{+40} (\sqrt{u})(1/x^{1/3})(x^{1/3})(du/6) = 1/18 \int_{+13}^{+40} \sqrt{u}\, du = \left|(1/18)[(u^{3/2})/(3/2)]\right|_{+13}^{+40} = (1/27)(\sqrt{40^3} - \sqrt{13^3}) = 7{,}634.$$

Conclusão: o comprimento do arco é igual a 7,634 metros.

10.6.6) $y = +0{,}333x^3 + 0{,}25x^{-1}$, no intervalo $[+1, +3]$.

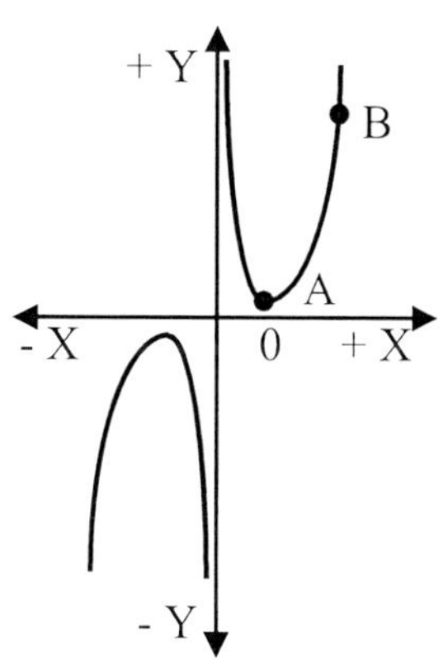

$y = 0{,}333x^3 + 0{,}25x^{-1} \Rightarrow y' = 0{,}999x^2 - 0{,}25x^{-2} \Rightarrow (y')^2 = x^4 - 0{,}5 + 0{,}0625/x^4.$

$$L = \int_{+1}^{+3} \sqrt{1 + (y')^2}\, dx = \int_{+1}^{+3} \sqrt{(1 + x^4 - 0{,}5 + 0{,}0625/x^4)}\, dx = \int_{+1}^{+3} \sqrt{\frac{(x^8 + 0{,}5x^4 + 0{,}0625)}{x^4}}\, dx:$$

$$L = \int_{+1}^{+3} (\sqrt{(x^8 + 0{,}5x^4 + 0{,}0625)}(1/x^2)\, dx: \text{ como } x^8 + 0{,}5x^4 + 0{,}0625 = (x^4 + 0{,}25)^2:$$

$$L = \int_{+1}^{+3} (x^4 + 0{,}25)(1/x^2)\, dx = \int_{+1}^{+3} (x^2 + 0{,}25/x^2)\, dx = \frac{x^3}{3}\Big|_{+1}^{+3} - \frac{0{,}25}{x}\Big|_{+1}^{+3} = (9 - \frac{1}{3}) - (\frac{0{,}25}{3} - \frac{0{,}25}{1}):$$

$L = 8{,}667 + 0{,}167 = 8{,}834.$

Conclusão: o comprimento do arco é igual a 8,834 metros.

10.6.7) $y = +0{,}125x^4 + 0{,}25x^{-2}$, no intervalo [+1, +2]. A(+1; +0,375); B(+2; +2,0625).

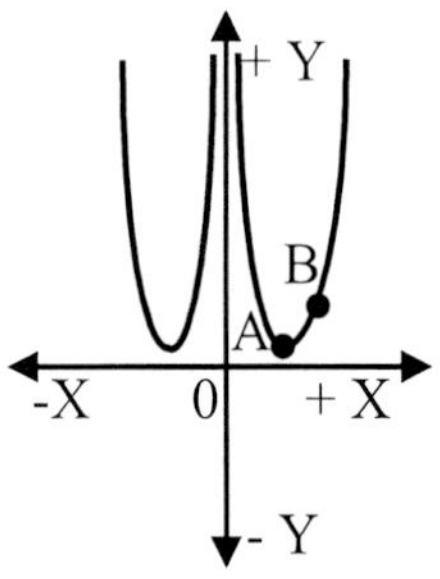

$y = +0{,}125x^4 + 0{,}25x^{-2} \Rightarrow y' = +0{,}125(4x^3) + 0{,}25(-2x^{-3}) = +0{,}5x^3 - 0{,}5/x^3.$

$(y')^2 = 0{,}25x^6 - 0{,}5 + 0{,}25/x^6.\ L = \int_{+1}^{+2} \sqrt{1 + (y')^2}\,dx \Rightarrow$

$L = \int_{+1}^{+2} \sqrt{(1 + 0{,}25x^6 - 0{,}5 + 0{,}25/x^6)}\,dx = \int \sqrt{(0{,}25x^6 + 0{,}5 + 0{,}25/x^6)}\,dx =$

$= \int_{+1}^{+2} \sqrt{\dfrac{(0{,}25x^{12} + 0{,}5x^6 + 0{,}25)}{x^6}}\,dx = \int_{+1}^{+2} \sqrt{(0{,}5x^6 + 0{,}5)^2}(1/x^3)\,dx =$

$= \int_{+1}^{+2} (0{,}5x^6 + 0{,}5)(1/x^3)\,dx = 0{,}5 \int_{+1}^{+2} x^3\,dx + 0{,}5 \int_{+1}^{+2} x^{-3}\,dx = \left.\dfrac{0{,}5x^4}{4}\right|_{+1}^{+2} + \left.\dfrac{0{,}5x^{-2}}{-2}\right|^{+2} = \left.\dfrac{0{,}5x^4}{4}\right|_{+1}^{+2} - \left.\dfrac{0{,}25}{x^2}\right|_{+1}^{+2} =$

$= (2 - 0{,}125) - (0{,}0625 - 0{,}25) = 2{,}063.$

Conclusão: o comprimento do arco é igual a 2,063 metros.

10.6.8) $y = +0{,}333\sqrt{(x^2 + 2x)^3}$, no intervalo [0, +3]. $y = +0{,}333\sqrt{(x^2 + 2x)^3} \Rightarrow y = +0{,}333(x^2 + 2x)^{3/2}.$

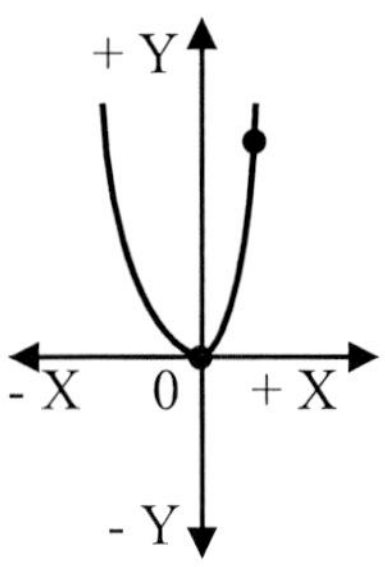

$y = +0{,}333(x^2 + 2x)^{3/2} \Rightarrow y' = +0{,}333(3/2)(x^2 + 2x)^{1/2}(2x + 2) = 0{,}5(x^2 + 2x)^{1/2}(2x + 2).$

$(y')^2 = 0{,}25(x^2 + 2x)(2x + 2)^2.\ L = \int_0^{+3} \sqrt{1 + (y')^2}\,dx \Rightarrow$

$L = \int_0^{+3} \sqrt{1 + 0{,}25(x^2 + 2x)(2x + 2)^2}\,dx = \int_0^{+3} \sqrt{(x^4 + 4x^3 + 5x^2 + 2x + 1)}\,dx \Rightarrow$

$L = \int_0^{+3} \sqrt{x(x + 2)(x + 1)^2}\,dx = \int_0^{+3} \sqrt{x(x + 2)}(x + 1)\,dx.\ (I).$

Fazendo: $u = x(x + 2) = x^2 + 2x \Rightarrow du = (2x + 2)\,dx \Rightarrow dx = du/2(x + 1).$

$x = 0 \Rightarrow U = 0;\ x = +3 \Rightarrow u = +15.$ Substituindo em (I):

$\int_0^{+15} \sqrt{u}\,(x + 1)(du/2(x + 1) = 0{,}5\int_0^{+15} \sqrt{u}\,du \Rightarrow L = 0{,}5(u^{3/2}/3/2)\Big|_0^{+15} = 1/3(15^{3/2} - 0) = 19{,}365.$

Conclusão: o comprimento do arco é igual a 19,365 metros.

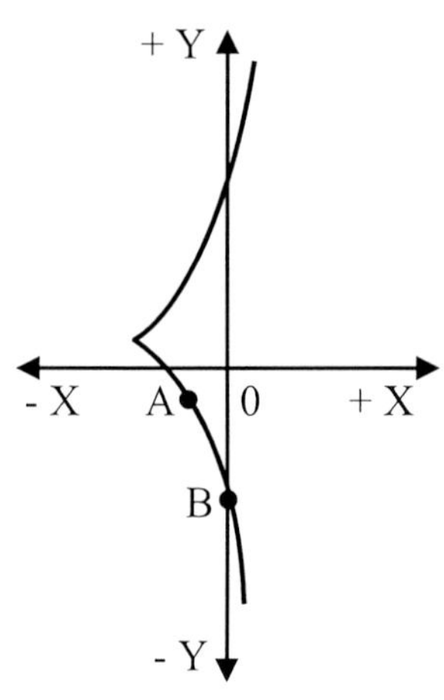

10.6.9) $(1 - y)^2 = (x + 4)^3$, no intervalo [-2, 0], ou seja: entre os pontos (A) e (B).

$(1 - y)^2 = (x + 4)^3 \Rightarrow 1 - y = \sqrt{(x + 4)^3} \Rightarrow 1 - y = (x + 4)^{3/2} \Rightarrow y = 1 - (x + 4)^{3/2}.$

$y' = -3/2(x + 4)^{1/2} \Rightarrow (y')^2 = 9/4(x + 4) = 2{,}25(x + 4).\ \ L = \int_{-2}^{0} \sqrt{1 + (y')^2}\,dx \Rightarrow$

$L = \int_{-2}^{0} \sqrt{1 + (9/4)(x + 4)}\,dx = \int_{-2}^{0} \sqrt{(9x/4 + 10)}\,dx = 0{,}5 \int_{-2}^{0} \sqrt{(9x + 40)}\,dx.\ (I).$

Fazendo: $u = 0x + 40 \Rightarrow du = 9dx \Rightarrow dx = du/9$. $x = -2 \Rightarrow u = +22$ e $x = 0 \Rightarrow u = +40$. Substituindo em (I):

$$L = 0{,}5 \int_{+22}^{+40} \sqrt{u}\,(du/9) = \frac{1}{18}\left(\frac{u^{3/2}}{3/2}\right)\Bigg|_{+22}^{+40} = \frac{1}{27}(\sqrt{40^3} - \sqrt{22^3}) = 5{,}548.$$

Conclusão: o comprimento do arco é igual a 5,548 metros.

10.6.10) $y^2 = +0{,}111x\,(x - 3)^2$, no intervalo $[+1, +3]$ ou $[A, B]$. $y^2 = +0{,}111x\,(x - 3)^2 \Rightarrow y = \sqrt{0{,}111x\,(x - 3)^2}$.

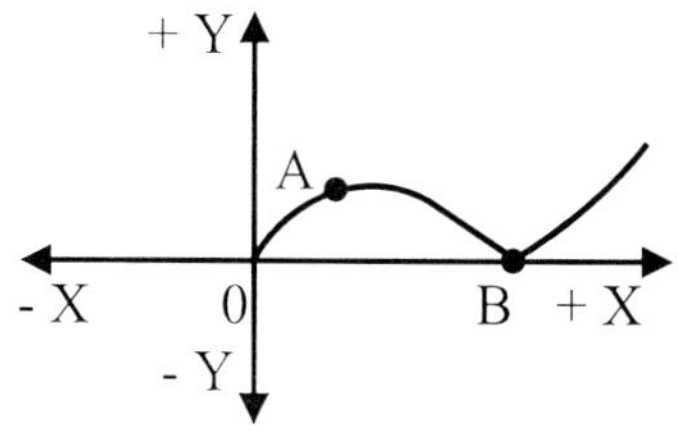

$y = \sqrt{0{,}111x\,(x - 3)^2} \Rightarrow y = 0{,}333(x - 3)\sqrt{x} \Rightarrow y = 0{,}333x^{3/2} - x^{1/2}$.

$y' = 0{,}333(3/2)x^{1/2} - (1/2)x^{-1/2} = 0{,}5x^{1/2} - 0{,}5x^{-1/2}$.

$(y')^2 = [(0{,}5\sqrt{x}) - (0{,}5/\sqrt{x})]^2 = 0{,}25x - 0{,}5 + 0{,}25/x$. $L = \int_{+1}^{+3} \sqrt{1 + (y')^2}\,dx \Rightarrow$

$$L = \int_{+1}^{+3} \sqrt{1 + 0{,}25x - 0{,}5 + 0{,}25/x}\;dx = \int_{+1}^{+3} \sqrt{0{,}25x^2 + 0{,}5x + 0{,}25}\;(1/\sqrt{x})\;dx = \int_{+1}^{+3} \sqrt{0{,}25(x^2 + 2x + 1)}\;(1/\sqrt{x})\;dx =$$

$$= 0{,}5\int_{+1}^{+3} \sqrt{(x + 1)^2}\,(1/\sqrt{x})\;dx = 0{,}5\int_{+1}^{+3} (x + 1)(1/\sqrt{x})\;dx = 0{,}5\int_{+1}^{+3} (\sqrt{x} + 1/\sqrt{x})\;dx = 0{,}5\int_{+1}^{+3} x^{1/2}\,dx + 0{,}5\int_{+1}^{+3} x^{-1/2}\,dx =$$

$$= 0{,}5\left(\frac{x^{3/2}}{3/2}\right)\Bigg|_{+1}^{+3} + 0{,}5\left(\frac{x^{1/2}}{1/2}\right)\Bigg|_{+1}^{+3} = 0{,}333(\sqrt{27} - \sqrt{1}) + (\sqrt{3} - \sqrt{1}) = 0{,}333(5{,}196 - 1) + (1{,}732 - 1) = 2{,}129.$$

Conclusão: o comprimento do arco é igual a 2,129 metros.

Áreas laterais

Determinar a área lateral da superfície gerada pela rotação, em relação ao eixo X, das funções e curvas a seguir, nos intervalos citados.

10.6.11) $y^2 = +x$, no intervalo $[0, +1]$. $y^2 = +x \Rightarrow y = +\sqrt{x} \Rightarrow y = +x^{1/2}$. (Trata-se da curva de uma parábola).

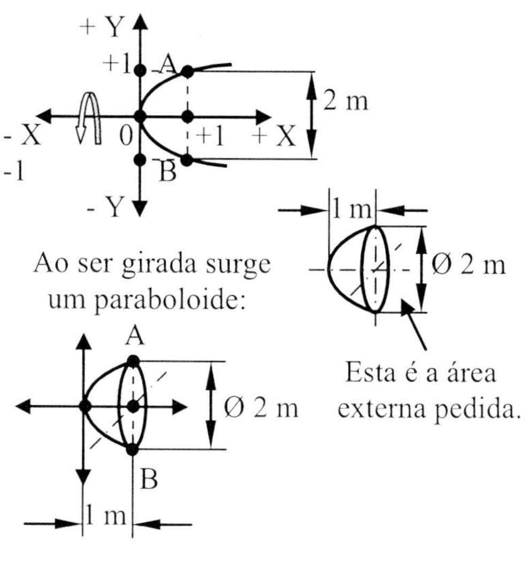

$y = +x^{1/2} \Rightarrow y' = 1/2x^{-1/2} = 1/2\sqrt{x} \Rightarrow (y')^2 = 1/4x$.

$$S = \int_{0}^{+1} 2\pi f(x)\sqrt{1 + (y')^2}\,dx = 2\pi\int_{0}^{+1} (\sqrt{x})\sqrt{1 + 1/4x}\;dx \Rightarrow$$

$$S = 2\pi\int_{0}^{+1} (\sqrt{x})(\sqrt{4x + 1})\;(1/2\sqrt{x})\;dx = \pi\int_{0}^{+1} \sqrt{4x + 1}\;dx.\ \text{(I)}.$$

Fazendo: $u = 4x + 1 \Rightarrow du = 4dx \Rightarrow dx = du/4$.

$x = 0 \Rightarrow u = +1$; $x = +1 \Rightarrow u = +5$. Substituindo em (I):

$$S = \pi\int_{+1}^{+5} \sqrt{u}\,(du/4)\,dx = \frac{\pi}{4}\int_{+1}^{+5} \sqrt{u}\,du = \frac{\pi}{4}\left(\frac{u^{3/2}}{3/2}\right)\Bigg|_{+1}^{+5} = \frac{2\pi}{12}(\sqrt{5^3} - \sqrt{1^3}) = \frac{\pi}{6}(\sqrt{125} - \sqrt{1}) = 11{,}180 - 1 = 5{,}3304.$$

Conclusão: a área lateral pedida é igual a 5,3304 m^2.

10.6.12) $y = +x^2$, no intervalo $[0, \sqrt{+2}]$. $(+\sqrt{+2} = +1{,}414)$. Quando $y = +\sqrt{+2} \Rightarrow x = +1{,}189$.

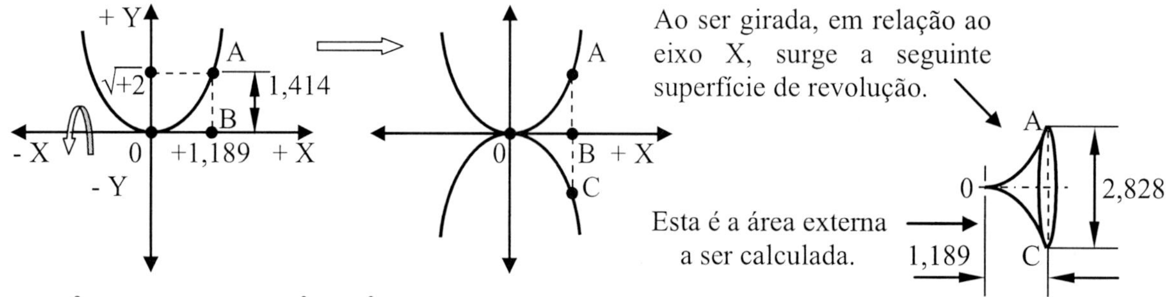

$y = +x^2 \Rightarrow y' = 2x \Rightarrow (y')^2 = 4x^2$. (Trata-se de uma função parabólica).

$S = \int_0^{+\sqrt{2}} 2\pi f(x)\sqrt{1 + (y')^2}\,dx = 2\pi\int_0^{+\sqrt{2}} (x^2)\sqrt{1 + 4x^2}\,dx$. (I). Fazendo: $x = \text{tg}\,u/2 \Rightarrow x^2 = \text{tg}^2\,u/4 \Rightarrow dx = \dfrac{\sec^2 u}{2}\,du$.

$x = 0 \Rightarrow u = 0$; $x = +\sqrt{2} \Rightarrow \text{tg}\,u = +2\sqrt{2} = +2{,}828 \Rightarrow u = \text{arctg}\,(+2{,}828) = +1{,}231$. Substituindo em (I):

$$S = 2\pi\int_0^{+1,231} (x^2)\sqrt{1 + 4x^2}\,dx = 2\pi\int_0^{+1,231} \left(\frac{\text{tg}^2\,u}{4}\right)\left(\sqrt{\frac{1 + \text{tg}^2}{4}}\right)\left(\frac{\sec^2 u}{2}\right)du = 2\pi\int_0^{+1,231} \left(\frac{\text{tg}^2\,u}{4}\right)\sec u\left(\frac{\sec^2 u}{2}\right)du \Rightarrow$$

$$S = \frac{\pi}{4}\int_0^{+1,231} (\text{tg}^2\,u)(\sec^3 u)\,du = \frac{2\pi}{8}\int_0^{+1,231} (\sec^2 u - 1)(\sec^3 u)\,du = \frac{\pi}{4}\left(\int_0^{+1,231} (\sec^5 u)\,du - \int_0^{+1,231} (\sec^3 u)\,du\right) \Rightarrow$$

$$S = \frac{\pi}{4}\left[\left(\frac{(\text{tg}\,u)(\sec^3 u)}{4}\right)\Bigg|_0^{+1,231} + \frac{3}{4}\int_0^{+1,231} (\sec^3 u)\,du - \int_0^{+1,231} (\sec^3 u)\,du\right] \Rightarrow$$

$$S = \frac{\pi}{4}\left[\left(\frac{(\text{tg}\,u)(\sec^3 u)}{4}\right)\Bigg|_0^{+1,231} - \frac{1}{4}\int_0^{+1,231} (\sec^3 u)\,du\right] = 15{,}002 + \frac{\pi}{4}\left[-\frac{1}{4}\left|\frac{(\text{tg}\,u)(\sec u)}{2}\right|_0^{+1,231} + \frac{1}{2}\int_0^{+1,231} (\sec u)\,du\right] \Rightarrow$$

$$S = 15{,}002 - 0{,}833 + \frac{\pi}{4}\left[-\frac{1}{8}\left(\ln|\sec u + \text{tg}\,u|\Big|_0^{+1,231}\right)\right] \Rightarrow$$

$$S = 15{,}002 - 0{,}833 + \frac{\pi}{4} - \left[\frac{1}{8}[(\ln|\sec 1{,}231 + \text{tg}\,1{,}231| - (\ln|\sec 0 + \text{tg}\,0|)]\right] \Rightarrow$$

$$S = 15{,}002 - 0{,}833 + \frac{\pi}{4} - \left[\frac{1}{8}[(\ln|3 + 2{,}829| - \ln|1|)\right] = 15{,}002 - 0{,}833 - 0{,}173 = 13{,}996.$$

Conclusão: a área lateral pedida é igual a 13,996 m^2.

10.6.13) $y = \sqrt{(4 - x^2)}$, no intervalo [-1, +1].

Ao ser girada, em relação ao eixo X, surge a seguinte superfície de revolução.

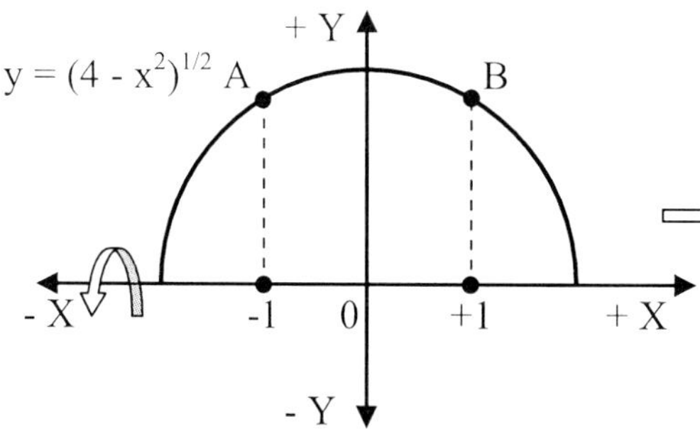

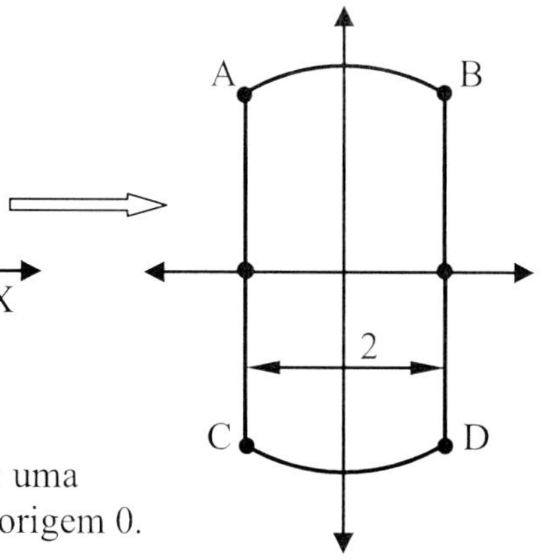

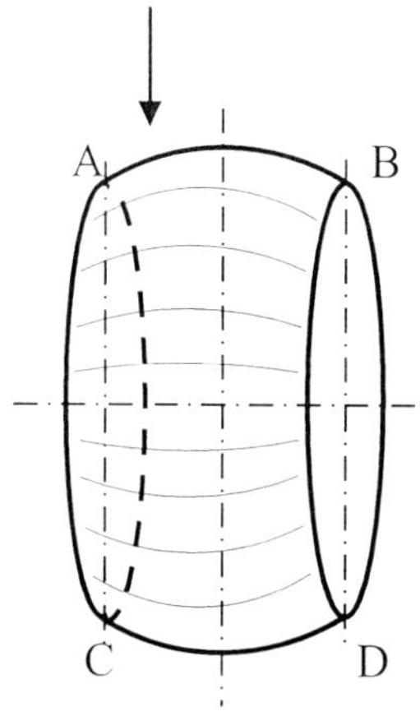

$y = \sqrt{(4 - x^2)} \Rightarrow +x^2 + y^2 = +4$, ou seja: uma circunferência de raio 2 m e centro na origem 0.

Esta imagem lembra um "queijo".

A área a ser calculada é entre os pontos: A, B, C e D.

$$y = \sqrt{(4 - x^2)} \Rightarrow y = (4 - x^2)^{1/2} \Rightarrow y' = \frac{1}{2}(4 - x^2)^{-1/2}(-2x) = \frac{-x}{\sqrt{(4 - x^2)}} \Rightarrow (y')^2 = \frac{+x^2}{4 - x^2}.$$

$$S = \int_{-1}^{+1} 2\pi f(x)\sqrt{1 + (y')^2}\, dx = 2\pi \int_{-1}^{+1} \sqrt{(4 - x^2)}\left(\sqrt{1 + \frac{x^2}{4 - x^2}}\right) dx = 2\pi \int_{-1}^{+1} \left(\sqrt{(4 - x^2)}\right)\left(\sqrt{\frac{4 - x^2 + x^2}{4 - x^2}}\right) dx \Rightarrow$$

$$S = 2\pi \int_{-1}^{+1} 2\, dx = 4\pi\,[(+1 - (-1)] = 8\pi = 25{,}133.$$

Conclusão: a área lateral pedida é igual a 25,133 m^2.

10.6.14) $y = +7x$, no intervalo [0, +1].

Ao ser girada, em relação ao eixo X, surge a seguinte superfície de revolução.

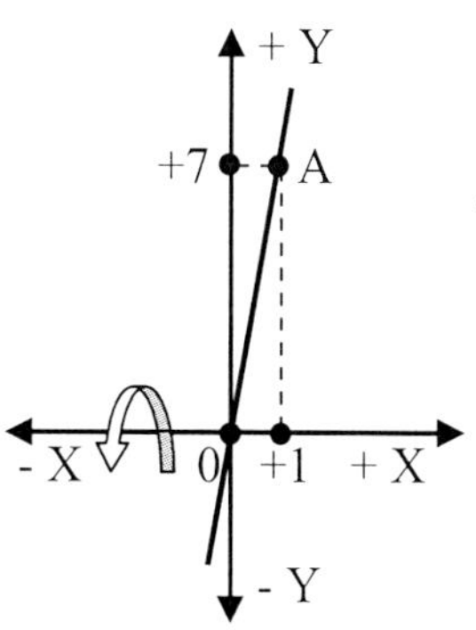

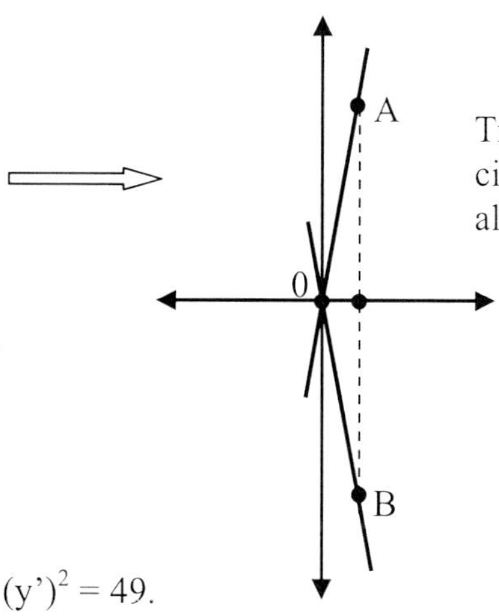

Trata-se de um cone circular reto de pequena altura e grande diâmetro.

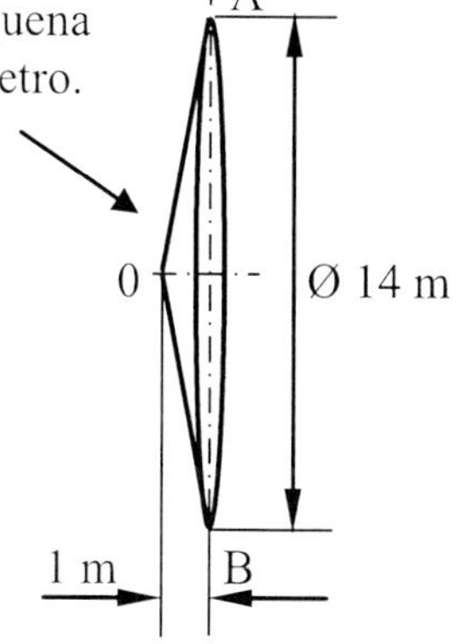

$y = +7x \Rightarrow y' = 7 \Rightarrow (y')^2 = 49.$

$$S = \int_{0}^{+1} 2\pi f(x)\sqrt{1 + (y')^2}\, dx = 2\pi \int_{0}^{+1} (7x)(\sqrt{1 + 49})\, dx = 14\pi\sqrt{50} \int_{0}^{+1} x\, dx = 14\pi\sqrt{50}\,(x^2/2)\Big|_{0}^{+1} = 7\pi\sqrt{50} = 155{,}501.$$

Conclusão: a área lateral pedida é igual a 155,501 m^2.

10.6.15) $y = +\sqrt{x} - 0{,}333\sqrt{x^3}$, no intervalo [+1, +3]. Quando x = +1 => y = 0,667 e quando x = +3 => y = ≈ 0.

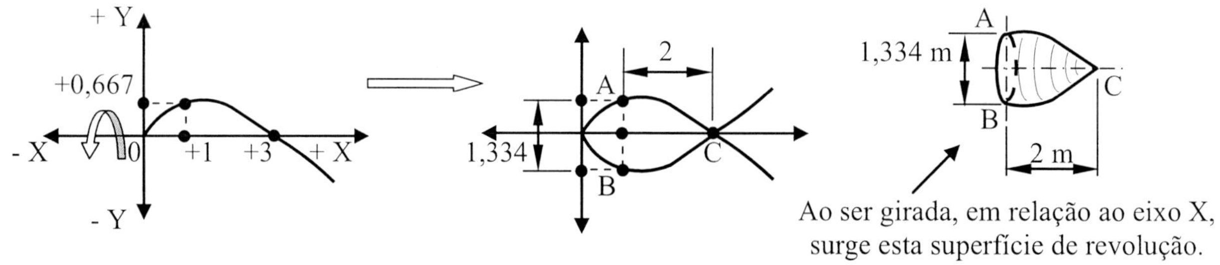

$y = +x^{1/2} - 0{,}333x^{3/2} \Rightarrow y' = +(1/2)x^{-1/2} - 0{,}333(3/2)x^{1/2} = +0{,}5x^{-1/2} - 0{,}5x^{1/2} = (0{,}5/\sqrt{x}) - 0{,}5\sqrt{x} \Rightarrow$

$(y')^2 = 0{,}25/x - 0{,}5 + 0{,}25x.\ S = \int_{+1}^{+3} 2\pi f(x)\sqrt{1+(y')^2}\,dx = 2\pi\int_{+1}^{+3}(+x^{1/2} - 0{,}333x^{3/2})(\sqrt{1 + (0{,}25x) - 0{,}5 + 0{,}25x})\,dx \Rightarrow$

$S = 2\pi\int_{+1}^{+3}(+x^{1/2} - 0{,}333x^{3/2})(\sqrt{(0{,}25/x) + 0{,}5 + 0{,}25x})\,dx = 2\pi\int_{+1}^{+3}(+x^{1/2} - 0{,}333x^{3/2})(\sqrt{(0{,}5/\sqrt{x}) + 0{,}5\sqrt{x})^2}\,dx \Rightarrow$

$S = 2\pi\int_{+1}^{+3}(+\sqrt{x} - 0{,}333\sqrt{x^3})(0{,}5/\sqrt{x}) + 0{,}5\sqrt{x})\,dx = 2\pi\int_{+1}^{+3}(+0{,}5 + 0{,}333x - 0{,}167x^2)\,dx \Rightarrow$

$S = 2\pi(+0{,}5 + 0{,}167x^2 - 0{,}056x^3)\Big|_{+1}^{+3} = 2\pi(1{,}5 + 1{,}503 - 1{,}512) - (0{,}5 + 0{,}167 - 0{,}056) = 2\pi(1{,}491 - 0{,}611) \Rightarrow$

$S = 2\pi(0{,}88) = 5{,}529.$ **Conclusão: a área lateral pedida é igual a 5,529 m².**

10.6.16) $y = +x^3$, no intervalo [0, +2].

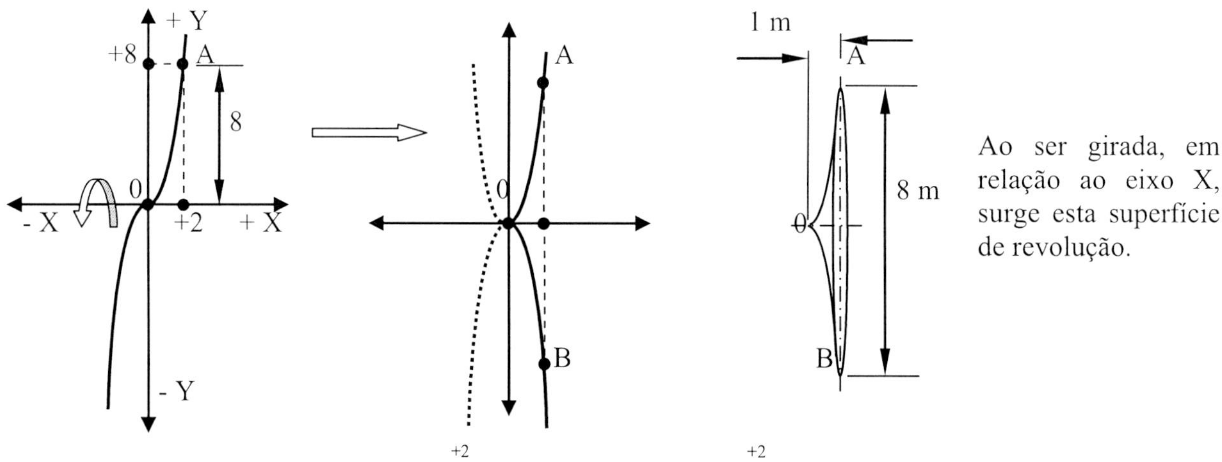

$y = +x^3 \Rightarrow y' = 3x^2 \Rightarrow (y')^2 = 9x^4.\ S = \int_0^{+2} 2\pi f(x)\sqrt{1+(y')^2}\,dx = 2\pi\int_0^{+2} x^3\sqrt{1+9x^4}\,dx\ (I).$

Fazendo: $u = 1 + 9x^4 \Rightarrow du = 36x^3\,dx \Rightarrow dx = du/36x^3$. x = 0 => u = +1; x = +2 => u = +145. Portanto:

$S = 2\pi\int_{+1}^{+145} x^3(u)^{1/2}(du/36x^3) = (2\pi/36)\left(\frac{(u)^{3/2}}{3/2}\right)\Big|_{+1}^{+145} = \mathbf{203{,}044\ m^2}.$ ⟵ **Esta é a área lateral pedida.**

10.6.17) $y = +0{,}25x^2 - 0{,}5 \ln x$, no intervalo $[+1, e]$. (Considerar $e = 2{,}72$).

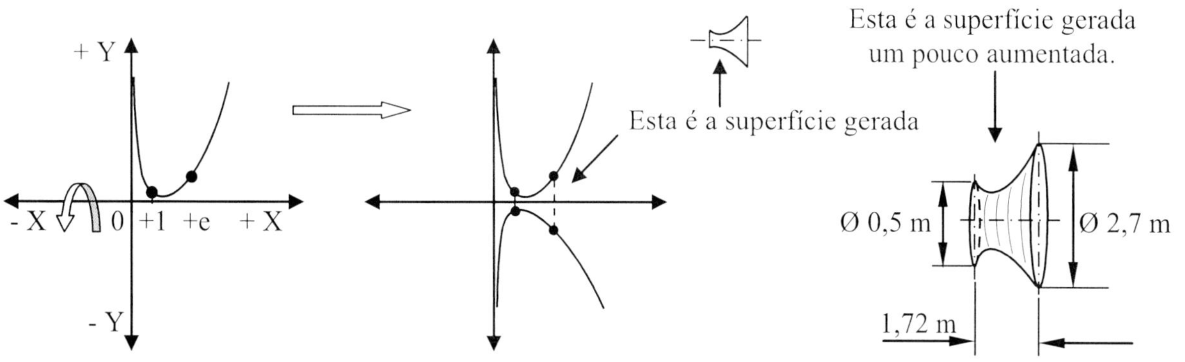

$y = +0{,}25x^2 - 0{,}5 \ln x$: quando $x = 1 \Rightarrow y = +0{,}25$ $(2y = +0{,}5)$ e quando $x = +2{,}72 \Rightarrow y = +1{,}35$ $(2y = +2{,}7)$.

$y' = +0{,}5x - 0{,}5/x \Rightarrow (y')^2 = 0{,}25x^2 - 0{,}5 + 0{,}25/x^2$. $S = \int_{+1}^{e} 2\pi f(x)\sqrt{1 + (y')^2}\, dx \Rightarrow$

$$S = 2\pi\int_{+1}^{e}(+0{,}25x^2 - 0{,}5 \ln x)\left(\sqrt{1 + 0{,}25x^2 - 0{,}5 + \frac{0{,}25}{x^2}}\right)dx = 2\pi\int_{+1}^{e}(+0{,}25x^2 - 0{,}5 \ln x)\left(\sqrt{0{,}25x^2 + 0{,}5 + \frac{0{,}25}{x^2}}\right)dx \Rightarrow$$

$$S = 2\pi\int_{+1}^{e}(+0{,}25x^2 - 0{,}5 \ln x)\left(\sqrt{\left(0{,}5x + \frac{0{,}5}{x}\right)^2}\right)dx = 2\pi\int_{+1}^{e}(+0{,}25x^2 - 0{,}5 \ln x)(0{,}5x + 0{,}5/x)\, dx \Rightarrow$$

$$S = 2\pi\int_{+1}^{e}(0{,}125x^3 + 0{,}125x - \overbrace{0{,}25x \ln x}^{A} - \overbrace{0{,}25\ln x/x}^{B})\, dx.$$

$$A = \int_{+1}^{e}(0{,}25x \ln x)\, dx = 0{,}25\int_{+1}^{e}\ln x\, dx = 0{,}25(x^2/4)[2\ln x - 1]_{+1}^{e} = 0{,}0625(e^2)[2\ln e - 1] - 0{,}0625(1^2)[2\ln 1 - 1] = 0{,}524.$$

$$B = \int_{+1}^{e}(0{,}25\ln x/x)\, dx = 0{,}25\int_{+1}^{e}(\ln x/x)\, dx = 0{,}25(1/2\ln^2 x)]_{+1}^{e} = 0{,}125(\ln^2 e - \ln^2 1) = 0{,}125.$$ Finalmente:

$$S = 2\pi\int_{+1}^{e}(0{,}125x^3 + 0{,}125x)\, dx - A - B = 2\pi[(0{,}0313x4 + 0{,}0625x2)]_{+1}^{e} - 0{,}524 - 0{,}125 \Rightarrow$$

$S = 2\pi(1{,}6749 + 0{,}3993 - 0{,}524 - 0{,}125) = 8{,}953.$

Conclusão: a área lateral pedida é igual a 8,953 m².

10.6.18) $y = +x$, no intervalo $[0, +4]$. (Função linear: $\alpha = 45°$).

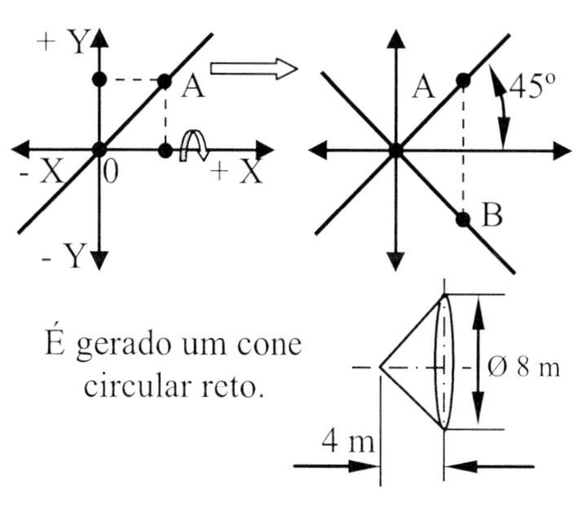

$y = +x \Rightarrow y' = 1 \Rightarrow (y')^2 = 1$. $S = \int_{0}^{+4} 2\pi f(x)\sqrt{1 + (y')^2}\, dx \Rightarrow$

$$S = 2\pi\int_{0}^{+4}(x)\sqrt{(1 + 1)}\, dx = (2\sqrt{2})\pi\int_{0}^{+4}x\, dx = (2\sqrt{2})\pi(x^2/2)\Big|_{0}^{+4} \Rightarrow$$

$$S = (\sqrt{2})\pi(x^2)\Big|_{0}^{+4} = (\sqrt{2})\pi(16 - 0) = 71{,}086.$$

Conclusão: a área lateral pedida é igual a 71,086 m².

10.6.19) $y^2 = 8x$, no intervalo [+1, +12]. $(x = +1 \Rightarrow y = +2{,}828)$. $(x = +12 \Rightarrow y = +9{,}798)$. Ao ser girada, em relação ao eixo X, surge esta superfície de revolução.

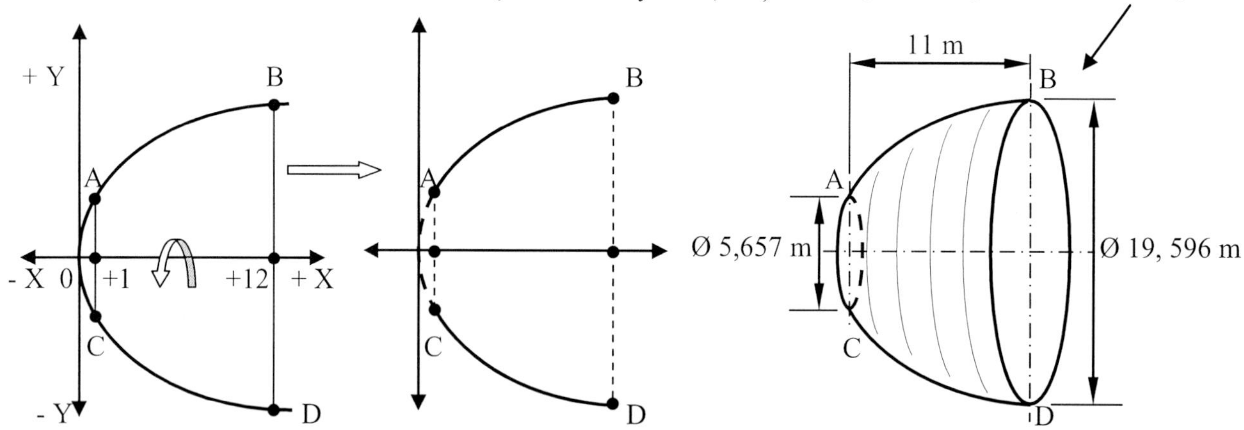

A(+1; +2,828); B(+12; +9,798); C(+1; -2,828); D(+12; -9,798). (Trata-se de uma curva parabólica).

$y^2 = 8x \Rightarrow y = \sqrt{8x} = (8x)^{1/2} \Rightarrow y' = 0{,}5(2{,}828)x^{-1/2} = 1{,}414/\sqrt{x} \Rightarrow (y')^2 = 2/x$. $S = \int_{+1}^{+12} 2\pi f(x)\sqrt{1 + (y')^2}\, dx \Rightarrow$

$$S = 2\pi \int_{+1}^{+12} 2{,}828(\sqrt{x})\sqrt{1 + 2/x}\, dx = 5{,}656\pi \int_{+1}^{+12} \sqrt{x(1 + 2/x)}\, dx = 5{,}656 \int_{+1}^{+12} \sqrt{(x + 2)}\, dx. \text{ (I).}$$

Fazendo: $u = x + 2 \Rightarrow du = dx$. $x = +1 \Rightarrow u = +3$; $x = +12 \Rightarrow u = +14$. Substituindo em (I).

$$S = 5{,}656 \int_{+3}^{+14} \sqrt{u}\, du = (17{,}769)\left(\frac{u^{3/2}}{3/2}\right)\Bigg|_{+3}^{+14} = 11{,}846[+14^{3/2} - (+3^{3/2})] = 11{,}846(52{,}383 - 5{,}196) = 558{,}977.$$

Conclusão: a área lateral pedida é igual a 558,977 m^2.

Determinar a área lateral da superfície gerada pela rotação, em relação ao eixo Y, das funções a seguir, nos intervalos citados.

10.6.20) $x = +9y + 1$, no intervalo [0, +2].

$x = 0 \Rightarrow y = -1/9$; $x = +2 \Rightarrow y = +1/9$. ⟵ Esses são os novos limites de integração.

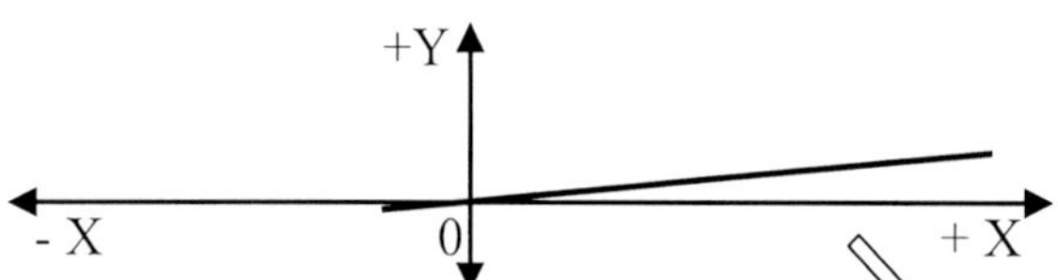

Ao girar em torno do eixo Y, é gerado um cone circular reto de pequena altura (0,111 m) e grande diâmetro (4 m), como mostrado na próxima página.

$f(y) = +9y + 1 \Rightarrow f\,'(y) = +9 \Rightarrow [f\,'(y)]^2 = 81.$

$$S = \int_{-1/9}^{+1/9} 2\pi\, f(y)\, \sqrt{1 + [f\,'(y)]^2}\, dy.$$

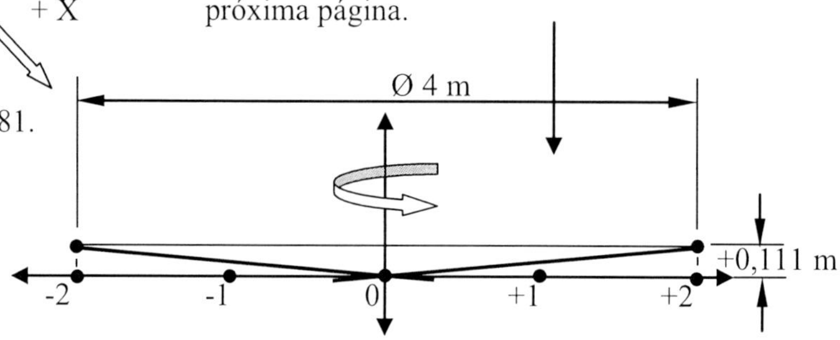

$$S = 2\pi\int_{-1/9}^{+1/9}(9y + 1)(\sqrt{1 + 81})\,dy = 2\pi\int_{-1/9}^{+1/9}(9y + 1)(9{,}055)\,dy = 56{,}897\int_{-1/9}^{+1/9}(9y + 1)\,dy = 56{,}897\left(\frac{9y^2}{2} + y\right)\Bigg|_{-1/9}^{+1/9} \Rightarrow$$

$$S = 56{,}897\left|\left(\frac{9}{162} + \frac{1}{9}\right) - \left(\frac{9}{162} - \frac{1}{9}\right)\right| = (56{,}897)(2/9) = 12{,}644.$$

Conclusão: a área lateral pedida é igual a 12,644 m².

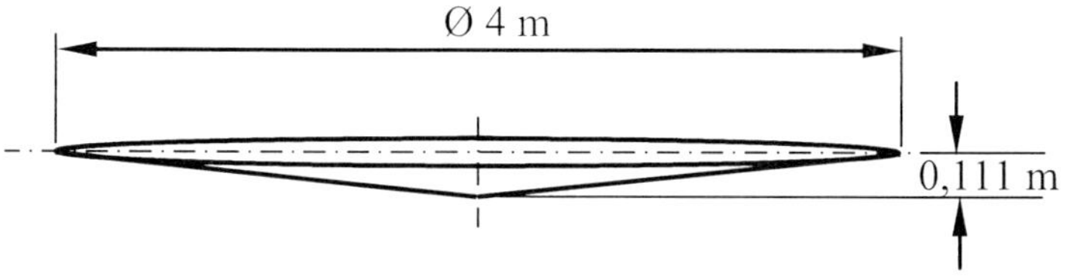

10.6.21) $x = \sqrt{9 - y^2}$, no intervalo [-2, +2].

$$f(x) = \sqrt{9 - y^2} \Rightarrow f'(x) = 1/2(9 - x^2)^{-1/2}(-2x) = -\frac{x}{\sqrt{9 - x^2}} \Rightarrow f'(x)^2 = -\frac{x^2}{9 - x^2}.$$

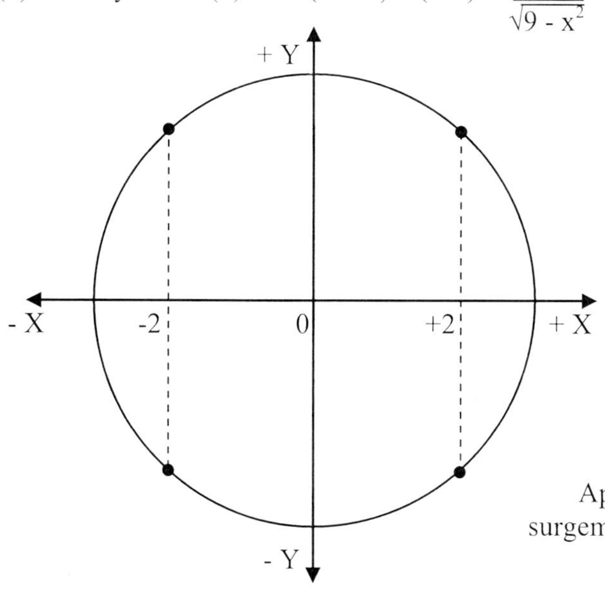

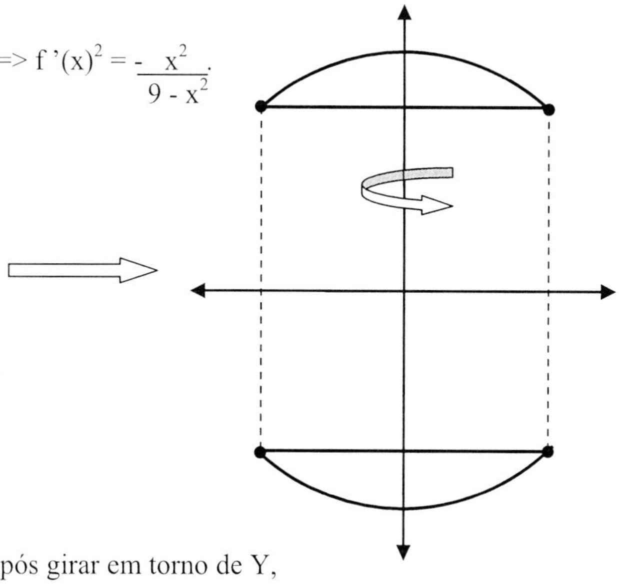

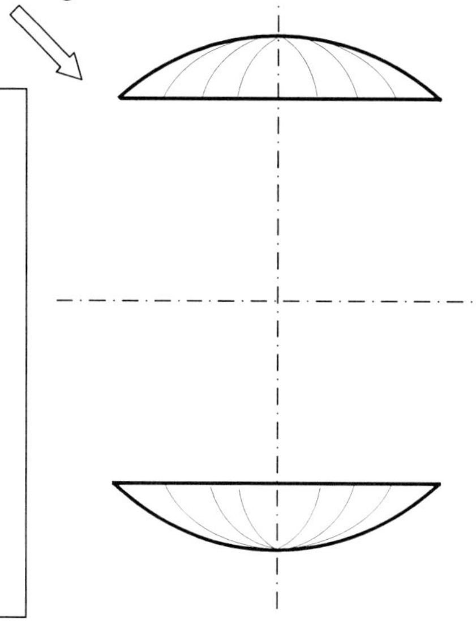

$$S = \int_{-2}^{+2} 2\pi f(x)\sqrt{1 + [f'(x)^2]}\,dx = 2\pi\int_{-2}^{+2}(\sqrt{9 - x^2})\left(\sqrt{1 + \left(\frac{x^2}{9 - x^2}\right)}\right)dx \Rightarrow$$

$$S = 2\pi\int_{-2}^{+2}(\sqrt{9 - x^2})\left(\sqrt{\frac{9 - x^2 + x^2}{9 - x^2}}\right)dx = 2\pi\int_{-2}^{+2}\sqrt{9}\,dx \Rightarrow$$

$$S = 6\pi x\Big|_{-2}^{+2} = 6\pi[2 - (-2)] = 24\pi = 75{,}398.$$

Conclusão: a área lateral total pedida é igual a 75,398 m².

10.6.22) $y = +2\sqrt[3]{x}$, no intervalo [+1, +8]. $(x = +1 \Rightarrow y = +8;\ x = +8 \Rightarrow y = +22{,}62)$.

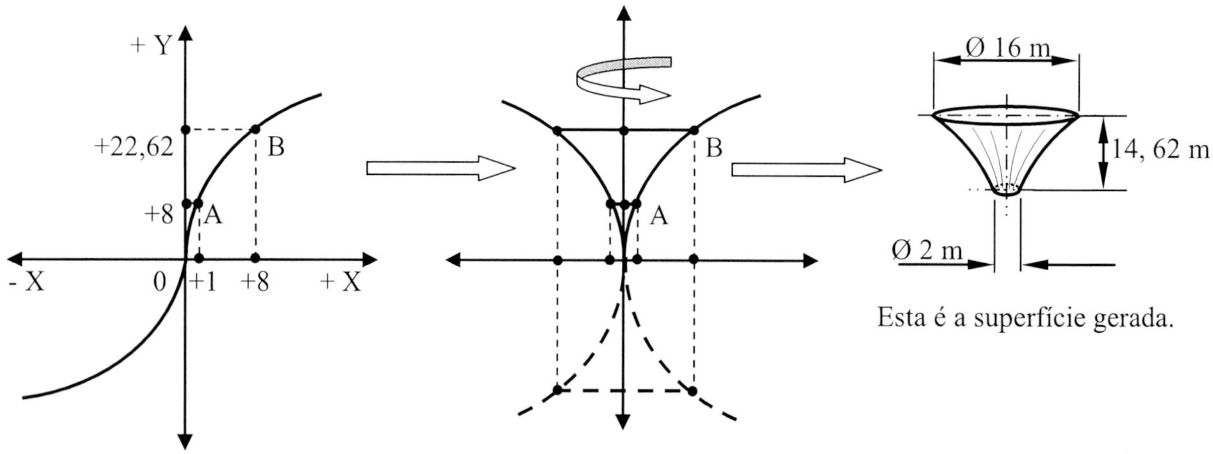

Esta é a superfície gerada.

$y = +2\sqrt[3]{x} \Rightarrow x = (y/2)^3 \Rightarrow x = y^3/8$. $x = +1 \Rightarrow y = +2$ e $x = +8 \Rightarrow y = +4$.
(Novos limites de integração: +2,+4).

$f(y) = y^3/8 \Rightarrow f'(y) = (3/8)y^2 \Rightarrow [f'(y)^2] = (9/64)y^4$.

$$S = \int_{+2}^{+4} 2\pi f(y)\sqrt{1 + [f'(y)^2]}\,dx = 2\pi\int_{+2}^{+4} (y^3/8)\left(\sqrt{1 + \left(\frac{9}{64}\right)y^4}\right) dy = 2\pi\int_{+2}^{+4} (y^3/8)\left(\sqrt{\frac{64 + 9y^4}{64}}\right) dy \Rightarrow$$

$$S = \pi/4\int_{+2}^{+4} (y^3)\,\frac{\sqrt{(64 + 9y^4)}}{8}\,dy.\ (I).$$ Fazendo: $u = 9y^4 + 64 \Rightarrow du = 36y^3\,dy \Rightarrow dy = du/36y^3$.

$y = +2 \Rightarrow u = +208$ e $y = +4 \Rightarrow u = 2.368$. Substituindo em (I):

$$S = \pi/32\int_{+208}^{+2.368} (y^3)\sqrt{u}\,(du/36y^3) = \pi/1.152\left(\frac{u^{3/2}}{3/2}\right)\Bigg|_{+208}^{+2.368} = 2\pi/3.456(115.231 - 2.999{,}819) = 204{,}044.$$

Conclusão: a área lateral total pedida é igual a 204,044 m².

Capítulo 11

Aplicações práticas, na Arte Geométrica, no *Design*, na Arquitetura e nas Engenharias, da integral definida, no cálculo do volume de superfícies poliédricas e de revolução

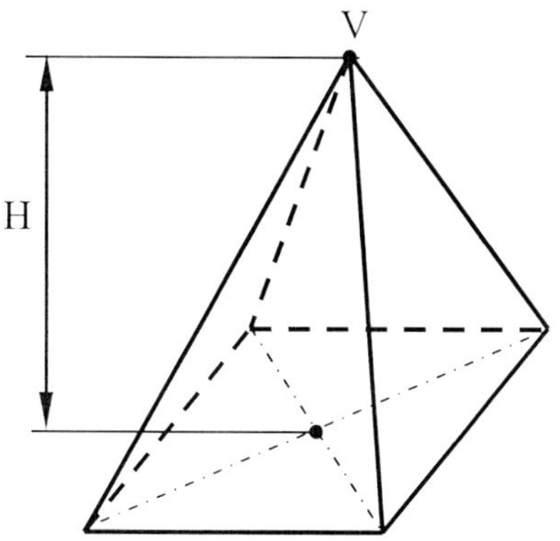

O volume de uma pirâmide, com qualquer tipo de base, pode ser calculado usando-se o conceito da integral definida.

***A integral definida**, especialmente na área das mais diversas engenharias, é muito utilizada em cálculos de volumes, dos mais diversos tipos de sólidos, como detalhados nesse capítulo. Em geral, são calculados volumes de superfícies sólidas ou maciças, as ocas, ou melhor, com cascas e as com furos, calculadas pelo método do cilindro. Volumes são calculados, especialmente em análises de Engenharia, para se determinar o peso, fundamental em projetos estruturais. Por exemplo, usam-se esferas metálicas, construídas a partir de chapas, para armazenar gases, sendo fundamental saber o peso vazio e cheio, para os cálculos estruturais.*

11.1 Conceituação da integral definida aplicada ao cálculo do volume de sólidos de revolução

Tal e qual nos cálculos de comprimentos de arcos e de áreas, o cálculo de volumes, utilizando a integral definida, envolve o conceito de primeiro se aproximar a quantidade desejada de uma soma de N parcelas e depois se passa para um limite, fazendo N tender ao infinito, obtendo-se uma integral, resolvível por um dos métodos já estudados. As figuras a seguir mostram o conceito básico.

* Na altura yi - 1, existe uma área = A(yi - 1)

Sólido, que ser calcular o volume

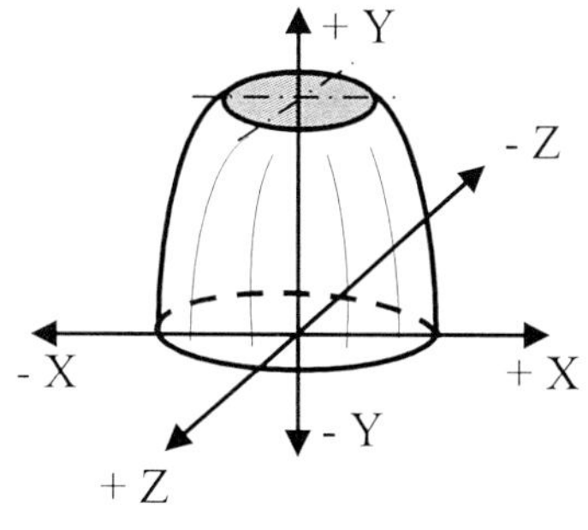

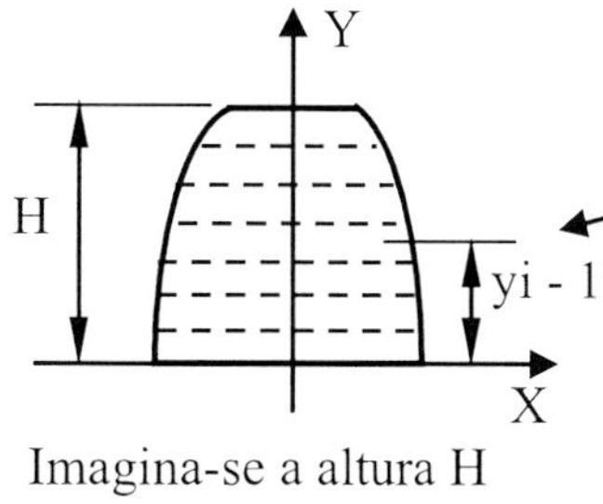

Imagina-se a altura H fatiada em infinitos mini cilindros

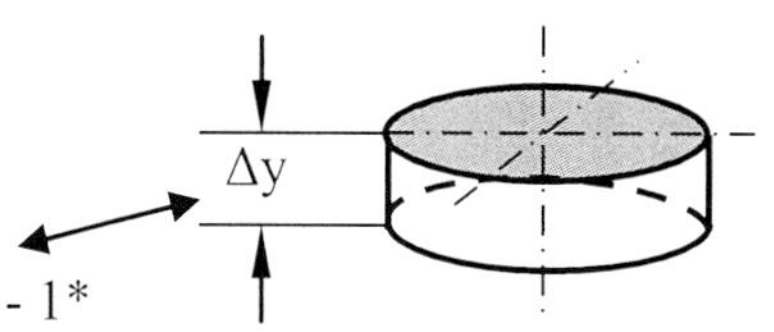

Cada fatia, um mini cilindro, tem volume igual à área equivalente à altura yi - 1 multiplicada por Δy

Imagina-se um sólido, girado em torno do eixo Y, tendo sua altura H sendo dividida por infinitas fatias, em verdade mini cilindros, cada uma com altura Δy. Cada fatia dessas tem um volume, dado pelo produto da sua área de base pela altura Δy. Considerando-se a fatia i - 1, pode-se escrever:

$V = \sum_{i=1}^{N} \sim \sum_{i=1}^{N} [A(yi - 1)]\, \Delta y$. Quando N tende ao infinito, se tem o volume como: $\mathbf{V = \int_{a}^{b} A(y)\, dy.\ (1)}$.

Caso o sólido seja girado em torno do eixo X, tem-se: $\mathbf{V = \int_{c}^{d} A(x)\, dx.\ (2)}$.

Considerando o cálculo do volume de superfícies de revolução, usando integrais simples definidas, existem dois métodos: A) Fatiamento por discos ou cilindros e B) Das cascas cilíndricas. No método dos discos ou arruelas, o raio do disco é sempre perpendicular ao eixo de rotação, podendo ser X ou Y, enquanto no método das cascas cilíndricas, a altura da casca é sempre paralela ao eixo de rotação. Como será visto, mais adiante, algumas superfícies são melhores resolvidas por um ou outro método e vice versa.

11.2 Cálculo do volume de uma pirâmide (pelo método do fatiamento por discos)

Exercício 11.2.1) Uma arquiteta projetou um obelisco no formato de uma pirâmide reta de base quadrada, com 6 metros de altura e lado da base de 1 metro. Sabendo que a pirâmide será construída em concreto armado, de peso específico igual a 2.500 kgf/m^3, ela precisa informar ao engenheiro calculista de estruturas, o peso total da pirâmide, para que ele, em função da resistência do solo, onde a pirâmide será colocada, calcule que tipo de base será utilizada. Ou seja: calcular o peso dessa pirâmide.

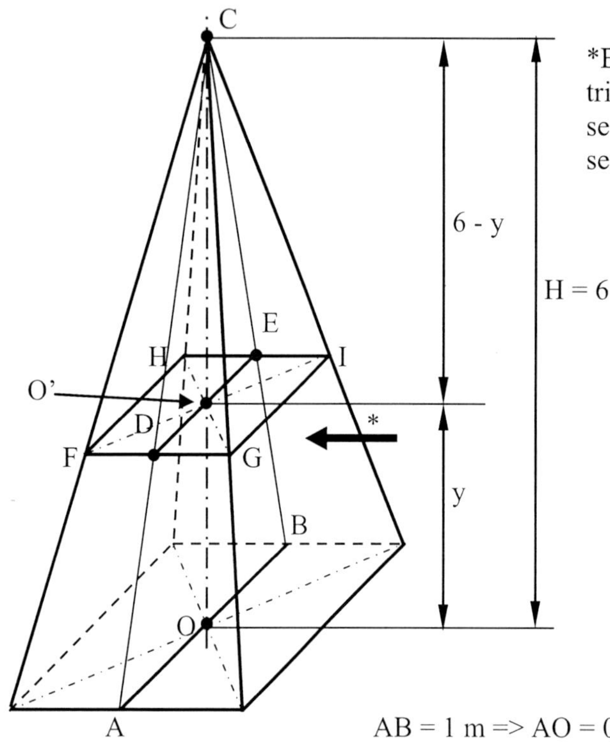

*Essa é a imagem do triângulo CAB quando se olha a pirâmide no sentido da seta mostrada.

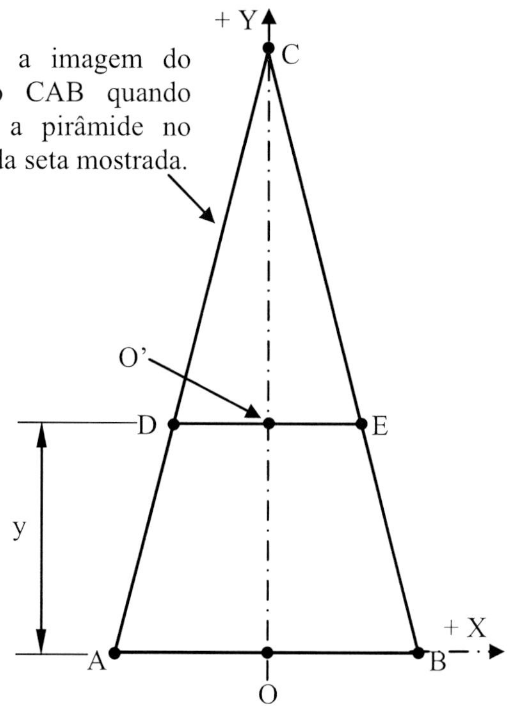

AB = 1 m => AO = 0,5 m.

O quadrado FGHI, na altura do ponto O', tem área S, proporcional à área do quadrado da base.

Na altura y, no ponto O', pode ser feita a seguinte semelhança de triângulos: Δ AOC ~ Δ DO'C, ou seja:

$\frac{AO}{H} = \frac{DO'}{6 - y}$ => (H)(DO') = AO(6 - y), mas AO = 0,5 m, tem-se: (6)(0,5l) = 0,5 (6 - y) => 3 l = 0,5 (6 - y) =>

$l = \frac{0,5\,(6 - y)}{3} = \frac{3 - 0,5y}{3}$ => $l^2 = \frac{1}{9}(3 - 0,5y)^2 = \frac{(9 - 3y + 0,25y^2)}{9}$ que é a área a ser utilizada.

Com $A(y) = \frac{1}{9}(9 - 3y + 0,25y^2)$, o volume, segundo a fórmula (1): $V = \int_0^6 A(y)\,dy$ fica:

Este intervalo [0, 6] equivale à altura total da pirâmide.

$$V = \int_0^6 A(y)\,dy = \int_0^6 \frac{1}{9}(9 - 3y + 0{,}25y^2)\,dy = \frac{1}{9}\int_0^6 (9 - 3y + 0{,}25y^2)\,dy = \frac{9}{9}\int_0^6 dy - \frac{3}{9}\int_0^6 y\,dy + \frac{0{,}25}{9}\int_0^6 y^2\,dy =$$

$$= [y]_0^6 - \frac{1}{3}\left[\frac{y^2}{2}\right]_0^6 + \frac{0{,}25}{9}\left[\frac{y^3}{3}\right]_0^6 = +6 - 6 + 2 = 2\ m^3.$$ ← Esse é o volume da pirâmide.

Peso = Volume x Peso específico = $2\ \cancel{m^3} \times 2.500\ \frac{kgf}{\cancel{m^3}} = 5.000\ kgf$ = 5 toneladas-força.

Conclusão: a pirâmide pesa cinco (5) toneladas força.

11.3 Cálculo teórico do volume de uma esfera (pelo método do fatiamento por discos)

Para essa demonstração, utiliza-se o conceito de integral definida, a partir da rotação de uma circunferência no espaço R^2, originando uma esfera no espaço R^3.

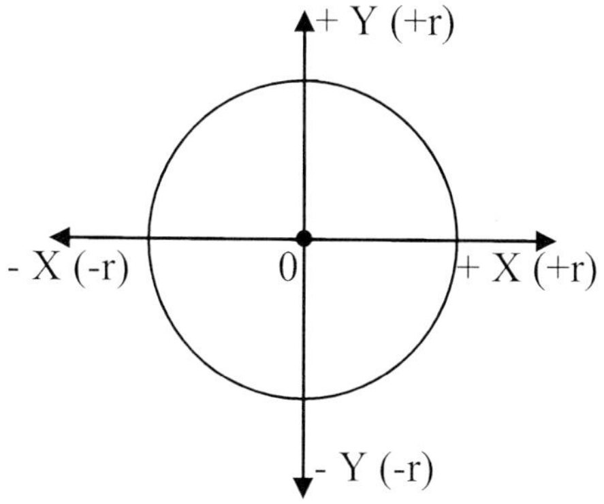

A Geometria Analítica demonstra que, uma circunferência de raio r e centro na origem dos eixos cartesianos 0(0; 0), tem como equação:

$$r^2 = +x^2 + y^2 \Rightarrow y = \pm\sqrt{(r^2 - x^2)}$$

Ao girar essa circunferência, por exemplo, em torno do eixo Z, obtém-se uma esfera, ou seja, uma superfície no espaço R^3 (com área lateral e volume interno) de centro na origem 0(0; 0; 0), como mostrado a seguir.

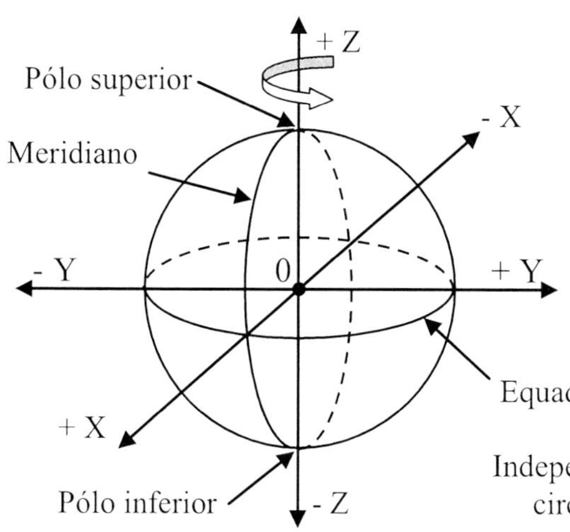

A geometria analítica demonstra que, uma Esfera de raio r e centro na Origem dos eixos cartesianos 0(0; 0; 0), tem como equação:

$$+x^2 + y^2 + z^2 = r^2$$

Equador. É o maior paralelo de uma esfera.

Independentemente de, sobre qual eixo se gire, toda circunferência gera uma esfera ou esferoide.

Para calcular o volume dessa esfera, supõem-se fatias de larguras infinitesimais dx e raio y, formando cilindros de raio y e altura dx.

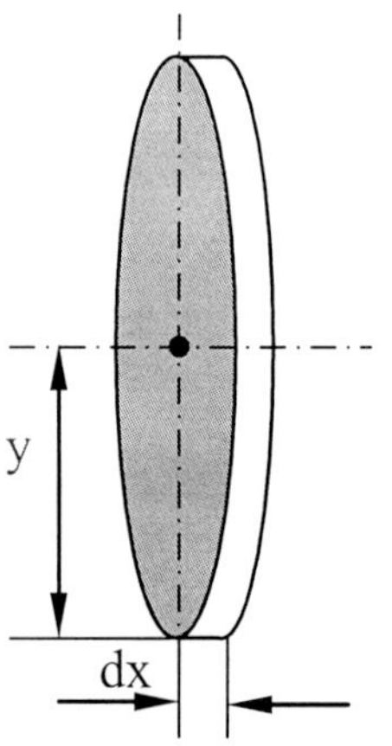

O volume de um desses cilindros é dado pelo produto da área da base, que é um círculo de raio y, pela altura, que é dx, ou seja:

Área do círculo = πy^2. Volume do cilindro = $\pi y^2 dx$.

$V = \pi y^2 dx$. (Volume do cilindro infinitesimal).

Pode-se deduzir que a esfera é formada por infinitos cilindros de alturas infinitesimais dx, onde seu raio y é variável para cada cilindro. Ou seja, à medida que o cilindro infinitesimal se aproxima da borda da esfera, seu raio tende a zero. A soma desses cilindros de alturas infinitesimais, ou seja, o volume da esfera é dado pela integral definida, adiante detalhada. No caso de uma esfera, considerando o sistema cartesiano, o raio varia de -r a +r.

$$V = \int_{-r}^{+r} \pi y^2 dx \Rightarrow V = \pi \int_{-r}^{+r} y^2 dx \text{ (A).}$$

Como: $y = \sqrt{(r^2 - x^2)}$, se tem: $V = \pi \int_{-r}^{+r} (\sqrt{(r^2 - x^2)})^2\, dx \Rightarrow V = \pi \int_{-r}^{+r} (r^2 - x^2)\, dx = \pi\, [r^2x - x^3/3]_{-r}^{+r} =$

$$= \pi\, [(r^2(+r) - r^2(-r)] - \pi\, [(+r^3/3) - (-r^3/3)] = \pi\, (+2r^3) - \pi\, (+2r^3/3) = \pi\, (2r^3 - \frac{2r^3}{3}) = \pi\, (\frac{6r^3 - 2r^3}{3}) = 4\, \pi\, \frac{r^3}{3}.$$

Finalmente: $V = \frac{4}{3}\pi r^3$ ou como os engenheiros preferem: $V = \frac{\pi d^3}{6}$.

Exercício 11.3.1) Considerando uma esfera metálica de 16 metros de diâmetro interno, utilizada como equipamento para armazenamento de gás liquefeito de petróleo – GLP, pede-se: a) Estudar, a variação de volume, metro a metro, desde o volume zero, até o volume máximo, ou seja, altura de 18 metros em relação ao fundo. Observa-se que, na prática, existem instrumentos sensores de nível, instalados no topo da esfera, de forma que um sinal de onda determina em que nível está o líquido e, com a lógica do instrumento, decodifica-se o nível para informar o volume, para aquele nível. b) Considerando a esfera fabricada em chapas de aço com 50 mm de espessura, calcular o peso da casca esférica e o peso da esfera cheio d'água e c) Considerando a esfera suportada por 12 colunas ou patas, em tubos de aço, determinar a força em cada coluna, quando a esfera estiver cheia de água, por exemplo, quando for feito o teste das soldas, após a fabricação. Considerar o peso específico do aço igual a 8.000 kgf/m^3 e da água 1.000 kgf/m^3.

Mostrou-se que: $V = \pi \int_{-r}^{+r} (r^2 - x^2)dx$, e que o volume máximo $= \pi d^3/6 = 2.144{,}666$ m^3 ou 2.144.666 litros.

a) Entre o volume mínimo (zero), no fundo e o máximo no topo, serão nove intervalos, já que se sabe o volume máximo. Isso significa que na integral o valor mínimo "a" é 0 (zero) e o valor máximo "b" será, de metro em metro, ou seja: 1 m, 2 m, 3 m, 4 m, 5 m, 6 m, 7 m, 8 m e 9 m. O raio é constante e igual a 5 metros, sendo o x, metade da corda, equivalente ao arco, do nível considerado.

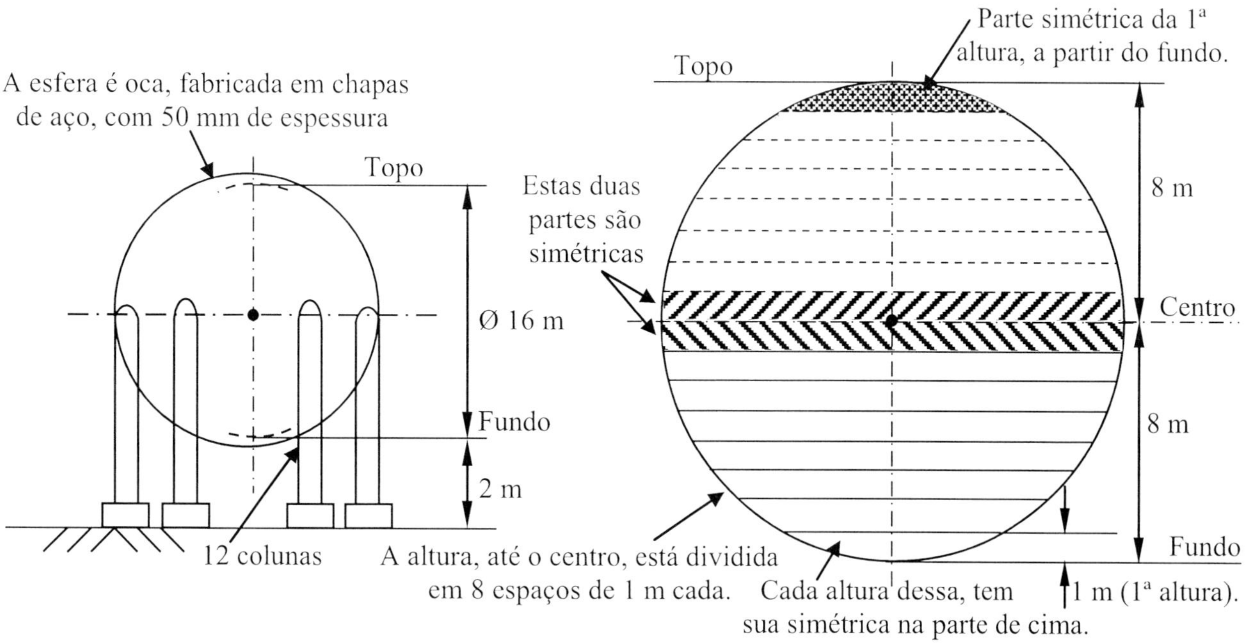

Modelo matemático para cálculo dos volumes

A variação de volume, metro a metro, só precisa ser feita até o centro, por exemplo, entre o fundo e o centro, pois, devido à simetria de volume de cada intervalo, para a parte de baixo, entre o centro e o fundo, basta ir subtraindo os volumes de cima da metade do volume.

Analisando-se a fórmula $V = \pi \int_{-r}^{+r} (r^2 - x^2)\, dx$, observa-se que, o raio r é constante e igual a 8, enquanto o x varia, conforme o nível considerado.

$V = \pi \int_{-r}^{+r} (r^2 - x^2)\, dx \Rightarrow V = \pi \left[(r^2)(x) - \frac{(x^3)}{3}\right]_0^{+r}$. O raio r irá variar de +8 a +1, como citado.

Considerando $r^2 = 64$ e $x^3/3 = 0{,}333x^3$, pode-se escrever a função: $y = +64\pi x - 0{,}333\pi x^3$, como volume em função do raio ou variável x.

1) Volume da esfera a 15 metros do fundo: volume com r = +7, mais metade do volume: 1.072,333 m^3.

$V_{15\,m} = \pi \left[(r^2)(x) - \frac{(x^3)}{3}\right]_0^{+7} + 1072{,}333 = 1.048{,}606 + 1.072{,}333 = 2.120{,}939\ m^3.$

2) Volume da esfera a 14 metros do fundo: volume com r = +6, mais metade do volume: 1.072,333 m^3.

$V_{14\,m} = \pi \left[(r^2)(x) - \frac{(x^3)}{3}\right]_0^{+6} + 1072{,}332 = 980{,}405 + 1.072{,}333 = 2.052{,}738\ m^3.$

3) Volume da esfera a 13 metros do fundo: volume com r = +5, mais metade do volume: 1.072,333 m^3.

$V_{13\,m} = \pi \left[(r^2)(x) - \frac{(x^3)}{3}\right]_0^{+5} + 1072{,}333 = 874{,}543 + 1.072{,}333 = 1.946{,}876\ m^3.$

4) Volume da esfera a 12 metros do fundo: volume com r = +4, mais metade do volume: 1072,333 m^3.

$V_{12\,m} = \pi \left[(r^2)(x) - \frac{(x^3)}{3}\right]_0^{+4} + 1072{,}333 = 737{,}296 + 1.072{,}333 = 1.809{,}629\ m^3.$

5) Volume da esfera a 11 metros do fundo: volume com r = +3, mais metade do volume: 1.072,333 m^3.

$V_{11\,m} = \pi\,[(r^2)(x) - \frac{(x^3)}{3}]_0^{+3} + 1072{,}333 = 574{,}941 + 1.072{,}333 = 1.647{,}274\ m^3$.

6) Volume da esfera a 10 metros do fundo: volume com r = +2, mais metade do volume: 1.072,333 m^3.

$V_{10\,m} = \pi\,[(r^2)(x) - \frac{(x^3)}{3}]_0^{+2} + 1072{,}333 = 393{,}746 + 1.072{,}333 = 1.466{,}089\ m^3$.

7) Volume da esfera a 9 metros do fundo: volume com r = +1, mais metade do volume: 1.072,333 m^3.

$V_{9\,m} = \pi\,[(r^2)(x) - \frac{(x^3)}{3}]_0^{+1} + 1072{,}333 = 200{,}016 + 1.072{,}333 = 1.272{,}349\ m^3$.

8) Volume da esfera a 8 metros do fundo: é a metade do volume total.

$V_{8\,m} = 1.072{,}333\ m^3$.

9) Volume da esfera a 7 metros do fundo: volume total - volume a 9 metros do fundo (devido simetria).

$V_{7\,m} = 2.144{,}666\ m^3 - 1.096{,}06\ m^3 = 1.048{,}606\ m^3$.

10) Volume da esfera a 6 metros do fundo: volume total - volume a 10 metros do fundo (devido simetria).

$V_{6\,m} = 2.144{,}666\ m^3 - 1.164{,}261\ m^3 = 980{,}405\ m^3$.

11) Volume da esfera a 5 metros do fundo: volume total - volume a 11 metros do fundo (devido simetria).

$V_{5\,m} = 2.144{,}666\ m^3 - 1.270{,}123\ m^3 = 874{,}543\ m^3$.

12) Volume da esfera a 4 metros do fundo: volume total - volume a 12 metros do fundo (devido simetria).

$V_{4\,m} = 2.144{,}666\ m^3 - 1.407{,}370\ m^3 = 737{,}296\ m^3$.

13) Volume da esfera a 3 metros do fundo: volume total - volume a 13 metros do fundo (devido simetria).

$V_{3\,m} = 2.144{,}666\ m^3 - 1.569{,}725\ m^3 = 574{,}941\ m^3$.

14) Volume da esfera a 2 metros do fundo: volume total - volume a 14 metros do fundo (devido simetria).

$V_{2\,m} = 2.144{,}666\ m^3 - 1.750{,}910\ m^3 = 393{,}756\ m^3$.

15) Volume da esfera a 1 metro do fundo: volume total - volume a 15 metros do fundo (devido simetria).

$V_{1\,m} = 2.144{,}666\ m^3 - 1.944{,}650\ m^3 = 200{,}016\ m^3$.

Todos esses valores podem ser plotados em uma tabela e depois convertidos em um gráfico, para se ter a imagem geométrica da variação do volume, em função da altura de líquido, em relação ao fundo. Como já citado a função que expressa o volume é: $y = +64\pi x - 0{,}333\pi x^3$.

Volume (m^3)	Altura em relação ao fundo (m)
2.144,666	16
2.120,939	15
2.052,738	14
1.946,876	13
1.809,629	12
1.647,274	11
1.466,089	10
1.272,349	9
1.072,333	8
1.048,606	7
980,405	6
874,543	5
737,296	4
574,941	3
393,756	2
200,016	1
0	0

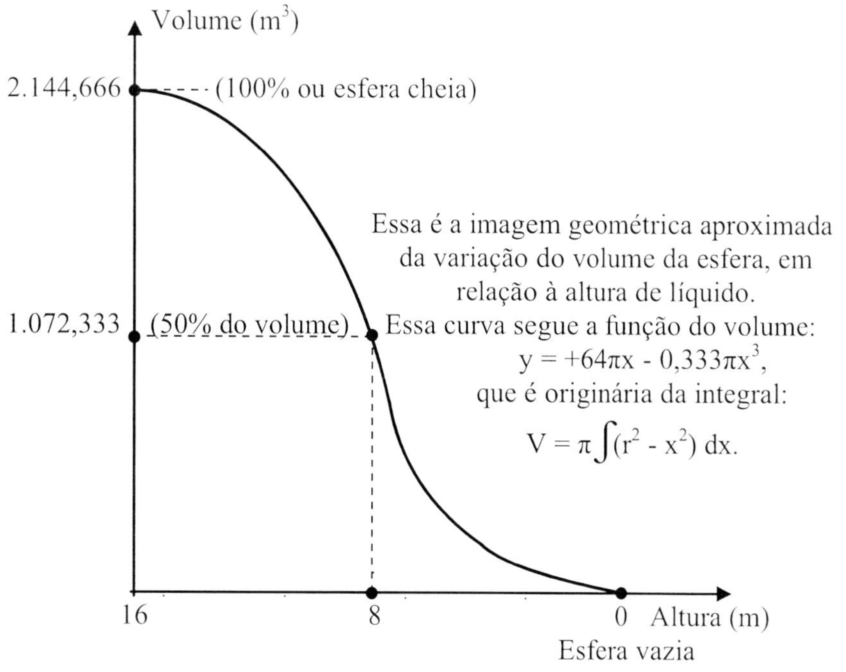

É baseado na função $y = +64\pi x - 0{,}333\pi x^3$, que é feita a programação do instrumento de nível, colocado no topo da esfera, de forma que o seu sensor eletrônico interno ao detectar a altura do nível "calcula" o volume e, além de informar no local, em um *display* na base da esfera, manda um sinal para a sala de controle, via um sistema digital de controle distribuído – SDCD. Em 2024, os medidores mais usados desse tipo eram os chamados por "radar em onda guiada".

b) Cálculo do peso da casca metálica da esfera e peso total com a esfera cheia d'água

Para calcular o peso da casca, usa-se a fórmula da área lateral de uma esfera, vista no exercício 8.3.4, onde: $S = \pi d^2$, onde d é o diâmetro da esfera.
Nesse exercício o diâmetro interno é igual a 16 metros e a espessura da chapa é 50 mm. Isso significa que o diâmetro médio da casca é igual a 16, 050 metros. Portanto; $S = \pi(16{,}05)^2 \Rightarrow S = 809{,}284\ m^2$. Essa área multiplicada pela espessura indica o volume da parte metálica da casca. Portanto V casca = $809{,}284\ m^2 \times 0{,}05m \Rightarrow$ V casca = $40{,}4642\ m^3$.

Como o peso específico do aço é $8.000\ kgf/m^3$, o peso da casca esférica é:
P casca = $8.000\ kgf/m^3 \times 40{,}4642\ m^3 \Rightarrow$ P casca = 323.713,6 kgf, ou melhor: 323,714 toneladas-força.

Quando cheia d'água, a esfera tem um peso total igual à soma do peso da casca metálica com o peso da água. Um volume de 2.144,666 m^3, de água pesa 2.144,666 toneladas-força, que somado ao peso da casca de 323,714 toneladas-força, dá um peso total de 2.468,38 toneladas-força.
Incluindo-se o peso das 12 patas, mais os dos bocais, das tubulações e estruturas metálicas, o peso total pode ser previsto como sendo de: 2.500 toneladas-força.

c) Cálculo do peso em cada pata ou coluna de sustentação, devido ao peso total cheio d'água

Como são 12 patas, o peso sobre cada pata é igual a: 2.468,38/12 = 205,698 toneladas-força/pata.

É com esse peso sobre cada pata que se calcula a espessura do tubo, que suportará o peso calculado. Observa-se que cada pata é calculada para três condições de esforços: a) o de compressão, devido ao peso calculado; b) o de flambagem, devido à altura da pata e c) o de momento na base, devido ao esforço do vento. A figura a seguir mostra, esquematicamente, esses três esforços. Ao final usa-se a espessura de maior valor.

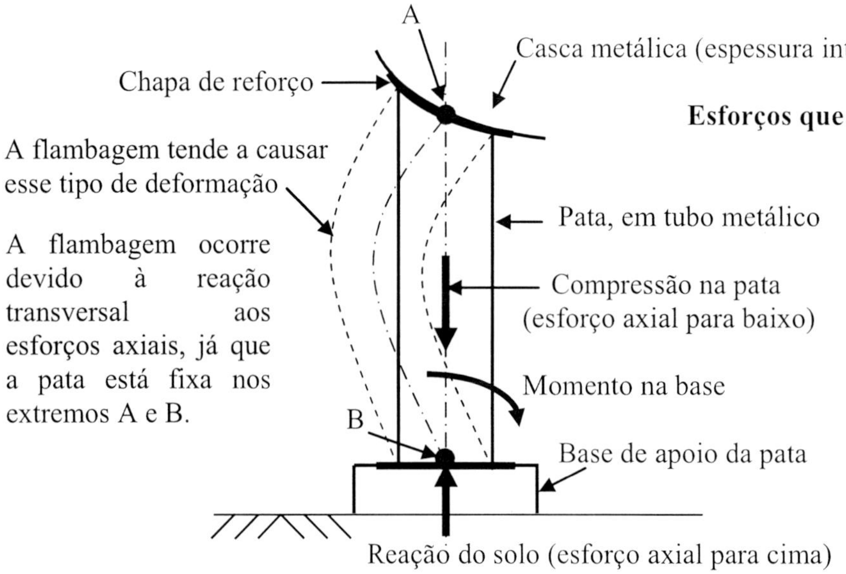

Esforços que atuam sobre cada suporte

Caso ocorram temperaturas extremas (positivas ou negativas) no interior da esfera, cálculos estruturais específicos têm que ser realizados, pois a resistência mecânica do aço varia de acordo com a temperatura a qual estará submetido.

Exercício 11.3.2) Determinar o volume do sólido de revolução gerado pela rotação da parábola $y = +x^2$, em torno do eixo X, no intervalo [0, +2].

$$V = \pi \int_0^{+2} (x^2)^2\, dx = \pi \int_0^{+2} (x^4)\, dx = \pi\, [x^5/5]_0^{+2} = 20{,}106 \text{ unidades cúbicas.}$$

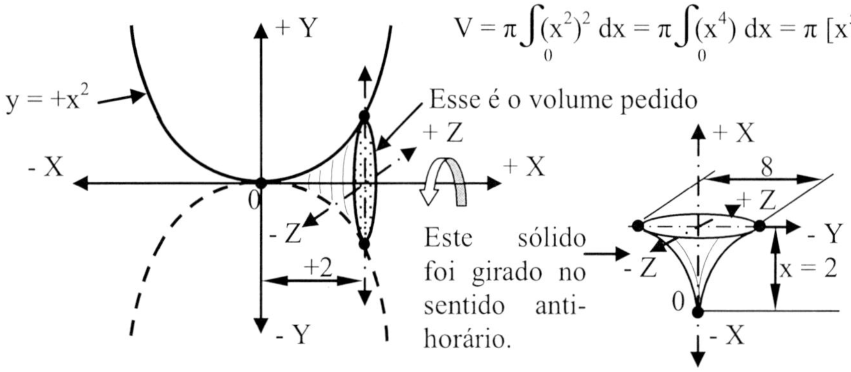

Essa é a imagem tridimensional transladada do volume calculado.

Observa-se que este "sólido" pode ser utilizado como elemento arquitetônico. ($y = +x^2$: para $x = 2 \Rightarrow y = 4$).

11.4 Cálculo do volume de sólidos de revolução, gerado pela interseção de funções

Quando se tem a interseção de duas funções f(x) e g(x) as fórmulas (1) e (2) sofrem uma modificação, pois passa-se a ter uma integral composta da diferença entre funções, lembrando que, como no caso de áreas, faz-se a diferença entre a maior, f(x) ou g(x) e a menor função. A fórmula, ou melhor, a integral para esses casos fica como mostrado a seguir, em função da rotação ocorrer em relação aos eixos X (3) ou Y (4).

$$\mathbf{V = \pi \int_a^b [f(x)^2 - g(x)^2]\, dx.\ (3).} \qquad \mathbf{V = \pi \int_c^d [f(y)^2 - g(y)^2]\, dy.\ (4).}$$

Exercício 11.4.1) Calcular o volume do sólido gerado pela rotação das funções: $f(x) = +x^3$ e $g(x) = +\sqrt[3]{x}$, em relação ao eixo X, considerando o intervalo de x = 0, até a interseção das funções.

As funções se interceptam em (+1; +1), pois: $+1^3 = +1$ e $+\sqrt[3]{x} = +1$.

Existe um espaço vazio no centro e na borda tem apenas uma circunferência.

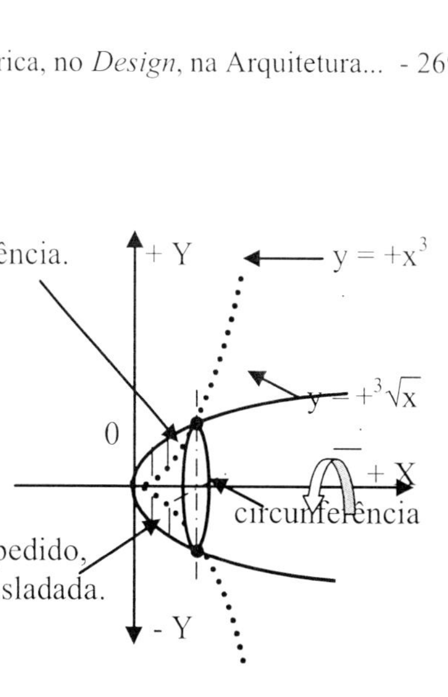

$$V = \pi\int_{0}^{+1}[(\sqrt[3]{x})^2 - (x^3)^2]\,dx = \pi\int_{0}^{+1}[(x)^{2/3} - (x^6)]\,dx = \pi\left[\frac{x^{2/3+1}}{2/3+1} - \frac{x^{6+1}}{6+1}\right]_0^{+1} \Rightarrow$$

$$V = \pi\left[\frac{x^{5/3}}{5/3} - \frac{x^7}{7}\right]_0^{+1} = \pi\,[0,6x^{5/3} - 0,143\,x^7]_0^{+1} = \pi\,(0,6 - 0,143) = 1,436.$$

Volume = 1,436 unidades cúbicas.

Essa é uma seção do sólido gerado

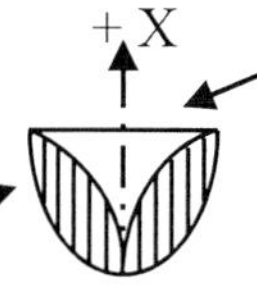

Exercício 11.4.2) Determine o volume do sólido gerado pela rotação, em relação ao eixo X, das funções $f(x) = -2x^2 + 2$ e $g(x) = -x^2 + 1$, e com suas interseções com o eixo X.

$f(x) = -2x^2 + 2$: $x = 0 \Rightarrow y = +2$ e $y = 0 \Rightarrow x^2 = 1 \Rightarrow x = \pm 1$.
$g(x) = -x^2 + 1$: $x = 0 \Rightarrow y = +1$ e $y = 0 \Rightarrow x^2 = 1 \Rightarrow x = \pm 1$.
O intervalo de integração é $[-1, +1]$

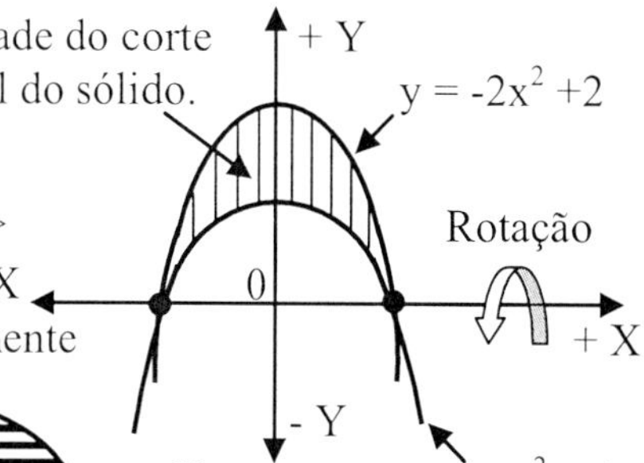

$$V = \pi\int_{-1}^{+1}[(-2x^2 + 2)^2 - (-x^2 + 1)^2]\,dx = \pi\int_{-1}^{+1}(-2x^2 + 2)^2\,dx - \pi\int_{-1}^{+1}(-x^2 + 1)\,dx \Rightarrow$$

$$V = \pi\int_{-1}^{+1}[(+4x^4 - 8x^2 + 4) - (+x^4 - 2x^2 + 1)]\,dx \Rightarrow$$

Essa é uma seção transversal do sólido gerado

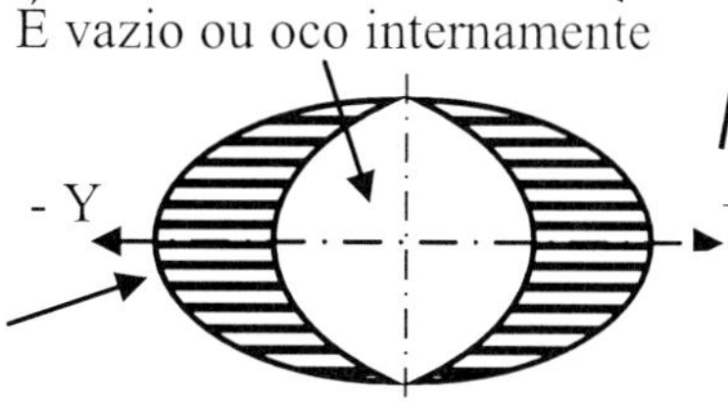

Este sólido pode ser usado em Arte Geométrica.

$$V = \pi\left(+\frac{3x^5}{5} - 2x^3 + 3x]\right)\Bigg|_{-1}^{+1} = \pi\left|\left(+\frac{3}{5} - 2 + 3\right) - \left(\frac{-3}{5} + 2 - 3\right)\right| = \pi(+1,2 - 4 + 6) = +10,053.$$

Volume = 10,053 unidades cúbicas.

Exercício 11.4.3) Determine o volume do sólido gerado pela rotação, em relação ao eixo Y, da interseção das curvas $x = +3$ e $x = +\sqrt{25 - y^2}$.

Considerando o intervalo de integração: $[0,+4]$, depois multiplica-se por 2.

Imagem de um corte transversal do sólido gerado.

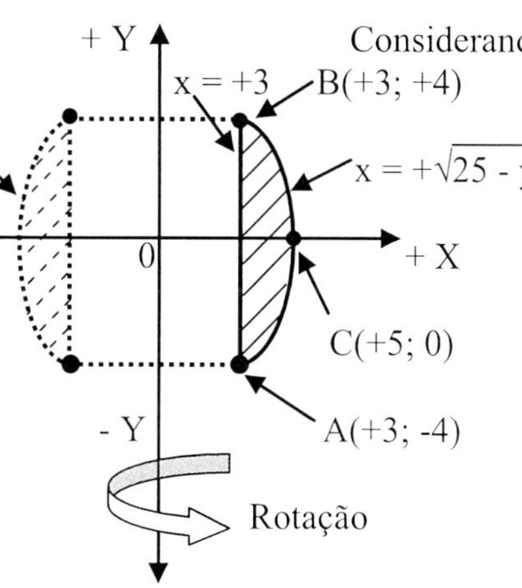

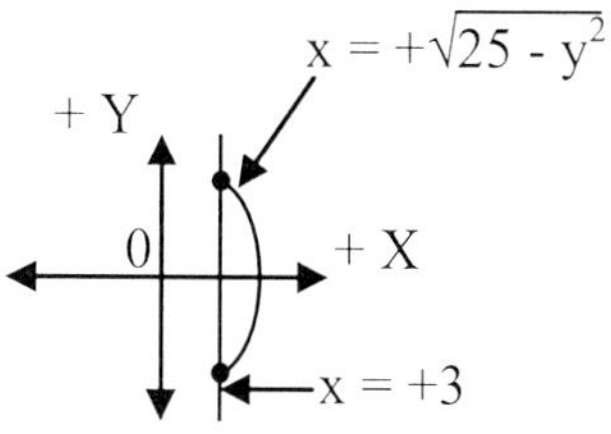

Modelagem matemática da interseção das funções.

No intervalo $x = -3$ e $x = +3$, não existe material, ou seja, é vazio. Especialmente na Engenharia Mecânica, existem peças chamadas buchas que têm essa geometria ou formato.

A interseção das funções: $x = +3$ e $x = +\sqrt{25 - y^2} \Rightarrow +3 = +\sqrt{25 - y^2} \Rightarrow +9 = +25 - y^2 \Rightarrow y = \pm 4$.

$$V = \pi \int_0^{+4} [(\sqrt{25 - y^2})^2 - 3^2]\, dy = \pi \int_0^{+4} (25 - y^2 - 9)\, dy = \pi\, [16y - y^3/3]_0^{+4} = \pi\, [(16)(+4) - (4)^3/3] = \pi(64 - 21{,}333) \Rightarrow$$

$V = 134{,}043$, multiplicando por 2, devido intervalo ser $[-4,+4] \Rightarrow$ **Volume = 268,086 unidades cúbicas**.

Exercício 11.4.4) Determine o volume do sólido gerado pela rotação, em relação ao eixo X, da interseção das funções: $y = +x^2$ e $y = -x^2 + 4$.

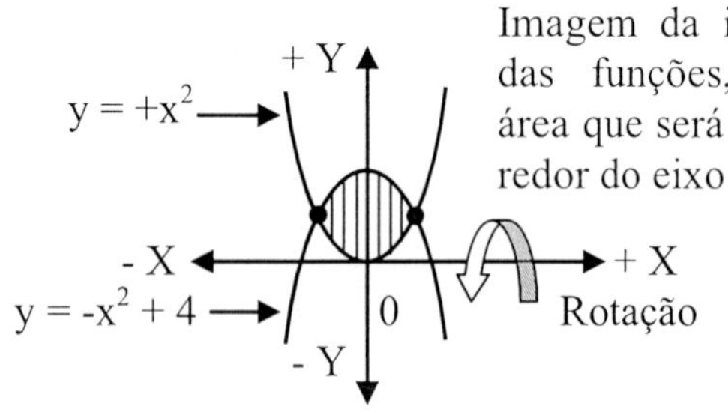

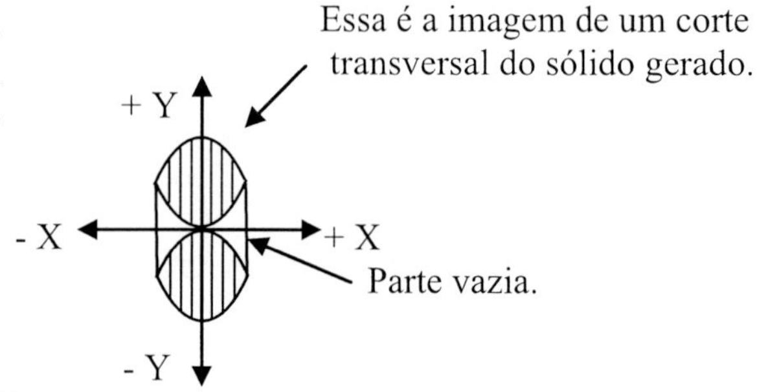

As funções se interceptam no ponto: $x^2 = 4 - x^2 \Rightarrow x = \pm\sqrt{2}$. O intervalo será: [0, +1,414]*, ou seja:

$$V = \pi \int_0^{+1{,}414} [(4 - x^2)^2 - (x^2)^2]\, dx = \pi \int_0^{+1{,}414} [(+x^4 - 8x^2 + 16) - (x^4)]\, dx = \pi \int_0^{+1{,}414} (-8x^2 + 16)\, dx = \pi \left[\frac{-8x^3}{3} + 16x\right]_0^{+1{,}414} \Rightarrow$$

$$V = \pi \left[\frac{(-8)(+1{,}414)^3}{3}\right] + [(16)(+1{,}414)] \Rightarrow V = 47{,}388.$$

*Como o intervalo real é [-1,414, +1,414], multiplica-se por 2, ou seja: **Volume = 94,776 unidades cúbicas**.

Exercício 11.4.5) Determine o volume do sólido gerado pela rotação, em relação ao eixo X, da função: $y = (+1/x)^2$, considerando o intervalo [+1, +3]. Considere o metro como unidade de medida.

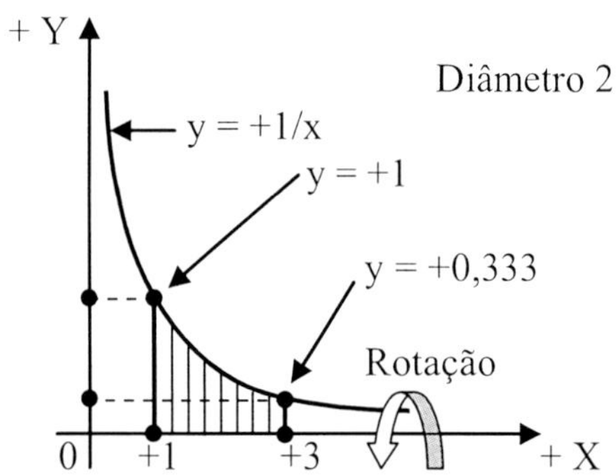

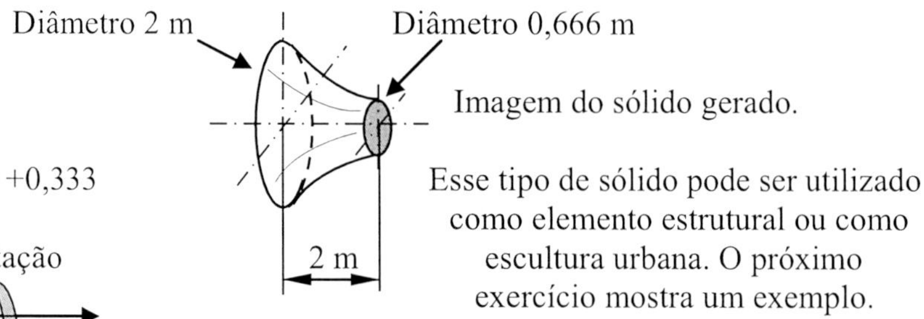

$$V = \pi \int_{+1}^{+3} (1/x)^2\, dx = = \pi \int_{+1}^{+3} (x^{-2})\, dx = \pi \left[\left(\frac{x^{-2+1}}{-2+1}\right)\right]_{+1}^{+3} = \pi \left[\left(\frac{x^{-1}}{-1}\right)\right]_{+1}^{+3} = \pi\,(-1/3 + 1) = 2\pi/3 \Rightarrow \textbf{Volume = 2,094 m}^3.$$

Exercício 11.4.6) Baseado no exercício anterior detalhar uma "escultura" urbana vertical, considerando a mesma função, $y = (+1/x)^2$, porém com y máximo de 6 metros e x máximo de 1 metro. Considere o peso específico do concreto igual a 2.500 kgf/m³. Considerar a função $y = (+1/x)^2$ girando ao redor do eixo Y.

$y = (+1/x)^2$, para $y = 6$ tem-se: $x^2 = 1/6 \Rightarrow x^2 = 1/6 \Rightarrow x = \pm 0{,}408$.

Sequência lógica da geração da escultura, a partir da função original: $y = (+1/x)^2$

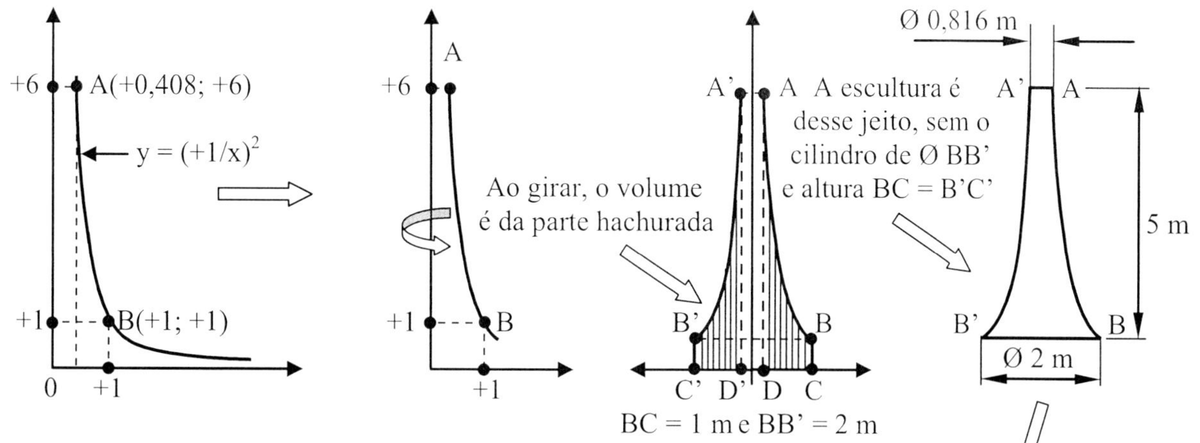

Apesar de não se considerar o volume do cilindro de Ø BB' e altura BC, tem que se considerar volume do cilindro reto de base circular AA'DD'.

$$V = \pi\int_{+0,408}^{+1}(1/x)^2\,dx = \pi\int_{+0,408}^{+1}(x^{-2})\,dx = \pi\left[\frac{(x^{-2+1})}{-2+1}\right]_{+0,408}^{+1} = \pi\left[\frac{(x^{-1})}{-1}\right]_{+0,408}^{+1} = \pi\left[\frac{+1}{-x}\right]_{+0,408}^{+1} \Rightarrow$$

$$V = \pi\left[\left(\frac{+1}{-1}\right) - \left(\frac{+1}{-0,408}\right)\right] = \pi(-1 + 2,45) \Rightarrow \textbf{Volume hachurado } \mathbf{V_h = 4,56\ m^3}.$$

Imagem tridimensional da escultura

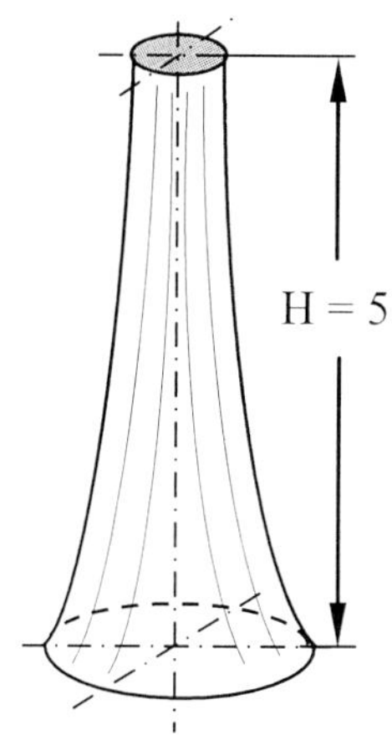

Cálculo do volume do cilindro interno Ø 0,816 m: $V_1 = [\pi(0,816^2/4)](6) = 3,138\ m^3$.

Cálculo do volume do cilindro BB'CC': $V_2 = \pi(2)^2/4)(1) = 3,142\ m^3$.

Volume efetivo da escultura: $V_E = V_h + V_1 - V_2 = 4,56 + 3,138 - 3,142 =$ **4,556 m³**.

Peso da escultura = (4,556 m³)(2.500 kgf/m³) = 11,39 toneladas-força.

11.5 Cálculo do volume de sólidos de revolução, pelos métodos das arruelas ou anéis cilíndricos e das cascas cilíndricas

O conceito teórico envolvido, apesar de usar o cálculo integral, ou melhor, a soma de infinitas arruelas de finas espessuras, pode ser entendido a partir da análise do volume de um cilindro circular oco, de altura H, diâmetro maior D e diâmetro menor d, por exemplo, um determinado comprimento de um tubo.

D = 2R
d = 2r

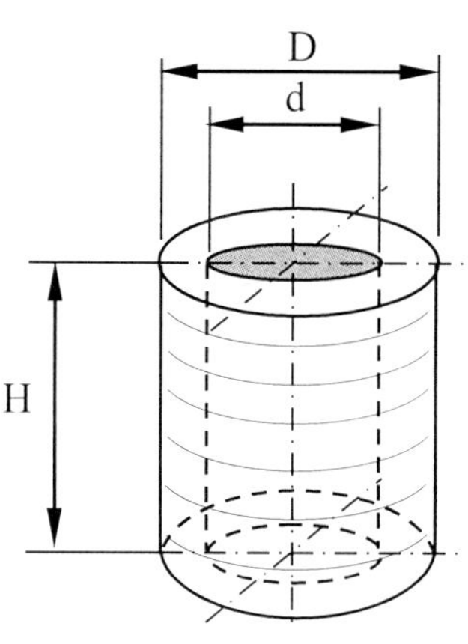

Pode-se pensar no volume desse cilindro oco, como a diferença entre dois cilindros maciços, ou seja, o volume do cilindro de maior diâmetro menos o volume do cilindro de menor diâmetro.

$V_{maior} = \pi R^2H$. $V_{menor} = \pi r^2H$.

Volume do cilindro oco $= \pi R^2H - \pi r^2H = \pi H(R^2 - r^2)$

$V = \pi H(R^2 - r^2)$. É uma constante vezes a diferença dos raios ao quadrado. Em verdade são duas constantes π e H.

Como já citado, o volume de um sólido de revolução maciço é expresso por: $V = \pi \int_a^b A(x)\, dx$.

Baseado nessa fórmula, pode-se escrever que o volume de um sólido de revolução oco, onde cada parte (maior e menor) é expressa pelas funções f(x) e g(x) pode ser expresso pelas fórmulas a seguir, semelhantes às fórmulas (3) e (4), vistas no parágrafo 10.4, considerando-se que a rotação ocorre em relação a X ou Y:

$$\mathbf{V = \pi \int_a^b [f(x)^2 - g(x)^2]\, dx. \ (5)} \qquad \mathbf{V = \pi \int_a^b [f(y)^2 - g(y)^2]\, dy. \ (6)}$$

Exercício 11.5.1) Determinar o volume do sólido de revolução, gerado pela rotação em torno da reta x = +3, da interseção da reta y = +x + 2 e da parábola $y = +x^2$.

Conceito da rotação

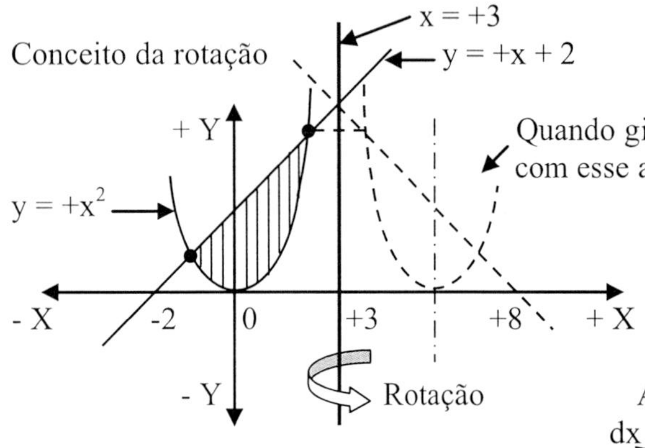

Seção transversal do sólido gerado

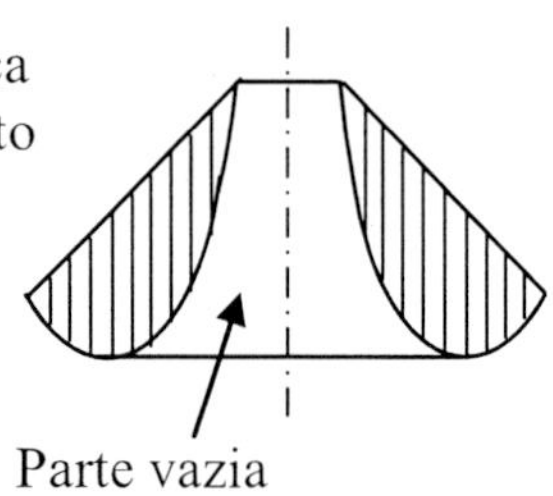

Esse sólido lembra uma porca borboleta, mas pode ser utilizado tanto como elemento arquitetônico, quanto em Arte Geométrica.

A e B são os pontos de interseções da reta com a parábola.

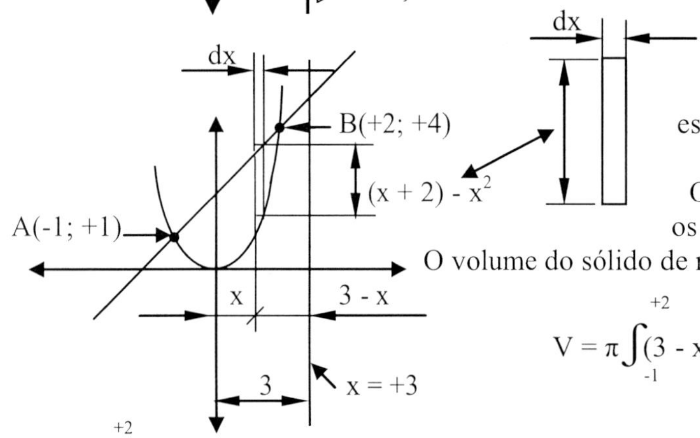

Esse é o anel cilíndrico elementar, que tem espessura dx, raio médio 3 - x e altura $(x + 2) - x^2$.

Observa-se que o intervalo de integração, ou seja, os pontos de interseções que são girados, é [-1, +2]. O volume do sólido de revolução é a soma dos infinitos anéis cilíndricos.

$$V = \pi \int_{-1}^{+2} (3 - x)(x + 2 - x^2)\, dx.$$

$$V = \pi \int_{-1}^{+2} (+x^3 - 4x^2 + x + 6)\, dx = \pi \left[\frac{x^4}{4} - \frac{4x^3}{3} + \frac{x^2}{2} + 6x\right]_{-1}^{+2} = \pi\,[0{,}25x^4 - 1{,}333x^3 + 0{,}5x^2 + 6x]_{-1}^{+2} =$$

$$= \pi\{[(0{,}25)(+2^4) - (0{,}25)(-1^4)] - [(1{,}333)(+2^3) - (1{,}333)(-1^3)] + [(0{,}5)(+2^2) - (0{,}5)(-1^2)] + [(6)(+2) - (6)(-1)]\} =$$

$$= \pi\{[(+4) - (+0{,}25)] - [(+10{,}664) + (+1{,}333)] + [(+2) - (+0{,}5)] + [(+12) + 6]\} =$$

$$= \pi[(+3{,}75) - (+11{,}997) + (+1{,}5) + (+18)] = \pi(11{,}253) = 35{,}352 \text{ unidades cúbicas de volume.}$$

O volume do sólido é igual a 35,352 unidades cúbicas.

Exercício 11.5.2) Determinar o volume do sólido, girado em relação ao eixo Y, oriundo da interseção da função $y = -x^2 + 2x$ com o eixo X.

Volume do cilindro elementar = $2\pi x(2x - x^2)\,dx$

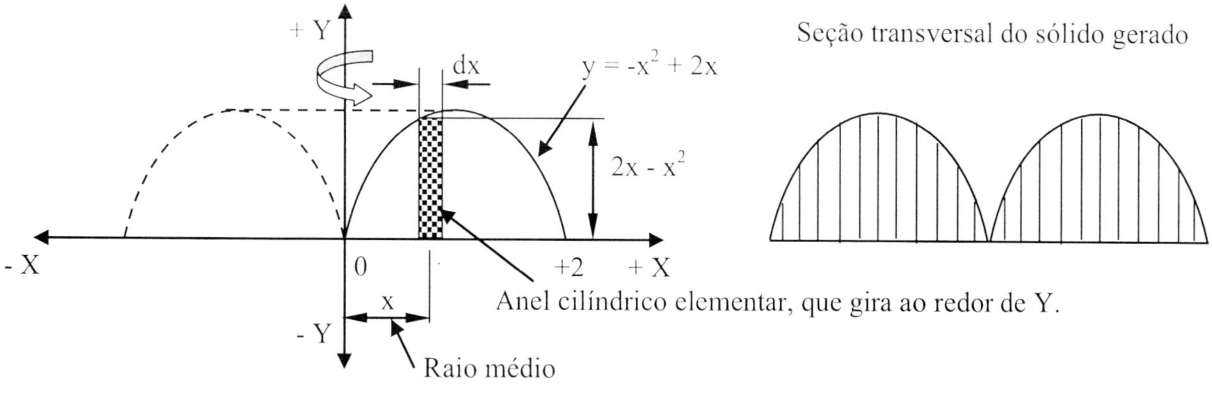

Integrando-se, no intervalo [0, +2], a soma dos volumes dos cilindros elementares, em verdade faz-se a soma dos infinitos cilindros elementares, obtendo-se o volume do sólido gerado. Portanto:

$$V = \pi\int_0^{+2} x(2x - x^2)\,dx = \pi\int_0^{+2}(+2x^2 - x^3)\,dx = \pi\left[+\frac{2x^3}{3} - \frac{x^4}{4}\right]_0^{+2} = \pi\,[(0{,}667)(+2^3) - (0{,}25)(+2^4)] \Rightarrow$$

$V = \pi(1{,}336) = 4{,}197.$

Volume igual a 4,197 unidades cúbicas.

Exercício 11.5.3) Determinar o volume do sólido, gerado pela rotação em torno do eixo Y, da interseção da parábola $y = +x^2$, pelo eixo X e pela reta $x = +2$.

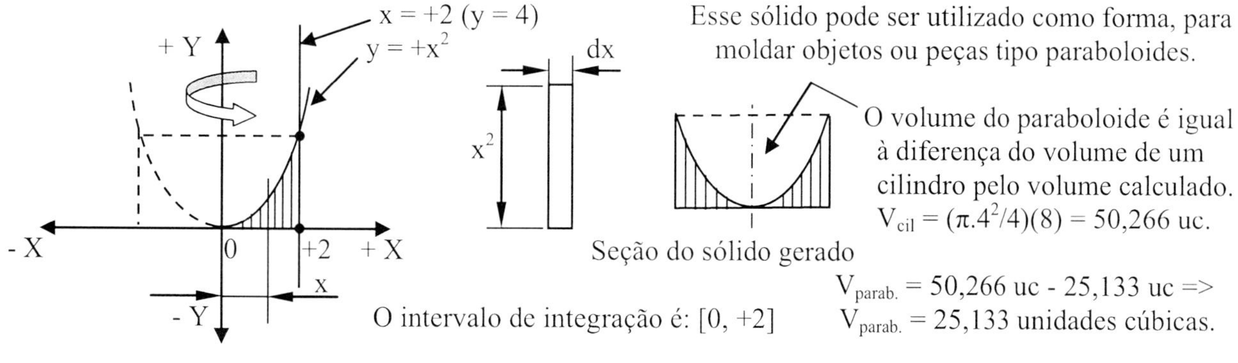

$$V = \pi\int_0^{+2} x\,(x^2)\,dx = \pi\left[\frac{x^4}{4}\right]_0^{+2} = \pi(0{,}25)(+2)^4 \Rightarrow$$ **Volume igual a 12,567 unidades cúbicas.**

11.6 Análise e determinação da fórmula, para cálculo da área de uma superfície tórica circular: o toroide circular

Toro ou toroide pode ser definido como o lugar geométrico tridimensional formado pela rotação de uma superfície plana, em torno de uma circunferência de raio R. Visualmente, ao se girar um círculo, um toro é a imagem de um pneumático, que era utilizado em veículos automotores. Observa-se que um toro também pode ser obtido a partir da rotação de uma elipse. Algumas tubulações industriais, para condução de fluidos de alta pressão, utilizam juntas de vedação metálica, no formato de um toro elíptico.

Superfície tórica tridimensional
(parece uma câmara de pneu ou boia)

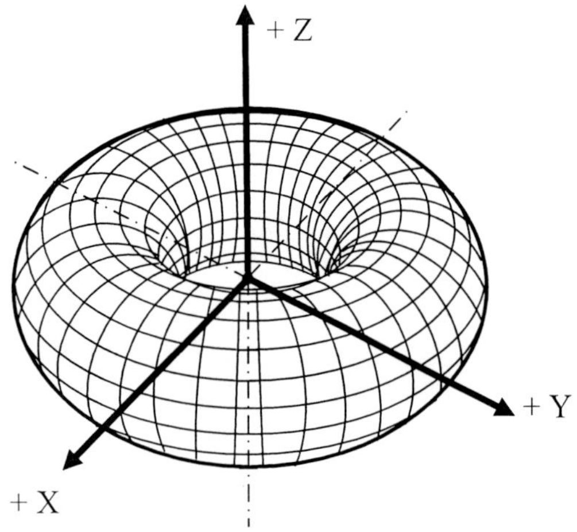

Um toroide com simetria de rotação em relação ao eixo Z, tem a seguinte equação:

$$r^2 = [R - \sqrt{(x^2 + y^2)^2}] + z^2$$

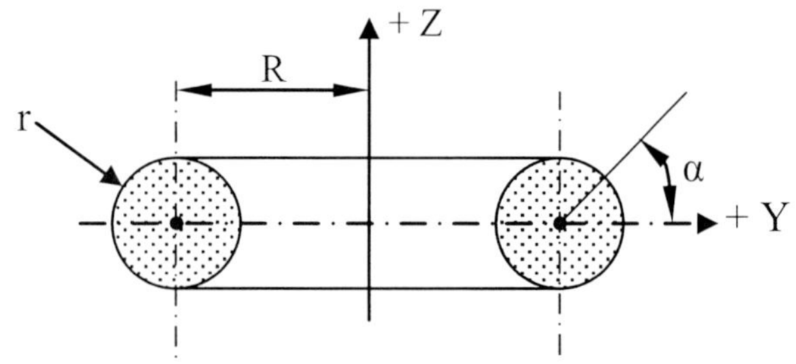

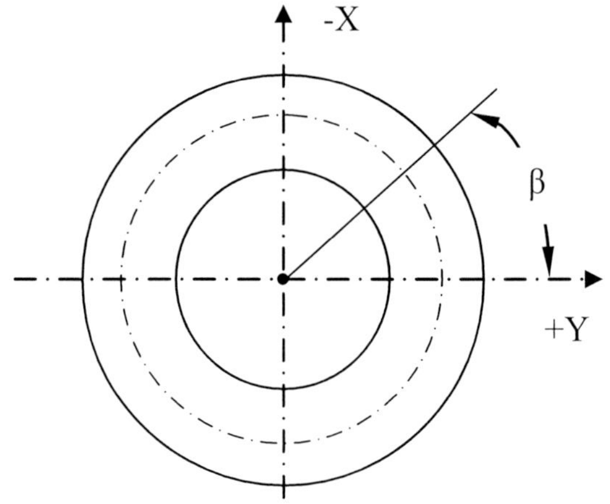

Área da superfície tórica: $A = 4.\pi^2.R.r$

Volume do toroide: $V = 2.\pi^2.R.r^2$

Aplicação prática da superfície tórica, utilizada na geração de campos magnéticos

Uma das aplicações do conceito do toroide é na geração de campos magnéticos constantes, por exemplo, utilizados em motores elétricos. Nesses casos o toroide é formado a partir de um solenoide curvado em forma de círculo fechado. Um solenoide é um condutor, por exemplo, fio de cobre, enrolado em forma de espiral (um helicoide cilíndrico ou uma bobina). Ao se passar corrente elétrica por um solenoide gera-se um campo magnético, fazendo com que o eixo do motor gire. Por exemplo, um ventilador movido à energia elétrica tem um solenoide interno que, ao ser energizado cria um campo magnético, fazendo girar o eixo onde estão as pás, girando o ventilador. Quanto maior rotação se quer, mais energia elétrica se consome. O campo magnético (B) dentro de um solenoide é aproximadamente uniforme e vale:

$$B = \frac{\mu_0.N.i}{2.\pi.r} \text{ ; onde:}$$

B = intensidade do vetor campo magnético em um ponto, expressa em Tesla* (T).
μ_0 = permeabilidade magnética do meio, expressa em T.m/A (no vácuo).
N = número de espiras**, que compõem o toroide.
i = corrente que atravessa o solenoide.(em Ampere).
l = comprimento do solenoide, em metro ($l = 2.\pi.r$. Onde r é o raio médio do toro).
$\mu_0 = 4.\pi.10^{-7}$ (T.m) /A (no vácuo).

*Tesla é a unidade de medida de indução magnética ou campo magnético.

**Espira é uma volta completa do fio da bobina, ao redor da superfície tórica. Como o fio, ou melhor, cabo, é enrolado de forma inclinada, gera-se um helicoide circular.

Exercício 11.6.1) A partir da circunferência a seguir, que sofre uma rotação de 360º em torno do eixo X, determinar: a) a área lateral da superfície tórica gerada e b) o volume dessa superfície tórica.

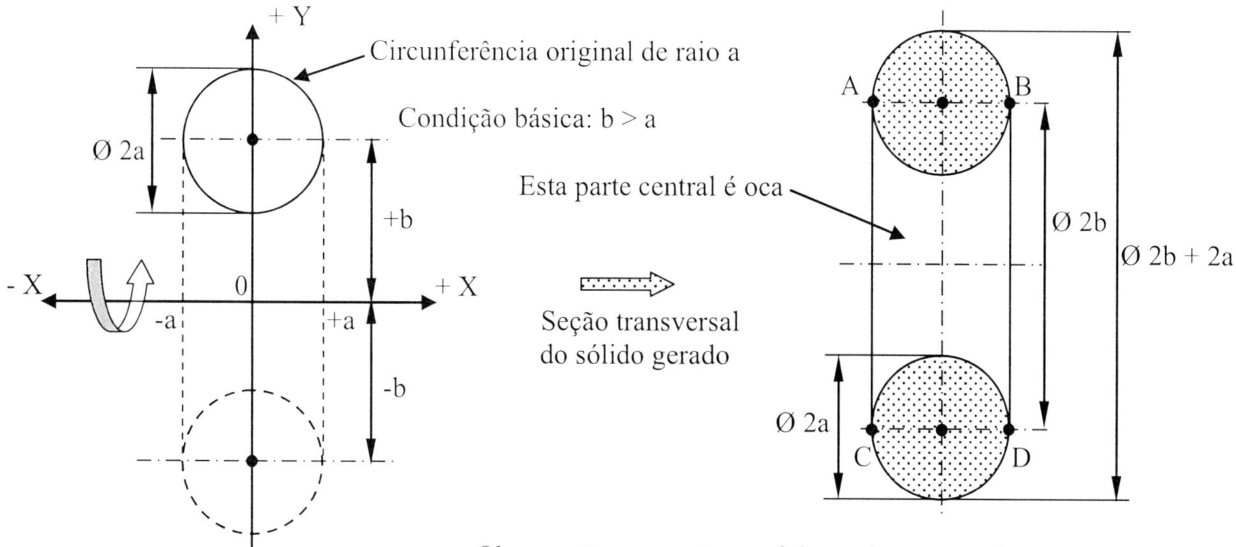

Observação: a rotação também pode ser em relação ao eixo Y, nesse caso a superfície tórica aparece na horizontal.

Inicialmente, percebe-se que o volume pedido, pode ser interpretado como sendo a diferença do volume do retângulo ABCD e o volume do toro de diâmetro 2a.

A equação da circunferência original (segundo o parágrafo 1.9.1) é: $+x^2 + (y - b)^2 = a^2 \Rightarrow y(x) = \sqrt{a^2 - b^2} + b$.

Segundo o parágrafo 11.5, o volume de uma superfície, segundo rotação em relação a X ou Y é dado por:

$$V = \pi\int_a^b [f(x)^2 - g(x)^2]\, dx. \quad (5) \qquad\qquad V = \pi\int_a^b [f(y)^2 - g(y)^2]\, dy. \quad (6)$$

No caso em questão, será em relação ao eixo cartesiano X, no intervalo [-a, +a], ou seja:

$$V = \int_{-a}^{+a} \pi(\sqrt{a^2 - x^2} + b)^2\, dx - \int_{-a}^{+a} \pi(\sqrt{a^2 - x^2} - b)^2\, dx = 4\pi b\int_{-a}^{+a} \sqrt{a^2 - x^2}\, dx = 4\pi ba\int_{-a}^{+a} \sqrt{1 - \left(\frac{x}{a}\right)^2}\, dx =$$

$$= 4\pi ba\int_{-a}^{+a} \sqrt{1 - \left(\frac{x^2}{a^2}\right)}\, dx$$: multiplicando por a^2, tem-se: $4\pi ba^2\int \underbrace{\sqrt{(1 - x^2)}}_{\cos^2 u}\, dx$: por substituição trigonométrica.

Fazendo $x/a = \text{sen } u \Rightarrow \frac{dx}{du} = a \cos u \Rightarrow dx = a \cos u\, du$. $\begin{cases} x = -a \Rightarrow \text{sen} = -1 \text{ ou } a = -\pi/2. \\ x = +a \Rightarrow \text{sen} = +1 \text{ ou } a = +\pi/2. \end{cases}$ tem-se:

$$V = 4\pi ba^2\int_{-\pi/2}^{+\pi/2} \cos^2 u\ \ udu = 4\pi ba^2 \left[\frac{u}{2} + \frac{\text{sen }(2u)}{4}\right]_{-\pi/2}^{+\pi/2} = (4\pi ba^2)\left[\left(\frac{\pi}{4} + \frac{1}{4}\right) - \left(\frac{-\pi}{4} - \frac{1}{4}\right)\right] = (4\pi ba^2)\left(\frac{\pi}{2} + \frac{1}{2}\right) \Rightarrow$$

11.7 Exercícios complementares resolvidos

Exercício 11.7.1) Determinar o volume do cone a seguir descrito:

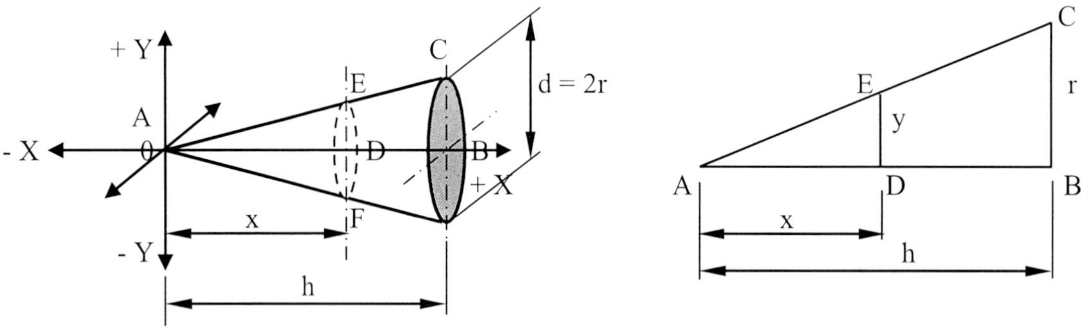

Observando-se a semelhança dos triângulos: ABC e ADE, escreve-se: r/h = y/x => y = rx/h.
Na abscissa x se tem o círculo diâmetro EF e raio y. Em x a área do círculo é $A = \pi y^2$. Como y = rx/h, logo:

$A(x) = \pi \dfrac{(rx)^2}{(h)^2} = \pi \dfrac{r^2x^2}{h^2}$. Como, já citado: $V = \int_0^h A(x)\,dx$, substituindo A, tem-se:

$$V = \int_0^h A(x)\,dx = \int_0^h \frac{\pi r^2 x^2}{h^2}\,dx = \frac{\pi r^2}{h^2}\int_0^h x^2\,dx = \frac{\pi r^2}{h^2}\left[\frac{x^3}{3}\right]_0^h = \frac{\pi r^2}{h^2}\left(\frac{h^3}{3}\right) = \frac{\pi r^2 h}{3} = \frac{\pi d^2 h}{12}.$$ ← **Volume de um cone.**

Exercício 11.7.2) Determine o volume do sólido gerado pela rotação, em relação ao eixo X, da função y = sen (x), limitada pelo eixo X e no intervalo [0, +π].

x	sen x
0π	0
π/2	+1
π	0
3π/2	-1
2π	0

*π = 3,14; π/2 = 1,57; 3π/2 = 4,71 e 2π = 6,28.

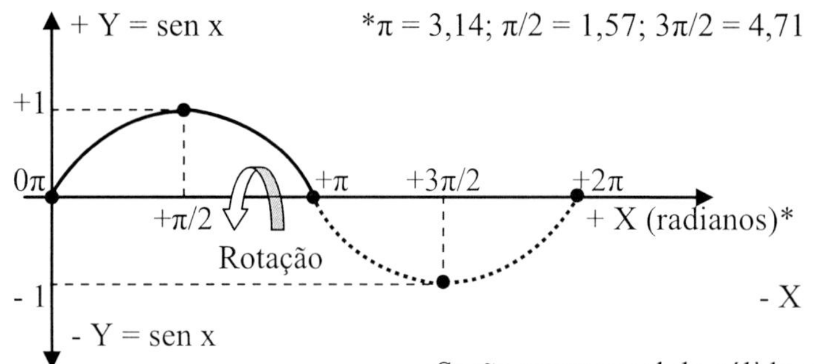

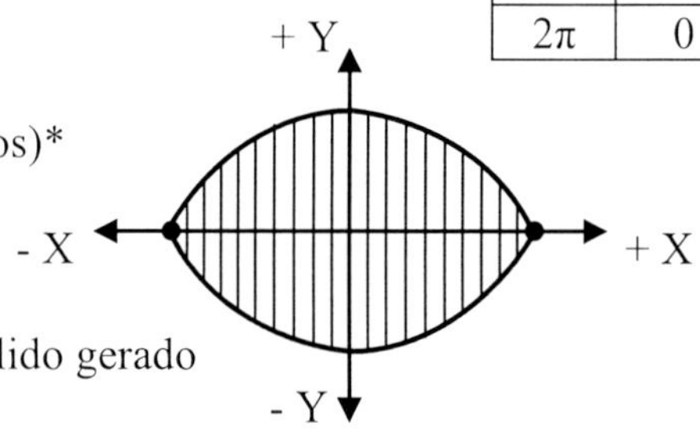

Seção transversal do sólido gerado

$$V = \pi\int_0^{+\pi} \text{sen}^2\,x\,dx = \pi\int_0^{+\pi}\left(\frac{1 - \cos 2x}{2}\right)dx = \frac{\pi}{2}\left(\int_0^{+\pi} dx - \int_0^{+\pi}\cos 2x\right)dx =>$$

Este tipo de sólido pode ter aplicações arquitetônicas e/ou no desenho industrial ou *design*.

$$V = \pi\left(\frac{x - \text{sen}\,2x}{2}\right)\Bigg|_0^{+\pi} = \frac{\pi}{2}\left[(\pi - 0) - \left(\frac{\text{sen}\,2\pi}{2} - \frac{\text{sen}\,0}{2}\right)\right] = 4{,}935.$$

$\cos \pi = \cos 180^o = -1.$
$\cos 0\pi = \cos 0^o = +1.$

O volume do sólido gerado é igual a 4,935 unidades cúbicas de volume.

11.7.3) Determine o volume do sólido gerado pela rotação, ao redor do eixo X, da região limitada pelas funções: $y = +x^2 - 2x$ e $y = -x^2 + 2x$.

Inicialmente são desenhadas as funções, para se entender que figura plana surge e qual sólido é gerado, após a rotação ao redor do eixo X.

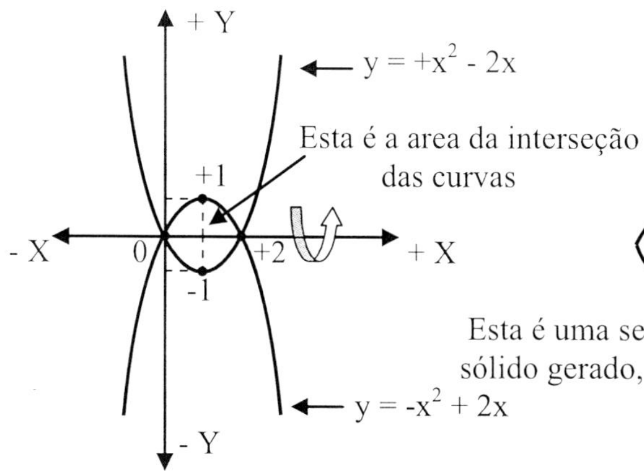

Esta é uma seção transversal do sólido gerado, pela rotação em X

$y = +x^2 - 2x$

x	y
-3	+15
-2	+8
-1	+3
0	0
+1	-1
+2	0
+3	+3

$y = -x^2 + 2x$

x	y
-3	-15
-2	-8
-1	-3
0	0
+1	+1
+2	0
+3	-3

Considerando a figura e a rotação em relação ao eixo X, o intervalo de integração será: [-1; +1].

$$\text{Como visto: } V = \pi\int_{a}^{b} [f(x)^2 - g(x)^2]\,dx \Rightarrow V = \pi\int_{-1}^{+1}[(-x^2 + 2x)^2 - (+x^2 - 2x)^2]\,dx \Rightarrow$$

$$V = \pi\int_{-1}^{+1}[(+x^4 - 4x^3 + 4x^2) - [(+x^4 - 4x^3 + 4x^2)]\,dx \Rightarrow V = \pi\int_{-1}^{+1} 0\,dx \Rightarrow V = \pi.$$

Conclusão: volume do sólido igual a 3,14 unidades cúbicas de volume.

11.7.4) Iniciando pela imagem geométrica da curva e da função, determine o volume do sólido gerado pela rotação, ao redor do eixo X, da região limitada pelas equações: $+y^2 - 5x - 20 = 0$ e $x = +4$. Determinar as características geométricas da curva.

Inicialmente, isola-se y em relação a x, de forma a se entender que curva é essa, uma vez que $x = +4$, representa uma reta paralela ao eixo Y, interceptando o eixo X no ponto (+4; 0).

$+y^2 - 5x - 20 = 0 \Rightarrow +y^2 = +5x + 20 \Rightarrow y = \sqrt{+5x + 20}$, ou seja, para cada valor de x, se tem dois de y. Uma tabela de valores de x e y permite o esboço da curva, uma vez que não é uma função. Outra observação importante é que, como o radicando é igual a +5x +20, o valor limite mínimo para x é -4, quando y é igual a zero. Portanto a tabela deve compreender valores de x no intervalo (-4, +4).

x	-4	-3	-2	-1	0	+1	+2	+3	+4	+5
y	0	±2,236	±3,162	±3,873	±4,472	±5	±5,477	±5,916	±6,325	±6,708
	A				B/B1				C/C1	

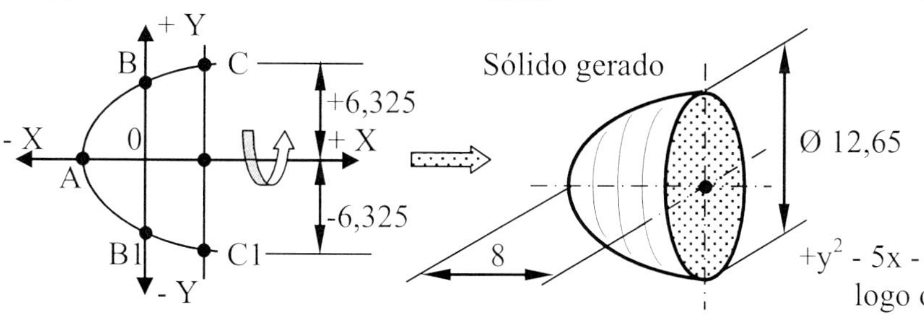

Como a rotação é em relação ao eixo X, conforme tabela e figura, o intervalo de integração é [-6,325; +6,325]

$+y^2 - 5x - 20 = 0$, é a equação de uma parábola, logo o sólido gerado é um paraboloide.

Como visto: $V = \pi\int_{-6,325}^{+6,325}[f(x)^2 - g(x)^2]\,dx \Rightarrow V = \pi\int_{-6,325}^{+6,325}[(\sqrt{+5x + 20})^2 - (+4)^2]\,dx = \pi\int_{-6,325}^{+6,325}[(+5x + 20) - (+16)]\,dx \Rightarrow$

$$V = \pi\int_{-6,325}^{+6,325}(+5x + 4)\,dx = \pi\left[\frac{5x^2}{2} + 4x\right]_{-6,325}^{+6,325} = \pi\left\{\left[\frac{(5)}{2}(+6,325)^2 + (4)(+6,325)\right] - \left[\frac{(5)}{2}(-6,325)^2 + (4)(-6,325)\right]\right\} =$$

$V = \pi(2)(4)(6,325)] = 158,965.$

Ou seja: o volume do sólido gerado é igual a 158,965 unidades cúbicas de volume.

Determinação das características geométricas da curva:

Pela equação e pela imagem, trata-se de uma parábola, com eixo de simetria coincidente com o eixo X e vértice no ponto A(-4; 0) e concavidade para a direita. Segundo parágrafo 1.9.3, essa parábola tem como equação: $+(y - k)^2 = +4p(x - h)$. Como $k = 0$, então a equação fica: $y^2 = +4p(x - h)$.
Na figura anterior, considerando as coordenadas do ponto A: $y^2 = +4p(x - h) \Rightarrow 0 = +4p[(-4) - h] \Rightarrow -16p - 4ph = 0 \Rightarrow -16p = +4ph \Rightarrow h = -4$, confirmando-se as coordenadas do Vértice A(-4; 0).

Considerando: $y^2 = +4p(x - h)$ e a equação $y^2 = +5x + 20 \Rightarrow +4p(x - h) = +5x + 20 \Rightarrow$

$+5x + 20 = +4px - 4ph \Rightarrow 5x - 4px - 4ph - 20 = 0$. Considerando $x = -4$ e $h = -4$, tem-se:

$5(-4) - 4p(-4) - 4p(-4) - 20 = 0 \Rightarrow +32p = +40 \Rightarrow p = 1,25$, que é o parâmetro da parábola. A imagem geométrica com todas as características fica da seguinte forma:

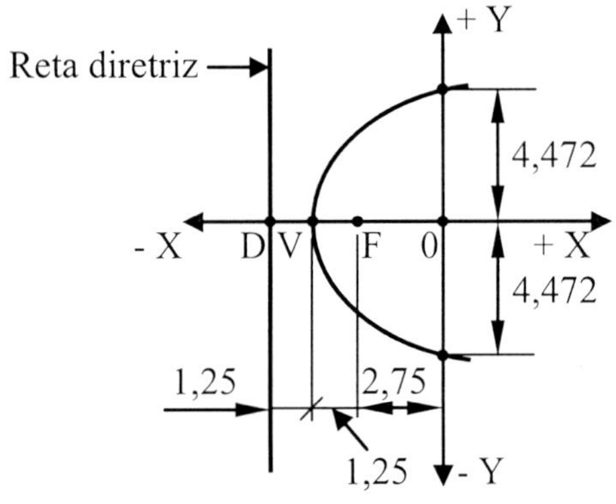

Características geométricas da parábola $+y^2 - 5x - 20 = 0$:

- Reta diretriz: $x = -5,25$.
- D(-5,25; 0).
- V(-4; 0).
- F(-2,75; 0).
- Parâmetro $p = 1,25$.

11.7.5) Uma parábola tem as seguintes características: vértice V(+2; +1), foco F(+4; +1). Com esses dados, determine o volume do sólido gerado pela sua rotação em torno do eixo Y, com raio $x = +4$.

Inicialmente se desenha a imagem geométrica da parábola, para se definir sua equação e calcular o volume pedido.

Como o vértice tem abscissa (+2) diferente de zero, a parábola não passa pela origem (0; 0). Como o vértice e o foco têm ordenadas diferentes de zero (+1), se constata que o eixo da parábola não coincide com o eixo Y. Finalmente, como a abscissa do foco (+4) é maior que a abscissa do vértice (+2), se constata que a parábola tem concavidade voltada para a direita, provavelmente se situando entre os 1º e 4º quadrantes.
A imagem geométrica a seguir permite definir a equação da parábola.

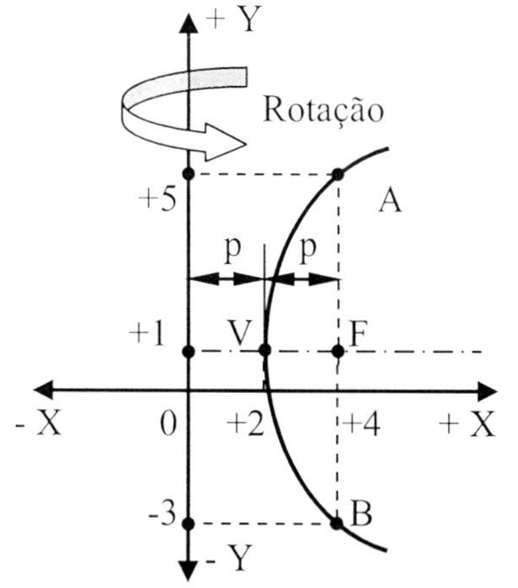

Segundo o parágrafo 1.9.3, essa parábola tem a seguinte equação:

$+(y - k)^2 = +4p(x - h)$, sendo $k = +1$, $h = +2$ e $p = 2$ ou seja:

$+(y - 1)^2 = +4p(x - 2) \Rightarrow +y^2 - 2y - 8x + 17 = 0$, a equação.

Quando $x = 0$, a equação $+y^2 - 2y + 17 = 0$ não tem raízes, confirmando-se que a parábola não intercepta o eixo Y. Quando $y = 0 \Rightarrow x = +2{,}125$, ou seja, onde intercepta o eixo X. Quando $x = +4 \Rightarrow A(+4; +5)$ e $B(+4; -3)$.

Constata-se que a reta diretriz coincide com o eixo Y, ou seja, esse trecho de parábola gira ao redor de sua reta diretriz. A seção transversal e a imagem tridimensional do sólido gerado são mostrados a seguir.

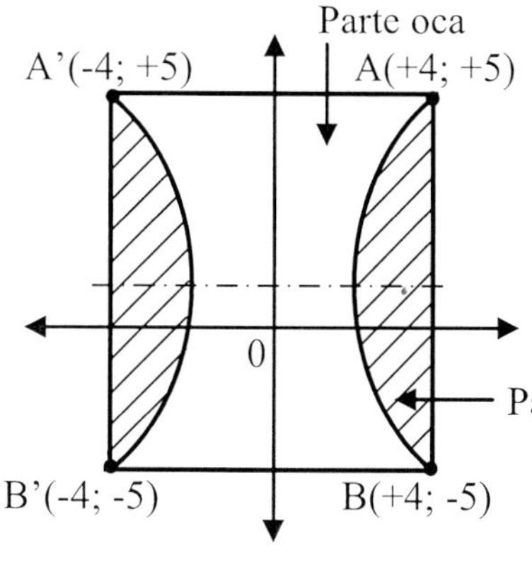

Seção transversal do sólido gerado

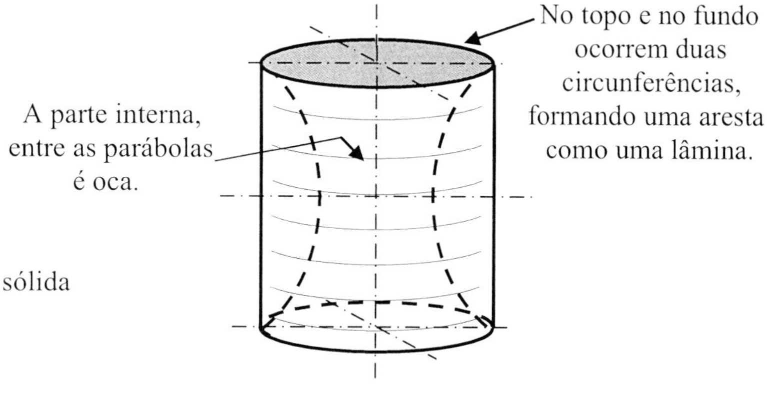

Imagem tridimensional do sólido gerado

O intervalo de integração é: (-4, +4). $+y^2 - 2y - 8x + 17 = 0 \Rightarrow {}^*y = \dfrac{+y^2 - 8x + 17}{2}$.

*Constata-se que para integrar essa função em x, são necessárias operações algébricas específicas, por exemplo, de derivação implícita. Para facilitar a integração e como o volume do sólido gerado não muda com a sua posição espacial, faz-se uma translação de origem (passa para 0'), como a seguir mostrado, com a equação da parábola ficando do tipo: $+y^2 = +4p(x - h)$, com $p = 2$, $k = 0$ e $h = +2$.

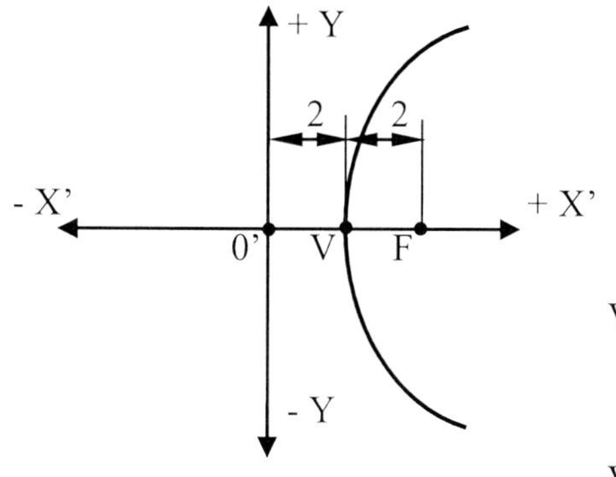

$+y^2 = +4p(x - h) \Rightarrow +y^2 = +8(x - 2) \Rightarrow +y^2 = +8x - 16 \Rightarrow$

$y = \sqrt{+8x - 16} \Rightarrow y = (+8x - 16)^{1/2}$.

Finalmente faz-se o cálculo do volume pedido:

$$V = \pi\int_a^b [f(x)^2 - g(x)^2]\,dx \Rightarrow V = \pi\int_{-4}^{+4} [(\sqrt{+8x - 16})^2 - (4)^2]\,dx \Rightarrow$$

$$V = \pi\int_{-4}^{+4} (+8x - 16 - 16)\,dx \Rightarrow V = \pi\int_{-4}^{+4} (+8x - 32)\,dx \Rightarrow$$

$$V = \pi\left[\left(\frac{+8x^2}{2}\right) - (32x)\right]_{-4}^{+4} = 4\pi[(+x^2) - (8x)]_{-4}^{+4} = 4\pi\{[(+4)^2 - [(8)(+4)] - [(-4)^2 - (8)(-4)]\} =$$

$= 4\pi\{[(+16 - 32)] - [(+16) - (-32)]\} = 4\pi[(-16) - (+48)] = 4\pi(-64) = -804{,}25$. (Não existe volume negativo).

Conclusão: o volume é igual a 804,25 unidades cúbicas de volume.

Para os exercícios a seguir, determinar o volume do sólido gerado pela rotação da função y = f(x), em relação ao eixo cartesiano citado, e no intervalo definido, ou pela interseção de funções. Desenhar as funções, mostrando tanto a área, quanto a imagem tridimensional do sólido gerado.

11.7.6) Função $y = \sqrt{x}$, ao redor do eixo Y e no intervalo [0, +2]. $y = \sqrt{x} \Rightarrow y^2 = x$.

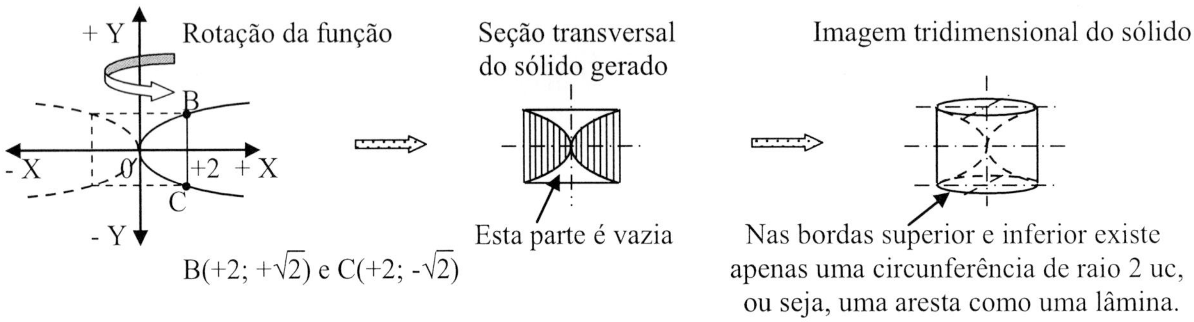

$y^2 = x$, para $x = 0 \Rightarrow y = 0$ e para $x = +2 \Rightarrow y = \sqrt{+2} \Rightarrow y = \pm 1{,}414$. Intervalo de integração: $[-\sqrt{2}, +\sqrt{2}]$.

$$V = \pi\int_{-\sqrt{2}}^{+\sqrt{2}} [f(y)^2]\,dy = \pi\int_{-\sqrt{2}}^{+\sqrt{2}} (y^2)^2\,dy = \pi\int_{-\sqrt{2}}^{+\sqrt{2}} y^4\,dy = \pi\left(\frac{y^5}{5}\right)\Bigg|_{-\sqrt{2}}^{+\sqrt{2}} = \frac{\pi}{5}[(\sqrt{2})^5 - (-\sqrt{2})^5] = 7{,}109.$$

Resposta: volume igual a 7,109 unidades cúbicas de volume.

11.7.7) Interseção das funções: $y = +x^3$ e $y = +x$, ao redor do eixo Y.

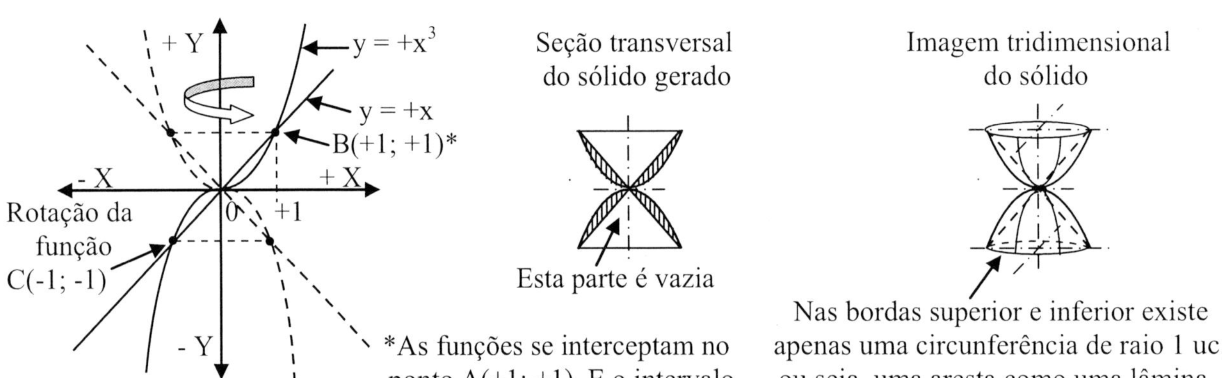

*As funções se interceptam no ponto A(+1; +1). E o intervalo de integração é [-1, +1].

$y = +x^3 \Rightarrow x = \sqrt[3]{y}$. Interseção das funções: $x = x^3 \Rightarrow x^3 - x = 0 \Rightarrow x(x^2 - 1) = 0 \Rightarrow x = 0$ ou $x = \pm 1$.

Para $x = 0 \Rightarrow y = 0$; $x = -1 \Rightarrow y = -1$; $x = +1 \Rightarrow y = +1$. Portanto: intervalo de integração: [-1; +1].

Conforme parágrafo 11.5: $V = \pi\int_C^D [f(y)^2 - g(y)^2]\,dy$. $\begin{cases} x = \sqrt[3]{y} \Rightarrow f(y)^2 = (\sqrt[3]{y})^2. \\ x = y \Rightarrow g(y)^2 = y^2. \end{cases}$ Portanto:

$$V = \pi\int_{-1}^{+1}[(\sqrt[3]{y})^2 - y^2]\,dy = \pi\left[\int_{-1}^{+1}(y^{2/3}\,dy - \int_{-1}^{+1}(y^2)\,dy\right] = \pi\left[\left(\frac{y^{5/3}}{5/3}\right)\Bigg|_{-1}^{+1} - \left(\frac{y^3}{3}\right)\Bigg|_{-1}^{+1}\right] = \frac{3\pi}{5}(y^{5/3})\Bigg|_{-1}^{+1} - \frac{\pi}{3}(y^3)\Bigg|_{-1}^{+1} \Rightarrow$$

$$V = 0{,}6\pi[1^{5/3} - (-1)^{5/3}] - 0{,}333\pi[1^3 - (-1)^3] = 0{,}6\pi(2) - 0{,}333\pi(2) = \pi(1{,}2 - 0{,}666) = 0{,}534\pi = 1{,}678.$$

Resposta: volume igual a 1,678 unidades cúbicas de volume.

11.7.8) Interseção das funções: $y = +\sqrt{x}$ e $y = +1/x$, ao redor do eixo X, no intervalo [+0,5 +3].

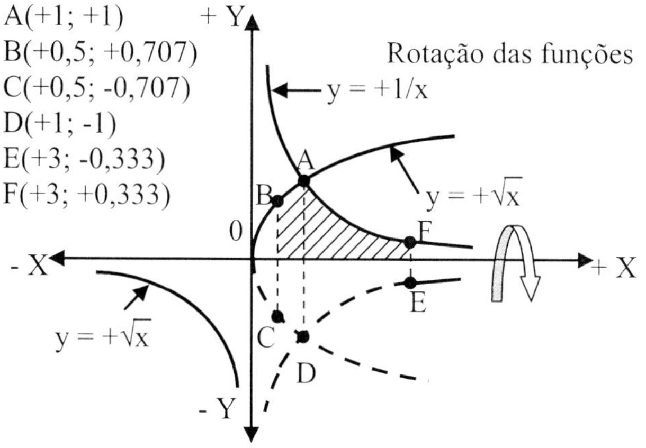

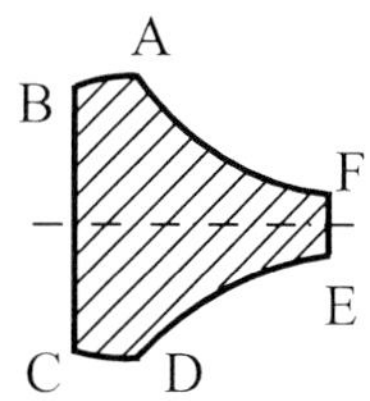

Seção transversal do sólido gerado

Imagem tridimensional do sólido gerado, transladado e representado um pouco maior para uma melhor visualização.

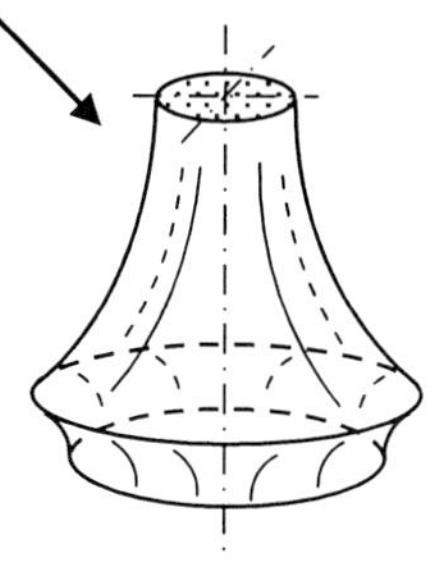

Este tipo de sólido gerado pode ser impresso em impressora 3D e, em função das dimensões usadas (escala), pode ser usado como uma escultura e/ou objeto de Arte Geométrica.

Os intervalos de integrações (em relação ao eixo X) são: [+0,5; +1] e [+1; +3].

$$V = \pi\left[\int_{+0,5}^{+1}(\sqrt{x})^2\,dx + \int_{+1}^{+3}(1/x)^2\,dx\right] = \pi\left[\int_{+0,5}^{+1}x\,dx + \int_{+1}^{+3}1/x^2\,dx\right] = \pi\left[\left(\frac{x^2}{2}\right)\Bigg|_{+0,5}^{+1} + \left(\frac{-1}{x}\right)\Bigg|_{+1}^{+3}\right] = \pi\left[\left(\frac{1}{2} - \frac{0{,}25}{2}\right) + \left(\frac{-1}{3} - \left(\frac{-1}{1}\right)\right)\right]:$$

$$V = \pi[(0{,}5 - 0{,}125) + (-0{,}333 + 1)] = \pi(1{,}042) = 3{,}274.$$

Resposta: volume igual a 3,274 unidades cúbicas de volume.

11.7.9) Mesmos dados do exercício anterior, o 11.7.8, porém girando ao redor do eixo Y.

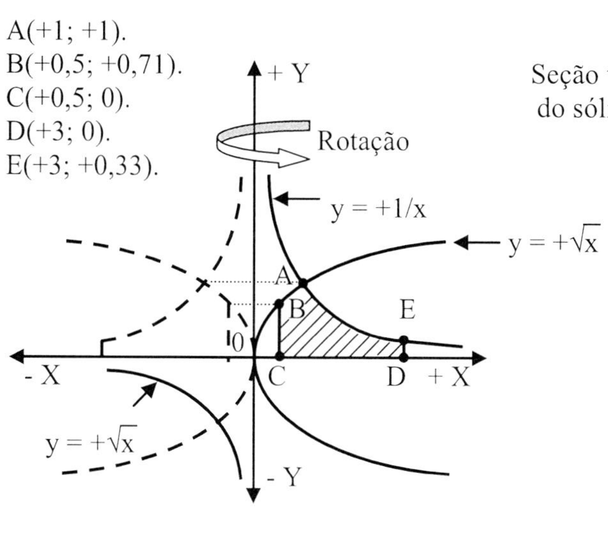

Seção transversal do sólido gerado

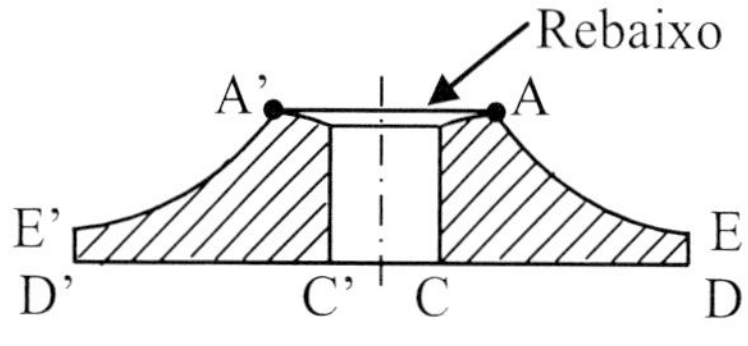

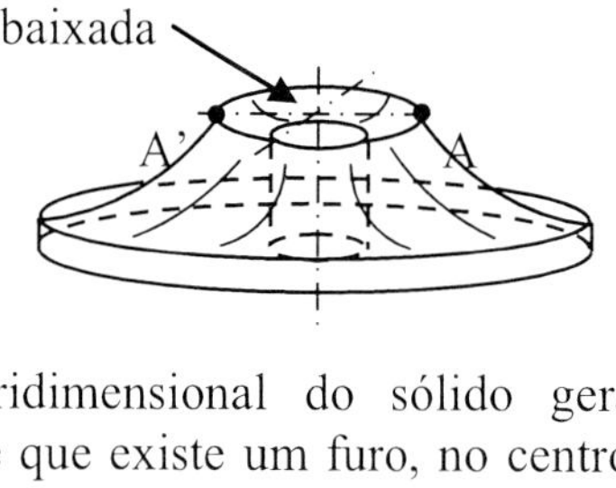

Imagem tridimensional do sólido gerado. Observa-se que existe um furo, no centro do sólido, de diâmetro uma unidade de medida.

$y = +\sqrt{x} \Rightarrow x = y^2$ e $x = 0,5 \Rightarrow y = 0,707$. $y = 1/x \Rightarrow x = 1/y$ e $x = +3 \Rightarrow y = +0,333$.

$$V = \pi\left[\int_{+0,707}^{+1} (y^2)^2\,dy + \int_{+1}^{+0,333} (1/y)^2\,dy\right] = \pi\left[\int_{+0,707}^{+1} y^4\,dy + \int_{+1}^{+0,333} 1/y^2\,dy\right] = \pi\left[\left(\frac{y^5}{5}\right)\Big|_{+0,707}^{+1} + \left(\frac{-1}{y}\right)\Big|_{+1}^{+0,333}\right] \Rightarrow$$

$$V = \pi\left[\frac{1}{5} - \left(\frac{0,707^5}{5}\right) + \left(-\frac{1}{0,333}\right) - \left(-\frac{1}{1}\right)\right] = \pi(0,2 - 0,035 - 3 + 1) = -5,765.$$ Como não existe volume negativo:

Resposta: volume igual a 5,675 unidades cúbicas de volume.

11.7.10) Função $x^2 = +4y$, ao redor do eixo X, no intervalo $y = 0$ e $y = +4$. $x^2 = +4y \Rightarrow y = x^2/4$.

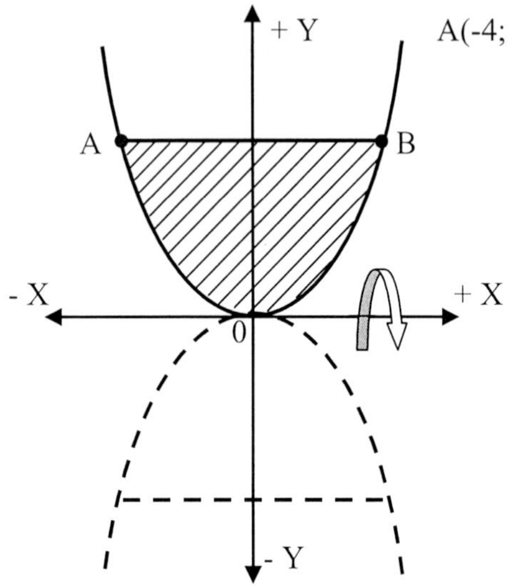

A(-4; +4), B(+4; +4)

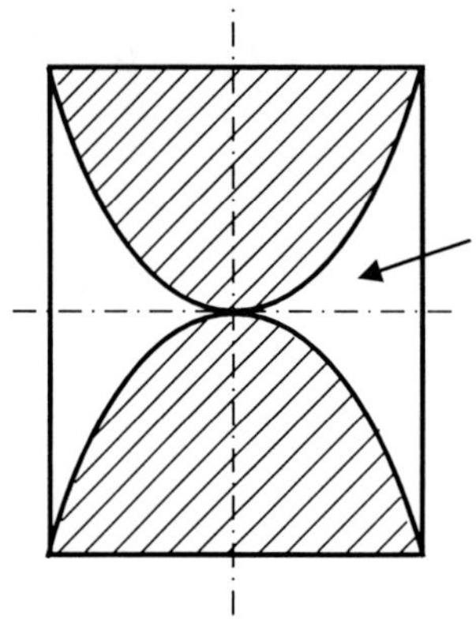

Seção transversal do sólido gerado

Imagem tridimensional do sólido gerado

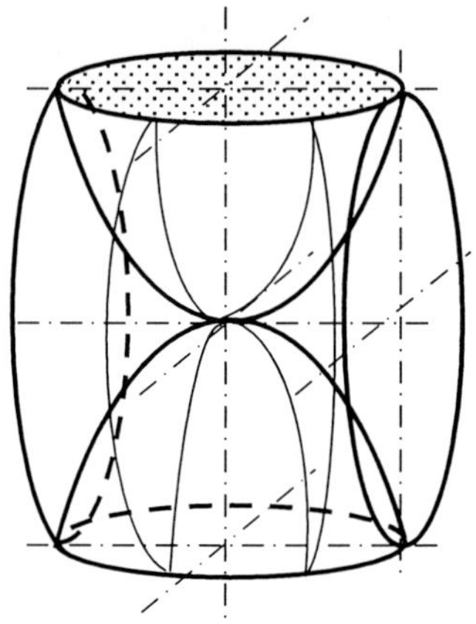

$y = x^2/4$, para $y = 0 \Rightarrow x = 0$ e para $y = +4 \Rightarrow x = \pm 4$. Intervalo de integração: [-4; +4].

$$V = \pi\int_{-4}^{+4}\left[4^2 - (x^2/4)^2\right]dx = \pi\int_{-4}^{+4}\left(16 - x^4/16\right)dx = \pi\left[16x - x^5/80\right]\Big|_{-4}^{+4} = \pi\left[\left(64 - 4^5/80\right) - \left(-64 - \left(-4^5/80\right)\right)\right] \Rightarrow$$

$V = \pi[64 - 12,8 - (-64 + 12,8)] = \pi(128 - 25,6) = 321,7$.

Resposta: volume igual a 321,7 unidades cúbicas de volume.

11.7.11) Interseção das funções $y = +2x$ e $y = +6$, ao redor do eixo X.

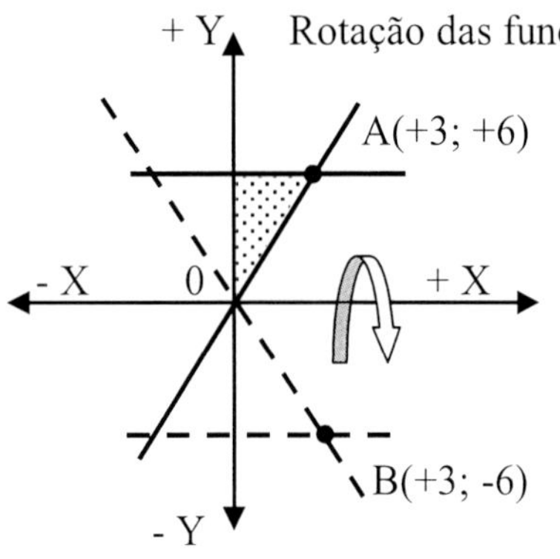

Intervalo de integração (0, +3)

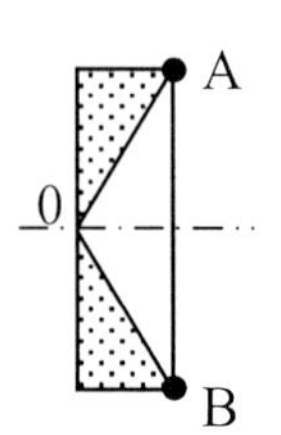

Seção transversal do sólido gerado

Imagem tridimensional do sólido gerado

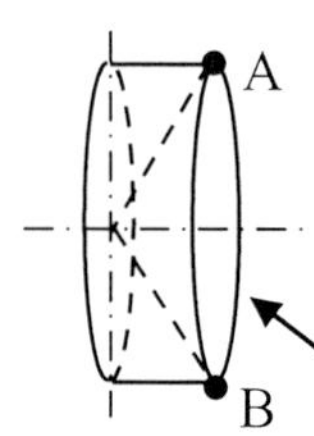

Existe uma reentrância no formato de um cone de diâmetro 12 uc

y = +2x para y = 0 => x = 0 e para y = +6 => x = +3. Intervalo de integração: [0; +3].

$$V = \pi\int_0^{+3} [(6^2 - (2x)^2)]\,dx = \pi\int_0^{+3} (36 - 4x^2)\,dx = \pi\left(36x - \frac{4x^3}{3}\right)\Bigg|_0^{+3} = \pi(108 - 36) = 72\pi = 226{,}195.$$

Resposta: volume igual a 226,195 unidades cúbicas de volume.

11.7.12) Função $y = +\sqrt{x} + 4$, ao redor do eixo X, no intervalo onde x = 0 e x = +2.

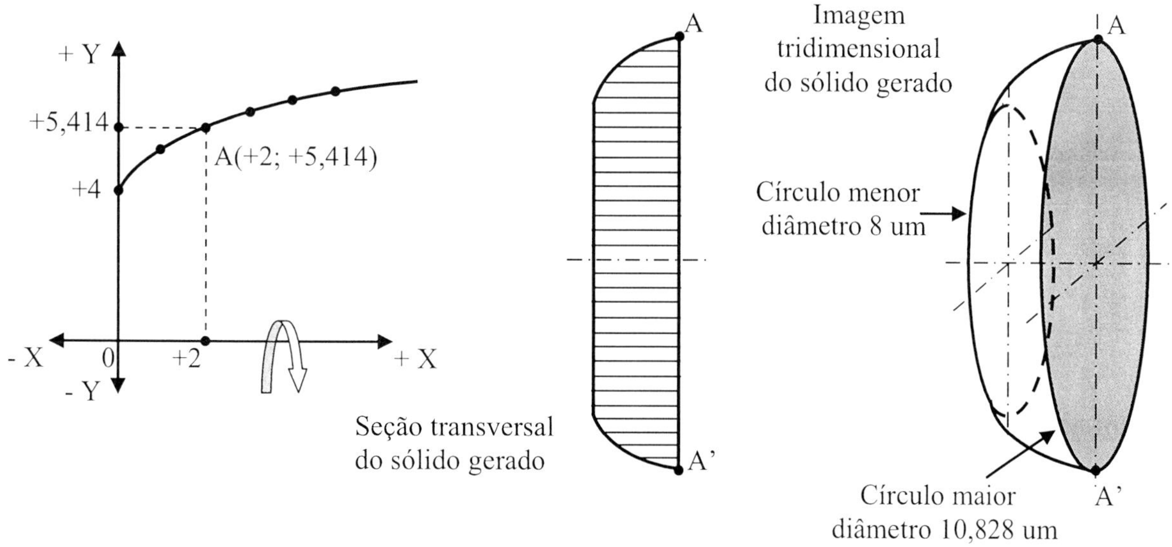

$$V = \pi\int_0^{+2} (\sqrt{x} + 4)^2\,dx = \pi\int_0^{+2} (x + 8\sqrt{x} + 16)\,dx = \pi\left(\frac{x^2}{2} + 8x^{3/2} + 16x\right)\Bigg|_0^{+2} = \pi\left[\left(2 + \frac{16 \text{ x } 2^{3/2}}{3} + 32\right) - (0)\right] =>$$

V = π(2 + 15,085 + 32) = 49,085π = 154,205.

Resposta: volume igual a 154,205 unidades cúbicas de volume.

11.7.13) Determine o volume do sólido gerado pela rotação, ao redor do eixo X, da função y = +sec x, no intervalo entre x = 0 e x = +π/3.

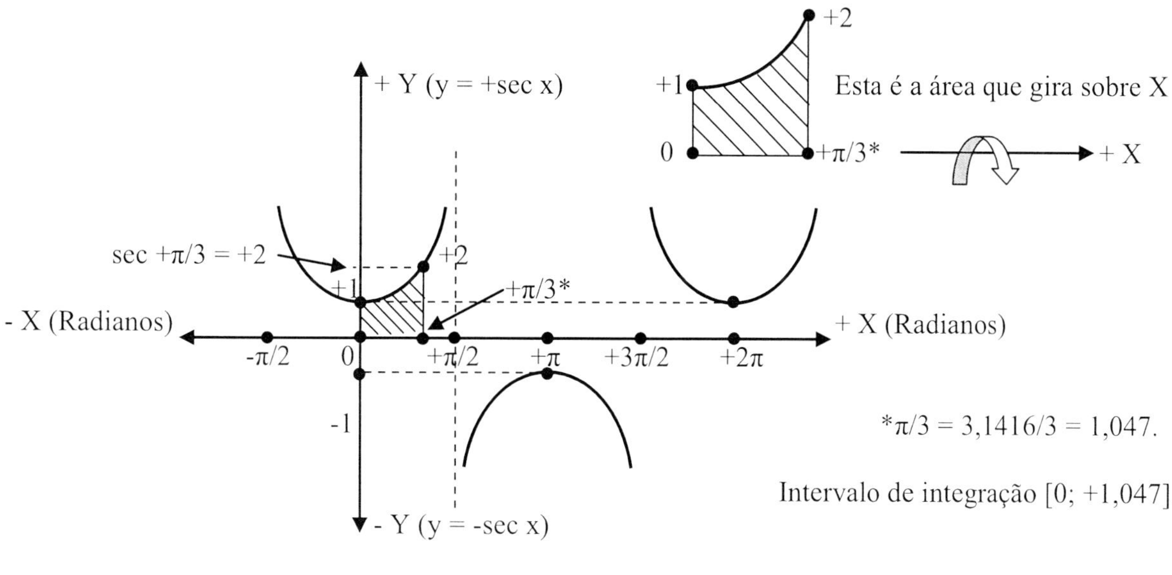

*π/3 = 3,1416/3 = 1,047.

Intervalo de integração [0; +1,047].

Seção transversal do sólido gerado

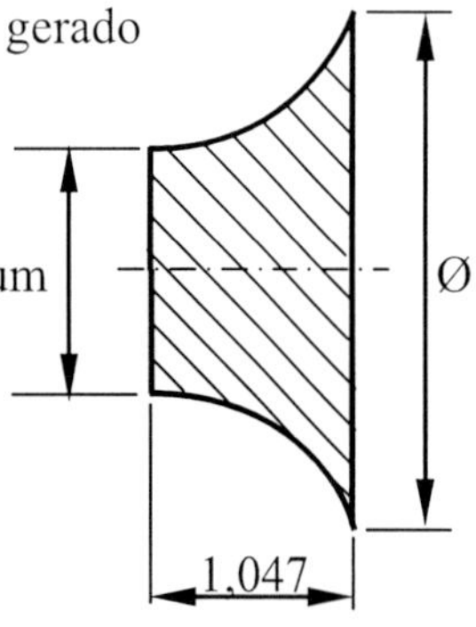

Imagem tridimensional do sólido gerado

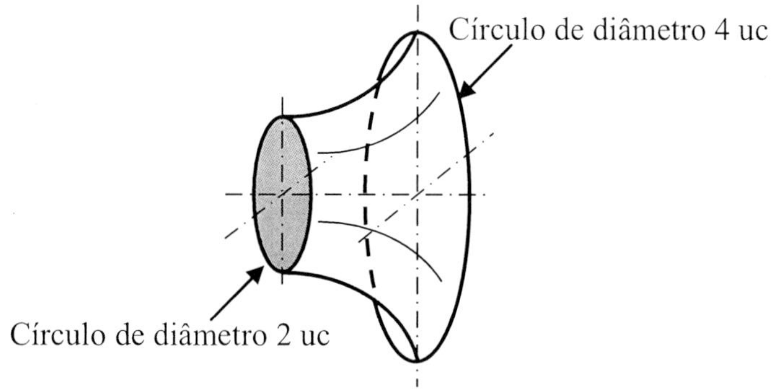

$$V = \pi \int_{0}^{+1,047} \sec^2 x \, dx = \pi \, (\text{tg } x)\Big|_{0}^{+1,047} = \pi[\text{tg}(+1,047) - \text{tg}(0)] = \pi(1,732 - 0) = 5,44.$$

Resposta: volume igual a 5,44 unidades cúbicas de volume.

11.7.14) Determine o volume do sólido gerado pela rotação, ao redor do eixo X, da função y = +cotg x, no intervalo entre x = +π/6 e x = +π/3.

(cotg +π/6 = cotg 30° = +1,732. cotg +π/3 = cotg 60° = +0,577).

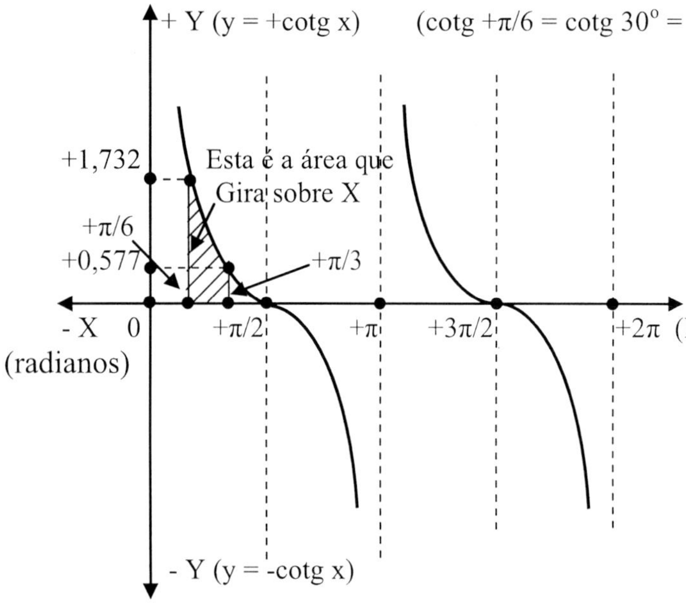

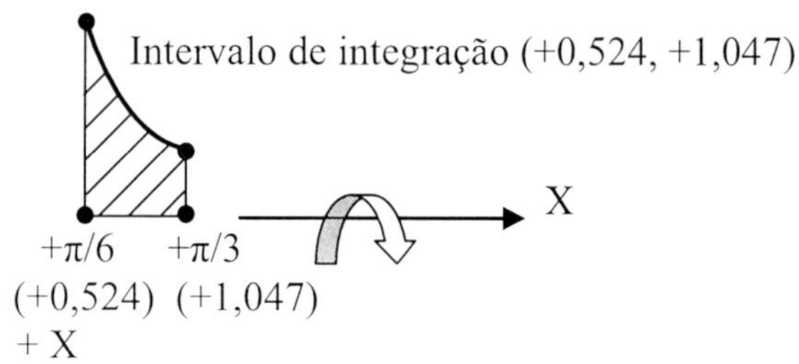

$$\begin{cases} \pi/6 = 3,14/6 = 0,524. \\ \pi/3 = 3,14/3 = 1,047. \end{cases}$$

Imagem tridimensional do sólido gerado

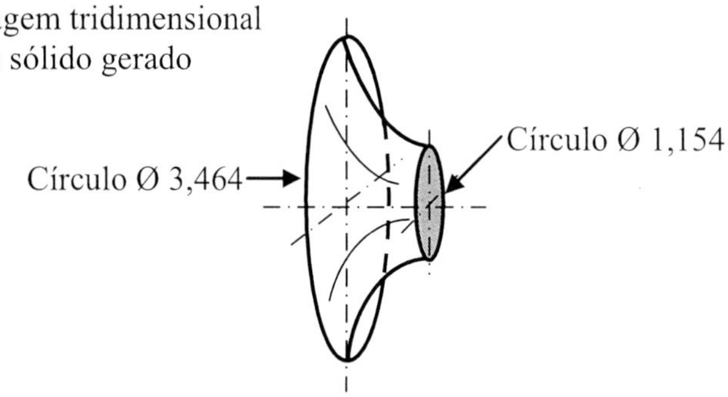

Seção transversal do sólido gerado

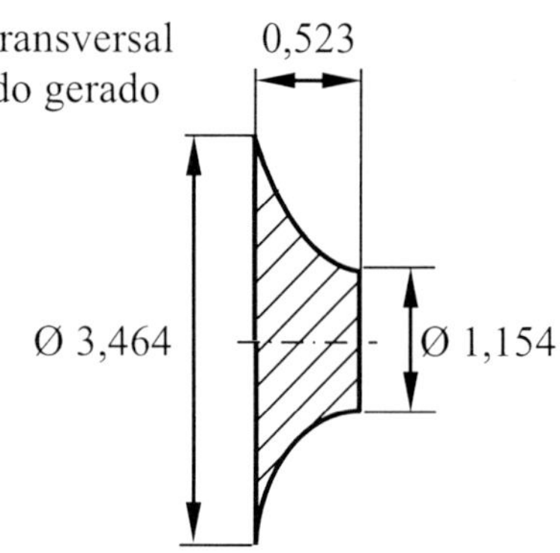

$$V = \pi \int_{+0,524}^{+1,047} \text{cotg}^2\, x\, dx = \pi(-\text{cotg}\, x - x)\Big|_{+0,524}^{+1,047} = \pi[(-\text{cotg}\, +1,047) - (+0,524) - (-\text{cotg}\, +0,524) - (+0,524)] \Rightarrow$$

$$V = \pi(-0,577 - 1,047 + 1,732 + 0,524) = 1,985.$$

Resposta: volume igual a 1,985 unidades cúbicas de volume.

11.7.15) Determine o volume do sólido gerado pela rotação, ao redor do eixo X, da região abaixo da função $y = +9 - x^2$ e acima da reta $y = +3$.

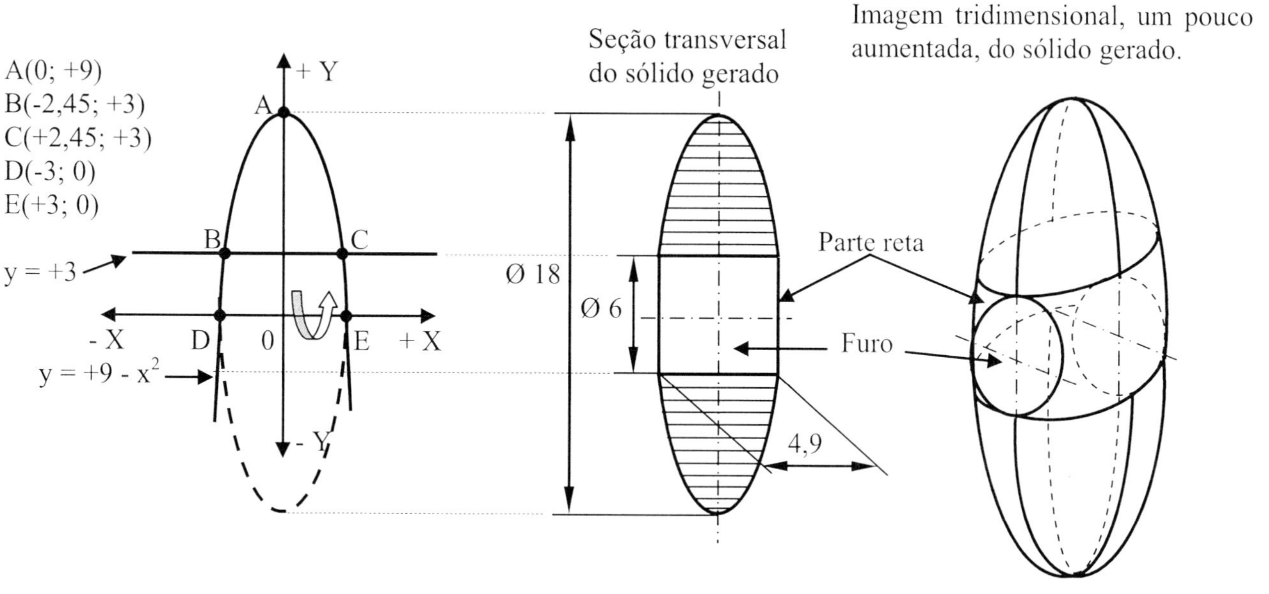

$$V = \pi \int_{-2,45}^{+2,45} [(9 - x^2)^2]\, dx = \pi \int_{-2,45}^{+2,45} (81 - 18x^2 + x^4)\, dx = \pi \left(81x - \frac{18x^3}{3} + \frac{x^5}{5}\right)\Bigg|_{-2,45}^{+2,45} = \pi(81x - 6x^3 + 0,2x^5)\Big|_{-2,45}^{+2,45} \Rightarrow$$

$$V = \pi[81(+2,45) - 6(+2,45^3) + 0,2(+2,45^5)] - \pi[81(-2,45) - 6(-2,45^3) + 0,2(-2,45^5)] \Rightarrow$$

$$V = \pi(198,45 - 88,237 + 17,655) - \pi(-198,45 + 88,237 - 17,655) = \pi(396,9 - 176,474 + 35,31) \Rightarrow$$

$$V = 255,736\pi = 803,42.$$

Resposta: volume igual a 803,42 unidades cúbicas de volume.

Capítulo 12

Aplicações da integral definida à Física: centro de massa (G), trabalho devido às forças variáveis e problemas relacionados a fluidos. Momento de inércia. Dilatação volumétrica de uma esfera

Em áreas simétricas, o centro de massa G situa-se ao longo do eixo de simetria.

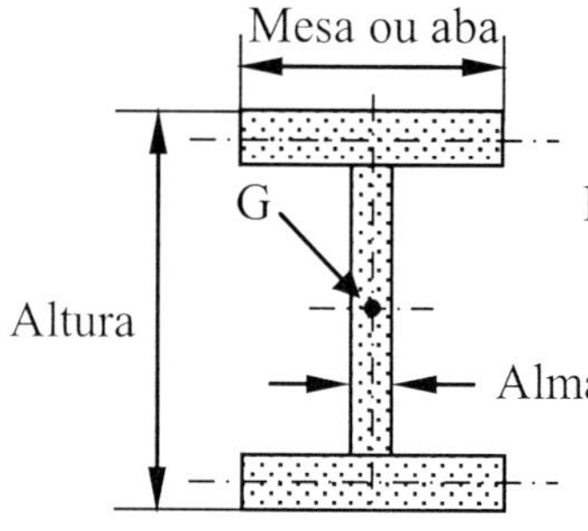

A localização exata do centro de gravidade G de um perfil metálico, é fundamental para os cálculos estruturais, por exemplo, de uma passarela.

***A integral definida**, especialmente na área das mais diversas engenharias, é muito utilizada em cálculos que envolvem conceitos da Física aplicada. Nesse capítulo serão mostradas algumas aplicações das integrais em cálculos de problemas típicos de Engenharia como, por exemplo, os relacionados à localização de centros de massa e de gravidade, bem como sobre as pressões exercidas por um fluído, como a água sobre as paredes de um recipiente, com as mais diversas geometrias. Observa-se que, além da Mecânica e Civil, as integrais definidas também se aplicam a diversos cálculos das Engenharias: Elétrica, Eletrônica e Química.*

12.1 Centro de massa, centro de gravidade e centroide: definições

É o ponto virtual onde toda a massa de um corpo está concentrada. O centro de massa de um corpo sujeito a um campo gravitacional é chamado de centro de gravidade (G) ou baricentro, nesse caso, também é o seu ponto ou centro de equilíbrio. Se um corpo tiver forma regular e densidade homogênea (ou seja, mesmo material) o centro de massa coincide com o centro geométrico, chamado nesse caso de centroide.
Uma esfera maciça de alumínio, tem o seu centro de massa coincidente com o seu centro geométrico e, nesse caso, os três coincidem: centro de massa, centro de gravidade e centroide. Na área de Engenharia, a determinação do centro de gravidade ou baricentro é fundamental, pois, o próprio significado do nome já induz, considerando o ponto de equilíbrio se desenvolvem, por exemplo, cálculos estruturais.

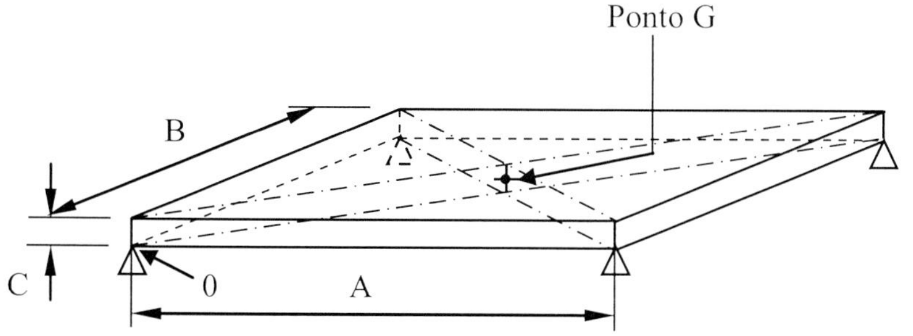

A placa à esquerda, pode ser uma laje de concreto armado apoiada em quatro pontos e dimensões: A, B e C. Nesse caso os três centros estão no mesmo ponto G, exatamente na projeção dos pontos médios das dimensões: A, B e C.

Considerando o ponto 0 como origem das dimensões, considerando: A = 10 m, B = 6 m e C = 0,2 m, o ponto G está a (5 m; 3 m; 0,1 m). Nesse caso o ponto G expressa: centro de massa, centro de gravidade e o centroide. Ou seja, para figuras geométricas regulares, fica fácil calcular o centro de massa. Mas, e quando a figura ou objeto ou peça for um trecho de uma parábola ou de um paraboloide? Como se calcula o centro de massa, nesses casos?

12.2 Centro de massa de figuras planas regulares e simples, sem uso da integral definida

Arquitetos, *Designers* e Engenheiros, especialmente os mecânicos e civis que trabalham com projetos e cálculos estruturais, constantemente têm necessidade de determinar o centro de gravidade de peças, objetos e construções. O exercício a seguir mostra um exemplo de cálculo do centro de gravidade de uma figura plana.

Exercício) Dada a figura a seguir, calcular as coordenadas cartesianas do centro de gravidade (G). As medidas estão em milímetros.

$$\begin{cases} G1 = \text{centro de massa do retângulo OABC} \\ G2 = \text{centro de massa do retângulo CDEF} \\ G = \text{centro de massa da figura original} \end{cases}$$

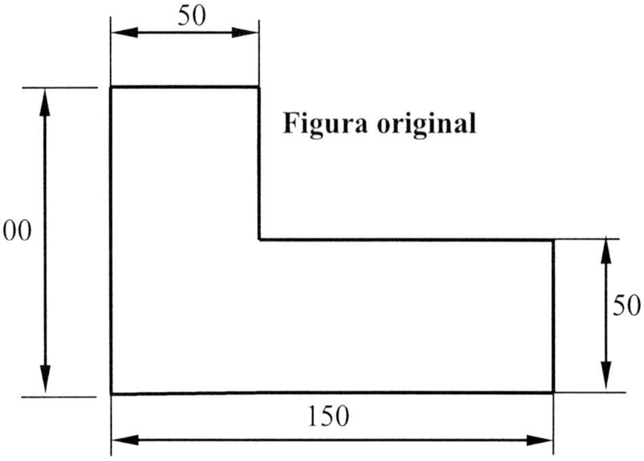

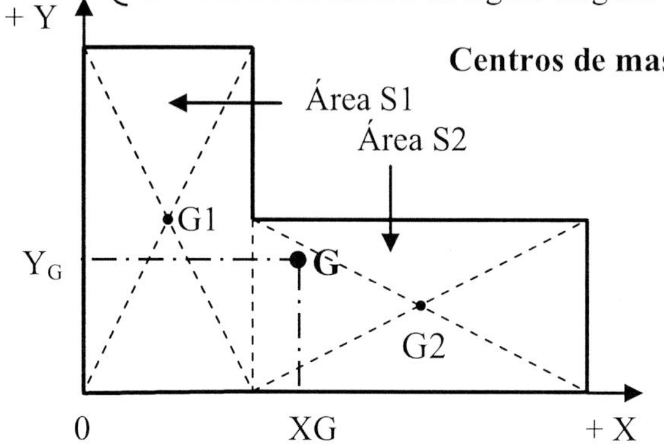

Figura preparada para os cálculos dos centros de massa

Inicialmente observa-se que a figura original pode ser dividida em dois elementos geométricos, cada um com o seu centro de massa facilmente definido. Nesse caso, são dois retângulos de mesmas dimensões (50 mm x 100 mm), só que em posições diferentes.

Uma vez definida a posição dos eixos cartesianos (X, Y), as coordenadas dos centros G1 e G2, podem ser definidas por simples adições: G1 (+25; +50) e G2 (+100; +25). O centro de massa G, da figura como um todo, estará localizado entre os centros G1 e G2.

Na análise de centros de massa, existe uma relação entre o ponto exato deste centro e a área considerada. Nesse caso, ocorrem as seguintes relações: área S1 relacionada ao G1 e área S2 relacionada ao G2. Dessa forma, as coordenadas cartesianas do centro de massa G da figura como um todo, são definidas por:

$$x_G = \frac{x_{G1} \cdot S1 + x_{G2} \cdot S2}{S1 + S2} \quad \text{e} \quad y_G = \frac{y_{G1} \cdot S1 + y_{G2} \cdot S2}{S1 + S2} \qquad \begin{cases} x_{G1} = +25 \text{ mm}; \quad S1 = 5.000 \text{ mm}^2 \\ x_{G2} = +100 \text{ mm}; \; S2 = 5.000 \text{ mm}^2 \\ y_{G1} = +50 \text{ mm} \\ y_{G2} = +25 \text{ mm} \end{cases}$$

$$x_G = \frac{x_{G1} \cdot S1 + x_{G2} \cdot S2}{S1 + S2} = \frac{25 \text{ mm x } 5.000 \text{ mm}^2 + 100 \text{ mm x } 5.000 \text{ mm}^2}{5.000 \text{ mm}^2 + 5.000 \text{ mm}^2} = \frac{625.000 \text{ mm x mm}^2}{10.000 \text{ mm}^2}$$

$x_G = 62{,}5$ mm

$$y_G = \frac{y_{G1} \cdot S1 + y_{G2} \cdot S2}{S1 + S2} = \frac{50 \text{ mm x } 5.000 \text{ mm}^2 + 25 \text{ mm x } 5.000 \text{ mm}^2}{5.000 \text{ mm}^2 + 5.000 \text{ mm}^2} = \frac{375.000 \text{ mm x mm}^2}{10.000 \text{ mm}^2}$$

$y_G = 37{,}5$ mm

As coordenadas cartesianas do centro de gravidade são: $x_G = +62{,}5$ mm e $y_G = +37{,}5$ mm.

Observações sobre centroide de um sólido:

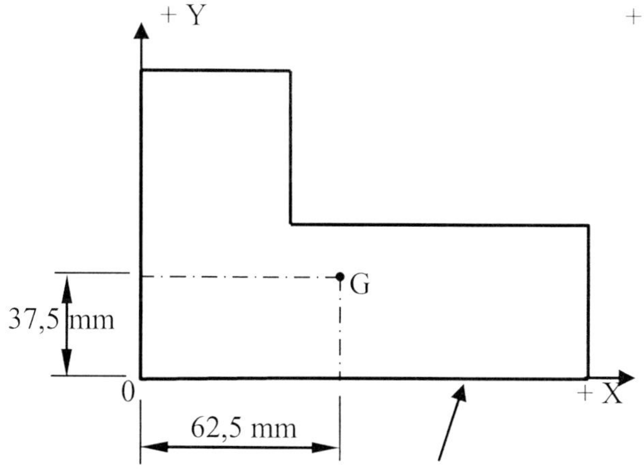

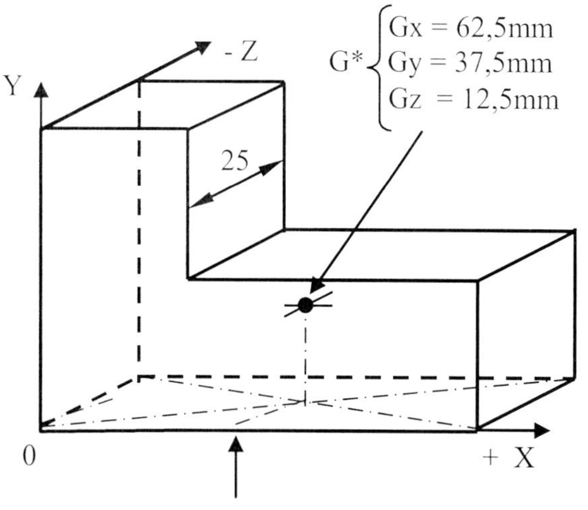

Na prática, a figura no plano X, Y, advém de um sólido tridimensional (R^3), ou seja, X, Y, Z.
Em verdade o centroide do sólido (G*) estará no seu interior e, nesse caso, localizado no plano que divide a dimensão Z ao meio. Caso a "espessura" ou profundidade desse sólido seja 25 mm, então o seu centroide terá as seguintes coordenadas: G (+62,5 mm; +37,5 mm; +12,5 mm*). *A dimensão Z do centróide se localizará na metade da espessura, ou seja: 25 mm/2 = 12,5 mm.

12.2.1 Otimização do cálculo do centroide de figuras planas formadas por diversas áreas

Imaginando-se uma figura (como a seguir desenhada) composta de "i" áreas, cada uma com sua área S_i e centroide C (x_i; y_i), o centroide resultante G (x_G; y_G), tem suas coordenadas cartesianas, abscissa x_G e ordenada y_G, calculadas por:

$$x_G = \frac{\Sigma\, x_i.S_i}{\Sigma\, S_i} \qquad \text{e} \qquad y_G = \frac{\Sigma\, y_i.S_i}{\Sigma\, S_i}$$

Exercício) cálculo do centroide da área plana a seguir, considerando medidas em mm. As partes em branco são furadas ou vazadas, ou seja, sem material.

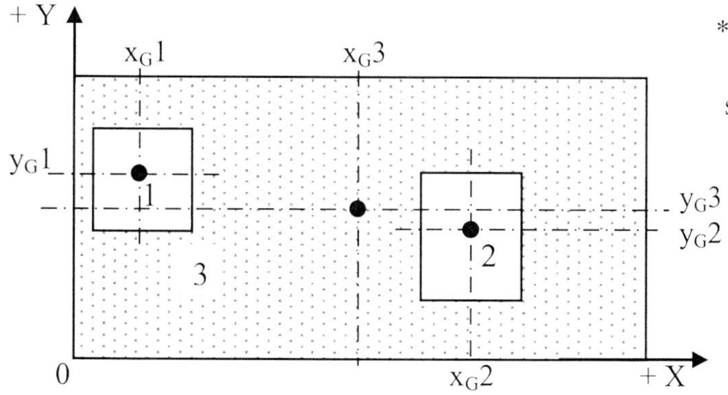

*Para efeito de cálculo, as áreas 1 e 2 ficam com sinais negativos, pois serão subtraídas, já que são furadas.

Esse método se aplica a quaisquer tipos de regiões, desde as mais simples, compostas por polígonos regulares, até às mais complexas, por exemplo com parábolas.

Número da figura	Descrição da figura	Área* S_i	Coordenada x_i centro da figura	$x_i.S_i$	Coordenada y_i centro da figura	$y_i.S_i$
1	30 x 60	-1.800	+20	-36.000	+70	-126.00
2	30 x 70	-2.100	+150	-315.000	+40	-84.000
3	100 x 200	+20.000	+100	+2.000.000	+50	+1.000.000
/	/	ΣS_i = +16.100	/	$\Sigma x_i.S_i$ = +1.649.000	/	$\Sigma y_i.S_i$ = +790.000

Aplicando as fórmulas tem-se:

$$x_G = \frac{\Sigma x_i.S_i}{\Sigma S_i} = \frac{+1.649.000}{+16.100} = +102,42 \text{ mm.} \qquad y_G = \frac{\Sigma y_i.S_i}{\Sigma S_i} = \frac{+790.000}{+16.100} = +49,06 \text{ mm.}$$

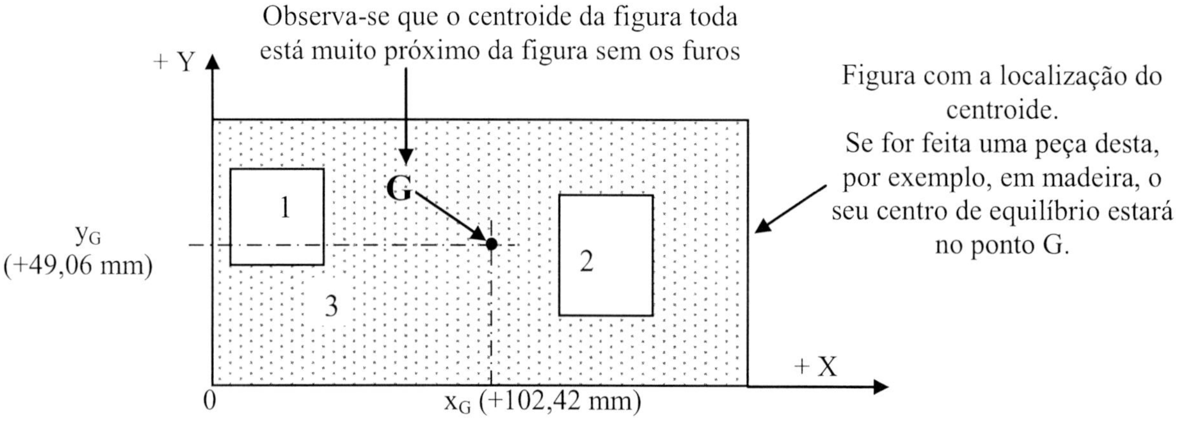

12.3 A integral definida e o centro de massa de figuras planas e massa específica constante

Matematicamente as coordenadas cartesianas x e y do centro de gravidade de uma placa plana ou lâmina, são representadas pela letra da coordenada com um travessão acima, ou seja: $\overline{x}$ e $\overline{y}$. Nesse livro são utilizados os seguintes símbolos, tal e qual os engenheiros preferem: x_G e y_G.

Massa específica é uma característica de cada material, sendo expressa em kg/m3, ou seja, massa por unidade de volume. É representada pela letra grega minúscula ρ (rô). Alguns exemplos são: ρ da água = 1.000 kgf/m^3, ρ do aço = 7.860 kgf/m^3 e ρ do concreto armado = 2.500 kgf/m^3.

Conceitualmente o centro de massa, de uma figura plana ou lâmina, é entendido como o somatório de todos os momentos (força vezes distância) de diversas forças (internas ao material) em relação ao centro de gravidade. Esse somatório, conceitualmente dá origem à uma integral definida (uma soma de Riemann), como será visto adiante.

A premissa básica é imaginar que a placa é constituída por infinitas partículas, cada uma com sua massa específica. Essa massa submetida à força da gravidade torna-se uma força (peso). São infinitas partículas, cada uma com seu peso ou força, de modo que o produto de cada força dessa, pela distância da partícula até o centro de gravidade, gera um momento. Em resumo infinitas partículas geram infinitos momentos em relação ao centro de gravidade, tanto em relação às abscissas (x), quanto em relação às ordenadas (y). Esses momentos e as coordenadas do centro de massa podem ser representados como:

$$M_y = \Sigma M.\ x_G \Rightarrow \mathbf{x_G} = \frac{\mathbf{M_y}}{\mathbf{\Sigma M}}. \qquad M_x = \Sigma M.\ y_G \Rightarrow \mathbf{y_G} = \frac{\mathbf{M_x}}{\mathbf{\Sigma M}}.$$

Segundo Leithold (1994, p.403), considerando uma região plana R, limitada pela curva y = f(x), pelo eixo X e pelas retas x = a e x = b. Considerando a função f(x) contínua no intervalo [a, b] e f(x) ≥ 0 em todo o intervalo. Considerando M_x o momento da região R em relação ao eixo X, e M_y o momento da região R em relação ao eixo Y, tem-se:

$$\mathbf{M_x = \frac{1}{2} \int_a^b [f(x)^2]\, dx.} \qquad \mathbf{M_y = \int_a^b x\, f(x)\, dx.}$$

Ainda segundo Leithold (1994, p.404), considerando x_G e y_G como as coordenadas do centroide, da região R de área A unidades quadradas, e considerando M_x e M_y como acima, tem-se as coordenadas:

$$\mathbf{x_G = \frac{M_y}{A}}. \qquad \mathbf{y_G = \frac{M_x}{A}}.$$

Exercício) Determinar o centroide da região, para abscissas e ordenadas positivas, limitada pela parábola $y^2 = +4x$, pelo eixo X e pelas retas: $x = +1$ e $x = +4$.

Inicialmente calcula-se a área A da região: $A = \int_{+1}^{+4} f(x)\, dx$.

$y^2 = +4x \Rightarrow y = +2x^{1/2}$, portanto: $A = 2\int_{+1}^{+4} x^{1/2}\, dx = 2\left[\frac{x^{3/2}}{3/2}\right]_{+1}^{+4} = (4/3)\left[x^{3/2}\right]_{+1}^{+4} = (4/3)\left[\sqrt{x^3}\right]_{+1}^{+4} = 9{,}333$ ua.

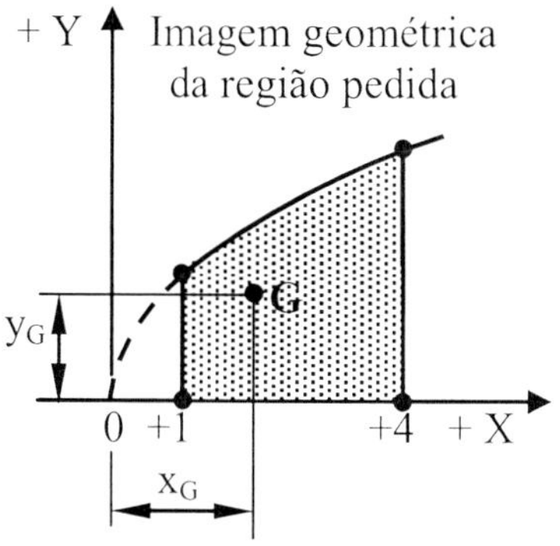

Calculada a área, calculam-se os momentos M_y e M_x e, depois, x_G e y_G.

$$M_y = \int_{+1}^{+4} x\, f(x)\, dx \quad \text{e} \quad M_x = \frac{1}{2}\int_{+1}^{+4} [f(x)^2]\, dx.$$

$$M_y = \int_{+1}^{+4} x\, f(x)\, dx = \int_{+1}^{+4} (x)\, 2x^{1/2}\, dx = 2\int_{+1}^{+4} (x)\ x^{3/2}\ dx = 2\left(\frac{x^{5/2}}{5/2}\right)\Bigg|_{+1}^{+4} = \frac{4}{5}(x^{5/2})\Bigg|_{+1}^{+4} = 0{,}8(\sqrt{4^5} - \sqrt{1^5}) \Rightarrow$$

$M_y = 0{,}8(32 - 1) = 24{,}8$ uM. (uM = unidades de Momento).

$x_G = \frac{M_y}{A} = \frac{24{,}8}{9{,}333} \Rightarrow$ **$x_G = +2{,}657$**.

$$M_x = 0{,}5\int_{+1}^{+4} [f(x)^2]\, dx = 0{,}5\int_{+1}^{+4} [2x^{1/2}]^2\, dx = 0{,}5\int_{+1}^{+4} 4x\, dx = 2\int_{+1}^{+4} x\ \ dx = (2)\left[\frac{x^2}{2}\right]_{+1}^{+4} \Rightarrow$$

$M_x = [(4^2) - (1^2)] = 15$ uM. $\quad y_G = \frac{M_x}{A} = \frac{15}{9{,}333} \Rightarrow$ **$y_G = +1{,}607$**.

O centro de massa G da região pedida tem coordenadas (+2,657; +1,607).

Exercício) Determinar o centroide da região semicircular mostrada, delimitada pelo eixo X e pela função: $y = +\sqrt{r^2 - x^2}$.

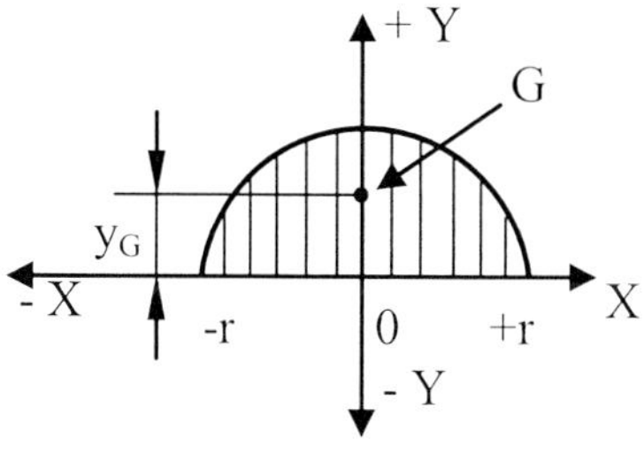

Por ser uma região simétrica, metade de um semi círculo, sabe-se que o centroide está no eixo de simetria Y e, nesse caso $x_G = 0$. Portanto só é necessário calcular a coordenada y_G, a partir do M_x.

$$M_x = 0{,}5\int_{-r}^{+r} [f(x)^2]\, dx = 0{,}5\int_{-r}^{+r} (r^2 - x^2)\, dx = (0{,}5)(2)\int_{0}^{+r} (r^2 - x^2)\, dx \Rightarrow$$

$$M_x = \int_{0}^{+r} (r^2 - x^2)\, dx = \left[(r^2x) - \frac{x^3}{3}\right]_{0}^{+r} = \left[(r^2r) - \left(\frac{r^3}{3}\right)\right] = \frac{2}{3} r^3 = 0{,}667\ r^3.$$

$y_G = \frac{M_x}{A}$. Como: $A = 0{,}5\,\pi\, r^2$. $\quad y_G = \frac{0{,}667\ r^3}{0{,}5\pi r^2} \Rightarrow y_G = 0{,}425r$.

Conclusão: as coordenadas do centro de massa são: (0; 0,425r).

Exercício) Para fazer o cálculo estrutural, um engenheiro tem que calcular o centroide da estrutura a seguir em concreto armado, projetada por uma arquiteta. A estrutura é composta por uma esfera, de diâmetro 4 metros, apoiada no topo de um cone circular. Execute o cálculo.

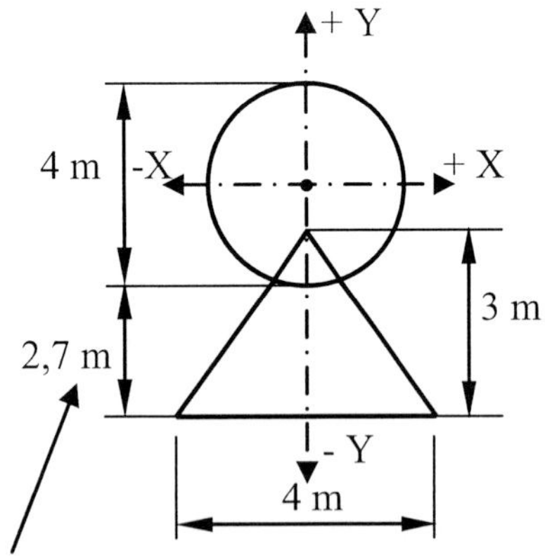

Observa-se que, por questões de construção e apoio, o vértice do cone penetra 0,3 m para dentro da esfera, pois o conjunto será uma coisa só e, portanto, tem que haver um engaste entre a esfera e o cone. É impossível ter-se, nessas dimensões e pesos, uma esfera apenas apoiada num ponto, sobre o vértice do cone.

Como são sólidos de revolução, portanto simétricos e, como os dois sólidos têm o mesmo eixo de simetria (eixo Y), o centroide estará ao longo desse eixo, ou seja x_G e z_G são iguais a zero. Essa interseção esfera/cone, gera um detalhe geométrico, a seguir detalhado. Só há necessidade de calcular y_G.

Essa medida refere-se ao pólo sul da esfera. Em termos de imagem geométrica, se tem um tronco de cone.

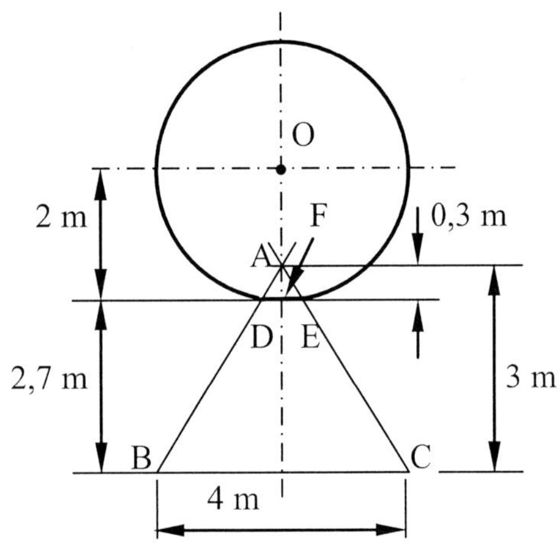

Como os triângulos ABC e ADE são semelhantes, se tem que:

$\dfrac{BC}{3\text{ m}} = \dfrac{DE}{0{,}3\text{ m}}$ => DE = 0,4 m => DF = FE = 0,2 m.

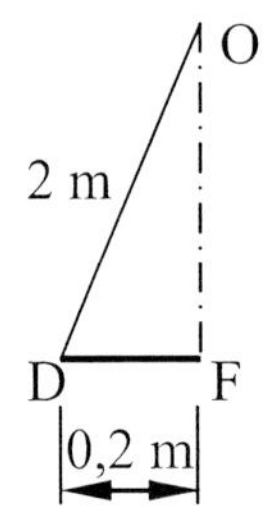

$OD^2 = OF^2 + DF^2$ => OF = 1,99 m.

Isso significa que:

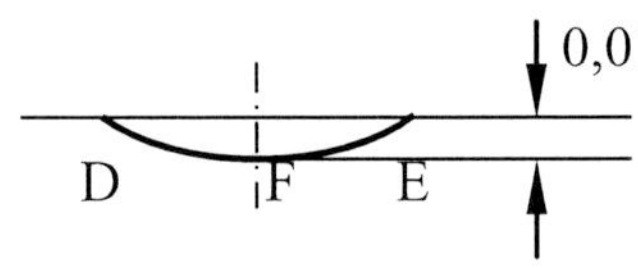

Essa pequena diferença de 1 cm, gerando um arco de corda DE = 0,4 m, permite que se faça a seguinte consideração: cálculo do centroide composto de uma esfera e um tronco de cone.

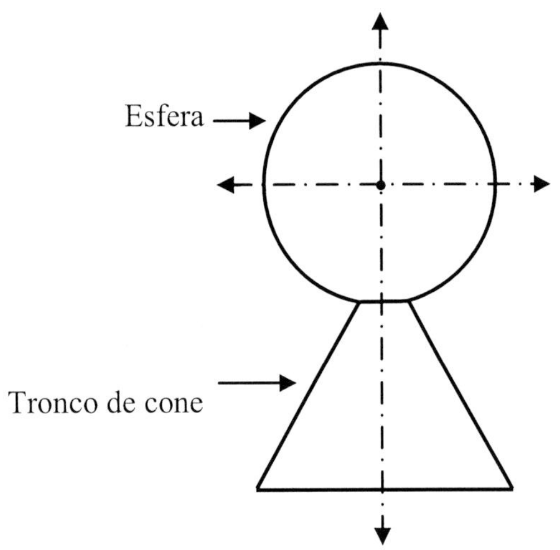

Como são sólidos de revolução e circulares, onde $x_G = z_G = 0$, só será calculado o y_G, da seguinte forma:

$y_G = \dfrac{\int y\, dv}{dv}$. (v é volume, em m^3). $\qquad y_G = \dfrac{\Sigma y_i . v_i}{\Sigma v_i}$

Elemento	V(m^3)	y(m)	yv(m^4)
Esfera (+)	+33,5103	+4,7	+157,4984
Cone menor (-)	-0,0126	+2,775	-0,0350
Cone maior (+)	+12,5664	+0,75	+9,4248
Σ	46,0893	/	166,8882

Tabela resumo de valores calculados, por mecânica aplicada.

Volume da esfera = $(4/3)\pi R^3 = (4/3)\pi(2)^3 = 33{,}5103\ m^3$.

Volume do cone menor = $(\pi R^2 h/3) = [\pi(0{,}2^2)(0{,}3)]/3 = 0{,}0126\ m^3$.

Volume do cone maior = $(\pi R^2 H/3) = [\pi(2{,}0^2)(0{,}3)]/3 = 12{,}5664$ m^3.

Considerando o eixo X localizado na base do conjunto:

Centroide do cone menor: $y = 2{,}7 + (0{,}3/4) = 2{,}775$ m.

Centroide do cone maior: $y = 3/4 = 0{,}75$ m.

Centroide do conjunto: $y_G = \dfrac{\Sigma\, y_i.v_i}{\Sigma v_i} = \dfrac{166{,}8882}{46{,}0893} = 3{,}6210$ m. ⟵ Cálculo pela mecânica aplicada*.

Determinação do centroide, utilizando o cálculo integral:

$$y_G = \frac{\int y\, dv}{\int dv}.$$

O centroide da esfera se localiza no centro da esfera. Considerando que o eixo X está localizado na base do conjunto, ou seja, coincidente com a base BC do triângulo ABC:

$y_{G\ esfera} = 4{,}7$ m. Volume da esfera $= (4/3)\pi R^3 = (4/3)\pi 2^3 = 10{,}6667$ m^3.

Centroide do tronco de cone : $\dfrac{r}{R} = \dfrac{h - y}{h} \Rightarrow r = R\left(\dfrac{3 - y}{3}\right) \Rightarrow r^2 = R^2\left(\dfrac{3 - y}{3}\right)^2 = 4\left(\dfrac{9 - 6y + y^2}{9}\right) = \dfrac{4}{9}(9 - 6y + y^2)$.

$$y_{G\ tronco} = \frac{\int_0^{2,7} y\pi r^2\, dy}{V} = \frac{(4\pi/9)\int_0^{2,7} (9y - 6y^2 + y^3)\, dy}{V}.$$

$V_{tronco} = (1/3)(\pi H)(R^2 + r^2 + Rr) = (1/3)(\pi)(2{,}7)(2^2 + 0{,}2^2 + 2 \times 0{,}2) = 0{,}9\pi(4 + 0{,}04 + 0{,}4) = 3{,}996\pi$.

$$y_{G\ tronco} = \frac{(4\pi/9)\int_0^{2,7} (9y - 6y^2 + y^3)\, dy}{3{,}996\,\pi} = \frac{1}{8{,}991}(4{,}5y2 - 2y^3 + 0{,}25y^4)\Big|_0^{2,7} \Rightarrow y_{G\ tronco} = 0{,}748 \text{ m}.$$

$y_G = \dfrac{\Sigma\, y_i.v_i}{\Sigma\, v_i} = \dfrac{(4{,}7)(10{,}6667) + (3{,}996)(0{,}748)}{10{,}6667 + 3{,}996} \Rightarrow y_G = 3{,}6230$ m. ⟵ Utilizando o cálculo integral*.

* Existe uma diferença de 0,002 m ou 2 mm, para mais, pelo cálculo integral.

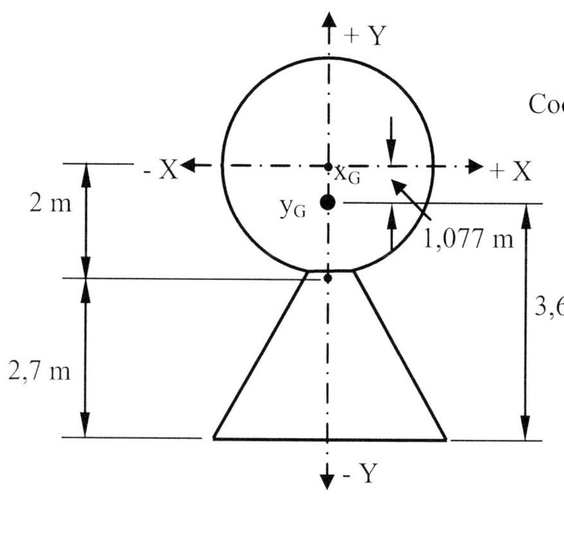

Coordenadas do centroide G, considerando (x; y; z):

G(0; -1,077; 0)

A coordenada z coincide com o centro da esfera.

Exercício) Determinar o centroide G da região delimitada pelas funções: $y = +x^2$ e $y = +2x + 3$.

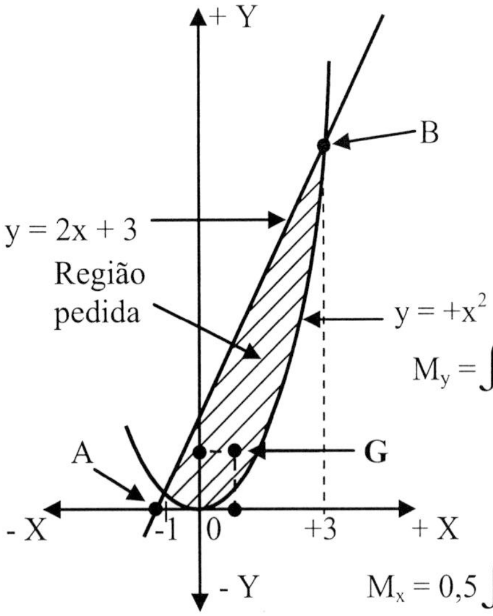

As funções se interceptam nos pontos: A(-1; +1) e B(+3; +9).

A área da região é dada pela diferença: $(+2x + 3) - x^2$, ou seja:

$$A = \int_{-1}^{+3} (2x + 3 - x^2)\,dx = [x^2 + 3x - 0{,}333x^3]_{-1}^{+3} = 10{,}667.$$

$$M_y = \int_{-1}^{+3} x(2x + 3 - x^2)\,dx = \int_{-1}^{+3} (2x^2 + 3x - x^3)\,dx = [0{,}667x^3 + 1{,}5x^2 - 0{,}25x^4]_{-1}^{+3} \Rightarrow$$

$M_y = 10{,}667$ (Igual à area, por mera coincidência).

$$M_x = 0{,}5\int_{-1}^{+3} (2x + 3 - x^2)(2x + 3 - x^2)\,dx = 0{,}5\int_{-1}^{+3} (+x^4 - 4x^3 - 2x^2 + 12x + 9)\,dx \Rightarrow$$

$$M_x = 0{,}5\left(\frac{x^5}{5} - x^4 - \frac{2x^3}{3} + 6x^2 + 9x\right)_{-1}^{+3} = 0{,}5(+34{,}133) \Rightarrow M_x = +17{,}067.$$

$x_G = \dfrac{M_y}{A} \Rightarrow \dfrac{10{,}667}{10{,}667} \Rightarrow x_G = +1.$ $\quad y_G = \dfrac{M_x}{A} \Rightarrow \dfrac{17{,}067}{10{,}667} \Rightarrow y_G = +1{,}6.$ $\Longrightarrow$ **G (+1; +1,6)**.

Exercício) Determinar a área S e as coordenadas cartesianas do centroide $G(x_G; y_G)$ da área sob a curva da função $y = 1 + x^3/6$, no intervalo fechado $x = +1$ e $x = +2$.

x	y
-3	-3,500
-2	-0,333
-1	+0,833
0	+1,000
+1	+1,167
+2	+2,333
+3	+5,500

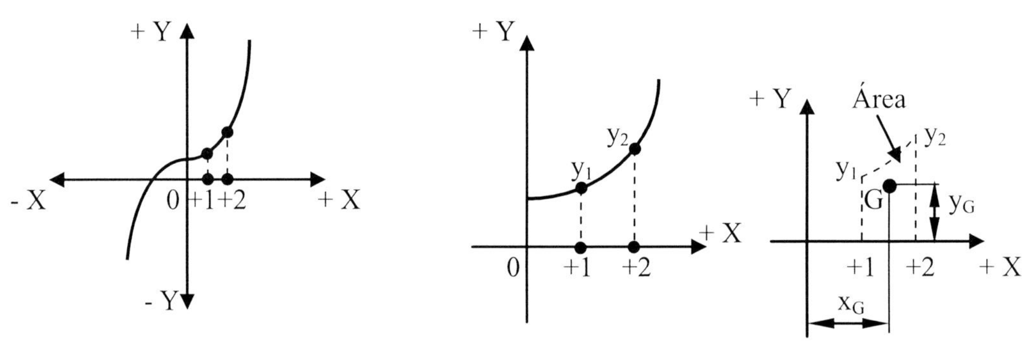

Conforme parágrafo 8.3 a área S da figura delimitada por: +1, +2, y_1 e y_2 é dada por:

$$S = \int_{+1}^{+2} (1 + x^3/6)\,dx = \int_{+1}^{+2} dx + \int_{+1}^{+2} (x^3/6)\,dx = [x]_{+1}^{+2} + \left[\frac{x^{3+1}}{(4)(6)}\right]_{+1}^{+2} = \left[2 + \frac{16}{24}\right] - \left[1 + \frac{1}{24}\right] = 1{,}63 \text{ ua.}$$

Segundo parágrafo 11.3: $x_G = \dfrac{M_y}{S}$; $y_G = \dfrac{M_x}{S}$; $M_x = \dfrac{1}{2}\displaystyle\int_a^b [f(x)^2]\,dx$ e $M_y = \displaystyle\int_a^b x\,f(x)\,dx$. Portanto:

$$M_x = \frac{1}{2}\int_{+1}^{+2} \left[\left(1 + \frac{x^3}{6}\right)^2\right] dx = 0{,}5\left[\int_{+1}^{+2} dx + 0{,}334\int_{+1}^{+2} x^3\,dx + 0{,}028\int_{+1}^{+2} x^6\,dx\right] = 0{,}5\left\{[x]_{+1}^{+2} + 0{,}334\left[\frac{x^4}{4}\right]_{+1}^{+2} + 0{,}028\left[\frac{x^7}{7}\right]_{+1}^{+2}\right\} =$$

$= 0{,}5[1 + 1{,}253 + 0{,}508] = 1{,}381$; ou seja: $M_x = 1{,}381$ uM. $y_G = \dfrac{M_x}{S} = \dfrac{1{,}381}{1{,}63} \Rightarrow y_G = 0{,}847$ um.

$$M_y = \int_{+1}^{+2} x\left(1 + \frac{x^3}{6}\right) dx = \int_{+1}^{+2} x\,dx + 0{,}167\int_{+1}^{+2} x^4\,dx = \left[\frac{x^2}{2} + 0{,}167\,\frac{x^5}{5}\right]_{+1}^{+2} = [0{,}5x^2]_{+1}^{+2} + [0{,}033x^5]_{+1}^{+2} = 1{,}5 + 1{,}023 = 2{,}523:$$

$$x_G = \frac{M_y}{S} = \frac{2{,}523}{1{,}63} \Rightarrow x_G = 1{,}548 \text{ um.}$$

Finalmente: Área S = 1,63 ua e centroide G(+1,548; +0,847).

Exercício) Um Designer quer fazer o projeto de uma folha metálica, a partir de uma chapa em alumínio de espessura 15 mm. Em verdade será uma árvore com várias folhas, todas de mesma dimensão e peso. As folhas serão cortadas, uma a uma, em máquinas pantográficas programáveis a Laser. Cada folha terá a geometria da interseção das funções $y^2 = x$ e $y = x^2$ (no ponto A) considerando o intervalo entre a origem dos eixos cartesianos (0; 0) e o ponto (+1 m; +1 m), ou seja, com a unidade de medida igual ao metro. Em cada folha, será feito um pequeno furo de diâmetro 6 mm, exatamente na posição do centroide, para se pendurar um arame com um pequeno peso.
Com esses dados, determinar o peso de cada folha e a localização do centroide $G(x_G; y_G)$, considerando que o alumínio tem um peso específico igual a 270 kgf/m^3.

0A* = 1,414 m, que é o comprimento da folha.

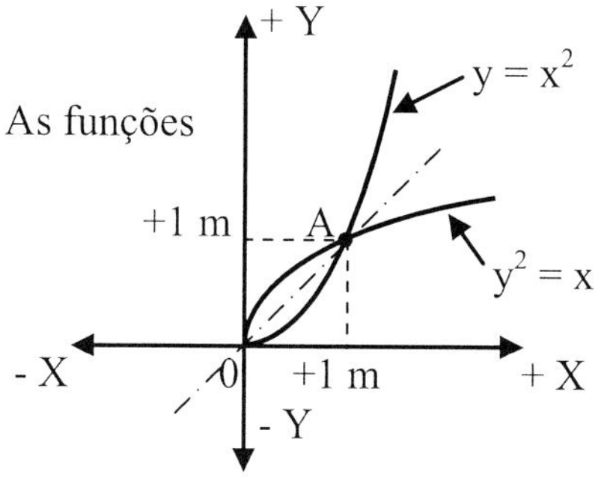

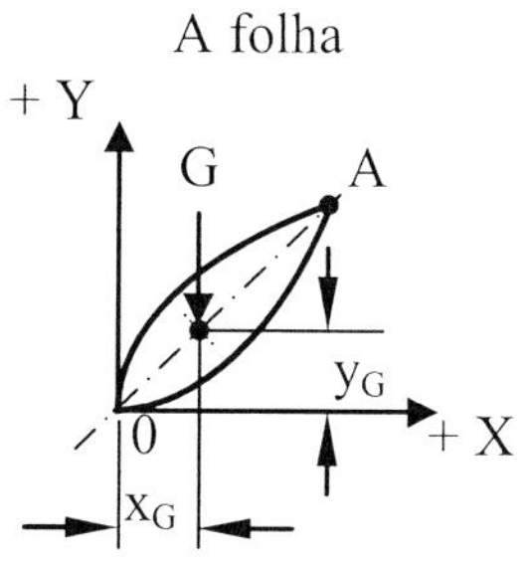

Raciocínio lógico:

O peso de cada folha é obtido pelo produto da sua área S, pela espessura e pelo peso específico do alumínio.
O cálculo da área e das coordenadas do centroide, são feitos como a seguir.

$y_1^2 = x$ e $y_2 = x^2$. $dS = y\,dx = (y_1 - y_2)dx \Rightarrow dS = (\sqrt{x} - x^2)dx \Rightarrow S = \int_{0\,m}^{+1\,m} (\sqrt{x} - x^2)dx = \int_{0\,m}^{+1\,m} x^{1/2}\,dx - \int_{0\,m}^{+1\,m} x^2\,dx \Rightarrow$

$$S = \left[\frac{2x^{3/2}}{3} - \frac{x^3}{3}\right]_{0\,m}^{+1\,m} = 0{,}33 \text{ m}^2. \qquad x_G dS = x(x^{1/2} - x^2)dx \Rightarrow x_G dS = (x^{3/2} - x^3)\,dx \Rightarrow x_G = \frac{(x^{3/2} - x^3)\,dx}{dS} \Rightarrow$$

$$\int dS = S = 0{,}33 \text{ m}^2.$$

$$x_G = \frac{\int_{0\,m}^{+1\,m} x_G\,dS}{\int_{0\,m}^{+1\,m} dS} = \frac{\int_{0\,m}^{+1\,m} (x^{3/2} - x^3)\,dx}{0{,}33 \text{ m}^2} = \frac{\left[\left(\frac{x^{5/2}}{5/2} - \frac{x^4}{4}\right)\right]_{0\,m}^{+1\,m}}{0{,}33 \text{ m}^2} \Rightarrow x_G = 0{,}45 \text{ m.}$$

$$y_G = \frac{(y_1 - y_2)}{2} + y_2 = 0{,}5(y_1 + y_2). \quad y_G\,dS = 0{,}5(\sqrt{x} + x^2)(\sqrt{x} - x^2) = 0{,}5(x - x^4)dx \Rightarrow$$

$$y_G = \frac{\int_{0\,m}^{+1\,m} y_G\,dS}{\int_{0\,m}^{+1\,m} dS} = \frac{0{,}5\int_{0\,m}^{+1\,m} (x - x^4)dx}{0{,}33 \text{ m}^2} \Rightarrow y_G = 0{,}45 \text{ m.}$$

Observa-se que $x_G = y_G = 0{,}45$ m, pois pelo ponto A(+1; +1), passa uma reta inclinada a 45°, que passa pela origem (0; 0). Ou seja, essa reta é uma linha de simetria da folha, uma vez que as funções são inversas, no 1° quadrante.

Cálculo do peso da folha em alumínio:

Peso da folha = Área x espessura x peso específico do alumínio. (15 mm = 0,015 m)

Peso da folha = $0{,}33\ \cancel{m}^2 \times 0{,}015\ \cancel{m} \times 270\ \frac{kgf}{\cancel{m}^3} = 1{,}337$ kg.

Resposta final: cada folha pesa 1,337 kg e as coordenadas do centroide são: G(0,45 m; 0,45 m).

12.3.1 Exercícios complementares resolvidos sobre centro de massa

12.3.1) Determinar o centro de massa da região limitada pela parábola $y = +x^2$ e a reta $y = +4$.

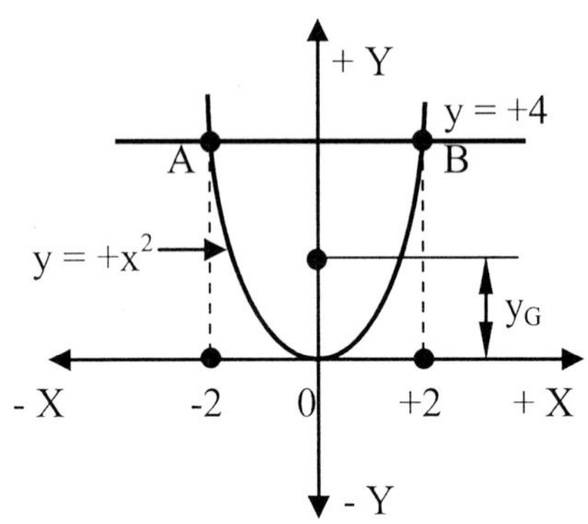

A(-2; +4), B(+2; +4). $x_G = 0$, pois a curva é simétrica ao eixo Y.

$$S = \int_{-2}^{+2} (4 - x^2)\,dx = \left(4x - \frac{x^3}{3}\right)\Big|_{-2}^{+2} = \left(4 \times 2 - \frac{2^3}{3}\right) - \left[4(-2) - \frac{(-2)^3}{3}\right] \Rightarrow$$

$$S = +8 - \frac{8}{3} + 8 - \frac{8}{3} = +16 - \frac{16}{3} = \frac{32}{3} = +10{,}667 \text{ ua.}$$

Conforme parágrafo 12.3: $M_x = \frac{1}{2}\int_a^b [f(x)^2]\,dx$. Portanto: $M_x = 0{,}5\int_{-2}^{+2} (4 - x^2)^2\,dx = 0{,}5\int_{-2}^{+2} (16 - 8x^2 + x^4)^2\,dx \Rightarrow$

$$M_x = 0{,}5\left(16x - \frac{8x^3}{3} + \frac{x^5}{5}\right)\Big|_{-2}^{+2} = 0{,}5\left[\left(32 - \frac{64}{3} + \frac{32}{5}\right) - \left(-32 + \frac{64}{3} - \frac{32}{5}\right)\right] = 0{,}5\left(64 - \frac{128}{3} + \frac{64}{5}\right) = +17{,}067 \text{ uM.}$$

Conforme parágrafo 12.3: $y_G = \frac{M_x}{S} \Rightarrow y_G = \frac{+17{,}067 \text{ uM}}{+10{,}667 \text{ ua}} = +1{,}6$. Portanto: **G(0; +1,6)**.

12.3.2) Determinar o centro de massa da região limitada pelas curvas: $y = +x^2 - 4$ e $y = +2x - x^2$.

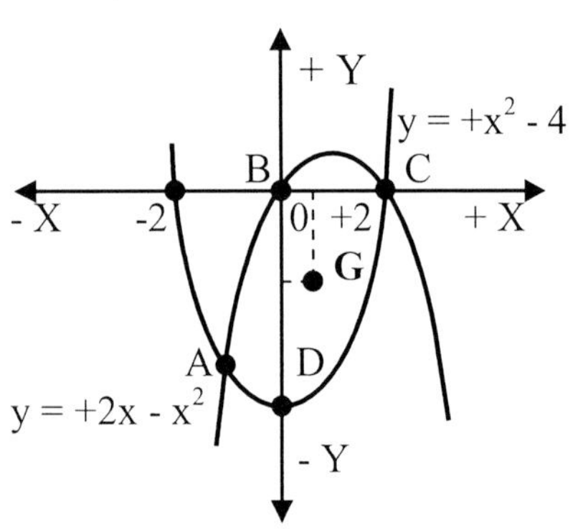

No ponto A: $+x^2 - 4 = +2x - x^2 \Rightarrow$
$+2x^2 - 2x - 4 = 0$, ou seja:
$x1 = +2$ e $x2 = -1$.
Quando $x1 = -1 \Rightarrow y1 = -3$.

A(-1; -3), B(0;0), C(+2; 0) e D(0; -4). O intervalo de integração é de A até C, ou seja: [-1, +2]. A função f(x) a ser integrada é:
$f(x) = +2x - x^2 - (+x^2 - 4) \Rightarrow f(x) = -2x^2 + 2x + 4$. Portanto:

$$S = \int_{-1}^{+2} (-2x^2 + 2x + 4)\,dx = \left(\frac{-2x^3}{3} + x^2 + 4x\right)\Big|_{-1}^{+2} \Rightarrow$$

$$S = \left(\frac{-16}{3} + 4 + 8\right) - \left(\frac{+2}{3} + 1 - 4\right) = \left(\frac{-16}{3} - \frac{2}{3}\right) + 4 - 1 + 8 + 4 \Rightarrow$$

$S = -5{,}333 - 0{,}667 + 15 = -6 + 15 \Rightarrow S = +9$ ua*.

$M_x = 0{,}5\int_{-1}^{+2} (-2x^2 + 2x + 4)^2\,dx$:

*Obs: não existe área negativa.

$$M_x = 0{,}5\int_{-1}^{+2}(-2x^2 + 2x + 4)^2\,dx = 0{,}5\int_{-1}^{+2}(+4x^4 - 8x^3 - 12x^2 + 16x + 16)\,dx \Rightarrow$$

$$M_x = 0{,}5\left(\frac{+4x^5}{5} - \frac{8x^4}{4} - \frac{12x^3}{3} + \frac{16x^2}{2} + 16x\right)\Bigg|_{-1}^{+2} = 0{,}5(0{,}8x^5 - 2x^4 - 4x^3 + 8x^2 + 16x)\Bigg|_{-1}^{+2} \Rightarrow$$

$M_x = 0{,}5[(+25{,}6 - 32 - 32 + 32 + 32) - (-0{,}8 - 2 + 4 + 8 - 16)] = 0{,}5[(+25{,}6 - (-6{,}8)] = 0{,}5(+32{,}4) = 16{,}2.$

$M_x = 16{,}2$ uM. $y_G = \dfrac{M_x}{S} \Rightarrow y_G = \dfrac{16{,}2}{9} \Rightarrow y_G = 1{,}8.$

Pelo parágrafo 11.3: $M_y = \int_a^b x\,f(x)\,dx$, portanto: $M_y = \int_{-1}^{+2} x(-2x^2 + 2x + 4)\,dx = \int(-2x^3 + 2x^2 + 4x)\,dx \Rightarrow$

$$M_y = \left(\frac{-2x^4}{4} + \frac{2x^3}{3} + \frac{4x^2}{2}\right)\Bigg|_{-1}^{+2} = (-0{,}5x^4 + 0{,}667x^3 + 2x^2)\Bigg|_{-1}^{+2} = (-8 + 5{,}336 + 8) - (-0{,}5 - 0{,}667 + 2) \Rightarrow$$

$M_y = +5{,}336 - 0{,}833 \Rightarrow M_y = +4{,}503.$ $x_G = \dfrac{M_y}{S} \Rightarrow x_G = \dfrac{4{,}503}{9} \Rightarrow x_G = 0{,}5.$

Conclusão: G(+0,5; -1,8). A coordenada y_G é negativa, pois o ponto G está abaixo do eixo X.

12.4 Cálculo do trabalho (W): força x deslocamento

12.4.1 Uma força constante, com um determinado valor numérico

Em Física, a grandeza trabalho (W) significa a relação existente entre a força (F) e o deslocamento (d). Existe trabalho quando uma força aplicada em um corpo provoca o deslocamento (d) desse corpo. Assim, quando a força não desloca o corpo, ela não realiza trabalho. O trabalho, cujo símbolo é a letra W (*Work* em inglês), é uma grandeza escalar (um número) e define-se pelo seu valor ou módulo e também por sua unidade de medida. A unidade do trabalho no Sistema Internacional de Unidades (SI) é o joule, representado pela letra J. Quando se aplica uma Força $\vec{F}$, constante, sobre um corpo, causando um deslocamento horizontal ou vertical, pode-se concluir que o trabalho (W) realizado é:

$W = \vec{F}_H \cdot d$ ou $W = \vec{F}_V \cdot d$. $\vec{F}_H = \vec{F} \cdot \cos\Theta$. $\vec{F}_V = \vec{F} \cdot \text{sen}\,\Theta$

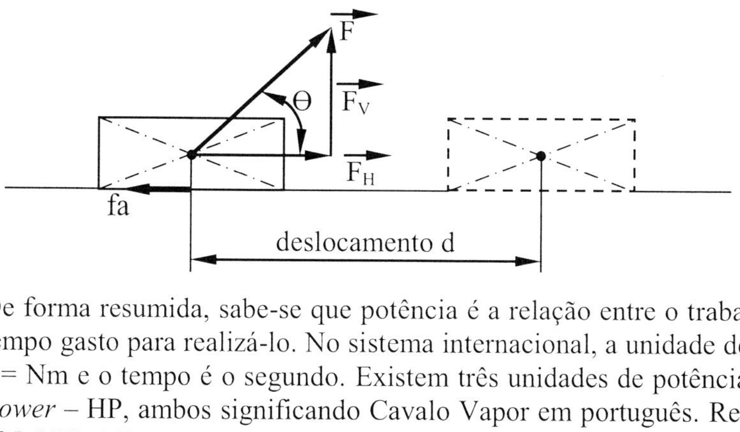

Nesse caso só a força horizontal $\vec{F}_H$ realiza trabalho, pois o deslocamento é na horizontal. Se a força $\vec{F}$ for tal que a componente vertical $\vec{F}_V$ prevaleça e desloque o corpo para cima, então haverá trabalho na vertical. Observa-se que a força de atrito $\vec{f}_a$ entre o corpo e o plano deve ser considerada.

De forma resumida, sabe-se que potência é a relação entre o trabalho calculado (Força x Deslocamento) e o tempo gasto para realizá-lo. No sistema internacional, a unidade de potência é o Watt (J/s), onde o trabalho é J = Nm e o tempo é o segundo. Existem três unidades de potência: Watt - W, *Cheval Vapeur* - CV e *Horse Power* – HP, ambos significando Cavalo Vapor em português. Relações entre unidades de potência: 1 CV = 735,5 W; 1 HP = 745,7 W; 1 W = 0,00134102 HP e 1 W = 0,0013596 CV.

12.4.2 Uma força variável, definida por uma função f(x)

Segundo Leithold (1994, p.409): considerando f uma função contínua no intervalo [a, b] (em metros) e f(x) o número de unidades de força (em N), que atua sobre um corpo, situado no ponto x do eixo X, o trabalho W realizado pela força, quando o corpo de move de a para b, é igual a:

$$\mathbf{W = \int_a^b f(x)\,dx.}$$

Exercício) Um corpo está submetido a uma força, em Newton, de $\overrightarrow{f(x)} = (x^2 + 4)$. Calcular o trabalho realizado, quando o corpo de desloca da posição onde x = +2 m, para x = +4 m.

Pela fórmula: $W = \int_a^b f(x)\,dx$ ou seja: $W = \int_{+2}^{+4} (x^2 + 4)\,dx = \left[\frac{x^3}{3} + 4x\right]_{+2}^{+4} = 26{,}667$ Nm ou 26,667 Joules.

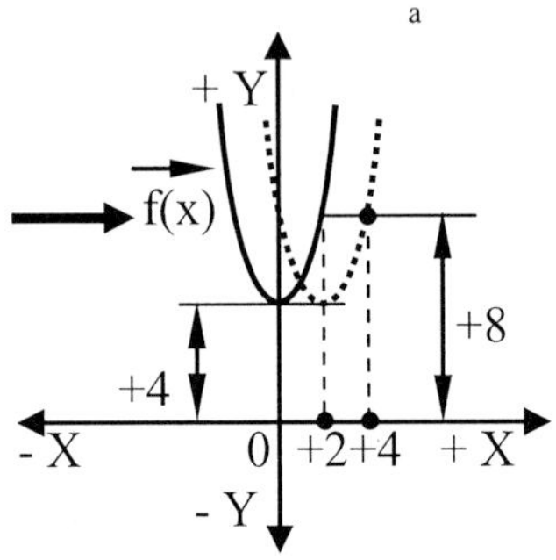

$y = x^2 + 4$ é uma parábola com eixo de simetria coincidente com eixo Y e vértice no ponto y = + 4 (quando x = 0). Devido à força $\overrightarrow{f(x)}$, o vértice da parábola de desloca do ponto (+0; +4), para o ponto (+2; +4). Como $\overrightarrow{f(x)}$ varia com x, o trabalho aumenta à medida que x aumenta.
Na prática, pode-se pensar num veículo subindo uma estrada com traçado parabólico, de forma que precisa de mais potência, à medida que sobe.

Trabalho realizado igual a 26,667 Nm ou 26,667 Joules.

12.4.3 Trabalho realizado pela distensão/compressão de uma mola

Quando uma mola é distendida ou comprimida por uma força, ocorre uma força elástica restauradora, exercida na mesma direção e no sentido oposto à força aplicada. Essa força elástica, por sua vez, é variável e depende do tamanho da deformação que é sofrida pela mola.
De acordo com a lei de Hooke (Robert Hooke: 1635-1703), existe a seguinte relação na distensão/compressão de uma mola: F = - Kx, onde F é a força aplicada, K é uma constante elástica, que depende, tanto do material, quanto das características geométricas da mola, ou seja, da forma como são obtidas as espiras, em especial o passo, que é a distância entre duas espiras. O sinal negativo na fórmula representa a reação da mola, no sentido oposto da força aplicada.

Exercício) Sabendo que uma mola tem uma constante elástica K = 300 N/m, calcular o trabalho W para distender, a partir do repouso, a mola em 8 cm. (Mola considerada na horizontal).
F = - Kx => F = 300x. Ou seja, tem-se f(x)= 300x. Força em função de x.

O trabalho é dado por: $W = \int_a^b f(x)\,dx$, onde: a = 0 cm (mola em repouso) e b = 8 cm (mola distendida).

Como a constante K está em metros, o intervalo também que ser em metros, logo: b = 0,08 m. Portanto:

$W = \int_0^{+0,08} 300x\,dx = 300\int_0^{+0,08} x\,dx = (300)\left[\frac{x^2}{2}\right]_0^{+0,08} = (300)\left(\frac{0{,}08}{2}\right)^2 = 0{,}96$ Joules. ⟵**Trabalho necessário.**

12.4.4 Exercícios complementares resolvidos sobre trabalho

12.4.4.1) Uma mola tem comprimento de 25 cm. Quando se aplica uma força de 54 N, a mola se distende em 1,5 cm. Com esses dados, calcular o trabalho realizado para distender de 25 cm para 45 cm.

$F = 54$ N; $x = 1,5$ cm; $L_0 = 25$ cm. Sabe-se que: $F = kx$, logo: $k = F/x \Rightarrow k = 54$ N/0,015 m = 3.600 N/m.

$k = 3.600$ N/m => $F = 3.600x$ (N). $x = 45$ cm – 25 cm = 20 cm = 0,2 m.

$$W = \int_a^b f(x)\,dx \Rightarrow W = \int_0^{+0,2} (3.600x)\,dx = \frac{3.600\,x^2}{2}\Bigg|_0^{+0,2} = 1.800(0,2)^2 = 72.$$ **Conclusão: W = 72 Joules.**

12.4.4.2) Um balde pesa 2,5 kgf vazio e 29,5 kgf, quando cheio de areia. Ao ser levantado por 3 metros de altura, devido um furo no fundo, constata-se que foi perdido um terço da areia. Com esses dados, calcular o trabalho realizado para esse levantamento de 3 metros.

O peso da areia é: 29,5 kgf - 2,5 kgf = 27 kgf.
Um terço da areia perdida é igual a 9 kgf. Portanto: peso do balde mais areia $\begin{cases} \text{Instante inicial} = 29{,}5 \text{ kgf. (B).} \\ \text{Instante final} = 20{,}5 \text{ kgf. (b).} \end{cases}$
Gráfico com a variação do peso, conforme a altura:

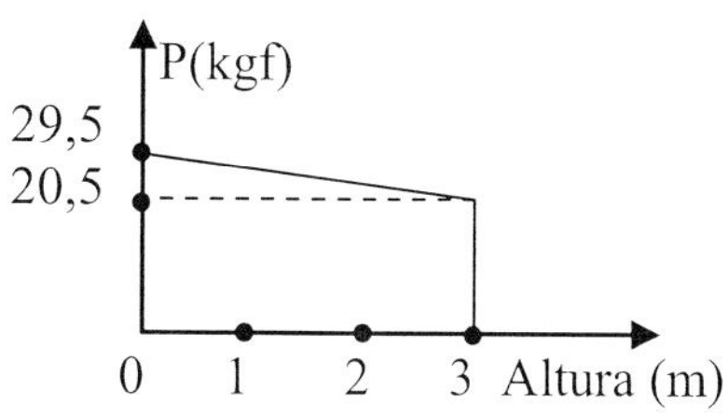

$$W = \left(\frac{B + b}{2}\right)h = \left(\frac{29,5 + 20,5}{2}\right) \times 3 = 75 \text{ kgf.m} = 750 \text{ Joules.}$$

Analisando a função do gráfico ao lado tem-se:

$m = \frac{29,5 - 20,5}{0 - 3} \Rightarrow m = -3$. Equação da reta: $y - 20,5 = -3(x - 3) \Rightarrow$

$y = -3x + 29,5$. Calculando W, usando esta função tem-se:

$$W = \int_a^b f(x)\,dx \Rightarrow W = \int_0^{+3} (-3x + 29,5)\,dx = \left(\frac{-3}{2}x^2 + 29,5\right)\Bigg|_0^{+3} = (-13,5 + 88,5) - (0) = 75 \text{ kgf.m} =$$ **750 Joules.**

12.5 A integral definida aplicada a problemas sobre pressão e força de fluidos

A Física (Hidrostática) mostra que, uma coluna de líquido atuando sobre a parede de um recipiente, seja de que geometria (formato) for, exerce uma pressão sobre a parede, diretamente proporcional à altura da coluna e ao peso específico do líquido, que está contido no recipiente. A esse fenômeno chama-se coluna hidrostática. O peso específico de um líquido é dado, normalmente, em quilogramas força (kgf) por metro cúbico (m^3). Quando se diz que a água tem densidade 1, em verdade, sabe-se que em um metro cúbico de água (equivalente a mil litros) pesa mil quilogramas-força, logo o peso específico da água é igual a 1.000 kgf/m^3, equivalente a uma tonelada-força por metro cúbico.
Na prática, especialmente em indústrias químicas, petroquímicas e petrolíferas, utilizam-se grandes e altos tanques atmosféricos, para a estocagem dos mais diversos fluidos. Existe uma Norma Internacional, relacionada aos cálculos de unidades industriais, chamada *American Petroleum Institute* – API, que, dentre outras particularidades, apresenta requisitos e exigências para o projeto, cálculo, fabricação, e montagem de tanques atmosféricos, para a estocagem de líquidos em áreas industriais. A fórmula, a seguir mostrada, consta da Norma API 650, item 5.6.3.2 (revisão do ano de 2024), sendo a utilizada para o cálculo de espessura de tanques atmosféricos e armazenamento de líquidos.

$$t = \frac{50 \cdot Di\,(H - 0,3)\,G}{\tau_{adm} \cdot E} + t_C$$

*E é adimensional

- t = Espessura da chapa do tanque, em mm.
- Di = Diâmetro interno do tanque, em m.
- H = Altura máxima vertical do tanque, em m.
- G = Densidade do líquido estocado.
- τ_{adm} = Tensão admissível do material da chapa, em kgf/cm^2.
- E* = Fator de resistência das soldas, das chapas do tanque.
- t_C = Sobre espessura (em mm), devido corrosão.

Imagem geométrica teórica de uma coluna hidrostática (pressão constante em um nível fixo)

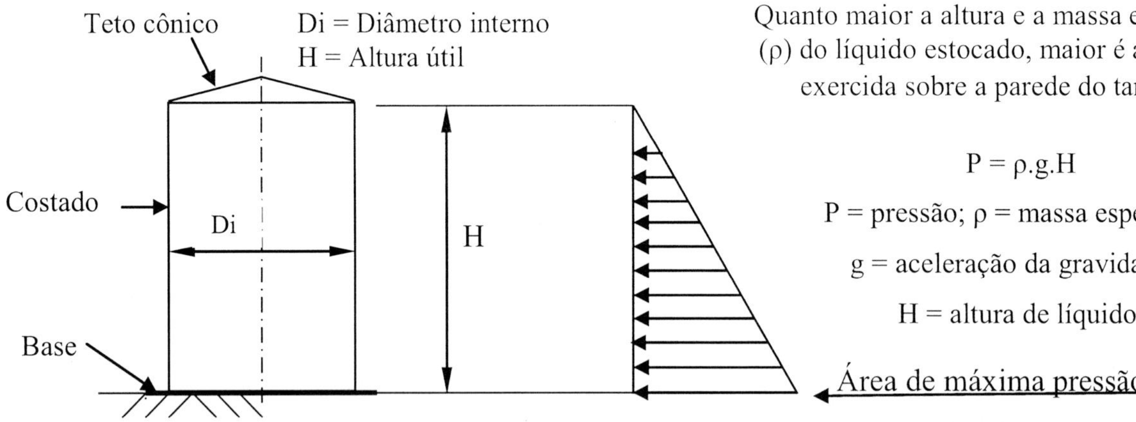

Quanto maior a altura e a massa específica (ρ) do líquido estocado, maior é a pressão exercida sobre a parede do tanque.

$$P = \rho.g.H$$

P = pressão; ρ = massa específica;

g = aceleração da gravidade e

H = altura de líquido.

Tanque cilíndrico vertical — Diagrama de forças, devido coluna hidrostática

12.5.1 Uso do cálculo integral, para alturas variáveis (pressão hidrostática variável)

A análise a seguir pode ser descrita como, estudar a variação da pressão e, portanto, da força exercida sobre a parede que contém o fluido, ao longo de um intervalo de altura.
Observa-se que, uma placa simplesmente imersa na massa fluida de um líquido, não tem força sobre si, devido à coluna de líquido, já que existe a coluna dos dois lados. A única força que existe é a de empuxo, de baixo para cima, em função do volume de líquido deslocado.

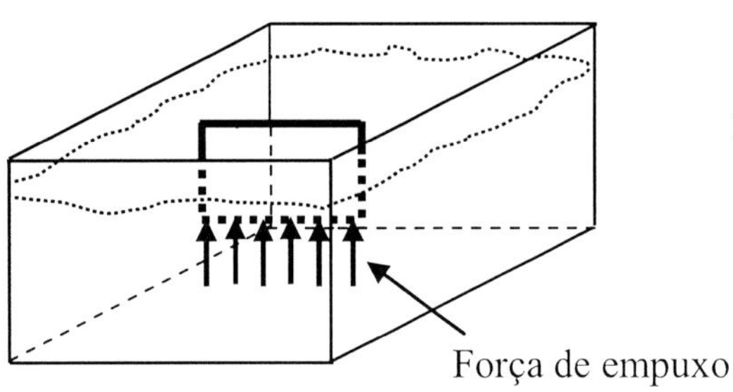

Numa placa simplesmente imersa no fluido não ocorrem forças devido à coluna hidrostática. Ocorre uma (pequena) força de empuxo, de baixo para cima, devido ao volume deslocado.

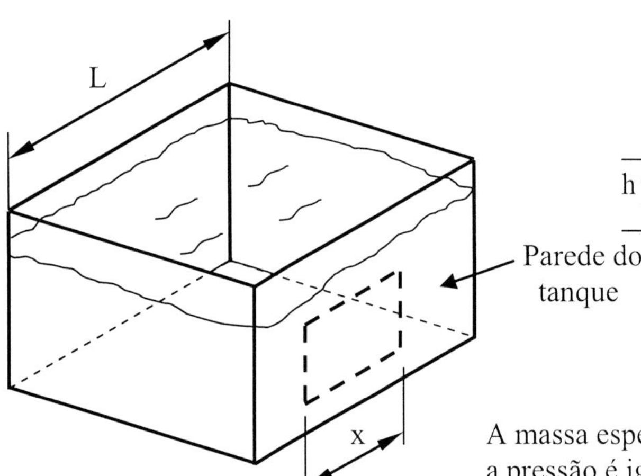

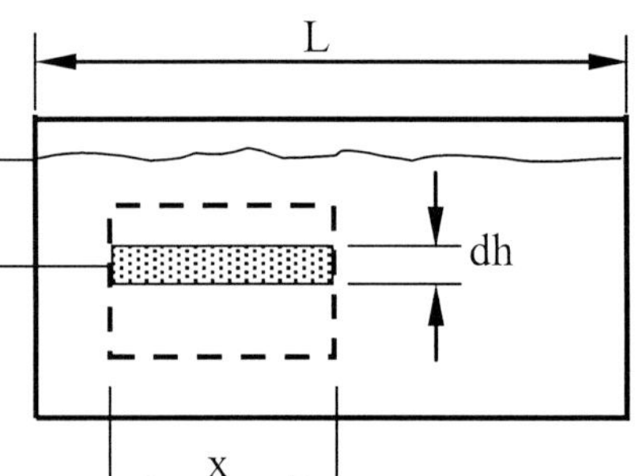

A massa específica do fluido é ρ (rô). No nível da altura h, a pressão é igual a: $P = \rho.g.h$.

A área elementar estudada tem área: $dA = x.dh$, e está a uma profundidade h, em relação ao topo da coluna de líquido. Como dh é infinitamente pequena, a pressão sobre a área elementar pode ser considerada constante. Como a pressão P é a relação entre força e área, ou seja: $P = F/A$, considerando a área elementar dA tem-se: $dF = P.\ dA$. Como $dA = x.dh$ e $P = \rho.g.h$, então: $dF = P.\ dA = \rho.g.h.x.dh$. Essa é a força elementar. Somando-se todas as forças elementares (soma de Riemann), tem-se:

$F = \int dF \Rightarrow \mathbf{F = \int_a^b (\rho.g.h.x)\, dh}$. Com essa fórmula, podem ser resolvidos os exemplos a seguir.

a = altura do topo da comporta ao nível do líquido e b = altura da parte inferior da comporta ao nível do líquido.

Exercício) Represas de água têm comportas que permitem liberar vazões, sempre que necessário. Normalmente são placas retangulares que se movimentam por umas canaletas, como mostradas adiante. Algumas são manuais e outras, as de grande porte são acionadas por motores, já que seu peso próprio e a força exercida pela massa de água são superiores à força humana.

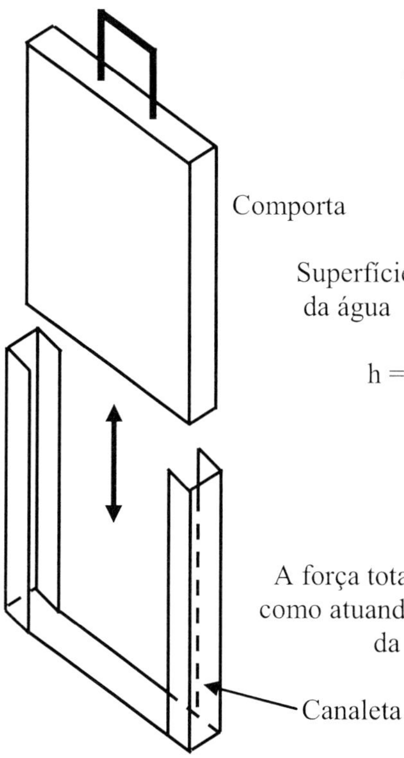

A comporta à esquerda tem a forma retangular com 1 metro de largura e 1,5 metro de altura. Sabendo que a parte superior da comporta está a 0,5 metro da superfície da água, calcular a força total que está atuando sobre a placa da comporta.

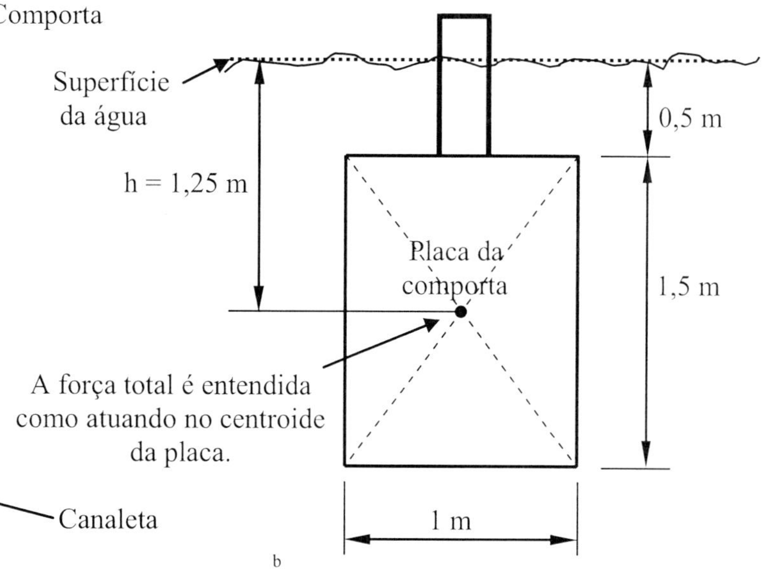

Sabe-se que: $F = \int_a^b (\rho.g.h.x)\, dh$.

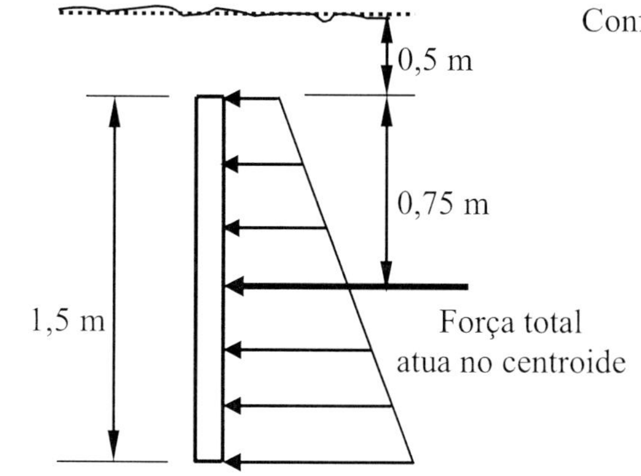

Variação da pressão ao longo da altura da comporta.

Conforme dados: x = 1 m, a = 0,5 m e b = 2 m. Portanto:

$$F = \int_{0,5}^{2} (\rho.g.h.x)\, dh = \int_{0,5}^{2} [(\rho.g).(h).(1)]\, dh = \rho.g \int_{0,5}^{2} h\, dh \Rightarrow$$

$$F = (\rho.g)\left[\frac{h^2}{2}\right]_{0,5}^{2} = (0,5)(\rho.g)(3,75).$$

Como para a água: $\rho.g = 9.810\ N/m^3$, logo:

F = (0,5)(9.810)(3,75) = 18.393,75 N = 1.875,65 kgf.
(1N = 0,101972 kgf).

Conclusão: a força total na placa é igual 1.875,65 kgf.
Com essa força o engenheiro calcula a espessura necessária da comporta.

Exercício) Alguns fluidos, por exemplo, óleo combustível, são armazenados em tanques de estocagem cilíndricos horizontais, com tampos planos. Considerando o tanque a seguir mostrado, com óleo até a metade, calcular a força que atua sobre os tampos, sabendo que o peso específico do óleo é 8.000 N/m³.

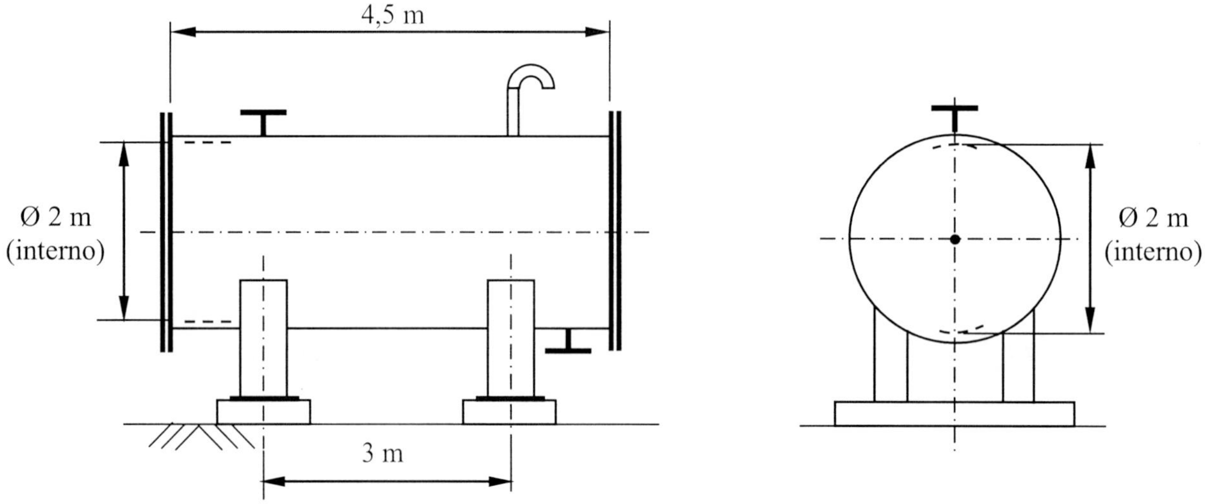

O diâmetro do tanque é uma circunferência de raio 1 m, portanto pode ser escrita como: $+x^2 + y^2 = 1$.

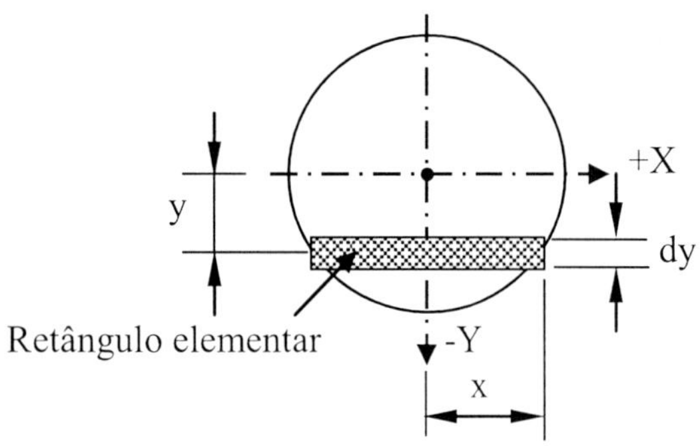

$$+x^2 + y^2 = 1 \Rightarrow x = \sqrt{1 - y^2}$$

Área A do retângulo elementar = $(2x)(dy) = 2\sqrt{1 - y^2}\,dy$.

Altura do óleo = y e pressão P em y = 8.000y.

$P = F/A \Rightarrow F = P.A$, logo: $F = (8.000y)(2\sqrt{1 - y^2}\,dy)$

Ou seja: $F = (16.000y)(\sqrt{1 - y^2}\,dy)$. y = 1 m.

$$F\ \text{total} = 16.000\int_0^1 (\sqrt{1 - y^2})\,dy = 16.000\left[\frac{y}{2}\sqrt{1 - y^2} + \frac{1}{2}\,\text{arcsen}\left(\frac{y}{1}\right)\right] \Rightarrow$$

$$F = 16.000\left[\frac{1}{2}\sqrt{1 - 1} + \frac{1}{2}\,\text{arcsen}\,1 - \left(\frac{0}{2}\sqrt{1 - 0} + \frac{1}{2}\,\text{arcsen}\,0\right)\right] = 16.000\left(\frac{\pi}{4}\right) = 16.000 \times 0{,}785 = 12.560\ \text{N}.$$

Conclusão: a força que atua sobre os tampos é igual a 12.560 N.

12.5.2 Exercícios complementares resolvidos sobre pressão e força de fluidos

12.5.2.1) Baseando-se no exercício resolvido anteriormente, da comporta triangular (com o vértice para baixo), tipo isósceles de lados 10 m x 7,81 m x 7,81 m e altura 6 metros (máxima profundidade), calcular a força total da água com a represa cheia.

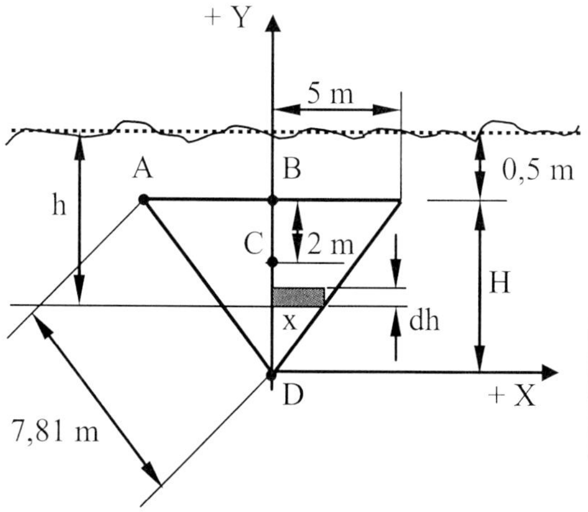

$H^2 = 7{,}81^2 - 5^2 \Rightarrow H = 6$ m.

$F = PA \Rightarrow dF = (P)(xdh)$. $\frac{6}{5} = \frac{h}{x} \Rightarrow x = \frac{h}{1{,}2}$.

$dF = (\rho gh)(xdh) = (9.810)(h)(h/1{,}2)dh \Rightarrow$

$$F = \int_{0,5}^{6,5} (8.175h^2)\, dh = 8.175(h^3/3)\Big|_{0,5}^{6,5} = 2.725(6{,}5^3 - 0{,}5^3) \Rightarrow$$

$F = 748{,}01$ kN.

Conclusão: a força total da água, com a represa cheia é de 748,01 kN.

12.5.2.2) Um tanque cilíndrico vertical, de diâmetro 0,9 metro e altura 1,2 m, está com óleo até a metade da altura. Sabendo que o óleo tem peso específico 8.000 N/m^3, calcular a força total nas laterais do tanque.

Quanto maior a altura e o peso específico (ρ) do líquido estocado, maior é a pressão exercida sobre a parede do tanque.

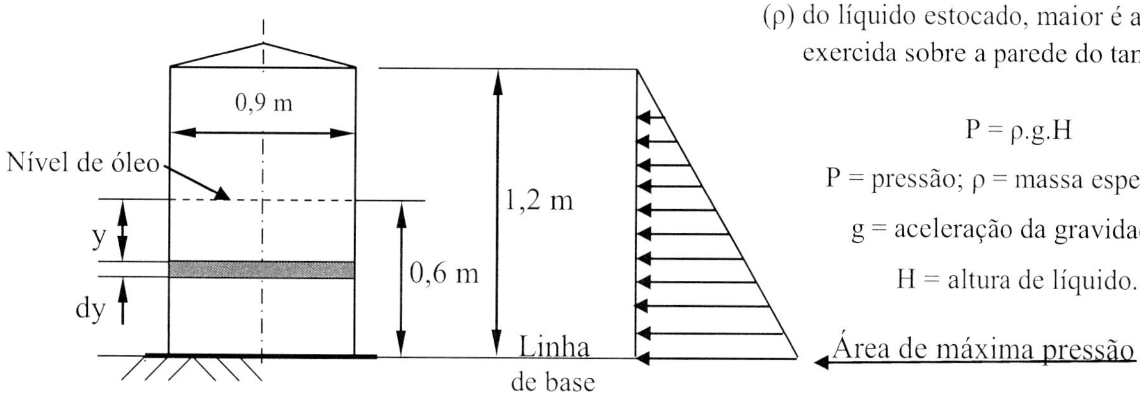

$P = \rho.g.H$

P = pressão; ρ = massa específica;

g = aceleração da gravidade e

H = altura de líquido.

Diagrama de forças, devido coluna hidrostática

Área lateral do tanque $A_L = 2\pi RL = 2\pi(0{,}45)dy = 0{,}9\pi dy$.
Pressão $P = \rho y = 8.000y$.

Pressão = $\frac{\text{Força}}{\text{Área}}$, logo: $dF = (8.000y)(0{,}9\pi dy) = 7.200(\pi ydy)$, ou seja: $dF = 7.200(\pi ydy) \Rightarrow$

$$F = 7.200\pi \int_0^{0,6} ydy = 7.200\pi \left(\frac{y^2}{2}\right)\Big|_0^{0,6} = 3.600\pi(0{,}6)^2 = 4.071{,}50 \text{ N}.$$

Conclusão: a força total nas laterais do tanque, ocorre na linha de base, sendo igual a 4.071,50 N.

12.6 Momento de inércia de área

De forma geral, em cálculos estruturais, especialmente de vigas submetidas a momentos fletores (ou momentos de flexão), o momento de inércia é uma característica fundamental, pois é com o valor desse momento, que se pode estabelecer as dimensões da viga, para resistir ao momento fletor.

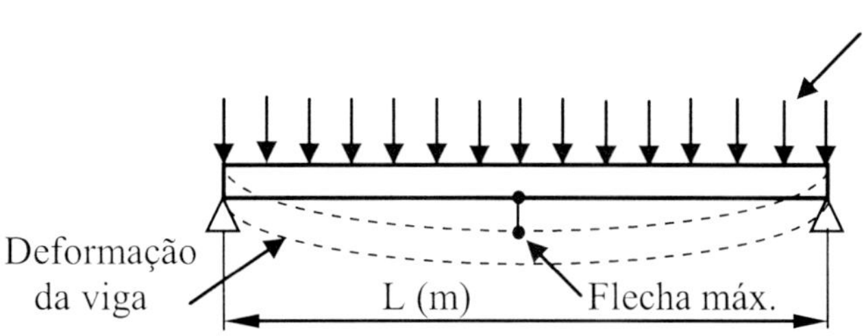

À esquerda tem-se uma viga bi apoiada, de comprimento L e com uma força uniformemente distribuída q. A Física aplicada mostra que nesse caso o momento fletor máximo ocorre no meio do vão, sendo igual a: $M_{máx.} = ql^2/8$. (Mostra-se que a deformação é uma parábola).

Uma vez que o calculista tenha o momento fletor máximo, utilizando uma outra fórmula, ele determina qual o momento de inércia mínimo que a viga tem que ter e, então, projeta as dimensões da viga. Mas: o que é momento de inércia?

É uma grandeza física, simbolizada pela letra "i" maiúscula (I), associada à inércia de rotação de um corpo. Ou melhor, é a resistência à mudança da velocidade angular do corpo. Aqui fala-se em rotação no nível intra atômico. Em termos macro, por exemplo no caso da viga acima, quando as forças tendem a deformar a viga, causando uma "barriga", em verdade ocorrem alterações na estrutura do material da viga, ou seja, altera o equilíbrio interno que existe, quando a viga está em repouso, ou melhor, sem força aplicada. Para uma mesma viga, quanto maior o seu momento de inércia, mais resistente ela será, ou seja, menor será a flecha ou deflexão. No caso da viga em questão, caso se dimensione uma seção de momento de inércia pequeno, à medida que se aplica a força distribuída, a flecha vai aumentando, até que a viga se parte, normalmente, bem no meio.

Uma forma, de se ver esse fenômeno, é segurar uma régua de plástico nas duas mãos, pelas pontas e, ao se "curvar" se vê a deformação ou "barriga". Observa-se que, se segurar a régua no sentido vertical , fica quase impossível de se curvar. Também se pode pegar um fino pedaço de madeira com cerca de um metro de comprimento e, uma vez apoiado nas pontas, por exemplo, entre duas cadeiras, ao se colocar um peso qualquer no meio do vão (um saco com meio quilo), se consegue ver a deflexão. Se ao invés de uma madeira fina se usar uma mais grossa, não se percebe a deflexão, embora ela exista na estrutura interna da madeira. O que se fez foi usar uma madeira de maior momento de inércia, em relação à madeira fina.

Em termos de definição da Física, imagina-se um corpo de área "A" sendo girado ao redor de um eixo, segundo um raio "x". Define-se o momento de inércia "I", de segunda ordem, como: $I = Ax^2$, como ilustrado na figura a seguir.

O momento de inércia de área ou momento de segunda ordem de uma área é uma característica da seção transversal de um corpo, por exemplo, uma barra retangular, relacionada à resistência à deformação, quando submetida a um esforço. Essa resistência à deformação depende, tanto da área, quanto do posicionamento dessa área, em relação à atuação da força sobre o corpo. O momento de primeira ordem é apenas o produto de uma força por uma distância.

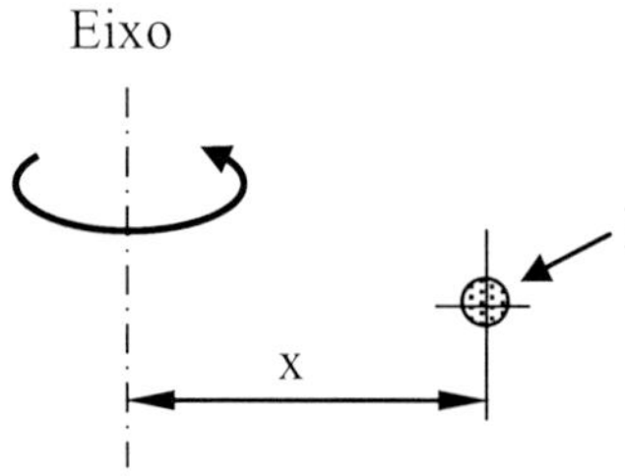

$I = Ax^2$.

Essa é a definição, aplicada à uma partícula, mas os materiais, são compostos por uma infinidade de partículas. Nesse caso, faz-se a soma desses momentos infinitesimais, através de uma integral ou soma de Riemann. Assim tem-se:

$$\mathbf{I = \int x^2\, dA.}$$

12.6.1 Cálculo do momento de inércia da área de uma placa retangular

Exercício) Considerando-se a seção transversal retangular, na posição a seguir indicada, calcular o momento de inércia da área, em relação ao eixo X, ou seja I_x.

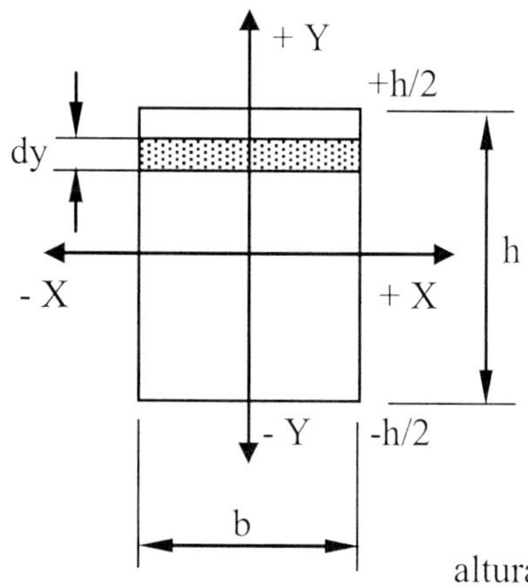

Área dA do retângulo elementar = b dy. Portanto:

$$I_x = \int_{-h/2}^{+h/2} y^2\, b\, dy = b\int_{-h/2}^{+h/2} y^2\, dy = b\left[\frac{y^3}{3}\right]_{-h/2}^{+h/2} = b\left[\frac{(+h/2)^3}{3} - \frac{(-h/2)^3}{3}\right] =$$

$$= b\left[\frac{+h^3/8}{3} + \frac{h^3/8}{3}\right] = b\left[\frac{+h^3}{24} + \frac{h^3}{24}\right] = b\left[\frac{2h^3}{24}\right] = b\,\frac{h^3}{12}.$$

Ou seja: $I_x = (bh^3)/12$.

Observa-se que, ao posicionar a seção de forma invertida, como a altura é ao cubo, o momento de inércia de área varia, como mostrado a seguir.

Imagina-se uma seção retangular com largura 10 cm e altura 15 cm, posicionada de duas formas:

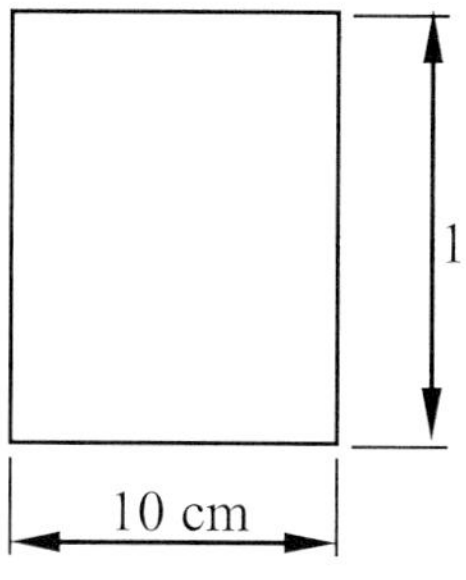

$I_x = (bh^3)/12 = \dfrac{(10)(15)^3}{12} = 2.812{,}5\ cm^4$.

$I_x = 2.812{,}5\ cm^4$.

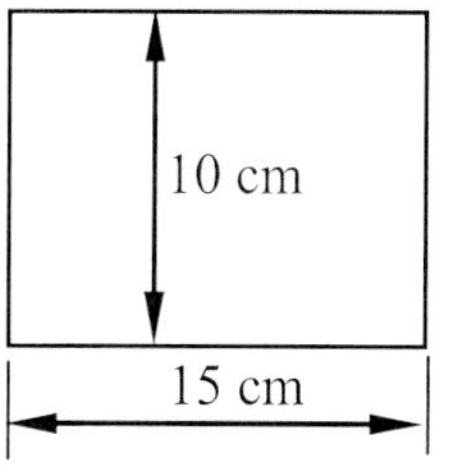

$I_x = \dfrac{(15)(10)^3}{12} =$

$I_x = 1.250\ cm^4$.

Conclusão: o momento de inércia de área varia muito, em função da posição da área.

Cada seção transversal tem o seu momento de inércia. A seguir são citadas as fórmulas do momento de inércia de três seções muito utilizadas nas práticas da Engenharia.

Retangular

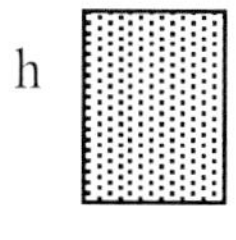

b

$$I = \frac{b\,h^3}{12}$$

Circular

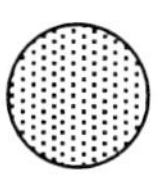

D

$$I = \frac{\pi D^4}{64}$$

Tubular

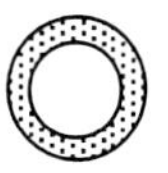

D x d

$$I = \frac{\pi (D^4 - d^4)}{64}$$

12.6.2 Módulo de resistência de áreas de seções transversais

Existe uma fórmula que relaciona o momento de inércia (I) da área com um comprimento, gerando uma característica chamada módulo de resistência (W), que expressa diretamente a resistência de determinada seção transversal, por exemplo, a um momento fletor. Essa fórmula é:

$W = I/y_{máx}$. Onde W é o módulo de resistência (N/cm^3), I é o momento de inércia da área (cm^4) e y uma medida linear (cm), equivalente à metade da altura considerada.

Por exemplo, considerando o momento de inércia da área retangular, estudado no exercício 10.6.1.1, deduziu-se que: $I_x = (bh^3)/12$, tem-se que: $W = I/y_{máx}$. Como o $y_{máx.}$ é h/2, então, o módulo de resistência W daquela seção fica:

$$W = \frac{I}{y_{máx.}} = \frac{(bh^3)/12}{h/2} = \frac{bh^2}{6}.$$

A exemplo do momento de inércia, a seguir são citados três módulos de resistências, muito utilizados.

Retangular	Circular	Tubular

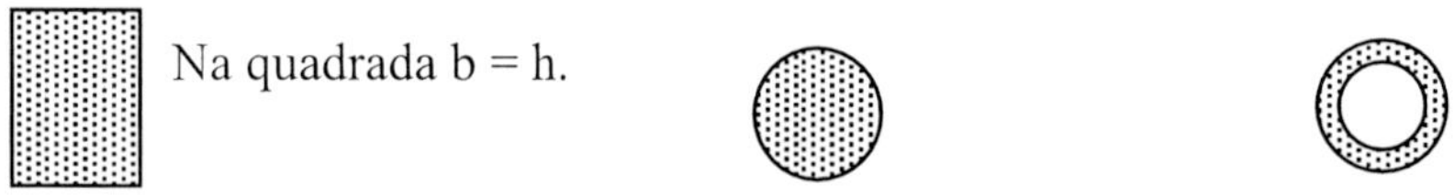

b	D	D x d
$W = \frac{b\,h^2}{6}$	$W = \frac{\pi\,D^3}{32}$	$W = \frac{\pi\,(D^3 - d^3)}{32}$

12.6.3 Aplicação prática de módulo de resistência, para vigas sob flexão

Exercício) Considerando a viga, a seguir descrita, em aço *ASTM A - 283 gr C, bi apoiada e com carregamento (forças) uniformemente distribuído, calcular a seção transversal (cm^2) mínima para resistir ao esforço de flexão, simulando o uso de três seções: quadrada, circular e tubular. O tipo de seção a ser utilizado deve escolhido de forma que a viga apresente o menor peso, ou seja, com o menor custo. * ASTM A - 283 gr C, é o tipo usual de aço carbono para esses casos. Considerar a **tensão admissível desse material igual a 9.810 N/cm^2. ** tensão admissível ($\sigma_{adm.}$) é a máxima tensão (força/área) que um material resiste, sem entrar em deformações definitivas, que podem colapsar a estrutura.

Considerar o peso específico do aço igual a 7.800 kgf/m^3.

Nesse tipo de carregamento, o momento fletor máximo ocorre bem no meio do vão, onde se situa a flecha máxima.

q = 1.800 N/m. (18 N/cm).

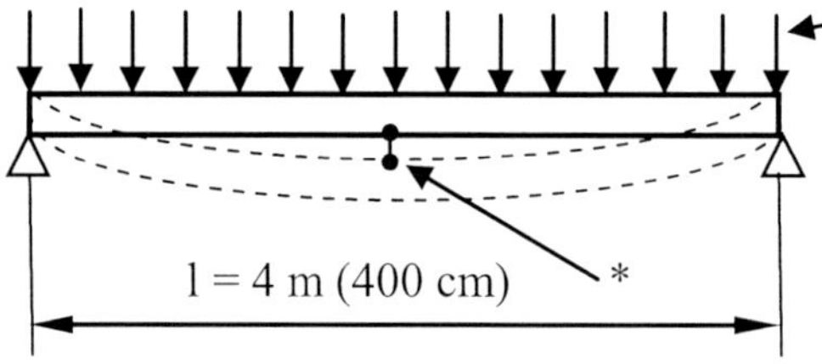

Essa carga é equivalente ao peso de 15 pessoas apoiadas nesse vão.

Suporte de apoio

*A flecha máxima ocorre no meio do vão.

Segundo a Física Aplicada à Engenharia, existe a seguinte relação: $W\ mín. \geq \frac{M\ máx.}{\sigma_{adm.}}$. Onde:

$W_{mín.}$= módulo de resistência mínimo da seção transversal da viga.
$M_{máx.}$= momento fletor máximo, devido carregamento sobre a viga.
$\sigma_{adm.}$ = tensão admissível do material utilizado na viga.

A Física Aplicada à Engenharia cita que, para vigas bi apoiadas, com carregamento uniformemente distribuído, o momento fletor máximo, ocorre no meio do vão, sendo igual a:

$M_{máx.} = \frac{q\ .\ l^2}{8}$. Onde q é o carregamento e l o vão entre suportes.

Calculando tem-se: $M_{\ máx.} = (18\ N/cm)(400\ cm)^2/8 = 360.000$ Ncm. (Momento fletor máximo).

$W_{mín.} \geq \frac{M\ máx.}{\sigma_{adm.}} = \frac{360.000\ Ncm}{9.810\ N/cm^2} = 36,7\ cm^3$. Esse é o valor mínimo da seção transversal a ser usada.

Com esse valor determinam-se as dimensões de cada uma das seções.

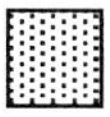 Quadrada: $W = l^3/6 \Rightarrow l = \sqrt[3]{6 \times 36,7} = 6,039$ cm. Área = 36,47 cm^2 = 0,003647 m^2.

Peso da viga de seção quadrada: 7.800 kg/m3 x 0,003647 m^2 x 4 m = 113,79 kg.

 Circular: $W = \pi D^3/32 \Rightarrow D = \sqrt[3]{(32 \times 36,7)/\pi} = 7,204$ cm. Área = 40,76 cm^2 = 0,004076 m^2.

Peso da viga de seção circular: 7.800 kg/m3 x 0,004076 m^2 x 4 m = 127,17 kg.

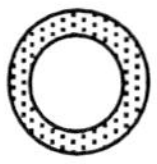 Tubular: $W = \pi (D^3 - d^3)/32 \Rightarrow (D^3 - d^3) = (32\ W)/\pi \Rightarrow (D^3 - d^3) = 373,822$.

Existe uma variedade de diâmetros internos (d) e externos (D), que atendem a essa relação: $(D^3 - d^3)$. A solução é consultar uma tabela de tubos comerciais e ver qual mais se aproxima dessa relação.
Uma consulta numa tabela comercial mostrou que um tubo com114,3 mm de diâmetro externo e 105,918 mm de diâmetro interno, ou seja, com 4,2 mm de espessura de parede, tem um W de 38,35 cm^3, que por ser maior do que 36,7 cm^3, atende às necessidades.

Peso da viga tubular: 7.800 kg/m3 x 0,002350 m^2 x 4 m = 73,32 kg.

Devido características dessa viga estudada, na prática, engenheiros optam por utilizar perfis do tipo "I". Uma consulta a uma tabela comercial de perfis metálicos mostra que, um perfil tipo "I" de dimensões: altura 120 mm, mesa 58 mm e alma 5,1 mm, tem W = 54,7 cm^3 (bem maior do que 36,7 cm^3) e com um peso de 11,2 kg/m, com total em 4 metros de 44,8 kg.

Conclusão: o perfil tipo "I" é o mais econômico e o mais indicado.

12.6.4 Exercícios complementares resolvidos sobre momento de inércia

12.6.4.1) A) Determine o momento de inércia de um tubo com 20 cm de diâmetro externo e 18 cm de diâmetro interno. B) Determine as dimensões da área quadrada que tenha o mesmo momento de inércia do tubo dado.

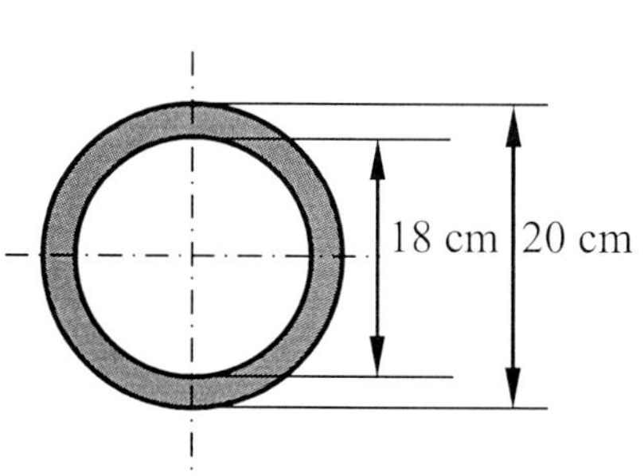

Conforme visto anteriormente: $I = \frac{\pi(D^4 - d^4)}{64} = \frac{\pi(20^4 - 18^4)}{64} \Rightarrow$

$I = \frac{\pi(160.000 - 104.976)}{64} \Rightarrow 2.701\ cm^4$.

Uma seção quadrada: $I = \frac{L^4}{12} \Rightarrow L^4 = (12)(2.701) \Rightarrow L = 13,418$ cm.

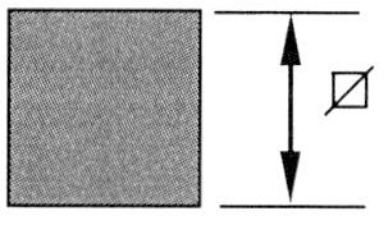

Seção quadrada de mesmo momento de inércia do tubo.

12.6.4.2) Para a estrutura a seguir, dimensionar o lado da viga de seção quadrada, em aço de tensão admissível, $\sigma_{adm.} = 9.810\ N/cm^2$.

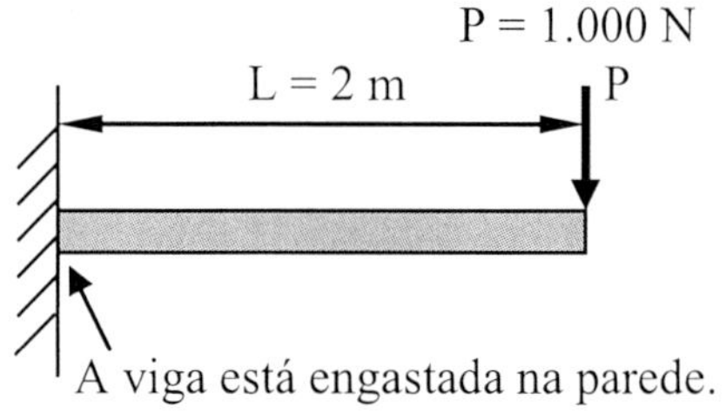

Nesse caso o momento máximo é: $M_{máx.} = P . L$

$M_{máx.} = 1.000$ N x 2 m = 2.000 Nm = 200.000 Ncm.

$W_{mín.} \geq \frac{M\ máx.}{\sigma_{adm.}} = \frac{200.000}{9.810} = 20,387\ cm^3.$

Para viga de seção quadrada: $W = \frac{b^3}{6} = 20,387 \Rightarrow b^3 = 122,322 \Rightarrow$

b = 4,964 cm. **Conclusão: a viga de seção quadrada terá que ter lado de no mínimo* 4,964 cm.**

*Na prática da Engenharia, e comercialmente, o profissional que fez esse cálculo tem que verificar no mercado qual a viga quadrada de lado mais próximo do cálculo. Nesse caso, provavelmente, será definida uma viga de seção quadrada de lado igual a 5 cm, talvez de 5,08 cm que equivale a 2" ou duas polegadas. Maior que o calculado pode, menor não.

12.7 Dilatação volumétrica de uma esfera metálica

É comum, especialmente em indústrias químicas e petroquímicas, o uso de reservatórios esféricos, para a estocagem de líquidos e gases sobre pressão. Essas esferas, normalmente de grandes diâmetros, são construídas a partir de chapas planas de aço, que são prensadas e soldadas, uma a uma. A melhor maneira de se entender como se "planifica" uma esfera, é pegando uma laranja e dividindo-a em seis a oito gomos, no sentido vertical, ou seja, corte vertical entre os dois pólos. Ao se retirar a polpa de cada gomo, o que se tem é a casca no formato de uma "folha" de árvore. Juntando-se e curvando-se todas as "folhas", obtém-se a laranja de novo. A figura a seguir, mostra esquematicamente uma esfera, apoiada em 12 colunas ou patas. A partir dessa introdução, apresenta-se o seguinte exercício:

Exercício 11.7.1) Dada uma esfera de 20 metros de diâmetro, construída a partir de chapas planas de aço, com o líquido acetona no nível do equador da esfera, ou seja, na metade do volume, e na temperatura de +15 ºC, determinar qual será o nível de líquido, a partir do fundo interno, quando a temperatura na chapa da esfera atingir +45 ºC. Observa-se que, é perfeitamente possível, especialmente em dias muito quentes, que a temperatura de uma chapa de aço, seja superior à temperatura do ar ambiente.

A esfera é oca, fabricada em chapas de aço.

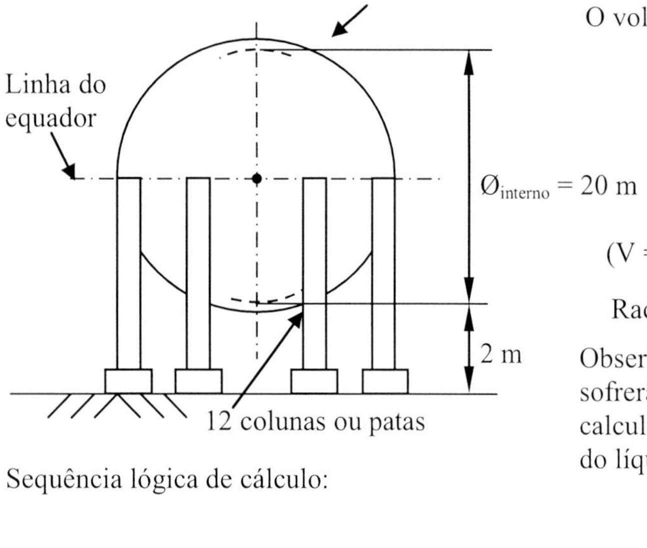

O volume V de uma esfera é dado por: $V = \frac{(\pi)(Ø_{interno})^3}{6}$.

Portanto: $V = \frac{(\pi)(20\ m)^3}{6} = 4.188,8\ m^3$.

Metade do volume = 2.094,4 m^3.

(V = 4.188,8 m^3 são quase 4 milhões e 200 mil litros).

Raciocínio lógico básico, para solução do problema:

Observa-se que, tanto a esfera, quanto a acetona contida, sofrerão dilatações térmicas volumétricas, obviamente calculadas de formas diferentes. A dilatação da esfera e a do líquido são volumétricas.

Sequência lógica de cálculo:

1) Cálculo da dilatação volumétrica da esfera; 2) Com o volume dilatado, calcula-se o novo diâmetro dilatado da esfera; 3) Cálculo da dilatação volumétrica do líquido acetona e 4) Com o volume dilatado da acetona, calcula-se a nova altura do líquido*, em relação ao fundo interno da esfera.

* Como a variação do volume de uma esfera não é linear (tal e qual num cilindro circular), o cálculo da nova altura, para o novo volume de líquido, será feito pelo cálculo integral.

1) Cálculo da dilatação volumétrica da esfera.

α do aço = 11×10^{-6} °C^{-1}. γ do aço = 33×10^{-6} °C^{-1}. $\Delta T = 30$ °C.

Variação do volume: $\Delta V = (V)(\gamma)(\Delta T) = (4.188{,}8\ m^3)(33 \times 10^{-6}\ °C^{-1})(30\ °C) = 4{,}147\ m^3$.
Volume final dilatado da esfera = $4.188{,}8\ m^3 + 4{,}147\ m^3 = 4.192{,}947\ m^3$ = 4.192.947 litros.
(Apenas como curiosidade, o volume da esfera aumenta cerca de 1%).

2) Cálculo do novo diâmetro da esfera dilatada.

$$V = \frac{(\pi)(\varnothing_{interno})^3}{6} \Rightarrow 4.192{,}947\ m^3 = (0{,}5236)(\varnothing_{interno})^3 \Rightarrow (\varnothing_{interno})^3 = \frac{4.192{,}947\ m^3}{0{,}5236} \Rightarrow$$

$\varnothing_{interno} = \sqrt[3]{8.007{,}92\ m^3} = 20{,}007$ m. Ou seja, o diâmetro interno varia 0,007 m = 7 mm. (Raio = 10,0035 m).

3) Cálculo da dilatação volumétrica do líquido acetona.

O volume inicial de acetona é $2.094{,}4\ m^3$. γ da acetona = $14{,}9 \times 10^{-4}$ °C^{-1}. $\Delta T = 30$ °C.

Variação do volume: $\Delta V = (V)(\gamma)(\Delta T) = (2.094{,}4\ m^3)(14{,}9 \times 10^{-4}\ °C^{-1})(30\ °C) = 93{,}62\ m^3$.

Volume final dilatado da acetona = $2.094{,}4\ m^3 + 93{,}6\ m^3 = 2.188{,}02\ m^3$ = 2.188.020 litros.
(Apenas como curiosidade, o volume da acetona aumenta cerca de 4,5%).

4) Cálculo da nova altura da acetona dilatada, na esfera também dilatada.

Sabe-se que, o volume de uma esfera é dado por: $V = \pi \int_{-h}^{+h} (r^2 - x^2)dx \Rightarrow V = \pi \left(r^2x - \frac{x^3}{3} \right) \Big|_{-h}^{+h} \Rightarrow$

$$V = 2.188{,}02 = \pi \left(10{,}0035^2h - \frac{h^3}{3} \right) \Big|_{-h}^{+h} \Rightarrow \frac{2.188{,}02}{\pi} = 100{,}07h - \frac{h^3}{3} - \left(-100{,}07h + \frac{h^3}{3} \right) \Rightarrow$$

$$696{,}47 = 100{,}07h - \frac{h^3}{3} + 100{,}07h - \frac{h^3}{3} \Rightarrow 2.089{,}41 = 600{,}42h - 2h^3 \Rightarrow {}^*h^3 - 300{,}21h + 1.044{,}71 = 0.$$

*Essa equação do 3º grau foi resolvida pelo aplicativo WolframAlpha, tem três raízes e uma imagem geométrica como mostrada:

$h_1 = -18{,}86$ m; $h_2 = +3{,}64$ m e $h_3 = +15{,}22$ m.

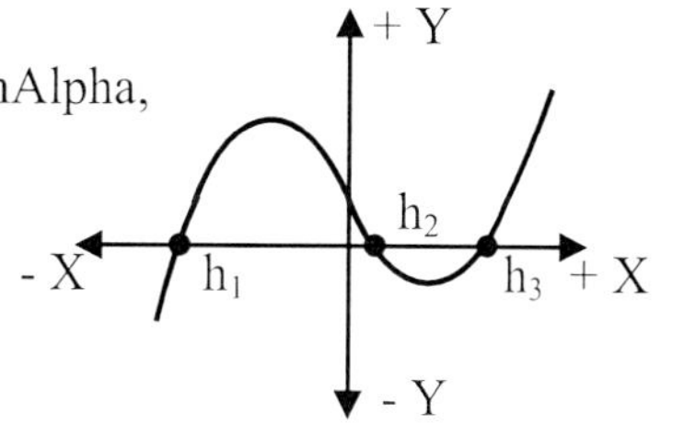

A raiz que atende ao problema é $h_3 = +15{,}22$ m.
Não tem sentido altura negativa, bem como a altura $h_2 = +3{,}64$ m, que é menor que metade do raio da esfera.

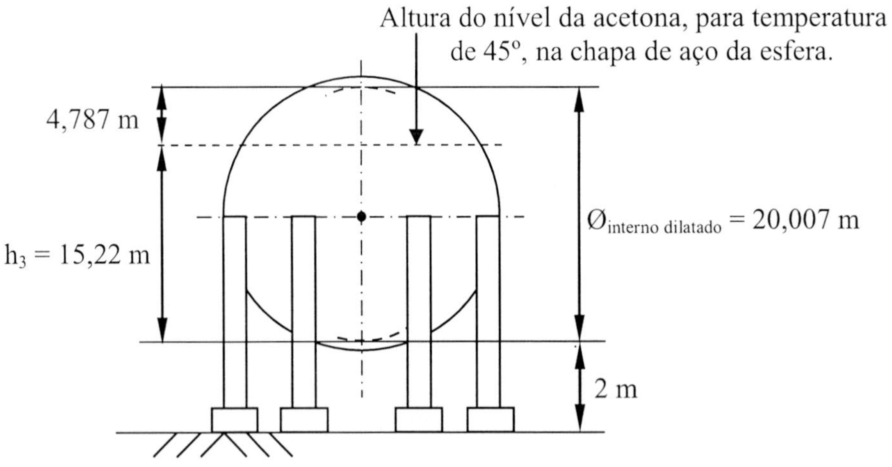

Imagem final do problema.

Referências Bibliográficas

ABRANTES, José; NIELSEN, Rosa Maria Rodriguez. **Cálculo I Aplicado a cursos de licenciaturas e bacharelados**. Rio de Janeiro: Ciência Moderna, 2024.

ABRANTES, José. **Geometria Analítica Aplicada**. 5.ed. Rio de Janeiro: Ciência Moderna, 2019.

__________. **A Geometria Básica estudada nos Ensinos Fundamental e Médio**. Rio de Janeiro: Ciência Moderna, 2022.

ABRANTES, José; NIELSEN, Rosa Maria Rodriguez. **O Pré-Cálculo e suas aplicações práticas reais**. Rio de Janeiro: Ciência Moderna, 2022.

ANTON, Howard; BIVENS, Irl; DAVIS, Estephen. **CÁLCULO**. 10.ed. Tradução de Claus Ivo Doering. Porto Alegre: Bookman, 2014.

ÁVILA, Geraldo. **Cálculo I: funções de uma variável**. 4.ed. Rio de Janeiro: LTC, 1983.

AYRES JR, Frank. **Cálculo Diferencial e Integral**. Tradução de José Rodrigues de Carvalho. Rio de Janeiro: Livro Técnico, 1957.

BASSANEZI, Rodney Carlos. **Introdução ao Cálculo e Aplicações**. São Paulo: Contexto, 2015.

BATSCHELET, Edward. **Introdução à Matemática para Biocientistas**. 2.ed. Tradução: Vera Maria Abud Pacífico da Silva e Junia Maria Penteado de Araújo Quitete. Rio de Janeiro: Interciência; São Paulo: Ed. da Universidade de São Paulo - EDUSP, 1978.

BOYER, Carl B. **História da matemática**.3.ed. São Paulo: Blucher, 2010.

DEVLIN, Keith. **O gene da matemática**. 5.ed. Rio de Janeiro: Record, 2010.

DOI, Christiane Mázur. **Cálculo bem explicado**. Rio de Janeiro: Ciência Moderna, 2022.

DOI, Christiane Mázur; LAURICELLA, Annia Lalesca Mázur. **Como Visualizar e resolver Limites**. (100 exercícios detalhadamente explicados). Rio de Janeiro: Ciência Moderna, 2016.

EVES, Howard. **Introdução à história da matemática**. Campinas: Unicamp, 2004.

FREITAS, Maria do Bom Conselho da Silva Beserra. **As Funções Hiperbólicas e suas aplicações**. 2015. 61f. Dissertação (Mestrado Profissional em Matemática em Rede Nacional – PROFMAT) - Universidade Federal da Paraíba, Centro de Ciências Exatas e da Natureza, Departamento de Matemática.

GAYO Jairo. **Fundamentos e história da matemática**. Indaial: Uniasselvi, 2010.

GUIDORIZZI, Hamilton Luiz. **Um curso de Cálculo**. Vol. 1. 5.ed. (reimp.). Rio de Janeiro: LTC, 2016.

LEHMANN, Charles H. **Geometria Analítica**. 7.ed. Rio de Janeiro: Editora Globo, 1991.

LEITHOLD, Louis. **O Cálculo com Geometria Analítica**. Vol. 1. 3.ed. Tradução: Cyro de Carvalho Patarra. São Paulo: HARBRA, 1994.

LEZZI, Gelson *et al*. **Matemática**. 4.ed. São Paulo: Atual, 2007.

LOPES, Luís. **Manual das funções Exponenciais e Logarítmicas**. Rio de Janeiro: Interciência, 1999.

MORAES, Lucas Nunes de. **Funções Trigonométricas Hiperbólicas: teoria, curiosidades e propostas para o trabalho docente**. 2021. 133f. Dissertação (Mestrado Profissional em Matemática, em Rede Nacional - PROFMAT). Universidade do Estado do Rio de Janeiro – Uerj, Faculdade de Formação de Professores. São Gonçalo, Rio de Janeiro.

MORETTIN, Pedro Alberto; HAZZAN, Samuel; BUSSAB, Wilton de O. **Cálculo: funções de uma e várias variáveis**. 3.ed. São Paulo: Saraiva, 2016.

ROBALLO, Murilo Sérgio. **Aplicações de funções exponenciais e logarítmicas**. 2014. 68f. Dissertação (Mestrado Acadêmico em Matemática) – Universidade de Brasília, Instituto de Ciências Exatas, Departamento de Matemática.

RYAN, Mark. **Cálculo para Leigos**. 2.ed. Tradução de Eveline Machado. Rio de Janeiro: Alta Books, 2016.

SEELEY, Robert T. **Cálculo de uma variável**. Vol. 1. Tradução: João Bosco Pitombeira de Carvalho. Rio de Janeiro: Ao Livro Técnico, 1973.

SILVA, Paulo Sérgio Dias da. **Cálculo Diferencial e Integral**. Rio de Janeiro: LTC, 2017.

SILVA, Sebastião Medeiros da; SILVA, Elio Medeiros da; SILVA, Ermes Medeiros da. **Matemática. Economia, Administração e Ciências Contábeis**. 5.ed. São Paulo: Atlas, 1999.

SIMMONS, George F. **Cálculo com Geometria Analítica**. Tradução Seiji Hariki. São Paulo: McGraw-Hill, 1987.

SIMKA, Sérgio; SIMÕES, Marco Antonio. **Cálculo não é um bicho-de-sete-cabeças.** Vol. 1. Limites, derivadas e aplicações. Rio de Janeiro: Ciência Moderna, 2015.

__________. **Cálculo não é um bicho-de-sete-cabeças.** Vol. 2. Integrais e aplicações. Rio de Janeiro: Ciência Moderna, 2016.

SMITH, Percey F.; GALE, Arthur Sullivan; NEELLEY, Jhon Haven. **Geometria Analítica**. Tradução de Washington Sylvio Fonseca. Rio de Janeiro: Ao Livro Técnico, 1960.

STEINBRUCH, Alfredo; WINTERLE, Paulo. **Geometria Analítica**. 2.ed. São Paulo: Makron Books, 1987.

SWOKOWSKI, Earl William. **Cálculo com Geometria Analítica**. Vol.1. 2.ed. Tradução de Alfredo Alves de Farias. São Paulo: Makron Books, 1994.

TAN, S. T. **Matemática Aplicada à Administração e Economia**. 2.ed. Tradução: Fábio Armando Tal. São Paulo: Cengage Learning, 2008.

TELLES, Pedro Carlos da Silva. **Vasos de Pressão**. 2.ed. Rio de Janeiro: LTC, Livros Técnicos e Científicos, 1996.

THOMAS JR, George B. **Cálculo**. Tradução de Alfredo Alves de Faria. 2. reimp. Rio de Janeiro: Livro Técnico, 1966.

THOMAS JR, George B.; FINNEY, Ross L. vol.2. **Cálculo e Geometria Analítica**. Tradução de Denise Paravato. Rio de Janeiro: LTC, 1988.

VASCONCELOS, Jerry Gleison Salgueiro Fidanza. **Funções hiperbólicas: história, conceito e aplicação**. 2013. 74f. Dissertação (Mestrado Profissional em Matemática em Rede Nacional – PROFMAT) – Universidade Federal do Amazonas.

VIDIGAL, Carlos Eduardo Ladeira. **(Re)significando o conceito de logaritmo**. 2014. 133f. Dissertação (Mestrado em Ensino de Ciências e Matemática) – Pontifícia Universidade Católica de Minas Gerais.

WINTERLE, Paulo. **Vetores e Geometria Analítica**. 2.ed. São Paulo: Pearson Education do Brasil, 2014.

Anexo A

Fórmulas de limites, derivadas e integrais indefinidas

A1 Limites importantes e fundamentais

$\lim_{x \to 0} c/x = +\infty.$ $\lim_{x \to +\infty} c.x = +\infty.$ $\lim_{x \to +\infty} x/c = +\infty.$ $\lim_{x \to +\infty} c/x = 0.$

$\lim_{x \to 0} \text{sen } x/x = +1.$ $\lim_{x \to 0} (\cos x - 1)/x = 0.$ $\lim_{x \to \pm\infty} \left(1 + \frac{1}{x}\right) = e.$ $\lim_{x \to 0} \frac{(a^x - 1)}{x} = \ln a\ (0 < a \neq 1).$

A2 Derivadas gerais

$f(x) = c \Rightarrow f'(x) = 0.$

$f(x) = x \Rightarrow f'(x) = +1.$

$f(x) = c.u \Rightarrow f'(x) = cu'.$

$f(x) = u + v \Rightarrow f'(x) = u' + v'.$

$f(x) = uv \Rightarrow f'(x) = uv' + u'v.$

$f(x) = u/v \Rightarrow f'(x) = (vu' - uv')/v^2.$

$f(x) = e^u \Rightarrow f'(x) = e^u.u'.$

$f(x) = a^u \Rightarrow f'(x) = (a^u)(\ln a)(u').$

$f(x) = (1/u) \Rightarrow f'(x) = (-1/u^2) . u'$

$f(x) = \ln u \Rightarrow f'(x) = (1/u) . u'$

$f(x) = \sqrt[m]{u^n} \Rightarrow f'(x) = (n/m) (\sqrt[m]{u^{n-m}}). u'$

$f(x) = \log_a u \Rightarrow f'(x) = u'/(u \ln a).$

$f(x) = u^m \Rightarrow f'(x) = m(u^{m-1}) . u'$

A3 Derivadas das funções trigonométricas básicas no círculo

$f(x) = \text{sen } (u) \Rightarrow f'(x) = +\cos (u) . u'$

$f(x) = \cos (u) \Rightarrow f'(x) = -\text{sen } (u) . u'$

$f(x) = \text{tg } (u) \Rightarrow f'(x) = +\sec^2 (u) . u'$

$f(x) = \text{cotg } (u) \Rightarrow f'(x) = -\text{cossec}^2 (u) . u'$

$f(x) = \sec (x) \Rightarrow f'(x) = +\sec (u) . \text{tg } (u) . u'$

$f(x) = \text{cossec } (u) \Rightarrow f'(x) = -\text{cossec } (u) \text{ cotg } (u) . u'$

A4 Derivadas das funções trigonométricas inversas no círculo

$f(x) = \text{arcsen } (u) \Rightarrow f'(x) = \frac{+u'}{\sqrt{1 - u^2}}$

$f(x) = \text{arccos } (u) \Rightarrow f'(x) = \frac{-u'}{\sqrt{1 - u^2}}$

$f(x) = \text{arctg } (u) \Rightarrow f'(x) = \frac{+u'}{1 + u^2}$

$f(x) = \text{arccotg } (u) \Rightarrow f'(x) = \frac{-u'}{1 + u^2}$

$f(x) = \text{arcsec } (u) \Rightarrow f'(x) = \frac{+u'}{|u| \sqrt{u^2 - 1}}$

$f(x) = \text{arccossec } (u) \Rightarrow f'(x) = \frac{-u'}{|u| \sqrt{u^2 - 1}}$

A5 Derivadas das funções trigonométricas hiperbólicas básicas

(Considerar u função derivável de x e a como constante).

$f(x) = \text{senh } (u) \Rightarrow f'(x) = +\cosh (u) . u'$

$f(x) = \cosh (u) \Rightarrow f'(x) = +\text{senh } (u) . u'$

Observação:

$\text{senh } x = \frac{e^{+x} - e^{-x}}{2}$

$\cosh x = \frac{e^{+x} + e^{-x}}{2}$

$f(x) = tgh\ (u) \Rightarrow f'(x) = +sech^2\ (u)\ .\ u'$

$f(x) = cotgh\ (u) \Rightarrow f'(x) = -cossech^2\ (u)\ .\ u'$

$f(x) = sech\ (u) \Rightarrow f'(x) = -sech\ (u)\ tgh\ (u)\ .\ u'$

$f(x) = cossech\ (u) \Rightarrow f'(x) = -cossech\ (u)\ cotgh\ (u)\ .\ u'$

$tgh\ x = \dfrac{e^{+x} - e^{-x}}{e^{+x} + e^{-x}}$

$cotgh\ x = \dfrac{e^{+x} + e^{-x}}{e^{+x} - e^{-x}}$

$sech\ x = \dfrac{2}{e^{+x} + e^{-x}}$

$cossech\ x = \dfrac{2}{e^{+x} - e^{-x}}$

A6 Derivadas das funções trigonométricas hiperbólicas inversas

$f(x) = arcsenh\ (u) \Rightarrow f'(x) = \dfrac{+u'}{\sqrt{1 + u^2}}$

$f(x) = arccosh\ (u) \Rightarrow f'(x) = \dfrac{+u'}{\sqrt{u^2 - 1}}$

$f(x) = arctgh\ (u) \Rightarrow f'(x) = \dfrac{+u'}{1 - u^2}$

$f(x) = arccotgh\ (u) \Rightarrow f'(x) = \dfrac{+u'}{1 - u^2}$

$f(x) = arcsech\ (u) \Rightarrow f'(x) = \dfrac{-u'}{u\sqrt{1 - u^2}}$

$f(x) = arccossech\ (u) \Rightarrow f'(x) = \dfrac{-u'}{|u|\sqrt{1 + u^2}}$

Observação:

$arcsenh\ (x) = \ln\ (x + \sqrt{x^2 + 1})$

$arccosh\ (x) = \ln\ (x + \sqrt{x^2 - 1})$

$arctgh\ (x) = \dfrac{1}{2} \ln \dfrac{(1 + x)}{(1 - x)}$

$arccotgh\ (x) = \dfrac{1}{2} \ln \dfrac{(x + 1)}{(x - 1)}$

A7 Integrais indefinidas elementares ou básicas

$\int du = u + C.$ $\quad \int a\ du = au + C.$ $\quad \int u^n\ du = \dfrac{u^{n+1}}{n+1} + C.$ $\quad \int \dfrac{du}{u} = \ln |u| + C.$

A8 Integrais indefinidas compostas por funções trigonométricas básicas no círculo

$\int sen\ (u)\ du = -cos\ (u) + C.$

$\int cos\ (u)\ du = +sen\ (u) + C.$

$\int tg\ (u)\ du = \ln |sec\ (u)| + C.$

$\int cotg\ (u)\ du = \ln |sen\ (u)| + C.$

$\int sec\ (u)\ du = \ln |sec\ (u) + tg\ (u)| + C.$

$\int cossec\ (u)\ du = -\ln |cossec\ (u) - cotg\ (u)| + C.$

$\int sec^2\ (u)\ du = tg\ (u) + C.$

$\int cossec^2\ (u)\ du = -cotg\ (u) + C.$

$\int sec\ (u)\ tg\ (u)\ du = sec\ (u) + C.$

$\int cossec\ (u)\ cotg\ (u)\ dx = -cossec\ (u) + C.$

$\int sen^2\ (u)\ du = (1/2)\ u - (1/4)\ sen\ (2u) + C.$

$\int cos^2\ (u)\ du = (1/2)\ x + (1/4)\ sen\ (2u) + C.$

$\int tg^2 (u)\, du = tg (u) - u + C.$

$\int cotg^2 (u)\, du = -cotg (u) - u + C.$

$\int u\, sen (u)\, du = +sen (u) - u \cos (u) + C.$

$\int u \cos (u)\, du = +\cos (u) + u\, sen (u) + C.$

$\int u^2 sen (u)\, du = 2u\, sen (u) + (2 - u^2) \cos (u) + C.$

$\int u^2 \cos (u)\, du = 2u \cos (u) + (u^2 - 2)\, sen (u) + C.$

$\int \frac{du}{\sqrt{a^2 - u^2}} = arcsen (u/a) + C.$

$\int \frac{du}{a^2 + u^2} = (1/a)\, arctg (u/a) + C.$

A9 Integrais indefinidas compostas por funções trigonométricas inversas no círculo

$\int arcsen (u)\, du = u\, arcsen (u) + \sqrt{1 - u^2} + C.$

$\int \arccos (u)\, du = u \arccos (u) - \sqrt{1 - u^2} + C.$

$\int arctg (u)\, du = u\, arctg (u) - \ln \sqrt{1 + u^2} + C.$

$\int arccotg (u)\, du = u\, arccotg (u) + \ln\sqrt{1 + u^2} + C.$

$\int arcsec (u)\, du = u\, arcsec (u) - \ln |u + \sqrt{u^2 - 1}| + C = u\, arcsec (u) - arccosh (u) + C$. Também pode ser*

*$\int arcsec (x)\, dx = arcsec (x)\, x - \ln(|sec[arcsec (x)] + tg[arcsec (x)]|) + C$. (Pelo programa mathway).

$\int arccossec (u)\, du = u\, arccossec (u) + \ln |u + \sqrt{u^2 - 1}| + C = u\, arccossec (u) + arccosh (u) + C$. Também pode ser*

*$\int arccossec (x)\, dx = arccossec (x)\, x + \ln [|sec (arcsecx)] + tg [(arcsec (x)] + C$. (Pelo programa mathway).

$\int u \arccos (u)\, du = \frac{2u^2 - 1}{4} \arccos (u) - \frac{u\sqrt{1 - u^2}}{4} + C$. Também pode ser*

*$\int x \arccos (x)\, dx = \frac{1}{2} x^2 \arccos (x) + \frac{1}{4} arcsen (x) - \frac{1}{8} sen [2\, arcsen (x)] + C$. (Pelo programa mathway).

$\int u\, arctg (u)\, du = \left(\frac{u^2 + 1}{2}\right) arctg (u) - \frac{u}{2} + C.$

A10 Integrais indefinidas compostas por funções trigonométricas hiperbólicas

$\int senh (u)\, du = \cosh (u) + C.$

$\int \cosh (u)\, du = senh (u) + C.$

$\int tgh (u)\, du = \ln |\cosh (u)| + C.$

$\int cotgh (u)\, du = \ln |senh (u)| + C.$

$\int sech (u)\, du = arctg |senh (u)| + C.$

$\int cossech (u)\, du = \ln |tgh (0{,}5u)| + C.$

$\int sech^2 (u)\, du = tgh (u) + C.$

$\int cossech^2 (u)\, du = -cotgh (u) + C.$

$\int sech (u)\, tgh (u)\, du = -sech (u) + C.$

$\int (cossech\, u) (cotgh\, u)\, du = -cossech\, u + C.$

$\int senh^2 (u)\, du = (1/4)\, senh (2u) - 0{,}5u + C.$

$\int \cosh^2 (u)\, du = (1/4)\, senh (2u) + 0{,}5u + C.$

$\int tgh^2 (u)\, du = u - tgh (u) + C.$

$\int cotgh^2 (u)\, du = u - cotgh (u) + C.$

$\int u\, senh (u)\, du = u \cosh (u) - senh (u) + C.$

$\int u \cosh (u)\, du = u\, senh (u) - \cosh (u) + C.$

A11 Integrais indefinidas compostas por funções do tipo $\sqrt{a^2 + u^2}$

$\int \sqrt{a^2 + u^2}\, du = \frac{u}{2}\sqrt{a^2 + u^2} + \frac{a^2}{2} \ln |u + \sqrt{a^2 + u^2}\,| + C.$

$\int \frac{du}{\sqrt{a^2 + u^2}} = \ln |u + \sqrt{a^2 + u^2}\,| + C.$

$\int \frac{\sqrt{a^2 + u^2}}{u}\, du = \sqrt{a^2 + u^2} - a \ln\left|\frac{a + \sqrt{a^2 + u^2}}{u}\right| + C.$

$\int \frac{\sqrt{a^2 + u^2}}{u^2}\, du = -\frac{\sqrt{a^2 + u^2}}{u} + \ln |u + \sqrt{a^2 + u^2}\,| + C.$

$\int \frac{du}{u\sqrt{a^2 + u^2}} = -\frac{1}{a} \ln\left|\frac{\sqrt{a^2 + u^2} + a}{u}\right| + C.$

$\int \frac{du}{u^2\sqrt{a^2 + u^2}} = -\frac{\sqrt{a^2 + u^2}}{a^2 u} + C.$

A12 Integrais indefinidas compostas por funções do tipo $\sqrt{a^2 - u^2}$

$\int \sqrt{a^2 - u^2}\, du = \frac{u}{2}\sqrt{a^2 - u^2} + \frac{a^2}{2} \operatorname{arcsen}(u/a) + C.$

$\int \frac{\sqrt{a^2 - u^2}}{u}\, du = \sqrt{a^2 - u^2} - a \ln\left|\frac{a + \sqrt{a^2 - u^2}}{u}\right| + C.$

$\int \frac{\sqrt{a^2 - u^2}}{u^2}\, du = -\frac{1}{u}\sqrt{a^2 - u^2} - \operatorname{arcsen}(u/a) + C.$

$\int \frac{u^2\, du}{\sqrt{a^2 - u^2}} = \frac{u}{2}\sqrt{a^2 - u^2} + \frac{a^2}{2} \operatorname{arcsen}(u/a) + C.$

$\int \frac{du}{u\sqrt{a^2 - u^2}} = \frac{1}{a} \ln\left|\frac{a + \sqrt{a^2 - u^2}}{u}\right| + C.$

$\int \frac{du}{u^2\sqrt{a^2 - u^2}} = \frac{-\sqrt{a^2 - u^2}}{a^2 u} + C.$

A13 Integrais indefinidas compostas por funções do tipo $\sqrt{u^2 - a^2}$

$\int \sqrt{u^2 - a^2}\, du = \frac{u}{2}\sqrt{u^2 - a^2} - \frac{a^2}{2} \ln |u + \sqrt{u^2 - a^2}\,| + C.$

$\int \frac{\sqrt{u^2 - a^2}}{u}\, du = \sqrt{u^2 - a^2} - a \arccos(a/u) + C.$

$\int \frac{\sqrt{u^2 - a^2}}{u^2}\, du = -\frac{\sqrt{u^2 - a^2}}{u} + \ln |u + \sqrt{u^2 - a^2}\,| + C.$

$\int \frac{u^2\, du}{\sqrt{u^2 - a^2}} = \frac{u}{2}\sqrt{u^2 - a^2} + \frac{a^2}{2} \ln |u + \sqrt{u^2 - a^2}| + C.$

$\int \frac{du}{u^2\sqrt{u^2 - a^2}} = \frac{\sqrt{u^2 - a^2}}{a^2 u} + C.$

$\int \frac{du}{\sqrt{(u^2 - a^2)^3}} = -\frac{u}{a^2\sqrt{(u^2 - a^2)}} + C.$

A14 Integrais indefinidas compostas por funções exponenciais e logarítmicas

$\int x e^{ax}\, dx = \frac{1}{a^2}(ax - 1)e^{ax} + C.$

$\int e^{ax} \operatorname{sen}(bx)\, dx = \frac{e^{ax}}{a^2 + b^2}[a \operatorname{sen}(bx) - b \cos(bx)] + C.$

$\int e^{ax} \cos(bx)\, dx = \frac{e^{ax}}{a^2 + b^2}[a \cos(bx) + b \operatorname{sen}(bx)] + C.$

$\int \ln x\, dx = x \ln x - x + C.$

$\int x^n \ln x\, dx = \frac{x^{n+1}}{(n + 1)^2}[(n + 1) \ln x - 1] + C.$

$\int \frac{dx}{x \ln x} = \ln |\ln x| + C.$

Impressão e acabamento
Gráfica da Editora Ciência Moderna Ltda.
Tel: (21) 2201-6662